MATLAB®在工程上的應用

MATLAB® for Engineering Applications, 4e

William J. Palm III
著

吳俊祺
譯

國家圖書館出版品預行編目(CIP)資料

MATLAB®在工程上的應用 / William J. Palm III 著；吳俊祺譯.
-- 三版. -- 臺北市：麥格羅希爾出版, 臺灣東華發行,
2019.11
　　面；　公分
　　譯自：MATLAB® for engineering applications, 4th ed.
　　ISBN 978-986-341-416-2(平裝)

1. 數值分析　2.Matlab(電腦程式)

318　　　　　　　　　　　　　　　　108013211

MATLAB®在工程上的應用 第四版

繁體中文版© 2019 年，美商麥格羅希爾國際股份有限公司台灣分公司版權所有。本書所有內容，未經本公司事前書面授權，不得以任何方式（包括儲存於資料庫或任何存取系統內）作全部或局部之翻印、仿製或轉載。

Traditional Chinese adaptation edition copyright © 2019 by McGraw-Hill International Enterprises, LLC. Taiwan Branch
Original title: MATLAB® for Engineering Applications, 4e (ISBN: 978-1-259-40538-9)
Original title copyright © 2019 by McGraw-Hill Education.
All rights reserved.
Previous editions © 2011, 2005 and 2001.

作　　　者	William J. Palm III
譯　　　者	吳俊祺
合 作 出 版	美商麥格羅希爾國際股份有限公司台灣分公司
暨 發 行 所	台北市 10488 中山區南京東路三段 168 號 15 樓之 2
	客服專線：00801-136996
	臺灣東華書局股份有限公司
	10045 台北市重慶南路一段 147 號 3 樓
	TEL: (02) 2311-4027　　FAX: (02) 2311-6615
	郵撥帳號：00064813
	門市：10045 台北市重慶南路一段 147 號 1 樓
	TEL: (02) 2371-9320
總 經 銷	臺灣東華書局股份有限公司
出 版 日 期	西元 2019 年 11 月 三版一刷

ISBN：978-986-341-416-2

譯者序

參與翻譯及審閱《MATLAB® 在工程上的應用》(*MATLAB® for Engineering Applications*) 的中文版第四版工作，讓我有機會再重新審視 MATLAB 這個好用的運算工具在近幾年的演進。MATLAB 之所以愈來愈受到歡迎，我認為是其開發有相當長的時間，它的程式是已完善開發且經過詳細檢驗，因此它的解答相當可靠。此外，它有友善的互動使用介面，也包含完整的數值運算工具和繪圖功能。一般使用者可以簡潔的程式碼撰寫，也是它受歡迎的原因之一。而由專家開發的進階更複雜的程式碼則被納入各式各樣的工具箱中，有超過二十種以上，能夠擴充新指令及功能，讓使用者可以快速應用在不同領域上。

此書的第四版也因應較新 MATLAB R2017b 修正的語法。雖然最新版的 MATLAB 已經更新到 R2018b，但書中多數的語法和指令變動不大，仍然適用。和之前第三版差異較大的有：第九章的部分內容，因應 10.3 新版的控制系統工具更改；第十章部分內容則更新到 Simulink 9.0 的語法；第十一章的變動最大，因為新版的符號數學工具箱 (Symbolic Math toolbox) 8.0 版做了大幅更新。此外在每一章節也或多或少的更換或新增的範例與習題。

感謝出版社編輯仔細修改前一版的翻譯語法和錯誤，提升了此版內文閱讀流暢性。希望讀者在閱讀此書時，能讓自身的工程運算能力有所提升。

吳俊祺
中央大學機械系副教授

作者簡介

William J. Palm III 是羅德島大學 (University of Rhode Island) 機械工程及應用力學學系的榮譽教授。他在 1966 年於巴爾的摩 (Baltimore) 的羅耀拉學院 (Loyola College) 獲得學士學位，並於 1971 年在伊利諾州的西北大學 (Northwestern University) 取得機械工程學與航太科學的博士學位。

在作者 44 年的教學生涯中，總共教授了 19 門課程，其中一門課程就是大一新生的 MATLAB 課程，而作者也幫助了 MATLAB 程式的開發。作者共撰寫八本教科書，內容涵蓋模型化與模擬、系統動力學、控制系統及 MATLAB。其中一本是由 McGraw-Hill 於 2014 年出版的《系統動力學》(*System Dynamics*) 第三版。他曾經為《機械工程師手冊》(*Mechanical Engineers' Handbook*, M. Kutz, ed., Wiley, 2016) 一書撰寫控制系統的章節，同時他也是 J. L. Meriam 與 L. G. Kraige 共同合著之《靜力學與動力學》(*Statics and Dynamics*, Wiley, 2002) 第五版的特別推薦者。

Palm 教授的研究領域及工業界的經歷包括控制系統、機器人學、振動學，以及系統模型化。他於 1985 年到 1993 年擔任羅德島大學機器人研究中心 (Robotics Research Center) 的主任，同時是一個機器人手臂專利的共同持有人。此外，他於 2002 年到 2003 年擔任 Acting Department 的主席。作者的業界經驗主要在於自動化製造、船艦系統的模型化與電腦模擬 (包括水下載具和追蹤系統)，以及水下載具工程測試設施的控制系統設計。

前言

　　MATLAB® 之前僅有信號處理及數值分析的專家使用，近年來則被各個工程社群廣泛接受。現在許多理工學校在早期的必修課程中，加入了全部或部分以 MATLAB 為基礎的課程。MATLAB 是可程式化的，它和其他程式語言 (如 Fortran、C、BASIC 及 Pascal) 一樣具有邏輯、關係、條件及迴圈結構，因此 MATLAB 也可以用來進行程式設計原理的教學。在多數學校中，MATLAB 已經取代傳統 Fortran 的課程，成為必修課程中的主要運算工具。在某些科技領域，如信號處理與控制系統中，MATLAB 是用來分析與設計的標準套裝軟體。

　　MATLAB 之所以受歡迎，部分原因是其歷史悠久，所以此程式是已完善開發且測試過的，因此大家會相信 MATLAB 的解答。此外，MATLAB 有優良的使用者介面，它具有易於使用的互動環境，包含廣泛的數值計算及圖形視覺功能。MATLAB 的簡潔性是一個很大的優點，例如僅使用三列程式碼就可以求解一組線性代數方程式，這樣的功能不是一般傳統的程式語言可以做到的。MATLAB 也具有可延伸性；它擁有 20 種以上的「工具箱」，能夠增添新指令及功能，以應用在各種用途之中。

　　MALTAB 適用於微軟的視窗作業系統、麥金塔個人電腦，以及其他各種作業系統。它在以上平台之間都是相容的，便於讓使用者容易分享程式碼、洞察力與思想。本書是基於 MATLAB 9.3 版 (R2017b) 所寫成。第九章的部分內容是基於 10.3 版的控制系統工具箱 (Control System toolbox) 寫成；第十章是以 Simulink® 9.0 的版本為基礎；第十一章則是基於符號數學工具箱 (Symbolic Math toolbox) 8.0 版。

本書目標與先決條件

　　本書的目標是當作 MATLAB 的基礎獨立教材。它適用於入門課程，也可作為自修教材或補充教材。本書係根據作者本身教授一學期兩學分的 MATLAB 課程的經驗而來，教授對象為大學部一年級工程科系的新生。另外，本書也可以當作課程教授完畢後的參考資料。本書內有許多表格，在索引及各章最後都會列出以作為參考資料。

　　本書的次要目標是希望在工程專業生涯中，尤其是需要應用電腦求解問題時，形成求解問題方法論的介紹與支援。此方法論將會在第一章中介紹。

　　本書假設讀者具有對代數與三角幾何的知識；而前面七章中則不需要微積分的相關知識。另外，對於範例的瞭解則需要一些高中程度的化學、物理、簡單電路學

與基本靜力學，以及動力學的相關知識。

本書的章節構成

除了更新上一版本的材料以包含新功能外，新的功能以及語法和功能名稱的變化，本書合併書評和其他讀者提出的許多建議並加入更多例子和作業問題。

本書由十一個章節組成。前五章構成了 MATLAB 的基礎課程。其餘六章是相互獨立的，涵蓋了 MATLAB、控制系統工具箱、Simulink 和符號數學工具箱的更高級應用。

第一章介紹 MATLAB 的特色，包括視窗介面及選單結構，也介紹了求解問題的方法論。第二章介紹 MATLAB 最基本的資料元素──陣列──概念，並且介紹如何使用數字陣列、胞陣列及結構陣列，來進行基本的數學運算。

第三章討論函數與檔案的使用。MATLAB 具有許多內建數學函數，使用者可自訂函數且儲存於檔案中以重複使用。

第四章討論 MATLAB 的程式撰寫，並涵蓋關係與邏輯運算子、條件敘述、for 與 while 迴圈，以及 switch 結構。此章節內容的主要應用是在模擬過程中決定要使用哪一段程式碼。

第五章處理二維與三維繪圖，其首先必須建立標準的有用專業圖形。根據作者本身的經驗，學生一開始並不瞭解這些標準，所以必須特別強調。接著，也介紹MATLAB 指令以用來產生各種圖形與控制圖形外觀。實況編輯器，是 MATLAB 的一個主要增項，在 5.1 節介紹。

第六章討論函數發現，亦即利用資料點的圖形來找出資料的數學敘述。它是繪圖的一種普遍應用，本章將會有一個獨立的段落來專門探討。本章也介紹多項以及多線性迴歸當作其模型涵蓋範圍。

第七章複習一些簡單的統計學及機率，並且介紹如何使用 MATLAB 產生柱狀圖、計算常態分布，以及建立亂數模擬。本章也包括線性與三次雲線內插。本章節的內容和以下章節並無關聯性。

第八章涵蓋線性代數方程式的求解，這在很多工程領域都會遇到。為了將來能夠正確地使用電腦運算，本章也介紹一些重要術語及概念。接下來，本章會探討如何使用 MATLAB 求解有唯一解的線性方程式系統。欠定 (underdetermined) 與過定 (overdetermined) 系統的相關內容也會涵蓋進來。本章節是獨立的一章，無關於後面其他章節。

第九章涵蓋用來計算微積分與微分方程式的數值方法。除了介紹數值的積分與微分方法。會介紹 MATLAB 核心的常微分方程式解法器 (ordinary differential equation solvers)，也包括控制系統工具箱中的線性系統解法器 (linear-system solver)。對於那些不熟悉微分方程的讀者，本章提供為第十章提供一些背景知識。

第十章會介紹 Simulink，這是一套可以用來建立動態系統模擬的圖形介面。Simulink 愈來愈受歡迎，而且在工業中也被廣泛運用。MathWorks 為電腦硬體提供 Simulink 支援套件，例如 LEGO© MINDSTORMS©、Arduino© 和 Raspberry Pi©，它們受到研究人員和愛好者的歡迎，用於控制無人機和機器人。透過這些軟體套件，你可以開發和模擬在支援的硬體上獨立運行的演算法。它們包括一個 Simulink 模組庫，用於配置和讀取硬體的感測器、執行器和通訊接口。當演算法在硬體上運行時，你還可以從 Simulink 模型中實時地調整參數。MathWorks 支援活躍的線上用戶社群，你可以在其中查看應用程序和下載文件。第十章討論了一些機器人車的應用。

第十一章主要探討符號法，其可用來操控代數表示式，並求解代數與超越方程式、微積分、微分方程式，以及矩陣代數問題。微積分的應用包含積分與微分、最佳化、泰勒級數、級數運算及極限。此外，本章也會介紹如何使用拉普拉斯轉換法求解微分方程式。本章需要使用數學符號工具箱。

附錄 A 是本書所使用之指令及函數的導覽。附錄 B 介紹了如何在 MATLAB 中產生動畫及音效。對於並非絕對必要學習 MATLAB 的學生，這些軟體特色可以幫助引起他們學習的興趣。附錄 C 總結了用來創造格式化輸出結果的函數。附錄 D 為參考文獻。本書最後則是部分習題解答及索引。

本書所有的圖形、表格、方程式及範例皆以其所在的章節與段落進行編號，例如圖 3.4-2 就是第三章第四節的第二張圖。這一套編號系統是為了幫助讀者便於找出這些項目。每一章最後所列的習題並不使用此一編號系統，僅以數字 1、2、3 等順序來編號，以避免和章節中的範例混淆。

參考資料的特色

本書具有下列的特色，均是為了加強參考資料的實用性而設計。

- 在本書各章中，以數字編號的表格會摘要出該章中所使用的指令及函數。
- 附錄 A 是本書使用的所有指令及函數之完整列表，依照種類分組編排，並且列出使用與內文出現的頁碼。
- 每一章最後都列出該章的關鍵詞，並列出它們在書中被介紹的頁碼。
- 索引共分為四個部分：符號的列表、MATLAB 指令與函數列表、Simulink 方塊列表，以及專有名詞索引。

教學上的輔助

本書包含下列教學上的輔助:

- 每章章首均提供學習大綱。
- 「測試你的瞭解程度」練習題會在該章的相關內文處出現。這些相對淺顯易懂的練習能讓學習者評估對內容的瞭解程度。多數題目都會附上解答,但學生在做這些練習時應該親力而為。
- 每章均附有以內文段落分類的習題。
- 每章包括許多實際的範例,主要的範例會被加以編號。
- 每章均提供內容摘要,以便於複習該章主題。
- 本書最後會提供各章章末習題中題號旁有加星號的題目解答 (例如 15.*)。

另外的兩個特色可以引起學生對 MATLAB 與工程專業的興趣:

- 多數範例與習題都與工程上之應用有關。它們取自各種工程領域,並顯示出 MATLAB 的實用性。
- 每章首頁提供一張近代工程成就的圖片,並顯示出 21 世紀中工程師即將面對的挑戰與機會。對於這些成就及其對應的工程定律會在圖片下方加以介紹,並且討論 MATLAB 如何應用於這些定律上。

線上資源

當教師採用本書當教材時,線上會提供一份教師使用手冊,其中包含所有「測試你的瞭解程度」練習及章末習題的解答。英文教科書網站也可下載本書重要內容的投影片檔案及相關建議。

電子書的選項

電子書對學生來說是一個創新的省錢方式,並創造一個綠色環境。和傳統的教科書比較起來,電子書可以為學生省下大約一半的金錢,並且提供特殊的功能,像是搜尋引擎、標示重點,以及透過電子書和同學分享筆記。

McGraw-Hill 提供本書的電子書,若有需要,請與 McGraw-Hill 的業務代表聯絡,或是到網站 www.coursesmart.com 以獲得更多資訊。

MATLAB 資料

有關 MATLAB 及 Simulink 的產品資訊,請聯絡:

The MathWorks, Inc.
3 Apple Hill Drive
Natick, MA, 01760-2098 USA
Tel: 508-647-7000
Fax: 508-647-7001
E-mail: info@mathworks.com
Web: www.mathworks.com
How to buy: www.mathworks.com/store

致謝

本書的完成要歸功於許多人。羅德島大學 (University of Rhode Island) 的全體教職員對於發展與教授大一新生有關 MATLAB 課程的經驗，對此書有重大的影響；許多使用者也提供了寶貴意見。作者很感謝他們的貢獻。

MathWorks 公司一直致力於教育方面的出版，我想特別感謝該公司的 Naomi Fernandes 的幫忙。McGraw-Hill 教育部門的 Thomas Scaife、Jolynn Kilburg、Laura Bies 及 Lora Neyens 和 Kate Scheinman 有效率地校正手稿，讓本書得以順利付梓。

我的姊妹 Linda、Chris 及母親 Lillian，總是在身邊支持我。我的父親在生前也是陪伴在我身邊，為我加油打氣。最後，我要感謝太太 Mary Louise，以及孩子 Aileene、Bill 與 Andy，感謝他們對於此項工作的體諒與支持。

William J. Palm III
Kingston, Rhode Island

目次

譯者序	iii
作者簡介	iv
前言	v

Chapter 1
MATLAB®*概觀　　　　　　　　　　1

1.1	MATLAB 互動式對話	3
1.2	工具條	16
1.3	內建函數、陣列和繪圖	17
1.4	使用檔案	23
1.5	MATLAB 輔助系統	31
1.6	求解問題方法論	33
1.7	摘要	41
	習題	41

Chapter 2
數字陣列、胞陣列以及結構陣列　　49

2.1	一維和二維數值陣列	50
2.2	多維數值陣列	60
2.3	逐元運算	61
2.4	矩陣運算	71
2.5	利用陣列做多項式運算	83
2.6	胞陣列	88
2.7	結構陣列	91
2.8	摘要	95
	習題	96

Chapter 3
函數與檔案　　　　　　　　　　113

3.1	初等數學函數	114
3.2	使用者定義函數	121
3.3	其他函數介紹	135
3.4	函數存檔	144
3.5	摘要	146
	習題	146

Chapter 4
MATLAB 程式設計　　　　　　　153

4.1	程式設計與開發	154
4.2	關係運算子與邏輯變數	161
4.3	邏輯運算子及函數	164
4.4	條件敘述	172
4.5	`for` 迴圈	180
4.6	`while` 迴圈	193
4.7	`switch` 結構	198
4.8	MATLAB 程式除錯	201
4.9	應用於模擬	204
4.10	摘要	209
	習題	210

Chapter 5
進階繪圖　　　　　　　　　　　227

5.1	xy 繪圖函數	228
5.2	其他指令及繪圖類型	237
5.3	MATLAB 中的互動式繪圖	251

5.4	三維圖形	257
5.5	摘要	264
習題		264

Chapter 6
模型建立及迴歸　　275

6.1	函數發現	276
6.2	迴歸	287
6.3	基本擬合介面	300
6.4	摘要	303
習題		304

Chapter 7
統計學、機率和內插　　313

7.1	統計學和直方圖	314
7.2	常態分布	319
7.3	隨機數產生	325
7.4	內插	335
7.5	摘要	344
習題		345

Chapter 8
線性代數方程式　　351

8.1	線性方程式的矩陣方法	352
8.2	左除法	356
8.3	欠定系統	362
8.4	過定系統	372
8.5	通解程式	375
8.6	摘要	376
習題		378

Chapter 9
微積分及微分方程式的數值方法　　389

9.1	數值積分	390
9.2	數值微分	398
9.3	一階微分方程式	403
9.4	高階微分方程式	411
9.5	用於線性方程式的特殊方法	415
9.6	摘要	428
習題		430

Chapter 10
Simulink　　439

10.1	模擬圖	440
10.2	Simulink 的介紹	441
10.3	線性狀態變數模型	447
10.4	分段線性模型	450
10.5	轉移函數模型	456
10.6	非線性狀態變數模型	459
10.7	子系統	462
10.8	模型中的遲滯時間	467
10.9	非線性車輛懸吊模型的模擬	469
10.10	控制系統和硬體在迴圈中測試	473
10.11	摘要	483
習題		483

Chapter 11
使用 MATLAB 進行符號處理　　493

11.1	符號算式和代數	495
11.2	代數和超越方程式	503
11.3	微積分	512
11.4	微分方程式	524
11.5	拉普拉斯轉換	532
11.6	符號線性代數	541

11.7 摘要	545	
習題	546	

Appendix A
本書中指令與函數導覽 557

Appendix B
MATLAB 中的動畫與音效 571
B.1 動畫	571	
B.2 音效	579	

Appendix C
MATLAB 的格式化資料輸出 583

Appendix D
參考文獻 587

部分習題答案 589

中文索引 593

Chapter 1

MATLAB®*
概觀

照片來源：NASA

21 世紀的工程……
遠距探測

還需要很多年人類才能夠到其他星球旅行。現在，無人操作的探測器幫助我們快速地增進對於宇宙知識的瞭解。隨著科技的演進，這些探測器變得更可靠、更多樣化，使得探測器的應用在未來更為廣泛。在影像及其他資料蒐集方面則需要更好的感測器。改進的機器人裝置將使這些探測器更為獨立自主、更能夠與環境交互作用，而不僅僅是單純地觀測環境。

NASA (美國國家太空總署) 的行星探測車旅居號於 1997 年 7 月 4 日降落火星，成功地探索火星表面，測定輪胎與土壤的交互作用來分析岩石與土壤，並傳回登陸時損害評估的影像，這令地球上的人們頗為振奮。接下來在 2004 年年初，兩台改進過的探測車精神號與機會號，分別降落在火星的相對兩側。21 世紀最重要的一個發現，就是找到火星上有大量的水存在的證據。

雖然依據計畫，精神號只能操作 90 火星天，但它已運作超過五年，在 2009 年故障，在 2010 年停止傳送訊號。探測器可能因為內部低溫而失去動力。在 2016 年機會號仍然健在，早已超過它的運作壽命達 12 地球年，幾乎為它設計壽命的 50 倍。

探測器好奇號在 2012 年登陸火星，在經過 56,300 萬公里

學習大綱

1.1 MATLAB 互動式對話
1.2 工具條
1.3 內建函數、陣列和繪圖
1.4 使用檔案
1.5 MATLAB 輔助系統
1.6 求解問題方法論
1.7 摘要
習題

---

* MATLAB 為 MathWorks 公司註冊的商標。

旅程 (35,000 萬英里) 後降落在小於 2.4 公里 (1.5 英里) 的目標點之內。它是設計來調查火星氣候和地質，來評估蓋爾撞擊坑究竟能否有適合微生物生存的環境，和決定未來人類探測的居住點。好奇者的質量為 899 公斤 (1,982 磅)，包括 80 公斤 (180 磅) 的儀器。此探測器長 2.9 公尺 (9.5 英尺)、寬 2.7 公尺 (8.9 英尺) 及高 2.2 公尺 (7.2 英尺)。

除了它的科學儀器外，好奇號主要系統包括一個無線放射性同位素電熱聲 (radioisotope thermoelectric) 產生器提供動力、一個使用電熱器和抽取流體的溫度管理系統、二個電腦、一個有相機的導航系統和數個通訊系統。配備六個直徑 50 公分 (20 英寸) 的輪子在搖擺轉向架的懸吊器，提供 60 公分 (24 英寸) 的地表間距。好奇號能通過高達接近 65 公分 (26 英寸) 的障礙。視情況而定，當使用自動駕駛系統時最大的平均速度估計約為每天 200 公尺 (660 英尺)。

所有的工程定律都與探測車的設計和發射相關。MATLAB 類神經網路、信號處理、影像處理、偏微分方程式以及各種控制系統工具箱，都能有效幫助探測器的設計者製作出和火星探測車一樣的自動交通工具。

本章是本書最重要的一章。學完本章之後，讀者就有能力使用 MATLAB 去求解各種不同的問題。第 1.1 節把 MATLAB 當作一個互動式的計算機。第 1.2 節涵蓋主要的選單及工具列。第 1.3 節介紹內建函數、陣列和繪圖。第 1.4 節討論如何建立、編輯及儲存 MATLAB 程式。第 1.5 節介紹了外延式 MATLAB 輔助系統與章節。第 1.6 節則是提出解決工程問題的方法論。

如何使用本書

本書的章節組成相當具有彈性，適合各種讀者的需求。然而，建議你至少要依序讀完第一章至第四章的內容。第二章介紹陣列 (array)，它是 MATLAB 中最基本的構成元件。第三章涵蓋檔案的使用、MATLAB 內建的函數以及使用者定義函數。第四章則是利用關係與邏輯運算子、條件敘述以及迴圈來撰寫程式。

第五章到第十一章是獨立的章節，可以不按照章節順序教授，或者可以省略其中任一章。這幾章的內容更深一層地討論如何使用 MATLAB，來求解各種不同的問題。第五章包含二維及三維圖形的詳細介紹。第六章教導如何利用繪圖並根據資料來建立數學模型。第七章介紹機率、統計及內插的應用。第八章深入地介紹線性代數方程式在過定系統及欠定系統中的應用。第九章介紹數值方法如何應用於微積分和常微分方程式。第十章的重點為 Simulink®*，它是一種圖形化使用者介面，

---

* Simulink 和 MuPAD 為 MathWorks 公司註冊的商標。

主要用來解決微分方程式模型。第十一章介紹如何使用 MATLAB 的符號運算工具箱，應用於代數、微積分、微分方程式、轉換及特殊函數。

參考資料及學習輔助

本書的設計可當作參考資料或學習的教材。本書的特色如下。

- 每一章頁面的側邊都會註明所介紹的新名詞。
- 每一章都有「測試你的瞭解程度」練習題，其中包含了正確的解答，方便你測試自己對於課文的理解能力。
- 每一章均以習題作為總結。這些習題比「測試你的瞭解程度」練習題需要花更多的心力研究。
- 每一章都包含該章所介紹的 MATLAB 指令列表。
- 每一章的最後都有：
  - 該章內容摘要。
  - 讀者應該知道的關鍵詞列表。
- 附錄 A 包含了 MATLAB 指令的列表，依照類別分組，並列出對應的頁數。
- 索引包含四部分：MATLAB 符號、MATLAB 指令、Simulink 方塊和主題。

1.1　MATLAB 互動式對話

我們現在開始介紹如何使用 MATLAB 來執行基礎運算，以及如何退出 MATLAB。

慣例

在本書中，我們使用 typewriter 字型來表示 MATLAB 指令，包含任何在電腦之中輸入的內容，以及任何 MATLAB 所回應顯示於螢幕上的字，例如 y = 6*x。一般的數字文字變數則以斜體字出現，例如 $y = 6x$。至於使用粗體字則有三種目的：在一般數學文字內表示向量與矩陣 (例如 **Ax = b**)、表示鍵盤上的按鍵 (例如 **Enter**)，以及表示螢幕選單或選單內的項目 (例如 **File**)。我們假設使用者每次輸入完指令之後就會按下 **Enter** 鍵，所以這個動作在本書不另外以符號表示。

啟動 MATLAB

要在微軟視窗系統中啟動 MATLAB，請在 MATLAB 圖示上按兩下，接著便會看到 MATLAB 桌面 (Desktop)。桌面主要管理指令視窗 (Command window)、輔助瀏覽器 (Help Browser) 及其他工具。MATLAB 的桌面可能因不同版本而有不同，

桌面

但基本性質都和本書所討論的內容類似。桌面的預設外觀如圖 1.1-1 所示。我們可以看到共顯示出四個視窗，分別為位在中間的指令視窗、右下方的指令歷史視窗 (Command History window)、右上方的工作區視窗 (Workspace window)、左下方的詳細視窗 (Details window) 和左上方的現行目錄視窗 (Current Folder window)。桌面上方則是一列選單名稱，以及一列工具列 (toolstrip) 的圖像。預設桌面顯示三個標籤：HOME、PLOT 和 APPS。這些標籤的使用在 1.2 節中討論。在標籤的右側是一個方框顯示捷徑按鈕能讓你產生容易常用的指令。方框中其餘的項目則是起初未作用的更進階功能。我們將在本章中描述選單、工具列及目錄。

指令視窗

使用者利用**指令視窗** (Command window)，透過在其中輸入不同形式的指令 [包括指令 (command)、函數 (function) 及敘述 (statement)] 來與 MATLAB 程式溝通。稍後我們會介紹這些不同指令之間的差異，但現在為了簡化描述，我們通稱它們為指令。MATLAB 會顯示提示符號 (>>)，來表示程式準備好接收指令。在下達 MATLAB 指令之前，應先確認游標在提示符號之後。如果不是，則必須使用滑鼠來移動游標。學生版軟體的提示符號為 EDU >>。我們將使用一般版本的提示符號 >> 來說明本書中的指令。圖 1.1-1 的指令視窗顯示了一些指令和計算的結果，本書稍後將針對這些指令做介紹。

另外三個視窗會顯示在預設的桌面。現行目錄視窗和檔案管理視窗很類似，你可以使用這個視窗來存取檔案。在副檔名 .m 的檔案上按兩下，就可以將此檔案在 MATLAB 編輯器中開啟。第 1.4 節將會介紹編輯器。圖 1.1-1 顯示作者目錄 C:\MyMATLAB 範例中下的檔案。

現行目錄視窗之下是詳細視窗。它顯示了第一個 (如果有的話) 註解。請注意，有四種格式的檔案會出現在現行目錄中，它們依序為 MATLAB 腳本檔、一個 JPEG 圖檔、一個 MATLAB 使用者定義檔和 Simulink 模型檔。這些副檔名分別是 .m、.jpg、m 和 .mdl。每個檔案有它各自的圖案。我們將在本章介紹 M 檔，其他檔

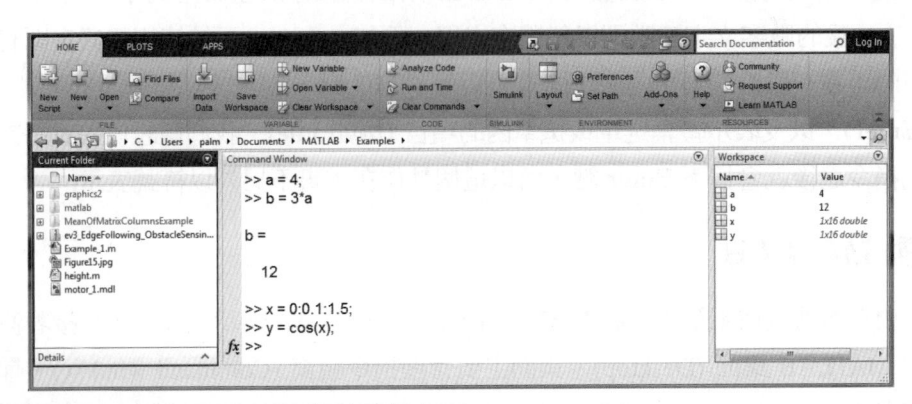

■ 圖 1.1-1　MATLAB R2017b 版的預設桌面

案型態將在之後的各章介紹。你可以在此資料夾中擁有其他格式的檔案。

工作區視窗出現在右上方，它會顯示指令視窗中所使用的**變數** (variable)。在變數名稱上按兩下就可以開啟變數編輯器 (Variable Editor)，相關內容會在第二章討論。

變數

你可以隨意改變桌面的外觀。例如，若要消除一個視窗，只要用滑鼠按下視窗右上方的關閉視窗按鈕 (×) 即可。如果要從桌面分離單一視窗，則只要按下包含弧形箭頭的按鈕即可。浮動式視窗可以在螢幕上任意移動，當然你也可以使用相同的方法來操作其他視窗。若要回復預設的組態，按下 **Desktop** 選單，選取工具列中的 **Layout** 後再選擇 **Default** 即可。

測試你的瞭解程度

T1.1-1 試驗你的桌面。在提示符號時鍵入 `ver` 來知道你使用的 MATLAB 版本和電腦的細節。如果你不是使用 R2017a 版本，在本節中找到討論的視窗，並檢視工具列來找出和圖 1.1-1 類似的項目。

輸入指令與算式

要瞭解 MATLAB 是如何地易於使用，試著做一些練習。確認游標在指令視窗中的提示字元旁。如果你想要進行「8 除以 10」這個運算，只要鍵入 8/10 並按下 **Enter** (符號 / 是 MATLAB 中代表除法的符號)。你的輸入與 MATLAB 在螢幕上的反應如下所示 [我們稱這種使用者與 MATLAB 的互動為互動式對話 (interactive session)，或簡稱為**對話** (session)]。記住，符號 >> 會自動出現在螢幕上；使用者不需要鍵入。

對話

```
>> 8/10
ans =
    0.8000
```

MATLAB 會縮格顯示數值結果。MATLAB 在計算中使用了很高的精確度，但是它預設只顯示四位小數的結果，除非結果為整數。

如果你犯錯，現在只要按 **Enter** 並且正確地重打那行。忽略你可能看到的任何錯誤訊息。

使用變數 MATLAB 會指派最近的答案到變數 `ans` 之中，此名稱是 answer 的縮寫。變數 (variable) 在 MATLAB 中是一個用來代表包含某一個值的符號。使用者可以將 `ans` 這個變數用於接下來的運算；例如，使用 MATLAB 的乘法符號 (*)，可

以得到：

```
>> 5*ans
ans =
     4
```

請注意，變數 ans 的值現在為 4。

你可以使用變數來寫出數學式。若不是使用預設的變數 ans，你可以指派一個結果到所選取的變數之中，例如 r，如下：

```
>> r = 8/10
r =
   0.8000
```

這稱為指派敘述。變數也只有變數永遠在 = 符號的左邊。這個符號稱為指派或取代運算元，它不能像數學等號那樣使用。之前的輸入意義是「指派 8/10 的數值給變數 r」。

如果你在提示符號處鍵入 r 並按下 **Enter**，你會看到：

```
>> r
r =
   0.8000
```

代表變數 r 值變為 0.8。你可以利用此變數進行下一步的運算。例如，

```
>> s=20*r
s =
    16
```

一個常見的錯誤是忘記乘法符號 (*)，而輸入使用者在代數中常使用的表示方式，例如 *s* = 20*r*。如果使用者在 MATLAB 中使用這個表示式，將會出現錯誤訊息。

程式碼之間的空白可以增加可閱讀性，例如，如果你要可以在等號前後和乘法符號 * 各增加一個空白。因此你可以鍵入

```
>> s = 20 * r
```

MATLAB 在計算時會自動忽略這些空白，只有一個例外我們將在第二章討論。

優先權

純量

純量 (scalar) 是一個單數。純量變數 (scalar variable) 是內含一個單數的變數。MATLAB 使用 +−* / ^ 等符號來表示純量的加法、減法、乘法、除法及次方 (冪

次)。這些計算列於表 1.1-1。例如，鍵入 x = 8 + 3*5 會傳回答案 x = 23。輸入 2^3 -10 則會傳回答案 ans = -2。斜線 (/) 表示右除法 (right division)，也就是一般我們所熟悉的除法運算子，例如輸入 15/3 傳回的結果為 ans = 5。

MATLAB 還有另外一個除法運算子，叫作左除法 (left division)，是以反斜線 (\) 來表示。左除法運算子非常適用於求解一組線性代數方程式。請記住，要分辨兩者不同的一個好方法就是運算子的斜線偏靠在分母上。例如，7/2 = 2\7 = 3.5。

以符號 +-*/\^表現的數學運算遵循著一組**優先權** (precedence) 規則。數學運算式由左開始進行運算，次方的運算具有最高優先權，接下來則是具有相同優先權的乘法和除法，再來才是加法與減法 (兩者的優先權相同)。括號可以用來改變以上的順序。計算會從最內部的括號開始進行，然後向外依序進行。表 1.1-2 摘要了這些規則。例如，請注意下列對話的優先權。

優先權

```
>>8 + 3*5
ans =
     23
>>(8 + 3)*5
ans =
     55
>>4^2 - 12 - 8/4*2
ans =
      0
```

■ 表 1.1-1 純量算術運算子

符號	運算	MATLAB 形式
^	冪次運算：a^b	a^b
*	乘法：ab	a*b
/	右除法：$a/b = \frac{a}{b}$	a/b
\	左除法：$a\backslash b = \frac{b}{a}$	a\b
+	加法：$a + b$	a+b
−	減法：$a - b$	a-b

■ 表 1.1-2 優先權

優先權	運算
第一	括號，從最內部開始運算。
第二	冪次運算，由左至右。
第三	乘法與除法，兩者優先權相同，由左至右。
第四	加法與減法，兩者優先權相同，由左至右。

```
>>4^2 - 12 - 8/(4*2)
ans =
     3
>>3*4^2 + 5
ans =
     53
>>(3*4)^2 + 5
ans =
     149
>>27^(1/3) + 32^(0.2)
ans =
     5
>>27^(1/3) + 32^0.2
ans =
     5
>>27^1/3 + 32^0.2
ans =
     11
>>4^(1/2)
ans =
     2
>>4^(-1/2)
ans =
     0.5
```

為了避免錯誤,可以在適當的地方加入括號,以確保運算中所要求的優先權。此外,使用括號也可以增加 MATLAB 算式的可讀性。例如,括號在算式 8 + (3*5) 中並不是必須的,但這樣做可以使得我們想要先處理 3 乘以 5 再加上 8 的運算順序脈絡更為清晰。

括號一定要平衡,代表一定有成對的左開與右開括號。但是,就算它們有平衡也不表示算式是正確。例如,要求得算式

$$y = (x-3)(x-2)^2$$

以下的程式碼得到正確答案

```
y = (x -3)*(x - 2)^2
```

但是,如果你打錯為

```
y = (x - 3*(x - 2))^2
```

括號要平衡而且 MATLAB 將不會給錯誤訊息但是答案並不會對。例如，如果 $x = 8$，正確答案是 180，但是先前程式碼得到 100。

測試你的瞭解程度

T1.1-2 使用 MATLAB 進行下列算式的運算。

a. $6\left(\frac{10}{13}\right) + \frac{18}{5(7)} + 5\left(9^2\right)$

b. $6(35^{1/4}) + 14^{0.35}$

(答案：a. 410.1297；b. 17.1123)

T1.1-3 以下 MATLAB 表示式產生了什麼答案？

a. `25^-1`

b. `25^-1/2`

c. `25^(-1/2)`

d. `4^3/2`

(答案：a. 0.04；b. 0.02；c. 0.3；d. 32)

適當使用指派運算子

　　了解符號 = 在 MATLAB 和一般你在數學中所使用的等號並不相同很重要。當你鍵入 x = 3，即是告訴 MATLAB 將 3 指派到變數 x，這個使用方式和數學的使用方式並無差異。然而，在 MATLAB 中我們也可以鍵入以下的算式：x = x + 2。這告訴 MATLAB 在目前的 x 值加上 2，以取代目前的 x 值。如果 x 原本的值是 3，則新的值變成 5。這時候 = 運算子的用法就和數學中的 = 不一樣。例如，在數學算式中 $x = x + 2$ 是無效的，因為這表示 $0 = 2$ (等號兩邊同時減去 x)。

　　在 MATLAB 中，= 運算子左邊的變數將會被右邊所產生的值所取代。因此，只有一個變數可以被放置在 = 運算子的左邊，所以不可以在 MATLAB 中鍵入 6 = x。這個限制的另一個結果就是不可以在 MATLAB 中輸入下列的算式：

```
>>x + 2 = 20
```

　　對應的方程式 $x + 2 = 20$ 在代數中是可以接受的，並且可以得到結果 $x = 18$，但 MATLAB 在沒有其他指令的情況下，並不能解出這樣的方程式 (這些指令可以在符號數學工具箱當中找到，我們會在第十一章加以討論)。

　　另一項限制就是 = 運算子右邊必須有一個可計算的值。例如，如果沒有指派一個值給變數 y，則下列算式在 MATLAB 中會顯示出錯誤訊息。

```
>>x = 5 + y
```

除了指派已知的值給變數,指派運算子對於目前未知數的指派也是很有用的,或者也可以根據預先定義的程序來更改變數的值,請參見下面的範例。

範例 1.1-1　圓柱體的體積

具有高度 h 及半徑 r 的圓柱體體積為 $V = \pi r^2 h$。一個特殊的圓柱體水槽高度為 15 公尺,半徑為 8 公尺。現在我們想要建造另外一個容量多 20%,但高度相同的水槽。請問半徑為多少?

■ 解法

首先求解圓柱體的方程式以得到半徑 r。如下:

$$r = \sqrt{\frac{V}{\pi h}} = \left(\frac{V}{\pi h}\right)^{1/2}$$

對話如下所示。首先,我們分別指派半徑與高度值給變數 r 及 h。接下來,我們計算原本圓柱體的體積,並且增加 20% 的體積。最後,即可求解所需的半徑。對於這個問題,我們可以使用 MATLAB 內建的常數 pi。

```
>>r = 8;
>>h = 15;
>>V = pi*r^2*h;
>>V = V + 0.2*V;
>>r = (V/(pi*h))^(/1/2)
r =
    8.7636
```

因此得到新的圓柱體半徑為 8.7636 公尺。在此必須注意到:原本變數 r 與 V 的值已被新的值所取代了。只要我們不打算再次使用原本的值,這是可以被接受的。注意到算式的優先權 V = pi*r^2*h;,它和 V = pi*(r^2)*h; 的優先權是一樣的。

表示式 r =(V/(pi*h))^(/1/2) 是一個使用巢式括號的例子,其中內括號對釐清我們的意圖是要在括號前將 pi 乘以 h。外部括號對是需要指出開根號運算的目標。你可能常使用巢式括號來指示你的意圖。要確保它們使用是成對;不然你將會得到不平衡括號的警告。

變數名稱

工作區　　　　工作區 (workspace) 這個名詞意指在目前工作對話中所使用變數的名稱與值。變數名稱必須以字母起頭,其他部分可以是字母、數字或底線。MATLAB 會區

分大小寫。因此下列的名稱代表了五個不同的變數：speed、Speed、SPEED、Speed_1，以及 Speed_2。在名稱上是有上限的，可以有很多字元數目但卻必須是有限的。鍵入 namelengthmax 來決定此上限。MATLAB 忽略額外的字元。

管理工作對話

表 1.1-3 摘錄了一些用來管理工作對話的指令及特殊符號。每一列結尾的分號會制止 MATLAB 在螢幕上顯示回應。如果每一列的結尾處沒有加上分號，則 MATLAB 會在螢幕上顯示此列的執行結果。雖然以分號制止 MATLAB 顯示結果，但 MATLAB 仍然會記住變數的值。

不管是想要看前一個指令的結果，或者以分號制止顯示，我們可以利用逗號分隔在同一列中同時放入許多指令。舉例如下：

```
>>x=2;y=6+x,x=y+7
y =
    8
x =
    15
```

請注意，x 的值由 2 變為 15，而且第一個 x 的值並沒有顯示出來。

如果你需要輸入很長的一列，則必須使用省略符號，也就是三個句號來延遲執行。例如，

```
>>NumberOfApples = 10; NumberOfOranges = 25;
>>NumberOfPears = 12;
```

■ 表 1.1-3 管理工作對話的指令

指令	敘述
clc	清除指令視窗。
clear	由記憶體中移除所有的變數。
clear var1 var2	由記憶體中移除 var1 以及 var2 這兩個變數。
exist('name')	決定是否有任何一個檔案或變數以名稱「name」存在。
quit	終止 MATLAB。
who	列出目前記憶體中所有的變數。
whos	列出目前的變數以及大小，若是有虛部則指明出來。
:	冒號；產生具有固定間隔元素的陣列。
,	逗號；分開陣列中的元素。
;	分號；制止螢幕的顯示；同時也用於標示陣列中新的一列。
…	省略符號；接續成同一列。

```
>>FruitPurchased = NumberOfApples + NumberOfOranges ...
+NumberOfPears
FruitPurchased =
   47
```

定位完成

　　MATLAB 對建議修正的文句錯誤，是指在 MATLAB 語言的不正確表示式。假設你輸入了一列錯誤的指令

```
>>x = 1 + 2(6+5)
```

　　如果你按下 **Enter** 鍵，MATLAB 回應錯誤訊息和詢問你是否要輸入 x = 1 + 2*(6 + 5)。但是如果你尚未按下 **Enter** 鍵，而是重新輸入整行，按下左向箭頭 ← 數次來移動游標再加入漏掉的 t，然後再按 **Enter**。

　　左向箭頭 (←) 及右向箭頭 (→) 可以在列中向左右一次移動一個字元 (character)。若要一次移動一個字 (word)，則需要同時按下 **Ctrl** 及 →，以往右移動。若同時按下 **Ctrl** 及 ←，則往左移動。按下 **Home** 則是將游標移動到一行的開頭，按下 **End** 則是移動到一行的最後面。

　　你也可以使用定位完成 (tab completion) 的特色來減少打字輸入的量。如果鍵入開頭的幾個字母並按下 **Tab** 鍵，MATLAB 會自動完成函數、變數或檔案的名稱。如果這個名稱是唯一的，則會自動完成。例如，在前面所提到的對話中，鍵入 Fruit 並按下 **Tab**，則 MATLAB 會自動完成名稱，並且顯示出 FruitPurchased。按下 **Enter** 可顯示變數的值，或者繼續編輯以建立一個新的可執行列，其會使用到變數 FruitPurchased。

　　如果有超過一個以上的名稱以所輸入的字母作為起頭，當使用者按下 **Tab** 鍵時，MATLAB 會顯示這些名稱。使用者可以用滑鼠從彈出的列表中，以雙擊的方式選擇需要的參數。

指令歷史

　　跳出指令歷史顯示在指令視窗最近使用的註解。在預設情況下，它會顯示在指令視窗的向上箭頭 (↑)。你可以用它來召回、瀏覽、過濾和搜尋在指令視窗中最近使用過的指令。要取回清單中的一個指令，使用向上箭頭鍵來突顯要的指令然後按 **Enter** 或使用滑鼠來選擇它。要取回一個指令使用部分吻合，在提示符號出現時鍵入任何指令的一部分，然後按下向上箭頭鍵。標記同色的錯誤訊息會出現在指令歷史的左側來指出有錯的指令。

消除和清除

按下 **Del** 可以消除游標所在的字元，按下 **Backspace** 可消除游標之前的那一個字元。按下 **Esc** 則是清除一整行，同時按下 **Ctrl** 及 **k** 則是消除到此行的結尾。

MATLAB 會記憶每一個變數的最後一個值，直到退出 MATLAB 程式或是使用者清除這些值，忽視這個事實通常會導致在使用 MATLAB 時發生錯誤。例如，你可能會在許多不同的計算中使用到變數 x。如果忘記輸入 x 的正確值，MATLAB 會使用最後一個值，而得到一個錯誤的結果。你可以使用 clear 這個函數來將記憶體中所有的變數消除，或者使用 clear var1 var2 這樣形式的指令來消除名稱為 var1 及 var2 的變數。clc 指令的功用又不一樣，此指令只是清除指令視窗中的所有顯示，但是仍維持記憶體中變數的值。

你可以輸入變數的名稱並按下 **Enter**，以看到此變數目前的值。如果變數目前沒有被指派任何值(也就是說，值並不存在)，則你會得到錯誤訊息。你也可以使用 exist 函數。鍵入 exist('x') 可以看看變數 x 是否在使用中。如果傳回 1，表示此變數存在；如果傳回 0，則表示不存在。who 這個函數可以列出記憶體中所有的變數，但不包括對應的值。若是輸入的格式為 who var1 var2，會限定顯示指定的變數。萬用字元「*」可顯示符合某一個類型的變數。例如，who A* 可以找到目前工作區中所有以 A 為起頭的變數。whos 函數則是列出變數名稱及其大小，並且指出這些變數是否有非零的虛部存在。

函數與指令或敘述之間的差異，主要在於函數具有以括號包含起來的引數。如 clear 等指令不需要引數；但如果指令有引數，並不以括號包圍起來，例如 clear x。敘述則不能有引數，例如 clc 及 quit 兩者都是敘述。

鍵入 **Ctrl-C** 可以在不需要終止對話的情況下中止一個需要長時間的運算程序。使用者可以藉由輸入 quit 來退出 MATLAB；也可以直接按下 **File** 選單，再按下 **Exit MATLAB** 來退出程式。

預先定義的常數

MATLAB 有許多預先定義的特殊常數，例如我們在範例 1.1-1 中曾經使用並且列於表 1.1-4 中的內建常數 pi。符號 Inf 表示 ∞，亦即這個數值字太大，以致於 MATLAB 無法表示出來。例如，輸入 5/0 會產生答案 Inf。符號 NaN 表示「這不是一個數字」，意指這是未定義的數值結果，例如我們輸入 0/0 會得到這樣的結果。符號 eps 代表最小的一個數字，使得我們以電腦將這個數字加上 1 時，會得到一個比 1 還要大的值。我們把這個數字當作計算精確度的指標。

13

■ 表 1.1-4　特殊的變異數與常數

指令	敘述
ans	儲存最近一次答案的暫存變數。
eps	指定浮點數精確度的準確性。
i,j	虛部 $\sqrt{-1}$。
Inf	無限大。
NaN	指出未定義的數值結果。
pi	圓周率 π。

符號 i 以及 j 表示虛部，也就是 $i = j = \sqrt{-1}$。我們使用它們來建立及表示複數，例如 x = 5 + 8i。

試著不要使用這些特殊常數的名稱來命名變數。雖然 MATLAB 可以讓你指派不同的值給這些常數，但這並不是一個好的方式。

複數運算

MATLAB 能夠自動處理複數代數。例如，$c_1 = 1 - 2i$，我們要輸入 c1 = 1-2i，你也可以輸入 c1 = Complex(1,-2)。

注意：i 或 j 與數字之間並沒有星號，雖然在變數中是需要的，例如 c2 = 5 - i*c1。如果在處理上不夠小心，此協定很容易會發生錯誤。例如，算式 y = 7/2*i 以及 x = 7/2i 會得到兩個不同的結果：$y = (7/2)i = 3.5i$ 以及 $x = 7/(2i) = -3.5i$。

另外，複數的加法、減法、乘法及除法也很容易進行。例如，

```
>>s = 3+7i; w = 5-9i;
>>w+s
ans =
    8.0000 - 2.0000i
>>w*s
ans =
   78.0000 + 8.0000i
>>w/s
ans =
   -0.8276 - 1.0690i
```

測試你的瞭解程度

T1.1-4 給定 $x = -5 + 9i$ 以及 $y = 6 - 2i$，使用 MATLAB 計算出下列結果：$x + y = 1 + 7i$、$xy = -12 + 64i$，以及 $x/y = -1.2 + 1.1i$。

格式化指令

指令 `format` 可以控制數字以何種形式顯示在螢幕上。表 1.1-5 列出這個指令的各種變形。MATLAB 會使用很多特殊位數來計算，但我們很少需要全部顯示出來。預設的 MATLAB 顯示格式是 `short` 格式，使用四位小數。你可以藉由輸入 `format long` 來顯示最多 16 位數。若要回到預設模式，則輸入 `format short`。

你可以藉由輸入 `format short e` 或 `format long e` 來強迫輸出為科學記號，其中 e 代表底數為 10。因此，輸出若為 `6.3792e+03` 就代表 6.3792×10^3；輸出若為 `6.3792e-03` 則代表 6.3792×10^{-3}。請注意，內文中的 e 並非代表以自然對數為基底的 e。這裡的 e 代表的是「指數」。雖然這並不是一個好的表示法，但卻是 MATLAB 遵循很多年所建立的傳統電腦程式語言標準。

`format bank` 的使用僅限於貨幣的計算；它沒有辦法辨識出虛部。

實況編輯器

用 MATLAB 的實況編輯器 (Live Editor)，是在 R2016a 加入，你可以產生和跑實況腳本 (live scripts)。實況腳本結合程式碼、輸出和格式化內容為單一個互動環境。格式化內容包含格式化文稿、繪圖、超連結和方程式。你可以產生一個互動的對話來分享。

實況編輯器讓你能更有效的工作，因為你可以寫、執行和測試程式碼而無需離

表 1.1-5　數值顯示格式

指令	述與範例
`format short`	四位小數 (預設值)：13.6745。
`format long`	16 位數：17.27484029463547。
`format short e`	五位數 (四位小數) 加上指數：6.3792e+03。
`format long e`	16 位數 (15 位小數) 加上指數：6.379243784781294e−04。
`format bank`	兩位小數；126.73。
`format +`	正數、負數或者零；+。
`format rat`	分數近似；43/7。
`format compact`	制止某些空白列。
`format loose`	重設成較不緊密的顯示模式。

開此環境，而且你可以個別跑區塊的程式碼或整個檔案。你可以看到結果和圖在程式碼產生後，而且你可以看到在檔案中哪裡發生錯誤。

學得更多的最佳方式是在桌面右上角的文件搜尋盒輸入實況編輯器。

1.2　工具條

桌面負責管理指令視窗及其他 MATLAB 工具。R2017b 的桌面的預設外觀如圖 1.1-1 所示。在桌面上方橫跨的是工具條 (Toolstrip) 包含一列的三個標籤稱為 HOME、PLOTS 和 APPS。在標籤的右側是快速取用工具列，包含常用的選單，例如剪下、複製和貼上。這個工具列可以客製化。在此工具列右邊是搜尋文件盒。

當 HOME 標籤被點選時工具條看起來就像圖 1.1-1。在標籤之下有不同的選單名稱和一列圖像稱為工具列。請參見圖 1.2-1。

如果你點選其他標籤，工具條將會改變。此外，其他標籤也可能出現。例如，如果你開啟一個檔案，EDITOR、PUBLISH 和 VIEW 標籤會出現。PLOTS 標籤會開啟一個繪圖工具列，這將在第五章討論。APPS 從 MATLAB 家族產品開啟一個應用的長廊，例如任何已安裝的 MATLAB 工具箱。

HOME 標籤選單

當 HOME 標籤啟動大部分的互動都是在指令視窗中，此工具列顯示在圖 1.2-1。它負責以下的通用種類的操作：

File：讓你產生、開啟、找到和比較檔案。產生一個新的腳本檔，點選 **New Script** 圖像。這會開啟編輯器，和顯示 EDITOR、PUBLISH 和 VIEW 標籤。編輯器讓你產生一個新程式檔，稱為腳本檔 (script file)。這是一種稱為 M 檔的文件，我們將在 1.4 節中討論。**New** 圖示將打開其他類型的文件，例如圖檔，我們將在稍後討論。**Compare** 圖示可用於比較兩個文件的內容。

變數：使你可以透過匯入數據或使用變數編輯器來產生變數。單擊 **New Variable** 圖示將打開 VARIABLES 和 VIEW 標籤，並顯示一個網格，你可以在其中鍵入變數值。你還可以打開和清除變數，並保存工作區的內容。

程式碼：使你可以分析、執行、計時和清除程序中的命令。

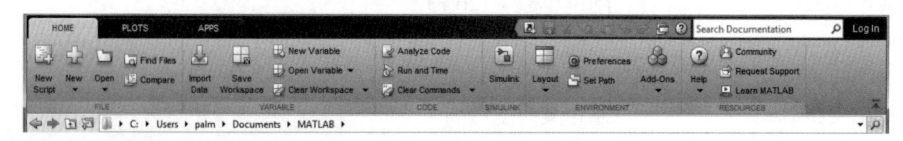

圖 1.2-1　選擇 HOME 標籤的 MATLAB 工具條。

Simulink：啟動 Simulink 程序。Simulink 是一個可選擇的附件加在 MATLAB，將在第十章中討論。如果系統上未安裝 Simulink，則不會看到此圖示。

環境：使用 **Layout** 圖示可以配置桌面的布置，如 1.1 節所述。你可以設置 MATLAB 如何顯示資訊的喜好，以及管理附加程式。

資源：**Help** 圖示讀取輔助系統，將在第 1.5 節討論。其餘的圖示可讓你向 MathWorks 和 MATLAB 社群請求幫助，並與 MATLAB Academy 進行自學。

1.3 內建函數、陣列和繪圖

此小節將介紹 MATLAB 內建的函數，並且會介紹陣列，它是 MATLAB 的基本組成要素。本節也會介紹如何處理檔案與從陣列來繪圖。

內建函數

MATLAB 有數百種內建函數。其中一個是平方根函數 sqrt。在函數名稱後面使用一對括號來包含值——稱為函數的**引數** (argument)——由函數操作。例如，要計算 9 的平方根並將其值給變量 r，請鍵入 r = sqrt(9)。注意，該算式相當於 r =(9)^(1/2)，但更緊湊。

引數

表 1.3-1 列出了一些常用的內建函數。第三章廣泛介紹了內建函數。MATLAB 用戶可以根據自己的特殊需求創建自己的函數。第三章介紹用戶定義函數的建立。

例如，要計算 sin x，其中 x 為弧度值，則鍵入 sin(x)。要計算 cos x，請鍵

表 1.3-1 一些常用的數學函數

指令	MATLAB 語法*
e^x	exp(x)
$\sqrt{x}$	sqrt(x)
$\ln x$	log(x)
$\log 10^x$	log10(x)
$\cos x$	cos(x)
$\sin x$	sin(x)
$\tan x$	tan(x)
$\cos^{-1} x$	acos(x)
$\sin^{-1} x$	asin(x)
$\tan^{-1} x$	atan(x)

*此處列出的 MATLAB 三角函數使用弧度測量。以 d 結尾的三角函數，例如 sind(x) 和 cosd(x)，以度為單位取 x 參數。反函數 [如 atand(x)] 以度為單位返回值。MATLAB 還具有四象限反正切函數 atan2(y,x) 和 atan2d(y,x)。

入 cos(x)。指數函數 e^x 由 exp(x) 計算。透過鍵入 log(x) 來計算自然對數 ln x (注意數學文本，ln 和 MATLAB 語法之間的寫法差異，log)。你可以透過鍵入 log10(x) 來計算以 10 為底的對數。

透過鍵入 asin(x) 得到反正弦。它以弧度返回答案，而不是度數。函數 asind(x) 返回度。

透過鍵入 atan(x) 獲得反正弦。它以弧度返回答案，而不是度數。函數 atand(x) 返回度。使用反正切函數時必須小心。例如，輸入 atand(1) 返回 45 度，但 –135 度的正切也是 1。因此，你必須知道正確的象限才能正確解釋答案。

MATLAB 具有四象限反正切函數 atan2(y,x)，它自動計算從原點 (0,0) 到座標為 (x, y) 的點在正確象限中的弧度角。函數 atan2d(y,x) 以度為單位返回答案。所以輸入 atan2d(-1,-1) 會返回 –135 度。

陣列

MATLAB 的一個優勢就是可以處理大量的數字，我們稱之為**陣列** (array)，其將大量數字當作單一變數來處理。

數值陣列是將數字有順序地聚集 (一組數字以特定順序排列起來)。陣列變數的例子之一就是一個依序包含數字 0、4、3 及 6 的排列。我們透過輸入 x = [0,4,3,6]，使用中括號來定義變數名稱 x 以定義這個集合。陣列的元素可以空格隔開，但我們偏好使用逗號來改善易讀性並避免錯誤。

請注意，變數 y 可以定義為 y = [6,3,4,0]，它和 x 是不一樣的，因為兩者的順序不同。使用中括號的原因如下：如果使用者輸入 x = 0,4,3,6，MATLAB 會認為這是四個分開的輸入，並且將 x 的值指定為 0。並忽略輸入 4, 3, 6。使用括號而不是方括號將產生錯誤消息。

[0,4,3,6] 會被認為是一個具有一列四行的陣列，而且是一個具有多維行列矩陣 (matrix) 的次範例。誠如我們所知，矩陣也是以中括號標示。

我們可以將兩個陣列 x 與 y 加起來產生一個新的陣列 z，只要輸入 z = x + y 即可。若要計算 z，MATLAB 將 x 與 y 中對應的元素相加而產生 z，則矩陣 z 的元素為 6, 7, 7, 6。你可以用類似的方式減去陣列，但是陣列乘法和除法需要更詳細的處理，我們將在第二章中看到。

如果陣列內的數字間隔是規則性的，並不需要將所有數字輸入，而是只要輸入第一個及最後一個數字，中間加入間隔，數字則用冒號隔開。例如，數列 0, 0.1, 0.2, ..., 10 要儲存於變數 u，則輸入 u = 0:0.1:10。在這個冒號運算子的應用中，括號可用於提高可讀性，但並非需要。

MATLAB 的一些強大功能是因為它能夠使用簡單的程式碼在包含許多值的陣

列上操作。例如，若要計算 $w = 5 \sin u$，且 $u = 0, 0.1, 0.2, ..., 10$，則對話為

```
>>u = 0:0.1:10;
>>w = 5*sin(u);
```

w = 5*sin(u) 會計算公式 $w = 5 \sin u$ 共 101 次，一次使用陣列 u 內的一個元素，因此會產生具有 101 個值的新陣列 z。

你可以藉由在提示符號後輸入 u 來看到 u 的全部內容，舉例來說，可以藉由輸入 u(7) 來得到第七個值。7 這個數字叫作**陣列索引** (array index)，因為它對應到陣列中的某一個特定的元素。

陣列索引

```
>>u(7)
ans =
    0.6000
>>w(7)
ans =
    2.8232
```

到目前為止建立的陣列稱為行陣列 (row arrays)，例如，在屏幕上顯示為具有多個列的單行數字。你可以使用分號分隔行來建立具有多行的列陣列 (column arrays)。例如，輸入 r = [0;4;3;6] 建立一個列包含四行一列的陣列。

你可以使用 length 函數來知道陣列中有幾個值。例如，承上述對話可以得到：

```
>>m = length(w)
m =
    101
```

陣列和多項式的根

許多應用程式需要或要求我們求解多項式的根。熟悉的二次公式給出了二次多項式根的解。公式存在於三次和四次多項式的根，但它們很複雜。MATLAB 包含用於查詢高次多項式根的複雜算法。

我們可以使用陣列來描述一個 MATLAB 中的多項式，其中陣列的元素是多項式的係數，其是以多項式中 x 最高次的係數作為開始。例如，多項式 $4x^3 - 8x^2 + 7x - 5$ 可以用陣列 [4, -8, 7, -5] 來表示。多項式 $f(x)$ 的根 (root) 是 x 的值，如 $f(x) = 0$。多項式的根可以使用 roots(a) 函數來求得，其中 a 是多項式的係數陣列，其結果是一個包含多項式的根的行陣列。例如，若要求出多項式 $x^3 - 7x^2 + 40x - 34 = 0$ 的根，對話如下：

```
>>a = [1,-7,40,-34];
```

```
>>roots(a)
ans =
     3.0000 + 5.000i
     3.0000 - 5.000i
     1.0000
```

解得根為 $x = 1$ 及 $x = 3 \pm 5i$。這兩個指令可以用單一指令完成，即 `roots([1,-7,40,-34])`。

測試你的瞭解程度

T1.3-1 使用 MATLAB 來決定 `cos(0):0.02:log10(100)` 陣列中有多少元素。使用 MATLAB 來找出第 25 個元素。(答案：51 個元素及 1.48)

T1.3-2 使用 MATLAB 找出多項式 $290 - 11x + 6x^2 + x^3$ 的根。(答案：$x = -10$，$2 \pm 5i$)

以 MATLAB 繪圖

陣列用於在 MATLAB 中繪圖。MATLAB 具有許多功能強大的函數，讓我們得以很容易地建立許多不同種類的圖形，如直線圖形、對數圖形、曲面圖形及等高線圖形。舉一個簡單的例子，在區間 $0 \le x \le 7$ 內畫出函數 $y = 5 \cos(2x)$。我們選取 0.01 的增量來產生數個 x 值，以畫出平滑的曲線。使用函數 `plot(x,y)` 可以畫出以 x 為水平軸 [橫軸 (abscissa)]，以 y 為垂直軸 [縱軸 (ordinate)] 的圖形。對話如下：

```
>>x = 0:0.01:7;
>>y = 3*cos(2*x);
>>plot(x,y),xlabel('x'),ylabel('y')
```

圖形視窗

此圖形會在螢幕上的**圖形視窗** (graphics window) 中顯示，命名為 **Figure 1**，如圖 1.3-1 所示。`xlabel` 函數可以將單引號 (single quotes) 中的文字標示在橫軸上，而 `ylabel` 函數則在縱軸上做出類似的功能。當繪圖指令成功執行後，圖形視窗會自動顯示在螢幕上。若需要一份此圖的實體拷貝，則可以在圖形視窗 **File** 選單中選取 **Print**，將此圖形列印出來。要關閉此視窗，則可以選取圖形視窗 **File** 選單中的 **Close**，然後會回到指令視窗的提示符號。

另外，還有 `title` 及 `gtext` 等繪圖函數可以在圖形中放入文字。這兩個函數都和 `xlabel` 函數一樣，接受在括號與單引號內的文字。`title` 函數將文字置於圖形的最上方；`gtext` 函數則是將文字放在圖形中使用者按下滑鼠左鍵的游標所

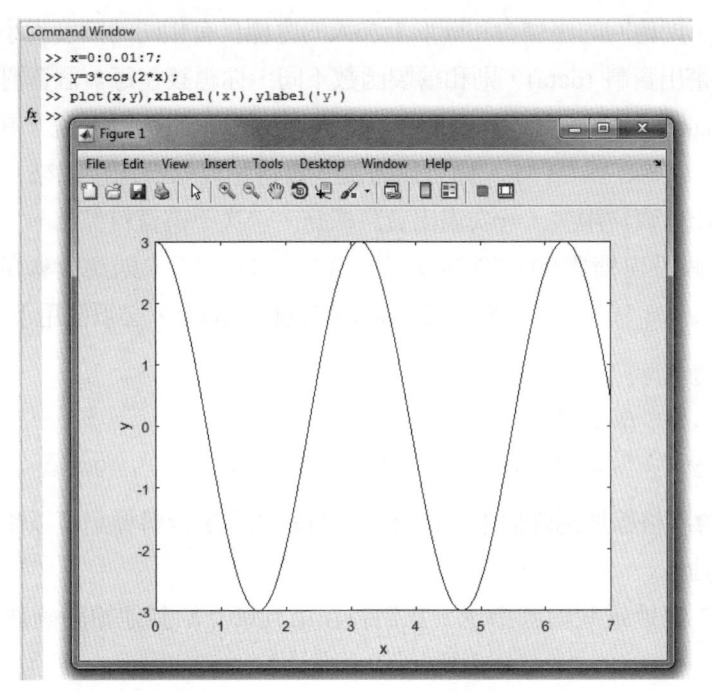

■ 圖 1.3-1　顯示圖形之圖形視窗

在處。

你也可以在同一個視窗中同時建立許多圖形，即**重疊圖形** (overlay plot)，方法是在 plot 函數中輸入另一組或多組的值。例如，在同一張圖形中畫出函數 $y = 2\sqrt{x}$ 及 $z = 4 \sin(3x)$，區間為 $0 \le x \le 5$，則對話為：

重疊圖形

```
>>x = 0:0.01:5;
>>y = 2*sqrt(x);
>>z = 4*sin(3*x);
>>plot(x,y,x,z),xlabel('x'),gtext('y'),gtext('z')
```

在圖形顯示於螢幕之後，當使用每一個 gtext 函數時，程式會等待你將游標定位並按下左鍵。使用 gtext 函數將符號 y 和 z 標註在對應的曲線旁邊。

此外，你也可以使用不同的線條類型來區分各個曲線。例如，使用 plot(x,y,x,z,'- -') 來取代上面對話中的函數 plot(x,y,x,z)，便可使用虛線來畫出 z 曲線。還有許多線條的類型可以選擇，我們將會在第五章中討論。

有時畫出座標軸的點對繪圖有所幫助，甚至是必要的。為了達到這個目的，我們可以使用 ginput 函數。將此函數放在所有圖形及圖形格式敘述的最後，則所有的圖形都會依照這個格式顯示。指令 [x,y] = ginput(n) 可以取得 n 個點，並且傳回在向量 x 與 y 當中的 x 及 y 座標，向量的長度為 n。以滑鼠將游標定位，

並按下左鍵，則傳回的座標會和圖形上加入的座標具有相同的刻度大小。

資料標記　假如要畫出資料 (data)，則和繪製函數不同，你應該在每一個資料點加入**資料標記 (data maker)**(除非資料的點數太多)。若要將每一個點標示 + 號，其 plot 函數的語法為 plot(x,y,'+')。你可以將這些資料點以線條連接起來。在這種情況下，必須畫出此資料兩次，一次畫出資料標誌，一次不畫資料標誌。

例如，假設自變數的資料為 x = [15:2:23]，則應變數的值為 y = [20,50,60,90,70]。若要畫出具有加號的資料點圖形，必須使用下列對話：

```
>>x = 15:2:23;
>>y = [20,50,60,90,70];
>>plot(x,y,'+',x,y),xlabel('x'),ylabel('y'), grid
```

grid 指令會將格線加到圖形上。此外，還有其他許多資料標記可以使用，這些將在第五章討論。

表 1.3-2 概述這些繪圖指令。我們將在第五章介紹其他繪圖函數及圖形編輯器。

▶ 測試你的瞭解程度

T1.3-3　畫出函數 $y = 3x^2 + 2$，區間為 $0 \leq x \leq 10$。

T1.3-4　使用 MATLAB 畫出函數 $s = 2\sin(3t+2) + \sqrt{5t+1}$，並在區間為 $0 \leq t \leq 5$ 的圖形上加入標題及正確地標記座標軸。變數 s 代表速度，單位為英尺/秒；變數 t 代表時間，單位為秒。

T1.3-5　使用 MATLAB 畫出函數 $y = 4\sqrt{6x+1}$ 及 $z = 5e^{0.3x} - 2x$，區間為 $0 \leq t \leq 1.5$。正確地畫出圖形並標記每一條線。變數 y 及 z 代表力，單位為牛頓；變數 x 代表距離，單位為公尺。

■ 表 1.3-2　一些 MATLAB 的繪圖指令

指令	敘述
[x,y] = ginput(n)	允許滑鼠從圖形中取得 n 個點，並傳回在向量 x 與 y 當中的 x 及 y 座標，向量的長度為 n。
grid	在圖形中加入格線。
gtext('text')	使用滑鼠加入文字於圖形中。
plot(x,y)	產生陣列 x 對陣列 y 的直角座標圖。
title('text')	將文字做成標題置放於圖形的最上方。
xlabel('text')	將文字加入到水平軸 (橫軸)。
ylabel('text')	將文字加入到垂直軸 (縱軸)。

1.4 使用檔案

到目前為止，我們已經展示如何在交互式對話中使用 MATLAB。然而，對於更詳細的應用程序，我們最終會希望保存我們的工作，並希望也許我們的程式碼可以重複使用，這可以透過使用幾種類型的 MATLAB 檔案來完成。

檔案型態

MATLAB 使用幾種類型的檔案來儲存程式、資料及交互對話結果。我們將會在第 1.4 節中看到 MATLAB 函數檔，以及程式檔案會以副檔名 .m 來儲存，也因此我們稱之為 M 檔。MAT 檔案 (MAT-files) 具有副檔名 .mat，其功能是用來儲存在 MATLAB 對話中所建立的變數名稱及對應的值。 　　　　MAT 檔案

因為 M 檔是 ASCII 檔案 (ASCII files)，所以通常可以使用文字處理器來建立。由於 MAT 檔案為二進位制，通常只能被建立此檔案的軟體所辨識。MAT 檔案包含機器簽章 (machine signature)，使這些 MAT 檔案可以在微軟視窗及麥金塔電腦之間做轉換。 　　　　ASCII 檔案

第三種會使用到的檔案則是**資料檔案** (data file)，尤其是是 ASCII 資料檔案，它是根據 ASCII 格式所建立的檔案。你或許需要使用 MATLAB 來分析儲存在這個檔案中的資料，而這個檔案可能是用試算表、文字處理器，或者某一種實驗資料獲取程式而建立出來的，也可能是與他人共享的檔案。 　　　　資料檔案

儲存與讀取你的工作區變數

如果你想稍後繼續 MATLAB 對話，可以按 Toolstrip 上的 Save Workspace 圖示或使用 `save` 指令。 如果你使用該圖示，則會要求你輸入檔案名；預設名稱是 matlab。鍵入 `save(myfile)` 會導致 MATLAB 在名為 `myfile.mat` 的二進位制檔案中保存工作空間變數，即變數名稱，它們的大小及其值，MATLAB是可以讀取的。要檢索工作區變數，請單擊「導入數據」圖標或鍵入 `load(myfile)`。然後，你可以像以前一樣繼續你的對話。如果保存的檔案包含變數 A、B 和 C，那麼載入檔案會將這些變數放回工作空間並覆蓋 `var1` 和 `var2`，輸入 `load(myfile,var1,var2)`。

如果只要儲存某些變數，例如 `var1` 及 `var2`，鍵入 `save(myfile, var1 var2)`。你檢索時不需要輸入變數名稱，只需要輸入 `load(myfile)`。

目錄與路徑　　知道使用 MATLAB 時檔案對應的位置很重要，而檔案的位置對於初學者來說經常是個問題。假設使用家中的電腦，並且將 MATLAB 檔案儲存於可移

動的磁碟例如快閃碟。如果你攜帶這個磁碟至學校實驗室或其他地方的電腦使用，就必須確定 MATLAB 能夠找到你的檔案。保存檔案時，你必須知道保存檔案的位置，尤其是在公共實驗室中。此過程取決於特定實驗室，因此你需要從實驗室經理獲取該信息。

路徑 　檔案存儲在檔案夾中，也稱為目錄。檔案夾可以在它們下面有子檔案夾。例如，你可能希望將檔案存儲在檔案夾 c:\matlab\mywork 中。然後 \mywork 檔案夾是檔案夾 c:\matlab 下的子檔案夾。**路徑** (path) 會告訴我們 MATLAB 如何找到特定的檔案。

該路徑顯示在預設桌面的「當前檔案夾」視窗上方的視窗中 (參見圖 1.1-1)。可以透過單擊顯示的路徑更改路徑，直到出現所需的子檔案夾 (假設它已經存在)。你也可以輸入 pwd 來查看路徑。這顯示了搜索路徑中的頂級檔案夾，它是 MATLAB 在嘗試查找檔案時搜索的完整檔案夾列表。

在我們展示如何在 M 檔案中建立和保存程序之前，我們需要討論 MATLAB 如何查找變量、命令和檔案。假設你儲存一個 problem1.m 檔於 c:\matlab\homework 目錄底下。當你輸入 problem1 時，則

1. MATLAB 會先檢查 problem1 是否是一個變數，若是，則顯示其對應的值。
2. 若否，MATLAB 會檢查 problem1 是否為一個內建指令，如果是，則執行此指令。
3. 若否，MATLAB 會檢查現行目錄是否有檔案 problem1.m 存在，如果有則執行此檔案。

搜尋路徑
4. 若找不到，MATLAB 會依序搜尋其**搜尋路徑** (search path) 中的目錄來找尋 problem1.m，若找到則執行此檔案。當具有相同名稱的檔案出現在搜索路徑上的多個檔案夾中時，MATLAB 使用在距離搜索路徑頂部最近的檔案夾中找到的名為 problem1 的檔案。因此，搜索路徑上的檔案夾順序很重要。

你可以透過鍵入 path 來顯示 MATLAB search 路徑。你需要確保 problem1.m 位於搜索路徑中的檔案夾中，否則 MATLAB 將找不到該檔案並會產生錯誤消息。

如果你已將檔案保存在可移動媒體上並將其保存到公共計算機實驗室，如果你不能改變搜索路徑，其他替代方法是將檔案拷貝到硬碟的搜尋路徑目錄中。不過，這個方式會有許多不易察覺的問題，包括：(1) 如果在對話中改變檔案的內容，很可能會忘記將改變的檔案拷貝回磁片；以及 (2) 別人將能夠存取你的資料。

現行目錄 　指令 what 可以顯示**現行目錄**下指定的 MATLAB 檔案，而指令 what dirname 就是顯示 dirname 目錄下的 MATLAB 檔案。輸入 which item 會顯示

函數 item 或檔案 item (包含其延伸檔案) 的路徑全名。如果 item 是一個變數，MATLAB 也會將其視為函數而有一樣的動作。

你可以用來將 addpath 指令某一目錄加入搜尋路徑中。若是要將某一目錄由搜尋路徑中移除，則使用 rmpath 指令。設定路徑工具 (Set Path tool) 是一個用來處理工作檔案與目錄的圖形化介面，輸入 pathtool 即可啟動瀏覽器。若要儲存路徑的設定，可以滑鼠點選此工具中的 **Save** 選單。若要回復預設的搜尋路徑，則選取瀏覽器中的 **Default**。

這些指令摘要於表 1.4-1 中。

產生腳本檔案

你可以下列兩種方式進行 MATLAB 的運算：

1. 在互動模式中，可以在指令視窗內直接輸入指令。
2. 直接運算儲存於腳本檔中的 MATLAB 程式。這種檔案中包含了 MATLAB 指令，所以執行這個檔案和在指令視窗的提示符號之後一次輸入一列指令的方式，是完全等效的。在指令視窗的提示符號後直接輸入檔案的名字，就可以執行該檔案。

當求解問題需要很多指令、需要重複使用一些指令，或陣列內有很多元素時，則使用互動模式會很不方便。幸運的是，MATLAB 可以讓使用者撰寫自己的程式，來免除這樣的麻煩。你可以撰寫並儲存 MATLAB 程式於 M 檔中，其副檔名為

■ 表 1.4-1 系統、目錄和檔案命令

指令	敘述
addpath dirname	將目錄 dirname 加入到搜尋路徑。
cd dirname	將現行目錄改為 dirname。
dir	顯示現行目錄內的所有檔案。
dir dirname	顯示 dirname 目錄底下的所有檔案。
path	顯示 MATLAB 搜尋路徑。
pathtool	啟動設定路徑工具。
pwd	顯示現行目錄。
rmpath dirname	將目錄 dirname 由搜尋路徑中移除。
what	將現行工作目錄中 MATLAB 特定的檔案列出。大多數的資料檔與非 MATLAB 檔都不列出。使用 dir 可以將所有的檔案列出。
what dirname	將目錄 dirname 中所有 MATLAB 特定的檔案列出。
which item	若 item 為一個函數或檔案，則顯示 item 的路徑名稱。如果 item 是一個變數，也會執行相同的動作。

.m，例如 program1.m。

腳本檔　MATLAB 有兩種形式的 M 檔：**腳本檔** (script file) 及函數檔。我們可以使用 MATLAB 內建的編輯器/除錯器來建立這些 M 檔。因為它們包含指令，所以腳本檔有時候又稱為指令檔。函數檔將在第三章中討論。

註解　「%」這個符號表示**註解** (comment)，並不會被 MATLAB 所執行。註解主要使用於腳本檔中，目的是將檔案加入註解說明。註解符號可以加在一行之中的任何一處。MATLAB 會忽略此符號右邊的所有內容。例如，考慮下列的對話。

```
>>% This is a comment.
>>x = 2+3 % So is this.
x =
    5
```

我們注意到在符號 % 之前的部分會被執行，以計算出 x。

以下有一個簡單的例子，說明如何使用 MATLAB 內建的編輯器/除錯器，來建立、儲存及執行一個腳本檔。然而，你也可以使用另一個文字編輯器來建立這個

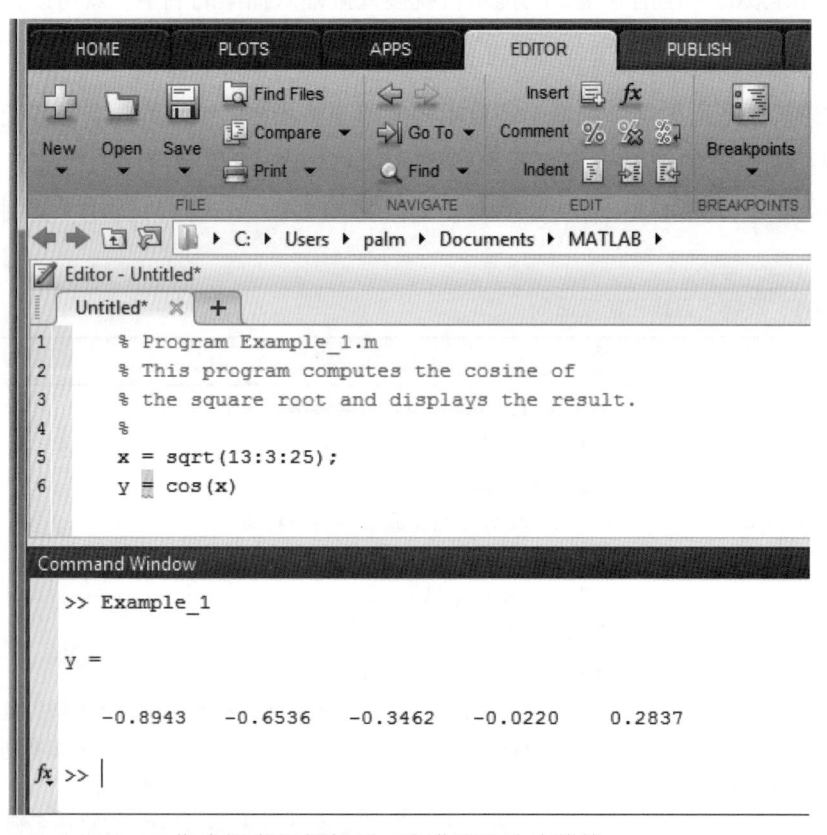

▣ 圖 1.4-1　MATLAB 指令視窗及編輯器/除錯器開啟的狀態

檔案。檔案內容如下。此檔案計算許多數字的平方根餘弦值，並且將結果顯示於螢幕上。

```
% Program Example_1.m
% This program computes the cosine of
% the square root and displays the result.
x = sqrt(13:3:25);
y = cos(x)
```

要在指令視窗下建立一個新的 M 檔，需要點選 **HOME** 標籤中的 **New Script**。如圖 1.4-1 所示，會出現一個新的編輯視窗，這就是編輯器 / 除錯器視窗。使用鍵盤及編輯器 / 除錯器的 EDITOR 選單，和大部分文字處理器的使用方式一樣，可以建立及編輯檔案。當編輯完畢，選取編輯器 / 除錯器中 EDITOR 選單的 **Save** 選項。此時會出現一個對話框，取代預設的檔名 (通常是 Untitled) 成為 Example_1，並且按下 **Save**。編輯器 / 除錯器將會自動補上副檔名 .m，並將此檔案儲存在 MATLAB 的現行目錄，到目前為止，我們都假設此目錄是在硬碟中。

一旦儲存檔案，在 MATLAB 指令視窗中輸入此腳本檔的名稱 Example_1，就可以執行此程式。你可以看到執行結果顯示在指令視窗中。圖 1.4-1 顯示結果於指令視窗中，以及編輯器 / 除錯器被開啟來顯示腳本檔的狀態。

有效地使用腳本檔

建立腳本檔可以避免重複輸入常用的處理程序。下列一些事項必須牢記在心：

1. 腳本檔的名稱要符合 MATLAB 命名變數的協定。
2. 試著回想在指令視窗提示符號後面，輸入變數的名稱可以指令 MATLAB 顯示此變數的值。因此，不可以將腳本檔命名成和檔案中的變數一樣，因為 MATLAB 會無法多次執行此腳本檔，除非移除該變數。
3. 絕對不可以將腳本檔命名成和 MATLAB 指令或函數一樣。你可以使用 exist 指令來確認指令、函數或檔案的名稱是否已經存在，如同在 1.1 節中討論。

請注意，MATLAB 提供的函數並非都是內建函數。有些是 M 檔案和 MATLAB 版本有關。例如，之前釋出的 MATLAB 版本，plot 函數是 M 檔案，但現在它是一個內建函數。函數 mean.m 有提供，但它並非內建函數。指令 exist('mean') 會傳回 2。sqrt 函數是內建，因此鍵入 exist('sqrt') 會回傳 5。你可以把內建函數想成是構成其他 MATLAB 函數的基礎。你無法在文字編輯器中看到內建函數的完整檔案，只能看到該函數的註解。

撰寫程式的風格

我們可以在腳本檔中的任何地方加入註解。不過，因為任何一列可執行的敘述開始之前所加入的第一列註解會被 `lookfor` 指令找到 (細節將會在本章後面的段落討論)，因此如果將來想要再度使用這個腳本檔，可以考慮將描述此檔案的關鍵字放在第一列〔我們稱為標題列 (H1 line)〕。一個建議的腳本檔結構如下。

1. **註解區** (comments section)：在這個區域中放入以下註解敘述：
   a. 在第一列加入此程式的名稱及任何一個關鍵字。
   b. 建立的日期與建立者的姓名放在第二列。
   c. 每一個輸入及輸出變數之名稱定義。將此段落至少分成兩個子段落：一個段落是輸入的資料；另一個段落則是輸出的資料。第三個則是可以自由選擇是否加入的段落，其可以包含計算使用的變數定義。別忘了加入所有輸入與輸出變數的測量單位！
   d. 此程式所呼叫的每一個使用者定義函數名稱。
2. **輸入區** (input section)：在這個區域中放入輸入資料及 / 或可供輸入資料的輸入函數。加入一些適當的文件說明註解。
3. **計算區** (calculation section)：將計算放在這個區域。加入一些適當的文件說明註解。
4. **輸出區** (output section)：在這個區域中必須放入能夠輸出所需格式的函數。例如，此區域可能包含將結果顯示在螢幕上的函數。當然也要加入一些適當的文件說明註解。

在本書中，我們通常省略程式的註解，以便節省空間。在這些例子，本書對於程式的內容已經提供所需的文件說明。

控制輸入與輸出

MATLAB 提供許多有用的指令，以從使用者處得到輸入並格式化輸出 (也就是執行 MATLAB 指令所得的結果)。表 1.4-2 概述了這些指令。

`disp` 函數 (display 的縮寫) 可以被用來顯示變數的值，而非變數的名稱。語法為 `disp(A)`，其中 A 代表 MATLAB 的變數名稱。此外，`disp` 函數也可以用來顯示文字，例如顯示給使用者的訊息。使用方法是將文字以單引號包住。例如，指令 `disp('The predicted speed is:')` 可以將此訊息顯示在螢幕上。在腳本檔中，此一指令可以和 `disp` 函數的第一種形式並用，方式如下 (假設 Speed 的值為 63)：

表 1.4-2　輸入/輸出指令

指令	敘述
`disp(A)`	顯示陣列 A 的內容，但不包含名稱。
`disp('text')`	顯示用單引號包圍的文字字串。
`format`	控制螢幕輸出顯示格式 (參考表 1.1-5)。
`x = input('text')`	顯示在引號之間的文字，等待使用者自鍵盤輸入，並且將輸入儲存為 x 的值。
`x = input('text','s')`	顯示在引號之間的文字，等待使用者自鍵盤輸入，並且將輸入儲存為 x 的字串。

```
disp('The predicted speed is:')
disp(Speed)
```

當此檔案被執行時，這幾列程式會在螢幕上產生以下資料：

```
The predicted speed is:
    63
```

`input` 函數可以在螢幕上顯示文字，並且等待使用者在鍵盤上進行輸入，然後將這些輸入值儲存於某一指定的變數。例如，指令 `x = input('Please enter the value of x:')` 可以將此訊息顯示於螢幕上。如果輸入 5 並按下 **Enter**，則變數 x 會具有值為 5。

字串變數 (string variable) 是由文字所組成 (含有字母與數字文字)。如果你想要將所輸入的文字儲存為字串變數，可以使用另外一種輸入指令形式。舉例來說，指令 `Calendar = input('Enter the day of the week:','s')` 會要求你輸入今天是星期幾。如果你輸入 `Wednesday`，則這個文字會被儲存於字串變數 `Calendar` 之中。

腳本檔範例

下列是一個簡單的腳本檔範例，用來說明建議的撰寫程式風格。一個自由落體放開時的起始速度為零，落下速度 v 是時間 t 的函數 $v = gt$，其中 g 是重力加速度。在公制單位中，$g = 9.81$ m/s^2。我們想要計算並且畫出 v 對時間 t 的圖形，區間為 $0 \le t \le t_{final}$，其中 t_{final} 是使用者所輸入的最後時間。其腳本檔如下所示：

```
% Program Falling_Speed.m: plots speed of a falling object.
% Created on March 1, 2016 by W. Palm III
%
% Input Variable:
```

```
% tfinal = final time(in seconds)
%
% Output Variables:
% t = array of times at which speed is computed(seconds)
% v = array of speeds(meters/second)
%
% Parameter Value:
g = 9.81; % Acceleration in SI units
%
% Input section:
tfinal = input('Enter the final time in seconds:');
%
% Calculation section:
dt = tfinal/500;
t = 0:dt:tfinal; % Creates an array of 501 time values.
v = g*t;
%
% Output section:
plot(t,v),xlabel('Time(seconds)'),ylabel('Speed(meters/second)')
```

在建立這個檔案之後,將此檔案儲存並命名為 Falling_Speed.m。要執行這個檔案,則在指令視窗中輸入 Falling_Speed (不需要輸入 .m)。你會被程式要求要輸入最後時間 t_{final} 的值。當輸入一個值之後按下 **Enter**,你會在螢幕上看到此圖形。

測試你的瞭解程度

T1.4-1 具有半徑為 r 的球體,其表面積的公式為 $A = 4\pi r^2$。撰寫一個可以讓使用者輸入半徑的腳本檔、計算表面積,然後顯示結果。

T1.4-2 一個正三角形的斜邊長 c,它的側邊長 a 和 b 給定為

$$c^2 = a^2 + b^2$$

撰寫一腳本檔提示使用者輸入側邊長 a 和 b,計算長度和顯示結果。

腳本檔的除錯

除錯

程式的除錯 (debugging) 是找出及移除程式中的「臭蟲」(bugs) 或錯誤的一個

程序。上述的錯誤可歸類如下：

1. 語法的錯誤，例如忽略了一個括號或逗號，或者拼錯指令名稱。MATLAB 通常能偵測到這些明顯的錯誤，並且顯示一個錯誤訊息，來描述錯誤的內容及位置。
2. 若是因為不正確的數學程序造成的錯誤，我們稱為執行錯誤 (runtime errors)。這種錯誤在程式執行時並不一定會出現，通常是因為某一種特定的資料被輸入時才發生。一個簡單的例子就是除數為零。

欲找出這些錯誤，可以嘗試下列方法：

1. 簡化問題來測試你的程式，使得此簡單問題的解答可以用人工驗算出來。
2. 將敘述最後的分號移除，以顯示計算的結果。
3. 使用編輯器/除錯器的除錯功能 (我們將會在第四章介紹)。然而，MATLAB 有一個好處，就是可以用相對簡單的程式，去完成許多種類的任務。因此，對於本書中的問題不見得需要使用除錯器。

1.5　MATLAB 輔助系統

要探索 MATLAB 更進階的特色並不包含在本書的內容之中，但讀者應該要瞭解如何有效地使用 MATLAB 的輔助系統 (Help System)。MATLAB 具有以下選項可讓你在使用 MathWorks 的產品時得到幫助。

1. 函數瀏覽器 (Function Browser)：此瀏覽器可以幫助使用者快速地存取有關於 MALTAB 函數的文件。
2. 輔助瀏覽器 (Help Icon)：此圖形化使用者介面可以幫你找到資訊，並可檢視 MathWorks 產品的線上說明文件。
3. 輔助函數 (Help Functions)：函數 help、lookfor 及 doc 可以用來顯示某一個特定函數的語法資訊。
4. 其他資源 (Other Resources)：若需要額外的輔助，可以執行示範、聯絡技術支援、找尋其他 MathWorks 產品說明文件、檢視其他書籍的列表，以及參加新聞群組。

函數瀏覽器

欲啟動函數瀏覽器，從左邊的快捷列點選 fx 的按鈕。圖 1.5-1 顯示點選 **Graphics** 類別下二層選擇 plot 以後所出現的選單。透過滑鼠往下捲，使用者可以看到 plot 函數的完整文件。

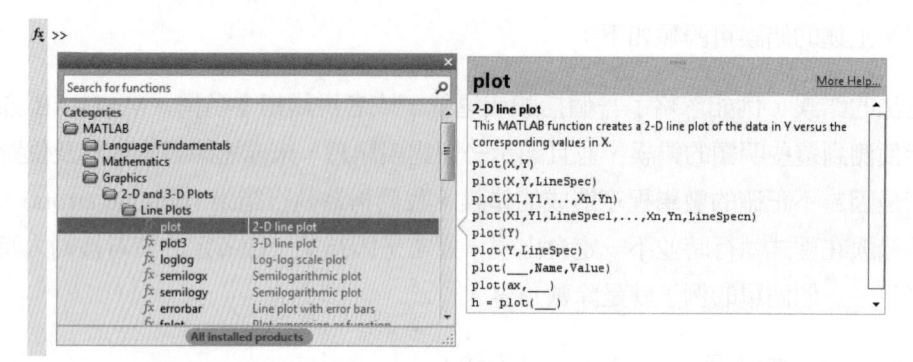

■ 圖 1.5-1　點選圖形以後所出現的函數瀏覽器

輔助函數

以下有三個 MATLAB 函數，可用來讀取有關 MATLAB 函數的線上資訊。

help 函數　help 函數是找出某一個函數的語法與行為的最基本方式。例如，在指令視窗中輸入 help log10 會產生下列的顯示：

```
LOG10 Common(base 10) logarithm.
   LOG10(X) is the base 10 logarithm of the elements of X.
   Complex results are produced if X is not positive.

   See also LOG, LOG2, EXP, LOGM.
```

請注意，顯示的內容描述了此函數可以做什麼、警告使用非標準的引數而產生的意外結果，並且引導使用者到其他相關的函數。

所有 MATLAB 的函數都是根據其所在的 MATLAB 目錄結構，分成不同的邏輯群組。舉例來說，所有的基本數學函數 (例如 log10) 歸類在 elfun 目錄中，而多項式函數則在 polyfun 目錄中。若要列出所有在該目錄的函數名稱，以及函數對應的簡短敘述，則輸入 help polyfun。如果你不確定要尋找哪一個目錄，可以輸入 help 取得所有目錄及其對應函數類別的描述清單。

lookfor 函數　lookfor 函數提供使用者根據關鍵詞搜尋函數。此函數會從每一個 MATLAB 函數的輔助文字的第一列 (也就是 H1 列) 開始找尋，並傳回內含所指定之關鍵字的所有 H1 列。例如，MATLAB 中並沒有任何函數的名字叫作 sine。因此，鍵入 help sine 回應與鍵入 help sine 相同 (在早期版本中，回應是 "sine.m not found"，這可能更有用)。

然而，輸入 lookfor sine 會產生太多符合的結果，這須根據你所安裝的工

具箱而定。例如,你會看到

```
ACOS      Inverse cosine, result in radians
ACOSD     Inverse cosine, result in degrees
ACOSH     Inverse hyperbolic cosine
ASIN      Inverse sine, result in radians
...
SIN       Sine of argument in radians
...
```

根據這個清單,你可以找到正確的正弦函數名稱,注意,所有包含 sine 的字被傳回,如 cosine。在 `lookfor` 函數中加上 `-all`,可以搜尋完整的輔助內容記載,而不只是 H1 列。

doc 函數　　輸入 `doc function_name` 顯示 MATLAB 函數 `function_name` 的說明文件。例如,輸入 `doc sqrt` 則顯示函數 sqrt 的文件頁面。

MathWorks 公司的首頁

如果你的電腦能夠連結到網際網路上,則可以進入 MathWorks 公司的網頁,也就是 MATLAB 的發源地。你可以使用電子郵件來詢問問題、提出建議以及回報可能的錯誤。你也可以使用 MathWorks 公司首頁的搜尋引擎解決方案,來查詢技術支援資訊的更新資料庫。

輔助系統非常強大且詳細,所以在此我們只介紹系統的一些基本功能。讀者必須善用輔助系統去學習如何更詳盡地使用該系統的功能。

測試你的瞭解程度

T1.5-1　使用 Help 系統來學習內建函數 `nthroot`。用它來計算 64 的立方根。
T1.5-2　找到 MATLAB 支援多少雙曲線函數。
T1.5-3　在指令提示符號鍵入 why。它是否是內建函數?它做什麼?

1.6　求解問題方法論

設計一個新的工程裝置及系統需要各種求解問題技巧。(也就是這些多樣性讓工程變得不再無聊!)當求解問題時,首先要計畫你的行動。你可以在缺乏計畫的情況下直攻問題本身,但這會浪費許多時間。在此,我們介紹一般用來求解工程問題的進攻計畫,或者稱為方法論 (methodology)。由於求解工程問題經常需要

使用電腦，因此本書中的範例與作業都需要你自行開發一個電腦解決方案 (使用 MATLAB)，我們也會討論求解某一個特定電腦問題的方法論。

工程問題求解步驟

表 1.6-1 摘要了多年來在工程專業中被嘗試及驗證過的方法論，這些步驟描述了一般求解問題的程序。將問題適當地簡化並使用正確的基本定律，我們稱為模型化 (modeling)，而所得到的數學描述結果稱為數學模型 (mathematical model)，或者直接稱為**模型** (model)。當模型化完成時，我們需要求解數學模型來得到答案。如果模型極為詳盡，我們或許需要使用電腦程式來求解。本書中大部分的範例及作業都需要讀者自行開發一個電腦解決方案 (使用 MATLAB)，來求解這些模型已經建立好的問題。因此，我們並不見得每次都需要使用所有列在表 1.6-1 中的步驟。更多有關工程問題求解的討論可以參考 [Eide, 2008][*]。

模型

求解問題的範例

考慮下列使用求解問題步驟的簡單範例。假設你為一家包裝公司工作。你被告知一種新的包裝材料可以提供包裹落下時的保護，已知包裹撞擊地面的速度小於每秒 25 英尺。包裹的總重量為 20 磅，體積為長方體 12 × 12 × 8 立方英寸。你必須算出包裹在運送過程時足以保護包裹所需的包裝材料。

求解問題的步驟如下：

1. 瞭解問題的目的。此處的意涵是此包裝要被用來保護包裹，以防止在遞送過程中不慎被運送員摔落地面，而非保護包裹從移動的卡車上掉落下來。實際上，為了減少因溝通不良所導致的許多錯誤，你必須確定指派任務給你的人也做了相同的假設。
2. 蒐集已知的資訊。已知的資訊包括此包裹的重量、尺寸及可忍受的最大撞擊速度。
3. 決定你要獲得什麼資訊。雖然沒有明顯指出需要的資訊，但你必須找出包裹落下而不會受到傷害的最大高度。你必須找出包裹落下時的高度與撞擊速度之間的關係。
4. 簡化問題到能夠獲得所需的資訊。陳述你所使用的假設。下列的假設可以用來簡化問題，並使我們對問題敘述的瞭解一致：
   a. 包裹由靜止落下，落下之前並沒有垂直或水平的速度。
   b. 包裹並不會翻滾 (例如從移動中的卡車落下就會翻滾)。因為所給定的尺寸顯

[*] 參考資料在附錄 D。

表 1.6-1　工程問題求解的步驟

1. 瞭解問題的目的。
2. 蒐集已知的資訊，並清楚明瞭有一些資訊在之後可能被證明是不需要的。
3. 找出所需的資訊。
4. 簡化問題到能夠獲得所需的資訊。陳述你所使用的假設。
5. 畫一張草圖，並且標記所有必需的變數。
6. 找出可以應用的基本定律。
7. 大略地思考你所提出的求解方法，並且在開始進行細節之前先想想有沒有其他解決方式。
8. 在求解程序中標記每一個步驟。
9. 如果以程式來求解此問題，使用這類問題比較簡單的版本，並且以手驗算來驗證你的結果。檢查維度及所使用的單位，並且列印出計算過程中間步驟的結果可以幫助發現錯誤。
10. 對於你的答案進行「真實性檢查」。結果合理嗎？估計所期待的結果範圍，並且將此範圍與你的結果做比較。不要貿然地宣稱你的答案具有超過以下內容所證明的精確度：
    (a) 給定資訊的精確度。
    (b) 用來簡化的假設。
    (c) 問題的需要。

解釋這些數學。如果數學程序得到許多解答，不可在仔細檢查這些解答之前直接忽略某些解答。這些數學可能正在試圖傳達某些訊息，而你可能會錯失找出更多問題的機會。

　　示出包裹並不薄，所以不會在落下的過程中「慢慢飄落」。
　c. 可以忽略空氣阻力。
　d. 送貨員遞送貨物時最大的落下高度為 6 英尺。(在此我們忽略具有 8 英尺高的送貨員存在的可能性！)
　e. 重力加速度 g 為一定值 (因為落下的最大高度只有 6 英尺)。
5. 畫一張草圖並標記所有使用的變數。圖 1.6-1 顯示此狀況的草圖，顯示出包裹的高度 h、質量 m、速度 v，以及重力加速度 g。

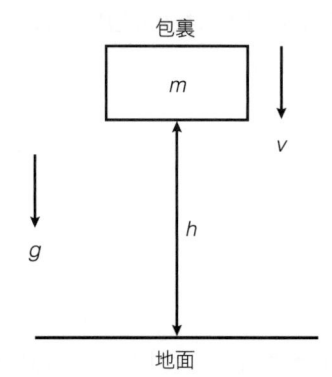

圖 1.6-1　包裹落下問題的草圖

6. 找出可以應用的基本定律。因為這個問題是一個質量的運動問題,我們可以使用牛頓定律。根據物理學中的牛頓定律,以及自由落體受到重力影響的基本動能並不包含空氣阻力且沒有起始速度,我們知道下列關係:
   a. 高度對撞擊時間 t_i:$h = \frac{1}{2} g t_i^2$
   b. 撞擊速度 v_i 對撞擊時間:$v_i = g t_i$
   c. 機械能守恆:$mgh = \frac{1}{2} m v_i^2$

7. 大略地思考你所提出的求解方法,並且在開始進行細節之前先想想有沒有其他的求解方式。我們可以求解第二個方程式中的 t_i,並且將此結果代入到第一個方程式中求得 h 與 v_i 之間的關係。這個方法也可以用來求出落下的時間 t_i。然而,這個方法使用了過多的計算,因為我們並不需要找出時間 t_i。最有效率的方式是求解第三個關係式中的 h。

$$h = \frac{1}{2} \frac{v_i^2}{g} \tag{1.6-1}$$

請注意,質量 m 會在等號的兩邊互相抵消。這個數學關係式透露某些訊息:質量並不影響撞擊速度及落下高度兩者之間的關係。因此在求解此問題時,並不需要使用到包裹的重量。

8. 在求解程序中標記每一個步驟。此問題相當簡單,只需要標記幾個步驟而已:
   a. 基本定律:機械能的守恆

$$h = \frac{1}{2} \frac{v_i^2}{g}$$

   b. 找出常數 g 的值:g = 32.2 ft/sec^2
   c. 使用給定的資訊來計算,並根據給定資訊的精確度來對結果四捨五入,使其與給定的資訊一致:

$$h = \frac{1}{2} \frac{25^2}{32.2} = 9.7 \text{ ft}$$

因為本書介紹 MATLAB,所以我們使用 MATLAB 做簡單的計算。對話如下:

```
>>g=32.2;
>>vi=25;
>>h=vi^2/(2*g)
h =
    9.7050
```

9. 檢查維度與單位。檢查的步驟如下,使用 (1.6-1) 式,

$$[\text{ft}] = \left[\frac{1}{2}\right] \frac{[\text{ft/sec}]^2}{[\text{ft/sec}^2]} = \frac{[\text{ft}]^2}{[\text{sec}]^2} \frac{[\text{sec}]^2}{[\text{ft}]} = [\text{ft}]$$

哪一個是對的。

10. 對於你的答案進行真實性檢查及精確度檢查。如果計算出來的高度為負值,就表示發生某些錯誤。如果高度過大,我們會懷疑其正確性。然而,在這裡計算出來的高度 9.7 英尺並不會不合理。

如果我們使用較為正確的 g 值,例如 $g = 32.17$,我們可以得到修正的四捨五入結果 $h = 9.71$。然而,為了保守起見,我們會採用比較接近的較小整數為答案,所以我們將會報告:包裹在 9 英尺內落下不會受到傷害。

這些數學告訴我們包裹的質量並不影響答案,而且本例中的數學式並沒有產生多組解答。然而,在許多問題中,多項式的解答就會有一個或一個以上的根;在這種情形下,我們必須小心檢查每一個解所代表的意義。

獲得電腦解決方案的步驟

如果使用程式 (例如 MATLAB) 來求解問題,則根據表 1.6-2 中所列的步驟進行。有關模型化及電腦解決方案的詳細討論,可以參考 [Starfield, 1990] 以及 [Jayaraman, 1991]。

MATLAB 對於處理複雜的數學計算及自動產生結果的圖形是非常有用的。以下的範例將說明開發及測試這種程式所需的步驟。

表 1.6-2 開發電腦解決方案的步驟

1. 簡潔地陳述問題。
2. 指定程式所需使用的資料。此為「輸入」。
3. 指定程式所要產生的資訊。此為「輸出」。
4. 以手計算或使用計算機來進行求解的步驟;必要的話,使用一組比較簡單的資料。
5. 撰寫並執行程式。
6. 以手計算檢查程式的輸出。
7. 用你的輸入資料來執行程式,並且對輸出進行「真實性檢查」。結果合理嗎?估算預期結果的範圍,並與你的答案做比較。
8. 如果將來你會持續使用這個程式當作一般的工具,以一些合理的資料值來測試這個程式;並對結果進行真實性檢查。

範例 1.6-1　活塞運動

圖 1.6-2a 顯示了一個內燃機的活塞、連桿、曲柄及曲軸。當燃燒開始時,會推動活塞往下。此運動促使連桿轉動曲柄,而曲柄促使曲軸轉動。我們要開發一個 MATLAB 的電腦程式來計算,並畫出活塞往返的距離 d,在給定長度 L_1 及 L_2 之

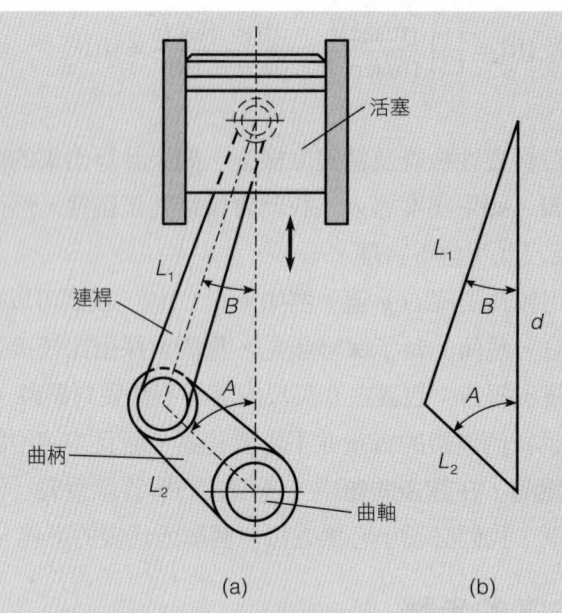

▌圖 1.6-2　內燃機的活塞、連桿、曲柄及曲軸

下，d 為角 A 的函數。這樣的圖形可以幫助工程師在設計引擎時，選取正確的 L_1 及 L_2 長度值。

　　已知一般的長度值 $L_1 = 1$ ft 及 $L_2 = 0.5$ ft。因為此一機械運動在 $A = 0$ 時是對稱的，我們需要考慮的範圍僅限於 $0 \leq A \leq 180º$。圖 1.6-2b 顯示此運動的幾何圖形。根據此圖，我們可以使用三角學來寫出下列 d 的表示式：

$$d = L_1 \cos B + L_2 \cos A \tag{1.6-2}$$

因此，為了計算給定長度 L_1、L_2 及角 A 時的 d，我們必須先算出角 B。我們使用正弦定律如下：

$$\frac{\sin A}{L_1} = \frac{\sin B}{L_2}$$

求解 B 得到：

$$\sin B = \frac{L_2 \sin A}{L_1}$$

$$B = \sin^{-1}\left(\frac{L_2 \sin A}{L_1}\right) \tag{1.6-3}$$

(1.6-2) 式及 (1.6-3) 式構成計算的基礎。發展並測試 MATLAB 的程式來畫出 d 對 A 的圖。

■ 解法

　　下面是求解的步驟，根據列於表 1.6-2 的內容而來。

1. 簡潔地陳述問題。使用 (1.6-2) 式及 (1.6-3) 式來計算 d，並且使用 $0 \leq A \leq 180°$ 範圍內足夠多的 A 值來畫出平滑圖形。
2. 明確指出程式所需使用的資料。長度 L_1、L_2 及角 A 為已知。
3. 明確指出程式所要產生的資訊。d 對 A 的圖是所需要的輸出。
4. 以手算或使用計算機來進行求解的步驟。你有可能推導出錯誤的三角公式，所以你應該要用數種狀況來檢查這些公式。你可以藉由尺及量角器等比例地畫出一些 A 的角度以檢查是否有錯誤；測量長度 d；與計算的結果比較。使用這些值來檢查程式的輸出。

   我們應該使用哪些角度的 A 值來檢查？因為三角形在 $A = 0°$ 及 $A = 180°$ 時會「折疊」起來，所以你應該檢查這些狀況。結果為在 $A = 0°$ 時，$d = L_1 - L_2$；$A = 180°$ 來時，$d = L_1 + L_2$。在 $A = 90°$ 時，可以利用畢氏定理容易地手算出來；在此情況下 $d = \sqrt{L_1^2 - L_2^2}$。你也可以使用 $0° < A < 90°$ 象限中的一個角度以及 $90° < A < 180°$ 象限中的一個角度來檢查。下表列出一些根據 $L_1 = 1$ ft 及 $L_2 = 0.5$ ft 所計算出來的結果。

A (度數)	d(ft)
0	1.5
60	1.15
90	0.87
120	0.65
180	0.5

5. 撰寫並執行程式。下列的 MATLAB 對話使用 $L_1 = 1$ ft 及 $L_2 = 0.5$ ft。

```
>>L_1 = 1;
>>L_2 = 0.5;
>>R = L_2/L_1;
>>A_d = 0:0.5:180;
>>A_r = A_d*(pi/180);
>>B = asin(R*sin(A_r));
>>d = L_1*cos(B)+L_2*cos(A_r);
>>plot(A_d,d),xlabel('A(degrees)'), ...
      ylabel('d(feet)'),grid
```

注意，我們使用底線 (_) 於變數名稱中，讓名稱更有意義。變數 A_d 表示以度數為單位的角 A。第四列建立一個包含 0, 0.5, 1, 1.5, ..., 180 等數字的陣列。第五列則將這些角度值轉換成弳度，並且儲存於變數 A_r 當中。這個轉換是必要的，因為 MATLAB 的三角函數使用弳度，而不是度 (使用「度」為單位是一個常見的錯

誤)。MATLAB 提供的內建常數 pi 用來代表 π。第六列使用反正弦函數 asin。

plot 指令要求同一條線需要以逗號隔開標記及格線。列接續運算子 [稱為省略符號 (ellipsis)] 由三個句號 (.) 所組成。這個運算子可以幫助你在按下 **Enter** 之後繼續輸入同一列。此外，如果不使用省略符號繼續輸入，則沒有辦法在螢幕上看到整列。請注意，在省略符號之後按下 **Enter** 後並不會看到提示符號。

利用 grid 指令在圖形上加入格線，可以使你更容易地閱讀圖形的值，結果顯示於圖 1.6-3 中。

6. 以手算來檢查程式的輸出。根據圖形讀出的角度值，對應到前面列表中 A 的值。你可以使用 ginput 函數自圖形上讀出值。此值應該要與前面列表中的值符合。

7. 執行程式並對輸出進行真實性檢查。如果圖形出現突然的變化或不連續性，你可能會懷疑是否出現錯誤。然而，此圖形是平滑的，並且顯示出 d 的表現和期望的一樣。最大值出現在 $A = 0°$，而最小值出現於 $A = 180°$，並且平滑地減少。

8. 以一些範圍內合理的資料值來測試這個程式。使用不同的 L_1 及 L_2 值來測試你的程式，並且檢查結果的圖形是否合理。有時候你可能會試圖輸入 $L_1 \leq L_2$，看看結果為何。當 $L_1 > L_2$ 時，此機械也會正常運作嗎？由這個機械，你的直覺告訴你什麼？這個程式又能預測什麼？

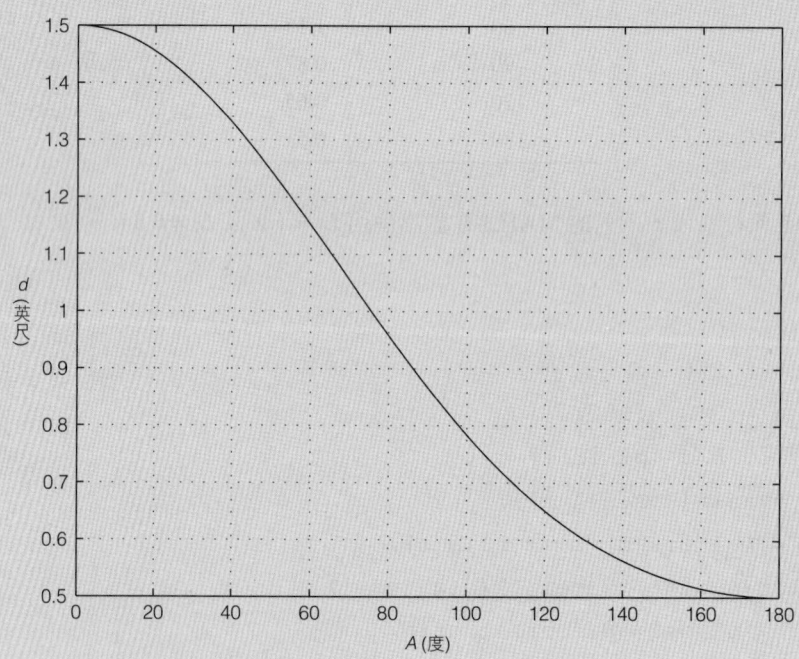

■ 圖 1.6-3 活塞運動對曲柄角度的圖形

1.7 摘要

你應該要熟悉下列 MATLAB 的基本運作，包括：
- 啟動及退出 MATLAB。
- 計算簡單的數學運算式。
- 管理變數。

你也必須熟悉 MATLAB 選單及工具列。

本章為 MATLAB 所能求解的各種問題做了一個概述，包括：
- 使用陣列與多項式。
- 建立圖形。
- 建立腳本檔。

表 1.7-1 是本章所提到的表格。以下章節會針對這些主題提供更多細節。

表 1.7-1　本章所介紹的指令與特色導覽

純量算術運算子	表 1.1-1
優先權	表 1.1-2
用來管理工作對話的指令	表 1.1-3
特殊的變數與常數	表 1.1-4
數值顯示格式	表 1.1-5
一些常用的數學函數	表 1.3-1
一些 MATLAB 繪圖指令	表 1.3-2
系統、目錄和檔案指令	表 1.4-1
輸入/輸出指令	表 1.4-2

習題

對於標註星號的問題，請參見本書最後的解答。

1.1 節

1. 確認你知道如何啟動及退出 MATLAB 對話。使用 MATLAB 來進行下列計算，使用的值為：$x = 10$，$y = 3$。使用計算機來檢查結果。

   a. $u = x + y$　　　　　b. $v = xy$　　　　　c. $w = x/y$

   d. $z = \sin x$　　　　　e. $r = 8 \sin y$　　　f. $s = 5 \sin 2y$

2.* 假設 $x = 2$ 且 $y = 5$。使用 MATLAB 來進行下列計算。

   a. $\dfrac{yx^3}{x-y}$　　b. $\dfrac{3x}{2y}$　　c. $\dfrac{3}{2}xy$　　d. $\dfrac{x^5}{x^5-1}$

3. 假設 $x = 3$ 且 $y = 4$。使用 MATLAB 來進行下列計算，並且使用計算機來檢查結

果。

a. $\left(1 - \frac{1}{x^5}\right)^{-1}$ b. $3\pi x^2$ c. $\frac{3y}{4x-8}$ d. $\frac{4(y-5)}{3x-6}$

4. 針對已給定的 x 值，在 MATLAB 中進行下列算式的運算，並且手動計算來檢查結果。

     a. $y = 6x^3 + \frac{4}{x}$, $x = 3$ b. $y = \frac{x}{4}3$, $x = 7$

     c. $y = \frac{(4x)^2}{25}$, $x = 9$ d. $y = 2\frac{\sin x}{5}$, $x = 4$

     e. $y = 7(x^{1/3}) + 4x^{0.58}$, $x = 30$

5. 假設 a、b、c、d 及 f 為純量，試撰寫一個 MATLAB 敘述來比較並顯示下列算式。以 $a = 1.12$、$b = 2.34$、$c = 0.72$、$d = 0.81$ 及 $f = 19.83$ 值來測試你的敘述。

$$x = 1 + \frac{a}{b} + \frac{c}{f^2} \qquad s = \frac{b-a}{d-c}$$

$$r = \frac{1}{\frac{1}{a}+\frac{1}{b}+\frac{1}{c}+\frac{1}{d}} \qquad y = ab\frac{1}{c}\frac{f^2}{2}$$

6. 使用 MATLAB 來計算

     a. $\frac{3}{4}(6)(7^2) + \frac{4^5}{7^3 - 145}$ b. $\frac{48.2(55) - 9^3}{53 + 14^2}$ c. $\frac{27^2}{4} + \frac{319^{4/5}}{5} + 60(14)^{-3}$

以計算機驗算你的答案。

7. 使用 MATLAB 來計算以下算式

     a. 16^{-1} b. $16^{-1/2}$ c. $16^{(-1/2)}$ d. $64^{3/2}$

8. 由以下 MATLAB 算式的答案為何？

     a. `100^-1`   b. `100^-1/2`   c. `100^(-1/2)`   d. `100^3/2`

9. 函數 `realmax` 和 `realmin` 得到由 MATLAB 能處理的最大和最小可能數目。計算產生數目太大或太小導致溢位 (overflow) 和欠位 (underflow)。通常這不會是問題，如果你適當的安排計算式順序。在 MATLAB 鍵入 `realmax` 和 `realmin` 來決定你的系統的上下線。例如，假設你有變數 $a = 3 \times 10^{150}$，$b = 5 \times 10^{200}$，

     a. 使用 MATLAB 來計算 $c = ab$。

     b. 假設 $d = 5 \times 10^{-200}$，使用 MATLAB 來計算 $f = d/a$。

     c. 使用二種 MATLAB 方式來計算乘積 $x = abd$，i) 直接計算乘積如 `x = a*b*d`，然後 ii) 拆開計算式如 `y = b*d` 然後 `x = a*y`。比較結果。

10. 給定一圓柱體的體積的高 h 和半徑 r 為 $V = \pi r^2 h$。一個特別圓桶有 10 公尺高和半徑有 6 公尺。我們要建造另一個圓桶的體積大 30% 但是半徑相同。桶需要多

高？

11. 球體的體積 $V = 4\pi r^3/3$，其中 r 為半徑。使用 MATLAB 計算一個比半徑為 4 英尺的球體體積還要大 40% 的球體半徑。

12.* 假設 $x = -7-5i$ 及 $y = 4 + 3i$。使用 MATLAB 來計算
    a. $x + y$ b. xy c. x/y

13. 使用 MATLAB 計算下列算式，並且手動驗算答案。

    a. $(3 + 6i)(-7 - 9i)$ b. $\dfrac{5 + 4i}{5 - 4i}$ c. $\dfrac{3}{2}i$ d. $\dfrac{3}{2i}$

14. 使用 MATLAB 計算下列算式，其中 $x = 5 + 8i$ 及 $y = 26 + 7i$，並且手動驗算答案。

    a. $u = x + y$ b. $v = xy$ c. $w = x/y$
    d. $z = e^x$ e. $r = \sqrt{y}$ f. $s = xy^2$

15. 理想氣體定律 (ideal gas law) 提供我們一個方式去估算容器內氣體施加的壓力。定律為

$$P = \frac{nRT}{V}$$

我們可以根據凡得瓦 (van der Waals) 方程式做出較為正確的估計：

$$P = \frac{nRT}{V - nb} - \frac{an^2}{V^2}$$

其中，nb 是分子體積的修正項，an^2/V^2 是分子引力的修正項。a 及 b 值根據氣體的種類而不同。氣體常數 R、絕對溫度 T、氣體體積 V，以及氣體的莫耳數為 n。若 $n = 1$ mol，表示該理想氣體在 0°C (273.2 K) 具有體積 $V = 22.41$ L，即施加 1 大氣壓的壓力。在這些單位之下，$R = 0.08206$。

對於氯 (Cl_2)，$a = 6.49$，$b = 0.0562$。對於 1 莫耳的 Cl_2 在 273.2 K 及 22.41 L 的情況下，比較由理想氣體定律及凡得瓦方程式兩者的壓力估計值。造成這兩個氣壓估計值之差異主要原因是分子體積，還是分子引力？

16. 理想氣體定律與氣壓 P、體積 V、絕對溫度 T 及氣體的量 n 有關。定律為

$$P = \frac{nRT}{V}$$

其中，R 是常數。

工程師必須設計一個可以擴張維持氣壓固定在 2.2 大氣壓下的自然氣儲存槽。在 12 月的時候，氣溫為 4°F (215°C)，槽中的氣體體積為 28,500 立方英尺。等量氣體在 7 月且溫度為 88°F (31°C) 時，體積為多少？(提示：在此題中，n、R 及 P 都是定值，且 K = °C + 273.2。)

1.3 節

17. 使用 MATLAB 來計算

    a. e^2 b. log2   c. ln 2   d. $\sqrt[4]{600}$

18. 使用 MATLAB 來計算

    a. $\cos(\pi/2)$ b. $\cos 80°$

    c. $\cos^{-1} 0.7$ 單位為弳度   d. $\cos^{-1} 0.6$ 單位為角度

19. 使用 MATLAB 來計算

    a. $\tan^{-1} 2$ b. $\tan^{-1} 100$

    c. 對應 $x = 2$，$y = 3$ 的角度   d. 對應 $x = -2$，$y = 3$ 的角度

    e. 對應 $x = 2$，$y = -3$ 的角度

20. 假設 $x = 1, 1.2, 1.4, ..., 5$。使用 MATLAB 計算陣列 y，其由函數 $y = 7 \sin(4x)$ 而來。使用 MATLAB 決定陣列 y 中有多少個元素，並且找出陣列 y 中第三個元素。

21. 使用 MATLAB 找出陣列 `sin(-pi/2):0.05:cos(0)` 中有多少個元素，並使用 MATLAB 找出第 10 個元素。

22. 使用 MATLAB 計算

    a. $e^{(-2.1)^3} + 3.47 \log(14) + \sqrt[4]{287}$ b. $(3.4)^7 \log(14) + \sqrt[4]{287}$

    c. $\cos^2\left(\dfrac{4.12\pi}{6}\right)$ d. $\cos\left(\dfrac{4.12\pi}{6}\right)^2$

    使用計算機檢查你的答案。

23. 以 MATLAB 計算

    a. $6\pi \tan^{-1}(12.5) + 4$ b. $5 \tan[3 \sin^{-1}(13/5)]$

    c. $5 \ln(7)$ d. $5 \log(7)$

    使用計算機檢查你的答案。

24. 芮氏規模是地震強度的指標。在地震中所釋放出來的能量 E (單位為焦耳) 在芮氏規模上的量值 M 大小為

    $$E = 10^{4.4} 10^{1.5M}$$

    量值大小 7.6 比 5.6 的地震所釋放出來的能量大多少？

25.* 使用 MATLAB 找出 $13x^3 + 182x^2 - 184x + 2503 = 0$ 的根。

26. 使用 MATLAB 找出多項式 $70x^3 + 24x^2 - 10x + 20$ 的根。

27. 使用 MATLAB 在區間 $1 \leq t \leq 3$ 內畫出函數 $T = 6 \ln t - 7e^{0.2t}$ 的圖形，並且在圖形上加入標題及正確的軸標記。變數 T 表示溫度，單位為攝氏；變數 t 表示時間，單位為分鐘。

28. 使用 MATLAB 在區間 $0 \leq x \leq 2$ 內畫出函數 $u = 2 \log_{10}(60x + 1)$ 及 $v = 3 \cos(6x)$ 的圖形，並且在圖形的軸及線條上加上正確的標記。變數 u 及 v 表示速度，單位為英里/小時；變數 x 表示距離，單位為英里。

29. 傅立葉級數是以正弦函數與餘弦函數組成的級數。以下函數

$$f(x) = \begin{cases} 1 & 0 < x < \pi \\ -1 & -\pi < x < 0 \end{cases}$$

的傅立葉級數為：

$$\frac{4}{\pi}\left(\frac{\sin x}{1} + \frac{\sin 3x}{3} + \frac{\sin 5x}{5} + \frac{\sin 7x}{7} + \cdots\right)$$

利用上述四個項目，畫出函數 $f(x)$ 及其傅立葉級數。

30. 擺線 (cycloid) 是半徑為 r 的圓形輪子圓周上的點 P，在輪子沿著 x 軸滾動時所描繪出來的曲線。此曲線可以用參數方程式表示為：

$$x = r(\phi - \sin \phi)$$
$$y = r(1 - \cos \phi)$$

使用這些方程式畫出擺線的圖形，其中 $r = 10$ 英寸且 $0 \leq \phi \leq 4\pi$。

31. 一艘船以 20 km/hr 沿一條由 $y = 11x/15 + 43/3$ 描述的直線路徑移動，自 $x = -10$，$y = 7$ 開始。畫出從觀察者在原點座標到船經過三小時的函數的直線的夾角 (單位為角度)。

1.4 節

32. 找出哪一個 MATLAB 搜尋路徑在你的電腦上使用。如果你用實驗室的電腦和家裡的電腦，比較二種搜尋路徑。在個別電腦上 MATLAB 會尋找一個使用者產生 M 檔嗎？

33. 圍繞在某一塊土地的圍籬如圖 P33 所示。由一塊長度為 L、寬度為 W 的長方形以及一個三角形所形成，而且右邊的三角形為對稱於長方形的中央水平軸。假設寬度 W (單位為公尺) 及包圍的面積 A (單位為平方公尺) 為已知。以給定的變數 W 及 A 撰寫一個 MATLAB 腳本檔，來求出包圍面積 A 的長度 L。此外，決定圍籬所需的總長度。以 $W = 6$ m 以及 $A = 80$ m^2 來測試你的腳本檔。

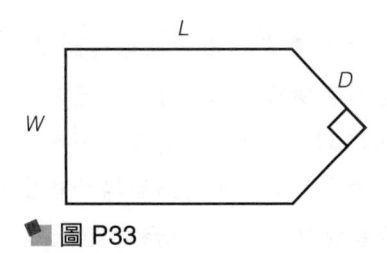

🔲 圖 P33

34. 圖 P34 中的四邊形由兩個三角形組成，共用邊為 a。對上面的三角形使用餘弦

定理得到：

$$a^2 = b_1^2 + c_1^2 - 2b_1c_1\cos A_1$$

同理，我們也可以對下面的三角形寫出類似的方程式。發展一個程序，在給定邊 b_1、b_2、c_1 以及角 A_1 和角 A_2 (單位為度數) 的情況下，計算邊 C_2 的長度。撰寫一個可以執行這個程序的腳本檔。以下列數值測試你的腳本檔：$b_1 = 180$ m、$b_2 = 165$ m，$c_1 = 115$ m，角 $A_1 = 120°$，$A_2 = 100°$。

圖 P34

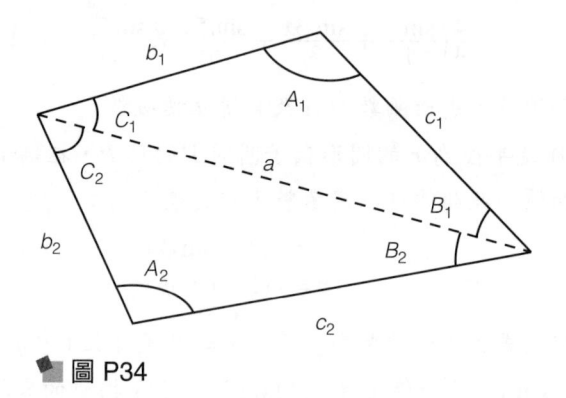

35. 撰寫一腳本來計算這個立方方程式的三個根

$$x^3 + ax^2 + bx + c = 0$$

使用 `input` 函數讓使用者輸入 a、b 和 c 的值。

1.5 節

36. 使用 MATLAB 的輔助特色來找出有關下列主題及符號的資訊：plot、label、cos、cosine、: 及*。

37. 使用 MATLAB 的輔助特色來找出在 `sqrt` 函數中使用負的引數時會發生什麼事。

38. 使用 MATLAB 的輔助特色來找出在 `exp` 函數中使用虛數引數時會發生什麼事。

1.6 節

39. a. 你需要以多少的初速度來垂直扔出一個球達到 20 英尺的高度？此球的重量為 1 磅。當球的重量為 2 磅時，你的答案又是多少？

   b. 假設你要扔出一個鐵條到 20 英尺的高度。鐵條的重量為 2 磅。要使此鐵條達到該高度所需的初速度為多少？討論鐵條的長度如何影響你的答案。

40. 考慮範例 1.6-1 中的活塞運動。活塞的衝程 (stroke) 表示當曲柄角度由 0° 變化到 180° 時活塞移動的總距離。

a. 活塞衝程與 L_1 和 L_2 之間的關係

b. 假設 $L_2 = 0.5$ ft。使用 MATLAB 畫出兩種情況下，活塞運動對於曲柄角度的圖形：$L_1 = 0.6$ ft 及 $L_1 = 1.4$ ft。將這兩個圖形與圖 1.6-3 相比較。討論圖形的形狀與 L_1 之間的關係。

Chapter 2
數字陣列、胞陣列以及結構陣列

21 世紀的工程……
創新的建設

我們會緬懷過去某些偉大的文明，部分原因是這些文明的公共工程建設，例如埃及的金字塔以及中世紀歐洲的大教堂，其建造都是科技的一大挑戰。或許這是人類的本性將自己「推向極限」，而且我們也崇拜這麼做的人。不過，創新建設的挑戰直至今日仍持續著。特別是當我們居住的城市空間愈來愈少的時候，許多都市規劃者會希望垂直發展，而不是水平發展。嶄新的高樓大廈不斷將我們的能力推向極限，這不僅是在建築結構的設計上，在我們從未想過的領域上也是如此，例如電梯的設計與操作、空氣動力學及建築技巧。照片中的是美國最高的瞭望臺——1,149 英尺高的拉斯維加斯同溫層塔 (Las Vegas Stratosphere Tower)。此建築的建造需要許多創新的技巧。

大樓、橋樑及建築的設計者會使用新的科技及材料，其中有些靈感是取於自然界。如果以重量來計算，蜘蛛絲比鐵還要堅韌，所以結構工程師希望能使用合成蜘蛛絲的纖維當作纜繩來建造抗震吊橋。對於能夠自動偵測即將因斷裂及疲勞而產生故障的智慧建築，目前已經快要實現，而主動建築物則具有動力裝置，可以抵抗風力及其他外力。不同的 MATLAB 工具箱對這樣的計畫有用，這些包括以下的工具箱家族：偏微分方程式 (做結構設計)、訊號處理 (做智慧結構)、控制系統 (做主動式結構) 和計算財務 (做大型計畫的成本分析)。

©OLOS / shutterstock

學習大綱
2.1 一維和二維數值陣列
2.2 多維數值陣列
2.3 逐元運算
2.4 矩陣運算
2.5 利用陣列做多項式運算
2.6 胞陣列
2.7 結構陣列
2.8 摘要
習題

MATLAB 的長處之一是能夠處理項目的集合，也就是陣列 (array)，即是把它們當作單一的個體來處理。陣列處理的特色可以讓 MATLAB 程式變得非常簡潔。

陣列是 MATLAB 最基本的元件。下列為 MATLAB 7 中陣列的類別：

陣列						
數字	字元	邏輯	胞	結構	函數握把	Java

到目前為止，我們只使用到數字陣列，也就是只有包含數值的陣列。在數字類別中，其子類別可分為單倍精準浮點數 (single precision)、雙倍精準浮點數 (double precision)、帶正負號 8 位元 (signed 8-bit) 整數、帶正負號 16 位元 (signed 16-bit) 整數、帶正負號 32 位元 (signed 32-bit) 整數、無正負號 8 位元 (unsigned 8-bit) 整數、無正負號 16 位元 (unsigned 16-bit) 整數，以及無正負號 32 位元 (unsigned 32-bit) 整數。字元陣列是包含字串的陣列。邏輯陣列中的元素是「真」或「偽」係以符號 1 或 0 來表示，但它們並非數值，我們會在第四章探討之。胞陣列及結構陣列會在第 2.6 節及第 2.7 節中介紹。函數握把是在第三章討論，至於 Java 類別則不在本書範圍中。

本章的前四個小節會介紹求解 MATLAB 的重要觀念，第 2.5 節是探討多項式的應用，第 2.6 節和第 2.7 節則說明兩種運用於一些特殊應用的陣列形式。

2.1　一維和二維數值陣列

我們可以將三維空間中某一個點的位置以直角座標 x、y、z 表示出來。這三個座標表示出向量 (vector) **p** (在數學課本中，我們通常用粗體字來表示向量)。一組單位向量 (unit vector) 標記為 **i**、**j**、**k**，長度為 1，方向與 x、y、z 軸一致，利用單位向量可以將向量表示成以下形式：**p** = x**i** + y**j** + z**k**。單位向量可以連結到適當座標軸上的向量分量 x、y、z；因此，當我們寫出 **p** = 5**i** + 7**j** + 2**k** 時，我們知道此向量的 x、y、z 分別為 5、7、2。我們也可以將分量依固定順序寫下，並且在中間用空白隔開，然後將這一組數字以中括號包圍起來，例如 [5 7 2]。只要我們同意向量的分量會以順序 x、y、z 寫出來，就可以使用這樣的標記法來取代單位向量的寫法。實際上，MATLAB 就是使用這樣的方式來標記向量。MATLAB 讓我們可以用逗號來分隔向量以提高可閱讀性，如果想要這麼做的話，輸入 [5, 7, 2] 和前面的向量是等效的。此一表示方式就是**列向量** (row vector)，亦即將元素水平放置。

列向量
行向量

我們也可以將向量表示成**行向量** (column vector)，也就是元素垂直排列。一個向量可以只有一行，或者只有一列。因此，向量是陣列的一種特殊形式。一般來

說，陣列通常都具有數行或數列。

在 MATLAB 中建立向量

向量的觀念可以一般化用在任何數目的分量上。在 MATLAB 中，向量僅僅是一列純量，例如要指明 *xyz* 座標時，出現的順序可能很重要。以另外一個例子來說，假設我們每一個小時就測量某一物體的溫度一次。我們可以將量測值表示成一個向量，而向量中第 10 個元素就表示為在第 10 個小時所測量出來的溫度。

若要在 MATLAB 中建立一個列向量，只需要在一對中括號內輸入以逗號或空白隔開的數對即可。陣列都需要使用到中括號，除非你用分號的方式建立陣列，如此一來，你將不需要中括號，而可以使用括號。基本上，選擇用逗號或空白隔開，視個人習慣而定。(此外，你也可以在逗號之後再加上一個空白隔開。)

你可以用分號將元素隔開來建立行向量；然而，也可以先建立列向量後，再利用**轉置** (transpose) 標記 (') 來將列向量轉置成行向量，反之亦然。例如：

轉置

```
>>g = [3;7;9]
g =
    3
    7
    9
>>g = [3,7,9]'
g =
    3
    7
    9
```

第三種建立行向量的方式是輸入左中括號 ([) 以及第一個元素，按下 **Enter** 後輸入第二個元素，之後再按下 **Enter**，重複此程序直到輸入完最後一個元素為止，最後再加上一個右中括號 (]) 並按下 **Enter**。在螢幕上的程序顯示如下：

```
>>g = [3
7
9]
g =
    3
    7
    9
```

請注意，MATLAB 會水平地顯示列向量，而垂直地顯示行向量。

你可以將兩個向量「接起來」成為另一個向量。例如，為了建立列向量 u，此列向量前面三行的值為 r = [2,4,20]，然後第四行、第五行、第六行的值為 w = [9,-6,3]，你可以輸入 u = [r,w] 以產生向量 u = [2,4,20,9,-6,3]。

冒號運算子 (:) 可以很容易地建立出固定間隔的大向量，亦即輸入

>>x = m:q:n

此指令建立向量 x，每個值中間的間隔為 q。第一個值為 m。如果 m-n 是 q 的整數倍，則最後一個值為 n；若不是整數倍，則最後一個值會小於 n。舉例來說，輸入 x = 0:2:8，可以建立出向量 x = [0,2,4,6,8]；如果輸入的是 x = 0:2:7，則建立出向量 x = [0,2,4,6]。若要建立一個列向量 z，內容的值為 5 到 8 且間隔為 0.1，則需要輸入 z = 5:0.1:8。如果增量 q 被省略，則程式會假設成 1。因此，y = -3:2 可以建立出向量 y=[-3,-2,-1,0,1,2]。

增量 q 可以為負值。在這個情況下，m 應該大於 n。例如，u = 10:-2:4 可以產生向量 [10,8,6,4]。

linspace 指令可以用來建立線性間隔的列向量，但給定的引數是向量內值的數目，而不是增量。語法為 linspace(x1,x2,n)，其中 x1 及 x2 為上界與下界，n 是點的數目。例如，linspace(5,8,31) 等效於 5:0.1:8。如果 n 被省略，則間隔預設值為 1。

指令 logspace 可以建立以對數為間隔的陣列，語法為 logspace(a,b,n)，其中 n 為 10^a 到 10^b 之間的點數。例如，x = logspace(-1,1,4) 產生向量 x =[0.1000,0.4642,2.1544,10.000]。如果 n 被省略，則點數的預設值為 50。

二維陣列

矩陣

具有行和列的陣列是二維陣列，我們稱之為**矩陣** (matrix)。在數學課本中，如果可能的話，向量通常以小寫字母標記，而矩陣使用大寫字母標記。一個具有 3 列與 2 行的矩陣為

$$\mathbf{M} = \begin{bmatrix} 2 & 5 \\ -3 & 4 \\ -7 & 1 \end{bmatrix}$$

我們會依照陣列具有多少列及多少行來描述陣列大小 (size)。例如，具有 3 列與 2 行的陣列，我們稱為 3×2 陣列。記住，列的數字永遠擺在第一個！我們有時候用 [a_{ij}] 來表示矩陣 **A**，其元素為 a_{ij}。下標 i 及 j 稱為索引 (index)，用來表示元素 a_{ij} 的列行位置。其中，列的數字也是永遠擺在第一個！例如，元素 a_{32} 表示在列 3

與行 2。若對每一個 i 及 j，$a_{ij} = b_{ij}$，亦即每一個對應位置的元素都相等，則兩個矩陣 **A** 及 **B** 具有同樣的大小。

建立矩陣

建立矩陣的最直接方式就是逐列輸入，並以逗號或空白隔開每一列中間的元素，而每一列又以分號隔開。中括號是必須的，例如我們輸入

```
>>A = [2,4,10;16,3,7];
```

可以建立下列矩陣：

$$\mathbf{A} = \begin{bmatrix} 2 & 4 & 10 \\ 16 & 3 & 7 \end{bmatrix}$$

如果矩陣具有許多元素，你可以按下 **Enter** 並繼續輸入下一行的內容。直到你輸入右中括號 (])，MATLAB 才會認為你已經將矩陣輸入完畢。

你可以建立一個具有三個列數的向量或矩陣，並將其附加在另外一個列向量之後 (兩個向量必須具有相同的行數)。你可以藉由下列的對話來瞭解 [a, b] 及 [a; b] 兩者之間的不同：

```
>>a = [1,3,5];
>>b = [7,9,11];
>>c = [a,b]
c =
     1     3     5     7     9    11
>> D = [a;b]
D =
     1     3     5
     7     9    11
```

矩陣及轉置運算

轉置運算就是將列與行交換。在數學課本中，我們會將此運算以上標的 T 做標記。對於 $m \times n$ 的矩陣 **A** 具有 m 列及 n 行，$\mathbf{A}^T$ (讀作「A 的轉置矩陣」) 則是一個 $n \times m$ 矩陣。

$$\mathbf{A} = \begin{bmatrix} -2 & 6 \\ -3 & 5 \end{bmatrix} \qquad \mathbf{A}^T = \begin{bmatrix} -2 & -3 \\ 6 & 5 \end{bmatrix}$$

如果 $\mathbf{A}^T = \mathbf{A}$，則矩陣 **A** 為對稱 (symmetric)。注意，轉置運算會將列向量轉為行向量，反之亦然。

如果陣列包含複數元素，則轉置運算子 (´) 可以產生複數共軛轉置矩陣

(complex conjugate transpose)；換言之，得到的結果元素為原本矩陣內元素轉置的共軛複數。同樣地，你可以使用點轉置運算子 (dot transpose operator) (.´) 在不產生共軛複數元素下將陣列轉置，例如輸入 A.´。如果所有的元素都為實數，運算子´與.´會得到相同的結果。

陣列處理

陣列索引就是陣列中元素所在的列數及行數，我們可以用它來追蹤所有的陣列元素。例如，標記 v(5) 指向向量 v 中的第五個元素，而 A(2,3) 指向矩陣 A 中的第 2 列與第 3 行。列的數字永遠擺在第一個！這樣的標記方式讓你能夠修正陣列中的元素，而不需要重新輸入整個陣列。例如，要改變矩陣 **D** 中第 1 列、第 3 行的元素為 6，則可以輸入 D(1,3) = 6。

冒號運算子可以用來選取個別的元素、列、行，或者陣列的「子陣列」。以下是一些範例：

- v(:) 表示所有向量 v 中的列或行元素。
- v(2:5) 表示第二個到第五個元素，也就是 v(2)、v(3)、v(4)、v(5)。
- A(:,3) 表示矩陣 A 中第 3 行的所有元素。
- A(3,:) 表示矩陣 A 中第 3 列的所有元素。
- A(:,2:5) 表示 A 中第 2 行到第 5 行的所有元素。
- A(2:3,1:3) 表示為第 2 列到第 3 列的所有元素也出現在第 1 行到第 3 行。
- v=A(:) 創造一個向量 v，v 包含矩陣 A 中從第一行堆疊到最後一行裡所有的行。
- A(end,:) 表示矩陣 A 的最後一列，而 A(:,end) 表示矩陣 A 的最後一行。

你可以使用陣列索引將陣列中的元素擷取出來成為一個較小的陣列。例如，我們建立陣列 **B**

$$\mathbf{B} = \begin{bmatrix} 2 & 4 & 10 & 13 \\ 16 & 3 & 7 & 18 \\ 8 & 4 & 9 & 25 \\ 3 & 12 & 15 & 17 \end{bmatrix} \quad (2.1\text{-}1)$$

透過輸入

```
>>B = [2,4,10,13;16,3,7,18;8,4,9,25;3,12,15,17];
```

接著輸入

```
>>C = B(2:3,1:3);
```

則得到下列的陣列：

$$\mathbf{C} = \begin{bmatrix} 16 & 3 & 7 \\ 8 & 4 & 9 \end{bmatrix}$$

我們以 [] 來表示**空陣列** (empty array)，即沒有包含任何元素的陣列。我們可以將選取的列或行設為空陣列，來達到刪除的目的。這樣的方式可以把原本的矩陣折疊成較小的矩陣。例如，輸入 A(3,:) = [] 表示將矩陣 A 中的第 3 列刪除，A(:,2:4) = [] 則是刪除矩陣 A 中的第 2 行到第 4 行。最後，輸入 A([1 4],:) = [] 表示將 A 中的第 1 列到第 4 列刪除。

空陣列

假設我們輸入 A = [6,9,4;1,5,7] 定義出下列矩陣：

$$\mathbf{A} = \begin{bmatrix} 6 & 9 & 4 \\ 1 & 5 & 7 \end{bmatrix}$$

輸入 A(1,5) = 3 會將矩陣變成

$$\mathbf{A} = \begin{bmatrix} 6 & 9 & 4 & 0 & 3 \\ 1 & 5 & 7 & 0 & 0 \end{bmatrix}$$

因為 **A** 並沒有五行，所以它的大小被自動擴展到第 5 行以容納新的元素。MATLAB 會將其他未指定內容的元素自動補上 0。

MATLAB 並不接受負值或 0 的索引，但你可以使用含有冒號運算子的負增量。例如，輸入 B = A(:,5:-1:1) 可以將 **A** 中行的順序調換得到

$$\mathbf{B} = \begin{bmatrix} 3 & 0 & 4 & 9 & 6 \\ 0 & 0 & 7 & 5 & 1 \end{bmatrix}$$

假設 C = [-4,12,3,5,8]。接著，輸入 B(2,:) = C 可以將 B 中的第 2 列以 C 取代。因此，**B** 變成

$$\mathbf{B} = \begin{bmatrix} 3 & 0 & 4 & 9 & 6 \\ -4 & 12 & 3 & 5 & 8 \end{bmatrix}$$

假設 D = [3,8,5;4,-6,9]。接著，輸入 E = D([2,2,2],:) 可以將 D 中的第 2 列重複三次得到

$$\mathbf{E} = \begin{bmatrix} 4 & -6 & 9 \\ 4 & -6 & 9 \\ 4 & -6 & 9 \end{bmatrix}$$

使用 clear 來避免錯誤

你可以使用 clear 指令來避免不小心重複使用有錯誤維度的陣列。即使你給予陣列新的值，但某些之前的值仍然可能存在。例如，之前曾經使用一個 2 × 2 的陣列 A = [2,5;6,9]，接下來你會建立一個 5 × 1 的陣列 x = (1:5)´ 及 y = (2:6)´。注意，在使用轉置運算子時，必須使用括號。假設重新定義 A，使其行是 x 及 y。如果你接著輸入 A(:,1) = x 來建立第一行，MATLAB 會顯示錯誤訊

息，告訴你 A 的列數及 x 的列數必須相同。MATLAB 認為 A 應該是一個 2 × 2 的矩陣，因為 A 之前定義為只有 2 列及 2 行，且其值仍存在記憶體中。clear 指令可以消除記憶體中的 A 及其他變數，來避免這類錯誤發生。若只打算清除 A，則在輸入 A(:,1) = x 之前輸入 clear A。

有用的陣列函數

MATLAB 具有許多用來處理陣列的函數 (參考表 2.1-1)。以下是一些常用函數的整理。

如果 A 是所有元素皆為實數的向量，則 max(A) 函數會傳回 A 中最大數字的元素。如果 A 是所有元素皆為實數的矩陣，則會傳回一個包含每一行中最大元

■ 表 2.1-1　陣列函數的基本語法*

指令	敘述
find(x)	計算出一個陣列，其中包含陣列 **x** 非零元素的索引。
[u,v,w] = find(A)	計算出陣列 **u** 及 **v**，其中包含矩陣 **A** 中非零的元素的列索引及行索引，而陣列 **w** 包含非零元素的值。陣列 **w** 可以省略。
length(A)	如果 **A** 是向量，則此函數可以計算出 **A** 中元素的數目；如果 **A** 是一個 $m \times n$ 矩陣，則可算出 m 或 n 中最大的值
linspace(a,b,n)	建立一個列向量，其具有 n 個範圍在 a 到 b 之等間隔的值。
logspace(a,b,n)	建立一個列向量，其具有 n 個範圍在 10^a 到 10^b 之等對數間隔的值。
max(A)	如果 **A** 是向量且所有的元素皆為實數，則 max(A) 函數會傳回 **A** 中最大數字的元素。如果 **A** 為矩陣且包含的元素均為實數，則傳回一個包含每一行中最大元素的列向量。如果任何一個元素是複數，則 max(A) 會傳回具有最大量值的元素。
[x,k] = max(A)	和 max(A) 類似，但是將最大的值儲存於列向量 **x** 中，並將索引儲存於列向量 **k** 中。
min(A)	和 max(A) 的功用相同，但傳回的是最小值。
[x,k] = min(A)	和 [x,k] = max(A) 的功用相同，但傳回的是最小值。
norm(x)	計算向量的幾何長度 $\sqrt{x_1^2 + x_2^2 + \cdots + x_n^2}$。
numel(A)	回傳陣列 **A** 中的元素總數。
size(A)	函數 size(A) 傳回列向量 [m n]，其中包含 $m \times n$ 陣列 **A** 的大小。
sort(A)	函數 sort(A) 將陣列 **A** 中的每一行根據由小到大的順序排序，並傳回與原本 **A** 同樣大小的陣列。
sum (A)	函數 sum(A) 將陣列 **A** 中每一行的元素相加，並且傳回包含總和的列向量。

*其中許多函數有延伸的語法，參見課本及 MATLAB 輔助說明。

素的列向量。但如果任何一個元素是複數，則 max(A) 會傳回具有最大量值的元素。語法 [x,k] = max(A) 和 max(A) 類似，不同之處在於它將最大的值儲存於列向量 **x** 中，並將索引儲存於列向量 **k** 中。

如果矩陣 A 和 B 擁有相同的大小，則 C = max(A,B) 會建立一個和 A 相同大小的矩陣，其在 A 與 B 矩陣之對應位置上最大的元素。例如，以下指令可以從矩陣 **A** 和矩陣 **B** 得到相對應的矩陣 **C**：

$$\mathbf{A} = \begin{bmatrix} 1 & 6 & 4 \\ 3 & 7 & 2 \end{bmatrix} \quad \mathbf{B} = \begin{bmatrix} 3 & 4 & 7 \\ 1 & 5 & 8 \end{bmatrix} \quad \mathbf{C} = \begin{bmatrix} 3 & 6 & 7 \\ 3 & 7 & 8 \end{bmatrix}$$

函數 min(A) 及 [x,k] = min(A) 和 max(A) 與 [x, k] = max(A) 的功用一樣，但不同之處在於它傳回的是最小值。

函數 size(A) 傳回列向量 [m n]，其中包含 $m \times n$ 陣列 **A** 的大小。如果 **A** 是向量，length(A) 函數可以計算出元素的數目；如果 **A** 是一個 $m \times n$ 矩陣，則算出 m 或 n 中最大的值。

例如，若

$$\mathbf{A} = \begin{bmatrix} 6 & 2 \\ -10 & -5 \\ 3 & 0 \end{bmatrix}$$

那麼，max(A) 會傳回向量 [6,2]；min(A) 會傳回向量 [-10,-5]；size(A) 會傳回 [3,2]；而 length(A) 則傳回 3。

函數 sum(A) 將陣列 **A** 中每一行的元素相加，並且傳回包含所有列向量的和。函數 sort(A) 將陣列 **A** 中的每一行根據由小到大的順序排序，並傳回與原本 **A** 同樣大小的陣列。

如果 A 有一個或多個複數，則函數 max、min 和 sort 會計算這些元素的絕對值，並且回傳具有最大值的元素。

例如，若

$$\mathbf{A} = \begin{bmatrix} 6 & 2 \\ -10 & -5 \\ 3+4i & 0 \end{bmatrix}$$

則 max(A) 傳回向量 [-10,-5]，而 min(A) 傳回向量 [3+4i,0]。($3 + 4i$ 的值大小為 5)

如果輸入 sort(A,´descend´)，矩陣 **A** 會被以降冪的順序排列。如果使用者將矩陣轉置的話，函數 min、max 和 sort 可以由原先作用於矩陣的行，變成作用於矩陣的列。

函數 sort 的完整語法為 sort(A,dim,mode)，其中 dim 是指定要分類的維度 (行或列)，mode 是指定要以何種方式排列，´ascend´ 是以升冪的方式排列，

而 ´desend´ 是以降冪的方式排列。舉例來說，sort(A,2,´descend´) 會將矩陣 **A** 的每一列以降冪的方式排列。

指令 find(x) 可以算出向量 **x** 中非零元素的索引。語法 [u,v,w] = find(A) 會計算出陣列 u 及 v，其中包含矩陣 **A** 中非零元素的列索引和行索引，以及包含非零元素值的陣列 **w**。陣列 **w** 可以省略。

例如，若

$$A = \begin{bmatrix} 6 & 0 & 3 \\ 0 & 4 & 0 \\ 2 & 7 & 0 \end{bmatrix}$$

則以下的對話

```
>>A = [6,0,3;0,4,0;2,7,0];
>>[u,v,w] = find(A)
```

會回傳下列向量

$$u = \begin{bmatrix} 1 \\ 3 \\ 2 \\ 3 \\ 1 \end{bmatrix} \qquad v = \begin{bmatrix} 1 \\ 1 \\ 2 \\ 2 \\ 3 \end{bmatrix} \qquad w = \begin{bmatrix} 6 \\ 2 \\ 4 \\ 7 \\ 3 \end{bmatrix}$$

向量 u 及 v 會提供包含非零的值的 (列, 行) 索引，而非零的值則列在 **w**。例如，由 u 及 v 中的第二個索引為 (3, 1)，表示矩陣 **A** 中第 3 列、第 1 行的元素，其值為 2。

這些函數摘要於表 2.1-1 當中。

向量的量值大小、長度及絕對值

量值大小、長度及絕對值等名詞在日常生活的使用往往不夠嚴謹，但你應該要記住這些名詞在 MATLAB 中的精確定義。MATLAB length 指令會計算出向量中元素的數目。向量 **x** 的元素 $x_1, x_2, ..., x_n$ 均為純量，其量值大小為 $\sqrt{x_1^2 + x_2^2 + \cdots + x_n^2}$，也就是向量的幾何長度。向量 **x** 的絕對值為一個向量，其元素為向量 **x** 中元素的絕對值。例如，若 x = [2,-4,5]，其長度為 3，量值大小為 $\sqrt{2^2 + (-4)^2 + 5^2} = 6.7082$，絕對值為 [2,4,5]。x 的長度、量值大小和絕對值可分別由 length(x)、norm(x) 和 abs(x) 計算而得。

測試你的瞭解程度

T2.1-1 對於矩陣 **B**，找出 [B;B´] 運算結果的陣列。使用 MATLAB 找出結果中第 5 列、第 3 行的數字。

$$\mathbf{B} = \begin{bmatrix} 2 & 4 & 10 & 13 \\ 16 & 3 & 7 & 18 \\ 8 & 4 & 9 & 25 \\ 3 & 12 & 15 & 17 \end{bmatrix}$$

T2.1-2 對於相同的矩陣 **B**，使用 MATLAB (a) 找出矩陣 **B** 中最大與最小的元素和這些元素的索引，以及 (b) 排序 **B** 中的每一行以建立新的矩陣 **C**。

變數編輯器

　　MATLAB 工作區瀏覽器提供了圖形介面來管理工作區。你可以使用工作區瀏覽器來檢視、儲存及清除工作區變數。其中包括變數編輯器 (Variable Editor)，那是一個專門處理變數 (包括陣列) 的圖形介面。若要開啟工作區瀏覽器，可以在指令視窗輸入 `workspace`。

　　請記住，桌面選單是會區分內容的。因此，選單的內容會根據目前所使用的瀏覽器，以及變數編輯器的特色而有所不同。工作區瀏覽器會顯示每一個變數的名稱、變數的值、**陣列大小** (array size) 及類別。每一個變數的圖示都說明了該變數的類別。

陣列大小

　　你可以自工作區瀏覽器中開啟變數編輯器，以檢視並編輯二維數字陣列的顯示方式，以及利用有數字的列及行來表示。為了從工作區瀏覽器開啟變數編輯器，可以在想要開啟的變數上以滑鼠點兩下。變數編輯器開啟之後，會顯示選定變數的值。變數編輯器可參見圖 2.1-2。這個標籤能讓你插入、刪除、轉置和排序行與列。

　　重複這些步驟將其他變數開啟至變數編輯器中。在變數編輯器中，可以透過視窗底下的按鈕或使用 Window 選單來存取每一個變數。你也可以在指令視窗中輸

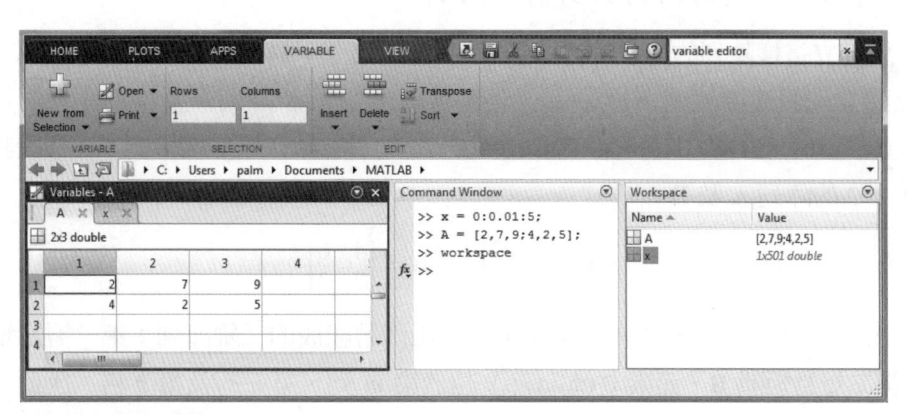

■ 圖 2.1-1　變數編輯器

入 openvar (´var´) 直接開啟變數編輯器，其中 var 是想要進行編輯的變數名稱。一旦陣列顯示在變數編輯器中，你可以在該陣列的位置上按下滑鼠，輸入新的值並按 **Enter**，來改變陣列的值。

此外，你也可以藉由在工作區瀏覽器中對一變數按右鍵，按下跳出選單中的 **Delete** 選項，自工作區瀏覽器中將它清除。

2.2 多維數值陣列

MATLAB 支援多維陣列。想要獲得更多的資訊，請輸入 help datatypes。三維陣列具有維度 $m \times n \times q$，四維陣列具有維度 $m \times n \times q \times r$，依此類推。和矩陣一樣，前面兩個維度分別是列及行，而更高的維度則稱作頁 (page)。你可以將一個三維陣列想像成有數層的矩陣，第一層為第 1 頁，第二層為第 2 頁，依此類推。如果 A 是一個 $3 \times 3 \times 2$ 的陣列，透過輸入 A(3,2,2) 可以存取第 2 頁之第 3 列與第 2 行的元素。若要存取所有第 1 頁的元素，則可輸入 A(:,:,1)；若要存取所有第 2 頁的元素，則輸入 A(:,:,2)。ndims 指令會傳回維度的數目。例如，對於上述的陣列 **A**，ndims(A) 傳回的值為 3。

首先，你可以建立一個二維陣列，然後加以擴展它。例如，假設你想要建立一個三維陣列，此三維陣列的前兩頁為

$$\begin{bmatrix} 4 & 6 & 1 \\ 5 & 8 & 0 \\ 3 & 9 & 2 \end{bmatrix} \quad \begin{bmatrix} 6 & 2 & 9 \\ 0 & 3 & 1 \\ 4 & 7 & 5 \end{bmatrix}$$

要建立這樣的陣列，首先將第 1 頁建立成一個 3×3 的矩陣，接著加上第 2 頁，步驟如下：

```
>>A = [4,6,1;5,8,0;3,9,2];
>>A(:,:,2) = [6,2,9;0,3,1;4,7,5]
```

要建立這樣陣列的另一個方式是使用 cat 指令。輸入 cat(n,A,B,C,...) 可以建立一個連接陣列 A、B、C，且順著維度 n 的新陣列。要特別注意的是，cat(1,A,B) 和 [A;B] 一樣，而 cat(2,A,B) 和 [A,B] 一樣。例如，假設我們有 2×2 的陣列 **A** 及 **B**：

$$\mathbf{A} = \begin{bmatrix} 8 & 2 \\ 9 & 5 \end{bmatrix} \quad \mathbf{B} = \begin{bmatrix} 4 & 6 \\ 7 & 3 \end{bmatrix}$$

接下來，C = cat(3,A,B) 會產生一個由兩層組成的三維陣列；第一層為矩陣 **A**，第二層為矩陣 **B**。元素 C(m,n,p) 位於第 m 列、第 n 行及第 p 層。因此，元素 C(2,1,1) 為 9，而元素 C(2,2,2) 為 3。

多維陣列適用於具有許多參數的問題。例如，如果有長方體的溫度分布資料，我們可以將溫度資料以三維陣列 T 來表示。

2.3 逐元運算

將向量乘上一個純量即可以增加向量的量值大小。例如，若要將向量 r = [3,5,2] 的量值大小變成兩倍，可以將每一個元素乘以 2 得到 [6,10,4]。在 MATLAB 中則鍵入 v = 2*r。

將矩陣 **A** 乘上純量 w 會得到一個矩陣，其元素為 **A** 中的元素乘上 w。例如：

$$3\begin{bmatrix} 2 & 9 \\ 5 & -7 \end{bmatrix} = \begin{bmatrix} 6 & 27 \\ 15 & -21 \end{bmatrix}$$

此乘法在 MATLAB 會如下列所述進行：

```
>>A = [2,9;5,-7];
>>3*A
```

因此，陣列乘上純量乘法可以很容易地定義並實行。不過，兩個陣列的乘法並不是那麼直接。實際上，MATLAB 使用兩種定義的乘法：(1) 陣列乘法，以及 (2) 矩陣乘法。對於兩個陣列之間的除法及指數運算，也同樣必須小心地定義。MATLAB 具有兩種形式的陣列算術運算。在本節中，我們所要介紹的形式稱為**陣列運算** (array operations)，也稱為逐元 (element-by-element) 運算。在下一節中，則會介紹**矩陣運算** (matrix operations)。每一種形式都有各自的應用，隨後我們將以範例來說明。

陣列運算

矩陣運算

陣列加法與減法

藉由將相對應的元素相加可以完成向量的加法。在 MATLAB 中要將兩個向量 r = [3,5,2] 及 v = [2,-3,1] 相加以建立新的向量 w，可以輸入 w = r + v，結果為 w = [5,2,3]。

當兩個陣列具有相同的大小，則將對應位置的元素相加或相減，其和與差也會有相同的大小。因此，**C** = **A** + **B** 代表如果陣列為矩陣，則 $c_{ij} = a_{ij} + b_{ij}$。陣列 **C** 和 **A** 及 **B** 具有相同的大小。舉例如下：

$$\begin{bmatrix} 6 & -2 \\ 10 & 3 \end{bmatrix} + \begin{bmatrix} 9 & 8 \\ -12 & 14 \end{bmatrix} = \begin{bmatrix} 15 & 6 \\ -2 & 17 \end{bmatrix} \tag{2.3-1}$$

陣列的減法與加法的執行方式相似。

(2.3-1) 式中的加法在 MATLAB 中進行如下：

```
>>A = [6,-2;10,3];
>>B = [9,8;-12,14]
>>A+B
ans =
    15    6
    -2   17
```

陣列加法與減法具有結合性及交換性。對於加法,這些特性表示

$$(A + B) + C = A + (B + C) \tag{2.3-2}$$

$$A + B + C = B + C + A = A + C + B \tag{2.3-3}$$

陣列加法與減法需要具有相同大小的兩個陣列。在 MATLAB 中,此規則的唯一例外是發生在我們對陣列加上或減去一個純量。在此情形下,陣列中的每一個元素會被加上或減去此純量,請參見表 2.3-1 所列出的範例。

逐元乘法

MATLAB 僅為大小相同的陣列定義逐元乘法。乘積 x.* y 的定義,其中 x 和 y 各有 n 個元素,是

```
x.*y = [x(1)y(1),x(2)y(2),...,x(n)y(n)]
```

如果 x 和 y 是列向量。例如,如果

$$\mathbf{x} = [2, 4, -5] \quad \mathbf{y} = [-7, 3, -8] \tag{2.3-4}$$

則 z = x.*y 可以得到

■ 表 2.3-1　逐元運算

符號	運算形式	形式	範例
+	純量-陣列加法	A + B	[6,3] + 2 = [8,5]
-	純量-陣列減法	A - B	[8,3] - 5 = [3,-2]
+	陣列加法	A + B	[6,5] + [4,8] = [10,13]
-	陣列減法	A - B	[6,5] - [4,8] = [2,-3]
.*	陣列乘法	A.*B	[3,5].*[4,8] = [12,40]
./	陣列右除法	A./B	[2,5]./[4,8] = [2/4,5/8]
.\	陣列左除法	A.\B	[2,5].\[4,8] = [2\4,5\8]
.^	陣列指數運算	A.^B	[3,5].^2 = [3^2,5^2]
			2.^[3,5] = [2^3,2^5]
			[3,5].^[2,4] = [3^2,5^4]

$$\mathbf{z} = [2\,(-7),\, 4\,(3),\, -5\,(-8)] = [-14,\, 12,\, 40]$$

此一形式的乘法有時稱為陣列乘法。

如果 u 及 v 為行向量，則 u.*v 的結果是一個行向量。

請注意，x´ 是一個大小為 3 × 1 的行向量，因此和 1 × 3 的 y 大小不同。因此，對於向量 x 及 y，在 MATLAB 中 x´.*y 及 y.*x´ 是沒有定義的，所以會產生錯誤訊息。進行逐元乘法時，很重要的一點是要記得點 (.) 及星號 (*) 會形成一個符號 (.*)。最好是能夠定義單一符號來進行這樣的計算，但 MATLAB 的開發者往往會受限於鍵盤上所能使用的符號。

陣列乘法的一般化要推展到超過一列或一行的陣列也非常直接。兩個陣列必須要有相同的大小。在陣列中，陣列運算是針對對應位置的元素來計算。例如，陣列乘法運算 A.*B 的計算結果矩陣 C 和 A 及 B 具有相同大小，而且元素 $c_{ij} = a_{ij}b_{ij}$。例如，如果

$$\mathbf{A} = \begin{bmatrix} 11 & 5 \\ -9 & 4 \end{bmatrix} \quad \mathbf{B} = \begin{bmatrix} -7 & 8 \\ 6 & 2 \end{bmatrix}$$

則 C = A.*B 會得到下列結果：

$$\mathbf{C} = \begin{bmatrix} 11(-7) & 5(8) \\ -9(6) & 4(2) \end{bmatrix} = \begin{bmatrix} -77 & 40 \\ -54 & 8 \end{bmatrix}$$

測試你的瞭解程度

T2.3-1 給定向量

$$\mathbf{x} = [6\ \ 5\ \ 10] \qquad \mathbf{y} = [3\ \ 9\ \ 8]$$

手算以下問題，然後使用 MATLAB 檢查你的答案

a. 找出 **x** 和 **y** 的總和

b. 找出陣列乘積 w = x.*y

c. 找出陣列乘積 z = y.*x 是否 z = w？

(答案：a. [9, 14, 18]　b. [18, 45, 80]　c. 相同)

T2.3-2 給定矩陣

$$\mathbf{A} = \begin{bmatrix} 6 & 4 \\ 5 & 3 \end{bmatrix} \qquad \mathbf{B} = \begin{bmatrix} 5 & 2 \\ 7 & 9 \end{bmatrix}$$

手算以下問題，然後使用 MATLAB 檢查你的答案

a. 找出 **A** 和 **B** 的總和

b. 找出陣列乘積 w = A.*B

c. 找出陣列乘積 z = B.*A 是否 z = w？

(答案：a. [11, 6; 12, 12]　b. [30, 8; 35, 27]　c. 是的)

範例 2.3-1　向量與位移

假設兩個潛水夫由水面開始潛水，並且建立下列的座標系統：x 向西，y 向北，z 向下。潛水夫 1 號往西游 55 英尺，往北 36 英尺往北，並下潛 25 英尺。潛水夫 2 號下潛 15 英尺，再往東游 20 英尺及往北 59 英尺。(a) 請計算潛水夫 1 號與起點間的距離。(b) 潛水夫 1 號要往各方向游多少距離，才能達到潛水夫 2 號的地方？潛水夫 1 號游到潛水夫 2 號的直線距離又是多少？

■ 解法

(a) 使用選取的 xyz 座標，潛水夫 1 號的位置為 **r** = 55**i** + 36**j** + 25**k**，潛水夫 2 號的位置為 **r** = –20**i** + 59**j** + 15**k**。(請注意，潛水夫 2 號往東游，其定義為負方向的 x。) 距離 xyz 原點的距離為 $\sqrt{x^2 + y^2 + z^2}$，也就是說，向量由原點指向點 xyz 的量值大小。距離可由下列的對話計算。

```
>>r = [55,36,25];w = [-20,59,15];
>>dist1 = sqrt (sum(r.*r))
dist1 =
    70.3278
```

距離大約為 70 英尺。此外，也可以透過 norm(r) 來計算距離。

(b) 潛水夫 2 號相對於潛水夫 1 號的位置，是由潛水夫 1 號指向潛水夫 2 號的向量。我們可以利用向量的減法得到此向量為：**v** = **w** – **r**。繼續以上的 MATLAB 對話如下：

```
>>v = w-r
v =
   -75    23    -10
>>dist2 = sqrt(sum(v.*v))
dist2 =
    79.0822
```

因此，要沿著座標軸方向達到潛水夫 2 號，潛水夫 1 號需要向東 75 英尺、向北 23 英尺，以及往上 10 英尺。兩者之間的直線約為 79 英尺。

向量化函數

如 sqrt(x) 及 exp(x) 等內建的 MATLAB 函數能夠自動地使用在陣列引數上，而得到陣列的結果，此結果具有和陣列引數 x 相同的大小。我們稱這些函數為向量化函數 (vectorized function)。

因此，當要用這些函數進行乘法或減法運算，或在指數裡使用時，如果引數為陣列，則必須使用逐元運算。例如，要計算 $z = (e^y \sin x) \cos^2 x$，則要輸入 z = exp(y).*sin(x).*(cos(x)).^2。顯然，如果 x 的大小和 y 的大小不同，你會得到錯誤訊息。結果，z 和 x 及 y 具有相同大小。

範例 2.3-2　動脈壓力模型

下列方程式是一個用來描述心臟收縮期 (心臟動脈瓣膜閉合的時期) 動脈血壓模型的一個特定情況。變數 t 表示時間，單位為秒；變數 y 表示心臟動脈瓣壓力差 (無單位)，根據常數參考壓力進行正規化。

$$y(t) = e^{-8t} \sin\left(9.7t + \frac{\pi}{2}\right)$$

畫出此函數，區間為 $t \geq 0$。

■ 解法

請注意，t 是一個向量，MATLAB 函數 exp(-8*t) 及 sin(9.7*t+pi/2) 的結果也會是一個具有與 t 相同大小的向量。因此，我們必須使用逐元乘法來計算 $y(t)$。

我們必須決定對於向量 t 適當使用間隔的方式及其上界。正弦函數 $\sin(9.7t + \pi/2)$ 以頻率 9.7 rad/sec 振盪，其中 $9.7/(2\pi) = 1.5$ Hz，因此週期為 1/1.5 = 2/3 sec。向量 t 的間隔應該只占週期很小一部分，才能產生足夠多的點來畫出曲線。因此，我們選取間隔為 0.003，每一個週期產生約 200 個點。

此正弦函數乘上衰減指數 e^{-8t} 之後，它的振幅會隨時間衰減。此指數的初始值為 $e^0 = 1$，當 $t = 0.5$ 時此值將為初始值的 2% (因為 $e^{-8(0.5)} = 0.02$)。因此，我們選取 t 的上界為 0.5。此對話為：

```
>>t = 0:0.003:0.5;
>>y = exp(-8*t).*sin(9.7*t+pi/2);
>>plot(t,y),xlabel('t(sec)'),...
    ylabel('Normalized Pressure Difference y(t)')
```

畫出的圖形顯示於圖 2.3-1。注意，雖然有正弦函數的存在，但振盪的情形卻不明顯。這是因為正弦函數的週期大於指數項 e^{-8t} 達到零所花的時間所致。

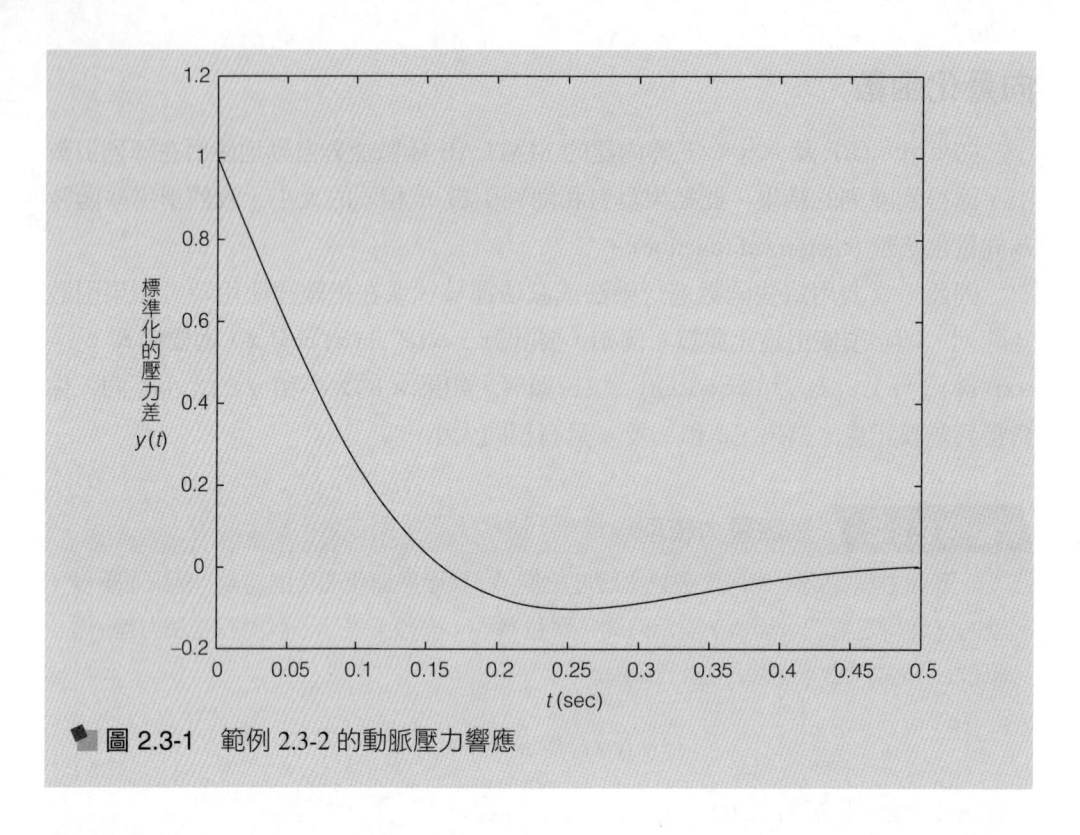

▲ 圖 2.3-1　範例 2.3-2 的動脈壓力響應

逐元除法

逐元除法 (也稱為陣列除法) 的定義和陣列乘法非常類似，亦即以一個陣列除以另一個陣列中的元素。基本上，兩個陣列必須有相同的大小。陣列右除法的符號為 ./。例如，如果

$$\mathbf{x} = [8, 12, 15] \qquad \mathbf{y} = [-2, 6, 5]$$

接著，z = x./y 得到

$$\mathbf{z} = [8/(-2), 12/6, 15/5] = [-4, 2, 3]$$

又如果

$$\mathbf{A} = \begin{bmatrix} 24 & 20 \\ -9 & 4 \end{bmatrix} \qquad \mathbf{B} = \begin{bmatrix} -4 & 5 \\ 3 & 2 \end{bmatrix}$$

接著 C = A./B 得到

$$\mathbf{C} = \begin{bmatrix} 24/(-4) & 20/5 \\ -9/3 & 4/2 \end{bmatrix} = \begin{bmatrix} -6 & 4 \\ -3 & 2 \end{bmatrix}$$

陣列左除法運算子 (.\) 則是定義使用左除法的逐元除法。參考表 2.3-1 的範例。請注意，A.\B 並不等同於 A./B。

測試你的瞭解程度

T2.3-3 給定向量

$$\mathbf{x} = [6 \quad 5 \quad 10] \qquad \mathbf{y} = [3 \quad 9 \quad 8]$$

手算以下問題,然後使用 MATLAB 檢查你的答案

a. 找出陣列乘積 `w = x./y`

b. 找出陣列乘積 `z = y./x`

(答案:a. [2, 0.5556, 1.25] b. [0.5, 1.8, 0.8])

T2.3-4 給定矩陣

$$\mathbf{A} = \begin{bmatrix} 6 & 4 \\ 5 & 3 \end{bmatrix} \qquad \mathbf{B} = \begin{bmatrix} 5 & 2 \\ 7 & 9 \end{bmatrix}$$

手算以下問題,然後使用 MATLAB 檢查你的答案

a. 找出陣列乘積 `C = A./B`

b. 找出陣列乘積 `D = B./A`

c. 找出陣列乘積 `E = A.\B`

d. 找出陣列乘積 `F = B.\A`

e. 任何 `C`、`D`、`E`、`F` 是否相同?

(答案:a. [1.2, 2; 0.7143, 0.3333] b. [0.8333, 0.5; 1.4, 3] c. [0.8333, 0.5; 1.4, 3] d. [1.2, 2; 0.7143, 0.3333] e. `C` 和 `F` 相同;`D` 和 `E` 相同)

範例 2.3-3　運輸路線分析

下列表格列出五條卡車的行駛路線、路線距離的資料,以及對應經過每一條路線所花費的時間。使用這些資料計算每一條路線的平均速率,並找出具有最高平均速率的路線。

	1	2	3	4	5
距離 (mi)	560	440	490	530	370
時間 (hr)	10.3	8.2	9.1	10.1	7.5

■ 解法

例如,第一條路線的平均速率為 560/10.3 = 54.4 mi/hr。首先,我們定義列向量 `d` 及 `t` 分別為距離及時間資料的列向量。接下來,找出每一條路線的平均速率,使用的是 MATLAB 中的陣列除法。對話為:

```
>>d = [560,440,490,530,370]
```

```
>>t = [10.3,8.2,9.1,10.1,7.5]
>>speed = d./t
speed =
    54.3689    53.6585    53.8462    52.4752    49.3333
```

此結果的單位為每小時的英里數。請注意，MATLAB 顯示了比原本只具有三個有效數字正確性的資料還要多的有效數字，所以我們應該在使用這些結果之前先將結果四捨五入成三位有效數字。

接續下列的對話可找出最高的平均速率及其對應的路線：

```
>>[highest_speed,route] = max(speed)
highest_speed =
    54.3689
route =
    1
```

得到的結果為第一條路線具有最高的速率。

如果我們不需要找出每一條路線的速率，就可以很容易地將兩行指令合併起來求解：[highest_speed,route] = max(d./t)。

逐元指數

MATLAB 不只讓我們可以計算陣列的次方，也可用來取陣列的純量次方及陣列次方。為了進行逐元指數運算，我們必須使用 .^ 這個符號。例如，若 x = [3,5,8]，則輸入 x.^3 可以得到陣列 [3^3, 5^3, 8^3] = [27, 125, 512]。若 x = 0:2:6，則輸入 x.^2 會傳回陣列 [0^2, 2^2, 4^2, 6^2] = [0, 4, 16, 36]。若

$$A = \begin{bmatrix} 4 & -5 \\ 2 & 3 \end{bmatrix}$$

則輸入 B = A.^3 會得到下列結果：

$$B = \begin{bmatrix} 4^3 & (-5)^3 \\ 2^3 & 3^3 \end{bmatrix} = \begin{bmatrix} 64 & -125 \\ 8 & 27 \end{bmatrix}$$

我們可計算純量的陣列次方。例如，若 p = [2,4,5]，則輸入 3.^p 會得到陣列 [3^2, 3^4, 3^5] = [9, 81, 243]。這個範例說明了一個普遍的情況，就是幫助我們記憶 .^ 是一個單一的符號；在 3.^p 中的這個點並不是跟著數字 3 後面的小數點。下列的運算 (使用上面所定義的 p) 均為等效的算式，並得到正確的答案：

```
3.^p
```

```
3.0.^p
3..^p
(3).^p
3.^[2,4,5]
```

在矩陣指數運算中，如果基底為一個純量，或指數和基底具有相同的維度，則次方應為一個陣列。例如，如果 x = [1,2,3] 和 y = [2,3,4]，則 y.^x 的計算結果為 [2 9 6 4]。如果 A = [1,2;3,4]，則 2.^A 的結果是陣列 [2,4;8,16]。

測試你的瞭解程度

T2.3-5 給定下列矩陣

$$\mathbf{A} = \begin{bmatrix} 21 & 27 \\ -18 & 8 \end{bmatrix} \quad \mathbf{B} = \begin{bmatrix} -7 & -3 \\ 9 & 4 \end{bmatrix}$$

找出 (a) 陣列乘積；(b) 陣列右除法 (**A** 除以 **B**)；以及 (c) **B** 取逐元的三次方。

(答案：(a) [−147, −81; −162, 32]；(b) [−3, −9; −2, 2]；(c) [−343, −27; 729, 64])

範例 2.3-4　電阻器中的電流及消耗功率

我們可以由歐姆定律得到經過具有跨電壓之電阻中的電流 $i = v/R$，其中 R 是電阻。消耗於電阻的功率為 v^2/R。下列表格列出了五個電阻的電阻值及電壓的資料。使用這些資料計算：(a) 每一個電阻中的電流及 (b) 每一個電阻消耗的功率。

	1	2	3	4	5
$R\ (\Omega)$	10^4	2×10^4	3.5×10^4	10^5	2×10^5
$v\ (V)$	120	80	110	200	350

■ 解法

(a) 首先，我們定義電阻值與電壓值兩個列向量。若要使用 MATLAB 找出電流 $i = v/R$，我們可以運用陣列除法。對話為：

```
>>R = [10000,20000,35000,100000,200000];
>>v = [120,80,110,200,350];
>>current = v./R
current =
```

```
      0.0120    0.0040    0.0031    0.0020    0.0018
```

此結果的單位為安培 (ampere)，並且應該要四捨五入至三位有效位數，因為電壓的資料只包含了三位有效位數。

(b) 為了找出消耗功率 $P = v^2/R$，可以使用陣列的指數運算及陣列除法。接續上述的對話如下：

```
>>power = v.^2./R
power =
    1.4400    0.3200    0.3457    0.4000    0.6125
```

這些數字是每一個電阻消耗的功率，單位為瓦特 (watt)。請注意，敘述 v.^2./R 等效於 (v.^2)./R。雖然優先權的規則在此並非難以分辨，但如果不確定 MATLAB 如何解釋我們的指令，建議還是使用括號將這些數值包圍起來。

範例 2.3-5　批次蒸餾程序

以下考慮一個加熱液態苯/甲苯溶液，然後蒸餾出純苯蒸汽的系統。一個特別的批次蒸餾單元一開始充滿 100 莫耳 (mol) 的混合物，其中 60% 為苯，40% 為甲苯。令 L (mol) 為蒸餾器中剩餘液體的量，同時令 x (mol B/mol) 為苯占剩餘液體的莫耳比例。我們應用苯及甲苯的質量守恆，可以得到下列關係式 [Felder, 1986]。

$$L = 100 \left(\frac{x}{0.6}\right)^{0.625} \left(\frac{1-x}{0.4}\right)^{-1.625}$$

找出當 $L = 70$ 時所剩下苯的莫耳比例。注意，要直接由此方程式求解 x 是很困難的。使用 x 對 L 的圖形來求解此問題。

■ 解法

此方程式會使用到陣列乘法及陣列指數運算。注意，MATLAB 讓我們使用小數的指數項來計算 L。顯然，L 必定落在範圍 $0 \le L \le 100$ 之內；然而，我們除了 $x \ge 0$ 之外，並不知道 x 的範圍。因此，我們必須使用下列的對話做幾次的猜測來找出 x 的範圍。我們發現如果 $x > 0.6$，則 $L > 100$，所以我們選取 x = 0:0.001:0.6。我們使用 ginput 函數來找出對應於 $L = 70$ 時的 x 值。

```
>>x = 0:0.001:0.6;
>>L = 100*(x/0.6).^(0.625).*((1-x)/0.4).^(-1.625);
>>plot(L,x),grid,xlabel('L(mol)'),ylabel('x(mol B/mol)'),...
   [L,x] = ginput(1)
```

圖形如圖 2.3-2 所示。答案為當 $L = 70$ 時，$x = 0.52$。此圖形顯示當液體的量愈來愈

■ 圖 2.3-2　範例 2.3-5 的圖形

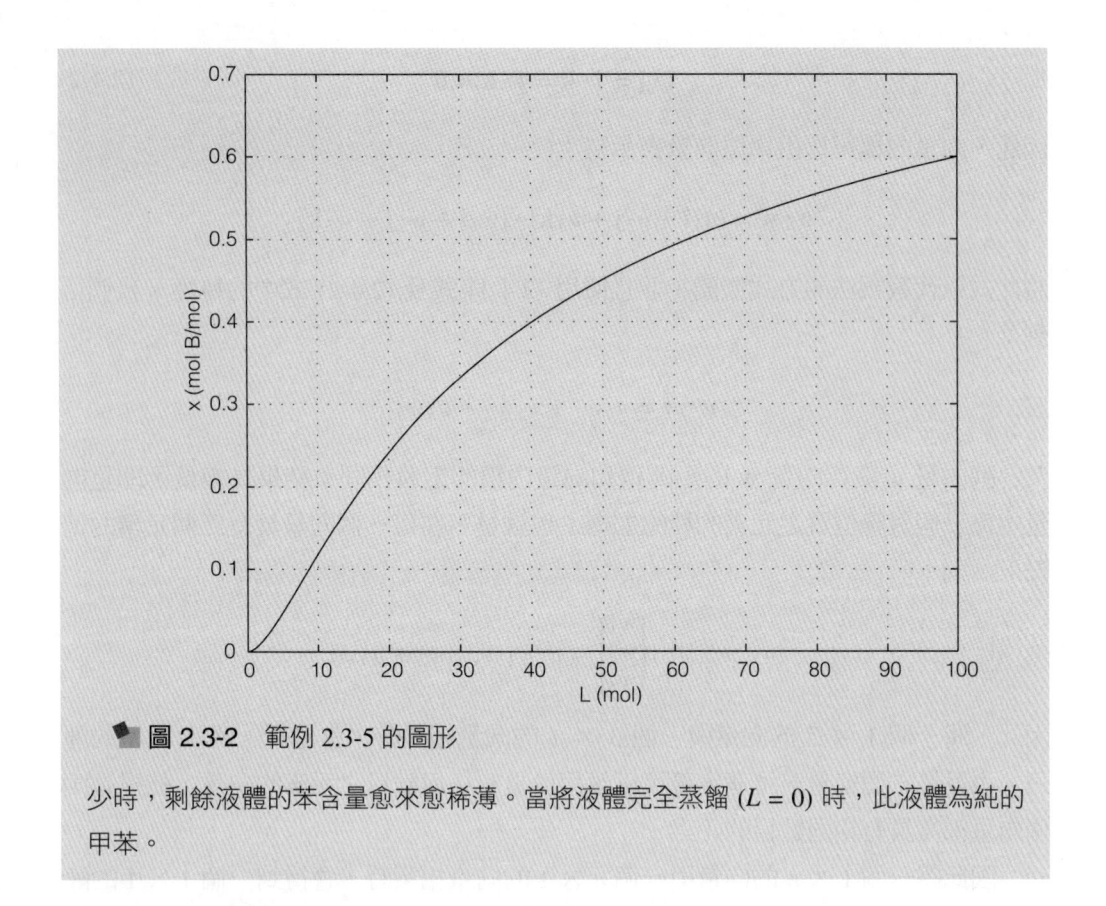

少時,剩餘液體的苯含量愈來愈稀薄。當將液體完全蒸餾 ($L = 0$) 時,此液體為純的甲苯。

2.4　矩陣運算

矩陣的加法及減法和逐元的加法及減法是一致的。互相對應的矩陣元素會被相加及相減。然而,矩陣的乘法及除法和逐元的乘法及除法並不相同。

向量的乘法

向量是只有一列或一行的矩陣。因此,矩陣的乘法及除法程序可以應用在向量上,也因為如此,我們在介紹矩陣乘法時,會先介紹使用在向量上的例子。

向量 **u** 及 **w** 的向量內積 (vector dot product,亦稱為點積) **u**・**w** 是一個純量,並且可以想像是 **u** 對 **w** 的垂直投影量。計算的方式為 |**u**||**w**| cos θ,其中 θ 代表二向量的夾角,而 |**u**|、|**w**| 代表向量的大小。因此,如果兩個向量平行且方向相同,則 $\theta = 0$ 且 **u**・**w** = |**u**||**w**|。如果向量是垂直的,則 $\theta = 90°$ 且 **u**・**w** = 0。因為單位向量 **i**、**j**、**k** 具有單位長度,

$$\mathbf{i} \cdot \mathbf{i} = \mathbf{j} \cdot \mathbf{j} = \mathbf{k} \cdot \mathbf{k} = 1 \tag{2.4-1}$$

又單位向量互相垂直,

$$\mathbf{i} \cdot \mathbf{j} = \mathbf{i} \cdot \mathbf{k} = \mathbf{j} \cdot \mathbf{k} = 0 \tag{2.4-2}$$

因此，向量內積可以用單位向量表示為：

$$\mathbf{u} \cdot \mathbf{w} = (u_1 \mathbf{i} + u_2 \mathbf{j} + u_3 \mathbf{k}) \cdot (w_1 \mathbf{i} + w_2 \mathbf{j} + w_3 \mathbf{k})$$

將此式以代數乘法的方式展開，並且使用 (2.4-1) 式及 (2.4-2) 式中的特性，我們得到：

$$\mathbf{u} \cdot \mathbf{w} = u_1 w_1 + u_2 w_2 + u_3 w_3$$

列向量 u 與行向量 w 的矩陣積和向量內積的定義相同；結果為純量，即是向量中每一個對應位置之元素的積的加總；也就是，在每一個向量具有三個元素的情況下，則：

$$\begin{bmatrix} u_1 & u_2 & u_3 \end{bmatrix} \begin{bmatrix} w_1 \\ w_2 \\ w_3 \end{bmatrix} = u_1 w_1 + u_2 w_2 + u_3 w_3$$

因此，將一個 1×3 的向量與一個 3×1 的向量相乘時，會得到一個 1×1 的陣列，也就是一個純量。這個定義可以應用於具有任何數目之元素的向量，前提是兩個向量都需具有相同數目的元素。

因此將一個 $1 \times n$ 的向量與一個 $n \times 1$ 的向量相乘時，會得到一個 1×1 的陣列，也就是一個純量。

範例 2.4-1　旅行里程數

表 2.4-1 提供了每段旅程中飛機的時速及所花費的時間。請計算每段旅程飛機行駛的距離及總里程數。

■ 表 2.4-1　飛機速度及每段旅程所需的時間

	旅程			
	1	2	3	4
速度 (mi/hr)	200	250	400	300
時間 (hr)	2	5	3	4

■ 解法

我們可以定義列向量 s 包含時速，而列向量 t 包含每段旅程所花費的時間，因此 s = [200,250,400,300] 和 t = [2,5,3,4]。

為了求得每段旅程行駛的距離，我們將速度乘上時間。利用 MATLAB 的符號 .* 完成 s.*t 的動作，以產生一個列向量，其元素是 s 和 t 中相對應元素的乘積：

$$s.*t = [200(2), 250(5), 400(3), 300(4)] = [400, 1250, 1200, 1200]$$

此向量包含飛機在每段旅程中所飛行的距離。

如果要求得總里程數，我們會利用矩陣乘法，指令為 s*t´。此行命令的定義為個別元素乘積的總和，結果為：

$$s*t´ = [200(2) + 250(5) + 400(3) + 300(4)] = 4050$$

這兩個例子說明了陣列乘法 s.*t 和矩陣乘法 s*t´ 的不同。

陣列-矩陣乘法

並非所有的矩陣相乘後得到的都是純量。若要一般化前面所述的向量與矩陣的乘法，建議可以把矩陣想成是由兩個列向量所組成。每一個列與行的乘法會得到純量結果，即行向量。例如：

$$\begin{bmatrix} 2 & 7 \\ 6 & -5 \end{bmatrix} \begin{bmatrix} 3 \\ 9 \end{bmatrix} = \begin{bmatrix} 2(3) + 7(9) \\ 6(3) - 5(9) \end{bmatrix} = \begin{bmatrix} 69 \\ -27 \end{bmatrix} \tag{2.4-3}$$

因此，2 × 2 的矩陣與 2 × 1 的向量相乘的結果是一個 2 × 1 的行向量陣列。注意，這個乘法的定義要在矩陣的行數與向量的列數相等的情況下才成立。一般來說，積為 **Ax**，其中 **A** 具有 p 行，且只有在 **x** 具有 p 列的時候才有定義。如果 **A** 具有 m 列，而 **x** 是一個行向量，則 **Ax** 是一個行向量且具有 m 列。

矩陣-矩陣乘法

我們可以將此定義推展到兩個矩陣 **AB** 的乘法。**A** 的行數必須與 **B** 的列數相同。列與行的乘法會形成行向量，而且這些行向量最後會形成矩陣。**AB** 積的列數和 **A** 相同，行數和 **B** 相同。例如，

$$\begin{bmatrix} 6 & -2 \\ 10 & 3 \\ 4 & 7 \end{bmatrix} \begin{bmatrix} 9 & 8 \\ -5 & 12 \end{bmatrix} = \begin{bmatrix} (6)(9) + (-2)(-5) & (6)(8) + (-2)(12) \\ (10)(9) + (3)(-5) & (10)(8) + (3)(12) \\ (4)(9) + (7)(-5) & (4)(8) + (7)(12) \end{bmatrix}$$

$$= \begin{bmatrix} 64 & 24 \\ 75 & 116 \\ 1 & 116 \end{bmatrix} \tag{2.4-4}$$

在 MATLAB 中使用運算子 * 來進行矩陣乘法。下列的 MATLAB 對話顯示出如何進行 (2.4-4) 式中的矩陣乘法。

```
>>A = [6,-2;10,3;4,7];
>>B = [9,8;-5,12];
```

```
>>A*B
```

逐元乘法則根據下列的積來定義：

$$[3\ 1\ 7][4\ 6\ 5] = [12\ 6\ 35]$$

然而，這個積並不是根據矩陣乘法來定義的，因為第一個矩陣具有 3 行，但第二個矩陣卻非 3 列。因此，如果我們在 MATLAB 中輸入 [3,1,7]*[4,6,5]，會得到錯誤訊息。

下列的積是根據矩陣乘法來定義，並且得到下列結果：

$$\begin{bmatrix}x_1\\x_2\\x_3\end{bmatrix}[y_1\ y_2\ y_3] = \begin{bmatrix}x_1y_1 & x_1y_2 & x_1y_3\\x_2y_1 & x_2y_2 & x_2y_3\\x_3y_1 & x_3y_2 & x_3y_3\end{bmatrix}$$

而下列的積也是根據定義得到的：

$$[10\ 6]\begin{bmatrix}7 & 4\\5 & 2\end{bmatrix} = [10(7) + 6(5)\ \ 10(4) + 6(2)] = [100\ 52]$$

測試你的瞭解程度

T2.4-1 給定向量

$$\mathbf{x} = \begin{bmatrix}6\\5\\3\end{bmatrix} \qquad \mathbf{y} = [2\ 8\ 7]$$

手算以下問題，然後使用 MATLAB 檢查你的答案
a. 找出陣列乘積 w = x.*y
b. 找出陣列乘積 z = y.*x 是否 z = w？
(答案：a. [12, 48, 42; 10, 40, 35; 6, 24, 21] b. 73，顯然不是！)

T2.4-2 使用 MATLAB 計算下列向量的點乘積

$$\mathbf{u} = 6\mathbf{i} - 8\mathbf{j} + 3\mathbf{k}$$
$$\mathbf{w} = 5\mathbf{i} + 3\mathbf{j} - 4\mathbf{k}$$

手算檢查你的答案 (答案：−6)

T2.4-3 使用 MATLAB 來顯示

$$\begin{bmatrix}7 & 4\\-3 & 2\\5 & 9\end{bmatrix}\begin{bmatrix}1 & 8\\7 & 6\end{bmatrix} = \begin{bmatrix}35 & 80\\11 & -12\\68 & 94\end{bmatrix}$$

計算多變數函數

若欲計算具有兩個變數的函數，即 $z = f(x, y)$，其中 $x = x_1, x_2, ..., x_m$ 以及 $y = y_1$,

$y_2, ..., y_n$，我們定義出 $m \times n$ 的矩陣如下：

$$\mathbf{x} = \begin{bmatrix} x_1 & x_1 & \cdots & x_1 \\ x_2 & x_2 & \cdots & x_2 \\ \vdots & \vdots & \vdots & \vdots \\ x_m & x_m & \cdots & x_m \end{bmatrix} \qquad \mathbf{y} = \begin{bmatrix} y_1 & y_1 & \cdots & y_n \\ y_1 & y_2 & \cdots & y_n \\ \vdots & \vdots & \vdots & \vdots \\ y_1 & y_2 & \cdots & y_n \end{bmatrix}$$

當函數 $z = f(x, y)$ 在 MATLAB 中使用陣列運算來計算，則 $m \times n$ 的矩陣 $\mathbf{z}$ 具有元素 $z_{ij} = f(x_i, y_j)$。我們可以藉由利用多維陣列的方式，將此技巧推展到具有兩個以上變數的函數。

範例 2.4-2　高度對速度

在基礎物理學中，利用牛頓運動定律可推導出以仰角 θ 與初速度 v 將物體進行斜拋運動，所能達到之最高高度為 h 的公式如下：

$$h = \frac{v^2 \sin^2 \theta}{2g}$$

根據下列仰角 θ 及初速度 v 的值，建立一個列有最高高度的表格：

$$v = 10, 12, 14, 16, 18, 20 \text{ m/s} \qquad \theta = 50°, 60°, 70°, 80°$$

表格中的列對應到速度的值，而表格的行對應到角度。

■ 解法

程式如下：

```
g = 9.8 ; v = 10:2:20;
theta = 50:10:80;
h = (v'.^2)*(sind(theta).^2)/(2*g);
table = [0,theta;v',h]
```

陣列 v 和 theta 包含了給定的速度及角度。陣列 v 的維度是 1×6，而陣列 theta 的維度是 1×4，因此 v´.^2 是一個 6×1 的陣列，sind(theta).^2 是一個 1×4 的陣列。這兩個陣列的乘積 h 是一個 $(6 \times 1)(1 \times 4) = (6 \times 4)$ 的矩陣。

矩陣 [0,theta] 是一個 1×5 的矩陣，而 [v´,h] 是一個 6×5 的矩陣，所以矩陣表格的大小為 7×5。以下表格顯示出矩陣 table 被四捨五入至一位小數位。根據此表格，我們可以看到當仰角 $\theta = 70°$ 以及初速度 $v = 14$ m/s 時，物體達到的最高高度為 8.8 公尺。

0	50	60	70	80
10	3.0	3.8	4.5	4.9
12	4.3	5.5	6.5	7.1
14	5.9	7.5	8.8	9.7
16	7.7	9.8	11.5	12.7
18	9.7	12.4	14.6	16.0
20	12.0	15.3	18.0	19.8

範例 2.4-3　製造成本分析

表 2.4-2 顯示各種製造程序每小時所需的成本，同時也顯示出生產三種不同類型產品時，每一個程序所需要花費的時數。使用矩陣及 MATLAB 來求解下列問題。(a) 找出生產 1 單位的產品 1 在每一種生產程序中所花費的成本。(b) 找出每一個產品生產 1 單位所花費的成本。(c) 計算要生產 10 單位的產品 1、5 單位的產品 2，以及 7 單位的產品 3 之總成本。

■ 表 2.4-2　製造程序的成本與時間資料

製造程序	每小時成本 ($)	產出一個單位產品所需要的時間		
		產品 1	產品 2	產品 3
車削	10	6	5	4
研磨	12	2	3	1
銑	14	3	2	5
焊接	9	4	0	3

■ 解法

(a) 在此可以使用的基本原則為：成本等於每小時成本乘以所需的時數。例如，車削產品 1 的成本為 ($10/hr)(6 hr) = $60，其餘三種製造程序則依此類推。如果我們定義每小時成本的列向量為 hourly_costs，並且定義產品 1 所需的時數列向量為 hours_1，則藉由逐元乘法可以計算產品 1 在每一個製造程序所需的成本。MATLAB 的對話如下：

```
>>hourly_cost = [10,12,14,9];
>>hours_1 = [6,2,3,4];
>>process_cost_1 = hourly_cost.*hours_1
process_cost_1 =
   60    24    42    36
```

這些數值分別為生產 1 單位的產品 1 在四個製造程序中所需的成本。

(b) 若要計算 1 單位產品 1 所需的總成本，我們可以使用向量 hourly_costs 與 hours_1，但是需要以矩陣乘法來代替逐元乘法，因為矩陣乘法會將每一個個別的積加總。矩陣乘法可以得到：

$$[10 \quad 12 \quad 14 \quad 9]\begin{bmatrix}6\\2\\3\\4\end{bmatrix} = 10(6) + 12(2) + 14(3) + 9(4) = 162$$

我們可以對產品 2 及產品 3 進行類似的乘法，所使用的資料也列於表格中。對於產品 2：

$$[10 \quad 12 \quad 14 \quad 9]\begin{bmatrix}5\\3\\2\\0\end{bmatrix} = 10(5) + 12(2) + 14(3) + 9(0) = 114$$

對於產品 3：

$$[10 \quad 12 \quad 14 \quad 9]\begin{bmatrix}4\\1\\5\\3\end{bmatrix} = 10(4) + 12(1) + 14(5) + 9(3) = 149$$

這三個運算可以藉由將矩陣的行定義為此表格的最後三行合併於一個運算中計算完畢：

$$[10 \quad 12 \quad 14 \quad 9]\begin{bmatrix}6 & 5 & 4\\2 & 3 & 1\\3 & 2 & 5\\4 & 0 & 3\end{bmatrix} = \begin{bmatrix}60 + 24 + 42 + 36\\50 + 36 + 28 + 0\\40 + 12 + 70 + 27\end{bmatrix} = [162 \quad 114 \quad 149]$$

承續以上的 MATLAB 對話如下。記住，我們要使用轉置運算來將列向量轉換成為行向量。

```
>>hours_2 = [5,3,2,0];
>>hours_3 = [4,1,5,3];
>>unit_cost = hourly_cost*[hours_1',hours_2',hours_3']
unit_cost =
   162    114    149
```

因此產出每單位的產品 1、產品 2 及產品 3 分別需要的成本為 162 美元、114 美元及 149 美元。

(c) 要找出產出 10 單位、5 單位及 7 單位分別所需要的總成本，我們可以使用矩陣乘法：

$$[10 \quad 5 \quad 7]\begin{bmatrix}162\\114\\149\end{bmatrix} = 1620 + 570 + 1043 = 3233$$

MATLAB 中的對話如下。請注意，向量 unit_cost 中轉置運算子的使用。

```
>>units = [10,5,7];
>>total_cost = units*unit_cost'
total_cost =
    3233
```

總成本為 3,233 美元。

一般矩陣乘法的情形

我們可以陳述矩陣乘法的一般情形如下：假設 **A** 的維度是 $m \times p$，**B** 的維度是 $p \times q$。如果 **C** 是 **AB** 的乘積，則 **C** 的維度是 $m \times q$，且其元素為

$$c_{ij} = \sum_{k=1}^{p} a_{ik} b_{kj} \tag{2.4-5}$$

其中，$i = 1, 2, ..., m$ 及 $j = 1, 2, ..., q$。對於要定義的積，矩陣 **A** 及 **B** 必須是可相乘的；也就是說，**B** 矩陣的列數必須和 **A** 矩陣的行數相同。積則具有與 **A** 相同的列數以及與 **B** 相同的行數。

矩陣乘法並不一定具有可交換性；換言之，一般來說，**AB** ≠ **BA**。在矩陣乘法中，將矩陣的順序調換是一個常見且容易犯的錯。

結合性及分配性於矩陣乘法中是成立的。結合性說明了

$$\mathbf{A(B + C) = AB + AC} \tag{2.4-6}$$

分配性則說明了

$$\mathbf{(AB)C = A(BC)} \tag{2.4-7}$$

成本分析的應用

有很多種方式可以分析存在於表格中的專案成本資料。MATLAB 矩陣中的元素和試算表中的胞非常類似，而且 MATLAB 在分析這些表格時可以進行許多類似試算表形式的計算。

範例 2.4-4　　產品成本分析

表 2.4-3 顯示出某一產品所需的成本，表 2.4-4 則是列出每一商業年度四季的產量。使用 MATLAB 找出每一季材料、人工及運輸所需的成本；每一年度材料、人工及運輸所需的總成本；以及每一季的總成本。

● 表 2.4-3 產品成本

單位成本 ($\times 10^3$)			
產品	材料	人工	運輸
1	6	2	1
2	2	5	4
3	4	3	2
4	9	7	3

● 表 2.4-4 每一季的產量.

產品	第一季	第二季	第三季	第四季
1	10	12	13	15
2	8	7	6	4
3	12	10	13	9
4	6	4	11	5

■ 解法

成本是以單位成本乘以產量而得。因此，我們定義兩個矩陣：矩陣 U 包含表 2.4-3 中的單位成本，單位為千美元；矩陣 P 則包含表 2.4-4 中的每一季產量。

```
>>U = [6,2,1;2,5,4;4,3,2;9,7,3];
>>P = [10,12,13,15;8,7,6,4;12,10,13,9;6,4,11,5];
```

請注意，如果將 U 的第一行乘以 P 的第一行，可以得到第一季所需的總材料成本。同理，將 U 的第一行乘以 P 的第二行，可以得到第二季所需的總材料成本。將 U 的第二行乘以 P 的第一行，可以得到第一季所需的總人工成本，依此類推。按照這個規律推展，我們應該將 U 的轉置矩陣乘上 P。此乘法得到成本矩陣 C。

```
>>C = U'*P
```

所得的結果為：

$$C = \begin{bmatrix} 178 & 162 & 241 & 179 \\ 138 & 117 & 172 & 112 \\ 84 & 72 & 96 & 64 \end{bmatrix}$$

C 中的每一行都代表一季。第一季的總成本就是第一行中每一個元素的加總，第二季的成本就是第二行的加總，依此類推。因為 sum 這個指令是將矩陣的行加總，所以我們可以輸入下列的程式碼以得到每一季的成本：

```
>>Quarterly_Costs = sum(C)
```

所得的結果矩陣包含每一季的成本 (單位為千美元)，分別為 [400 351 509 355]。因

此，每一季的總成本分別為 400,000 美元、351,000 美元、509,000 美元、355,000 美元。

  C 中第一列的元素為每一季的材料成本，第二列為人工成本，第三列為運輸成本。因此若要找出總材料成本，我們必須將 C 中的第一列加總。同理，總人工成本及總運輸成本分別為 C 的第二列及第三列中元素的加總。因為 sum 指令是將矩陣的行加總，所以我們要使用 C 的轉置矩陣。於是，我們輸入以下的指令：

```
>>Category_Costs = sum(C')
```

所得的結果向量包含每一種類別的成本 (單位為千美元)，分別為 [760 539 316]。因此，該年度的總材料成本為 760,000 美元、總人工成本為 539,000 美元，以及總運輸成本為 316,000 美元。

  我們顯示矩陣 C 來說明其結構。如果我們不需要顯示 C，則整個的成本分析應該只包含下列四行指令。

```
>>U = [6,2,1;2,5,4;4,3,2;9,7,3];
>>P = [10,12,13,15;8,7,6,4;12,10,13,9;6,4,11,5];
>>Quarterly_Costs = sum(U'*P)
Quarterly_Costs =
    400    351    509    355
>>Category_Costs = sum((U'*P)')
Category_Costs =
    760    539    316
```

此範例說明了 MATLAB 指令的簡潔性。

特殊矩陣

零矩陣
單位矩陣

  兩個不具交換性的例外分別為標記為 **0** 的**零矩陣** (null matrix) 與標記為 **I** 的**單位矩陣** (identity matrix; unity matrix)。零矩陣包含的元素全部為零，而且和空矩陣 [ ] 不同，空矩陣並不包含任何元素。單位矩陣是一個方陣，對角線元素均為 1，其他的元素為 0。例如，一個 2 × 2 的單位矩陣為：

$$\mathbf{I} = \begin{bmatrix} 1 & 0 \\ 0 & 1 \end{bmatrix}$$

這些矩陣具有下列特性：

$$\mathbf{0A} = \mathbf{A0} = \mathbf{0}$$
$$\mathbf{IA} = \mathbf{AI} = \mathbf{A}$$

MATLAB 有一些特定的指令可以產生特殊矩陣。輸入 help specmat 可以看到這些特殊矩陣指令的列表；此外，也可以參考本書的表 2.4-5。單位矩陣 **I** 可以使用 eye(n) 指令來建立，其中 n 是所需的矩陣維度，因此若要建立一個 2×2 的單位矩陣，可輸入 eye(2)。輸入 eye(size(A)) 可建立出與矩陣 **A** 具有相同維度的單位矩陣。

有時候，我們會想要初始化一個矩陣，使其元素均為 0。zeros 指令便可建立元素均為 0 的矩陣。輸入 zeros(n) 可建立 $n \times n$ 的零矩陣，輸入 zeros(m,n) 建立 $m \times n$ 的零矩陣，和輸入 A(m,n) = 0 相同。輸入 zeros(size(A)) 可以建立出與矩陣 **A** 有相同維度的零矩陣。此類矩陣對於我們事先不知道矩陣維度時非常有用。指令 ones 的語法和這些指令相同，差別只在於產生的陣列元素均為 1。

例如，為了要建立與畫出以下函數：

$$f(x) = \begin{cases} 10 & 0 \leq x \leq 2 \\ 0 & 2 < x < 5 \\ -3 & 5 \leq x \leq 7 \end{cases}$$

可輸入腳本檔為：

```
x1 = 0:0.01:2;
f1 = 10*ones(size(x1));
x2 = 2.01:0.01:4.99;
f2 = zeros(size(x2));
x3 = 5:0.01:7;
f3 = -3*ones(size(x3));
f = [f1,f2,f3];
x = [x1,x2,x3];
```

表 2.4-5　特殊矩陣

指令	敘述
eye(n)	建立 $n \times n$ 的單位矩陣。
eye(size(A))	建立出與矩陣 **A** 具有相同大小的單位矩陣。
ones(n)	建立 $n \times n$ 的矩陣，每一個元素均為 1。
ones(m,n)	建立 $m \times n$ 的陣列，每一個元素均為 1。
ones(size(A))	建立出與陣列 **A** 具有相同大小的陣列，每一個元素均為 1。
zeros(n)	建立 $n \times n$ 的零矩陣。
zeros(m,n)	建立 $m \times n$ 的零陣列。
zeros(size(A))	建立出與陣列 **A** 具有相同大小的零陣列。

```
plot(x,f), xlabel('x'),ylabel('y')
```

(考慮當使用指令 `plot(x1,f1,x2,f2,x3,f3)` 來取代指令 `plot(x,f)` 時，圖形的結果為何。)

矩陣除法及線性代數方程式

矩陣除法使用右除法 (/) 及左除法 (\) 兩種運算子來完成各種應用，其中一種主要的應用就是求解一組線性代數方程式。第八章會談論到相關的主題-反矩陣。

在 MATLAB 中可以使用左除法運算子 (\) 來求解一組線性代數方程式。例如，考慮下列一組方程式：

$$6x + 12y + 4z = 70$$
$$7x - 2y + 3z = 5$$
$$2x + 8y - 9z = 64$$

在 MATLAB 中需要建立 A 及 B 兩個陣列來求解這組方程式。陣列 A 具有和方程式一樣多的列數，以及與變數一樣多的行數。A 的列依序包含 x、y、z 的係數。在此例中，A 的第 1 列為 6, 12, 4；第 2 列為 7, –2, 3；第 3 列為 2, 8, –9。陣列 B 則是包含方程式右手邊的常數；此陣列只有一行，但是列數和方程式的數目一樣多。在此例中，B 的第 1 列是 70，第 2 列是 5，第 3 列是 64。解可以藉由輸入 A\B 來獲得。對話如下：

```
>>A = [6,12,4;7,-2,3;2,8,-9];
>>B = [70;5;64];
>>Solution = A\B
Solution =
     3
     5
    -2
```

得到解為 $x = 3$、$y = 5$ 以及 $z = -2$。

左除法　　左除法 (left division method) 在整組方程式只有唯一解的情況下仍可以正常運作。而要處理包含非唯一解的方程式 (或者無解的方程式)，請參考第八章的內容。

測試你的瞭解程度

T2.4-4　使用 MATLAB 來求解下列這一組方程式。

$$4x + 3y = 23$$
$$8x - 2y = 6$$

(答案：$x = 2$、$y = 5$)

T2.4-5 使用MATLAB來求解下列這一組方程式。

$$4x - 2y = 16$$
$$3x + 5y = -1$$

(答案：$x = 3$、$y = -2$)

T2.4-6 使用 MATLAB 來求解下列這一組方程式。

$$6x - 4y + 8z = 112$$
$$-5x - 3y + 7z = 75$$
$$14x + 9y - 5z = -67$$

(答案：$x = 2$、$y = -5$ 及 $z = 10$)

矩陣的指數運算

將矩陣取次方等同於矩陣不斷地和自己相乘，例如 $\mathbf{A}^2 = \mathbf{AA}$。此程序需要具有相同行數及列數的矩陣；也就是說，必須為方陣 (square matrix)。MATLAB 使用符號 ^ 來進行矩陣的指數運算。若要求得 $\mathbf{A}^2$，可輸入 A^2。

我們可以取純量 n 的 $\mathbf{A}$ 次方，如果 $\mathbf{A}$ 是方陣，則輸入 n^A，但這一類處理程序的應用是屬於較進階的。不過，將矩陣取矩陣次方——也就是 $\mathbf{A}^\mathbf{B}$——並沒有被定義，就算 $\mathbf{A}$ 及 $\mathbf{B}$ 均為方陣也一樣。

特殊乘積

在物理與工程中，有許多應用需要使用外積 (叉積) 及內積 (點積)，例如計算力矩及力的分量便需要使用這些特殊乘積。如果 $\mathbf{A}$ 及 $\mathbf{B}$ 為具有三個元素的向量，外積指令 cross(A,B) 可以計算出三元素向量的叉積 $\mathbf{A} \times \mathbf{B}$。如果 $\mathbf{A}$ 及 $\mathbf{B}$ 是 $3 \times n$ 的矩陣，則 cross(A,B) 會傳回一個 $3 \times n$ 的陣列，其行是 $3 \times n$ 陣列 $\mathbf{A}$ 及 $\mathbf{B}$ 對應行的外積。例如，對於參考點 O 施力 $\mathbf{F}$ 所得到的力矩 $\mathbf{M}$ 為 $\mathbf{M} = \mathbf{r} \times \mathbf{F}$，其中 $\mathbf{r}$ 是由點 O 到施加 $\mathbf{F}$ 力之間的位置向量。若要在 MATLAB 中求出此力矩，可輸入 M = cross(r,F)。

點積指令 dot(A,B) 則是計算長度為 n 的列向量，其元素為 $m \times n$ 的陣列 $\mathbf{A}$ 及 $\mathbf{B}$ 對應行的內積。若要計算力 $\mathbf{F}$ 沿向量 $\mathbf{r}$ 的分量，可輸入 dot(F,r)。

2.5 利用陣列做多項式運算

MATLAB 具有一些方便且以向量為基礎的工具來處理多項式，只要輸入 help

polyfun 就可以得到更多關於這類指令的資訊。我們使用下列的標記方式來描述一個多項式：

$$f(x) = a_1 x^n + a_2 x^{n-1} + a_3 x^{n-2} + \cdots + a_{n-1} x^2 + a_n x + a_{n+1}$$

我們在 MATLAB 中以一個列向量來描述此多項式，而列向量的元素為多項式的係數，且由高至低排序。此列向量為 $[a_1, a_2, a_3, ..., a_{n-1}, a_n, a_{n+1}]$，例如向量 [4, –8, 7, –5] 表示的多項式為 $4x^3 - 8x^2 + 7x - 5$。

多項式的根可以利用 roots(a) 函數求得，其中 a 是包含多項式係數的陣列。例如，要得到多項式 $x^3 + 12x^2 + 45x + 50 = 0$ 的根，則輸入 y = roots([1,12,45,50])。答案為一個包含值為 –2, –5, –5 的行陣列 (y)。

函數 poly(r) 可以計算出多項式的係數，此多項式的根為陣列 r 中的數值。所得到的結果為列陣列，其中包含了多項式的係數。例如，若要求出根為 1 及 3 ± 5i 的多項式，對話為：

>>p = poly([1,3+5i,3-5i]);
p =
    1   -7   40   -34

因此得到的多項式為 $x^3 - 7x^2 + 40x - 34$。

多項式的加法與減法

若要將兩個多項式相加，可以將這兩個多項式係數的陣列相加。如果這兩個多項式的次方不同，則需在次方比較低的係數陣列中補上零。例如，考慮下列函數：

$$f(x) = 9x^3 - 5x^2 + 3x + 7$$

其係數陣列為 f = [9,-5,3,7] 及另一函數

$$g(x) = 6x^2 - x + 2$$

其係數陣列為 g = [6,-1,2]。$g(x)$ 的次方比 $f(x)$ 少一次方。因此，將 $f(x)$ 與 $g(x)$ 相加，需要在 g 前面補一個零來「欺騙」MATLAB，讓 MATLAB 把 $g(x)$ 當作是一個三次多項式。也就是說，我們輸入 g = [0 g] 來改變 g，得到 g = [0,6,-1,2]。此向量表示 $g(x) = 0x^3 + 6x^2 - x + 2$。若要將這兩個多項式相加，則輸入 h = f+g，得到結果為 h = [9,1,2,9]，表示 $h(x) = 9x^3 + x^2 + 2x + 9$。矩陣減法的方式與上述加法類似。

多項式的乘法與除法

要將多項式乘以一個純量,簡單的作法就是直接將係數陣列乘以純量。例如,$5h(x)$ 可以 [45,5,10,45] 表示。

在 MATLAB 中,多項式的乘法及除法是很容易達成的。我們可以使用 conv (表示「convolve」) 函數將多項式相乘,並且使用 deconv (表示「deconvolve」) 函數來做綜合除法 (synthetic division)。表 2.5-1 總結了這些函數,包括 poly、polyval 及 roots 函數。

多項式 $f(x)$ 及 $g(x)$ 的乘積為:

$$\begin{aligned} f(x)g(x) &= (9x^3 - 5x^2 + 3x + 7)(6x^2 - x + 2) \\ &= 54x^5 - 39x^4 + 41x^3 + 29x^2 - x + 1 \end{aligned}$$

而使用綜合除法將 $f(x)$ 除以 $g(x)$,所得到的商式為:

$$\frac{f(x)}{g(x)} = \frac{9x^3 - 5x^2 + 3x + 7}{6x^2 - x + 2} = 1.5x - 0.5833$$

而餘式為 $-0.5833 + 8.1667$。此處 MATLAB 進行此運算的對話如下。

```
>>f = [9,-5,3,7];
>>g = [6,-1,2];
>>product = conv(f,g)
product =
```

■ 表 2.5-1 多項式函數

指令	敘述
conv(a,b)	計算由係數陣列 a 及 b 所描述之兩個多項式的乘積。這兩個多項式的次方並不一定要相等,所得到的結果為乘積多項式的係數陣列。
[q,r] = deconv(num,den)	計算以係數陣列 num 表示的分子多項式除以用係數陣列 den 所描述的分母多項式。商式為係數陣列 q,而餘式則以係數陣列 r 表示。
poly(r)	計算多項式的係數,此多項式的根為陣列 r 中的數值。所得到的結果為列陣列,包含了多項式的係數,順序則是依照降冪排列。
polyval(a,x)	計算多項式在自變數 x 處的函數值,此自變數可以為矩陣或者向量。多項式的係數依照降冪排列存於陣列 a 中,且結果的大小和 x 相同。
roots(a)	計算由係數陣列 a 所描述的多項式的根,所得到的結果為乘積多項式之根的行向量。

```
      54    -39    41    29    -1    14
>>[quotient,remainder] = deconv(f,g)
quotient =
    1.5    -0.5833
remainder =
    0    0    -0.5833    8.1667
```

函數 conv 及 deconv 並不需要兩個多項式的次方相同,所以我們不需要和進行多項式加法時一樣欺騙 MATLAB。

畫出多項式

函數 polyval(a,x) 可以計算出對應於自變數 x 的函數值,而自變數可以為矩陣或向量。多項式的係數陣列為 a,其結果的大小與 x 相同。例如,計算 $x = 0, 2, 4, ..., 10$ 時 $f(x) = 9x^3 - 5x^2 + 3x + 7$ 多項式的函數值,輸入

```
>>f = polyval([9,-5,3,7],[0:2:10]);
```

所得到的結果 f 是一個包含六個值 $f(0), f(2), f(4), ..., f(10)$ 的向量。

函數 polyval 對於畫出多項式很有用。為此,首先要定義一個包含許多自變數 x 值的陣列,如此一來才能得到平滑的圖形。例如,要畫出多項式 $f(x) = 9x^3 - 5x^2 + 3x + 7$,區間為 $-2 \le x \le 5$,則需要輸入

```
>>x = -2:0.01:5;
>>polyval([9,-5,3,7],x);
>>plot(x,f),xlabel('x'),ylabel('f(x)'),grid
```

多項式導數及多項式積分會在第九章介紹。

測試你的瞭解程度

T2.5-1 使用 MATLAB 求下列方程式的根:

$$x^3 + 13x^2 + 52x + 6 = 0$$

並使用 poly 函數來驗證你的答案。

T2.5-2 使用 MATLAB 驗證

$$(20x^3 - 7x^2 + 5x + 10)(4x^2 + 12x - 3)$$
$$= 80x^5 + 212x^4 - 124x^3 + 121x^2 + 105x - 30$$

T2.5-3 使用 MATLAB 驗證

$$\frac{12x^3 + 5x^2 - 2x + 3}{3x^2 - 7x + 4} = 4x + 11$$

其中餘式為 $59x - 41$。

T2.5-4 使用 MATLAB 驗證

$$\frac{6x^3 + 4x^2 - 5}{12x^3 - 7x^2 + 3x + 9} = 0.7108$$

當 $x = 2$ 時。

T2.5-5 畫出多項式

$$y = x^3 + 13x^2 + 52x + 6$$

區間為 $-7 \leq x \leq 1$。

範例 2.5-1　抗震建築設計

要設計抗震的建築，則此建築的自然頻率不可以與地表運動的振盪頻率過於接近。建築物的自然頻率主要由建築物的樓層及建築物支撐樑柱 (如同水平擺置的彈簧) 的橫向剛性 (lateral stiffness) 來決定。我們可以求解建築物的特徵多項式 (characteristic polynomial) 的根來得知這些頻率 (我們將會在第九章中進一步討論特徵多項式)。圖 2.5-1 顯示了一個三層的建築物樓層過於誇大的運動。對於這樣的建築物，每一樓層具有質量 m，而且樑柱具有剛性 k，則多項式為：

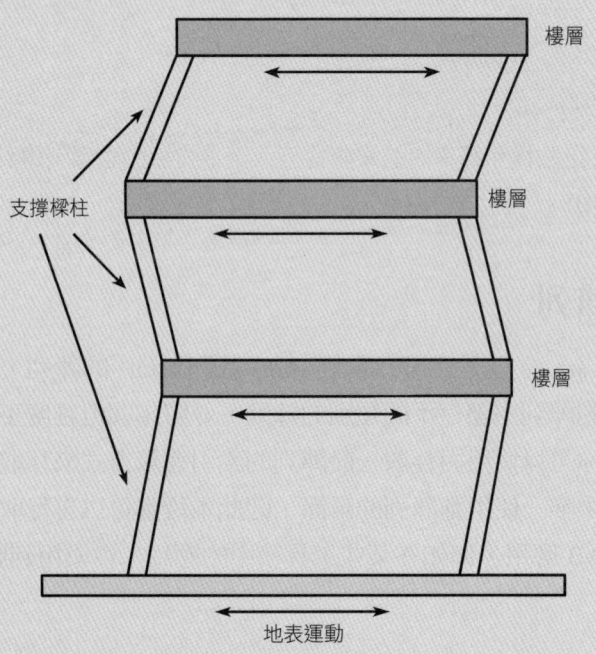

■ 圖 2.5-1　建築物抵抗地表運動的簡單震動模型

$$(\alpha - f^2)[(2\alpha - f^2)^2 - \alpha^2] + \alpha^2 f^2 - 2\alpha^3$$

其中，$\alpha = k/4m\pi^2$ (這類模型在 [Palm, 2010] 的書中有更為詳盡的討論)。此建築物的自然頻率 (單位為秒的週期數) 為此方程式的正根。求出在 $m = 1000$ kg 及 $k = 5 \times 10^6$ N/m 時建築物的自然頻率。

■ 解法

此特徵多項式包含低次多項式的和與積，我們利用這一點以 MATLAB 進行代數運算。特徵多項式具有下列形式：

$$p_1(p_2^2 - \alpha^2) + p_3 = 0$$

其中

$$p_1 = \alpha - f^2 \qquad p_2 = 2\alpha - f^2 \qquad p_3 = \alpha^2 f^2 - 2\alpha^3$$

則 MATLAB 的腳本檔為：

```
k = 5e+6;m = 1000;
alpha = k/(4*m*pi^2);
p1 = [-1,0,alpha];
p2 = [-1,0,2*alpha];
p3 = [alpha^2,0,-2*alpha^3];
p4 = conv(p2,p2)-(0,0,0,0,alpha^2];
p5 = conv(p1,p4);
p6 = p5+[0,0,0,0,p3];
r = roots(p6);
```

所得到的結果為正數根和頻率。結果四捨五入至最接近的整數，得到自然頻率為 20 Hz、14 Hz 及 5 Hz。

2.6 胞陣列

胞陣列 (cell array) 就是元素為倉位 (bin) 或胞 (cell) 的陣列，其元素可含有陣列。我們可以在胞陣列中儲存不同類別的陣列，並將相關但維度不同的資料放置在同一個群組中。你可以使用與存取一般陣列的索引運算方式來存取胞陣列。

此節是本書中唯一使用胞陣列的章節，因此本段落可以自行取捨。但是有些更為進階的 MATLAB 應用，例如在某些工具箱中的應用，會使用到胞陣列。

建立胞陣列

胞索引

你可以使用指派敘述或胞 (cell) 函數來建立胞陣列，並使用**胞索引** (cell

indexing) 或**內容索引** (context indexing) 來指派胞的資料。若要使用胞索引，在指派敘述的左側以括號包圍胞的下標，並使用標準的陣列標記。此外，在指派敘述的右側使用大括號 { } 來包圍胞的內容。

內容索引

範例 2.6-1　環境資料庫

假設要建立一個 2 × 2 的胞陣列 A，每一個胞包含了位置、時間、氣溫 (分別測量於早上 8 點、中午 12 點及下午 5 點)，以及在這三個時間點同時測量水池中不同三個點的水溫。此胞陣列如下。

池塘	2016 年 6 月 13 日
160 72 651	$\begin{bmatrix} 55 & 57 & 56 \\ 54 & 56 & 55 \\ 52 & 55 & 53 \end{bmatrix}$

■ 解法

可以互動模式或以腳本檔的方式輸入下列指令來建立胞陣列。

```
A(1,1) = {'Walden Pond'};
A(1,2) = {'June 13, 2016'};
A(2,1) = {[60,72,65]};
A(2,2) = {[55,57,56;54,56,55;52,55,53]};
```

如果胞中還沒有內容，輸入一對空的大括號 { } 表示其為空的胞，正如同我們使用空的中括號 [ ] 表示一個空的數值陣列一樣。這樣的標記方式建立了一個胞，但是胞內並沒有儲存任何內容。

若要使用內容索引，則在左側使用標準陣列標記的方式，以大括號包圍胞的下標。接著，在指派運算子的右側指定胞的內容。例如：

```
A{1,1} = 'Walden Pond';
A{1,2} = 'June 13, 2016';
A{2,1} = [60,72,65];
A{2,2} = [55,57,56;54,56,55;52,55,53];
```

在指令列輸入 A，則會看到：

```
A =
    'Walden Pond'    'June 13, 2016'
    [1x3 double]     [3x3 double]
```

你可以使用 celldisp 函數來顯示完整的內容。例如，輸入 celldisp(A) 會顯示

```
A{1,1} =
```

```
    Walden Pond
A{2,1} =
    60 72 65
       .
       .
       .
       etc.
```

函數 cellplot 會產生胞陣列內容的圖形，樣式為格狀。輸入 cellplot(A) 會顯示胞陣列 A 的圖形。在大括號中使用逗號或空格來表示胞的行，並且使用分號來表示胞的列 (和數值陣列一樣)。例如，輸入

B = {[2,4],[6,-9;3,5];[7;2],10};

則會建立下列的 2 × 2 胞陣列：

[2 4]	$\begin{bmatrix} 6 & -9 \\ 3 & 5 \end{bmatrix}$
[7 2]	10

藉由函數 cell，你可以預先配置具有指定大小的空胞陣列。例如，輸入 C = cell(3,5) 會建立一個 3 × 5 的胞陣列 C，而且內容為空的矩陣。一旦依照此方式定義一個陣列，你可以使用指派敘述來輸入胞的內容。例如，輸入 C(2,4) = {[6,-3,7]} 會將一個 1 × 3 的陣列放在胞 (2, 4) 當中，而輸入 C(1,5) = {1:10} 則會將 1 到 10 的數字放在胞 (1, 5) 中。若是輸入 C(3,4) = {´30 mph´}，會將字串放置到胞 (3, 4) 中。

存取胞陣列

你可以使用胞索引或內文索引來存取胞陣列的內容。若要使用胞索引將陣列 C 中胞 (3, 4) 的內容放置於新的變數 Speed 中，則輸入 Speed = C(3,4)。而要將陣列中第 1 列到第 3 列，以及第 2 行到第 5 行的內容放置於新的胞陣列 D 中，則輸入 D = C(1:3,2:5)。新的胞陣列 D 會具有 3 列、4 行及 12 個陣列。若要使用內容索引來存取單一胞中某一些或全部的內容，可將胞索引表示式以大括號包圍起來，以指明這些是你將指定的內容到一個新的變數，而不是這些胞本身。例如，輸入 Speed = C{3,4} 指派胞 (3, 4) 中的內容 ´30 mph´ 到變數 Speed 中。在同一時間內，你不可以使用內容索引存取胞的內容超過一次。例如，敘述 G = C{1,:} 及 C{1,:} = var 都是無效的，其中 var 是某一個變數。

你可以存取一個胞的內容的子集合。例如，要獲得陣列 C 中胞 (2, 4) 內一個 1 × 3 列向量中的第二個元素，並且將此元素指派到變數 r 中，則輸入 r = C{2,4}(1,2)，得到的結果為 r = -3。

2.7 結構陣列

結構陣列 (structure arrays) 是由結構所組成。此陣列的類別讓你可以將不相似的陣列儲存在一起。在結構陣列中是使用賦名欄位 (named field) 來存取元素。這些特色使得結構陣列與胞陣列有所區別，因為胞陣列是使用標準胞索引運算來存取。

本書只有在此處使用到結構陣列。某些 MATLAB 的工具箱會使用這些結構陣列。特定的範例是說明「結構」這個術語的最佳方式。假設你要建立參與某課程的學生的資料庫，而且資料要包含 student's name (學生姓名)、student number (SN 學生學號)、email address (電子郵件信箱)，以及 test scores (測試分數)。圖 2.7-1 顯示此資料結構的圖解。每一個種類的資料 (name、student number 等) 都是一個欄位，我們稱為欄位名稱。因此，我們的資料庫具有四個欄位。前三個欄位包含文字字串，最後一個欄位 (即 test scores) 則包含一個具有數值元素的向量。結構是由這些表示單一學生的資訊所組成。結構陣列則是不同學生的資料所組成的陣列。如圖 2.7-1 的陣列具有兩個結構，並且用一列或兩行的方式排列。

建立結構

你可以藉由指派敘述或使用函數 `struct` 來建立結構陣列。下面的範例使用指派敘述來建立一個結構。結構陣列使用點號標記 (.) 來標示並存取各個欄位。你可以在互動模式底下輸入指令或以腳本檔的方式輸入指令。

```
                    Structure array "student"

Student(1)                              Student(2)

    Name: John Smith                        Name: Mary Jones

    SN: 0001786                             SN: 0009832

    Email: smithj@myschool.edu              Email: jonesm@myschool.edu

    Tests: 67, 75, 84                       Tests: 84, 78, 93
```

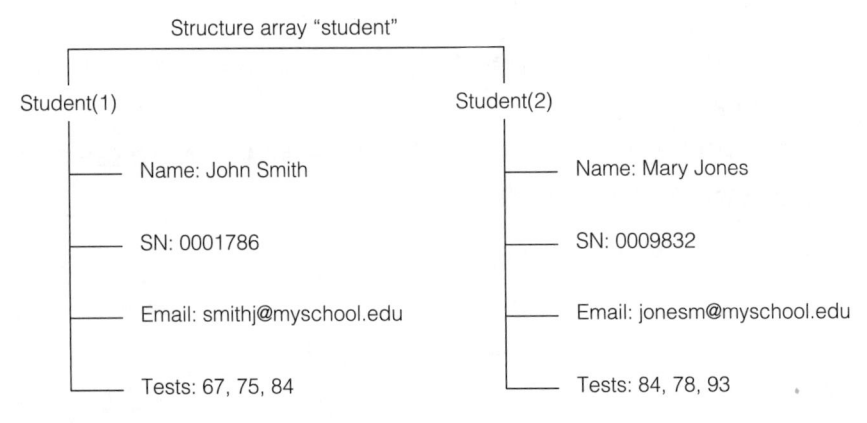

■ 圖 2.7-1　結構陣列 student 之資料安排

範例 2.7-1　學生資料庫

建立一個結構陣列包含下列種類的學生資料：

- Student name (學生姓名)
- Student number (學生學號)
- Email address (電子郵件信箱)
- Test scores (測試分數)

將圖 2.7-1 中所顯示的資料輸入到資料庫中。

■ 解法

你可以在互動模式底下輸入指令，或者以腳本檔的方式輸入指令，來建立結構陣列。首先開始輸入第一個學生的資料。

```
student.name = 'John Smith';
student.SN = '0001786';
student.email = 'smithj@myschool.edu';
student.tests = [67,75,84];
```

如果你接下來輸入

```
>> student
```

於指令行，則你會看到下列的回應：

```
name: 'John Smith'
SN: = '0001786'
email: = 'smithj@myschool.edu'
tests: = [67 75 84]
```

輸入 size(student)，可求出此陣列的大小，得到的結果為 ans = 1 1，表示這是一個 1×1 的結構陣列。

要將第二個學生加入資料庫，則在結構陣列的名稱後面加入以括號包圍的下標 2，並且輸入新的資訊。例如，我們輸入

```
student(2).name = 'Mary Jones';
student(2).SN = '0009832';
student(2).email = 'jonesm@myschool.edu';
student(2).tests = [84,78,93];
```

此程序將陣列「拓展」開來。在我們開始輸入第二個學生的資料之前，結構

陣列的維度是 1 × 1 (表示是單一結構)，而現在變為由兩個結構所組成的 1 × 2 陣列，並且以一列及兩行的方式排列。你可以輸入 size(student) 來驗證這個資訊，傳回的內容為 ans = 1 2。如果你輸入的是 length(student)，則你得到的結果為 ans = 2，表示此陣列具有兩個元素 (兩個結構)。若結構陣列具有超過一個以上的結構，在輸入結構陣列名稱時，MATLAB 並不會顯示個別欄位的內容。例如，如果你現在輸入 student，MATLAB 會顯示

```
>>student =
1x2 struct array with fields:
    name
    SN
    email
    tests
```

你也可以使用 fieldnames 函數來取得有關欄位的資訊 (參見表 2.7-1)。例如：

```
>>fieldnames(student)
ans =
    'name'
    'SN'
    'email'
    'tests'
```

● 表 2.7-1　結構函數

函數	敘述
name = fieldnames(S)	傳回與結構陣列 S 有關的領域名稱並且指派到 names 中，一個字串的胞陣列。
isfield(S,´field´)	如果 ´field´ 是結構陣列 S 中的領域名稱，則傳回 1，否則傳回 0。
isstruct(S)	如果陣列 S 是一個結構陣列，則傳回 1，否則傳回 0。
S = rmfield(S,´field´)	將結構陣列 S 中的欄位 ´field´ 移除。
S = struct(´f1´,´v1´, ´f2´,´v2´...)	將結構陣列 S 中的欄位 ´f1´,´f2´,... 的內容設為 ´v1´,´v2´,... 中的值。

當你填入更多學生的資訊時，MATLAB 會指派相同數目的欄位及相同欄位名稱到每個元素上。但如果你沒有輸入某些資訊，例你不知道某一個學生的電子郵件信箱，MATLAB 會指派一個空的矩陣到該學生的特定欄位中。

這些欄位可以具有不同的大小。例如，每一個欄位名稱可以包含不同數目的字元，而且包含測試分數的陣列可以具有不同的大小，例如某一個學生並沒有參加第二次測試的情況。

除了指派敘述，我們也可以使用 struct 函數來建立結構，此函數可以讓你「預先配置」結構陣列。建立一個名稱為 sa_1 的結構陣列，語法為：

sa_1 = struct(´field1´,´values1´,´field2´,´values2´,...)

其中，引數為欄位名稱及對應的值。值陣列 values1,values2,... 必須是具有相同大小的陣列、純量陣列或單一的值。值陣列中的元素會被插入結構陣列中對應的元素。所得到的結構陣列具有和值陣列相同的大小，或者若沒有任何一個值陣列為胞，則大小為 1×1。例如，我們為學生資料庫預先配置一個 1×1 的結構陣列，則輸入

student = struct('name','John Smith','SN',...
'0001786','email','smithj@myschool.edu',...
'tests',[67,75,84])

存取結構陣列

欲存取某一特別欄位中的內容，則在結構陣列名稱後輸入句號，再接下來則接上欄位名稱。例如，輸入 student(2).name 會顯示的值為 ´Mary Jones´。當然，我們可以用一般的方式指派結果到一個變數中。例如，輸入 name2 = student(2).name 會將值 ´Mary Jones´ 指派到變數 name2 中。要存取欄位中的元素，例如 John Smith 的第二次測試分數，則輸入 student(1).tests(2)。這些輸入會得到傳回的值 75。通常如果一個欄位包含陣列，你要使用陣列的下標來存取其元素。在這個範例中，敘述 student(1).tests(2) 等效於 student(1,1).tests(2)，因為 student 只具有一列。

要儲存某一個特別結構的所有資訊，例如要將所有關於 Mary Jones 的資訊儲存於結構陣列 M 中，則輸入 M = student(2)。你也可以指派或變更欄位元素的值。例如，輸入 student(2).tests(2) = 81 會將 Mary Jones 的第二次測試分數由 78 變更為 81。

修改結構

假設你想要增加電話號碼到資料庫中。你可以使用下列方式輸入第一個學生的電話號碼如下：

student(1).phone = '555-1653'

所有其他在此陣列中的結構將會具有 phone 欄位，但是這些欄位的內容為空陣列，直到你指派值到這些陣列中。

要從陣列中的每一個結構刪除某一欄位，可以使用 rmfield 函數。此函數的基本語法為：

new_struc = rmfield(array,'field');

其中，array 是想要修改的結構陣列，´field´ 是想要刪除的欄位，new_struc 是為刪除此欄位所新增的結構陣列名稱。例如，若要刪除 student number 欄位，並且呼叫新的結構陣列 new_student，則要輸入

new_student = rmfield(student,'SN');

使用運算子及函數於結構

如同一般的使用方式，你可以使用 MATLAB 運算子於結構中。例如，要找出第二個學生最高的測驗分數，則輸入 max(student(2).tests)。答案為 93。

isfield 函數則可決定結構陣列是否包含某一特定欄位，其語法為 isfield(S,'field')。如果 ´field´ 是結構陣列 S 中的欄位名稱，則傳回 1 (表示為「真」)。例如，如果輸入 isfield(student,'name')，則傳回的結果為 ans = 1。

函數 isstruct 是決定此陣列是否為一個結構陣列，其語法為 isstruct(S)。如果 S 是一個結構陣列，則傳回 1，否則傳回 0。例如，輸入 isstruct(student) 回傳的結果為 ans = 1，其意義與「真」等效。

測試你的瞭解程度

T2.7-1　建立如同圖 2.7-1 所示的結構陣列 student，並且加入下列第三個學生的資訊：name: Alfred E. Newman；SN: 0003456；e-mail: newman@myschool.edu；tests: 55, 45, 58。

T2.7-2　編輯你的結構陣列，將 Newman 先生的第二次 test score (測試分數) 由 45 變更為 53。

T2.7-3　編輯你的結構陣列，將 SN 欄位刪除。

2.8　摘要

你現在應該已經有能力在 MATLAB 中進行基本的運算並使用陣列。例如，你應該能夠完成：

- 建立、處理及編輯陣列。
- 進行陣列運算，包含加法、減法、乘法、除法及指數運算。
- 進行矩陣運算，包含加法、減法、乘法、除法及指數運算。
- 進行多項式代數運算。
- 使用胞陣列及結構陣列來建立資料庫。

表 2.8-1 是本章中所介紹之 MATLAB 指令的參考導覽。

■ 表 2.8-1　本章所介紹指令的導覽

特殊字元	用途
'	將矩陣轉置，建立複數共軛元素。
.'	將矩陣轉置，但是不建立複數共軛元素。
;	抑制螢幕顯示；也用於表示陣列中新的一列。
:	表示陣列中的一整列或一整行。
表格	
陣列函數	表 2.1-1
逐元運算	表 2.3-1
特殊矩陣	表 2.4-5
多項式函數	表 2.5-1
結構函數	表 2.7-1

習題

對於標註星號的問題，請參見本書最後的解答。

2.1 節

1. a. 使用兩種方法建立向量 **x**，此向量具有 100 個等間距的值，起始值為 5，結束值為 28。

   b. 使用兩種方法建立向量 **x**，此向量的間距值為 0.2，起始值為 2，結束值為 14。

   c. 使用兩種方法建立向量 **x**，此向量具有 50 個等間距的值，起始值為 -2，結束值為 5。

2. a. 建立向量 **x**，此向量具有 50 個等對數間距的值，起始值為 10，結束值為 1000。

   b. 建立向量 **x**，此向量具有 20 個等對數間距的值，起始值為 10，結束值為 1000。

3. * 使用 MATLAB 建立向量 **x**，此向量在 0 到 10 之間具有六個值 (包括端點 0 及 10)。建立陣列 **A**，其第 1 列具有值 $3x$，第 2 列具有值 $5x - 20$。

4. 重複習題 3，使得 **A** 的第 1 行具有值 $3x$，第 2 行具有值 $5x - 20$。
5. 在 MATLAB 中輸入此矩陣並解出下列問題：

$$\mathbf{A} = \begin{bmatrix} 3 & 7 & -4 & 12 \\ -5 & 9 & 10 & 2 \\ 6 & 13 & 8 & 11 \\ 15 & 5 & 4 & 1 \end{bmatrix}$$

a. 建立向量 **v**，其組成元素為 **A** 中的第 2 行

b. 建立向量 **w**，其組成元素為 **A** 中的第 2 列

6. 在 MATLAB 中輸入此矩陣，並且利用 MATLAB 回答下列問題：

$$\mathbf{A} = \begin{bmatrix} 3 & 7 & -4 & 12 \\ -5 & 9 & 10 & 2 \\ 6 & 13 & 8 & 11 \\ 15 & 5 & 4 & 1 \end{bmatrix}$$

a. 建立 4×3 的陣列 **B**，其組成元素為 **A** 中的第 2 行到第 4 行

b. 建立 3×4 的陣列 **C**，其組成元素為 **A** 中的第 2 列到第 4 列

c. 建立 2×3 的陣列 **D**，其組成元素為 **A** 中的前兩列及最後三行

7.* 計算下列向量的長度及絕對值：

a. $x = [2, 4, 7]$

b. $y = [2, -4, 7]$

c. $z = [5 + 3i, -3 + 4i, 2 - 7i]$

8. 給定下列矩陣

$$\mathbf{A} = \begin{bmatrix} 3 & 7 & -4 & 12 \\ -5 & 9 & 10 & 2 \\ 6 & 13 & 8 & 11 \\ 15 & 5 & 4 & 1 \end{bmatrix}$$

a. 找出每一行中的最大值及最小值

b. 找出每一列中的最大值及最小值

9. 給定下列矩陣

$$\mathbf{A} = \begin{bmatrix} 3 & 7 & -4 & 12 \\ -5 & 9 & 10 & 2 \\ 6 & 13 & 8 & 11 \\ 15 & 5 & 4 & 1 \end{bmatrix}$$

a. 排序每一行且儲存結果於陣列 **B**

b. 排序每一列且儲存結果於陣列 **C**

c. 加總每一行且儲存結果於陣列 **D**

d. 加總每一列且儲存結果於陣列 **E**

10. 考慮下列陣列

$$A = \begin{bmatrix} 1 & 4 & 2 \\ 2 & 4 & 100 \\ 7 & 9 & 7 \\ 3 & \pi & 42 \end{bmatrix} \qquad B = \ln(A)$$

撰寫 MATLAB 算式完成下列事項：

a. 只選取 **B** 中的第 2 列

b. 計算 **B** 中第 2 列的加總

c. 將 **B** 中的第 2 列及 **A** 中的第 1 行逐元相乘

d. 計算 **B** 中的第 2 列及 **A** 中的第 1 行逐元乘法所得到的向量，計算此向量中的最大值

e. 利用逐元除法將 **A** 的第 1 列除以陣列 **B** 的第 1 行前三個元素，並且將計算所得向量中的元素加總

2.2 節

11.* a. 建立一個具有三「層」的三維陣列 **D**，其三層為下列矩陣：

$$A = \begin{bmatrix} 3 & -2 & 1 \\ 6 & 8 & -5 \\ 7 & 9 & 10 \end{bmatrix} \quad B = \begin{bmatrix} 6 & 9 & -4 \\ 7 & 5 & 3 \\ -8 & 2 & 1 \end{bmatrix} \quad C = \begin{bmatrix} -7 & -5 & 2 \\ 10 & 6 & 1 \\ 3 & -9 & 8 \end{bmatrix}$$

b. 使用 MATLAB 找出 **D** 中每一層最大的元素，以及整個 **D** 中最大的元素。

2.3 節

12. 給定向量

$$x = [5 \quad 9 \quad -3] \qquad y = [7 \quad 4 \quad 2]$$

用手算以下問題，然後用 MATLAB 檢查你的答案

a. 找出 **x** 和 **y** 的總和

b. 找出矩陣乘積 w = x.*y

c. 找出矩陣乘積 z = y.*x。是否 z = w？

13. 給定矩陣

$$A = \begin{bmatrix} 9 & 6 \\ 2 & 7 \end{bmatrix} \qquad B = \begin{bmatrix} 8 & 9 \\ 6 & 2 \end{bmatrix}$$

a. 找出 **A** 和 **B** 的總和

b. 找出矩陣乘積 w = A.*B

c. 找出矩陣乘積 z = B.*A。是否 z = w？

14. 給定向量

$$\mathbf{x} = [10 \quad 8 \quad 3] \qquad \mathbf{y} = [9 \quad 2 \quad 6]$$

用手算以下問題，然後用 MATLAB 檢查你的答案

a. 找出矩陣乘積 `w = x./y`

b. 找出矩陣乘積 `z = y./x`

15.* 給定下列矩陣

$$\mathbf{A} = \begin{bmatrix} -7 & 11 \\ 4 & 9 \end{bmatrix} \quad \mathbf{B} = \begin{bmatrix} 4 & -5 \\ 12 & -2 \end{bmatrix} \quad \mathbf{C} = \begin{bmatrix} -3 & -9 \\ 7 & 8 \end{bmatrix}$$

以 MATLAB 完成：

a. 求出 $\mathbf{A} + \mathbf{B} + \mathbf{C}$

b. 求出 $\mathbf{A} - \mathbf{B} + \mathbf{C}$

c. 驗證結合律

$$(\mathbf{A} + \mathbf{B}) + \mathbf{C} = \mathbf{A} + (\mathbf{B} + \mathbf{C})$$

d. 驗證交換律

$$\mathbf{A} + \mathbf{B} + \mathbf{C} = \mathbf{B} + \mathbf{C} + \mathbf{A} = \mathbf{A} + \mathbf{C} + \mathbf{B}$$

16. 給定矩陣

$$\mathbf{A} = \begin{bmatrix} 5 & 9 \\ 6 & 2 \end{bmatrix} \qquad \mathbf{B} = \begin{bmatrix} 4 & 7 \\ 2 & 8 \end{bmatrix}$$

用手算以下問題，然後用 MATLAB 檢查你的答案

a. 找出陣列比率 `C=A./B`

b. 找出陣列比率 `D=B./A`

c. 找出陣列比率 `E=A.\B`

d. 找出陣列比率 `F=B.\A`

e. 任何 C、D、E 或 F 是否相同？

17.* 給定下列矩陣

$$\mathbf{A} = \begin{bmatrix} 56 & 32 \\ 24 & -16 \end{bmatrix} \quad \mathbf{B} = \begin{bmatrix} 14 & -4 \\ 6 & -2 \end{bmatrix}$$

以 MATLAB 完成：

a. 使用陣列乘積求出 $\mathbf{A}$ 乘以 $\mathbf{B}$ 的結果。

b. 使用陣列右除法求出 $\mathbf{A}$ 除以 $\mathbf{B}$ 的結果。

c. 求出將 $\mathbf{B}$ 逐元取三次方的結果。

18. 一個拋射體的 *xy* 軌道在對應水平面角度 *A* 有一初始速度 v_0 可用以下方程式描述，其中 $x(0) = y(0) = 0$：

$$x = (v_0 \cos A)t \qquad y = (v_0 \sin A)t - \frac{1}{2}gt^2$$

使用 $v_0 = 100$ m/s 的數值，$A = 35$ 度，和 $g = 9.81$ m/s^2。注意：我們不知道飛行時間 t_{hit} (拋射體撞擊地面 $y = 0$ 所需的時間)。

    a. 寫一個 MATLAB 程式來計算 t_{hit} 和拋射體到達的最高處 y_{max}。提示：因為軌跡是對稱的，t_{hit} 是到達 y_{max} 的二倍時間。

    b. 從 (a) 部分擴展你的程式來畫出 y 對 x 的軌跡在 $0 \leq t \leq t_{hit}$。

19. 畫出下列函數在 x 介於區域 $-2 \leq x \leq 16$

$$f(x) = \frac{4\cos x}{x + e^{-0.75x}}$$

使用足夠的點得到一平滑曲線。

20. 畫出下列函數在 x 介於區域 $-2\pi \leq x \leq 2\pi$

$$f(x) = 3x\cos^2 x - 2x$$

使用足夠的點得到一平滑曲線。

21. 畫出下列函數在 x 介於區域 $-3.5 \leq x \leq 10$

$$f(x) = 2.5^{0.5x}\sin 5x$$

使用足夠的點得到一平滑曲線。

22. 一艘船航行在一直線航程上可用 $y = 2x - 10$ 描述，其中距離以公里量測。此船在 $x = 10$ 開始在 $x = 30$ 結束。計算最接近燈塔位於座標原點 (0, 0) 的距離。不要畫圖求解此題。

23.* 使用力 F 推動物體一段距離 D 所花費的機械功 W 為 $W = FD$。下列表格給定施力在某一條路徑上推動物體的資料，此路徑由五個部分組成。所花費的力不同是由於表面的摩擦力特性不同所致。

	路徑段落				
	1	2	3	4	5
力 (N)	400	550	700	500	600
距離 (m)	3	0.5	0.75	1.5	5

使用 MATLAB 求出 (a) 路徑上每一段落所作的功，以及 (b) 在整條路徑上所作的功。

24. 飛機 A 以速率 300 mi/hr 向西南飛行，飛機 B 以速率 150 mi/hr 往西飛行。飛機 A 相對於飛機 B 的速度及速率為何？

25. 下表顯示五位產品作業員一週內的時薪、工作時數及產出 (產品數目)。

	作業員				
	1	2	3	4	5
時薪 ($)	5	5.50	6.50	6	6.25
工作時數	40	43	37	50	45
產出 (產品數目)	1000	1100	1000	1200	1100

使用 MATLAB 回答下列問題：

a. 每一位作業員在本週所賺取的薪資為多少？

b. 總支付的薪水為多少？

c. 製造出多少數目的產品？

d. 產出每一個產品的平均成本為多少？

e. 平均需要多少時數才能產出一個產品？

f. 假設每一位作業員所生產的產品品質均相同，哪一位作業員最有效率？而哪一位最沒有效率？

26. 兩位潛水員由水面開始下潛，並且建立下列座標系統：x 方向為西，y 方向為北，z 方向為下。潛水員 1 號往東游 60 英尺，接下來往南 25 英尺，以及下潛 30 英尺。同時，潛水員 2 號往東游 30 英尺，接下來往南 55 英尺，以及下潛 20 英尺。

a. 計算出潛水員 1 號與出發點之間的距離。

b. 潛水員 1 號往各方向需要游多少距離才能接觸到潛水員 2 號？

c. 潛水員 1 號以直線往潛水員 2 號游去，需要游多少距離才能接觸到潛水員 2 號？

27. 彈簧中儲存的彈力位能為 $kx^2/2$，其中 k 是彈簧常數，x 是彈簧被壓縮的長度。所需要用來壓縮的力為 kx。下表為五個彈簧的資料。

	彈簧				
	1	2	3	4	5
力 (N)	11	7	8	10	9
彈簧常數 k (N/m)	1000	600	900	1300	700

使用 MATLAB 求出 (a) 每一個彈簧被壓縮的距離 x，以及 (b) 每一個彈簧中所儲存的彈力位能。

28. 某一間公司採購五種材料。下表為此公司購買每一種材料每一噸所付出的價格，以及在 5 月、6 月及 7 月所採購的噸數：

材料	價格 ($/ton)	採購量 (tons) 5月	6月	7月
1	300	5	4	6
2	550	3	2	4
3	400	6	5	3
4	250	3	5	4
5	500	2	4	3

使用 MATLAB 回答下列問題：

a. 建立一個 5 × 3 的矩陣，矩陣包含每一項目每一個月的花費。

b. 5 月採購的總花費為多少？6 月呢？7 月呢？

c. 在這三個月中每一項材料的總花費為何？

d. 在這三個月中所有材料的總花費為何？

29. 一個加上圍籬的封閉區域由一個長度 L 及寬度 2R 的長方形、一個半徑 R 的半圓形所組成，如圖 P29 所示。此包圍的面積 A 達到 1600 平方英尺。對於彎曲的部分，圍籬成本為 $40/ft，而對於直線的部分，圍籬成本為 $30/ft。使用 min 這個函數，求出解答為 0.01 英尺的 R 及 L (花費最少的圍籬成本)，並且計算最小成本。

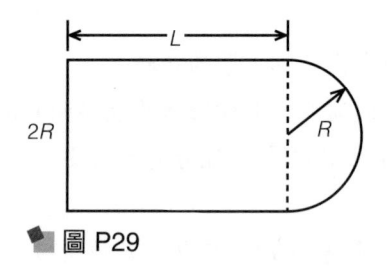

圖 P29

30. 一個圓柱形水槽具有高度 h、半徑 r 的圓柱體，以及一個半球體的頂部。此水槽可以蓄滿 500 立方公尺的液體。圓柱體具有表面積 $2\pi rh$，體積為 $\pi r^2 h$。半球體具有表面積 $2\pi r^2$，體積 $2\pi r^3/3$。建造水槽圓柱體成本為表面積 $300/m²，半球體的成本為表面積 $400/m²。畫出區間 $2 \leq r \leq 10$ m 之內成本對 r 的圖形，並且求出花費最少成本的半徑。同時計算對應的高度 h。

31. 根據下列函數撰寫 MATLAB 的指派敘述，假設 w、x、y 及 z 具有相同長度的向量，c 與 d 為常數。

$$f = \frac{1}{\sqrt{2\pi c/x}} \qquad E = \frac{x + w/(y+z)}{x + w/(y-z)}$$

$$A = \frac{e^{-c/(2x)}}{(\ln y)\sqrt{dz}} \qquad S = \frac{x(2.15 + 0.35y)^{1.8}}{z(1-x)^y}$$

32. a. 在用藥之後，血液中的濃度因為代謝過程而下降。藥劑量的半衰期 (half-life) 是指開始用藥時劑量的濃度降到原本的一半時所花費的時間。一個有關此過程的簡單模型為：

$$C(t) = C(0)e^{-kt}$$

其中，$C(0)$ 是起始濃度，t 為時間 (單位小時)，k 為消減速率常數 (elimination rate constant)，其值依情況而異。對於某一種支氣管擴張劑，k 估計落在範圍每小時 $0.047 \leq k \leq 0.107$ 之內。找出以 k 表示的半衰期算式，並且在此一指定範圍內畫出半衰期對 k 的圖形。

b. 如果一起始時濃度為零，並且開始維持一個固定的傳輸速率，而濃度對於時間的函數描述如下：

$$C(t) = \frac{a}{k}\bigl(1 - e^{-kt}\bigr)$$

其中，a 是常數，與傳輸速率有關。畫出一小時之後的濃度 $C(1)$ 對 k 的圖形，在此情況中，$a = 1$ 且 k 的範圍落在每小時 $0.047 \leq k \leq 0.107$ 之內。

33. 長度為 L_c 的纜繩支撐長度為 L_b 的樑柱，當樑柱末端懸掛重量 W 時仍能保持水平。根據靜力學定律，可以計算出此纜繩的張力 T 為

$$T = \frac{L_b L_c W}{D\sqrt{L_b^2 - D^2}}$$

其中，D 為連接纜繩處到樑柱軸的距離。請參考圖 P33。

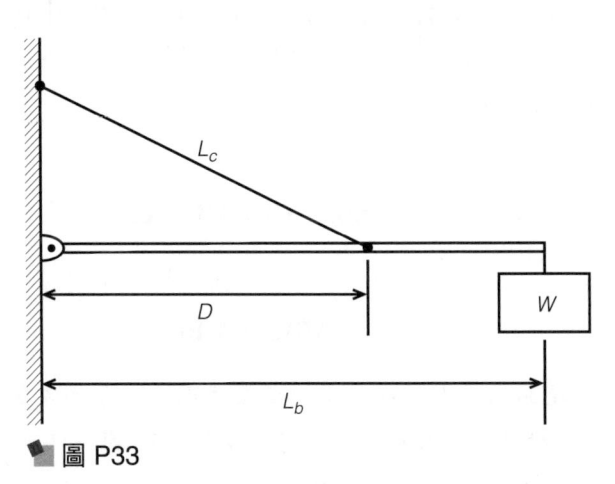

圖 P33

a. 對於 $W = 400\text{ N}$，$L_b = 3\text{ m}$ 以及 $L_c = 5\text{ m}$ 的情況，使用逐元運算及 min 函數計算，使得張力 T 最小的距離為 D。同時計算這個最小張力的值。

b. 藉由畫出 T 對距離 D 的圖形檢查解的靈敏度。當張力 T 比最小值增加 10% 時，D 與最佳化的值差異多少？

34. 給定向量

$$\mathbf{x} = \begin{bmatrix} 3 \\ 7 \\ 2 \end{bmatrix} \qquad \mathbf{y} = [4 \quad 9 \quad 5]$$

手算以下問題,然後用 MATLAB 檢查你的答案。

a. 找出矩陣乘積 w = x*y。

b. 找出矩陣乘積 z = y*x。是否 z = w?

35. 給定

$$\mathbf{x} = \begin{bmatrix} 3 \\ 7 \\ 2 \end{bmatrix} \quad \mathbf{A} = \begin{bmatrix} 2 & 6 & 5 \\ 3 & 7 & 4 \\ 8 & 10 & 9 \end{bmatrix}$$

用手算以下問題,然後使用 MATLAB 檢查你的答案。

a. 找出乘積 **Ax**。

b. 找出乘積 **xA** 並解釋結果。

2.4 節

36.* 使用 MATLAB 求出下列矩陣 **AB** 及 **BA** 的積:

$$\mathbf{A} = \begin{bmatrix} 11 & 5 \\ -9 & -4 \end{bmatrix} \quad \mathbf{B} = \begin{bmatrix} -7 & -8 \\ 6 & 2 \end{bmatrix}$$

37. 給定下列矩陣

$$\mathbf{A} = \begin{bmatrix} 4 & -2 & 1 \\ 6 & 8 & -5 \\ 7 & 9 & 10 \end{bmatrix} \quad \mathbf{B} = \begin{bmatrix} 6 & 9 & -4 \\ 7 & 5 & 3 \\ -8 & 2 & 1 \end{bmatrix} \quad \mathbf{C} = \begin{bmatrix} -4 & -5 & 2 \\ 10 & 6 & 1 \\ 3 & -9 & 8 \end{bmatrix}$$

使用 MATLAB 進行:

a. 驗證結合性

$$\mathbf{A}(\mathbf{B} + \mathbf{C}) = \mathbf{AB} + \mathbf{AC}$$

b. 驗證分配性

$$(\mathbf{AB})\mathbf{C} = \mathbf{A}(\mathbf{BC})$$

38. 下表顯示某一產品的成本,以及每一商業年度中四季的產量。使用 MATLAB 求出 (a) 每一季材料、人工及運輸所需的成本;(b) 每一年度材料、人工及運輸所需的總成本;以及 (c) 每一季的總成本。

產品	單位成本 ($ × 10³)		
	材料	人工	運輸
1	7	3	2
2	3	1	3
3	9	4	5
4	2	5	4
5	6	2	1

產品	每一季的產量			
	第一季	第二季	第三季	第四季
1	16	14	10	12
2	12	15	11	13
3	8	9	7	11
4	14	13	15	17
5	13	16	12	18

39.* 鋁合金的製造是將其他元素加入鋁中來改善其特性，包括硬度或抗拉強度。下表顯示五種常見的鋁合金成分，我們以鋁的編號來稱呼 (2024、6061 等)[Kutz, 1999]。找出一個矩陣演算法來計算需要產出各種合金給定的量所需之原料。使用 MATLAB 求出產出每一種合金 1,000 噸所需每一種原料的量。

合金	鋁合金的成分				
	% 銅	% 鎂	% 錳	% 矽	% 鋅
2024	4.4	1.5	0.6	0	0
6061	0	1	0	0.6	0
7005	0	1.4	0	0	4.5
7075	1.6	2.5	0	0	5.6
356.0	0	0.3	0	7	0

40. 重做範例 2.4-4，但是以腳本檔的方式進行，並且讓使用者能夠自行檢查人工成本的影響。同時，允許使用者輸入下表中的四個人工成本。當執行檔案時，會顯示出每一季的成本及各種分類的成本。請在單位人工成本改為 3,000 美元、7,000 美元、4,000 美元及 8,000 美元的情況下執行此檔案。

產品成本

產品	單位成本 ($ × 10³)		
	材料	人工	運輸
1	6	2	1
2	2	5	4
3	4	3	2
4	9	7	3

各季的產量

產品	第一季	第二季	第三季	第四季
1	10	12	13	15
2	8	7	6	4
3	12	10	13	9
4	6	4	11	5

41. 具有三個元素的向量可以表示位置、速度及加速度。一個 5 kg 的質量，距離 x 軸 3 m，並且由 $x = 2$ m 開始移動，速率為 10 m/s，方向為平行 y 軸。其速度可以用 **v** = [0, 10, 0] 表示，位置可以用 **r** = [2, 10t + 3, 0] 表示。角動量向量 **L** 可以藉由 **L** = m(**r** × **v**) 求出，其中 m 為質量。使用 MATLAB 進行：

    a. 計算矩陣 **P**，此矩陣具有 11 列，值為位置向量 **r** 在時間 $t = 0, 0.5, 1, 1.5, ...5$ s 所計算出來的。

    b. 當 $t = 5$ s 時，質量的位置為何？

    c. 計算角動量向量 **L**。其方向為何？

42.* 純量三重積 (scalar triple product) 計算某一力向量 **F** 對於某一條直線的力矩的量值大小 M。定義為 M = (**r** × **F**) · **n**，其中 **r** 為由直線到施力點的位置向量，**n** 為沿著直線方向的單位向量。

    在給定 **F** = [12, −5, 4] N、**r** = [−3, 5, 2] m，以及 **n** = [6, 5, −7] 的情況下，使用 MATLAB 計算量值大小 M。

43. 驗證等式

$$\mathbf{A} \times (\mathbf{B} \times \mathbf{C}) = \mathbf{B}(\mathbf{A} \cdot \mathbf{C}) - \mathbf{C}(\mathbf{A} \cdot \mathbf{B})$$

其中，向量 **A** = 7**i** − 3**j** + 7**k**、**B** = −6**i** + 2**j** + 3**k**，以及 **C** = 2**i** + 8**j** − 8**k**。

44. 平行四邊形所包圍的面積可以由 |**A** × **B**| 計算出來，其中 **A** 及 **B** 為平行四邊形的兩邊 (參見圖 P44)。計算由 **A** = 5**i** 及 **B** = **i** + 3**j** 所定義之平行四邊形的面積。

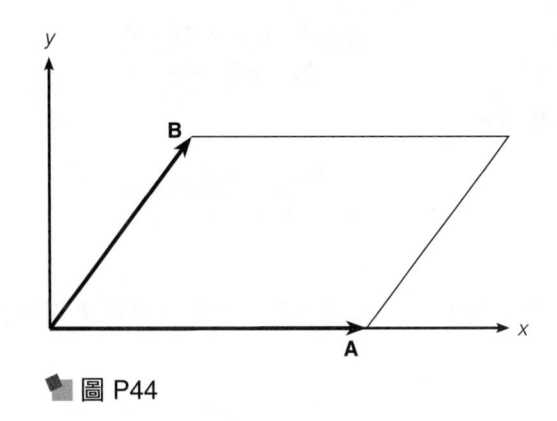

◆ 圖 P44

45. 平行六面體的體積可以由 |**A** · (**B** × **C**)| 計算出來，其中 **A**、**B** 及 **C** 為平行六面體的三面 (參見圖 P45)。計算由 **A** = 5**i**、**B** = 2**i** + 4**j** 及 **C** = 3**i** − 2**k** 所定義的平行六面體體積。

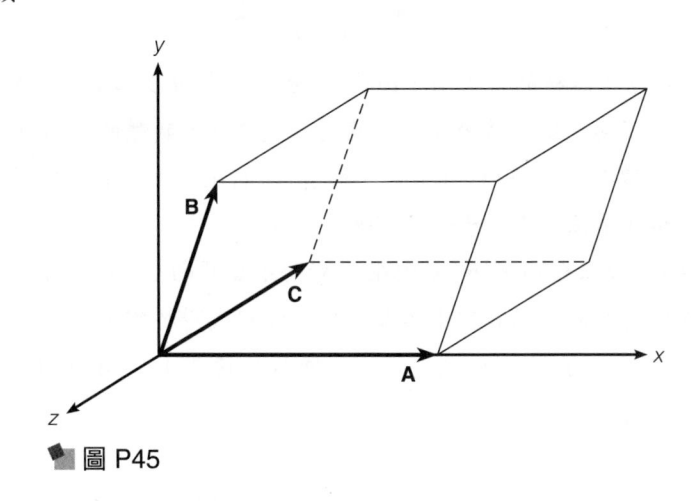

◆ 圖 P45

2.5 節

46. 使用 MATLAB 畫出多項式 $y = 3x^4 − 6x^3 + 8x^2 + 4x + 90$ 以 $z = 3x^3 + 5x^2 − 8x + 70$ 在區間 $-3 \le x \le 3$ 內的圖形。請正確地標示每一條曲線。變數 y 及 z 表示單位為 mA (毫安培) 的電流；變數 x 表示單位為 volt (伏特) 的電壓。

47. 使用 MATLAB 畫出多項式 $y = 3x^4 − 5x^3 − 28x^2 − 5x + 200$ 在區間 $-1 \le x \le 1$ 內的圖形。請在圖形中加入格線，並且使用 `ginput` 函數找出此曲線尖峰處的座標。

48. 使用 MATLAB 求出下列乘積：
$$(10x^3 − 9x^2 − 6x + 12)(5x^3 − 4x^2 − 12x + 8)$$

49.* 使用 MATLAB 求出下列算式的商式及餘式：

$$\frac{14x^3 - 6x^2 + 3x + 9}{5x^2 + 7x - 4}$$

50.* 使用 MATLAB 求出

$$\frac{24x^3 - 9x^2 - 7}{24x^3 + 5x^2 - 3x - 7}$$

其中 $x = 5$。

51. 理想氣體定律 (ideal gas law) 提供我們一個估計容器中氣體壓力和體積的方式。定律為：

$$P = \frac{RT}{\hat{V}}$$

我們可以根據凡得瓦 (van der Waals) 方程式做出更為正確的估計：

$$P = \frac{RT}{\hat{V} - b} - \frac{a}{\hat{V}^2}$$

其中，b 是分子體積的修正項，$a/\hat{V}^2$ 是分子引力的修正項。a 及 b 的值根據氣體的種類而不同。氣體常數為 R、絕對溫度為 T，氣體的體積為 $\hat{V}$。如果 1 莫耳的理想氣體在 0°C (273.2 K) 具有體積 22.41 L，則施加於容器的氣壓為 1 大氣壓。在這些單位之下，$R = 0.08206$。

對於氯 (Cl_2)，$a = 6.49$ 及 $b = 0.0562$。對於 1 莫耳的 Cl_2 在 300 K 及 0.95 大氣壓的情況下，比較由理想氣體定律及凡得瓦方程式對於體積的估計值。

52. 飛機 A 以速率 320 mi/hr 向東飛行，飛機 B 以速率 160 mi/hr 往南飛行。飛機在下午 1 點時的位置如圖 P52 所示。

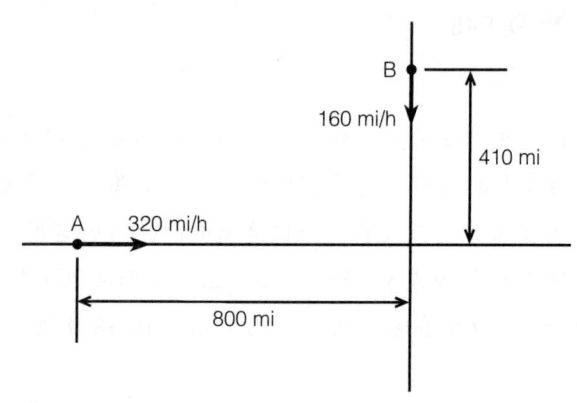

▣ 圖 P52

a. 求出兩飛機之間的距離 D 對時間的函數。畫出 D 對時間的圖形，直到 D 達到最小值。

b. 使用 `roots` 函數計算兩飛機第一次相距 30 mi 的時間。

53. 下列函數

$$y = \frac{3x^2 - 12x + 20}{x^2 - 7x + 10}$$

當 $x \to 2$ 及 $x \to 5$ 時函數會趨近於 ∞。在區間 $0 \le x \le 7$ 內畫出此函數，並且選取適當的 y 軸範圍。

54. 下列公式為工程師常用來預測翼面的升力及阻力：

$$L = \frac{1}{2}\rho C_L S V^2$$
$$D = \frac{1}{2}\rho C_D S V^2$$

其中，L 及 D 為升力及阻力，V 為飛行速度，S 為翼展，ρ 為空氣密度，C_L 及 C_D 為升力及阻力係數。C_L 及 C_D 和 α 有關，也就是攻角，意思是相對空氣速度與翼弦線 (airfoil's chord line) 之間的夾角。

某一翼面的風洞實驗得到下列的公式。

$$C_L = 4.47 \times 10^{-5}\alpha^3 + 1.15 \times 10^{-3}\alpha^2 + 6.66 \times 10^{-2}\alpha + 1.02 \times 10^{-1}$$
$$C_D = 5.75 \times 10^{-6}\alpha^3 + 5.09 \times 10^{-4}\alpha^2 + 1.8 \times 10^{-4}\alpha + 1.25 \times 10^{-2}$$

其中，α 的單位為角度。

畫出在區間 $0 \le V \le 150$ mi/hr 內此翼面升力及阻力對 V 的圖形 (首先必須將 V 轉換成為單位 ft/sec；原本的單位與數值為 5280 ft/mi)。使用以下的值進行計算 $\rho = 0.002378$ slug/ft^3 (海平面的空氣密度)，$\alpha = 10º$，以及 $S = 36$ ft。求出的 L 及 D 單位為磅。

55. 升阻比是翼面效果的指標。參考習題 54，升力及阻力的方程式為：

$$L = \frac{1}{2}\rho C_L S V^2$$
$$D = \frac{1}{2}\rho C_D S V^2$$

其中，對於某翼面，升力與阻力係數對於攻角的公式為：

$$C_L = 4.47 \times 10^{-5}\alpha^3 + 1.15 \times 10^{-3}\alpha^2 + 6.66 \times 10^{-2}\alpha + 1.02 \times 10^{-1}$$
$$C_D = 5.75 \times 10^{-6}\alpha^3 + 5.09 \times 10^{-4}\alpha^2 + 1.8 \times 10^{-4}\alpha + 1.25 \times 10^{-2}$$

使用前兩個方程式，我們可以看到升阻比由 C_L/C_D 的比值給定。

$$\frac{L}{D} = \frac{\frac{1}{2}\rho C_L S V^2}{\frac{1}{2}\rho C_D S V^2} = \frac{C_L}{C_D}$$

畫出在區間 $-2º \le \alpha \le 22º$ 內 L/D 對 α 的圖形。求出使 L/D 最大化的攻角。

56. 一個拋射體的 xy 軌道在對應水平面角度 A 有一初始速度 v_0 可用以下方程式描

述，其中 $x(0) = y(0) = 0$：

$$x = (v_0 \cos A)t \qquad y = (v_0 \sin A)t - \frac{1}{2}gt^2$$

使用 $v_0 = 100$ m/s 的數值，$A = 35$ 度，和 $g = 9.81$ m/s^2。注意：我們不知道飛行時間 t_{hit} (拋射體撞擊地面 $y = 0$ 所需的時間)。

a. 寫一個 MATLAB 程式求解 y 方程式的 $y = 0$ 來計算 t_{hit}。

b. 從 (a) 部分擴展你的程式來決定拋射體是否達到一定高度 yd，和找到達到此高度的時間。透過求解 y 方程式的 $y = yd$ 來做。拋射體是否達到 100 m？它是否達到 100 m？在每個例子它達到此高度費時多長？

2.6 節

57. a. 使用胞索引及內容索引來建立下列 2 × 2 的胞陣列：

Motor 28C	Test ID 6
$\begin{bmatrix} 3 & 9 \\ 7 & 2 \end{bmatrix}$	[6 5 1]

b. 在此陣列胞 (2,1) 中元素 (1,1) 的內容為何？

58. 兩個長度為 L 及半徑為 r 的平行導體置於空氣中，距離為 d，兩導體之間的電容如下所示：

$$C = \frac{\pi \varepsilon L}{\ln[(d-r)/r]}$$

其中，ε 是空氣的介電係數 ($\varepsilon = 8.854 \times 10^{-12}$ F/m)。建立一個電容值對 d、L 及 r 的胞陣列，其中 $d = 0.003$、0.004、0.005 及 0.01 m；$L = 1$、2 及 3 m；$r = 0.001$、0.002 及 0.003 m。使用 MATLAB 求出當 $d = 0.005$、$L = 2$、$r = 0.001$ 時的電容值。

2.7 節

59. a. 建立一個結構陣列，其中包含公制系統及英制系統之間的質量、力及距離的單位轉換之轉換因子。

b. 使用你的陣列計算下列問題：
- 48 ft 轉換成 m
- 130 m 轉換成 ft
- 36 N 轉換成 ponds
- 10 lb 轉換成 N (牛頓)
- 12 slugs 轉換成 kg
- 30 kg 轉換成 slug (英制質量單位)

60. 建立一個包含下列某一城鎮道路橋樑的資訊欄位之結構陣列：橋樑的位置、最大負載 (單位為噸)、建造年分及維護到期年度。接下來輸入下列資料於陣列中：

位置	最大負載	建造年分	維護到期年度
Smith St.	80	1928	2011
Hope Ave.	90	1950	2013
Clark St.	85	1933	2012
North Rd.	100	1960	2012

61. 編輯習題 60 中所建立的結構陣列，將 Clark St. 橋的維護到期年度由 2012 年更改為 2018 年。

62. 將下列的橋樑加入習題 60 中所建立的結構陣列。

位置	最大負載	建造年分	維護到期年度
Shore Rd.	85	1997	2014

Chapter 3
函數與檔案

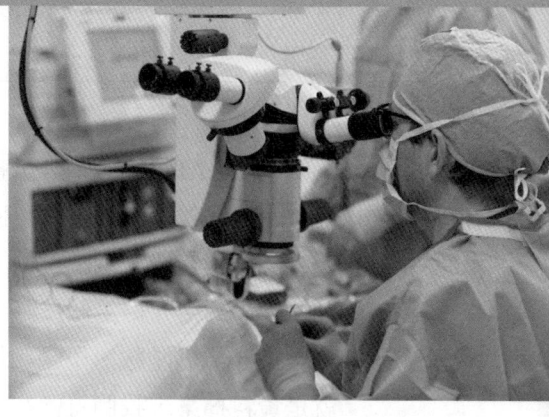

©ERproductions Ltd/Blend Images LLC

21 世紀的工程……

機器人輔助手術

許多在醫藥學及手術方面的進步，實際上是屬於工程領域的成就，許多工程師也為此領域不斷貢獻才能。最近的成就包括：

機器人輔助手術現在常用在髖部和膝蓋置換 (replacement)。這種手術的其中一項挑戰是人工關節的適當定位。病人的一張髖部或膝蓋斷層掃描 (CAT) 可用來產生病人剖面的幾何模型。一套感測器提供手術中的病人位置的資訊，而當與模型比較，此資訊使開刀者能對關節適當的定位。它也能使機械手臂控制者防止開刀者切除超過需要區域。

機器人輔助手術在某些需要精準、穩態動作的應用相當普遍，例如前列腺手術，其中機器人可消除手術中人的手部引起的震動。接著是開發觸覺反饋 (haptic feedback)，或是一種觸感，這讓開刀者能間接地感覺到被操弄的組織。觸覺反饋對於遠距手術 (telesurgery) 也很重要，此手術在遠距由手術機器人指引。此技術能將醫療裝置傳送到偏遠地區。

手術模擬器使用三維繪圖和動作感測器來模擬程序訓練開刀者而不需要病患、屍體或動物。它們最適合開發眼-手協調和使用二維銀幕作為指引來執行三維作動的技巧。

設計這樣的裝置需要幾何分析、控制系統設計以及影像處理。MATLAB 影像處理工具箱及數種 MATLAB 能夠處理控制系統設計的工具箱，皆非常適用於這一類的應用。

學習大綱

3.1 初等數學函數
3.2 使用者定義函數
3.3 其他函數介紹
3.4 函數存檔
3.5 摘要
習題

MATLAB 具有許多內建函數，包括三角函數、對數函數、雙曲線函數以及其他處理陣列的函數。這些函數摘要於第 3.1 節。另外，你可以將使用者自己定義的函數存成一個函數檔，並且方便地使用它，就像是內建函數一般，我們將會在第 3.2 節中介紹這個技巧。第 3.3 節則是涵蓋其他函數程式設計的主題，包括函數握把、匿名函數、子函數以及巢狀函數。另一種在 MATLAB 中非常有用的檔案就是資料檔案，我們將會在第 3.4 節介紹如何匯入及匯出這類檔案。

第 3.1 節與第 3.2 節涵蓋許多基礎且必要的主題；第 3.3 節對於創造大型的方案是個有利的工具；第 3.4 節的資料對於必須進行大型數據集的使用者則是相當有用。

3.1 初等數學函數

你可以使用 lookfor 指令來找出與應用有關的函數。例如，輸入 lookfor imaginary 可以找到一些用來處理虛數的函數。你會看到下列清單：

```
imag    Complex imaginary part
i       Imaginary unit
j       Imaginary unit
```

我們注意到 imaginary 並不是一個 MATLAB 函數，但是此關鍵字可以在 MATLAB 函數 imag 中，以及特殊符號 i 與 j 的輔助說明中找到。這些函數的名稱及簡短的敘述在輸入 lookfor imaginary 時都會顯示出來。如果你知道 MATLAB 函數名稱的正確拼字，例如 disp，則輸入 help disp 將會顯示 disp 函數的相關輔助說明。

部分函數 (如 sqrt 及 sin) 是內建函數，這些函數是以影像檔的方式儲存，而非 M 檔。這些函數是 MATLAB 核心的一部分，所以執行起來很有效率，但是運算的細節並不是那麼容易得到。有些函數則是以 M 檔的形式存在。你可以讀取到 M 檔的程式碼，甚至可以自行修改該檔，不過作者並不建議這樣做。

指數與對數函數

表 3.1-1 總結一些常用的初等函數。平方根函數 sqrt 是其中一個例子。若要計算 $\sqrt{9}$，需要在指令列輸入 sqrt(9)。當按下 **Enter** 時，將會看到結果 ans = 3。你可以連同變數使用這些函數。例如，考慮下列的對話：

```
>>x = -9;   y = sqrt(x)
y =
   0 + 3.0000i
```

表 3.1-1　一些常見的數學函數

指數
exp(x)　　　　　　　　指數；e^x。
sqrt(x)　　　　　　　平方根；$\sqrt{x}$。

對數
log(x)　　　　　　　　自然對數；$\ln x$。
log10(x)　　　　　　　常用 (底數為 10) 對數；$\log x = \log_{10} x$。

複數
abs(x)　　　　　　　　絕對值；|x|。
angle(x)　　　　　　　複數 x 的角度。
conj(x)　　　　　　　共軛複數。
imag(x)　　　　　　　複數 x 的虛部。
real(x)　　　　　　　複數 x 的實部。

數字
ceil(x)　　　　　　　往 ∞ 四捨五入為最接近的整數。
fix(x)　　　　　　　往零四捨五入為最接近的整數。
floor(x)　　　　　　往 –∞ 四捨五入為最接近的整數。
round(x)　　　　　　四捨五入為最接近的整數。
sign(x)　　　　　　　正負函數：
　　　　　　　　　　　如果 x > 0，則為 +1；如果 x = 0，則為 0；如果 x < 0, 則為 –1。

注意，sqrt 函數只會回傳正根，因此 sqrt(4) 回傳 2 而不是 –2。

　　MATLAB 的威力在於它處理向量函數的能力，它的意思是**函數引數** (function argument) 可以是一個向量。例如，如果 x = [4,9,16]，鍵入 sqrt(x) 給我們向量 [2,3,4]。對某些 MATLAB 函數的引數並不侷限是向量；它可以是一個通用陣列。例如，如果 A = [4,9,16;25,36,49] 鍵入 sqrt(A) 給我們矩陣 [2,3,4;5,6,7]。注意 sqrt 函數只回傳正根。

　　MATLAB 的一項長處就是能夠自動地把變數當作陣列來處理。例如，要計算 5、7 及 15 的平方根，可輸入

```
>>x = [5,7,15]; y = sqrt(x)
y =
    2.2361    2.6358    3.8730
```

平方根函數會對陣列 x 中的每一個元素做運算。

　　同理，你可以輸入 exp(2) 來求得 e^2 = 7.3891，其中 e 為自然對數的底數。輸入 exp(1) 得到 2.7183，此為 e 的值。請注意，在數學書籍中，$\ln x$ 表示自然對數，其中 $x = e^y$ 係表示

$$\ln x = \ln(e^y) = y \ln e = y$$

因為 $\ln e = 1$。不過,在 MATLAB 中並沒有使用這樣的標記法,它是使用 `log(x)` 來表示 $\ln x$。

常用對數(底數為10)是以 $\log x$ 或 $\log_{10} x$ 來標記,是由 $x = 10^y$ 這個關係來定義的;也就是,

$$\log_{10} x = \log_{10} 10^y = y \log_{10} 10 = y$$

因為 $\log_{10} 10 = 1$。MATLAB 中的常用對數函數為 `log10(x)`,所以將 `log(x)` 當作 `log10(x)` 輸入是一個常犯的錯誤。

另一個常犯的錯誤就是忘記使用陣列乘法運算子 `.*`。請注意,MATLAB 中算式為 `y = exp(x).*log(x)`,在 x 為向量的情況下,我們一定要使用運算子 `.*`,因為 `exp(x)` 及 `log(x)` 皆為向量。

複數函數

在第一章我們說明了 MATLAB 如何輕易地處理複數運算。在直角座標表示法中,複數 $a + ib$ 表示 xy 平面上的一個點,實部 a 表示此點的 x 座標,虛部 b 表示此點的 y 座標。極座標表示法則是使用此點與原點之間的距離 M(直角三角形斜邊的長度),以及斜邊和正向實軸之間的夾角角度 θ 來表示。數對 (M, θ) 即為此點的極座標。根據畢氏定理,斜邊的長度為 $M = \sqrt{a^2 + b^2}$,它被稱為此複數的量值。夾角 θ 可以利用直角三角形之三角而得到 $\theta = \arctan(b/a)$。

若複數是以直角座標表示,用手計算複數的加減很容易;若以極座標來表示,則方便計算複數的乘除。在 MATLAB 中必須以直角座標形式輸入複數,就會得到同樣形式的答案。我們可以根據以下方法,利用極座標表示法來得到直角座標表示法:

$$a = M \cos \theta \qquad b = M \sin \theta$$

MATLAB 的 `abs(x)` 與 `angle(x)` 函數能夠計算複數 x 的量值大小 M 及夾角 θ。函數 `real(x)` 與 `imag(x)` 能夠傳回 x 的實部及虛部。函數 `conj(x)` 則能計算 x 的共軛複數。

複數 x 及 y 的乘積 z 之量值大小,等於複數個別之量值大小的乘積:$|z| = |x||y|$。此乘積的角度則等於兩個複數個別角度的加總:$\angle z = \angle x + \angle y$。我們將上述內容示範如下列程式碼。

```
>>x = -3 + 4i; y = 6 - 8i;
```

```
>>mag_x = abs(x)
mag_x =
    5.0000
>>mag_y = abs(y)
mag_y =
   10.0000
>>mag_product = abs(x*y)
   50.0000
>>angle_x = angle(x)
angle_x =
    2.2143
>>angle_y = angle(y)
angle_y =
   -0.9273
>>sum_angles = angle_x + angle_y
sum_angles =
    1.2870
>>angle_product = angle(x*y)
angle_product =
    1.2870
```

同理，對於除法，若 $z = x/y$，則 $|z| = |x|/|y|$ 且 $\angle z = \angle x - \angle y$。

注意，如果 x 是一個純實數向量，abs(x) 的值並不是指幾何意義上的長度，x 長度應該是用 norm(x) 求得。如果 x 是一個複數形式的幾何向量，則 abs(x) 就代表幾何上的長度。

數值函數

有些函數有不容易摘錄在表列的延伸語法，其中一個例子就是函數 round。函數 round 能夠將數值四捨五入為最接近的整數。如果 x=[2.3,2.6,3.9]，輸入 round(x) 會得到結果為 2、3、4。除了基本語法 round(x) 外，它有幾個捨位選項。你可以捨位至設定小數點位數或有效位數。語法 round(x,n)，對正整數 n，捨位至小數點右邊的 n 位數。如果 n 是零，x 捨位至最接近的整數。如果 n 小於零，x 捨位至小數點的左側。數字 n 必須是一個純整數。

要捨位至 n 個有效位數你鍵入 round(x,n'significant')。例如，round(pi) 得到 3；round(pi,3) 得到 3.1420；round(pi,3,'siginificant') 得到 3.1400；和 round(13.47,-1) 得到 10。

函數 fix 是將數值的小數無條件捨去為最接近 0 的整數，如果 x = [2.3,2.6,3.9]，輸入 fix(x) 會得到 2、2、3。函數 ceil 是將數值的小數無條件進位為最接近 ∞ 的整數，因此輸入 ceil(x)，會得到答案為 3、3、4。

假設 y=[−2.6,−2.3,5.7]。函數 floor 會將這些數字無條件進位成最接近 −∞ 的整數，因此輸入 floor(y) 會得到 −3、−3、5，輸入 fix(y) 則會得到 −2、−2、5。函數 abs 會計算出絕對值，因此 abs(y) 會輸出 2.6、2.3、5.7。

測試你的瞭解程度

T3.1-1 使用幾個 x 及 y 的值來驗證 $\ln(xy) = \ln x + \ln y$。

T3.1-2 找出複數 $\sqrt{2+6i}$ 的量值大小、角度、實部及虛部。(答案：量值大小為 2.5149，角度為 0.6254 弧度，實部為 2.0402，虛部為 1.4705)

函數引數

在寫數學書籍的時候，我們常使用小括號 ()、中括號 [ ] 以及大括號 {} 來改善算式的可閱讀性。例如，我們可以在書籍中寫下 sin 2，但是在 MATLAB 中需要在 2 外面加上小括號，此時，括號中的數值 2 稱為**函數引數** (function argument) 或參數 (parameter)，因此在 MATLAB 中，我們可以輸入 sin(2) 來計算 sin 2。MATLAB 的函數名稱之後要接上一對小括號來包圍引數。在數學書籍中，我們輸入 sin[x(2)] 來表示陣列 x 中第二個元素的正弦值。然而，在 MATLAB 中不能以這種方式使用中括號及大括號，並且必須輸入 sin(x(2))。

你可以將其他算式及函數當作引數使用。例如，若 x 是一個陣列，要計算 $\sin(x^2 + 5)$，可以輸入 sin(x.^2 + 5)；要計算 $\sin(\sqrt{x} + 1)$，則輸入 sin(sqrt(x)+ 1)。當輸入這類算式時，記得要檢查優先權順序以及數字和括號的擺放位置。每一個左括號需要配對一個右括號。然而，此條件並不能保證算式一定正確。

另一個常見錯誤是使用如 $\sin^2 x$ 這樣的算式，此算式表達的意思是 $(\sin x)^2$。在 MATLAB 中，若 x 是一個純量，我們將此算式寫為 (sin(x))^2，而非 sin^2(x)、sin^2x 或 sin(x^2)！如果 x 是一個陣列，我們必須寫為 (sin(x)).^2。

三角函數

其他常用的函數為 cos(x)、tan(x)、sec(x) 及 csc(x)，分別會傳回 cos x、tan x、sec x 及 csc x。表 3.1-2 列出了 MATLAB 中的三角函數，其所使用的

表 3.1-2　三角函數

三角函數*	
cos(x)	餘弦函數；cos x。
cot(x)	餘切函數；cot x。
csc(x)	餘割函數；csc x。
sec(x)	正割函數；sec x。
sin(x)	正弦函數；sin x。
tan(x)	正切函數；tan x。

反三角函數†	
acos(x)	反餘弦函數；arccos x = $\cos^{-1} x$。
acot(x)	反餘切函數；arccot x = $\cot^{-1} x$。
acsc(x)	反餘割函數；arccsc x = $\csc^{-1} x$。
asec(x)	反正割函數；arcsec x = $\sec^{-1} x$。
asin(x)	反正弦函數；arcsin x = $\sin^{-1} x$。
atan(x)	反正切函數；arctan x = $\tan^{-1} x$。
atan2(y,x)	四象限反正切值。

*這些函數接受 x，單位為弳度。
†這些函數回傳一個值，單位為弳度。

角度為弳度 (rad)。因此，sin(5) 計算出來的是 5 弳度的正弦值，而不是 5° 的正弦值。同理，反三角函數傳回的值單位也是弳度。若是以角度為單位的函數，在函數末端會加上字母 d，例如 sind(x) 中的 x 即是以角度為單位。若要計算反正弦值，則輸入 asin(x)。例如，輸入 asin(1) 會回傳答案為 1.5708 弳度，是 $\pi/2$，而 asind(0.5) 回傳 30 度。請注意，在 MATLAB 中，sin(x)^(-1) 並不是代表 $\sin^{-1}(x)$，而是表示 $1/\sin(x)$！

　　MATLAB 具有兩種反正切函數。函數 atan(x) 計算 arctan (x)──正切值或反正切值──傳回落在 $-\pi/2$ 與 $\pi/2$ 之間的一個角度，另外一個正確的答案則是落在相對的象限內。使用者必須能夠選取正確的答案。例如，atan(1) 回傳的答案為 0.7854 弳度，對應的角度為 45°。因此，tan 45° = 1。然而，tan(45° + 180°) = tan 225° = 1，最後也得到一樣的答案。因此，arctan(1) = 225° 也是正確的。

　　MATLAB 提供了函數 atan2(y,x) 和 atan2d(y,x) 以明確地求出反正切值，其中 x 及 y 為點的座標。由這些函數計算的角度為點 (x, y) 到原點 (0, 0) 的連線與正實軸之間的夾角。例如，點 $x = 1$ 且 $y = -1$ 對應的夾角為 −45° 或 −0.7854 弳度，而點 $x = -1$ 且 $y = 1$ 對應的夾角為 135° 或 2.3562 弳度。輸入 atan2d(-1,1) 會回傳 −45，而輸入 atan2d(1,-1) 會回傳 135°。這些是具有兩個引數的函數範例。在這種函數中，引數的順序是很重要的。

測試你的瞭解程度

T3.1-3 針對數個 x 值，驗證 $e^{ix} = \cos x + i \sin x$。

T3.1-4 找出數個在 $0 \leq x \leq 2\pi$ 區間內的 x 值，驗證 $\sin^{-1}x + \cos^{-1}x = \pi/2$。

T3.1-5 找出數個在 $0 \leq x \leq 2\pi$ 區間內的 x 值，驗證 $\tan(2x) = 2\tan x/(1 - \tan^2 x)$。

雙曲線函數

雙曲線函數 (hyperbolic function) 是工程分析中常見問題的解答。例如，對於懸垂線 (catenary) 曲線 (用來描述兩端固定懸吊起來之纜繩的形狀) 而言，可以用雙曲線餘弦函數表示，也就是 $\cosh x$，可定義為：

$$\cosh x = \frac{e^x + e^{-x}}{2}$$

而雙曲線正弦函數 $\sinh x$ 可定義為：

$$\sinh x = \frac{e^x - e^{-x}}{2}$$

反雙曲線正弦函數 $\sinh^{-1}x$ 所代表的是能夠滿足 $\sinh y = x$ 的 y 值。

其他的雙曲線函數也已經加以定義。表 3.1-3 列出這些雙曲線函數，以及可以得到這些函數的 MATLAB 指令。

表 3.1-3 雙曲線函數

雙曲線函數	
`cosh(x)`	雙曲線餘弦函數；$\cosh x = (e^x + e^{-x})/2$。
`coth(x)`	雙曲線餘切函數；$\cosh x/\sinh x$。
`csch(x)`	雙曲線餘割函數；$1/\sinh x$。
`sech(x)`	雙曲線正割函數；$1/\cosh x$。
`sinh(x)`	雙曲線正弦函數；$\sinh x = (e^x - e^{-x})/2$。
`tanh(x)`	雙曲線正切函數；$\sinh x/\cosh x$。
反雙曲線函數	
`acosh(x)`	反雙曲線餘弦函數。
`acoth(x)`	反雙曲線餘切函數。
`acsch(x)`	反雙曲線餘割函數。
`asech(x)`	反雙曲線正割函數。
`asinh(x)`	反雙曲線正弦函數。
`atanh(x)`	反雙曲線正切函數。

測試你的瞭解程度

T3.1-6 找出數個落在 $0 \leq x \leq 5$ 區間內的 x 值，驗證 $\sin(ix) = i \sinh x$。

T3.1-7 找出數個落在 $-10 \leq x \leq 10$ 區間內的 x 值，驗證 $\sinh^{-1} x = \ln(x + \sqrt{x^2 + 1})$。

3.2 使用者定義函數

另外一種 M 檔為**函數檔** (function file)。和腳本檔不同的是，所有函數檔裡的變數都是**局部變數** (local variables)，表示變數的值只在函數內才可存取。當你需要重複一組指令數次時，可使用函數檔；它們是較大型程式的構件。

> 函數檔
> 局部變數

若要創造一個函數檔，首先打開編輯器，如同第一章提到的，透過在工具列中的 HOME 標籤中選擇 **New**，但不是選擇 Script，而是選擇 **Function**。產生函數檔案的預設編輯器視窗將出現如圖 3.2-1 所示。函數檔中的第一列必須以**函數定義列** (function definition line) 開始，其中會列出輸入及輸出。此列可用來區分函數 M 檔與腳本 M 檔。語法如下：

> 函數定義列

```
function [output arguments] = function_name(input arguments)
```

輸出變數為輸入變數經過函數計算後所得到的結果。請注意，輸出變數以中括號包圍 (但是若只有一個輸出時，此步驟並非必要)，輸入變數則是以小括號包圍。

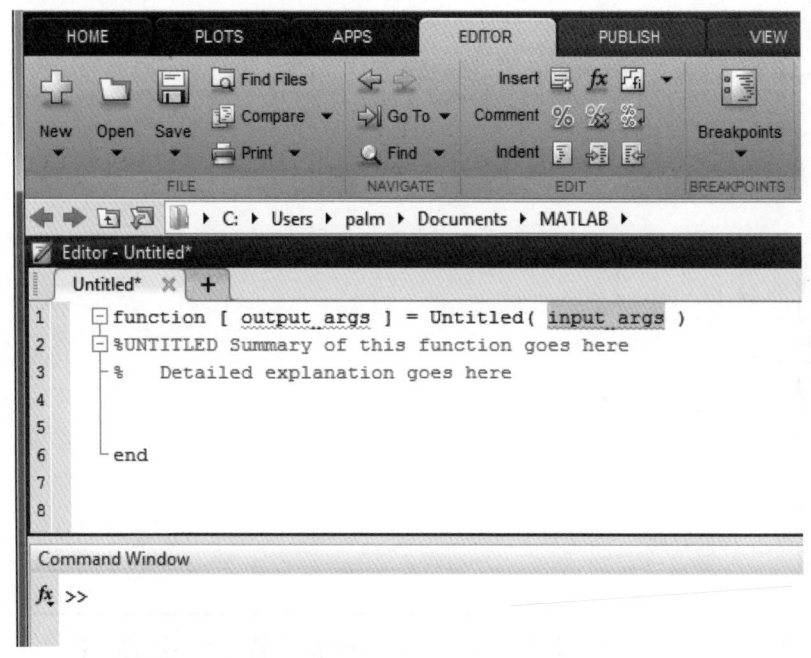

▣ 圖 3.2-1 當建立一個新函數的預設編輯器視窗

function_name 要和儲存的檔案名稱 (具有副檔名 .m) 一致。換言之，如果我們將函數命名為 drop，則儲存於檔案 drop.m 當中。函數可以藉由在指令列輸入名稱 (例如，drop) 來「呼叫」。函數定義列中的 function 必須是小寫字母。在為函數命名前，使用者可以用 exist 函數確認是否有其他函數也有相同的名稱。

雖然使用 end 指令來中止一個函數有時也是選項之一，在某些情況下它是必要的 (見 3.3 節)，因此包含它是明智的。

透過輸入資訊的特定函數來編輯預設函數視窗，然後像任何其他的 M 檔案一樣儲存它。

圖 3.2-2 顯示一個函數產生後的編輯器。指令視窗顯示執行此函數的結果，緊接著將會說明。

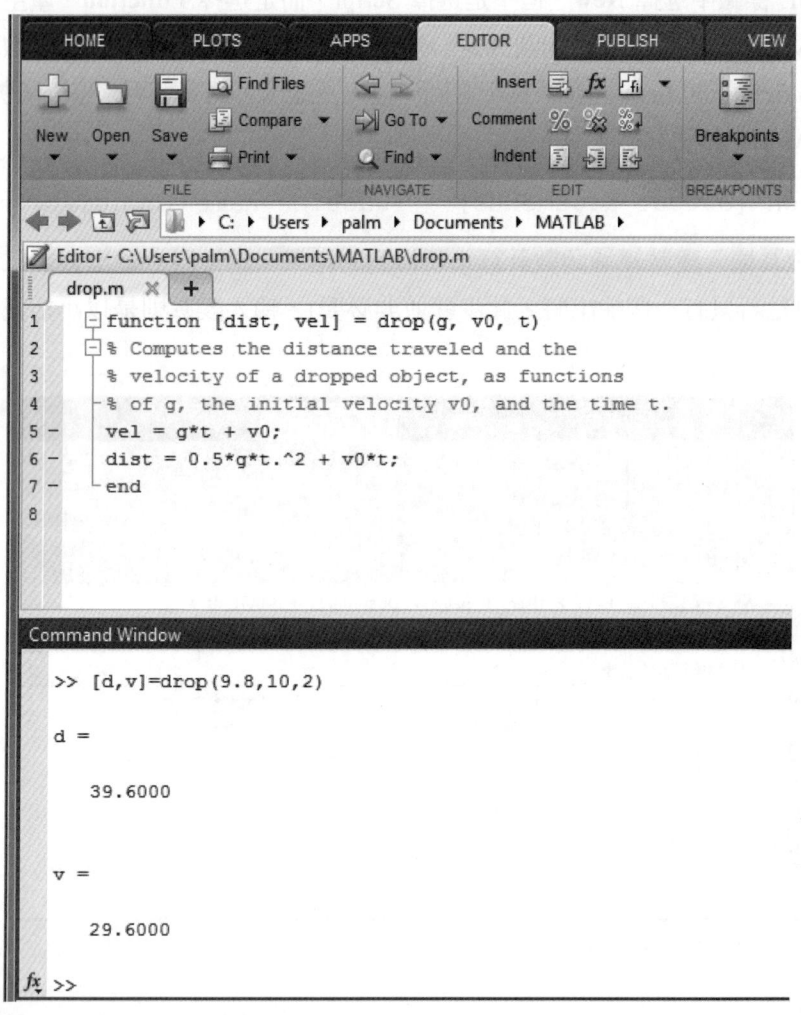

```
function [dist, vel] = drop(g, v0, t)
% Computes the distance traveled and the
% velocity of a dropped object, as functions
% of g, the initial velocity v0, and the time t.
vel = g*t + v0;
dist = 0.5*g*t.^2 + v0*t;
end
```

```
>> [d,v]=drop(9.8,10,2)

d =

    39.6000


v =

    29.6000
```

▎圖 3.2-2　在產生一個函數後的編輯器。指令視窗顯示執行此函數的結果

編輯器有用的功能

除非你主要使用 MATLAB 作為一個計算器，否則你將會頻繁使用編輯器，既然在指令視窗中你不能產生每個函數的種類，第一章中我們扼要討論到編輯器的基本功能，現在我們將指出其他更有用的功能。

編輯器用顏色來表示不同目的，和這裡描述的預設顏色可以在 HOME 標籤下的環境類別 (Environment category) 的喜好 (Preferences) 來作改變。當你開啟編輯器來產生一個新函數，注意關鍵函數是藍色和註解是綠色。通常，不論你是產生一個腳本或是一個函數，關鍵詞顯示為藍色而註解為綠色。此特性稱為語法凸顯。

編輯器透過使用分隔符吻合 (delimiter matching) 來指出吻合和不吻合的分隔符來幫助你避免語法錯誤，例如括弧、括號和大括弧。當你鍵入一個封口分隔符 MATLAB 簡潔地以紅色凸顯和畫底線對應的開口分隔符。如果你鍵入封口分隔符多於開口分隔符，MATLAB 將不吻合的分隔符以紅色畫底線。

如果使用箭頭鍵將滑鼠標移到一個分隔符號，MATLAB 會短暫地強調一對中的兩個分隔符號。如果不存在相對應的分隔符號，MATLAB 會以紅色凸出顯示不匹配的分隔符號。

在目前檔案中最容易找到和取代變數或函數是使用自動凸顯功能。變數和函數凸顯只會指出特別函數或變數的參考，而不是其他發生處，例如在註解中。如果你將游標移過一個變數，那個變數的所有發生處將會以藍綠色凸顯。一個更詳細的找到和取代功能可以在導引類別 (Navigate category) 找到。這些特色有更進階的功能，在往後各章會有用。

一些簡單的函數範例

函數會在自己的工作區進行變數的運算 (所以稱為局部變數)，其會和存取 MATLAB 指令提示字元的工作區分開來。試著考慮下列的使用者定義函數 `fun`。

```
function z = fun(x,y)
u = 3*x;
z = u + 6*y.^2;
end
```

要注意陣列指數運算子 (.^) 的使用方式，它能讓函數接受 y 為一陣列。另請注意，我們在計算 u 和 z 的行的末尾放了分號。這可以防止在呼叫函數時顯示它們的值。如果出於某種原因需要顯示它們，請刪除分號，但通常情況並非如此。我們通常希望嚴格控制工作區中可用的變數。其原因將在本章後面討論。

現在開始思考在指令視窗中以各種方式呼叫此函數時會發生什麼事。若以包括

輸出引數的方式來呼叫此函數，則：

```
>>x = 3; y = 7
>>z = fun(x,y)
z =
    303
```

這函數使用 x = 3 和 y = 7 來計算 z。你也能直接插入引數值到函數呼叫，如同以下：

```
>>z = fun(3,7)
z =
    303
```

若以不包括輸出引數且嘗試存取函數的值的方式來呼叫此函數，則會看到下列的錯誤訊息。

```
>>clear z, fun(3,7)
ans =
    303
>>z
??? Undefined function or variable 'z'.
```

你可以將輸出引數指派到另外一個變數：

```
>>q = fun(3,7)
q =
    303
```

你可以在函數呼叫後放上一個分號來抑制輸出。例如，如果輸入 q = fun(3, 7)，則只會計算 q 的值，卻不會顯示出來。

對於函數 fun，變數 x 及 y 為局部變數，所以除非你將這些值命名為 x 及 y 然後傳送，否則在此工作區之外將沒有辦法存取這兩個變數的值。變數 u 對於函數也是局部變數。例如，

```
>>x = 3; y = 7; q = fun(x,y);
>>u
??? Undefined function or variable 'u'.
```

將之與下列處理程序比較，

```
>>q = fun(3,7);
>>x
```

```
???    Undefined function or variable 'x'.
>>y
???    Undefined function or variable 'y'.
```

引數的順序是很重要的，相較之下引數的名稱並沒有那麼重要：

```
>>a = 7; b = 3;
>>z = fun(b,a)    % This is equivalent to z = fun(3,7)
z =
   303
```

你可以使用陣列當作輸入引數 (只要你已容許在函數中陣列運算，像我們用 y.^2 那樣)：

```
>>r = fun([2:4],[7:9])
r =
   300    393    498
```

　　函數有可能具有超過一個以上的輸出，而這些輸出會被包圍在中括號內。例如，函數 circle 計算圓的面積 A 及圓周 C，而給定半徑當作輸入引數。

```
function [A,C] = circle(r)
A = pi*r.^2;
C = 2*pi*r;
```

如果 $r=4$，以下列方式呼叫函數。

```
>>[A,C] = circle(4)
A =
   50.2655
C =
   25.1327
```

　　函數可能沒有輸入引數及輸出列表。例如，函數 show_date 會計算並儲存變數 today 中的日期，並顯示 today 的值。

```
function show_date
today = date
end
```

注意：不需要方括號、括號或等號。使用此功能的對話如下所示：

```
>> show_date
today =
```

13-Nov-2016

測試你的瞭解程度

T3.2-1 產生一個函數稱為 cube,計算一個立方體的表面積 A 和體積 V,它的邊長為 L。(不要忘記檢查是否一個檔案的檔名早已存在) 測試例子:$L = 10$,$A = 600$,$V = 1000$。

T3.2-2 產生一個函數稱為 cone,計算一個圓錐體的體積 V,它的高為 h 和半徑為 r。(不要忘記檢查是否一個檔案的檔名早已存在)

$$V = \pi r^2 \frac{h}{3}$$

測試例子:$h = 30$,$r = 5$,$V = 785.3892$

函數列的變形

下列範例顯示出函數列格式可允許的各種變動,它們的差別在於是否沒有輸出、一個輸出或者多個輸出。

函數定義列	檔案名稱
1. function [area_square] = square(side);	square.m
2. function area_square = square(side);	square.m
3. function volume_box = box(height,width,length);	box.m
4. function [area_circle,circumf] = circle(radius);	circle.m
5. function sqplot(side);	sqplot.m

範例 1 是具有一個輸入與輸出的函數。當只有一個輸出時,中括號可以自由選取 (參見範例 2)。範例 3 具有一個輸出及三個輸入。範例 4 具有兩個輸出及一個輸入。範例 5 沒有輸出變數 (例如,我們的函數 show_date 或一個產生圖形的函數)。在這種情況下,等號可以被省略。

註解列是以 % 符號起頭,並且可以置於函數檔中的任何位置。然而,如果使用 help 來獲得這個函數的相關資訊,MATLAB 會顯示在函數定義列到第 1 列空白,或者第 1 列可執行的指令之間所有的註解列。

在明確指出輸出變數與否的情況下,都能呼叫內建函數及使用者定義函數,如同範例 1 到範例 4 所示。例如,在對輸出變數 area_square 沒有興趣的情況下,我們可以把函數 square 當作 square(side) 呼叫。(函數可能會執行某些我們想要進行的動作,例如產生一個表格) 請注意,如果我們省略函數呼叫敘述最

後的分號，則輸出變數列表中第一個變數。

函數呼叫的變形

下列稱為 drop 的函數可以計算自由落體的速度及距離。輸入變數為加速度 g、起始速度 0，及經過時間 t。我們注意到，針對函數輸入為陣列的情況，必須使用逐元運算。在此，我們可以事先知道 t 會是一個陣列，所以我們使用逐元運算子 (.^)。

```
function [dist,vel] = drop(g,v0,t);
% Computes the distance traveled and the
% velocity of a dropped object, as functions
% of g, the initial velocity v0, and the time t.
vel = g*t + v0;
dist = 0.5*g*t.^2 + v0*t;
end
```

下列的範例顯示了呼叫函數 drop 的幾種不同方式：

1. 在函數定義中所使用的變數名稱可以在函數呼叫時被使用，或者不使用：

   ```
   a = 32.2;
   initial_speed = 10;
   time = 5;
   [feet_dropped,speed] = drop(a,initial_speed,time)
   ```

2. 輸入變數之值在函數被呼叫前，並不一定要在函數外部被指派：

   ```
   [feet_dropped,speed] = drop(32.2,10,5)
   ```

3. 輸入及輸出可以是陣列：

   ```
   [feet_dropped,speed] = drop(32.2,10,0:1:5)
   ```

此函數呼叫會產生陣列 feet_dropped 及 speed，皆具有六個值，分別對應到陣列 0:1:5 的六個時間值。

我們能使用此函數來繪製距離、速度或兩者。例如，假設此物體在 $t = 0$ 時以 4 m/s 的速度往上拋。在這個例子，g 是 9.81 和 v0 為 -4。為了畫下降 2 秒的距離，我們鍵入：

```
t = 0:0.001:2;
[meters_dropped,speed] = drop(9.81,-4,t);
```

```
plot(t,meters_dropped)
```

更多關於局部變數

在函數定義列中所給定的輸入變數名稱對於該函數是局部的。這表示當你呼叫此函數時，可以使用其他的變數名稱來呼叫。除了在函數呼叫時輸出變數列表中出現的相同變數名稱之外，其他變數在函數執行完畢時都會被清除。

例如，當在程式中使用 drop 函數，我們可以在函數呼叫之前指派一個值到變數 dist 中，而且此值在呼叫之後也不會被更動，因為此名稱並沒有在呼叫敘述的輸出列表中使用到 (變數 feet_dropped 在 dist 的位置被使用)。這也說明了為什麼函數變數對於該函數是「局部的」。此一特色讓我們可以使用選取的變數來撰寫一般性實用的函數，而不需要煩惱在其他運算中呼叫到的程式是否使用同樣的變數名稱。這表示我們的函數是「可攜帶的」，在不同的程式中一再使用時，並不需要重新撰寫。

當你要找出函數檔中的錯誤時，你會發現 M 檔除錯器是很好用的。函數中的執行錯誤相較之下更難以被發現，因為當此一錯誤強迫執行程序回到 MATLAB 的基本工作區，函數的局部工作區將因而遺失。除錯器提供存取函數工作區的功能，並且允許你更動這些數值。同時，除錯器也可讓你一次執行一行指令，並設定斷點 (breakpoint，就是在檔案中指定讓執行暫時停止的地方)。在本書中的各種應用或許不需要使用到除錯器，但除錯器對於開發非常大型的程式非常有用。若要獲得進一步的資訊，可參見第四章的相關內容與 [Palm, 2005] 的第四章。

全域變數

global 指令可以將某一變數宣告成全域變數，因此在宣告這些變數為全域變數時，它們的值能在基本工作區及其他函數中取得。宣告 A、X 及 Q 成為全域變數的語法是 global A X Q。在此，係使用空白將變數隔開，而不是用逗號。在任何函數或基本工作區中，宣告它們變數為全域變數時，這些變數的任何指派對於其他函數都是可取得的。如果全域變數在你第一次提出 global 敘述時不存在，則會初始化為一個空矩陣。如果在目前的工作區中已經有一個與全域變數名稱相同的變數，則 MATLAB 會發出警示，並且更改該變數的值以與全域變數一致。

在使用者定義函數中，記得要在第 1 列可執行列中宣告全域指令。將相同的指令放在呼叫程序上。習慣上 (但這並非必要的)，通常會將全域變數第一個字母大寫並用長命名，讓全域變數易於辨認。

要決定是否宣告一個變數為全域變數有時是需要思考的。在此建議避免使用全域變數，而可以用匿名函數與巢狀函數完成這些任務，請參見第 3.3 節。

一貫變數

可能有些應用 (但也許不會很多) 你會要保留一個變數的數值它是函數的局部值，但它的值不會通過函數的輸出。你可以用 persistent 函數來宣告這樣的變數為一貫 (persistent)，代表它們的數值在呼叫到那個函數時被保留在記憶體中。這語法 persistent x y 定義 x 和 y 為一貫變數，和放置在函數內。注意並沒有 persistent 指令的函數形式，代表你不能使用括弧或引號來指出變數名稱。如果你將指定放在變數產生之前，它們將會被初始化為一個空矩陣。

一貫變數與全域變數不同在於一貫變數只有函數在它們宣告時才知道，這代表它們的數值無法由其他函數或是 MATLAB 指令行改變。clear 函數可以用來清除函數和變數。當你清除或修改在記憶體中的一個函數，所有一貫變數由那個函數宣告也會被清除。為了防止此事，使用 mlock 函數。如果你宣告一個變數為一貫和在目前工作空間存在的變數為同名，將會出現錯誤訊息。

函數握把

函數握把 (function handle) 是一種參照給定函數的方法。函數握把首次出現於 MATLAB 6.0，它在 MATLAB 的文件中被廣泛使用，而且經常出現。使用者可以在函數名稱前面加上 @ 符號，而對任何函數建立一個函數握把。接著，使用者可以為此一握把命名，如果使用者願意，也可以用握把參照其他函數。

舉例來說，考慮以下的使用者定義函數，來計算 $y = x + 2e^{-x} - 3$。

```
function y = f1(x)
y = x + 2*exp(-x)-3;
end
```

若要為此函數建立函數握把，並且命名為 fh1，可以輸入 fh1 = @f1。

函數中的函數

某些 MATLAB 函數會作用於函數上，這些函數被稱為函數中的函數 (function functions)。如果這些作用函數並非簡單的函數，比較方便的作法是在 M 檔中定義此函數。你也可以透過函數握把，使用函數呼叫函數。

找出零點的函數 你可以使用 fzero 函數來找出單一變數函數的零點，並以 x 標記。其基本語法為：

fzero(@function,x0)

其中，@function 是函數握把，x0 是使用者所提供對於零點的猜測值。函數

fzero 會傳回最靠近 x0 的 x 值。它會找出跨過 x 軸的函數點，而非剛好碰到軸的點。例如，fzero(@cos,2) 會回傳 $x = 1.5708$ 的值，而拋物線 $y = x^2$ 在 $x = 0$ 時正好接觸到 x 軸。不過，因為函數的值不會穿越 x 軸，所以不會出現零點。

函數 fzero(@function,x0) 在 x0 為純量的情況下，會嘗試找出靠近 x0 的 function 零點。fzero 所傳回的值會很接近 function 改變符號的地方，搜尋失敗的話則會傳回 NaN。在此一情況下，當搜尋區間擴大到找到 Inf、NaN 或一個複數的值時 (fzero 沒有辦法找到複數零點)，搜尋即終止。如果 x0 是一個長度為 2 的向量，則 fzero 假設 x0 是一個區間，其中 function(x0(1)) 的符號會和 function(x0(2)) 不同。當這個情況不為真時，會發生錯誤。在這樣的區間內呼叫 fzero，會保證 fzero 傳回的值接近 function 改變符號的點。一開始就將此函數畫出是求得向量 x0 的好方法。如果此函數不是連續的，fzero 可能會傳回不連續的點來代替零點。例如，x = fzero(@tan,1) 會傳回 x = 1.5708，它是 tan(x) 中一個不連續的點。

函數可能具有一個以上的零點，所以先畫出函數圖形並使用 fzero 來求得答案，會比讀取圖形來得精確，對使用者較有幫助。圖 3.2-3 顯示函數 $y = x + 2e^{-x} - 3$ 的圖形，由圖形可以看到兩個零點，分別靠近 $x = -0.5$ 與 $x = 3$。要找出靠近 $x = -0.5$ 的零點，可以透過之前建立的函數檔 f1 並輸入 x = fzero(@f1,-0.5)，得出答案為 $x = -0.5831$。若要找出靠近 $x = 3$ 的零點，則輸

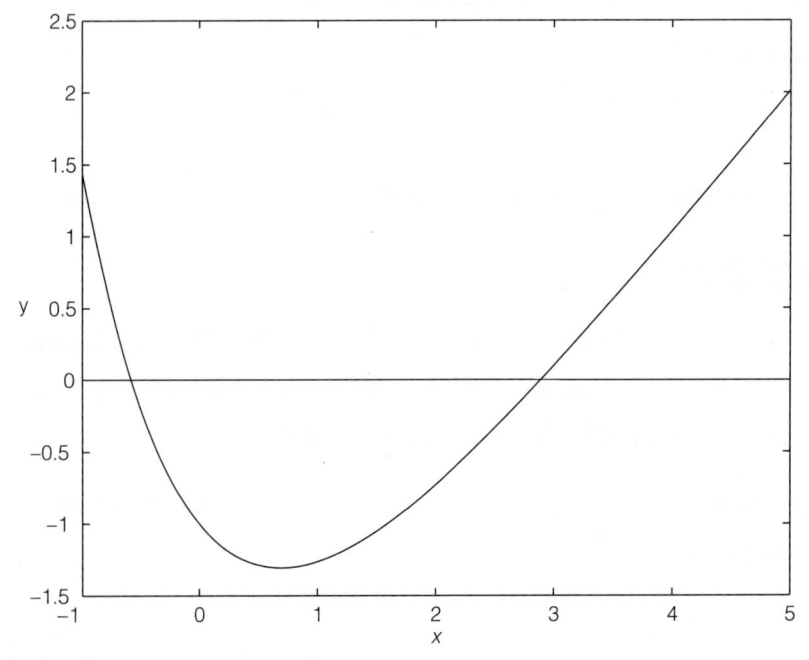

▌圖 3.2-3　函數 $y = x + 2e^{-x} - 3$ 的圖

入 x = fzero(@f1,3),答案為 x = 2.8887。

相較於舊有的語法 fzero('f1',-0.5),新語法 fzero(@f1,-0.5) 是比較受歡迎的。

最小化一個變數的函數　函數 fminbnd 可以找出具有單一變數之函數的最小值,並以 x 標記。基本的語法為:

```
fminbnd (@function,x1,x2)
```

其中,@function 是一個函數握把。函數 fminbnd 傳回能最小化函數在區間 x1 ≤ x ≤ x2 內的 x 值。例如,fminbnd(@cos,0,4) 會傳回 x = 3.1416。

然而,要使用這個函數來求出更複雜函數的最小值,比較方便的方式是將此函數定義於函數檔。例如,如果 $y = 1 - xe^{-x}$,則定義下列的函數檔:

```
function y = f2(x)
y = 1-x.*exp(-x);
end
```

要在區間 0 ≤ x ≤ 5 內找出可以使 y 發生最小值的 x,可輸入 x = fminbnd(@f2,0,5),答案為 x = 1。若要找出 y 的最小值,則輸入 y = f2(x),結果為 y = 0.6321。

不論使用何種最小化技巧,我們都應該確認解答是真正的最小值。例如,考慮下列的多項式 $y = 0.0025x^5 - 0.0625x^4 - 0.333x^3 + x^2$,其圖形如圖 3.2-4 所示。此函數在 −1 < x < 4 區間內有兩個最小點。靠近 x = 3 的最小值,稱為相對最小值或局部最小值,因為它會形成一個山谷,而最低點仍比 x = 0 的最小值還要高。x = 0 的最小值是真正的最小值,並且被稱為全域最小值 (global minimum)。首先,使用者可以建立以下的函數:

```
function y = f3(x)
y = polyval([0.025,-0.0625,-0.333,1,0,0],x);
end
```

指定區間 −1 ≤ x ≤ 4,可輸入 x = fminbnd(@f3,-1,4),MATLAB 會給出答案 x = 2.0438e-006,此為真正最小值的點,實際上為 0。如果我們指定區間為 0.1 ≤ x ≤ 2.5,MATLAB 會給出答案 x = 0.1001,其可對應區間 0.1 ≤ x ≤ 2.5 之內 y 的最小值。因此,如果指定的區間並沒有包含此點,則會錯失真正最小值的點。

事實上,fminbnd 也可能輸出錯誤的答案。如果我們指定的區間為 1 ≤ x ≤ 4,則 MATLAB 會輸出答案 x = 2.8236,此值對應的是圖形中的「山谷」,

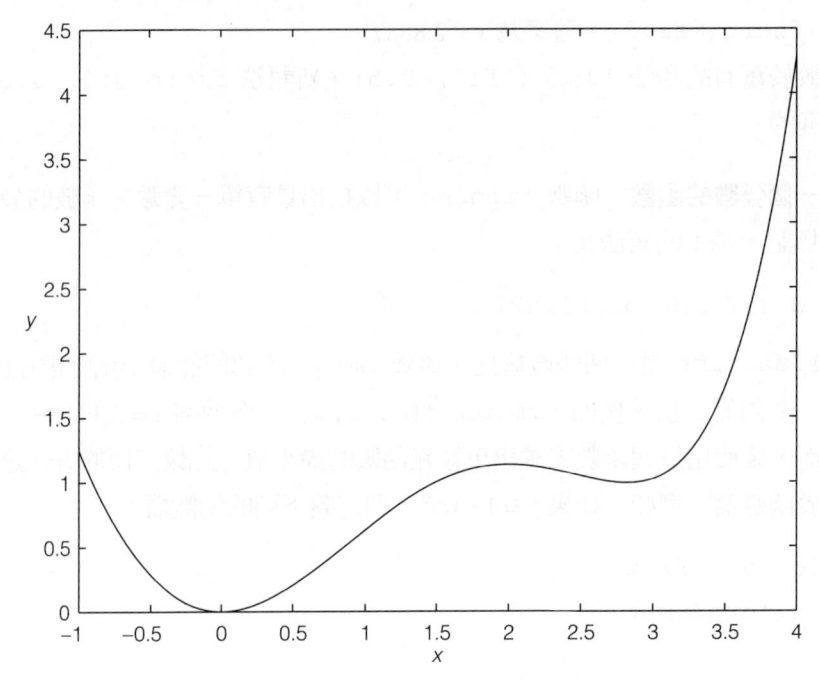

■ 圖 3.2-4　函數 $y = 0.0025x^5 - 0.0625x^4 - 0.333x^3 + x^2$ 的圖

卻非區間 $1 \leq x \leq 4$ 內最小值的點。在此區間內，正確的最小值應該落在邊界 $x = 1$ 上。fminbnd 的處理程序能找出對應於零斜率的最小值。實務上，函數 fminbnd 的最佳使用方法是先利用其他方式，例如畫出圖形以找出最小值之點的大略位置，再決定真正最小值的位置。

最小化多個變數的函數　要找出具有一個以上變數的函數之最小值，需要使用 fminsearch 函數。其基本語法為：

fminsearch(@function,x0)

其中，@function 是一個函數握把，向量 x0 是使用者所提供的猜測值。例如，若要最小化函數 $f = xe^{-x^2-y^2}$，首先把它定義在 M 檔中，並且使用元素 x(1) = x 與 x(2) = y 的向量 x。

```
function f = f4(x)
f = x(1).*exp(-x(1).^2-x(2).^2);
end
```

假設我們猜測的最小值靠近 $x = y = 0$，則對話為：

```
>>fminsearch(@f4,[0,0])
ans =
```

```
       -0.7071      0.000
```

因此最小值會發生在 $x = 0.7071$，$y = 0$。

fminsearch 函數通常都能夠處理不連續性，特別是當這些不連續性發生的地方並不靠近解的時候。fminsearch 函數可能會只輸出局部解，並且只能對實數最小化；也就是說，x 必須只由實數變數組成，而且 function 必須能傳回實數值。當 x 具有複數變數時，則必須分割為實部及虛部。

表 3.2-1 摘要 fminbnd、fminsearch 及 fzero 指令的基本語法。

這些函數還有不同的形式，但在這裡並不贅述。利用這些形式，你可以指定解的精確度，以及停止運算之前所需的步驟次數。使用 help 工具可幫助你找出更多與這些函數相關的訊息。

表 3.2-1　最小化及勘根函數

函數	描述
fminbnd(@function,x1,x2)	返回值 x 在區間 x1 ≤ x ≤ x2 來對應單變數函數的極小值是由把握 @function 描述。
fminsearch(@function,x0)	使用起始向量 x0 找出多變數函數的極小值是由把握 @function 描述。
fzero(@functino,x0)	使用起始值 x0 找到單變數函數的一個零值是由把握 @function 描述。

範例 3.2-1　灌溉渠道的最佳化

圖 3.2-5 顯示一個灌溉渠道的剖面。初步的分析顯示，剖面面積為 100 平方英尺才能負荷想要的水流率。若要最小化填充此渠道的水泥成本，我們就必須最小化渠道周長的長度。試求出能夠最小化長度的 d、b 及 θ 值。

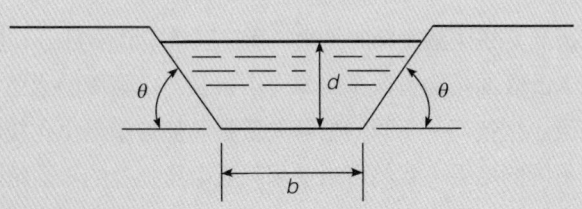

圖 3.2-5　灌溉渠道的剖面

■解法

周長 L 可以用底長 b、深度 d 及角度 θ 表示如下：

$$L = b + \frac{2d}{\sin \theta}$$

此梯形的剖面面積為：

$$100 = db + \frac{d^2}{\tan \theta}$$

選取的變數為 d、b 及 θ。我們可以求解後面方程式中的 b 來減少變數的數目，而得到：

$$b = \frac{1}{d}\left(100 - \frac{d^2}{\tan \theta}\right)$$

將此算式代入 L 方程式，結果為：

$$L = \frac{100}{d} - \frac{d}{\tan \theta} + \frac{2d}{\sin \theta}$$

現在要求出能夠最小化 L 的 b 及 θ 的值。

首先，我們定義周長長度的函數檔。令向量 x 為 $[d\ \theta]$。

```
function L = channel(x)
L = 100./x(1) - x(1)./tan(x(2)) + 2*x(1)./sin(x(2));
end
```

接著使用 fminsearch 函數。使用猜測值 $d = 20$ 及 $\theta = 1$ rad，對話為：

```
>>x = fminsearch(@channel,[20,1])
x =
   7.5984    1.0472
```

得到最小的周長長度為 $d = 7.5984$ ft 及 $\theta = 1.0472$ rad (或 $\theta = 60°$)。使用不同的猜測值 $d = 1$、$\theta = 0.1$ 仍會得到相同的答案。對應這些值所求得的底長 b 為 8.7738。

然而，使用猜測值 $d = 20$、$\theta = 0.1$ 會產生實際上無意義的解為 $d = -781$、$\theta = 3.1416$。而猜測值 $d = 1$、$\theta = 1.5$ 則會產生實際上無意義的解為 $d = 3.6058$、$\theta = -3.1416$。

L 方程式是 d 及 θ 這兩個變數的函數，而在三維空間中畫出 L 對 d 與 θ 的圖形會形成一個表面。此表面可能有很多山峰、山谷及「山脈間的通道」稱為鞍點，這些點可能會誤導最小化技巧。不同的求解向量猜測值會讓最小化技巧找到不同的山谷，並因此回報不同的結果。我們可以使用第五章所提及的表面繪圖函數來找尋多個山谷，或者使用大量在實際範圍 $0 < d < 30$ 及 $0 < \theta < \pi/2$ 內的 d 及 θ 初始值。如果所有這些現實意義的答案是一致的，則可以確定我們找到了最小值。

測試你的瞭解程度

T3.2-3 方程式 $e^{-0.2x} \sin(x + 2) = 0.1$ 在區間 $0 < x < 10$ 具有三個解。求出這三個解。(答案：$x = 1.0187, 4.5334, 7.0066$)

T3.2-4 函數 $y = 1 + e^{-0.2x} \sin(x + 2)$ 在區間 $0 < x < 10$ 內具有兩個最小值的點。求出這兩個最小值的 x 及 y 值。(答案：$(x, y) = (2.5150, 0.4070), (9.0001, 0.8347)$)

T3.2-5 求出能使圖 3.2-5 中的渠道周長長度最小化的深度 d 及角度 θ，並讓剖面面積達到 200 平方英尺。(答案：$d = 10.7457$ ft，$\theta = 60°$)

3.3 其他函數介紹

除了函數握把，匿名函數、子函數和巢狀函數都是 MATLAB 的新功能，本節將介紹這些新型態函數的基本特色。這是一個更進階的主題，因此除非你會產生大、複雜程式，你可能不需要使用這些函數型態。其餘的教材並不與此主題的知識有關聯。

呼叫函數的方法

以下有四種方式可以「呼叫」函數開始行動，分別為：

1. 當字元字串對照到適當的函數 M 檔。
2. 為函數握把的時候。
3. 為「嵌入」函數物件的時候。
4. 為一字串算式的時候。

這些方式使用於 `fzero` 函數的範例如下，其中 `fun1` 是一個能夠計算 $y = x^2 − 4$ 的使用者定義函數。

1. 當字元字串對照到適當的函數 M 檔時，即

```
function y = fun1(x)
  y = x.^2-4;
end
```

函數也可以用以下的方式呼叫，來計算區間 $0 \leq x \leq 3$ 內的零點：

```
>>x = fzero('fun1',[0,3])
```

2. 為現存函數 M 檔之函數握把的時候：

```
>>x = fzero(@fun1,[0,3])
```

3. 為「嵌入」函數物件的時候：

```
>>fun1 = 'x.^2-4';
>>fun_inline = inline(fun1);
>>x = fzero(fun_inline,[0,3])
```

4. 為一字串算式的時候：

```
>>fun1 = 'x.^2-4';
>>x = fzero(fun1,[0,3])
```

或者也可以用以下方式：

```
>>x = fzero('x.^2-4',[0,3])
```

方法二在 MATLAB 6.0 以前並不支援，但是現在已經比方法一更受歡迎。方法三在此並不討論，因為其效率比前面兩種方式都還要差。方法三與方法四是等效的，因為這兩個方式都使用 inline 函數；唯一的差別在於方法四中 MATLAB 決定 fzero 中的第一個引數是一個字串變數，並且呼叫 inline 來轉換此字串變數成為一個嵌入函數物件。使用函數握把的方法 (方法二) 是執行速度最快的，其次才是方法一。

除了速度上的改進，另一個使用函數握把的優點是提供了對於子函數的存取，這通常在定義它們的 M 檔之外是沒辦法看到的。我們會在本節中後面的段落裡討論。

函數類型

此處複習一下 MATLAB 提供之函數類型是很有幫助的。MATLAB 提供內建函數，如 clear、sin 及 plot，但這些函數都不是 M 檔，不過也有一些函數是 M 檔，如函數 mean。此外，以下的使用者定義函數可以在 MATLAB 中創建。

主要函數
- **主要函數** (primary function)：是 M 檔中的第一個函數，且通常包含主程式。在同樣的檔案中，接在主要函數之後者可以是許多的子函數，其可作為主要函數的子程式。一般來說，主要函數是 M 檔內唯一能從 MATLAB 指令列或其他 M 檔中呼叫的函數。你可以使用 M 檔中被定義的名稱來呼叫此函數。我們通常會把此函數的名稱及其檔案做相同的命名，但如果函數的名稱與檔案名稱不一致，則要使用檔案名稱來呼叫此函數。

匿名函數
- **匿名函數** (anonymous functions)：能夠讓你不需要建立一個 M 檔，就可建立一個簡單的函數。你可以使用 MATLAB 指令列或在其他的函數及腳本檔中建立匿名函數。因此，匿名函數提供一個比較快速的方式，讓你從 MATLAB 算式裡建立函數，而不需要建立、命名及儲存檔案。

- **子函數** (subfunctions)：位於主要函數內，並且由主要函數來呼叫。在單一的主要函數 M 檔內，可使用多個函數。

- **巢狀函數** (nested functions)：是定義在其他函數中的函數。巢狀函數可以幫助改善程式的可閱讀性，並且給予更多的彈性來存取 M 檔中的變數。巢狀函數與子函數的差異在於後者通常無法在主要函數檔之外被存取。

- **多載函數** (overloaded functions)：是針對不同種類的輸入引數，產生不同反應的函數。它們和物件導向程式語言中的多載函數相類似。例如，可建立一個多載函數，使其在處理整數輸入與雙倍精準輸入時會得到不同的答案。

- **私有函數** (private functions)：讓你能夠限制對於某一函數的存取。這些函數只能被目錄中的 M 檔函數呼叫。

匿名函數

匿名函數讓你能建立一個簡單的函數，而不需要建立該函數的 M 檔。你可以在 MATLAB 指令列上，或從其他函數或其他腳本檔中建立匿名函數。由算式建立一個匿名函數的語法為：

```
fhandle = @(arglist) expr
```

其中，`arglist` 是一個以逗號隔開的輸入引數清單，此清單會被傳送至函數；`expr` 是任何單一且有效的 MATLAB 算式。這個語法會建立函數握把 `fhandle`，讓你能夠呼叫此函數。請注意，此語法和用來建立其他函數握把的語法不一樣，`fhandle = @functionname`。如同其他函數握把，此握把在將呼叫中的匿名函數傳送至其他函數時也非常有用。

舉例來說，若要建立一個稱為 sq 的簡單函數以計算某一數字的平方根，則輸入

```
sq = @(x) x.^2;
```

為了改進可閱讀性，你可以將算式以括號包圍，例如 `sq = @(x)(x.^2);`。要執行此函數前，須先輸入函數握把的名稱，並在名稱後面接上以括號包圍的輸入引數。例如，

```
>>sq(5)
ans =
     25
>>sq([5,7])
ans =
     25    49
```

你也許會認為這個特殊的匿名函數並沒有省下所耗費的時間，因為輸入 sq([5,7]) 需要敲九個鍵，比輸入 [5,7].^2 多一個。不過，在此匿名函數能防止你忘記輸入代表陣列指數運算的句點 (.)。對於需要許多按鍵輸入的更複雜函數，匿名函數是很有用的。

你可以將匿名函數的函數握把傳遞至其他函數。例如，若要求出多項式 $4x^2 - 50x + 5$ 在區間 [–10, 10] 內的最小值，可輸入：

```
>>poly1 = @(x)  4*x.^2 - 50*x + 5;
>>fminbnd(poly1,-10,10)
ans =
     6.2500
```

如果你並不想要再次使用這個多項式，可以省略函數握把的定義列，並且輸入以下的指令代替：

```
>>fminbnd(@(x)  4*x.^2 - 50*x + 5,-10,10)
```

多重輸入引數　你可以建立具有一個以上輸入的匿名函數。例如，要定義函數 $\sqrt{x^2 + y^2}$，則可輸入：

```
>>sqrtsum = @(x,y) sqrt(x.^2 + y.^2);
```

接著會得到

```
>>sqrtsum(3,4)
ans =
     5
```

另外，考慮定義一個平面的函數 $z = Ax + By$。純量變數 A 及 B 必須在建立函數握柄時先指派其值。例如，

```
>>A = 6; B = 4;
>>plane = @(x,y)  A*x + B*y;
>>z = plane(2,8)
z =
    44
```

無輸入引數　若要建立一個不具輸入引數的匿名函數，可以使用空的括號當作輸入引數清單，如下列所示：d = @() date;。

呼叫此函數時使用空的括號，如下：

```
>>d()
ans =
    12-Jul-2016
```

你必須包含括號。如果沒有包含括號，MATLAB 只能認出函數握把，而無法執行函數。

在另一個函數內呼叫函數　匿名函數可以呼叫另一個函數，來完成函數合成。考慮函數 $5\sin(x^3)$。此函數是由 $g(y) = 5\sin(y)$ 以及 $f(x) = x^3$ 兩個函數合成。在下列對話中，握把為 h 的函數會呼叫握把為 f 及 g 的函數，以計算 $5\sin(2^3)$ 的值。

```
>>f = @(x) x.^3;
>>g = @(x) 5*sin(x);
>>h = @(x) g(f(x));
>>h(2)
ans =
    4.9468
```

要從一個 MATLAB 處理程序保存匿名函數到下一個對話，則要將函數握把儲存於一個 MAT 檔案中。例如，要儲存與函數握把 h 有關的函數，則輸入 `save anon.mat h`。若要在之後的對話中載入使用，則輸入 `load anon.mat h`。

變數與匿名函數　變數可以在匿名函數中以下列兩種方式出現：

- 變數指定在引數清單中，例如 `f = @(x) x.^3;`。
- 變數在算式的本體被指定，如在 `plane = @(x,y) A*x + B*y` 中的變數 A 及 B。在此情況下，當建立此函數時，MATLAB 中的函數會得到這些變數的值，並且在函數握把存在的期間一直保存這些值。在本例中，如果 A 或 B 值在函數握把建立後被更動，這兩個變數與函數握把相關的值將不會被更動。此一特色有優點，也有缺點，因此你必須謹記在心。如果你之後決定改變 A 或 B 值，你必須重定義使用新值的匿名函數。

子函數

一個函數 M 檔可能包含一個以上的使用者定義函數。在此檔案中，第一個定義的函數稱為主要函數，名稱會和 M 檔的檔名一樣，而其他函數則稱為子函數。子函數通常只能被同一個檔案中的主要函數及其他子函數「看到」，換言之，它們沒有辦法被此檔案之外的其他程式或函數呼叫。不過，這種限制卻可以運用函數握把來移除，這將在本節後面的內容中介紹。

通常我們首先建立主要函數的函數定義列及其定義程式碼,並將檔案以函數的名稱命名。接著建立每一個子函數,每一個子函數也有其自身的函數定義列及定義程式碼。子函數的順序並不重要,但在 M 檔中,每一個函數名稱都必須是唯一的。

MATLAB 檢查函數的順序是很重要的。當 M 檔中的一個函數被呼叫,MATLAB 首先會檢查此函數是否為內建函數,如 sin。如果不是,則檢查此函數是否為該檔案的子函數,然後檢查是否為私有函數 (位於呼叫函數的 private 子目錄中之函數 M 檔)。接著,MATLAB 檢查位於搜尋路徑內的一般 M 檔函數。由於 MATLAB 在檢查私有函數及標準 M 檔函數之前,已經先行檢查是否為子函數,因此你可以使用與其他現存 M 檔相同名稱的子函數。這個特色讓你能夠任意命名子函數,而不用擔心是否會與其他現存的函數具有一樣的名稱,所以你不需要取很長的函數名稱來避免發生衝突。這個特色也能夠保護使用者不小心使用到其他函數。

注意,你甚至可以用這個方式取代 MATLAB 的 M 函數。下列的範例顯示 MATLAB 的 M 函數 mean 如何被自己定義的平均值來取代,這裡所給的值是均方根值 (root-mean-square)。函數 mean 是一個子函數,而函數 subfun_demo 是一個主要函數。

```
function y = subfun_demo(a)
   y = a - mean(a);
   function w = mean(x)
      w = sqrt(sum(x.^2))/length(x);
   end
end
```

一個樣本對話如下。

```
>>y = subfun_demo([4,-4])
y =
   1.1716   -6.8284
```

如果我們使用 MATLAB 的 M 函數 mean,會得到不同的答案,也就是

```
>>a=[4,-4];
>>b = a - mean(a)
b =
   4   -4
```

因此,子函數的用途可以讓你減少定義函數所使用的檔案數目。例如,如果前一個範例中的子函數 mean 不存在,我們必須定義一個分開的 M 檔給 mean 函

數,並給予一個不同的名稱,以免與 MATLAB 中有相同名稱的函數衝突。

子函數通常只會被同一個檔案中的主要函數及其他子函數看到。然而,我們可以使用函數握把去取得此 M 檔之外的子函數,如下列範例所示。建立包含主要函數 fn_demo1(range) 及子函數 testfun(x) 的 M 檔,來計算函數 $(x^2-4)\cos x$ 在輸入變數範圍中指定區域內的零點。請特別注意第 2 列中函數握把的使用方式。

```
function yzero = fun_demo1(range)
   fun = @testfun;
   [yzero,value] = fzero(fun,range);
%
   function y = testfun(x)
      y = (x.^2-4).*cos(x);
   end
end
```

一個測試用的對話會得到下列的結果。

```
>>yzero = fun_demo1([3,6])
yzero =
   4.7124
```

因此,$(x^2-4)\cos x$ 在區間 $3 \le x \le 6$ 內的零點發生在 $x = 4.7124$。

巢狀函數

使用 MATLAB 7 可以在另一個函數中定義一個或更多的函數,而以此方式定義的函數稱為巢狀函數 (築巢在主要函數中)。你也可以在巢狀函數中再放入其他函數。就像任何 M 檔函數一樣,巢狀函數包含 M 檔函數的一般成分。然而,你必須記得永遠要用 end 敘述來終止巢狀函數。事實上,如果 M 檔包含至少一個巢狀函數,你必須在檔案中以 end 敘述來終止所有函數 (包含子函數),而不管是否包含巢狀函數。

下列範例為巢狀函數 p(x) 建立函數握把,並將此函數握把傳送到 MATLAB 函數 fminbnd 之中,以找出拋物線的最小值的點。parabola 函數會建立並傳回計算拋物線 $ax^2 + bx + c$ 之巢狀函數 p 的函數握把 f,而此函數握把會被傳遞到 fminbnd。

```
function f = parabola(a,b,c)
f = @p;
   % Nested function
```

```
    function y = p(x)
        y = polyval ([a,b,c],x);
    end
end
```

在指令視窗中輸入

```
>>f = parabola(4,-50,5);
>>fminbnd(f,-10,10)
ans =
     6.2500
```

我們注意到，函數 p(x) 可以在呼叫函數的工作區中看到變數 a、b 及 c。

將此方法和需要全域變數的方法做對比。首先建立函數 p(x)。

```
function y = p(x)
    global a b c
    y = polyval([a,b,c],x);
end
```

接著，在指令視窗中輸入

```
>>global a b c
>>a = 4; b = -50; c = 5;
>> fminbnd(@p,-10,10)
```

巢狀函數看似與子函數一樣，但實際上卻不然。巢狀函數具有下列兩個獨特的特性：

1. 巢狀函數可以存取築巢內所有函數的工作區。例如，一個具有被主要函數所指派之值的變數，可以被築巢在主要函數中任何階層的函數讀取或覆寫。另外，在巢狀函數中被指派的變數可以被任何包含此函數的函數讀取或覆寫。
2. 如果你為一個巢狀函數建立函數握把，此函數握把不只存取此巢狀函數所需要的資訊，還儲存巢狀函數與包含此巢狀函數的函數共享之變數值。這表示這些變數持續存在於函數握把平均值所做之呼叫間的記憶體中。

考慮名稱為 A, B, ..., E 等函數的表示方式。

```
function A(x,y)      % The primary function
    B(x,y);
    D(y);
    function B(x,y)      % Nested in A
```

```
        C(x);
        D(y);
        function C(x)      % Nested in B
            D(x);
        end      % This terminates C
    end      % This terminates B
    function D(x)     % Nested in A
        E(x);
        function E      % Nested in D
        ...
        end      % This terminates E
    end      % This terminates D
end      % This terminates A
```

你可以下列幾種方式呼叫巢狀函數。

1. 你可以直接在上面那一層呼叫。(在前述的程式碼中，函數 A 可以呼叫 B 或 D，但沒有辦法呼叫 C 或 E。)
2. 可以由同一母函數所包含的同一階層巢狀函數中呼叫。(函數 B 可以呼叫 D，而 D 可以呼叫 B。)
3. 可以由任何較低的階層呼叫。(函數 C 可以呼叫 B 或 D，但無法呼叫 E。)
4. 如果你建立一個巢狀函數的函數握把，可以由任何能夠存取此函數握把的 MATLAB 函數呼叫此巢狀函數。

在同一個 M 檔中，你可以從任意一巢狀函數呼叫子函數。

私有函數

私有函數位於具有特殊名稱 private 的子目錄中，並且只能被母目錄中的函數看到。假設目錄 rsmith 列於 MATLAB 的搜尋路徑中。呼叫 private 的 rsmith 子目錄所包含的函數只能被位於 rsmith 中的函數所呼叫。因為私有函數在母目錄 rsmith 之外是看不到的，所以名稱可以與其他目錄內的函數一樣。如果主要目錄已經使用數個人名，包括 R. Smith，但 R. Smith 想要建立某個特定函數的個人版本，並且維持主目錄中的原版本，則可以使用這個方法。因為 MATLAB 會在找尋標準 M 檔函數之前先找尋私有函數，所以在找到名稱為 cylinder.m 的非私有 M 檔之前，會先找到名稱為 cylinder.m 的私有函數。

主要函數及子函數可以用私有函數的方式實現。藉由建立子目錄的方式建立一

個私有目錄，名稱為 private，方法就如同在你的電腦上建立一個目錄或資料夾的程序一樣，但不要把這個私有目錄放在你的路徑上。

3.4 函數存檔

有二種電腦檔案通常讓我們感到興趣：二進位檔和文字檔，它通常稱為 ASCII 檔。一個二進位檔有八個位元用來代表每個字符，因此每個位置可以容納 256 個不同於其中一個的位元數。二進位檔需要特別處理而我們將不再進一步討論它們。在一個 ASCII 檔每個位元組代表一個字符對應到 ASCII 的編碼。ASCII 檔只用位元組的七個位元，這限制它們為 128 組合。ASCII 字符組包括英語鍵盤的字符，加上某些特殊字符。對英語文字檔它是最常用的格式。

文書處理軟體能在 ASCII 檔儲存資料。在試算表和數據庫檔案，二進位編碼描述檔案結構是在一個「標題」(header) 和穿插在整個檔案。但是，在檔案中的文字資料 (姓名、電話號碼、地址等) 是 ASCII。因此在此節我們將侷限於 ASCII 檔，並特別關注試算表。ASCII 檔通常有副檔名 .txt 或 .dat，除非對試算表，它們有自己的副檔名，例如 Excel 檔案的 .xlsx。

ASCII 資料檔案在開始處會具有一列或一列以上的文字，稱之為標題 (header)。例如，標題可能是用來描述資料所代表的意義、被建立的資料以及資料創建者。標題之後則是一列或一列以上的資料，依照行與列排序。每一列中的數字可能用空格或逗號分隔。

如果編輯這些資料檔案並不方便，MATLAB 環境會提供許多將由其他對應的應用程式所建立之資料，載入到 MATLAB 工作區的方式，這種處理程序我們稱之為匯入資料 (importing data)，並且將工作區變數打包給其他應用程式使用。

產生和輸入 ASCII 檔

我們將在下一個範例看到，我們能透過在 MATLAB 編輯器中開啟一個新的腳本來產生一個數據檔，鍵入數據 (確認在個別行中數據有相同的條數目)，和儲存它為 .dat 檔 (注意：一定不要存為預設的 M 檔案型態)。一旦檔案已產生，你可以使用 load 指令來載入數據到一個你命名的變數。

鍵入 load file_name 從檔案稱為 file_name 載入數據。如同我們在第一章看到，如果 file_name 是一個 MAT 檔，接著 load file_name 載入 MAT 檔案的變數到 MATLAB 工作空間。如果 file_name 是 ASCII 檔，那 load file_name 產生一個矩陣包含檔案的數據。既然數據儲存在矩陣中，此數據在每一行必須有相同數目的項目。

輸入試算表檔案

指令

`xlswrite(file_name,array_name,sheet_number,range)`

將陣列 `array_name` 寫入 `file_name` 指定的 Excel 文件。該陣列儲存在由 `sheet_number` 指定的 Excel 工作表中,其範圍為語法 ´C1:C2´,其中 C1 和 C2 是該區域的對角。或可選擇地,可以指定左上角。除非另有說明,否則預設的副檔名為 .xls。

指令 `A = xlsread(´filename´)` 能將微軟 Excel 工作表檔案 filename.xls 匯入陣列 A。指令 `[A,B] = xlsread(´filename´)` 能夠將所有的數值資料匯入陣列 A,而將所有文字資料匯入胞陣列 B 中。

範例 3.4-1　產生數據檔案並將其載入到變數中

產生一個包含以下數據的檔案,將數據載入到 MATLAB 中並繪製它。

時間 (s)	1	2	3	4	5
速度 (m/s)	12	14	16	21	

■ 解法

在 MATLAB 編輯器中打開一個新腳本,建立檔案,用空格分隔項目,並將其保存為 speed_data.dat (注意:請確保不將其保存為預設的 M 檔類型)。

```
% speed_data.dat
% speed vs. time
1, 2, 3, 4, 5;
12, 14, 16, 21, 27;
```

接著,在 MATLAB 指令視窗中輸入

```
>>load speed_data.dat
>>time = speed_data(1,:)
>>speed = speed_data(2,:)
>>plot(time,speed,'o'),xlabel('time(s)'), ...
   ylabel('speed(m/s)')
```

請注意,文件中的註釋不會保存,只會保存數值。

例如,要將混合文本和數值數據寫入從表 3 的單元格 C1 開始的 Excel .xlsx

檔。

```
>>file_name = 'speed_data.xlsx';
>>A = {'Time(s)','Speed(m/s)';1,12;2,14;3,16;4,21;5,27};
>>sheet = 3;
>>range = 'C1';
>>xlswrite(file_name,A,sheet,range)
```

MATLAB 提供了幾種匯入數據的方法。這些在求助檔案中有所描述，它們相當完整。你可以使用 Import Tool，它提供了將數據匯入陣列的圖形界面。鍵入 `uiimport` 或在 "Toolstrip" 上選擇 **"Import Data"**。除了文本和數據檔案之外，指令 `importdata` 還可以匯入其他類型的檔案，例如圖形檔案。在新的 R2016a，`readtable` 指令可從檔案中產生表格。

3.5 摘要

在第 3.1 節中，我們介紹了一些最常用的數學函數。你現在應該能夠使用 MATLAB 的輔助說明來找出所需的函數。必要的話，你可以使用第 3.2 節所介紹的方法建立自己的函數。第 3.2 節也涵蓋函數握把與函數中的函數之使用方式。

匿名函數、子函數及巢狀函數拓展了 MATLAB 的能力。這些主題在第 3.3 節中介紹過。除了函數檔外，資料檔案對於許多應用也是很有用的。第 3.4 節顯示了如何在 MATLAB 中匯入及匯出這些檔案。

習題

對於標註星號的問題，請參見本書最後的解答。

3.1 節

1.* 假設 $y = -3 + ix$。對於 $x = 0, 1, 2$，使用 MATLAB 計算下列算式。以手算方式檢查答案。

    a. $|y|$ b. $\sqrt{y}$ c. $(-5 - 7i)y$ d. $\dfrac{y}{6 - 3i}$

2.* 令 $x = 5 - 8i$ 及 $y = 10 - 5i$。使用 MATLAB 計算下列算式。以手算方式檢查答案。

    a. xy 的量值大小及角度。

    b. $\frac{x}{y}$ 的量值大小及角度。

3.* 使用 MATLAB 求出對應下列座標的角度。以手算方式檢查答案。

    a. $(x, y) = (5, 8)$ c. $(x, y) = (5, -8)$

b. $(x, y) = (-5, 8)$ d. $(x, y) = (-5, -8)$

4. 挑選幾個 x 值，使用 MATLAB 來驗證 $\sinh x = (e^x - e^{-x})/2$。

5. 挑選幾個 x 值，使用 MATLAB 來驗證，區間為 $\cosh^{-1} x = \ln(x + \sqrt{x^2 - 1})$，$x \geq 1$。

6. 兩個置於空氣中長度為 L、半徑為 r 的平行導體，距離為 d，兩導體之間的電容可參見下列公式：

$$C = \frac{\pi \varepsilon L}{\ln[(d-r)/r]}$$

其中，ε 是空氣的介電係數 ($\varepsilon = 8.854 \times 10^{-12}$ F/m)。

撰寫一個能夠接受使用者輸入 d、L 及 r 的腳本檔，並且計算及顯示 C。以下列的值來測試程式：$L = 1$ m、$r = 0.001$ m 且 $d = 0.004$ m。

7.* 當一條帶狀物包裹一個圓柱體，則帶狀物於圓柱體兩側的力的關係為：

$$F_1 = F_2 e^{\mu \beta}$$

其中，β 是帶狀物包裹的角度，μ 是摩擦係數。

撰寫一個腳本檔讓使用者指定 β、μ 及 F_2，並且計算 F_1。以下列的值來測試程式：$\beta = 130°$、$\mu = 0.3$，以及 $F_2 = 100$ N。(提示：要小心處理 β！)

3.2 節

8. 撰寫一個函數能夠接受單位為 °F 的溫度，並且計算對應的 °C 溫度。這兩者之間的關係為：

$$T°C = \frac{5}{9}(T°F - 32)$$

記得測試你的程式。

9.* 以初速度 v_0 將物體垂直上拋，會在時間 t 達到高度 h，關係式為：

$$h = v_0 t - \frac{1}{2} g t^2$$

撰寫並測試能夠計算對於給定 v_0 的值，達到指定高度 h 所需花費時間 t 的程式。此函數的輸入應該為 h、v_0 及 g。測試你的函數，條件為 $h = 100$ m、$v_0 = 50$ m/s，而 $g = 9.81$ m/s^2。解釋兩個答案。

10. 一個圓柱狀水槽具有高度 h 與半徑 r 的圓柱體部分，以及一個半球體的頂部。此水槽可蓄滿 600 立方公尺的液體。圓柱體的表面積為 $2\pi rh$，體積為 $\pi r^2 h$。半球體頂部的表面積為 $2\pi r^2$，體積為 $2\pi r^3/3$。建造水槽圓柱體部分的成本為單位表面積每平方公尺 400 美元，半球體部分的成本為單位表面積每平方公尺 600 美元。使用 `fminbnd` 函數來計算使成本最小化的半徑。計算對應的高度 h。

11. 某一塊土地的圍籬形狀如圖 P11 所示。它是由一塊長度 L、寬度 W 的長方形及

三角形所組成，右邊的三角形對稱於長方形的中央水平軸。假設寬度 W 為已知 (單位為公尺)，包圍的面積 A 也為已知 (單位為平方公尺)。撰寫一個使用者定義函數，並且以給定的 W 及 A 作為輸入。輸出就是所需的長度 L (包圍面積為 A) 及圍籬所需的總長度。同時以 W = 6 m 及 A = 80 m² 來測試你的函數。

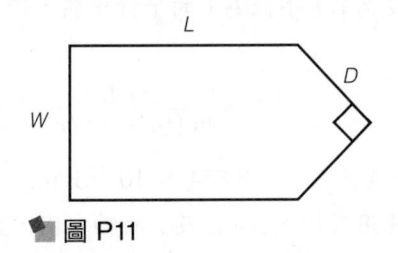

圖 P11

12. 圍繞一個場域的圍欄的形狀如圖 P11 所示。它由長度為 L 且寬度為 W 的矩形和一個直角三角形組成，該三角形關於矩形的中心水平軸對稱。假設給定所需的封閉區域 A。注意，長度 L 可以表示為 A 和 W 的函數，因此周長 P 可以僅表示為 A 和 W 的函數。

    a. 使用 min 函數編寫 MATLAB 函數，計算最小化柵欄周長 P 所需的寬度 W，並計算 L 和 P 的對應值。函數應為 W 建立一個猜測值向量，其最小值和最大值為 W1 和 W2，間距 d。功能輸入應為所需的區域 A，猜測 W1 和 W2，以及間距 d。功能輸出應該是 W 的解和 L 和 P 的相應值。測試函數的值 A = 80 m²。

    b. 編寫一個 MATLAB 函數，與 fminbnd 函數一起使用，計算最小化柵欄周長 P 所需的寬度 W，並計算 L 和 P 的相應值。函數輸入應為所需的區域 A。函數輸出應該是解決方案給 W 和 L 和 P 的相應值。測試函數的值 A = 80 m²。

13. 一個加上圍籬的封閉區域由一個長度 L 且寬度 2R 的長方形，以及一個半徑 R 的半圓形所組成，如圖 P13 所示。此封閉區域面積 A 為 1600 平方英尺。對於彎曲的部分，每英尺的圍籬成本為 40 美元，直線的部分每英尺的圍籬成本為 30 美元。使用 min 函數來決定解析度為 0.01 英尺而最小化圍籬成本的 R 及 L。同時計算最小成本。

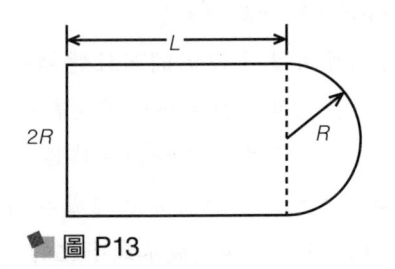

圖 P13

14. 一圍欄外圍由長度為 L 且寬度為 $2R$ 且半徑為 R 的半圓形組成，如圖 P13 所示。圍欄的建造面積 A 為 2000 平方英尺。圍欄的成本是彎曲部分每英尺 50 美元，直邊每英尺 40 美元。使用 `fminbnd` 函數以 0.01 英尺的分辨率確定最小化柵欄總成本所需的 R 和 L 值。還要計算最低成本。

15. 城鎮工程師利用雨量、蒸發量及耗水量的估計值，發展出下列蓄水池中水的體積模型，以作為時間的函數。

$$V(t) = 10^9 + 10^8(1 - e^{-t/100}) - rt$$

其中，V 是水的體積，單位為 L；t 為時間，單位為天；r 為此市鎮的消耗率，單位為 L/天。撰寫兩個使用者定義函數。第一個函數使用 `fzero` 函數來定義函數 $V(t)$。第二個函數使用 `fzero` 計算需要花多少時間，水的體積才會減少到原本 10^9 L 的 x%。第二個函數的輸入為 x 及 r。以下列數值來測試你的函數：$x = 50$% 及 $r = 10^7$ L/天。

16. 圓錐狀紙杯的體積為 V 且紙的表面積為 A，如下所示：

$$V = \frac{1}{3}\pi r^2 h \qquad A = \pi r \sqrt{r^2 + h^2}$$

其中，r 為圓錐的底部半徑，h 為圓錐高度。

a. 藉由消去 h，將 A 算式表示成以 r 和 V 組成之函數。

b. 建立一接受 r 是唯一引數之使用者定義函數，並且對給定的 V 值來計算 A 值。宣告 V 在此函數中是全域的。

c. 對於 $V = 10$ in.^{3}，利用 `fminbnd` 函數計算面積 A 為最小值時的 r 值。此時對應的 h 值為何？藉由畫出 V 對 r 的圖形，說明其解之敏感度。當面積由最小值增加 10% 時，r 對最佳值又是如何變化？

17. 環體 (torus) 的形狀像甜甜圈。若內徑為 a，外徑為 b，則體積及表面積由下列公式給定：

$$V = \frac{1}{4}\pi^2(a+b)(b-a)^2 \qquad A = \pi^2(b^2 - a^2)$$

a. 建立一個根據引數 a 及 b，計算體積 V 與表面積 A 的使用者定義函數。

b. 假設外徑限制比內徑大 2 in.。撰寫一個使用你的函數在區間 $0.25 \leq a \leq 4$ in. 內畫出 A 及 V 對 a 的圖形之腳本檔。

18. 假設已知該函數 $y = ax^3 + bx^2 + cx + d$ 的圖形通過四個給定點 (x_i, y_i), $i = 1, 2, 3, 4$。編寫一個用戶定義的函數，接受這四個點作為輸入並計算係數 a、b、c 和 d。該函數應根據四個未知數 a、b、c 和 d 求解四個線性方程。測試你的功能其中 $(x_i, y_i) = (-2, -20)$、$(0, 4)$、$(2, 68)$ 和 $(4, 508)$，答案是 $a = 7$，$b = 5$，$c = -6$ 和 $d = 4$。

19. 建立一個名為 savings_balance 的函數，該函數確定前 n 年每年年底儲蓄帳戶中的餘額，其中 n 是輸入。該帳戶具有初始投資 A (作為輸入提供；例如，輸入 10,000 美元作為 10,000) 和每年複合利率 r% (作為輸入提供；例如，輸入 3.5% 作為 3.5)。在表格中顯示資訊，其中第一列為 Year，第二列為 Balance ($)。(測試用例：n = 10，A = 10,000，r = 3.5。10 年後餘額為 $14,105.99。)

　　初始投資為 A 和利率 r，n 年後的餘額 B 由下式給定：

$$B = A(1 + r/100)^n$$

20. 行星和行星衛星在橢圓軌道上移動。橢圓的一般方程是以原點為中心，其長軸和短軸位於 x 和 y 軸上

$$\frac{x^2}{a^2} + \frac{y^2}{b^2} = 1$$

這可以透過以下方式解決：

$$y = \pm b\sqrt{1 - \frac{x^2}{a^2}}$$

給定輸入 a 和 b，建立一個繪製整個橢圓的函數。得到案例 a = 1，b = 2 的圖。

21. 以下列方程式求解 x 的正值。

$$1 - 3xe^{-x} = 0$$

a. 首先繪製左側，看看可能有多少根。
b. 然後使用 fzero 函數找出所有根。

22. 兩種人口增長模型是指數增長模型

$$p(t) = p(0)e^{rt}$$

和後勤增長模型

$$p(t) = \frac{Kp(0)}{p(0) + [K - p(0)]e^{-rt}}$$

其中 p(t) 是作為時間 t 函數的種群大小，p(0) 是 t = 0 時的初始種群大小。常數 r 是生長速率，常數 K 稱為環境的承載能力。當 t → ∞ 指數預測 p(t) → ∞ 但是邏輯模型預測 p(t) → K。這兩種模型已廣泛用於模擬許多不同的物群，包括細菌、動物、魚類和人口。

如果兩個模型的 p(0) 和 r 相同，則很容易看出指數模型將預測所有 t > 0 的更大人口數。但是假設兩個模型的 p(0) 相同，但 r 值不同。特別是對於指數模型，r = 0.1，對於邏輯模型，r = 1，K = 10，對於兩個模型，p(0) = 10。然後，兩個

模型將在時間 t 預測相同的人口如果

$$\frac{50}{10+40e^{-t}} = e^{0.1t}$$

這個方程式不能透過分析求解，所以我們必須使用數值方法。使用 `fzero` 函數求解 t 的這個方程式，並計算當時的人口數。

3.3 節

23. 針對 $10e^{-2x}$ 建立一個匿名函數，並且用它來畫出區間 $0 \leq x \leq 2$ 的圖形。
24. 建立 $20x^2 - 200x + 3$ 的匿名函數，並用它：
    a. 畫出此函數及求出最小值近似的位置。
    b. 使用 `fminbnd` 函數來準確地求得最小值的位置。
25. 建立四個用來表示的匿名函數 $6e^{3\cos x^2}$，此函數由下列函數所合成：$h(z) = 6e^z$、$g(y) = 3\cos y$，以及 $f(x) = x^2$。使用匿名函數來畫出 $6e^{3\cos x^2}$ 且區間為 $0 \leq x \leq 4$ 的圖形。
26. 使用具有子函數的主要函數來計算函數 $3x^3 - 12x^2 - 33x + 80$ 在區間 $-10 \leq x \leq 10$ 之內的零點。
27. 建立具有巢狀函數的函數握把之主要函數，來計算函數 $20x^2 - 200x + 12$ 在區間 $0 \leq x \leq 10$ 之內的最小值。

3.4 節

28. 使用文字編輯器建立一個包含下列資料的檔案。接著使用 `load` 函數來將此檔案載入 MATLAB 中，並利用 mean 函數計算下列每一欄中數值的平均值。

    | 55 | 42 | 98 |
    | 49 | 39 | 95 |
    | 63 | 51 | 92 |
    | 58 | 45 | 90 |

29. 將習題 28 中的資料輸入並儲存於試算表中，接著將試算表檔案匯入 MATLAB 的變數 A 中。使用 MATLAB 計算每一欄的加總。
30. 使用文字編輯器建立一個包含由習題 28 所給定資料的檔案，但是以分號將每一個數值隔開。接著，使用匯入精靈載入，並將資料儲存至 MATLAB 的變數 A 中。

Chapter 4
MATLAB 程式設計

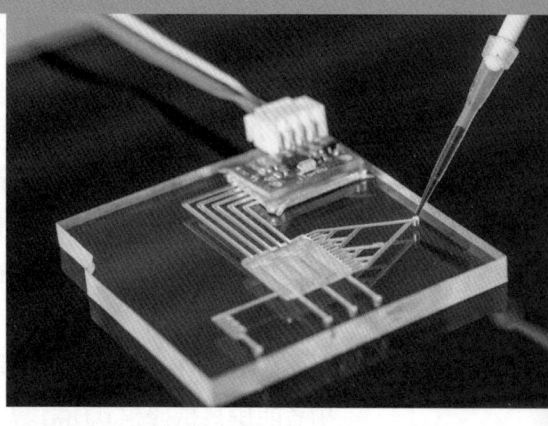

©Widmir Bulgar/Science Photo Library/Alamy.

21 世紀的工程……
奈米技術

在 21 世紀中許多工程上的挑戰與機會是在於發展極小的裝置，甚至是單一原子的操作。這樣的科技我們稱為奈米技術 (nanotechnology)，因為這類科技涉及處理大小約為 1 奈米 (nm) 的材料，也就是 10^{-9} 公尺或 1/1,000,000 公厘。單晶矽內的原子間距為 0.5 奈米。

奈米科技雖然已經創造了若干正在運轉的裝置，但仍屬於起步階段。其中一類的裝置稱為晶片實驗室 (lab-on-a-chip, LOC)，例如顯示在照片的。使用光顯影技術 (lithography) 來產生在金屬和半導體表面上的奈米尺度流道結構，和以微流體 (microfludics) 來控制液滴的流動，LOCR 技術能讓數個實驗室功能在晶片上實現，其大小從幾公厘到幾平方公分。它的目標是利用血滴或唾液來作到快速和低廉的細菌篩選。

另一個奈米科技的應用是微機電 (microelectromechanical machines, MEMS) 的發明。MEMS 廣泛地用在載具系統，例如安全氣囊感應器、加速器和陀螺儀，可用來偵測偏航來做到電子穩定控制。在這麼小的尺寸，簡易動力和熱傳原理不見得足夠做設計。MEMS 有很大的表面積與體積比值，因此表面效應例如靜電、表面張力和潤濕 (wetting) 比起體積效應如慣性力和熱容量有更大的影響。

要設計及應用這些裝置，工程師必須將機械及電子特性做適當的模型化，MATLAB 的特性就是提供這類分析絕佳的支援。

學習大綱
- 4.1 程式設計與開發
- 4.2 關係運算子與邏輯變數
- 4.3 邏輯運算子及函數
- 4.4 條件敘述
- 4.5 `for` 迴圈
- 4.6 `while` 迴圈
- 4.7 `switch` 結構
- 4.8 MATLAB 程式除錯
- 4.9 應用於模擬
- 4.10 摘要
- 習題

MATLAB 互動模型非常適用於解決簡單的問題，但較複雜的問題則需要使用腳本檔。這樣的檔案也稱為電腦程式 (computer program)，而撰寫檔案的過程稱為程式設計 (programming)。第 4.1 節將會介紹一般性及有效率的方式來設計開發電腦程式。

MATLAB 可在程式中使用決策函數，而大幅地增加它的用途。這些函數讓使用者能撰寫根據程式所計算的結果，而完成相關運作的程式。第 4.2 節、第 4.3 節及第 4.4 節將介紹這些決策函數。

MATLAB 也可以重複某些計算數次，而這個次數是可以指定的，或者直到某些條件被滿足為止。這個特色讓工程師能夠解決高度複雜或需要大量計算的問題。這些「迴圈」結構將會在第 4.5 節及第 4.6 節中提及。

switch 結構加強了 MATLAB 的決策能力，將於第 4.7 節討論。使用 MATLAB 編輯器 / 除錯器來進行程式除錯則涵蓋於第 4.8 節中。

第 4.9 節將討論「模擬」，它是 MATLAB 程式主要的應用之一，可以讓我們用來探討複雜系統的運作、處理及編制組成。本章從頭到尾都有用來概述所介紹之 MATLAB 指令的表格，而表 4.10-1 能夠幫助使用者找到所需的相關資訊。

4.1 程式設計與開發

本章中我們將介紹關係運算子 (如 > 及 ==)，以及兩種 MATLAB 使用的迴圈，也就是 for 迴圈與 while 迴圈。這些特色，加上 MATLAB 函數以及將在第 4.3 節介紹的邏輯運算子 (logical operators)，構成了解決複雜問題之 MATLAB 程式的基礎。設計電腦程式來求解複雜的問題，需要在一開始就使用有系統的方式，來避免在處理程序中遇到耗費時間及令人挫折的困難。在本節中，我們會說明如何建立並管理設計程序。

演算法與控制結構

所謂演算法 (algorithm)，就是將精確定義的指令以排序過的程序，在一段有限的時間內進行某項任務。排序過的程序是指為指令加上編號，但演算法通常可以使用控制結構 (control structure) 來改變指令的順序。下列是三種演算法運算的種類：

- 循序運算 (sequential operations)：表示依順序執行的指令。
- 條件運算 (conditional operations)：這些控制結構會先詢問一個一定要回答對錯的問題，接下來則根據這個答案挑選下一步的指令。
- 迭代運算 (迴圈)[iterative operations (loops)]：表示重複執行某一組指令的控制結構。

並不是所有的問題都可以使用同一個演算法解決，某些潛在的演算解法會失敗，因為需要花太多的時間才能求得解答。

結構化程式設計

結構化程式設計 (structured programming) 是設計程式的一個技巧，亦即使用模組化體系，讓每一個模組都有單一的入口點及出口點。在此模組中，控制的命令會由上而下通過整個結構，而不會有非條件性的分支進入結構的較高層。在 MATLAB 中，這些模組可以是內建函數或使用者定義函數。

程式流程的控制使用與演算法相同的三種控制結構：循序的、條件的以及迭代的。一般而言，任何電腦程式都可以依據這三種結構撰寫出來。此種實現方式引領出結構化程式設計的開發。因此，適於結構化程式設計之電腦程式語言 (例如 MATLAB)，並沒有等效於我們曾經在 BASIC 或 FORTRAN 語法中看到的 goto 敘述。goto 敘述會導致令人混淆的程式碼，稱為義大利麵式碼 (spaghetti code)，意指此程式由複雜的分支糾結而成。

結構化程式設計如果能適當地使用，所得到的程式將易於撰寫、瞭解及修改。結構化程式的特色如下：

1. 結構化程式易於撰寫，因為程式設計者可先研究整體問題，接著才處理細節。
2. 為了某一應用撰寫的模組 (函數)，亦可使用於其他應用 [稱為可重複使用的程式碼 (reusable code)]。
3. 結構化程式易於除錯，因為每一個模組只被用來執行一個任務，因此可以獨立於其他模組而進行測試。
4. 結構化程式設計在團隊合作的環境下可發揮一定的效率，因為許多人可以共同合作一個程式，每個人負責開發一個或一個以上的模組。
5. 結構化程式易於瞭解及修改，特別是在給予模組有意義的名稱，以及對於每一個模組的任務有完善的使用說明時。

由上而下設計以及程式使用說明

建立結構化程式的方法之一就是由上而下設計 (top-down design)，意即首先由高階著手描述程式之目的，接著將問題不斷分割成更詳細的階層，一次一個階層，直到整個程式結構都非常明瞭而可以開始撰寫程式碼為止。表 4.1-1 概述由上而下設計的程序 (複製自第一章)。在步驟 4 中，你會建立用來求得解答的演算法。注意，步驟 5 (撰寫及執行程式) 只是由上而下設計的一部分；這個步驟會建立必要的模組，並分開測試這些模組。

結構圖

在開發結構化程式並將程式以文件說明時,我們需要兩種圖形來輔助,分別是**結構圖** (structure charts) 及流程圖 (flowcharts)。結構圖描述程式的不同部分如何連結在一起,對於由上而下設計的起始階段特別有用。

結構圖顯示程式的組成,而不顯示計算及決策程序的細節。例如,我們可利用執行特定、易識別工作之函數檔來建立程式模組。大型程式通常由可呼叫個別模組以完成特定任務的主程式構成,而結構圖會顯示主程式及這些模組之間的連結。

假設你要撰寫一個井字遊戲 (Tic-Tac-Toe) 的程式。你需要一個能夠讓玩家輸入移動一步的模組、能夠更新並顯示遊戲格狀棋盤的模組,以及電腦選取移動一步的策略模組。此種程式的結構圖可參見圖 4.1-1。

流程圖

流程圖對於內含條件敘述的程式開發與文件化非常有用,因為它會顯示程式根據所執行之條件敘述而採取的各種路徑 (也稱為「分支」)。有關 if 口頭敘述的流程圖表示法 (參見第 4.3 節) 顯示於圖 4.1-2。流程圖使用菱形符號表示決策點。

結構圖與流程圖的效用會受限於其尺寸。對於大型且更複雜的程式,畫出這樣的圖形相當不切實際。但對於小型的計畫,手繪草稿的流程圖及 / 或結構圖卻能夠在開始撰寫特定的 MATLAB 程式碼之前,幫助組織各種想法。因為畫出這些圖形

■ 表 4.1-1 開發電腦解決方案的步驟

1. 簡潔地敘述問題。
2. 指定程式所需使用的資料,這些資料就是「輸入」。
3. 指定程式所需產生的資訊,這些資訊就是「輸出」。
4. 手算或使用計算機運算整個求解步驟;若有必要,可使用一組比較簡單的資料來測試。
5. 撰寫及執行程式。
6. 檢查程式的輸出並手算結果。
7. 用輸入的值執行程式,並且對輸出進行真實性檢查。這個輸出的值有意義嗎?估計輸出值的範圍,並且和你計算的結果做比較。
8. 如果你將來會把此程式當作一個常用的工具,就要透過某個範圍的合理資料值來執行以測試此程式;對結果執行真實性檢查。

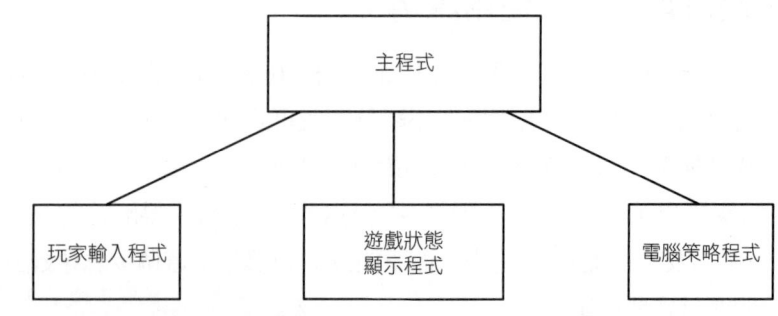

■ 圖 4.1-1 電腦遊戲程式的結構圖

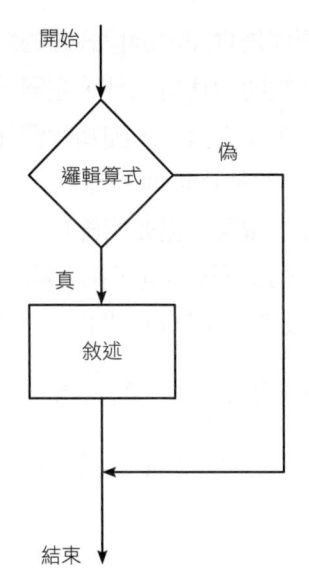

■ 圖 4.1-2　if 敘述的流程圖表示法

需要許多空間，所以本書並不使用。不過，我們相當鼓勵讀者使用此類圖形來求解問題。

即使你不會將程式交給他人，將程式以文件適當地說明仍非常重要。如果需要修改程式，但你已經有一段時間沒有使用這個程式，你會發現常常很難想起這個程式是如何運作的。有效的文件說明可以藉由下列方式完成：

1. 適當地為變數命名，使其可忠實反映變數代表的量。
2. 在程式內加入註解。
3. 結構圖。
4. 流程圖。
5. 在程式中加入文字敘述，通常以虛擬碼敘述。

適當地為變數命名及加入註解的好處是它們位於程式之中，任何拿到程式拷貝的人都可以看到這些文件紀錄。但是，上述二者無法提供整個程式的概觀，而這可由後面三者來補足。

虛擬碼

使用自然語言（例如英文）來描述演算法，經常會太過冗長且容易被曲解。為了直接避免處理電腦程式語言時可能發生的複雜語法，可以使用虛擬碼 (pseudocode) 代替。虛擬碼使用自然語言及數學算式來建立類似電腦敘述的敘述，但沒有複雜的語法。虛擬碼也可以使用簡單的 MATLAB 語法來解釋程式的運作。

按照字面的意思，虛擬碼即是實際電腦程式碼的贗品。虛擬碼可以提供程式內部註解的基礎。除了提供文件說明的功用之外，在開始撰寫細部的程式碼之前，虛擬碼對於簡述整個程式的概要也非常有用，因為我們往往需要在細部的程式碼上花很多時間，使其符合 MATLAB 的嚴格規則。

每一個虛擬碼指令可以加上編號，但要明確且可以計算。請注意，除了除錯器外，MATLAB 並不使用行號。以下每個例子都說明了虛擬碼如何對演算法中的控制結構 (循序運算、條件運算及迭代運算) 提供良好之文件說明。

範例 1：循序運算　　計算三邊長為 a、b、c 的三角形周長 p 及面積 A。公式如下：

$$p = a+b+c \quad s = \frac{p}{2} \quad A = \sqrt{s(s-a)(s-b)(s-c)}$$

1. 輸入邊長 a、b、c。
2. 計算周長 p。

$$p = a+b+c$$

3. 計算半周長 s。

$$s = \frac{p}{2}$$

4. 計算面積 A。

$$A = \sqrt{s(s-a)(s-b)(s-c)}$$

5. 顯示 p 及 A 的運算結果。
6. 停止。

此程式的內容為：

```
a = input('Enter the value of side a:');
b = input('Enter the value of side b:');
c = input('Enter the value of side c:');
p = a + b + c;
s = p/2;
A = sqrt(s*(s-a)*(s-b)*(s-c));
disp('The perimeter is:')
p
disp('The area is:')
A
```

範例 2：條件運算　給定點座標 (x, y)，計算其對應的極座標 (r, θ)，其中

$$r = \sqrt{x^2 + y^2} \quad \theta = \tan^{-1}\left(\frac{y}{x}\right)$$

1. 輸入座標 x 及 y。
2. 計算斜邊長 r。
   ```
   r = sqrt(x^2+y^2)
   ```
3. 計算角度 θ。
   - 3.1　如果 $x \geq 0$
     ```
     theta = atan(y/x)
     ```
   - 3.2　其他
     ```
     theta = atan(y/x) + pi
     ```
4. 角度轉換至度數。
   ```
   theta = theta*(180/pi)
   ```
5. 顯示 r 及 theta 的結果。
6. 停止。

注意，方案 3.1 及方案 3.2 之編號方式指出其從屬的條款。此外，在必要的地方可以使用 MATLAB 語法，以示明確。以下的程式碼是透過在本章所介紹的某些 MATLAB 功能之虛擬碼所完成。它利用關係運算子 >= (此運算子表示大於或等於，參見第 4.2 節)，以及「if-else-end」(如果-其他-結束) 架構，此功能將在第 4.3 節提及。

```
x = input('Enter the value of x: ');
y = input('Enter the value of y: ');
r = sqrt(x^2+y^2);
if x >= 0
   theta = atan(y/x);
else
   theta = atan(y/x) + pi;
end
disp('The hypoteneuse is:')
disp(r)
theta = theta*(180/pi);
disp('The angle is degrees is:')
disp(theta)
```

範例 3：迭代運算　求出需要多少項才能使級數 $10k^2 - 4k + 2$ 的加總超過 20,000，其中 $k = 1, 2, 3, ...$。這些項的加總為何？

　　因為我們並不知道需要計算 $10k^2 - 4k + 2$ 這個算式多少次，所以使用 while 迴圈，請參見第 4.6 節。

1. 將總和初始化為零。
2. 將計數器初始化為零。
3. 當總和小於 20,000 時，則計算總和。
    3.1　計數器的增量為 1。
    ```
    k = k + 1
    ```
    3.2　更新總和。
    ```
    total = 10*k^2 - 4*k + 2 + total
    ```
4. 顯示目前的計數器值。
5. 顯示總和的值。
6. 停止。

以下的程式碼應用虛擬碼。while 迴圈中的敘述會一直執行，直到變數 total 等於或超過 2×10^4。

```
total = 0;
k = 0;
while total < 2e+4
   k = k+1;
   total = 10*k^2 - 4*k + 2 + total;
end
disp('The number of terms is:')
disp(k)
disp('The sum is:')
disp(total)
```

找出錯誤

　　為程式除錯就是指找出並除去程式中的「臭蟲」(bug) 或者錯誤。這樣的錯誤通常可以歸類為以下幾種類別：

1. 語法的錯誤。例如忽略了括號、逗號或者將指令名稱拼錯。MATLAB 通常可以偵測明顯的錯誤，並且顯示出描述此錯誤內容與所在位置的訊息。
2. 肇因於不正確的數學程序之錯誤。這些錯誤稱為執行時的錯誤 (runtime errors)。

當程式執行時，這種錯誤並不一定每次都會發生，只有在某些特殊的資料輸入時才發生。一個常見的例子是除以零。

MATLAB 的錯誤訊息通常能讓你找到語法錯誤。相較之下，執行時的錯誤通常比較難找到，但我們可以嘗試下列方法：

1. 永遠都先以此問題的簡單版本來測試，這種簡單的版本可以用手算來驗證。
2. 移除各敘述末尾的分號，顯示出中間的執行結果。
3. 要測試使用者定義函數，先暫時以註解排除 function 列，並且以腳本檔的方式來執行這個檔案。
4. 使用編輯器/除錯器的除錯功能，此功能將在第 4.8 節中討論。

4.2　關係運算子與邏輯變數

　　MATLAB 具有六種關係 (relational) 運算子可處理陣列之間的比較，這些運算子列於表 4.2-1 中。注意，等於 (equal to) 運算子是由兩個「=」符號形成，而不是想像中單一個「=」符號。單一個 = 符號在 MATLAB 中係指指派運算子或取代運算子。

　　使用關係運算子比較的結果不是 0 [比較的結果為偽 (false)]，就是 1 [比較的結果為真 (true)]，而且此結果可以當作變數使用。例如，如果 x = 2 且 y = 5，輸入 z = x < y 傳回的值為 z = 1，而輸入 u = x == y 會傳回 u = 0。要讓這些敘述更具有可閱讀性，我們可以使用括號來將邏輯運算分組，例如 z = (x < y) 及 u = (x == y)。

　　當使用關係運算子來比較陣列時，關係運算子將逐元比較。被比較的陣列必須具有相同的維度，但唯一的例外是陣列與純量的比較。在此情況下，陣列中的所有元素都與此純量比較。例如，假設 x = [6,3,9] 且 y = [14,2,9]。下列的 MATLAB 對話顯示若干例子。

■ 表 4.2-1　關係運算子

關係運算子	意涵
<	小於
<=	小於或等於
>	大於
>=	大於或等於
==	等於
~=	不等於

```
>>z = (x < y)
z =
   1   0   0
>>z = (x ~= y)
z =
   1   1   0
>>z = (x > 8)
z =
   0   0   1
```

關係運算子可以用來做陣列處理。例如，假設 x = [6,3,9] 且 y = [14,2,9]，若是輸入 z = x(x<y) 可以找出 x 中所有比 y 之對應元素還要小的元素。所得到的結果是 z = 6。

算術運算子 +、-、*、/ 與 \ 具有比關係運算子更高的優先權。因此，敘述 z = 5>2+7 與 z = 5>(2+7) 是等效的，傳回的結果為 z = 0。我們可以使用括號來改變優先權，例如 z = (5>2)+7 計算出 z = 8。

關係運算子彼此間具有相同的優先權，而且 MATLAB 計算的順序是由左至右。因此，下列敘述

```
z = 5>3 ~= 1
```

和下列敘述

```
z = (5>3) ~= 1
```

是等效的，兩者傳回的結果都是 z = 0。

請記住，有些關係運算子是由一個以上的字元所組成，例如 == 或 >=，而且注意不要在這些字元之間加上空格。

logical 類別

當使用關係運算子時，如 x = (5>2)，會建立一個邏輯變數，在本例中即為 x。在 MATLAB 6.5 版之前，logical 是任何一種數值資料類型的屬性。現在 logical 是第一級資料類型，也是一個 MATLAB 類別，因此 logical 與其他第一級類型 (如字元及胞陣列) 同級。邏輯變數之值只可能是 1 (真) 與 0 (偽)。

然而，正因為陣列只包含 0 及 1，所以它並不一定是邏輯陣列。例如下列的對話中，k 及 w 看來相同，但 k 是一個邏輯陣列，w 卻是一個數值陣列，因此會出現一個錯誤訊息。

```
>>x = [-2:2]
```

```
x =
    -2   -1    0    1    2
>>k = (abs(x)>1)
k =
     1    0    0    0    1
>>z = x(k)
z =
    -2    2
>>w = [1,0,0,0,1];
>>v = x(w)
??? Subscript indices must either be real positive...
   integers or logicals.
```

logical 函數

　　邏輯陣列可藉由 logical 函數配合關係運算子及邏輯運算子來建立。logical 函數傳回的陣列可以用作邏輯索引及邏輯測試。輸入 B = logical(A)，其中 A 是數值陣列，則傳回邏輯陣列 B。所以若要修正前一個對話中的錯誤，在輸入 v = x(w) 之前必須先輸入 w = logical([1,0,0,0,1])。

　　當 1 或 0 之外的有限實數數值被指派到邏輯變數中時，這個數值會被轉換成邏輯 1，並且顯示一個警告訊息。例如，當輸入 y = logical(9) 的時候，y 會被指派為邏輯 1，並顯示一個警告訊息。你或許可以使用 double 函數來將邏輯陣列轉換成具有 double 類別的陣列。例如，x = (5>3); y = double(x);。某些算術運算子可以將邏輯陣列轉換成雙倍浮點數陣列。例如，如果我們透過輸入 B = B + 0 來將 B 中的每一個元素加上零，則 B 會轉換成數值 (雙倍浮點數) 陣列。然而，並非所有的數學運算對於邏輯變數都有定義。例如，輸入

```
>>x = ([2,3] > [1,6]);
>>y = sin(x)
```

則會產生錯誤訊息。這並不是一個重要的議題，因為以邏輯資料或邏輯變數作為正弦函數的輸入並不合理。

使用邏輯陣列存取陣列

　　當使用邏輯陣列來處理另外一個陣列時，會抓出該陣列中對應到邏輯陣列且元素為 1 之元素，因此輸入 A(B)，其中 B 是具有與 A 相同大小的邏輯陣列，結果傳

回 A 在 B 為 1 處的值。

給定 A = [5,6,7;8,9,10;11,12,13] 及 B = logical(eye(3))，我們可以藉由輸入 C = A(B) 來得到 A 的對角線元素，進而得到 C = [5;9;13]。以邏輯陣列指明陣列下標，可以得到對應於邏輯陣列中為真 (1) 處之元素。

但是請注意，使用數值陣列 eye(3)，如 C = A(eye(3))，會得到一個錯誤訊息，因為 eye(3) 的元素並沒有對應到 A 的位置。如果數值陣列的值對應到有效的位置，則可以使用數值陣列來抽出這些元素。例如，要使用數值陣列抽出 A 的對角線元素，則需要輸入 C = A([1,5,9])。

在使用索引指派的時候，MATLAB 資料類型仍然能夠保存下來。所以既然 logical 是一個 MATLAB 資料類型，若 A 是一個邏輯陣列，如 A = logical(eye(4))，則輸入 A(3,4) = 1 並不會將 A 改變為一個雙倍浮點數陣列。然而，輸入 A(3,4) = 5 則會將 A(3,4) 設為邏輯 1，並且產生一個警告訊息。

4.3 邏輯運算子及函數

MATLAB 具有五種邏輯運算子 (logical operator)，有時候也稱為布林 (Boolean) 運算子 (參見表 4.3-1)。這些運算子能夠進行逐元運算。除了反 (NOT) 運算子 (~) 之外，這些運算子具有比算術運算子及關係運算子更低的優先權 (參見表 4.3-2)。

■ 表 4.3-1　邏輯運算子

運算子	名稱	定義
~	反 (NOT)	~A 傳回與 A 相同維度的陣列；新陣列在 A 為 0 的地方具有 1，且在 A 不為零的地方具有 0。
&	且 (AND)	A & B 傳回的陣列具有與 A 及 B 相同的維度；若 A 及 B 的對應元素均不為零，新陣列為 1，而 A 或 B 的對應元素有一為零，新陣列為 0。
|	或 (OR)	A|B 傳回的陣列具有與 A 及 B 相同的維度；A 或 B 的對應元素至少有一個不為零，新陣列為 1，而 A 及 B 的對應元素都為零，新陣列為 0。
&&	短路且 (Short-Circuit AND)	A&&B 傳回的陣列具有與 A 及 B 相同的維度；A 或 B 的對應元素至少有一個不為零，新陣列為 1，而 A 及 B 的對應元素都為零，新陣列為 0。
||	短路或 (Short-Circuit OR)	純量邏輯算式的運算子。A || B 在 A 或 B 或兩者都是真的情況下傳回真，反之則傳回偽。

表 4.3-2　運算子類型的優先順序

優先權	運算子類型
第一	括號；由最內的一對括號開始計算
第二	算術運算子及邏輯反 (NOT)(~)；由左至右開始計算
第三	關係運算子；由左至右開始計算
第四	邏輯且 (AND)
第五	邏輯或 (OR)

要查看非常詳細的優先順序，請在指令視窗中鍵入 help precedence。用來表示 NOT 的符號稱為否定號 (tilde)。

NOT 運算 ~A 傳回與 A 相同大小的陣列；新的陣列中，在 A 為零的對應位置，其值為 1，在 A 不為零的對應位置，其值為 0。如果 A 是邏輯陣列，則 ~A 將 1 用 0 取代，並將 0 以 1 取代。例如，若 x = [0,3,9] 且 y = [14,-2,9]，則輸入 z = ~x 會得到 z = [1,0,0]，且 u = ~x > y 會傳回 u = [0,1,0]。此算式與 u = (~x) > y 等效，而 v = ~(x > y) 得到的結果為 v = [1,0,1]。此算式和 v = (x <= y) 等效。

& 及 | 這兩個運算子可以用來比較兩個具有相同維度的陣列。而使用這兩個關係運算子的唯一例外就是將陣列與純量比較。且 (AND) 運算 A&B 在 A 及 B 之對應元素均不為零的位置傳回 1，而在 A 或 B 之對應元素為零的位置傳回 0。算式 z = 0&3 傳回的是 z = 0；z = 2 & 3 傳回的是 z = 1；z = 0 & 0 傳回的是 z = 0；以及 z = [5,-3,0,0] & [2,4,0,5] 傳回的是 z = [1,1,0,0]。因為運算子的優先順序之故，z = 1 & 2 + 3 等效於 z = 1 &(2 + 3)，傳回的值為 z = 1。同理，z = 5 < 6 & 1 與 z = (5<6)&1 等效，傳回的是 z = 1。

令 x = [6,3,9] 且 y = [14,2,9]，並且令 a = [4,3,12]。下列算式

z = (x > y) & a

得到 z = [0,1,0]，而且

z = (x > y) & (x > a)

會傳回 z = [0,0,0]。這和下列算式

z = x > y & x > a

等效，但是此算式的可閱讀性較低。

當操作不等式的時候，要小心使用邏輯運算子。例如，注意 ~(x > y) 與 x

<= y 等效,但是與 x < y 不等效。舉另外一個例子,關係式 5 < *x* < 10 以下列方式輸入於 MATLAB 中:

(5 < x) & (x < 10)

或 (OR) 運算 A|B 在 A 及 B 之對應元素至少有一個不為零的位置傳回 1,而在 A 及 B 之對應元素都為零的位置傳回 0。算式 z = 0|3 傳回的是 z = 1,而算式 z = 0|0 傳回的是 z = 0,以及

z = [5,-3,0,0]|[2,4,0,5]

傳回的是 z = [1,1,0,1]。因為運算子的優先順序之故,

z = 3 < 5|4 == 7

與下列算式

z = (3 < 5)|(4 == 7)

等效,並傳回 z = 1。同理,z = 1|0 & 1 與 z = (1|0) & 1 等效,傳回的是 z = 1,而 z = 1|0 & 0 傳回的是 z = 0,z = 0 & 0|1 傳回的是 z = 1。

因為 NOT 運算子的優先順序,下列敘述

z = ~3 == 7|4 == 6

傳回的是 z = 0,並且與下列算式等效

z = ((~3) == 7)|(4 == 6)

互斥或 (exclusive OR) 函數 xor(A,B) 在 A 及 B 之對應元素同時不為零或同時為零的位置傳回 0;而在 A 及 B 之對應元素只有一個為零的位置傳回 1,但不可以兩個對應元素均為零。此函數以 AND、OR 及 NOT 運算子的函數定義如下:

function z = xor(A,B)
z = (A|B) & ~(A&B);

算式

z = xor([3,0,6],[5,0,0])

傳回 z = [0,0,1],相對的

z = [3,0,6]|[5,0,0]

傳回 z = [1,0,1]。

真值表　　表 4.3-3 是所謂的**真值表** (truth table),其定義了邏輯運算子及函數 xor 的運算。當你還不熟悉使用邏輯運算子時,記得使用此表來檢查你的敘述。記得「真」

表 4.3-3 真值表

x	Y	~x	x|y	x & y	xor(x,y)
真	真	偽	真	真	偽
真	偽	偽	真	偽	真
偽	真	真	真	偽	真
偽	偽	真	偽	偽	偽

等效於邏輯的 1，而「偽」等效於邏輯的 0。我們可以建立下列的數值等效來測試這個真值表。令 x 及 y 表示此真值表的前兩行，並且利用 1 及 0 表示之。

下列的 MATLAB 對話產生以 1 和 0 表示的真值表。

```
>>x = [1,1,0,0]';
>>y = [1,0,1,0]';
>>Truth_Table = [x,y,~x,x|y,x & y,xor(x,y)]
Truth_Table =
    1 1 0 1 1 0
    1 0 0 1 0 1
    0 1 1 1 0 1
    0 0 1 0 0 0
```

從 MATLAB 6 開始，AND 運算子（&）具有比 OR 運算子（|）更高的優先順序。但早期版本的 MATLAB 並非如此，所以如果你使用早期版本所建立的程式碼，在 MATLAB 6 或更新的版本中使用時記得先做必須的修改。例如，敘述 y = 1|5 & 0 的計算方式是 y = 1|(5 & 0)，得到的結果為 y = 1，但是在 MATLAB 5.3 及更早的版本中，此敘述是以 y = (1|5) & 0 來計算的，得到的結果為 y = 0。為了避免因優先順序而產生的潛在問題，記得要使用括號來處理包含算術、關係或邏輯運算子的敘述，就算括號是可以自由選取的情況，也要使用。

短路運算子

下列對於邏輯算式進行 AND 及 OR 運算的運算子只包含純量值。這些運算子稱為短路運算子 (short-circuit operator)，因為只有在第一個運算元無法完全決定時才計算第二個運算元。它們以下列的邏輯變數 A 及 B 來表示時，定義如下。

- A && B 在 A 及 B 均為真的情況下傳回真 (邏輯 1)，其他狀況則傳回偽 (邏輯 0)。
- A||B 在 A 或 B 或兩者都是真的情況下傳回真 (邏輯 1)，其他狀況則傳回偽 (邏輯 0)。

因此，在 A && B 這個敘述中，如果 A 為邏輯 0，不論 B 值為何，整個算式計算得到偽，因此不用計算 B。

對於 A||B，如果 A 為真，不論 B 值為何，此敘述計算得到的為真。

表 4.3-4 列出幾種有用的邏輯函數。

邏輯運算子及 find 函數

`find` 函數對於建立決策程式非常有用，尤其在適當結合關係或邏輯運算子一起使用的時候。函數 `find(x)` 計算出的陣列包含陣列 x 中不為零之元素的索引。例如，考慮下列的對話：

表 4.3-4　邏輯函數

邏輯函數	定義
all(x)	傳回一個純量，如果所有在 x 中的元素均不為零，則傳回純量 1，反之則傳回 0。
all(A)	傳回一個與矩陣 A 具有相同行數的列向量，此列向量只包含 1 及 0，其取決於 A 中對應的行是否包含全部不為零的元素。
any(x)	傳回一個純量，如果在 x 中有任何一個元素不為零，則傳回純量 1，反之則傳回 0。
any(A)	傳回一個與 A 具有相同行數的列向量，此列向量只包含 1 及 0，其取決於矩陣 A 中對應的行是否包含任一不為零的元素。
find(A)	計算一個陣列，其包含陣列 A 中不為零之元素的索引。
[u,v,w] = find(A)	計算陣列 u 及 v 其包含陣列 A 中不為零之元素的行索引，並且計算 w 包含不為零之元素的值。陣列 w 可以省略。
finite(A)	傳回一個與矩陣 A 具有相同維度的陣列，若元素是有限的，則傳回 1，其他則為 0。
ischar(A)	如果 A 是一個字元陣列，則傳回 1，反之則傳回 0。
isempty(A)	如果 A 是一個空矩陣，則傳回 1，反之則傳回 0。
isinf(A)	傳回一個與矩陣 A 具有相同維度的陣列，若 A 中具有「inf」，則傳回為 1，其他部分則為 0。
isnan(A)	傳回一個與矩陣 A 具有相同維度的陣列，若 A 中具有「NaN」，則傳回 1，其他部分則為 0。(「NaN」表示「這不是一個數字」，也就是沒有定義的結果。)
isnumeric(A)	如果 A 是數值陣列，則傳回 1，反之則傳回 0。
isreal(A)	如果 A 是沒有虛部的元素，則傳回 1，反之則傳回 0。
logical(A)	將陣列 A 的元素轉換成為邏輯值。
xor(A,B)	傳回一個與矩陣 A 及 B 具有相同維度的陣列；若 A 及 B 其中一個不為零 (但不可以兩個都不為零)，新陣列包含 1；若 A 及 B 均為零或均不為零，傳回 0。

```
>>x = [-2,0,4];
>>y = find(x)
y =
     1     3
```

所得到的陣列結果為 y = [1,3]，此陣列表示陣列 x 的第一個元素和第三個元素不為零。在此，請注意函數 find 是回傳索引，而不是數值。在接下來的章節中，必須注意 x(x < y) 和 find(x < y) 之間的不同。

```
>>x = [6,3,9,11]; y = [14,2,9,13];
>>values = x(x < y)
values =
     6    11
>>how_many = length (values)
how_many =
     2
>>indices = find(x < y)
indices =
     1     4
```

　　因此在陣列 x 中，這兩個位置的值比陣列 y 中相同位置的值還要小，分別是位於第一個位置的 6 和第四個位置的 11。若要知道數值是多少，也可以鍵入 length (indices)。

　　函數 find 也可以結合邏輯運算子使用，例如考慮以下的敘述：

```
>>x = [5,-3,0,0,8]; y = [2,4,0,5,7];
>>z = find(x & y)
z =
     1     2     5
```

　　所得到的陣列 z = [1,2,5] 表示在 x 與 y 中第一個、第二個及第五個元素都不為零。我們注意到，find 函數傳回的是索引，而不是數值。在下列對話中，注意區分 y(x & y) 所得到的結果及上述 find(x & y) 所得到的結果。

```
>>x = [5,-3,0,0,8];y = [2,4,0,5,7];
>>values = y(x & y)
values =
     2    4    7
>>how_many = length(values)
```

```
how_many =
    3
```

因此,在陣列 y 中具有三個不為零的值對應到陣列 x 中三個不為零的值,亦即第一個、第二個及第五個值,分別為 2、4 及 7。

在上例中,陣列 x 及 y 中只有幾個值,因此可以用目視來檢查這些陣列而得到答案。不過,這些 MATLAB 的求解方法對於大量目視檢查非常耗時的資料,或者由程式本身產生的資料,的確非常有用。

測試你的瞭解程度

T4.3-1 如果 x = [5,-3,18,4] 且 y = [-9,13,7,4],下列運算的結果分別為何?使用 MATLAB 來檢查你的答案。

a. z = ~y > x
b. z = x & y
c. z = x | y
d. z = xor(x,y)

T4.3-2 假設 x = [-9,-6,0,2,5] 且 y = [-10,-6,2,4,6],以下的運算結果為何?透過手算求得結果,然後用 MATLAB 確認答案。

a. z = (x < y)
b. z = (x > y)
c. z = (x ~= y)
d. z = (x == y)
e. z = (x > 2)

T4.3-3 假設 x = [-4,-1,0,2,10] 且 y = [-5,-2,2,5,9],利用 MATLAB 找出 x 中比 y 大的值和相對應的索引。

範例 4.3-1　拋射體的高度與速度

某一拋射體(例如一個被丟出的球)以初速度 v_0 及角度 A 拋出,高度及速度由下列公式給定:

$$h(t) = v_0 t \sin A - 0.5 g t^2$$

$$v(t) = \sqrt{v_0^2 - 2 v_0 g t \sin A + g^2 t^2}$$

其中,g 是重力加速度。此拋射體在 $h(t) = 0$ 撞擊到地面,撞擊發生的時間為 $t_{hit} = 2(v_0/g)\sin A$。假設 $A = 40°$、$v_0 = 20$ m/s,而且 $g = 9.81$ m/s^2。使用 MATLAB 關係運

算子及邏輯運算子,求出當高度不小於 6 公尺及等速度不大於每秒 16 公尺的情況下撞擊地面的時間。另外,討論其他求解的方式。

■ 解法

以關係運算子和邏輯運算子求解此問題的關鍵,在於使用 find 指令求出當邏輯算式 (h >= 6) & (v <= 16) 為真的時間。首先,我們要產生對應於區間 $0 \leq t \leq t_{hit}$ 之內的時間 t_1 與 t_2 之向量 h 及 v,使用的時間間隔 t 要小到讓我們能得到夠正確的值。我們選取的間隔為 $t_{hit}/100$,亦即提供 101 個時間值,此程式如下所示。當計算時間 t_1 及 t_2 時,我們必須由 u(1) 與 length(u) 減去 1,因為陣列 t 中的第一個元素對應到 $t = 0$ (亦即 t(1) 為 0)。

```
% Set the values for initial speed, gravity, and angle.
v0 = 20; g = 9.81; A = 40*pi/180;
% Compute the time to hit.
t_hit = 2*v0*sin(A)/g;
% Compute the arrays containing time, height, and speed.
t = 0:t_hit/100:t_hit;
h = v0*t*sin(A) - 0.5*g*t.^2;
v = sqrt(v0^2 - 2*v0*g*sin(A)*t + g^2*t.^2);
% Determine when the height is no less than 6
% and the speed is no greater than 16.
u = find(h >= 6 & v <= 16);
% Compute the corresponding times.
t_1 = (u(1)-1)*(t_hit/100)
t_2 = (u(length(u)-1)*(t_hit/100)
```

所得到的結果為 $t_1 = 0.8649$,$t_2 = 1.7560$。在這兩個時間之間,$h \geq 6$ m 且 $v \leq 16$ m/s。

我們也可藉由畫出 $h(t)$ 及 $v(t)$ 來求解這個問題,但這種解法的正確度會受限於我們由圖形上挑出點的能力;此外,如果我們要求解許多這種類型的問題,圖形的解法是比較耗時的。

測試你的瞭解程度

T4.3-4 考慮範例 4.3-1 中的問題。使用關係運算子及邏輯運算子,求出當拋射體高度小於 4 公尺或速度大於每秒 17 公尺的情況下撞擊地面的時間。畫出 $h(t)$ 及 $v(t)$ 來驗證你的答案。

4.4 條件敘述

在日常生活中使用的語言，我們會使用條件子句來描述決策，例如「如果我獲得加薪，我要買一部新車」。如果「我獲得加薪」這個敘述為真，則指定的行動 (買一部新車) 將會被執行。以下是另外一個例子：如果我獲得至少每週 100 美元的加薪，我要買一部新車；否則，我會將加薪存起來。更進一步的例子為：如果我獲得至少每週 100 美元的加薪，我要買一部新車；而如果加薪超過 50 美元，我要買一組新的音響，否則我要將加薪存起來。

我們可以將第一個例子的邏輯說明如下：

```
If I get a raise,
    I will buy a new car
. (period)
```

注意，我們如何以句號標記敘述的結束。

第二個例子說明如下：

```
If I get at least a $100 per week raise,
    I will buy a new car;
else,
    I will put the raise into savings
. (period)
```

第三個例子如下：

```
If I get at least a $100 per week raise,
    I will buy a new car;
else, if the raise is greater than $50,
    I will buy a new stereo;
otherwise,
    I will put the raise into savings
. (period)
```

MATLAB 的條件敘述 (conditional statements) 讓我們能夠撰寫做決策的程式。條件敘述包含一個或一個以上的 if、else 及 elseif 敘述。end 敘述表示條件敘述的結束，如同前面一個例子中的句號。這些條件敘述具有和這些例子一樣的形式，閱讀起來也與它們的英文同義。

if 敘述

if 敘述的基本形式為：

```
if 邏輯算式
   敘述
end
```

每個 if 敘述必須伴隨一個 end 敘述。如果邏輯算式為真時，end 敘述會標記所要執行之敘述的結束。在 if 及邏輯算式之間必須存在一個空格，而邏輯算式可以是純量、向量或矩陣。

例如，假設 x 是一個純量，而我們只想要計算 $x \geq 0$ 時的 $y = \sqrt{x}$。若以中文來敘述，指定的程序如下：如果 x 大於或等於零，則根據 $y = \sqrt{x}$ 計算 y。下列的 if 敘述則是實行 MATLAB 中的處理程序，其中假設 x 已經具有一個純量值。

```
if x >= 0
   y = sqrt(x)
end
```

如果 x 為負值，則此程式不進行任何動作。此時，邏輯算式為 x >= 0，而且此敘述只有一列指令 y = sqrt(x)。

if 結構可以下列方式寫成單一列，例如：

```
if x >= 0, y = sqrt(x), end
```

不過，此形式和前面一個形式比起來較不易閱讀。我們通常將敘述內縮來表明哪一個敘述是屬於 if 及其對應的 end，以便改進可閱讀性。

邏輯算式可能是複合的算式；敘述可以是單一的指令，或者一系列以逗號、分號或分開的列所分隔的指令。例如，若 x 及 y 具有純量值，則：

```
z = 0; w = 0;
if (x >= 0)&(y >= 0)
   z = sqrt(x) + sqrt(y)
   w = sqrt(x*y)
end
```

z 及 w 的值只有在 x 與 y 都非負值的情況下才會被計算，否則 z 及 w 會保持原本的值，也就是零。流程圖可參見圖 4.4-1。

我們可以將 if 敘述「內縮成為巢狀」，如下列的例子所示。

```
if 邏輯算式 1
```

```
    敘述群組 1
    if 邏輯算式 2
        敘述群組 2
    end
end
```

我們注意到每一個 if 敘述都伴隨一個 end 敘述。

例如,假設 x 和 y 已經被指派純量的值。

```
if x >= 0
  % Calculate new values for y
  y = 2 - log(x);
  if y >= 0
     z = log(x)
  end
end
```

else 敘述

當一個決策的結果可能有一個以上的動作時,可以使用 if 敘述配合 else 及 elseif 敘述。使用 else 敘述的基本結構為:

```
if 邏輯算式
    敘述群組 1
else
    敘述群組 2
end
```

圖 4.4-2 顯示了此結構的流程圖。

舉例來說,假設 $x \geq 0$ 時 $y = \sqrt{x}$,而 $x < 0$ 時 $y = e^x - 1$。下列的敘述會計算 y;假設 x 已經具有一個純量值。

```
if x >= 0
   y = sqrt(x)
else
   y = exp(x) - 1
end
```

當測試的時候,會執行 if 邏輯算式 (邏輯算式可以是一個陣列),此測試只有在邏輯算式中的所有元素均為真的情況下,才會傳回一個真的值。例如,如果我們無法看出此測試是如何進行,則下列敘述就不會以我們想像的方式進行。

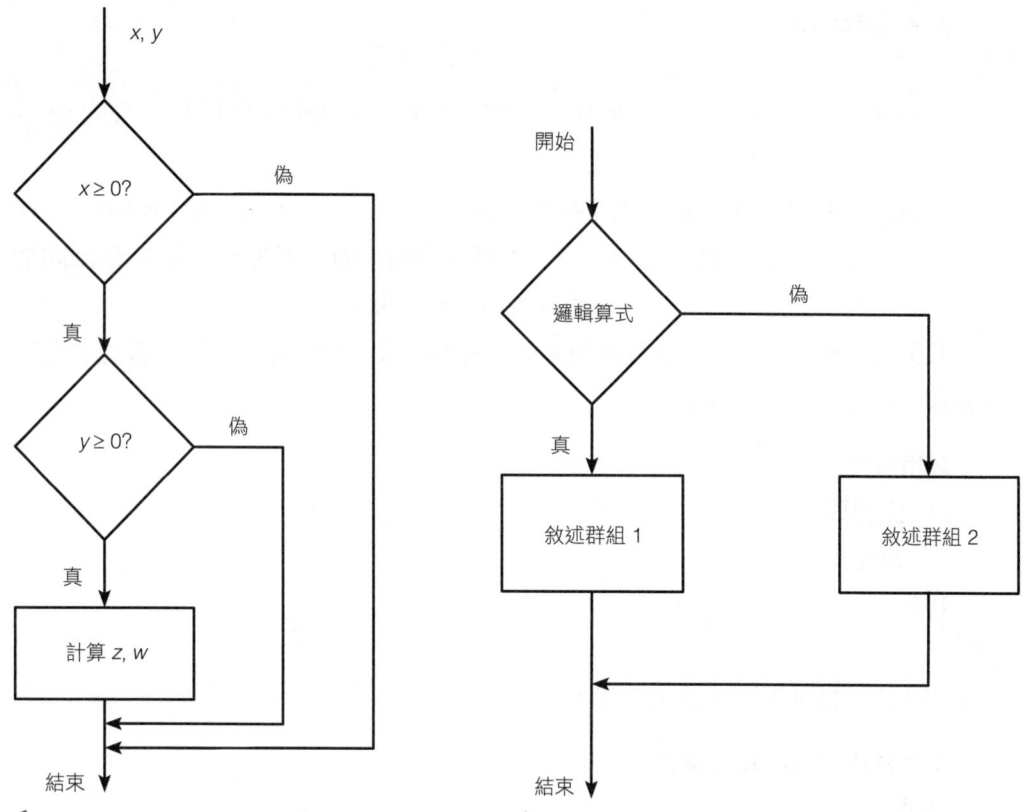

▌圖 4.4-1　顯示二個邏輯測試的流程圖　　▌圖 4.4-2　顯示 else 結構的流程圖

```
x = [4,-9,25];
if x < 0
   disp('Some of the elements of x are negative.')
else
   y = sqrt(x)
end
```

當此程式被執行之後會得到下列結果：

```
y =
   2    0 + 3.000i    5
```

此程式並沒有依序測試 x 中的每一個元素，反而是測試向量關係 x < 0 的真偽。因為它產生了向量 [0,1,0]，所以測試 if x < 0 傳回的結果為偽。將前面這一個程式與下列的程式做比較。

```
x = [4,-9,25];
if x >= 0
```

```
    y = sqrt(x)
else
    disp('Some of the elements of x are negative.')
end
```

當執行此程式之後,會產生下列的結果:Some of the elements of x are negative。測試 if x < 0 的結果為偽,而且因為 x >= 0 傳回向量 [1,0,1],所以測試 if x >= 0 傳回的結果也為偽。

我們有時候必須在「程式簡潔但是難以瞭解」及「使用超過所需的敘述」之間做抉擇。例如,下列的敘述

```
if 邏輯算式 1
    if 邏輯算式 2
        敘述
    end
end
```

可以用下列更為簡潔的形式來取代:

```
if 邏輯算式 1 & 邏輯算式 2
    敘述
end
```

elseif 敘述

if 敘述的一般形式為:

```
if 邏輯算式 1
    敘述群組 1
elseif 邏輯算式 2
    敘述群組 2
else
    敘述群組 3
end
```

如果不需要的話,else 及 elseif 敘述可以省略。但是,如果兩者都被使用,則 else 敘述必須出現於 elseif 敘述之後,來承擔所有未予以說明的條件。圖 4.4-3 是一般 if 結構的流程圖。

例如,假設 $x \geq 5$ 時 $y = \ln x$,且 $0 \leq x < 5$ 時 $y = \sqrt{x}$。假設 x 已經具有一個純量值,下列的敘述會計算 y。

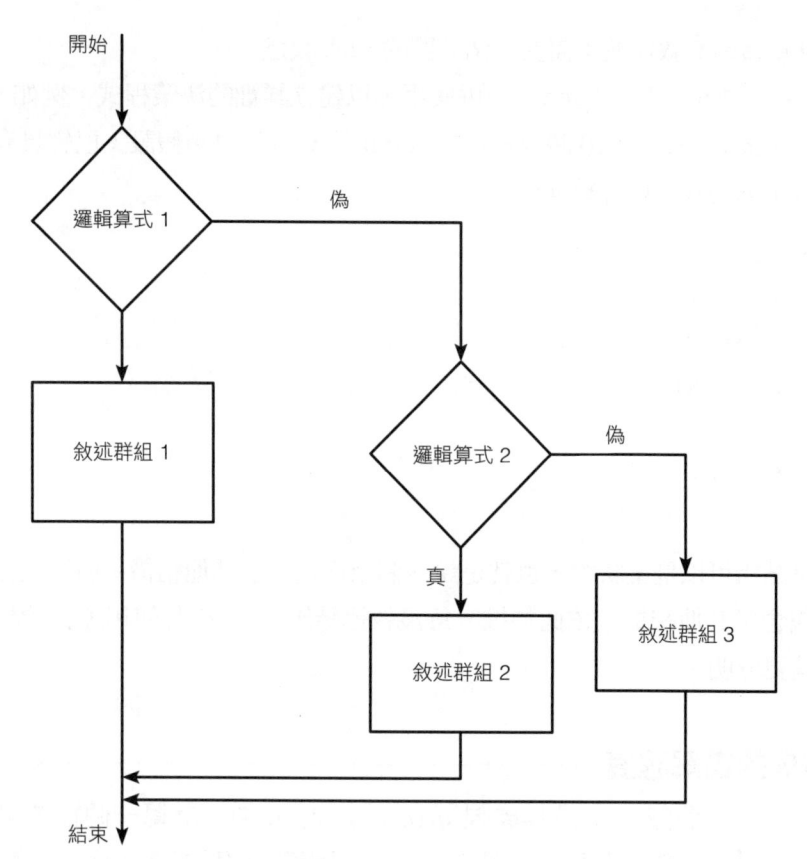

■ 圖 4.4-3　一般 if 結構的流程圖

```
if x >= 5
   y = log(x)
else
   if x >= 0
      y = sqrt(x)
   end
end
```

例如，如果 $x = -2$，則不會採取任何行動。如果我們使用一個 elseif，我們只需要更少的敘述。例如，

```
if x >= 5
   y = log(x)
elseif x >= 0
   y = sqrt(x)
end
```

請注意，elseif 敘述並不需要一個分開的 end 敘述。

else 敘述可以和 elseif 一併使用，以建立詳細的決策程式。例如，假設 $x > 10$ 時 $y = \ln x$，$0 \leq x \leq 10$ 時 $y = \sqrt{x}$，$x < 0$ 時 $y = e^x - 1$。假設 x 已經具有一個純量值，則下列的敘述會計算 y。

```
if x > 10
   y = log(x)
elseif x >= 0
   y = sqrt(x)
else
   y = exp(x) - 1
end
```

決策結構可以是巢狀的，也就是說一個結構包含了其他結構，而這些被包含的結構又包含了其他結構，依此類推。每段敘述結尾的 end 都使用縮格的格式，可以讓段落更分明。

測試你的瞭解程度

T4.4-1 給定一個數字 x 及其象限 q ($q = 1, 2, 3, 4$)，計算一個程式可以計算 $\sin^{-1}(x)$，單位為度，並且考慮象限的因素。此程式在 $|x| > 1$ 的情況下應會顯示錯誤訊息。

檢查輸入及輸出引數的數目

有時候你想要讓函數根據輸入數目的不同而有不同的動作。你可以使用 nargin 函數，這個字表示「number of input arguments」(輸入引數的數目)。在這個函數中，你可以使用條件敘述，亦即根據具有多少個輸入引數來引導計算的流程。舉例來說，假設只有一個輸入值時，你要計算輸入的平方根，而在具有兩個輸入值的時候，需要計算平均的平方根。下列的函數可以達成這個目的。

```
function z = sqrtfun(x,y)
if (nargin == 1)
  z = sqrt(x);
elseif (nargin == 2)
  z = sqrt((x + y)/2);
end
```

函數 nargout 可以用來決定輸出引數的數目。

字串及條件敘述

　　字串是包含字元的變數。字串非常適用於建立輸入提示符號與訊息,以及儲存與操作如姓名與地址等資料。要建立一個字串變數,必須將字元以單引號圍住。例如,字串變數 name 可以用下列的方式建立:

```
>>name = 'Leslie Student'
name =
     Leslie Student
```

下列的字串 (稱為 number)

```
>>number = '123'
number =
     123
```

和輸入 number = 123 所建立出來的變數 number 是不一樣的。

　　字串是以列向量的形式儲存,而且每一行表示一個字元。例如,變數 name 具有 1 列及 14 行 (每一個空格也占據一行)。我們可以用存取其他向量的方式來存取每一行,例如 Leslie Student 中字母 S 占據向量 name 中的第 8 行,我們可以透過輸入 name(8) 來存取這筆資料。

　　字串最重要的應用之一,就是建立輸入提示及輸入訊息。下列的提示程式使用了 isempty(x) 函數,此函數在陣列 x 為空陣列的情況下會傳回 1,反之則傳回 0。同時也使用了 input 函數,此函數的語法為:

x = input('*prompt*', '*string*')

這個函數會在螢幕上顯示字串 prompt,同時等候鍵盤的輸入,並且將輸入的值傳回字串變數 x 中。若是沒有輸入任何東西而直接按下 **Enter**,則此函數會傳回一個空的矩陣。

　　下列的提示程式是一個能讓使用者鍵入 Y 或 y 或直接按下 **Enter** 來回答 Yes (是) 的腳本檔。任何其他的回應會被當作是答案 No (否)。

```
response = input('Do you want to continue? Y/N [Y]: ','s');
if (isempty(response))|(response == 'Y')|(response == 'y')
   response = 'Y'
else
   response = 'N'
end
```

　　在 MATLAB 中還有許多字串函數。你可以藉由輸入 help strfun 來獲得更

多的資訊。

下列函數示範 elseif 結構和使用字串變數。一個定存單 (certificate of deposit, CD) 是一種投資型態其利率和存放時間長短有關。假設一銀行提供 CD 的時間為 0.5 年至 5 年。以下函數顯示作為項目函數所提供的利率。注意該函數如何測試不正確的輸入 (一個超出 0.5 到 5 年範圍的項目)。

```
function r = CD(t);
% Displays CD rate r as a function of the term t.
If t >= 0.5 & t <= 5
  if t >= 4, r = '3.5%';
  elseif t >= 3, r = '3%';
  elseif t >= 2, r = '2.5%'
  elseif t >= 1, r = '2%'
  else r = '1.5%';
  end<=
else
  disp('An incorrect term was entered')
end
```

當使用邏輯運算子、字串和 elseif 字句時，這裡有一些常犯的錯誤：

- 鍵入 if t >= 0.5 & <= 5 在先前的程式碼而不是 if t >= 0.5 & t <= 5
- 鍵入 and 在先前的程式碼而不是 &
- 鍵入 else if 而不是 elseif
- 忘記在字串變數放上引號，鍵入 r = 3% 而不是 r = '3%'
- 鍵入 = 而不是 == 來測試等式。

4.5　for 迴圈

迴圈 (loop) 是一種用來重複進行多次計算的結構。迴圈中每一次重複的步驟稱為通過 (pass)。MATLAB 使用兩種明確的迴圈：for 迴圈，這個迴圈在事前就知道所需要通過的次數；while 迴圈，當某一個指定的條件被滿足時，此迴圈程序才會終止，因此事前我們並不知道通過幾次。

一個簡單的 for 迴圈如下：

```
for k = 5:10:35
    x = k^2
end
```

迴圈變數 (loop variable) k 一開始被指派的值為 5，並且根據 x = k^2 來計算 x。每一次相鄰的兩個通過 k 會被加上一個迴圈增量 10，請繼續計算 x 直到 k 超過 35。因此，k 會出現的值為 5、15、25 及 35，而 x 會出現的值為 25、225、625 及 1225。接著，此程式會繼續執行接在 end 敘述後面的任何敘述。

典型的 for 迴圈結構為：

```
for 迴圈變數 = m:s:n
    敘述
end
```

算式 m:s:n 指派了迴圈變數的起始值為 m，迴圈變數每次會被加上 s 值，我們稱此值為步階值 (step value) 或增量值 (incremental value)。每一次的通過都會依據目前的迴圈變數值來執行敘述。此迴圈會不斷地進行，直到迴圈變數超過終止值 (terminating value) n 才會停止。例如，算式 k = 5:10:36 中，k 的最終值為 35。注意，我們在 for m:s:n 敘述後面並不需要放一個分號來抑制印出 k。圖 4.5-1 顯示 for 迴圈的流程圖。

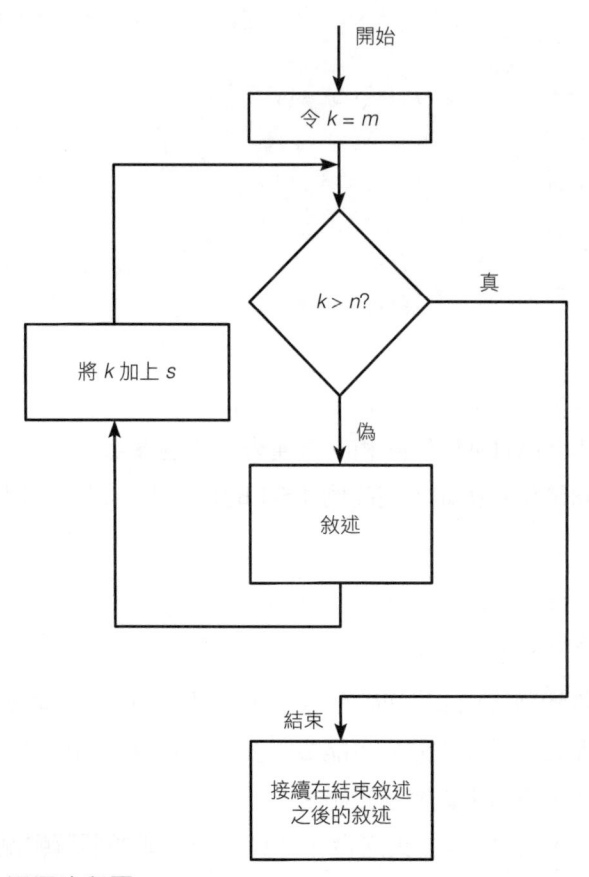

■ 圖 4.5-1　for 迴圈流程圖

注意，for 敘述需要伴隨一個 end 敘述，此 end 敘述標記了所需要執行之敘述的結尾。在 for 及迴圈變數之間要加入一個空格，其中迴圈變數可以是一個純量、向量或矩陣，但純量是我們最常使用的情況。

for 迴圈或許可以寫成如下的單一列程式，例如，

```
for x = 0:2:10, y = sqrt(x), end
```

但是，這個形式和前面形式比較起來，較不具有可閱讀性。通常我們會將敘述內縮來表明此敘述屬於 for 及其對應的 end，因此可改進可閱讀性。

範例 4.5-1　利用 for 迴圈計算級數

寫一個腳本檔計算級數 $5k^2 - 2k$ 前十五項的和，其中 $k = 1, 2, 3, ... , 15$。

■ 解法

因為我們知道必須經過多少次的計算才可以得到結果，所以可以使用 for 迴圈。腳本檔如下：

```
total = 0;
for k = 1:15
    total = 5*k^2 - 2*k + total;
end
disp ('The sum for 15 terms is:')
disp (total)
```

答案為 5960。

向量化

有時你可以用 MATLAB 矩陣和向量運來取代迴圈為依據，純量導向程式碼。這樣的過程稱為向量化。例如，在範例 4.5-1 的程式碼可以簡單程式碼取代

```
K = [1:15];
disp('The sum for 15 terms is:')
total = sum(5*k.^2-2*k)
```

注意我們不需要將變數 total 初始化為零，但是我們必須用陣列指數 (k.^2)。對於計算更密集程式，這樣的效率可能會需要，但對程式撰寫員上則需要更深入的了解和覺得更自在，而這也更容易犯錯。

但是，一個 for 迴圈可能更適合在計算與一個或多個邏輯測試相關時。以下的範例說明此點。

範例 4.5-2　使用 for 迴圈繪圖

寫一個腳本檔以畫出下列函數：

$$y = \begin{cases} 15\sqrt{4x} + 10 & x \geq 9 \\ 10x + 10 & 0 \leq x < 9 \\ 10 & x < 0 \end{cases}$$

x 介於 –5 到 30 之間。

■ 解法

我們選擇間隔為 $dx = 35/300$，這樣可以得到 301 個點以畫出平滑曲線，腳本檔如下：

```
dx = 35/300;
x = -5:dx:30;
for k = 1:length(x)
   if x(k) >= 9
      y(k) = 15*sqrt(4*x(k)) + 10;
   elseif x(k) >= 0
      y(k) = 10*x(k) + 10;
   else
      y(k) = 10;
   end
end
plot(x,y), xlabel('x'), ylabel('y')
```

注意，我們必須用索引 k 指出迴圈中的 x，例如 x(k)。

我們也可以將迴圈及條件敘述進行**巢狀**，如下面的例子所示。(注意，每一個 for 及 if 敘述都需要伴隨 end 敘述。)

巢狀迴圈

假設我們要建立一個特殊的方陣，此方陣在第 1 行及第 1 列都是 1，剩餘的所有元素都是此元素左邊及正上方元素的和，條件為和要小於 20；否則，此元素為這兩個元素中的最大值。下列函數可以建立出這個矩陣。列索引為 r；行索引為 c。我們注意到內縮能夠改進可閱讀性。

```
function A = specmat(n)
A = ones(n);
for r = 1:n
   for c = 1:n
```

```
            if (r > 1) & (c > 1)
                s = A(r-1,c) + A(r,c-1);
                if s < 20
                    A(r,c) = s;
                else
                    A(r,c) = max(A(r-1,c),A(r,c-1));
                end
            end
        end
end
```

輸入 specmat(5) 會產生下列的矩陣：

$$\begin{bmatrix} 1 & 1 & 1 & 1 & 1 \\ 1 & 2 & 3 & 4 & 5 \\ 1 & 3 & 6 & 10 & 15 \\ 1 & 4 & 10 & 10 & 15 \\ 1 & 5 & 15 & 15 & 15 \end{bmatrix}$$

測試你的瞭解程度

T4.5-1 利用條件敘述寫一個腳本檔以計算下列函數的值，其中假設純量變數 x 給定一個值。函數如下：當 $x < 0$，$y = \sqrt{x^2+1}$；當 $0 \leq x \leq 10$，則 $y = 3x + 1$；當 $x \geq 10$，則 $y = 9 \sin(5x - 50) + 31$。使用你寫的腳本檔求出 y 在 $x = -5$、$x = 5$ 和 $x = 15$ 時的值，並以手算驗證結果。

T4.5-2 使用 for 迴圈計算 $3k^2$ 前 20 項的總和，其中 $k = 1, 2, 3, ..., 20$。(答案：8610)

T4.5-3 撰寫一個程式以產生下列的矩陣：

$$\mathbf{A} = \begin{bmatrix} 4 & 8 & 12 \\ 10 & 14 & 18 \\ 16 & 20 & 24 \\ 22 & 26 & 30 \end{bmatrix}$$

以迴圈變數算式 k = m:s:n 使用 for 迴圈時，要注意下列規則：

- 步階值 s 可以為負值。例如，k = 10:-2:4 會產生 k = 10,8,6,4。
- 如果 s 被省略，則步階值預設為 1。
- 如果 s 是正值，當 m 大於 n 時，不會執行迴圈。
- 如果 s 是負值，當 m 小於 n 時，不會執行迴圈。

- 如果 m 等於 n，則迴圈只會執行一次。
- 如果步階值 s 不是整數，則四捨五入的誤差會讓迴圈執行通過的次數與預期結果不同。

當迴圈完成時，k 保持其最後一個值。你不應該在敘述中改變 k 的值，如果這麼做，將造成無法預測的結果。

在傳統的程式語言 (如 BASIC 及 FORTRAN) 中，習慣上我們使用符號 i 及 j 來當作迴圈變數。然而，這種慣例對於 MATLAB 並不是好的作法，因為在 MATLAB 中這兩個符號是當作虛部 $\sqrt{-1}$。

break 及 continue 敘述

在迴圈變數達到終值之前，可以使用一個 if 敘述來「跳出」這個迴圈。亦即，使用 break 指令就可以終止迴圈，而非停止整個程式。例如，

```
for k = 1:10
    x = 50 - k^2;
    if x < 0
        break
    end
    y = sqrt(x)
end
% The program execution jumps to here
% if the break command is executed.
```

然而，我們通常盡可能不要撰寫包含 break 指令的程式。在這種情況下，我們通常使用 while 迴圈來達到目的，在下一個段落中我們將解釋箇中原由。

break 敘述會停止迴圈的執行。在某些應用中，我們想要避免執行會發生錯誤的情況，但能夠繼續執行剩餘的迴圈。此時，我們可以運用 continue 敘述來做到。continue 敘述出現的時候，會將控制傳遞到下一個 for 或 while 迴圈的迭代，而省略此迴圈本體其他部分的敘述。在巢狀迴圈中，continue 會將控制傳遞到下一個包含 continue 的 for 或 while 迴圈的迭代。

例如，下列的程式碼使用 continue 敘述來避免計算到有負數的對數。

```
x = [10,1000,-10,100];
y = NaN*x;
for k = 1:length(x)
    if x(k) < 0
```

```
        continue
    end
    kvalue(k) = k;
    y(k) = log10(x(k));
end
kvalue
y
```

此結果為 k = 1,2,0,4 及 y = 1,3,NaN,2。

使用陣列當作迴圈索引

我們也可以使用矩陣算式來指定通過的次數。在這種情況下，迴圈變數是一個向量；在每次的通過中，我們令此向量等於此矩陣算式的連續列。例如，

```
A = [1,2,3;4,5,6];
for v = A
    disp(v)
end
```

等效於

```
A = [1,2,3;4,5,6];
n = 3;
for k = 1:n
   v = A(:,k)
end
```

一般的算式 k = m:s:n 是矩陣算式的一個特例：此算式中，每一行是一個純量，而不是一個向量。

例如，假設我們想要計算由原點到一組三個由 xy 座標表示的點 (3, 7)、(6, 6) 及 (2, 8) 的距離。我們可以將這些座標安排於如下的陣列 coord 中。

$$\begin{bmatrix} 3 & 6 & 2 \\ 7 & 6 & 8 \end{bmatrix}$$

於是，coord = [3,6,2;7,6,8]。下列的程式會計算距離，並且求出離原點最遠的點。第一次通過迴圈時，索引 coord 為 [3,7]'；第二次通過迴圈時，索引為 [6,6]'；而最後一次通過迴圈時，索引變為 [2,8]'。

```
k = 0;
for coord = [3,6,2;7,6,8]
```

```
    k = k + 1;
    distance(k) = sqrt(coord'*coord)
end
[max_distance,farthest] = max(distance)
```

前面的程式說明了陣列索引的使用方式，但是此問題可以用下列更為簡潔的程式來求解。下列程式中，我們使用 diag 函數來取出陣列的對角線元素。

```
coord = [3,6,2;7,6,8];
distance = sqrt(diag(coord'*coord))
[max_distance,farthest] = max(distance)
```

隱迴圈

許多 MATLAB 指令都包含了隱迴圈 (implied loops)。例如，考慮下列這些敘述。

```
x = [0:5:100];
y = cos(x);
```

為了使用 for 迴圈來達到以上的結果，我們必須輸入：

```
for k = 1:21
    x = (k - 1)*5;
    y(k) = cos(x);
end
```

find 函數是另外一個隱迴圈的例子。敘述 y = find(x > 0) 等效於

```
m = 0;
for k = 1:length(x)
    if x(k) > 0
        m = m + 1;
        y(m) = k;
    end
end
```

如果你對傳統的程式語言 (如 FORTRAN 或 BASIC) 很熟悉的話，你會傾向在 MATLAB 中使用迴圈去求解問題，而不是使用 MATLAB 中強大的指令 (如 find)。要使用這些指令並將 MATLAB 的能力發揮到極致，你必須採用新的方法。就像前面一個例子所顯示的，使用 MATLAB 的指令來取代迴圈可以使你省下許多程式碼，同時程式執行速度也會變快，因為 MATLAB 是針對高速向量運算而設計的。

測試你的瞭解程度

T4.5-4 撰寫一個等效於指令 sum(A) 的 for 迴圈，其中 A 是一個矩陣。

範例 4.5-3　資料排序

向量 x 已由測量而得到。假設我們認定在區間 −0.1 < x < 0.1 中的資料值是錯誤的。我們想要移除所有這種元素，並在陣列結尾的地方將這些元素皆以零取代。試開發兩種方式來達到這個目的。下表是其中一例。

	之前	之後
x(1)	1.92	1.92
x(2)	0.05	−2.43
x(3)	−2.43	0.85
x(4)	−0.02	0
x(5)	0.09	0
x(6)	0.85	0
x(7)	−0.06	0

■ 解法

下列的腳本檔使用具有條件敘述的 for 迴圈。注意，此程式中使用了空陣列 []。

```
x = [1.92,0.05,-2.43,-0.02,0.09,0.85,-0.06];
y = [];z = [];
for k = 1:length(x)
   if abs(x(k)) >= 0.1
      y = [y,x(k)];
   else
      z = [z,x(k)];
   end
end
xnew = [y,zeros(size(z))]
```

下列的腳本檔則是使用 find 函數。

```
x = [1.92,0.05,-2.43,-0.02,0.09,0.85,-0.06];
y = x(find(abs(x) >= 0.1));
z = zeros(size(find(abs(x) < 0.1)));
xnew = [y,z]
```

使用邏輯陣列當作遮罩

考慮陣列 **A**

$$\mathbf{A} = \begin{bmatrix} 0 & -1 & 4 \\ 9 & -14 & 25 \\ -34 & 49 & 64 \end{bmatrix}$$

下列程式能夠計算陣列 **B**，也就是所有陣列 **A** 中不小於 0 之元素的平方根；若此元素為負，則加上 50。

```
A = [0,-1,4;9,-14,25;-34,49,64];
for m = 1:size(A,1)
   for n = 1:size(A,2)
      if A(m,n) >= 0
         B(m,n) = sqrt(A(m,n));
      else
         B(m,n) = A(m,n) + 50;
      end
   end
end
B
```

所得到的結果為：

$$\mathbf{B} = \begin{bmatrix} 0 & 49 & 2 \\ 3 & 36 & 5 \\ 16 & 7 & 8 \end{bmatrix}$$

當邏輯陣列被用來處理另外一個陣列時，會抽出在該陣列中對應到邏輯陣列為 1 之元素。因此，我們可以利用邏輯陣列當作一個**遮罩** (mask)，來選取其他陣列的元素，如此一來可避免使用迴圈及分支，並且建立更為簡單且快速的程式，而任何沒有被選取到的元素則保持不變。

遮罩

下列對話係根據前面所給定的數值陣列 A 而建立的邏輯陣列 C。

```
>>A = [0,-1,4;9,-14,25;-34,49,64];
>>C = (A >= 0);
```

所得到的結果為：

$$\mathbf{C} = \begin{bmatrix} 1 & 0 & 1 \\ 1 & 0 & 1 \\ 0 & 1 & 1 \end{bmatrix}$$

我們可以使用這個技巧來計算前一個程式中，所給定的 A 中不小於 0 的元素平方根，並且將負的元素加上 50。此程式為：

```
A = [0,-1,4;9,-14,25;-34,49,64];
C = (A >= 0);
A(C) = sqrt(A(C))
A(~C) = A(~C) + 50
```

在程式第 3 列執行完畢後所得到的結果為：

$$\mathbf{A} = \begin{bmatrix} 0 & -1 & 2 \\ 3 & -14 & 25 \\ -34 & 49 & 64 \end{bmatrix}$$

在程式最後一列執行完畢後所得到的結果為：

$$\mathbf{A} = \begin{bmatrix} 0 & 49 & 2 \\ 3 & 36 & 5 \\ 16 & 7 & 8 \end{bmatrix}$$

範例 4.5-4　儀測火箭的飛行

所有的火箭在燃燒消耗燃料時重量會減輕，因此系統的質量是會變化的。下列方程式描述了垂直發射的火箭速度 v 及高度 h，其中省略空氣阻力。這些方程式可以由牛頓定律推導而得。

$$v(t) = u \ln \frac{m_0}{m_0 - qt} - gt \tag{4-5.1}$$

$$h(t) = \frac{u}{q}(m_0 - qt) \ln(m_0 - qt)$$
$$+ u(\ln m_0 + 1)t - \frac{gt^2}{2} - \frac{m_0 u}{q} \ln m_0 \tag{4-5.2}$$

其中，m_0 是火箭的起始質量，q 是火箭燃燒燃料時質量的變率，u 是燃燒的燃料噴出火箭時與火箭本體的相對速度，g 是重力加速度。令 b 為燃燒時間，也就是所有燃料都消耗完畢所需的時間。因此，火箭沒有燃料時的質量為 $m_e = m_0 - qb$。

當 $t > b$ 之後，火箭引擎已經不再產生推力，此時的速度及高度由下列方程式給定：

$$v(t) = v(b) - g(t - b) \tag{4-5.3}$$

$$h(t) = h(b) + v(b)(t - b) - \frac{g(t - b)^2}{2} \tag{4-5.4}$$

達到頂端高度的時間 t_p 可以藉由令 $v(t) = 0$ 求得，結果為 $t_p = b + v(b)/g$。將此算式代

入計算 $h(t)$ 的 (4.5-4) 式，得到下列頂端高度的算式：$h_p = h(b) + v^2(b)/(2g)$。火箭撞擊地面的時間為 $t_{hit} = t_p + \sqrt{2h_p/g}$。

假設此火箭所載運的儀器係用來研究上層大氣，而我們需要求出高度達到 50,000 英尺所需花費的時間，並且將它表示成燃燒時間 b 的函數 (也就是燃料質量 qb 的函數)。假設給定下列的值：$m_e = 100$ slugs、$q = 1$ slugs/sec、$u = 8000$ ft/sec，而 $g = 32.2$ ft/sec^2。如果火箭最大的燃料容量為 100 slugs，則 b 的最大值為 $100/q = 100$。撰寫一個 MATLAB 程式來求解此問題。

■ 解法

開發此程式的虛擬碼列於表 4.5-1 中。其中，`for` 迴圈是一個用來求解此問題的邏輯選擇，因為我們知道燃燒時間 b 及撞擊地面的時間 t_{hit}。用來求解此問題的 MATLAB 程式顯示於表 4.5-2 中。此程式具有兩個巢狀的 `for` 迴圈。內迴圈會隨時

表 4.5-1　範例 4.5-4 的虛擬碼

輸入資料。
由 0 增加燃燒時間到 100。對於每個燃燒時間的值：
　　計算 m_0、v_b、h_b、h_p。
　　如果 $h_p \geq h_{desired}$，
　　　　計算 t_p 與 t_{hit}。
　　　　由 0 增加燃燒時間到 t_{hit}。
　　　　　　使用正確的方程式，並且根據是否發生燃料消耗完畢計算高度
　　　　　　對時間的函數。
　　　　計算在所需高度上停留的時間。
　　　　結束時間迴圈。
　　如果 $h_p < h_{desired}$，令停留時間為 0。
結束燃燒時間迴圈。
畫出結果。

表 4.5-2　範例 4.5-4 的 MATLAB 程式

```
% Script file rocket1.m
% Computes flight duration as a function of burn time.
% Basic data values.
m_e = 100; q = 1; u = 8000; g = 32.2;
dt = 0.1; h_desired = 50 000;
for b = 1:100 % Loop over burn time.
    burn_time(b) = b;
    % The following lines implement the formulas in the text.
    m_0 = m_e + q*b; v_b = u*log(m_0/m_e) - g*b;
```

```
        h_b = ((u*m_e)/q)*log(m_e/(m_e+q*b))+u*b - 0.5*g*b^2;
        h_p = h_b + v_b^2/(2*g);
        if h_p >= h_desired
        % Calculate only if peak height > desired height.
            t_p = b + v_b/g; % Compute peak time.
            t_hit = t_p + sqrt(2*h_p/g); % Compute time to hit.
            for p = 0:t_hit/dt
                % Use a loop to compute the height vector.
                k = p + 1; t = p*dt; time(k) = t;
                if t <= b
                    % Burnout has not yet occurred.
                    h(k) = (u/q)*(m_0 - q*t)*log(m_0 - q*t)...
                        + u*(log(m_0) + 1)*t - 0.5*g*t^2 ...
                        - (m_0*u/q)*log(m_0);
                else
                    % Burnout has occurred.
                    h(k) = h_b - 0.5*g*(t - b)^2 + v_b*(t - b);
                end
            end
            % Compute the duration.
            duration(b) = length(find(h>=h_desired))*dt;
        else
            % Rocket did not reach the desired height.
            duration(b) = 0;
        end
end % Plot the results.
plot(burn_time,duration),xlabel('Burn Time (sec)'),...
ylabel('Duration (sec)'),title('Duration Above 50 000 Feet')
```

間推移，以每隔 1/10 秒的時間來計算運動方程式。此迴圈可以針對某個給定的燃燒時間 b 值，計算出 50,000 英尺以上的停留時間。我們可以使用更小的時間增量 dt 來得到更正確的值。外迴圈則從 $b = 1$ 到 $b = 100$ 的整數值來改變燃燒時間。最後的結果為對應於不同燃燒時間的停留時間向量，請參見圖 4.5-2。

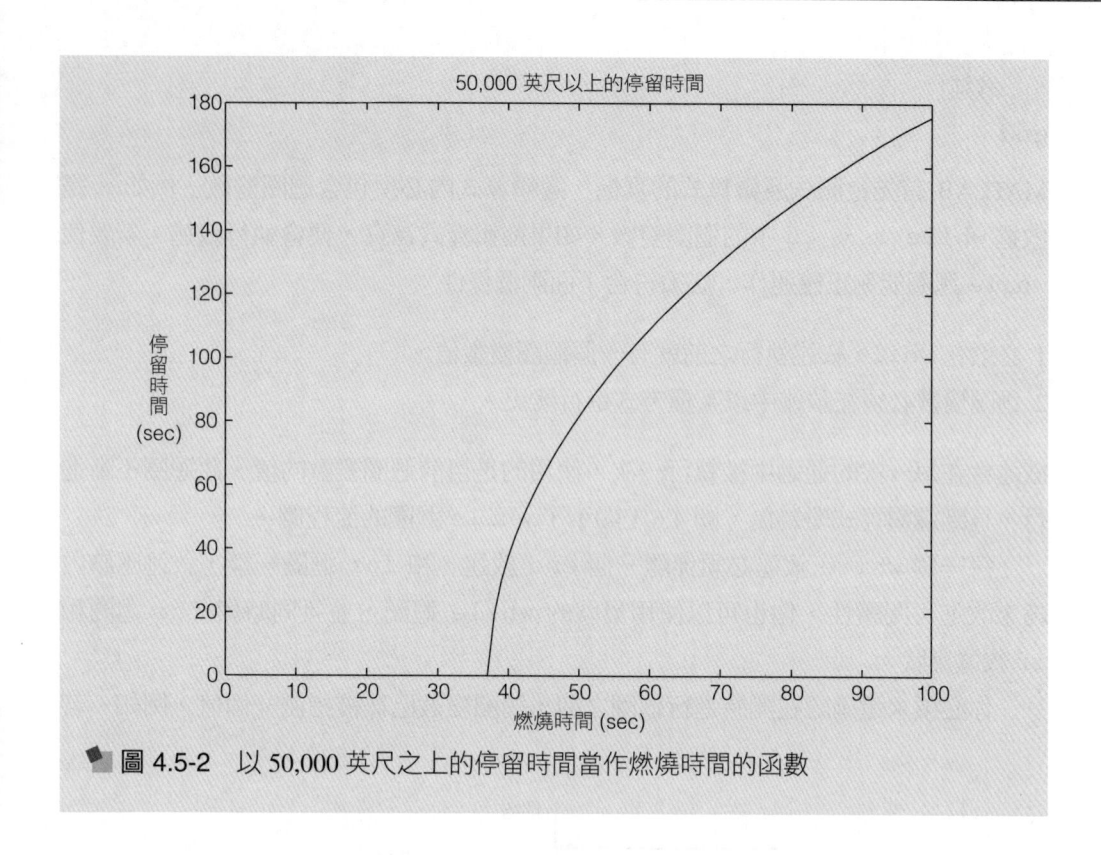

圖 4.5-2　以 50,000 英尺之上的停留時間當作燃燒時間的函數

4.6　while 迴圈

while 迴圈是用於當某一特定條件被滿足時，才終止迴圈的處理程序，而事先我們未能知道通過的次數。一個簡單的 while 的迴圈例子為：

```
x = 5;
while x < 25
   disp(x)
   x = 2*x - 1;
end
```

此程式中，disp 敘述所顯示的結果為 5、9 及 17。迴圈變數 x 一開始被指派為 5，且直到第一次遇到敘述 x = 2*x-1 之前都一直保持這個值。接下來此值變成 9。在每一次通過迴圈之前，會檢查 x 是否小於 25。如果是，則繼續通過；如果不是，則跳過此迴圈，並繼續執行任何接續在 end 敘述後面的敘述。

使用 while 迴圈最主要的應用就是我們希望只要某一個敘述為真的時候，此迴圈就繼續執行，而在這種情況下要使用 for 迴圈是比較困難的。典型的 while 結構如下所示。

while 邏輯算式

　　　　敘述
end

MATLAB 首先會測試邏輯算式的真偽。邏輯算式內必須包含迴圈變數,例如 x 是敘述 while x < 25 中的迴圈變數。如果邏輯算式為真,便會執行敘述。若要使 while 迴圈能夠正確運作,必須符合下面兩個條件:

1. 必須在 while 敘述執行之前就有一個迴圈變數值。
2. 迴圈變數必須在敘述中以某種方式進行變更。

敘述會在每一次的通過中被執行一次,使用的是目前迴圈變數的值。此迴圈不斷進行,直到邏輯算式變為偽。圖 4.6-1 顯示了 while 迴圈的流程圖。

　　每一個 while 敘述必須伴隨一個 end 敘述。和 for 迴圈一樣,敘述應該內縮來改進可閱讀性。你也可以使用巢狀的 while 迴圈,並且同時與 for 迴圈和 if 敘述巢狀。

　　你必須永遠確認在開始進行迴圈之前,迴圈變數已經被指派一個值。例如,若

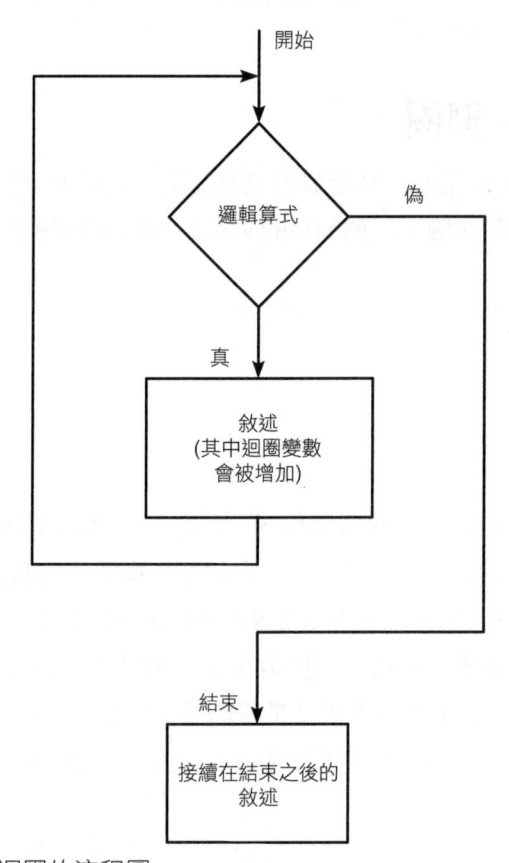

■ 圖 4.6-1　while 迴圈的流程圖

是在忽略給定 x 值的情況下,下列迴圈會得到非預期中的值。

```
while x < 10
   x = x + 1;
   y = 2*x;
end
```

如果 x 在迴圈開始之前沒有指派一個值,會出現一個錯誤訊息。如果我們希望 x 由 0 開始,則應該加入敘述 x = 0; 於 while 敘述之前。

建立一個無限迴圈 (infinite loop,永遠不結束的迴圈) 是有可能的。例如,

```
x = 8;
while x ~= 0
   x = x - 3;
end
```

在這個迴圈中,變數 x 發生的值依序為 5, 2, –1, –4, ...,而且條件 x ~= 0 永遠會被滿足,所以此迴圈永遠不會結束。如果出現這樣的迴圈,按下 **Ctrl-C** 便可停止此一迴圈。

範例 4.6-1　利用 while 迴圈計算級數

寫一個腳本檔確認方程式 $5k^2 - 2k$ (k = 1, 2, 3, ...) 需要加總幾項,其總和才會超過 10,000。而將這幾項加總以後的結果又為何?

■ 解法

因為我們並不知道需要計算方程式 $5k^2 - 2k$ 多少次,所以採用 while 迴圈,腳本檔如下:

```
total = 0;
k = 0;
while total < 1e+4
   k = k + 1;
   total = 5*k^2 - 2*k + total;
end
disp('The number of terms is:')
disp(k)
disp('The sum is:')
disp(total)
```

在加總 18 項以後得到 10,203。

範例 4.6-2　銀行帳目的增長

如果固定每年初及年末各存入 500 美元，銀行每年會支付 5% 的利息，試計算至少需要多少時間，存款總值才會超過 10,000 美元。

■ 解法

因為我們並不知道需要幾年的時間，所以使用 while 迴圈。腳本檔如下：

```
amount = 500;
k = 0;
while amount < 10000
    k = k+1;
    amount = amount*1.05 + 500;
end
amount
k
```

最後的結果為 amount = 1.0789e+004，或是 10,789 美元，而 k = 14 或需要 14 年的時間。

範例 4.6-3　達到指定高度所需的時間

考慮範例 4.5-4 中可變質量的火箭。撰寫一個程式，求出若燃燒時間為 50 秒，達到 40,000 英尺所需花費的時間。

■ 解法

虛擬碼列於表 4.6-1 中。因為不知道需要多少時間，所以使用 while 迴圈。列

▪ 表 4.6-1　範例 4.6-3 的虛擬碼

輸入資料。
計算 m_0、v_b、h_b、h_p。
如果 $h_p \geq h_{\text{desired}}$，
　　使用 while 迴圈增加時間並且計算高度，直到達到想要的高度為止。
　　　　使用合適的方程式，並且根據是否發生燃料消耗完畢，來計算高度對時間的函數。
　　結束時間迴圈。
　　顯示結果。
如果 $h_p < h_{\text{desired}}$，則表示火箭無法達到想要的高度。

於表 4.6-2 的程式能夠完成這個計算,而且此程式是修改表 4.5-2 中的程式得來。我們注意到新的程式允許火箭高度達不到 40,000 英尺的情形發生。這對於撰寫能夠處理所有預料到之情況是很重要的。根據此程式所得到的答案為 53 秒。

■ 表 4.6-2　範例 4.6-3 的 MATLAB 程式

```
% Script file rocket2.m
% Computes time to reach desired height.
% Set the data values.
h_desired = 40000; m_e = 100; q = 1;
u = 8000; g = 32.2; dt = 0.1; b = 50;
% Compute values at burnout, peak time, and height.
m_0 = m_e + q*b; v_b = u*log(m_0/m_e) - g*b;
h_b = ((u*m_e)/q)*log(m_e/(m_e+q*b))+u*b - 0.5*g*b^2;
t_p = b + v_b/g;
h_p = h_b + v_b^2/(2*g);
% If h_p > h_desired, compute time to reached h_desired.
if h_p > h_desired
   h = 0; k = 0;
   while h < h_desired % Compute h until h = h_desired.
      t = k*dt; k = k + 1;
      if t <= b
         % Burnout has not yet occurred.
         h = (u/q)*(m_0 - q*t)*log(m_0 - q*t)...
            + u*(log(m_0) + 1)*t - 0.5*g*t^2 ...
            - (m_0*u/q)*log(m_0);
      else
         % Burnout has occurred.
         h = h_b - 0.5*g*(t - b)^2 + v_b*(t - b);
      end
   end
   % Display the results.
   disp('The time to reach the desired height is:')
   disp(t)
else
   disp('Rocket cannot achieve the desired height.')
end
```

測試你的瞭解程度

T4.6-1 用 while 迴圈級數 $3k^2$ (k = 1, 2, 3, ...) 需要加總幾項，才會超過 2000。這些項加總的總和是多少？(答案：共需要加總 13 項，總和為 2457)

T4.6-2 改寫下列的程式碼，使用 while 圈來避免使用 break 指令。

```
for k = 1:10
    x = 50 - k^2;
    if x < 0
        break
    end
    y = sqrt(x)
end
```

T4.6-3 求出使得下列的近似級數 $e^x \approx 1 + x + x^2/2 + x^3/6$ 誤差不超過 1 個百分比之最大 x 值，取至兩位小數。(答案：x = 0.83)

4.7 switch 結構

switch 結構提供另外一種使用 if、elseif 及 else 指令的替代方式。任何使用 switch 所撰寫出來的程式必定也能用 if 結構撰寫出來。然而，對於某些應用而言，switch 結構比 if 結構較具有可閱讀性。其語法為：

```
switch 輸入算式 (純量或字串)
    case 值 1
       敘述群組 1
    case 值 2
       敘述群組 2
       .
       .
       .
    otherwise
       敘述群組 n
end
```

輸入算式 (input expression) 與每一個 case 值做比較。如果兩者相同，則接續在case 敘述之後的敘述會被執行，之後則執行任何 end 敘述後面的敘述。如果輸入算式是一個字串，則當 strcmp 傳回 1 時 (表示為真)，它會等於 case 值。

只有第一個符合 case 的敘述會被執行。如果沒有任何相符的情況發生，則接續在 otherwise 敘述之後的敘述會被執行，但 otherswise 敘述是可有可無的。如果沒有使用，則沒有任何相符的情形發生，會繼續執行接續在 end 敘述之後的敘述。每一個 case 值敘述必須在單一列中。

例如，假設變數 angle 是一個整數值，用來表示由北方起算量測出來的角度，單位為度。下列的 switch 方塊顯示羅盤上對應至該角度的點。

```
switch angle
   case 45
      disp('Northeast')
   case 135
      disp('Southeast')
   case 225
      disp('Southwest')
   case 315
      disp('Northwest')
   otherwise
      disp('Direction Unknown')
end
```

在輸入算式中使用字串變數，可以得到非常具有可閱讀性的程式。例如，下列的程式碼中數值向量 x 具有值，而使用者會輸入字串變數 response 的值，預計能接受的值為 min、max 或 sum。此程式碼可以根據使用者指定來求出 x 中元素的最大值、最小值或元素的和。

```
t = [0:100]; x = exp(-t).*sin(t);
response = input('Type min, max, or sum.','s')
response = lower('response');
switch response
   case min
      minimum = min(x)
   case max
      maximum = max(x)
   case sum
      total = sum(x)
   otherwise
      disp('You have not entered a proper choice.')
end
```

藉由將 case 值以胞陣列包圍，switch 敘述就能夠在同一個 case 敘述中處理多個條件。例如，下列的 switch 方塊會根據由北方起算的給定整數角度值，顯示羅盤上對應的點。

```
switch angle
   case {0,360}
      disp('North')
   case {-180,180}
      disp('South')
   case {-270,90}
      disp('East')
   case {-90,270}
      disp('West')
   otherwise
      disp('Direction Unknown')
end
```

測試你的瞭解程度

T4.7-1 撰寫一個使用 switch 結構的程式，輸入一個角度 (可能為 45º、–45º、135º 或 –135º)，並且顯示包含此角度的象限 (1、2、3 或 4)。

範例 4.7-1　使用 switch 結構做日曆計算

使用 switch 結構，並給定月份 (1 至 12 月)、該月的第幾天，以及該年度是否為閏年，計算出該日期為該年度的第幾天。

■ 解法

注意，2 月在閏年的時候會多一天。下列函數在給定月份 (1 至 12 月)、該月的第幾天，以及閏年指標 extra_day 的值下，可計算出該日期為該年度的第幾天。若閏年指標 extra_day 的值為 1，則表示閏年；若該值為 0，則表示非閏年。

```
function total_days = total(month,day,extra_day)
total_days = day;
for k = 1:month - 1
   switch k
      case {1,3,5,7,8,10,12}
         total_days = total_days + 31;
```

```
        case {4,6,9,11}
            total_days = total_days + 30;
        case 2
            total_days = total_days + 28 + extra_day;
    end
end
```

此函數可使用於下列程式之中。

```
month = input('Enter month (1 - 12): ');
day = input('Enter day (1 - 31): ');
extra_day = input('Enter 1 for leap year; 0 otherwise: ');
total_days = total(month,day,extra_day)
```

第 4.4 節中的習題之一 (習題 19) 即要求使用者撰寫一個程式決定給定的年份是否為閏年。

4.8　MATLAB 程式除錯

使用 MATLAB 編輯器作為一個 M 檔案的編輯器在前幾章曾討論過。在此，我們討論除錯器的使用。圖 4.8-1 則顯示內含欲分析程式之除錯器。在你使用除錯器之前，記得使用第 1.4 小節 **Debugging Script Files** 中所提到的常識指導原則。因為 MATLAB 指令具有強大的功能，通常 MATLAB 程式都比較簡短，所以使用者並不需要除錯器，除非使用者編寫的是很大的程式。然而，本章節所提到的細胞模式 (cell mode) 對很短的程式仍然適用。在第一和第三章我們已經討論過在 Editor 標籤的 File 小節中功能列的最左邊項目，而它們的功能極為明顯。

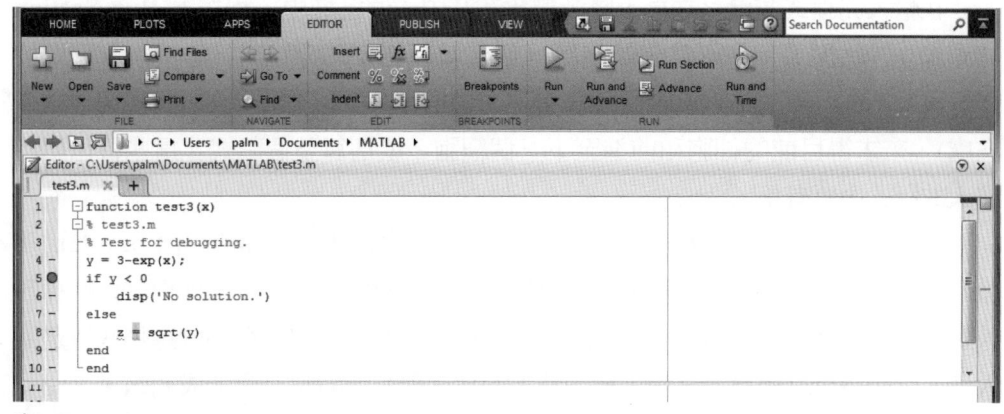

圖 4.8-1　編輯器內含一個欲分析的程式

位在 NAVIGATE 和 EDIT 標籤下中間的項目群，主要對大型程式有用。向前和向後箭頭，和 Find 項目能在程式中引導你。Insert 項目讓你插入一個新的段落，從清單中一個函數，或固定點數據。Command 項目讓你插入、刪除或包覆註解。按先前鍵入行的任意處，接著按 Comment。這樣會讓整行成為註解。一個多行的註解指定可以在第一行註解插入 %{ 和最後一行註解插入 %}。將註解行轉換為執行行，按該行的任意處，然後按 Uncomment。Indent 項目讓你增減內縮的量，或打開智慧內縮。

編輯器的內縮最重要的特性是在 BREAKPOINTS 和 RUN 小節的五個項目。

細胞模式

細胞模式 (cell mode) 可以用來做程式的除錯，也可以用來產生報告。請參見第 5.2 小節末的討論，以瞭解如何使用細胞模式來產生報告。細胞是指一群命令的使用 (在此所指的細胞請不要和第 2.6 節所提到的胞陣列混淆)。輸入兩個百分比符號 (%%) 係標示一個新細胞的開頭，此一符號稱為細胞分配器 (cell divider)。當你將程式輸入編輯器時，細胞模式將被啟動；如果要關閉細胞模式，單擊 Cell 按鈕並選擇 Disable Cell Mode 即可。細胞工具列如圖 4.8-2 所示。

考慮下列簡單的程式碼，內容不是畫出二次函數，就是畫出三次函數。

```
%% Evaluate a quadratic an a cubic.
clear,clc
x = linspace(0,10,300);
%% Quadratic
y1 = polyval([1,-8,6],x); plot(x,y1)
%% Cubic
y2 = polyval([1,-11,9,9],x); plot(x,y2);
```

在輸入完程式並儲存之後，將游標放在其中一個區域中，和按下 **Run Section** 的圖像 (對此程式，你顯然應該跑第一個區域起初來建立 x 的值)。你也可以按 **Run and Advance** 或 **Advance** 圖像。這些能讓你求得目前單一細胞 (目前游標的所在處)，來求得目前的細胞和前進至下一個細胞，或估算整個程式。這些特色顯然在大的程式中更有用。

按 **Run and Time** 啟動剖析者 (Profiler)，是一個使用者界面使用由 profile 函數回傳的結果。它們提供一種量測那段程式碼最花時間的方法，因此你可以估算改善那段程式碼性能的可能。它們也可以用來決定程式碼的那一行不能跑哪些特定輸入值。你隨後可以開發測試例子練習特定的程式碼來看看是否會造成問題。

細胞模式的一個實用功能是可以讓使用者求得改變參數值之後的結果。例如圖

4.8-2 中，如果你已經執行該程式且二次曲線圖已經畫在螢幕上，在數值 –8 之前刪除減號和按 **Run Section**。看曲線圖的改變。你無須先儲存這個程式。

斷點

斷點 (breakpoint) 意指在檔案執行中暫時停止的點，並讓使用者能夠檢查這個點以上所有變數的值。在 Breakpoints 下的落下功能表讓你設定和清除斷點，設定條件，和決定如何處理錯誤。你可以將游標放在一行中和選擇選單的 **Set/Clear** 項目中設定一行中的斷點。

你無須用功能表來對程式除錯；你可以用指令視窗。鍵入 `help debug` 可以看到 MATLAB 除錯函數的清單，或者在搜尋視窗中鍵入 "debugging"。它們都以 `db` 開始 (來除錯)。常用的函數是 `dbstop` (來設定一個斷點)、`dbclear` (移除一個斷點)、`dbcont` (恢復執行)、`dbstep` (執行一或更多行) 和 `dbquit` (離開除錯模式)。

當一個斷點被觸及，MATLAB 進入除錯模式，除錯視窗就作動，提示符號也換為 `K>>`。任何 MATLAB 指令在提示符號之後可被接受。恢復程式執行，使用 `dbcont` 或 `dbstep`。從除錯模式離開，鍵入 `dbquit`。

考慮顯示在圖 4.8-1 的下列函數 `test3(x)`。如果我們鍵入 `test3(10)` 我們得到訊息 `No solution`，如果 y 為負值這是正確的。因為 y 對函數是局部的我們並不知道這個值。除錯模式的優點是它讓我們看到這個局部變數的值。注意編輯器使用行記數。要檢查 y 的值，我們在指令視窗中經由鍵入 `dbstop test3 5` 在第五行設一斷點。一個紅點會出現在第五行的行號與程式碼之間。這個帶是斷點道 (這個點和帶顯示在圖 4.8-1。) 現在在指令視窗中鍵入 `type3(10)`。你會看到

```
>> test3(10)
```

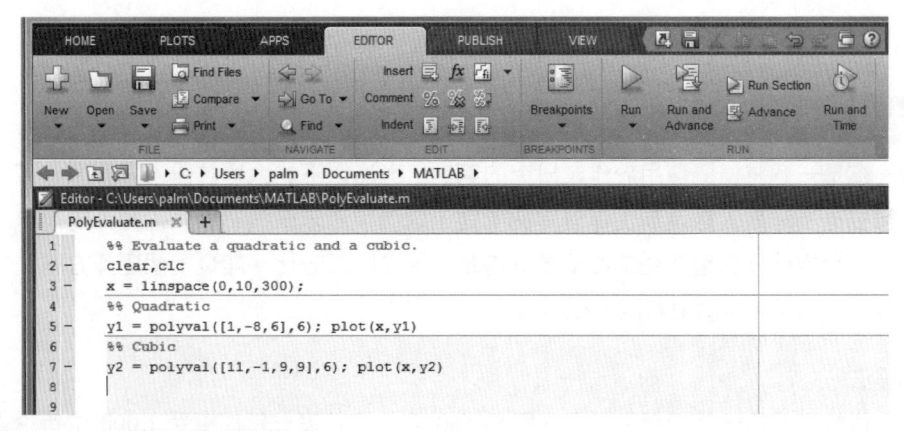

▌圖 4.8-2　編輯器的細胞模式

```
5 if y < 0
K>>
```

這是除錯模式的提示符號(K 代表鍵盤)。在提示符號之後，鍵入 y。你會看到

```
y =
-2.2023e+04
```

因此確認 y 為負的。在除錯模式鍵入 `dbcont` 來繼續執行或 `dbstep` 來一次。輸入 `dbclear test3 5` 來清除在第五行的斷點。輸入 `dbclear test3` 來清除所有的斷點。輸入 `dbquit` 自除錯模式離開。

個人經驗顯示通常使用斷點下的下拉選單配合指令視窗的組合會更容易。例如，用游標設定一個斷點會比使用 `dbstop` 指令容易，用下拉選點來清除斷點也比較容易。

另一種方法來追蹤程式執行是用 `echo` 函數，它顯示當執行進行時的每一行 (包括註解)，包括結果，和忽略任何避開的行。要追蹤一個腳本檔，只須在指令視窗中輸入 `echo on`。對函數，語法是 `echo function name on`。要關閉追蹤輸入 `echo off` 或 `echo function name off`。

4.9 應用於模擬

模擬 (simulation) 是一個建立及分析描述某一組織、程序或實體系統運作的電腦程式輸出。這樣的程式稱為電腦模型 (computer model)。**作業研究** (operations research) 通常使用電腦模擬，它是組織在行動時的一個量化研究，目的在於找出改進此組織功能的方法。電腦模擬也讓工程師能研討組織的過去、現在及未來的行動情形。作業研究技巧對於所有的工程領域都非常有用，常見的例子包括航班排表、交通流量研究及生產線。MATLAB 的邏輯運算子及迴圈是建立模擬程式的有利工具。

作業研究

範例 4.9-1　學院註冊人數模型：第一部分

這是一個將模擬運用於作業研究的範例，考慮以下的大學註冊人數模型。某大學想要分析錄取人數及新生保留率的影響，以便預測未來教師和其他資源的需求。假設此大學估計出留級生或在畢業之前離校學生的百分比。開發一個矩陣方程式，以建立一個用來幫助分析的模擬模型。

■ 解法

假設目前的一年級新生註冊人數為 500 人，接著每一年都接受 1,000 位新生入

學。此大學估計 10% 的一年級新生會留級，下一年的一年級生將會是 0.1(500) + 1000 = 1050，接下來則是 0.1(1050) + 1000 = 1105，依此類推。令 $x_1(k)$ 為第 k 年的一年級生人數，其中 k = 1, 2, 3, 4, 5, 6, ...。在第 k + 1 年的時候，一年級生人數應該是：

$$x_1(k+1) = 10\% \text{ 前一年留級的一年級生}$$
$$+ 1000 \text{ 位大一新生}$$
$$= 0.1x_1(k) + 1000 \qquad (4.9\text{-}1)$$

因為我們知道所要分析的第一年一年級新生人數 (也就是 500)，所以我們能逐步求解此方程式，並且預測將來的一年級生人數。

令 $x_2(k)$ 為第 k 年的二年級生人數。假設有 15% 的一年級生並不註冊念大二，而且有 10% 的二年級生留級，因此只有 75% 的一年級學生註冊念二年級。假設 5% 的二年級生留級，而且每年有 200 個二年級學生由其他學校轉學進來，則在第 k + 1 年時，二年級生的人數應該為：

$$x_2(k+1) = 0.75x_1(k) + 0.05x_2(k) + 200$$

為求解此方程式，我們必須同時求解「一年級生方程式」[(4.9-1) 式]，而在 MATLAB 中這是非常容易的。在開始求解這些方程式之前，讓我們先完成此模型的其他部分。

令 $x_3(k)$ 及 $x_4(k)$ 為第 k 年的三年級及四年級生人數。假設有 5% 的二年級生及三年級生退學，而且有 5% 的二年級、三年級、四年級生留級，因此有 90% 的二年級及三年級生繼續註冊並升級，所以三年級及四年級生的模型為：

$$x_3(k+1) = 0.9x_2(k) + 0.05x_3(k)$$
$$x_4(k+1) = 0.9x_3(k) + 0.05x_4(k)$$

我們可以將上述四個方程式寫成下列的矩陣形式：

$$\begin{bmatrix} x_1(k+1) \\ x_2(k+1) \\ x_3(k+1) \\ x_4(k+1) \end{bmatrix} = \begin{bmatrix} 0.1 & 0 & 0 & 0 \\ 0.75 & 0.05 & 0 & 0 \\ 0 & 0.9 & 0.05 & 0 \\ 0 & 0 & 0.9 & 0.05 \end{bmatrix} \begin{bmatrix} x_1(k) \\ x_2(k) \\ x_3(k) \\ x_4(k) \end{bmatrix} + \begin{bmatrix} 1000 \\ 200 \\ 0 \\ 0 \end{bmatrix}$$

在範例 4.9-2 中，我們將會看到 MATLAB 如何求解這些方程式。

測試你的瞭解程度

T4.9-1 假設有 70% 而不是 75% 的一年級生註冊念二年級，則需要更動前面方程式的哪一部分？

範例 4.9-2　學院註冊人數模型：第二部分

若要研究入學許可及轉入政策的效果，我們將範例 4.9-1 中的註冊模型一般化成允許輸入可變化之入學錄取率及轉學率。

■ 解法

令 $a(k)$ 為第 k 年春季准許第 $k+1$ 年入學的新生人數，令 $d(k)$ 為次年轉學到二年級的人數，則此模型變成：

$$x_1(k+1) = c_{11}x_1(k) + a(k)$$
$$x_2(k+1) = c_{21}x_1(k) + c_{22}x_2(k) + d(k)$$
$$x_3(k+1) = c_{32}x_2(k) + c_{33}x_3(k)$$
$$x_4(k+1) = c_{43}x_3(k) + c_{44}x_4(k)$$

其中，係數 c_{21} 及 c_{22} 等都是寫成符號，而非數字，所以我們可以視需要改變這些值。

狀態變遷圖

此模型可以**狀態變遷圖** (state transition diagram) 來表示，如圖 4.9-1 所示。我們通常使用這樣的圖來表示時間相依和隨機的過程。箭頭表示此模型之計算每一年度都會更新。第 k 年的註冊人數完全由 $x_1(k)$、$x_2(k)$、$x_3(k)$ 及 $x_4(k)$ 來描述，亦即可以用向量 $x(k)$ 來表示，稱為狀態向量 (state vector)。狀態向量中的元素稱為狀態變數 (state variable)。狀態變遷圖顯示此狀態新的值是如何與前一個值，以及輸入的 $a(k)$ 和 $d(k)$ 相關。

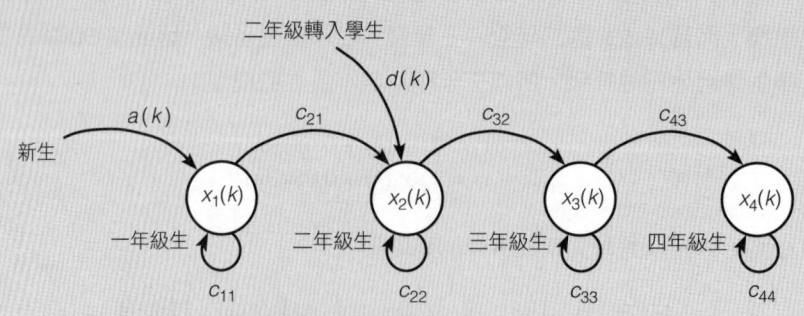

■ 圖 4.9-1　註冊大學生狀態變遷圖示模型

上述四個方程式可以寫成下列的矩陣形式：

$$\begin{bmatrix} x_1(k+1) \\ x_2(k+1) \\ x_3(k+1) \\ x_4(k+1) \end{bmatrix} = \begin{bmatrix} c_{11} & 0 & 0 & 0 \\ c_{21} & c_{22} & 0 & 0 \\ 0 & c_{32} & c_{33} & 0 \\ 0 & 0 & c_{43} & c_{44} \end{bmatrix} \begin{bmatrix} x_1(k) \\ x_2(k) \\ x_3(k) \\ x_4(k) \end{bmatrix} + \begin{bmatrix} a(k) \\ d(k) \\ 0 \\ 0 \end{bmatrix}$$

或者可以更簡潔地寫成：

$$\mathbf{x}(k+1) = \mathbf{C}\mathbf{x}(k) + \mathbf{b}(k)$$

其中

$$\mathbf{x}(k) = \begin{bmatrix} x_1(k) \\ x_2(k) \\ x_3(k) \\ x_4(k) \end{bmatrix} \quad \mathbf{b}(k) = \begin{bmatrix} a(k) \\ d(k) \\ 0 \\ 0 \end{bmatrix}$$

與

$$\mathbf{C} = \begin{bmatrix} c_{11} & 0 & 0 & 0 \\ c_{21} & c_{22} & 0 & 0 \\ 0 & c_{32} & c_{33} & 0 \\ 0 & 0 & c_{43} & c_{44} \end{bmatrix}$$

假設初始的總註冊人數為 1,480 人，分別為 500 位一年級生、400 位二年級生、300 位三年級生以及 280 位四年級生。此大學所要探討的是在 10 年期間，每年增加的錄取人數 100 人及轉入人數 50 人所造成的影響，直到人數達到 4,000 人為止；接下來，錄取及轉入人數會被固定為定值。因此，接下來 10 年的錄取人數及轉入人數由下列方程式給定：

$$a(k) = 900 + 100k$$
$$d(k) = 150 + 50k$$

$k = 1, 2, 3, \ldots$，直到此大學的總註冊人數達到 4,000 人為止；接著，錄取及轉入的人數將會被固定在前一年的水準。若是不透過電腦模擬，我們根本無法求出此事件何時會發生。表 4.9-1 提供求解此問題之虛擬碼。註冊人數矩陣 **E** 是一個 4×10 的矩陣，各行表示每一年度註冊的人數。

因為我們知道研究的時間長度 (10 年)，所以 for 迴圈是一個很自然的選擇。我們使用 if 敘述來決定何時從增加的錄取人數與轉入人數，切換至定值。用來預測

▶ 表 4.9-1 範例 4.9-2 的虛擬碼

輸入矩陣 **C** 的係數並給定初始註冊向量 **x**。
輸入初始錄取人數和轉入人數 $a(1)$ 和 $d(1)$。
將註冊矩陣 **E** 的第一行設定為 **x**。
迴圈開始：從第 2 年到第 10 年。
　　如果總註冊人數 ≤ 4000，會增加 100 個錄取人數，且每年增加 50 個轉入名額。
　　如果總註冊人數 > 4000，會停止增加錄取人數，且保持將錄取人數的名額。
　　設為定值。
　　以 **x = Cx + b** 更新向量 **x**。
　　加入另一個由向量 **x** 組成的行，用以更新註冊矩陣 **E**。
迴圈結束。
畫出結果。

未來 10 年的註冊人數之 MATLAB 腳本檔列於表 4.9-2 中。圖 4.9-2 顯示此程式所得到的圖形。我們注意到第 4 年之後二年級人數會比一年級人數還要多，理由是逐漸增加的轉入比率超過了逐漸增加的入學許可人數。

實際上，我們會執行此程式數次，每次都使用不同的錄取及轉入政策來分析，並且檢查如果使用不同的值於係數矩陣 **C** 中，會發生何種情形 (亦即使用不同的退學及留級比率)。

表 4.9-2　大學註冊模型

```
% Script file enroll1.m. Computes college enrollment.
% Model's coefficients.
C = [0.1,0,0,0;0.75,0.05,0,0;0,0.9,0.05,0;0,0,0.9,0.05];
% Initial enrollment vector.
x = [500;400;300;280];
% Initial admissions and transfers.
a(1) = 1000; d(1) = 200;
% E is the 4 x 10 enrollment matrix.
E(:,1) = x;
% Loop over years 2 to 10.
for k = 2:10
    % The following describes the admissions
    % and transfer policies.
    if sum(x) <= 4000
        % Increase admissions and transfers.
        a(k) = 900+100*k;
        d(k) = 150+50*k;
    else
        % Hold admissions and transfers constant.
        a(k) = a(k-1);
        d(k) = d(k-1);
    end
    % Update enrollment matrix.
    b = [a(k);d(k);0;0];
    x = C*x+b;
    E(:,k) = x;
end
% Plot the results.
plot(E'),hold,plot(E(1,:),'o'),plot(E(2,:),'+'),plot(E(3,:),'*'),...
plot(E(4,:),'x'),xlabel('Year'),ylabel('Number of Students'),...
gtext('Frosh'),gtext('Soph'),gtext('Jr'),gtext('Sr'),...
title('Enrollment as a Function of Time')
```

註冊人數作為時間函數

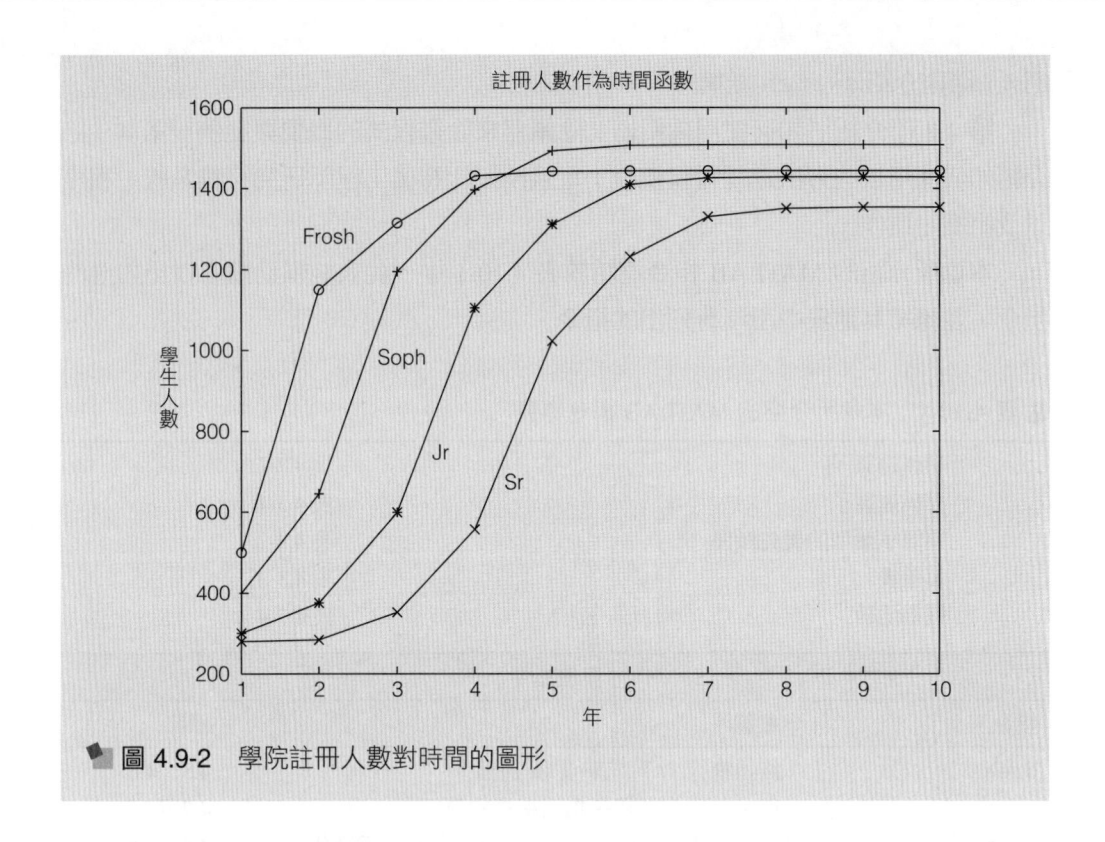

圖 4.9-2　學院註冊人數對時間的圖形

測試你的瞭解程度

T4.9-2　表 4.9-2 所列的程式中，第 16 列及第 17 列程式碼可計算 `a(k)` 及 `d(k)` 的值。這些程式碼複寫如下：

```
a(k) = 900 + 100*k
d(k) = 150 + 50*k;
```

為什麼此程式要包含以下這兩列程式碼：`a(1)=1000; d(1)=200;`？

4.10　摘要

　　現在你已經完成本章的學習，應該能夠撰寫決策程序的程式；也就是說，根據程式計算的結果或根據使用者的輸入，來決定程式的運作。第 4.2 節、第 4.3 節及第 4.4 節介紹了所需要使用的函數，包括關係運算子、邏輯運算子與函數，以及條件敘述。

　　你也應該能使用 MATLAB 迴圈結構來撰寫可重複執行指定次數的計算，或重複執行直到某些條件滿足時才停止的程式。這個功能讓工程師可以求解非常複雜或需要大量運算的問題。`for` 迴圈及 `while` 迴圈結構包含在第 4.5 節和第 4.6 節。

第 4.7 節則介紹 switch 結構。

第 4.8 節介紹了如何使用編輯器/除錯器來除錯程式的概要與範例。第 4.9 節介紹如何應用這些方法進行電腦模擬；電腦模擬能夠讓工程師研究複雜系統、程序以及組織的運作。

本章所介紹的 MATLAB 指令總結於表 4.10-1 中。此表能幫助讀者找出對應的指令，並總結其他表中所沒有列出的指令。

表 4.10-1　本章所介紹的 MATLAB 指令導覽

關係運算子	表 4.2-1
邏輯運算子	表 4.3-1
運算子類型的優先順序	表 4.3-2
真值表	表 4.3-3
邏輯函數	表 4.3-4

其他指令		
指令	敘述	章節
break	終止執行 for 或 while 迴圈	4.5、4.6
case	與 switch 並用來指引程式的執行	4.7
continue	將控制傳到 for 或 while 迴圈的下一個迭代	4.5、4.6
double	將邏輯陣列轉換成雙倍浮點數類別	4.2
else	描繪另外一組敘述	4.4
elseif	有條件地執行敘述	4.4
end	終止 for、while 或 if 敘述	4.4、4.5、4.6
for	指定次數，重複執行某些敘述	4.5
if	依條件執行敘述	4.4
input('s1', 's')	顯示提示字串 s1 並將使用者的輸入儲存成一個字串	4.4
logical	將數值轉換成為邏輯值	4.2
nargin	求出函數輸入引數的數目	4.4
nargout	求出函數輸出引數的數目	4.4
switch	比較輸入算式與相關的 case 算式，然後引導程式的執行	4.7
while	不限定次數，重複執行某些敘述	4.6
xor	執行 OR 函數	4.3

習題

對於標註星號的問題，請參見本書最後的解答。

4.1 節

1. 半徑為 r 的球體，體積 V 及表面積 A 由下列公式給定：

$$V = \frac{4}{3}\pi r^3 \quad A = 4\pi r^2$$

a. 開發一個程式的虛擬碼敘述,以計算位於區間 $0 \le r \le 3$ m 內的 V 及 A,同時畫出 V 對 A 的圖。

b. 撰寫並執行上題所描述的程式。

2. 二次方程式 $ax^2 + bx + c = 0$ 的根由下列公式給定:

$$x = \frac{-b \pm \sqrt{b^2 - 4ac}}{2a}$$

a. 開發一個程式的虛擬碼敘述,並在給定 a、b 及 c 的情況下,計算兩個根的值。請確定能夠分辨實部與虛部。

b. 撰寫並執行上題中所描述的程式,同時以下列的值來測試:

1. $a = 2$,$b = 10$,$c = 12$
2. $a = 3$,$b = 24$,$c = 48$
3. $a = 4$,$b = 24$,$c = 100$

3. 我們想要求出 $14k^3 - 20k^2 + 5k$ 前 10 項的和,其中 $k = 1, 2, 3, ...$。

a. 開發此問題所需程式的虛擬碼敘述。

b. 撰寫並執行上題所描述的程式。

4.2 節

4.* 假設 x = 6,用手算求出下列的運算結果,並使用 MATLAB 來檢查你的答案。

a. z = (x < 10)
b. z = (x == 10)
c. z = (x >= 4)
d. z = (x ~= 7)

5.* 用手算求出下列的運算結果,並使用 MATLAB 來檢查你的答案。

a. z = 6 > 3 + 8
b. z = 6 + 3 > 8
c. z = 4 > (2 + 9)
d. z = (4 < 7) + 3
e. z = 4 < 7 + 3
f. z = (4 < 7)*5
g. z = 4 < (7*5)
h. z = 2/5 >= 5

6.* 假設 x = [10,-2,6,5,-3] 且 y = [9,-3,2,5,-1]。用手算求出下列的

運算結果，並使用 MATLAB 來檢查你的答案。

a. z = (x < 6)

b. z = (x <= y)

c. z = (x == y)

d. z = (x ~= y)

7. 對於下列給定的 x 及 y 陣列，使用 MATLAB 求出在 x 中對應 y 中元素還要大的所有元素。

x = [-3,0,0,2,6,8]   y = [-5,-2,0,3,4,10]

8. 下列給定的陣列 price 包含某一檔股票 10 天以內的價格，單位為美元。使用 MATLAB 求出一共有幾天股價是大於 20 美元。

price = [19,18,22,21,25,19,17,21,27,29]

9. 下列給定的陣列 price_A 及陣列 price_B 包含兩檔股票 10 天以內的價格，單位為美元。使用 MATLAB 求出一共有幾天股票 A 的股價大於股票 B 的股價。

price_A = [19,18,22,21,25,19,17,21,27,29]

price_B = [22,17,20,19,24,18,16,25,28,27]

10. 下列給定的陣列 price_A、陣列 price_B 及陣列 price_C 包含三檔股票 10 天以上的價格。

a. 使用 MATLAB 求出一共有幾天股票 A 的股價大於股票 B 及股票 C 的股價。

b. 使用 MATLAB 求出一共有幾天股票 A 的股價大於股票 B 或股票 C 的股價。

c. 使用 MATLAB 求出一共有幾天股票 A 的股價只大於股票 B 或股票 C 的股價，但並非同時大於兩者。

price_A = [19,18,22,21,25,19,17,21,27,29]

price_B = [22,17,20,19,24,18,16,25,28,27]

price_C = [17,13,22,23,19,17,20,21,24,28]

4.3 節

11.* 假設 x = [-3,0,0,2,5,8] 且 y = [-5,-2,0,3,4,10]。用手算求出下列的運算結果，並使用 MATLAB 來檢查你的答案。

a. z = y <~ x

b. z = x & y

c. z = x|y

d. z = xor(x,y)

12. 某一拋射體 (如一個被丟出的球) 以初速度 v_0 及對於水平地面的角度 A 拋出，

其高度及速度由下列公式給定：

$$h(t) = v_0 t \sin A - 0.5\, g t^2$$
$$v(t) = \sqrt{v_0^2 - 2 v_0 g t \sin A + g^2 t^2}$$

其中，g 是重力加速度。此拋射體在 $h(t) = 0$ 時撞擊到地面，且撞擊發生的時間為 $t_{hit} = 2(v_0/g) \sin A$。

假設 $A = 30°$，$v_0 = 40$ m/s，$g = 9.81$ m/s^2。使用 MATLAB 關係運算子及邏輯運算子求出下列情況的時間。

a. 高度不小於 15 公尺的時間。
b. 高度不小於 15 公尺且同時速度大於每秒 36 公尺的時間。
c. 高度小於 5 公尺或速度大於每秒 35 公尺的時間。

13.* 某一檔股票 10 天內的價格給定於下列的陣列中，單位為美元。

```
price = [19,18,22,21,25,19,17,21,27,29]
```

假設你在 10 天內一開始有 1,000 股，並且每天在股價低於 20 美元時購入 100 股，在股價高於 25 美元時賣出 100 股。使用 MATLAB 計算 (a) 購入股票的費用；(b) 賣出股票所得到的費用；(c) 第 10 天之後你所持有的股份總數；以及 (d) 該投資組合的淨損益。

14. 令 e1 與 e2 為邏輯算式。使用邏輯算式的狄摩根定律 (DeMorgan's laws)，此定律的內容為：

NOT (e1 AND e2) 意指 (NOT e1) OR (NOT e2)

且

NOT (e1 OR e2) 意指 (NOT e1) AND (NOT e2)

使用這些定律求出下列算式的等效算式，並且使用 MATLAB 證明其等效性。

a. ~((x < 10) & (x >= 6))
b. ~((x == 2) | (x > 5))

15. 下面這些算式是等效的嗎？使用 MATLAB 檢查給定 a、b、c 及 d 情況下的答案。

a. 1. (a == b) & ((b == c)|(a == c))
   2. (a == b)|((b == c) & (a == c))
b. 1. (a < b) & ((a > c)|(a > d))
   2. (a < b) & (a > c)|((a < b) & (a > d))

16. 利用條件敘述的方式寫一個腳本檔，以計算下列函數。假設給定純量變數 x 值。當 $x < -1$，函數為 $y = e^{x+1}$；當 $1 \le x < 5$，$y = 2 + \cos(\pi x)$；當 $x \ge 5$，$y = 10(x - 5) + 1$。利用你的檔案計算 $x = -5$、$x = 3$、$x = 15$ 時的 y 值，並用手算驗證。

4.4 節

17. 使用一個 if 敘述重新改寫下列的敘述。

    ```
    if x < y
       if z < 10
          w = x*y*z
       end
    end
    ```

18. 撰寫能夠接受一個由 0 到 100 的輸入 x 值，同時計算並顯示對應於下列表中所列的字母等級。

    A $x \geq 90$

    B $80 \leq x \leq 89$

    C $70 \leq x \leq 79$

    D $60 \leq x \leq 69$

    E $x < 60$

    a. 在你的程式中使用巢狀 if 敘述 (不能使用 elseif)。

    b. 只使用 elseif 子句於你的程式中。

19. 撰寫一個能夠接受年份的輸入，並且判斷此年份是否為閏年的程式。使用 mod 函數。輸出令為變數 extra_day，若是閏年，這個變數為 1，否則傳回 0。根據格雷果曆法決定閏年的規則如下：

    1. 所有能夠被 400 整除的年份為閏年。

    2. 能被 100 整除，但不被 400 整除的年份不是閏年。

    3. 能被 4 整除，但不被 100 整除的年份是閏年。

    4. 除此之外的年份都不是閏年。

    舉例來說，1800 年、1900 年、2100 年、2300 年及 2500 年都不是閏年，但 2400 年是閏年。

20. 圖 P20 顯示一個用來設計包裝系統及車輛懸吊等的質量彈簧模型。彈簧所受的力與被壓縮的量成比例，而這個比例常數稱為彈簧常數 k。如果重量 W 對於中央的彈簧過重時，兩側的彈簧會提供另外的阻力。將重量 W 緩緩放置時，在它完全靜止前會移動一段距離 x。根據靜力學，重力與彈簧的彈力會在新的位置達到平衡。因此：

$$W = k_1 x \qquad \text{if } x < d$$
$$W = k_1 x + 2k_2(x-d) \quad \text{if } x \geq d$$

這些關係可以用來產生 x 對 W 的圖形。

a. 建立一個能夠計算距離 x 的函數檔，所使用的輸入參數分別為 W、k_1、k_2 與 d。在以下列兩種情況中測試你的函數，並使用以下的值：$k_1 = 10^4$ N/m、$k_2 = 1.5 \times 10^4$ N/m、$d = 0.1$ m。

$$W = 500 \text{ N}$$
$$W = 2000 \text{ N}$$

b. 使用你的函數畫出在區間 $0 \leq W \leq 3000$ N 內 x 對 W 的圖形，所使用的 k_1、k_2 與 d 的值如上題所述。

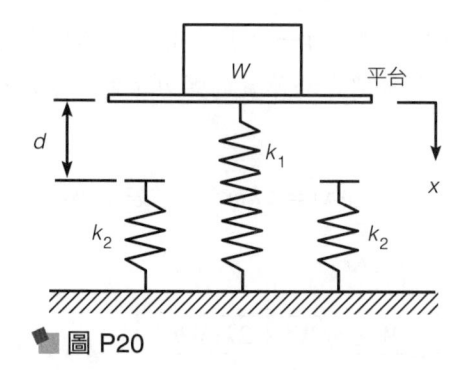

圖 P20

21. 產生一個 MATLAB 函數稱為 `fxy` 來估算函數 $f(x, y)$ 定義如下

$$f(x,y) = \begin{cases} xy & \text{若 } x \geq 0 \text{ 且 } y \geq 0 \\ xy^2 & \text{若 } x \geq 0 \text{ 且 } y \leq 0 \\ x^2y & \text{若 } x < 0 \text{ 且 } y \geq 0 \\ x^2y^2 & \text{若 } x < 0 \text{ 且 } y < 0 \end{cases}$$

對所有四個例子測試你的函數。

4.5 節

22. 透過 `for` 迴圈畫出問題 16 中給定的函數，區間為 $-2 \leq x \leq 6$。適當地將圖加上標籤。變數 y 表示高度，單位為公里；變數 x 表示時間，單位為秒。

23. 透過 `for` 迴圈計算數列 $5k^3$ 前 10 項的總和，$k = 1, 2, 3, ..., 10$。

24. 某一個物體的 (x, y) 座標可以表示成時間 t 的函數，公式如下：

$$x(t) = 5t - 10 \qquad y(t) = 25t^2 - 120t + 144$$

其中，$0 \leq t \leq 4$。撰寫一個程式，求出此物體最靠近原點 $(0, 0)$ 的時間，同時求出最小的距離。使用以下兩種方式進行：

a. 使用 `for` 迴圈。

b. 不使用 `for` 迴圈。

25. 考慮陣列 **A**。

$$\mathbf{A} = \begin{bmatrix} 3 & 5 & -4 \\ -8 & -1 & 33 \\ -17 & 6 & -9 \end{bmatrix}$$

撰寫一個程式,透過對陣列 **A** 中所有不小於 1 的元素計算出自然對數,並將每一個等於或大於 1 的元素加上 20,以求出陣列 **B**。請以下列兩種方式進行:

a. 使用具有條件敘述的 `for` 迴圈。

b. 使用邏輯陣列當作遮罩。

26. 我們想要分析習題 20 中所討論的質量彈簧系統,現在重量 W 墜落到連接在中央彈簧的平台上。如果此重量由平台上方高度 h 的地方墜落,我們可以令重量的重力位能 $W(h + x)$ 等於儲存於彈簧的彈力位能,來求出最大的壓縮量 x。因此

$$W(h + x) = \frac{1}{2}k_1 x^2 \qquad 若\ x < d$$

此式求解 x 會得到:

$$x = \frac{W \pm \sqrt{W^2 + 2k_1 Wh}}{k_1} \qquad 若\ x < d$$

與

$$W(h + x) = \frac{1}{2}k_1 x^2 + \frac{1}{2}(2k_2)(x - d)^2 \qquad 若\ x \geq d$$

最後得到下列可以求解 x 的二次方程式:

$$(k_1 + 2k_2)x^2 - (4k_2 d + 2W)x + 2k_2 d^2 - 2Wh = 0 \qquad 若\ x \geq d$$

a. 建立一個函數檔,計算因為此落下的重量所造成之最大壓縮量 x。此函數的輸入參數為 k_1、k_2、d、W 及 h。以下列兩種情況的值來測試你的函數,配合使用的值為:$k_1 = 10^4$ N/m;$k_2 = 1.5 \times 10^4$ N/m;$d = 0.1$ m。

$$W = 100\ \text{N} \qquad\qquad h = 0.5\ \text{m}$$
$$W = 2000\ \text{N} \qquad\qquad h = 0.5\ \text{m}$$

b. 使用你的函數檔在區間 $0 \leq h \leq 2$ m 之內畫出 x 對 h 的圖形。使用 $W = 100$ N 以及前面所述的 k_1、k_2 及 d 的值。

27. 若通過每一個電阻器的電流皆相同,則我們稱這些電阻為「串聯」;若是跨越每一個電阻的電壓皆相同,則稱這些電阻器為「並聯」。在串聯的情況下,這些電阻器等效於一個電阻器,其電阻值為:

$$R = R_1 + R_2 + R_3 + \cdots + R_n$$

在並聯的狀況下,其等效電阻值為:

$$\frac{1}{R} = \frac{1}{R_1} + \frac{1}{R_2} + \frac{1}{R_3} + \cdots + \frac{1}{R_n}$$

撰寫一個 M 檔,提示使用者輸入連接的類型 (串聯或並聯) 及電阻的數目 n,然後計算出等效電阻。

28. a. 一個理想二極體會阻擋與二極體符號箭頭方向相反的電流。理想二極體可以用作半波整流器 (half-wave rectifier),如圖 P28a 所示。對於理想二極體,跨過負載 R_L 的電壓 v_L 由下列公式給定:

$$v_L = \begin{cases} v_S & \text{若 } v_S > 0 \\ 0 & \text{若 } v_S \leq 0 \end{cases}$$

假設所供給的電壓為:

$$v_S(t) = 3\,e^{-t/3}\sin(\pi t)\ \text{V}$$

其中,t 是時間,單位為秒。撰寫一個 MATLAB 程式,畫出時間 $0 \leq t \leq 10$ 之內電壓 v_L 對 t 的圖。

b. 一個更為正確的二極體行為模型是抵消二極體 (offset diode) 模型,它將半導體二極體的抵消因素考慮進來。抵消模型包含了一個理想二極體及一個電池,此電池的電壓等於抵消電壓 (對於矽二極體大約是 0.6 V)[Rizzoni, 2007]。這個模型的半波整流器如圖 P28b 所示。對於此電路,

$$v_L = \begin{cases} v_S - 0.6 & \text{若 } v_S > 0.6 \\ 0 & \text{若 } v_S \leq 0.6 \end{cases}$$

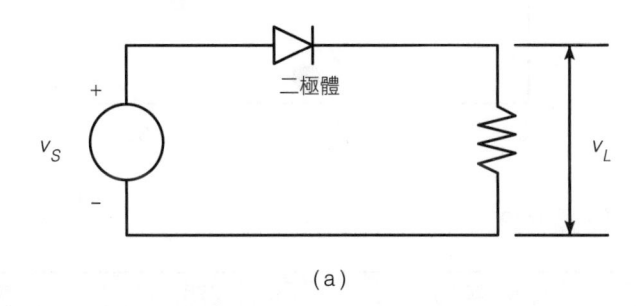

(a)

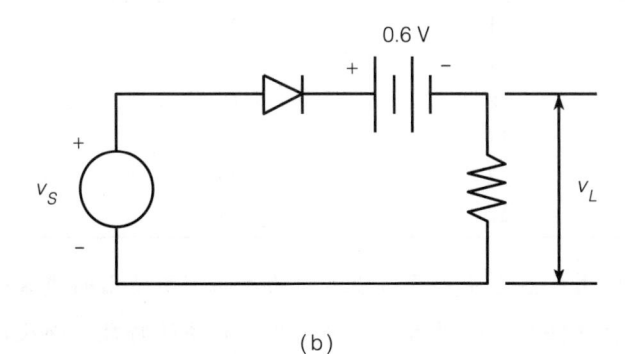

(b)

圖 P28

使用 a 題中相同的供應電壓,畫出時間 $0 \leq t \leq 10$ 之內電壓 v_L 對 t 的圖形,並且與 a 題中所得到的圖形比較。

29.* 某一公司想要在一塊 30×30 英里內的區域找出一個配送中心,以服務六個主要客戶。客戶的位置相對於西南角的 (x, y) 座標給定於下圖中 (x 的方向為東;y 的方向為北)(參見圖 P29)。同時也已知每星期由配送中心輸送到每一個客戶的量,單位為噸。對於客戶 i 的每星期配送成本 c_i 是根據量 V_i 及到配送中心的距離 d_i 而定。為了簡化,我們假設這些距離都是直線距離。(這個假設意思是交通的網路很密集。) 每星期的配送成本為 $c_i = 0.5\, d_i V_i$,其中 $i = 1, ..., 6$。求出能夠最小化每星期總配送成本,以服務這六個客戶的配送中心的位置 (四捨五入到最接近的英里數)。

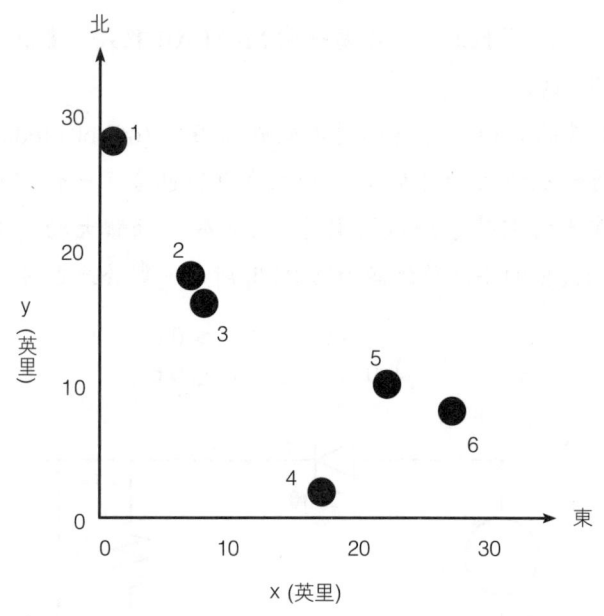

圖 P29

客戶	x 位置 (英里)	y 位置 (英里)	量 (噸/週)
1	1	28	3
2	7	18	7
3	8	16	4
4	17	2	5
5	22	10	2
6	27	8	6

30. 某公司決定使用機器生產至多四種不同的產品,所使用的機器包括車床、磨床及銑床。下表提供每一部機器用來生產某一產品的時數,以及每一部機器每星

期可使用的時數。假設此公司能賣出所有的產品，而且每一個產品的利潤列於表中最後一列。

a. 決定此公司每一產品需要生產多少單位才能得到最大的利潤，並計算其利潤。記住，此公司不可能生產分數單位的產品，所以你的答案必定為整數。(提示：首先估計在不超過可能之生產力的情況下，所能生產的產品數目上界。)

b. 你的答案的敏感度為多少？如果你比這個最佳值的數目多做一個或少做一個產品，利潤會減少多少？

	產品				可使用的時數
	1	2	3	4	
需要的時數					
車床	1	2	0.5	3	40
磨床	0	2	4	1	30
銑床	3	1	5	2	45
單位利潤 ($)	100	150	90	120	

31. 某一公司生產電視機、立體音響及擴音器。零件的存貨包括底架、映像管、揚聲錐、電源供應器和電子零件。每一個產品的存貨、需要的元件及利潤列於下表中。求出每一個產品需要生產多少才能得到最大利潤。

	產品			存貨
	電視	立體音響	擴音器	
零件				
底架	1	1	0	450
映像管	1	0	0	250
揚聲錐	2	2	1	800
電源供應器	1	1	0	450
電子零件	2	2	1	600
單位利潤 ($)	80	50	40	

4.6 節

32. 畫出函數 $y = 10(1 - e^{-x/4})$，其中 $0 \leq x \leq x_{max}$，用 while 迴圈計算出 x_{max} 的值，例如 $y(x_{max}) = 9.8$。將圖適當地標上標籤。變數 y 表示作用力，單位為牛頓；變數 x 表示時間，單位為秒。

33. 用 while 迴圈計算數列 2^k (k = 1, 2, 3, ...) 共需要加總多少項，總和才會超過 2000，加總後的總和又是多少？

34. 有一間銀行每年支付 5.5% 的利息，另外一間銀行每年支付 4.5% 的利息。如果你在每年年初與年末各存入 1,000 美元，計算在第二間銀行需要多花多少時間，存款才會超過 50,000 美元。

35.* 使用 MATLAB 的迴圈來求出需要花多少時間，才能在一個年利率為 6% 的存款帳戶中，一開始存入 10,000 美元，之後每年年底存入 10,000 美元的條件下，最後累積超過 1,000,000 美元。

36. 某一重量 W 由兩條相距 D 的纜繩固定住 (參見圖 P36)。纜繩的長度 L_{AB} 為已知，長度 L_{AC} 則需要挑選。每一條纜繩可以支持的最大張力等於 W。要使此重量達到靜止，則水平合力及垂直合力必須等於零。依照此原則，可以得到下列方程式：

$$-T_{AB}\cos\theta + T_{AC}\cos\phi = 0$$
$$T_{AB}\sin\theta + T_{AC}\sin\phi = W$$

若已知角度 θ 及，則可求解這些方程式，以得到 T_{AB} 及 T_{AC}。根據餘弦法則，

$$\theta = \cos^{-1}\left(\frac{D^2 + L_{AB}^2 - L_{AC}^2}{2DL_{AB}}\right)$$

根據正弦法則，

$$\phi = \sin^{-1}\left(\frac{L_{AB}\sin\theta}{L_{AC}}\right)$$

對於給定的值 $D = 6$ ft、$L_{AB} = 3$ ft 及 W = 2000 lb，使用 MATLAB 的迴圈求出 $L_{AC\min}$，也就是可以使用的最短 L_{AC}，而使得 T_{AB} 或 T_{AC} 不超過 2000 磅。我們注意到，最長的 L_{AC} 為 6.7 英尺 (此時 $\theta = 90°$)。在同一張圖上畫出 T_{AB} 及 T_{AC} 對 L_{AC} 的圖形，此時 $L_{AC\min} \le L_{AC} \le 6.7$。

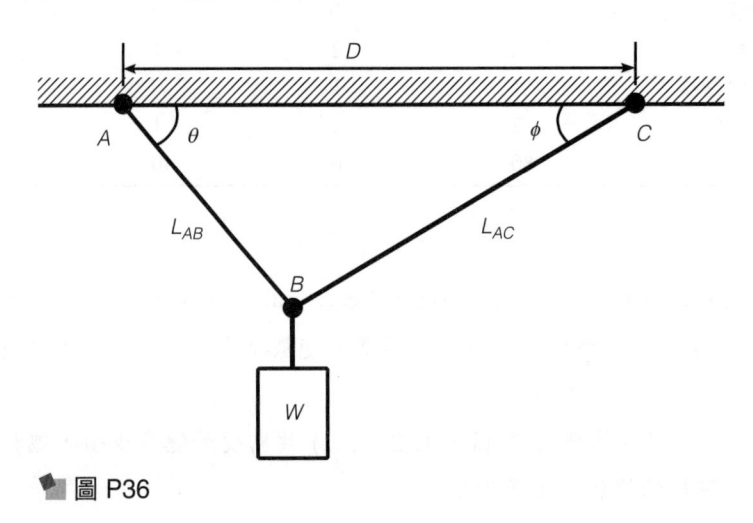

圖 P36

37.* 在圖 P37a 的結構中,有六條繩索支撐三根橫樑。繩索 1 及繩索 2 能支撐的重量皆不超過 1200 N,繩索 3 及繩索 4 能支撐的重量皆不超過 400 N,繩索 5 及繩索 6 則只能支撐不超過 200 N的重量。三個等重的 W 顯示於圖中。假設此結構是靜止的,且繩索及橫樑的重量相對於 W 是很小的,根據靜力學原理,我們知道每根橫樑的垂直分力為零,而且任意一點的力矩和亦為零。將這些原理應用至每一根橫樑,並且使用圖 P36b 中的自由體圖,我們得到下列的方程式。令繩索 i 的張力為 T_i,則對於橫樑 1

$$T_1 + T_2 = T_3 + T_4 + W + T_6$$

$$-T_3 - 4T_4 - 5W - 6T_6 + 7T_2 = 0$$

對於橫樑 2

$$T_3 + T_4 = W + T_5$$

$$-W - 2T_5 + 3T_4 = 0$$

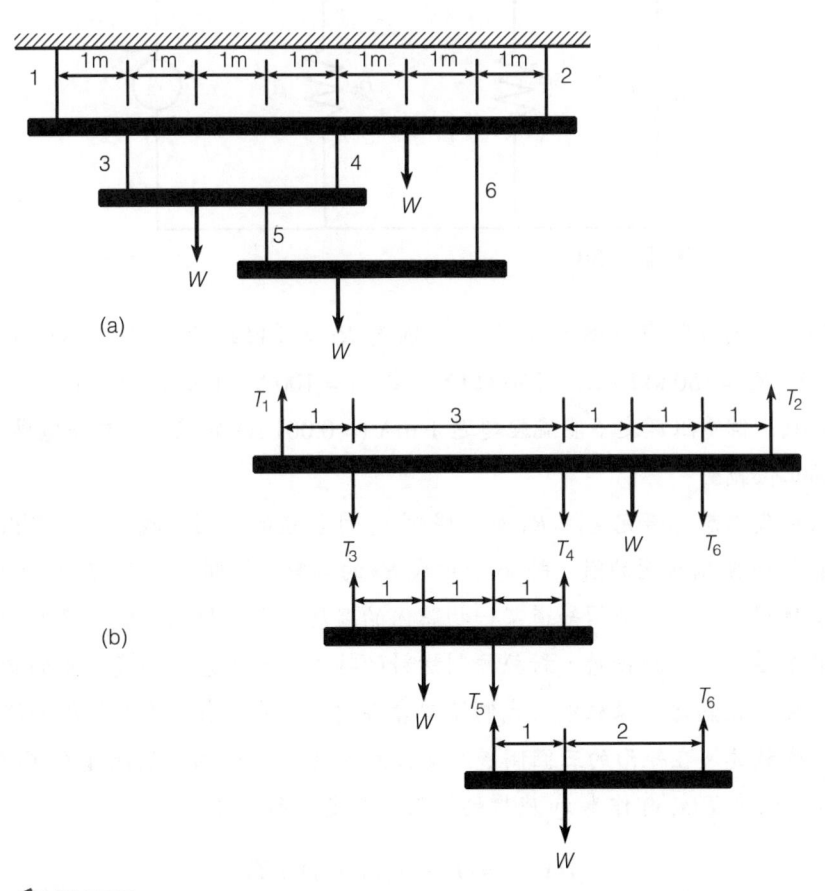

圖 P37

對於橫樑 3

$$T_5 + T_6 = W$$
$$-W + 3T_6 = 0$$

求出此結構所能支撐的 W 最大值。記住，這些繩索無法壓縮，所以張力 T_i 非負值。

38. 用來描述圖 P38 中電路的方程式為：

$$-v_1 + R_1 i_1 + R_4 i_4 = 0$$
$$-R_4 i_4 + R_2 i_2 + R_5 i_5 = 0$$
$$-R_5 i_5 + R_3 i_3 + v_2 = 0$$

$$i_1 = i_2 + i_4$$
$$i_2 = i_3 + i_5$$

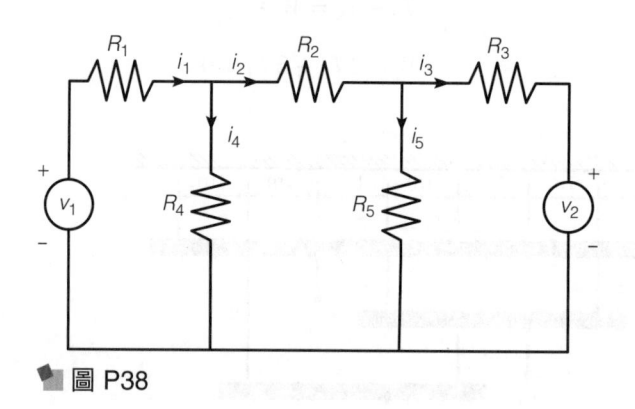

■ 圖 P38

a. 給定下列電阻與電壓 v_1 的值，分別為 $R_1 = 5$ kΩ、$R_2 = 100$ kΩ、$R_3 = 200$ kΩ、$R_4 = 150$ kΩ、$R_5 = 250$ kΩ，以及 $v_1 = 100$ V。(注意，1 kΩ = 1000 Ω) 假設每一個電阻額定不能流經超過 1 mA (= 0.001 A) 的電流。求出電壓 v_2 可能的正值範圍。

b. 假設我們想要研究電阻 R_3 如何限制 v_2 可能值的範圍。我們可以畫出一個可能之 v_2 限制範圍的圖。將 v_2 表示成 R_3 的函數，區間為 $150 \leq R_3 \leq 250$ kΩ。

39. 許多應用要求我們必須知道某一物體內的溫度分布。舉例來說，當冷卻一個熔化的金屬而形成的物體，對於控制材料的特性 (如硬度)，溫度分布的資訊就非常重要。在熱傳導課程中，我們經常會得到下列扁平且矩形金屬板的溫度分布之數學敘述。在矩形的三個側邊溫度被固定為 T_1，而第四個側邊為 T_2 (參見圖 P39)。溫度 $T(x, y)$ 作為 xy 座標的函數，給定下列公式：

$$T(x, y) = (T_2 - T_1)w(x, y) + T_1$$

圖 P39

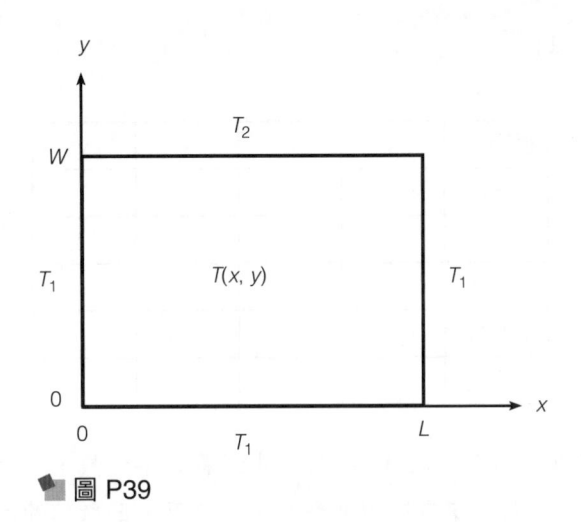

其中

$$w(x,y) = \frac{2}{\pi} \sum_{n\,\text{odd}}^{\infty} \frac{2}{n} \sin\left(\frac{n\pi x}{L}\right) \frac{\sinh(n\pi y/L)}{\sinh(n\pi W/L)}$$

使用下列的資料：$T_1 = 70°F$、$T_2 = 200°F$，以及 $W = L = 2$ ft。

a. 前面所敘述的級數在 n 增加時，各項量值得大小會變得愈來愈小。撰寫一個 MATLAB 程式，針對此金屬板的中心點 ($x = y = 1$) 以 $n = 1, ..., 19$ 來加以驗證。

b. 使用 $x = y = 1$ 撰寫一個 MATLAB 程式，以求出此級數需要多少項，才能使溫度的計算誤差範圍在 1% 之內。(也就是說，n 值要是多少，在加上下一項之後，這個級數和的溫度 T 之改變只在 1% 之內？) 使用你的物理知識來判斷這個答案是否為此金屬板中心點的正確溫度。

c. 修改 b 題的程式，以計算此金屬板的溫度；對 x 和 y 都使用 0.2 的間距。

40. 考慮下列的腳本檔。想像你執行此腳本檔後，將緊接於 while 敘述後應顯示的值填入下表中。寫下每一次 while 敘述執行後的變數值。你或許會需要更多或更少的列。接著輸入此檔案，並且執行它來檢查你的答案。

```
k = 1;b = -2;x = -1;y = -2;
while k <= 3
    k, b, x, y
    y = x^2 - 3;
    if y < b
        b = y;
    end
    x = x + 1;
```

```
        k = k + 1;
end
```

通過	k	b	x	y
第一次				
第二次				
第三次				
第四次				
第五次				

41. 假設人類玩家與電腦在一個 3×3 格子中對戰井字遊戲，人類走第一步。撰寫一個 MATLAB 函數，讓電腦對此移動產生反應。函數的輸入引數是人類玩家所下第一步的細胞位置。函數的輸出應為電腦所下第一步的細胞位置。標記每一個細胞的方式為：最上面一列為 1、2、3；中間一列為 4、5、6；下面一列為 7、8、9。

4.7 節

42. 下表是各種材料的靜摩擦係數 μ。

材料	μ
金屬 (在金屬表面)	0.20
木材 (在木材表面)	0.35
金屬 (在木材表面)	0.40
橡膠 (在水泥表面)	0.70

若要將水平面上的重量 W 移動，必須使用推力 F，其中 $F = \mu W$。撰寫一個 MATLAB 程式，使用 switch 結構來計算推力 F。此程式應能夠接受輸入值 W 及材料的類型。

43. 某一拋射體 (如一個被丟出的球) 以初速度 v_0 及相對於水平的角度 A 拋出，其高度及速度由下列公式給定：

$$h(t) = v_0 t \sin A - 0.5 g t^2$$
$$v(t) = \sqrt{v_0^2 - 2 v_0 g t \sin A + g^2 t^2}$$

其中，g 為重力加速度。此拋射體在 $h(t) = 0$ 時撞擊到地面，且撞擊發生的時間為 $t_{hit} = 2(v_0/g) \sin A$。

使用 switch 結構撰寫一個 MATLAB 程式，來計算拋射體所能達到的最大高度、總水平移動距離或者撞擊時間。此程式應能夠接受使用者選擇要計算

上述項目，以及接受 A、v_0 與 g 的值。針對 $v_0 = 40$ m/s、$A = 30°$ 及 $g = 9.81$ m/s^2，測試此程式。

44. 使用 switch 結構撰寫 MATLAB 程式，計算一年內銀行帳戶存款的累積。程式必須能接受下列輸入：初始儲存於此帳戶內的錢、複利頻率 (每月、每季、每半年或每年)，以及利率。以一開始時存入 1,000 美元的例子來執行你的程式，並使用 5% 的利率，計算每一種情形下所累積的金額。

45. 工程師經常需要估計氣體加諸於容器的壓力和體積，此時便會使用以下的凡得瓦方程式：

$$P = \frac{RT}{\hat{V} - b} - \frac{a}{\hat{V}^2}$$

其中，b 是分子體積的修正項，而 $a/\hat{V}^2$ 是分子引力的修正項。氣體常數為 R，絕對溫度為 T，氣體的比容為 $\hat{V}$。對每一種氣體來說，R 值都一樣，即 $R = 0.08206$ L-atm/mol-K。a 及 b 值和氣體種類有關。下表列出若干氣體的這些值。撰寫一個使用 switch 結構的使用者定義函數，並根據凡得瓦方程式計算壓力 P。此函數的輸入引數為 T、$\hat{V}$，以及下表中所列出之氣體名稱的字串變數。以氯 (Cl_2) 在 $T = 300$ K 及 $\hat{V} = 20$ L/mol 的情況下測試你的程式。

氣體	a (L^2-atm/mol^2)	b (L/mol)
氦 (He)	0.0341	0.0237
氫 (H_2)	0.244	0.0266
氧 (O_2)	1.36	0.0318
氯 (Cl_2)	6.49	0.0562
二氧化碳 (CO_2)	3.59	0.0427

46. 使用習題 19 中所開發的程式，撰寫一個使用 switch 結構的程式，並在給定日期、給定月份及該月份第幾天的情況下，計算出該日期為該年度的第幾天。

4.9 節

47. 考慮範例 4.9-2 中所討論的學院註冊人數模型。假設此學院想要限制新生入學許可的人數為目前二年級學生人數的 120%，並限制轉入的人數為目前一年級人數的 10%。重新改寫並執行該範例中的程式，來檢視這些政策對於未來 10 年內的影響。畫出結果。

48. 假設你計畫接下來的 5 年內，每個月存入銀行帳戶一筆錢，每個月所存入的金額列於下表中。帳戶中起初並沒有任何存款。

年度	1	2	3	4	5
每個月存入的金額 ($)	300	350	350	350	400

在每一年度的年終，如果帳戶結餘超過 3,000 美元，則提款 2,000 美元購買定期存單 (certificate of deposit, CD)，此定期存單每年以 6% 的複利計息。

撰寫一個 MATLAB 程式，計算 5 年內此帳戶及所購買的定期存單所累積的金額。以利息 4% 及 5% 來執行此程式。

49.* 某一公司製造及銷售高爾夫球車。在每一個週末，該公司會將當週製造好的高爾夫球車存放起來 (存貨)。所有販售出去的高爾夫球車都是由存貨中提領。此處理程序的一個簡單模型如下：

$$I(k + 1) = P(k) + I(k) - S(k)$$

其中，

$P(k)$ = 第 k 個星期所產出的高爾夫球車數目。
$I(k)$ = 第 k 個星期高爾夫球車存貨數目。
$S(k)$ = 第 k 個星期所賣出的高爾夫球車數目。

接下來 10 週預計的每週銷售量為：

週	1	2	3	4	5	6	7	8	9	10
銷售量	50	55	60	70	70	75	80	80	90	50

假設每一週的製造量是根據前一週的銷售量而定，所以 $P(k) = S(k - 1)$。假設第一週的產量為 50 台，亦即 $P(1) = 50$。撰寫一個 MATLAB 程式，計算並畫出 10 週內高爾夫球車存貨的數目，或直到存貨數目變成零。以下列兩種況狀執行此程式：(a) 初始的存貨為 50 台，即 $I(1) = 50$；以及 (b) 初始的存貨為 30 台，即 $I(1) = 30$。

50. 重做習題 49，並加入以下限制條件：當庫存超過 40 台時，下一週的產量設為零。

Chapter 5
進階繪圖

©Getty Images/iStockphoto

21 世紀的工程……
小尺寸航空學

雖然在大眾文化它稱為無人機 (drone)，對於飛機上沒有人類飛行員適當名稱是無人空中載具 (unmanned aerial vehicle, UAV)。UAVs 可以由人遙控或機上電腦連續或間斷的控制方式操作。這類的載具在過去幾年變得流行，可能是因為電腦和感測器微小化，例如相機和陀螺儀。

像照片中的無人機是先天不穩定，而它的馬達方向與速度一定要連續地控制來提供穩定性和達到載具需要的方位、高度和路徑。所需的電腦程式和電子硬體稱為回饋迴路或控制迴路。在某些設計每個馬達能對三個軸旋轉 (翻滾、俯仰、偏航)，因此每個馬達需要四個迴圈，一個用在馬達速度和三個用在軸。MathWorks 提供支援軟體可使用 MATLAB 和 Simulink 來設計和實現控制程式碼給無人機上使用的數個流行的微處理器。

不是所有這些載具都有標準置置，像照片中的無人機。有些依賴空氣動力學 (aerodynamics) 而不是馬達來提供升力，其中一個例子就是微型無人飛行載具 (micro air vehicle, MAV)，如上方照片中長度為 6 英寸，此飛行器可以攜帶方糖般大小的攝影機 (重量只有 2 公克)，且以每小時 65 公里的速度飛行，航行範圍為 10 公里。其中飛行器使用拍面機翼 (flapping wing)。空氣在這樣小尺度下速度變得更像黏性流體，其中一個未預期的挑戰是設計更佳的 MAV 來改進我們對低速航空學

學習大綱

5.1 xy 繪圖函數
5.2 其他指令及繪圖類型
5.3 MATLAB 中的互動式繪圖
5.4 三維圖形
5.5 摘要
習題

的了解。

MATLAB 先進的繪圖功能對於將流場形態 (flow pattern) 視覺化是一項利器，而最佳化工具箱 (Optimization toolbox) 對於設計這樣的飛行器也非常有幫助。

在本章中，我們將學習如何利用進階功能畫出各種不同的二維圖案 (也稱為 *xy* 繪圖) 和三維圖形 [也稱為 *xyz* 繪圖或表面繪圖 (surface plots)]。二維繪圖將在第 5.1 節到第 5.3 節中討論，三維圖形則於第 5.4 節討論。這些繪圖函數在輔助說明中的 graph2d 與 graph3d 中有加以描述，所以輸入 help graph2d 或 help graph3d 會顯示一連串與繪圖相關的函數。

對繪圖而言，一個重要的應用就是函數發現 (function discovery)，此一技巧是使用資料圖形來求得數學函數或「數學模型」，亦即能夠用來描述產生這些資料的處理程序。這個主題將在第六章中加以探討。

5.1 *xy* 繪圖函數

典型 *xy* 圖形的「解剖圖」與專有名詞顯示於圖 5.1-1 中，它是一組資料的圖形以及一個看起來由方程式產生的曲線。此一圖形可由量測所得的數據或由方程式繪製而來。當畫出資料的時候，每一個資料點處須標記一個資料符號 (data symbol)，或者稱為點標號 (point marker)，如圖 5.1-1 中的小圈圈。在此規則下，一個不常見的例外是當資料點非常多時，資料符號會密集地聚集在一起。在這種情況下，資料點會以一個點來呈現。不過，當此圖形是由函數產生時，我們通常不使用資料符號，而改用線條來呈現。

MATLAB 的基本 xy 繪圖函數為 plot(x,y)，如我們在第一章所看到的。如果 x 與 y 是向量，則會畫出一條單一曲線，其中 x 值位於橫軸，而 y 值位於縱軸。xlabel 與 ylabel 指令會分別在橫軸及縱軸上加入標籤。語法為 xlabel('text')，其中 text 為標籤文字。注意，你必須將標籤文字以單引號包圍起來。ylabel 的語法和 xlabel 相同。title 指令會在圖形的最上方加上一個標題，語法為 title('text')，其中 text 為標題文字。

MATLAB 中的函數 plot(x,y) 會自動選取每一個軸的刻度標記之間距，並且放置適當的刻度標籤，這個功能稱為自動縮放 (autoscaling)。MATLAB 也會自動選取 *x* 軸和 *y* 軸的邊界值。xlabel、ylabel 及 title 指令的順序並不重要，但是要記得將這些指令放置於 plot 指令之後，不然就是使用省略符號 (...) 來分開另一列程式碼，或是在同一列程式碼中以逗號分隔。

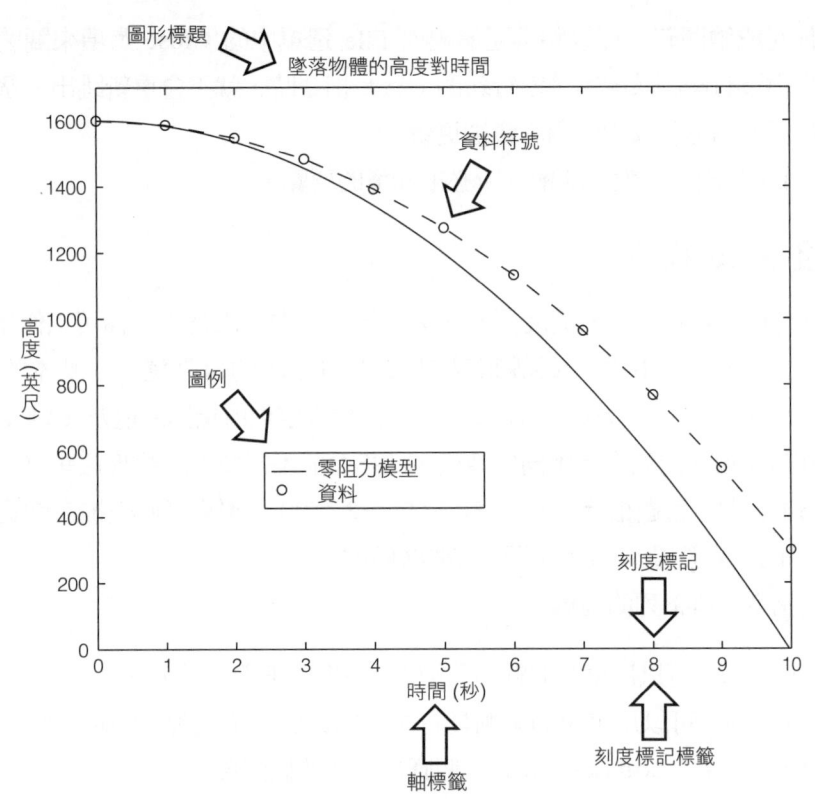

圖 5.1-1　典型 xy 圖形的專有名詞

　　執行 plot 指令之後，圖形將會顯示於圖形視窗中。你可以使用下列方式得到一份實體拷貝：

1. 使用選單系統。在圖形視窗中點選 File 選單中的 **Print** 選項，電腦會提示如果要繼續列印程序，則回答 OK。
2. 在指令列中輸入 print。此指令會將目前的圖形直接輸出至印表機。
3. 將此圖形儲存於一個檔案中以供將來列印，或者匯入其他的應用程式中，如文字處理器程式。你需要正確地知道所使用之檔案的圖形檔案格式，參見本節中有關 **Exporting Figures** 的章節內容。
4. 在繪圖視窗的「編輯」選單中選擇 **Copy**。然後將圖形貼到文書處理器中。該方法提供了一種快速簡便的方法來包括報告中的圖形。

鍵入 help print 可以獲得更多的資訊。

　　MATLAB 會指派 plot 指令的輸出到圖形視窗 1 中。當執行另一個 plot 指令時，MATLAB 會以新的圖形覆蓋現有圖形視窗中的內容。雖然使用者可以保持一個以上的圖形視窗為主動的，但在本書中並不使用此一功能。

當你完成繪圖時,可以點選圖形視窗 File 選單中的 **Close** 選項來關閉圖形視窗。如果你沒有關閉該視窗,執行新的 plot 指令時,就不會重新跳出一個新圖形視窗,但原本圖形視窗中的內容會被更新。

表 5.1-1 列出要有效率地繪圖所必須知道的要點。

grid 及 axis 指令

軸界限範圍

grid 指令會在對應於刻度標籤的刻度標記上顯示出格線。你可以使用 axis 指令來改寫 MATLAB 對於**軸界限範圍** (axis limit) 的自動選擇。基本的語法為 axis([xmin xmax ymin ymax])。此指令設定你所指定的值為 x 軸及 y 軸的最大值與最小值。請注意,不同於陣列,此指令並不需要以逗號將這些值分開。

圖 5.1-2 顯示透過指令 axis([0 10 -2 5]),覆寫了原先被自動調節功能 (將縱座標的上界預設為 4) 所預設之軸範圍圖形。

axis 指令具有下列的變形:

- axis square 可以用來選取軸界限範圍,使得圖形為正方形。
- axis equal 可以用來使兩個軸具有相同的比例因子及刻度間距。此變形使得 plot(sin(x), cos(x)) 變成一個圓形,而非橢圓形。
- axis auto 會將軸的比例大小回復系統預設的自動縮放模式。此模式會自動計

■ 表 5.1-1 一張正確的圖所必須具備的條件

1. 每一個軸都必須加上所畫出之數量的名稱標籤及其單位!如果需要同時畫出兩個或兩個以上不同單位的量 (例如同時畫出速度及距離對時間的圖形),必須指明軸標籤或圖例的單位 (空間足夠的話),或者指明每一條曲線的標籤。
2. 每一個軸都要具有等距離的刻度標記,且距離適中,不可以太分散,也不可以太緊密。間距應該便於解讀及內插,例如應使用 0.1、0.2 等,而不要使用 0.13、0.26 等。
3. 如果你要畫出超過一組的資料或曲線,則在每一條曲線旁加上標籤,或者使用圖例來區分。
4. 如果你準備許多種類相似的圖形,或者軸標籤無法傳遞足夠的訊息時,記得使用標題來輔助。
5. 如果你要畫量測得到的資料,則以符號標記每一筆資料,使用的符號可以為圓圈、方塊或十字 (在同一組資料中,使用相同的符號標記每一個資料點)。如果有非常多的資料點,則可使用點符號來標記。
6. 有時候資料符號以線條相連接,可以幫助閱讀者具象化這些資料,尤其是只具有少數資料點的時候。然而,以線條連接資料點,尤其是以實線連結的時候,可能暗示這些資料點之間的值有某種程度的關聯,因此必須小心處理以避免誤解。
7. 如果你要畫出計算某一函數所得到的點 (相對於量測所得到的資料),不要使用符號來畫出每一個點。你應該確定會產生足夠的點,並且將這些點以實線相接。

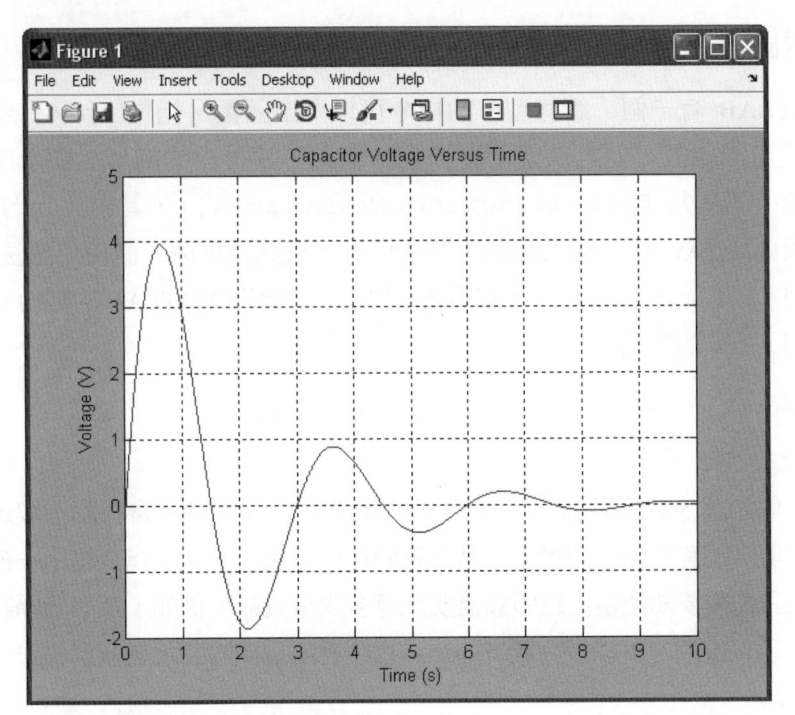

▓ 圖 5.1-2　圖形視窗中顯示的簡單圖案

算最適合的軸界限範圍。
- axis tight 設定軸界線範圍至數據範圍。

鍵入 help axis 以查看變數的完整列表。請注意，有時軸的行為類似於帶有引數的函數，如 axis([xmin xmax ymin ymax])，有時它表現的像指令，如 axis equal。MATLAB 解讀器能辨識依據它使用時的內容差別。

複數的圖形

若是只有一個引數的函數 plot (例如 plot(y))，會畫出向量 y 中的值對其索引 1、2、3、… 的圖形。如果 y 是複數，則 plot(y) 會畫出虛部對實部的圖形。因此，plot(y) 在這個情況下等效於 plot[real(y),imag(y)]。這種狀況是 plot 函數唯一能夠處理虛部的情況；在其他 plot 函數的變形中，都會忽略虛部。例如，下列的腳本檔

```
z = 0.1 + 0.9i;
n = 0:0.01:10;
plot(z.^n),xlabel('Real'),ylabel('Imaginary')
```

會產生一個螺旋狀圖形。

函數繪圖指令 fplot

MATLAB 有一個「智慧型」的指令可以畫出函數。指令 fplot 會自動分析所要畫出的函數,並且決定需要多少繪圖點,讓畫出的圖形能顯示所有此函數的特色。語法為 fplot(function,[xmin xmax]),其中 function 是要在預設區間 [−5, 5] 上繪製函數握把的函數。要指定間隔,請使用語法 fplot (function,[xmin xmax])。有關其他語法,請參閱 MATLAB 的輔助。

例如,下列的對話

```
>>f = @(x) (cos(tan(x)) - tan(sin(x)));
>>fplot(f,[1 2])
```

會產生一個如圖 5.1-3a 的圖形。我們可以看到,fplot 指令會自動選取足夠的繪圖點,來顯示所有此函數的變化。當然我們也可以使用 plot 指令畫出一模一樣的圖形,但我們需要知道畫出這張圖需要計算多少筆資料。例如,選取間隔為 0.01,並且用 plot 畫圖,可以得到圖 5.1-3b。我們發現這樣的間隔選取會失去一些函數的表現行為。

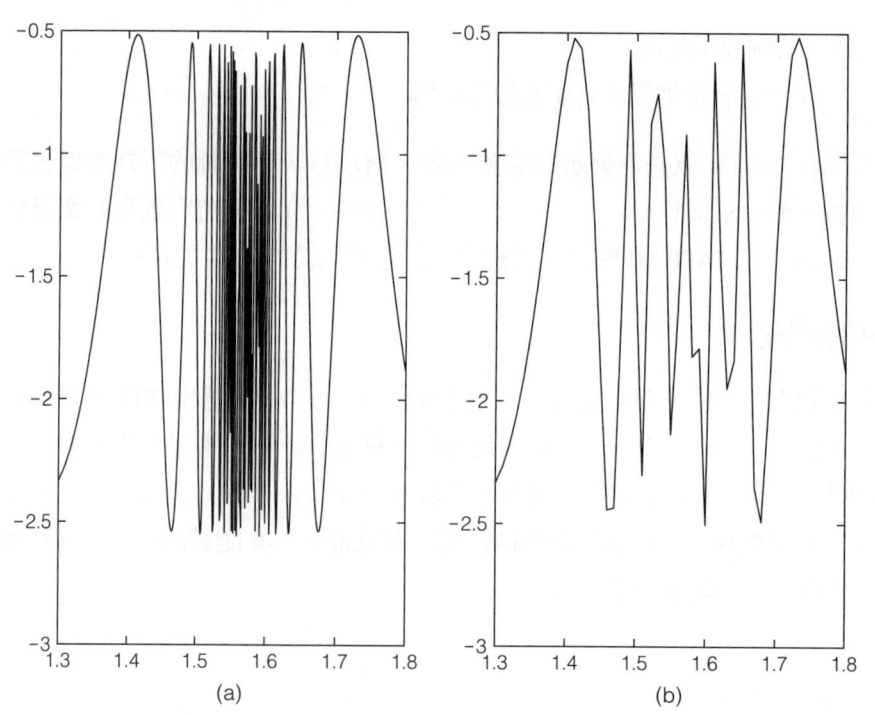

■ 圖 5.1-3 (a) 一個由 fplot 所產生的圖形;(b) 一個使用 101 個點之 plot 所產生的圖形

其他指令可以和 `fplot` 指令合併使用，以加強圖形的外觀，例如與 `title`、`xlabel`、`ylabel` 指令及線條種類指令合併使用，這些都將在下一節中介紹。

畫出多項式

我們可以很容易地使用 `polyval` 函數畫出多項式。函數 `ployval(p,x)` 意指在指定的自變數 x 下，計算多項式 p。例如，要在區間 $-6 \leq x \leq 6$ 之內畫出多項式 $3x^5 + 2x^4 - 100x^3 + 2x^2 - 7x + 90$，間隔距離為 0.01，則需要輸入

```
>>x = -6:0.01:6;
>>p = [3,2,-100,2,-7,90];
>>plot(x,polyval(p,x)),xlabel('x'),ylabel('p')
```

表 5.1-2 總結了此節所介紹的 *xy* 圖形之繪圖指令。

測試你的瞭解程度

T5.1-1 在區間 $0 \leq x \leq 35$ 與 $0 \leq y \leq 3.5$ 之內畫出方程式 $y = 0.4\sqrt{1.8x}$。

T5.1-2 使用 `fplot` 指令調查在區間 $0 \leq x \leq 2\pi$ 內之函數 $\tan(\cos x) - \sin(\tan x)$。需要多少個 *x* 的值，才能得到與 `plot` 指令一樣的圖形？(答案：292 個值)

■ 表 5.1-2 基本的 *xy* 繪圖指令

指令	敘述
`axis([xmin xmax ymin ymax])`	設定 *x* 軸及 *y* 軸的界限範圍之最小值與最大值。
`fplot(function,[xmin xmax])`	執行智慧型繪圖函數，其中 function 是一個用來描述所要畫出之函數的函數握把，[xmin xmax] 則指定自變數的最小值與最大值。另外，應變數的範圍也可以同時被指定。語法為 `fplot(function,[xmin xmax ymin ymax])`。
`grid`	在刻度標記的位置顯示對應於刻度標籤的格線。
`plot(x,y)`	在直線的座標軸上產生陣列 y 對陣列 x 的圖形。
`plot(y)`	如果 y 是向量，則畫出 y 值對應於其索引之圖形。如果 y 是具有複數值的向量，則畫出 y 的虛部對實部的圖形。
`ployval(p,x)`	在指定的自變數 x 下，計算多項式 p。
`print`	列印圖形視窗中的圖形。
`title('text')`	放置標題於圖形的最上方。
`xlabel('text')`	將文字標籤加至 x 軸 (橫軸)。
`ylabel('text')`	將文字標籤加至 y 軸 (縱軸)。

T5.1-3 在區間 $0 \leq n \leq 20$ 內畫出函數 $(0.2 + 0.8i)^n$ 虛部對於實部的圖形。選取足夠多的點數畫出平滑的曲線。對每個 axis 加上標籤，並在圖形上加上標題。使用 axis 指令來改變刻度標籤的間距。

儲存圖形

當你建立了一張圖形，便會出現圖形視窗。這個視窗有八個選單，我們會在第 5.3 節中討論每一個選單的細節。File 選單可用來儲存及列印圖形。你可以將圖形儲存為能夠在其他 MATLAB 對話中被開啟，或者能夠被其他應用程式開啟的格式。

若要能夠被其他 MATLAB 對話開啟，必須將圖形檔案儲存成副檔名為 .fig 的檔案。為此，你可以點選圖形視窗 File 選單中的 **Save** 選項，或者點選工具列上的 **Save** 按鈕 (磁片圖示)。如果這是第一次儲存這個檔案，則會出現 **Save As** 對話框。預設檔案的格式為 MATLAB 圖形 (*.fig)。指定你想要的檔案名稱，按下 OK。

如果你要儲存圖檔成為另一個型態，例如 JEG、BMP 或 PNG，選擇 Save As。在出現的對話框中你可以選擇要的型態。這些是許多應用程式使用的流行類型。你也可以從指令行中用 saveas 指令。

小心：如果你之後可能要編輯圖檔，確保將它先存成 MATLAB 圖檔 (*.fig)。如果先將它存成其他圖檔型態 (JPEG、其他)，你將無法用 MATLAB 繪圖工具來編輯它。

點選 File 選單中的 **Open** 選項或點選工具列上的 **Open** 按鈕 (開啟檔案夾的圖示)，即可開啟一個圖形檔案；選擇你欲開啟的圖形檔案並按下 OK，此圖形檔案便會出現在新的圖形視窗中。

匯出圖形

匯出一個圖檔不像儲存它那樣容易。你可以使用輸出設定視窗在儲存一個圖時先客製化它。你可以改變圖的尺寸、背景顏色、字形大小和線寬，而且你可以儲存這些設定值為匯出型態到儲存之前應用於其他圖形。

如果你想要將圖形儲存成能被其他應用程式開啟的格式，例如標準的圖形檔案格式 (包括 TIFF 或 EPS)，可進行下列步驟：

1. 點選 File 選單中 **Export Setup** 選項。這個對話會提供你指定輸出檔案的選項，包括圖形的大小、字型、線條的寬窄與樣式，以及輸出的格式。
2. 點選 Export Setup 對話框中的 **Export** 選項。接下來會出現一個標準的 Save As 對

話框。
3. 在 Save As 種類選單的格式清單中選取所需的格式。在此選擇匯出檔案的格式，並為此種檔案加入標準檔案名稱的副檔名。
4. 輸入你想要給定此檔案的檔案名稱，不需要鍵入副檔名。
5. 按下 **Save**。

你也可以使用 print 指令從指令列匯出圖形項。參見 MATLAB 輔助說明來獲得更多將檔案匯出成不同格式的資訊。

你也可以將圖形拷貝至視窗系統的剪貼簿，並將之貼到其他的應用程式中，作法為：

1. 點選 Edit 選單中的 **Copy Options** 選項，則接下來會出現 Preferences 對話框的 Copying Options 頁。
2. 填寫 Copying Options 頁中的欄位，並且按下 **OK**。
3. 點選 Edit 選單中的 **Copy Figure** 選項。

圖形會複製到視窗剪貼板中然後可以被貼到另一個應用程式中。

本節及第 5.3 節所涵蓋的圖形函數可以放入腳本檔中重複使用，以畫出類似的圖形。此特性使它們相較於其他互動式繪圖工具 (將在第 5.3 節被討論) 更占優勢。

當你在繪圖時，要將表 5.1-3 的動作牢記在心，即使沒有必要，至少可以改變圖形的實用性及呈現方式。

實況編輯器

實況腳本 (live script) 是一個互動檔案包含輸出、包括圖形和產生它的程式碼，一起放在單一互動環境中稱為實況編輯器。你也可以納入格式化文字、影像、超連結和方程式來產生互動分享的敘述。實況腳本，是在 MATLAB R2016a 引進，儲存在一個副檔名為 **.mlx** 的檔案。你可以轉換腳本為 HTML 或 PDF 檔案來出版。

■ 表 5.1-3　匯入圖形的提示

1. 盡可能從零開始刻度。這種技巧可以防止對圖形顯示的任何變化幅度的錯覺。
2. 使用合理的刻度線間距。例如，如果數量是月，則選擇間距為 12，因為一年的 1/10 不是方便的分區。空間刻度標記盡可能接近是有用的，但無法更接近。
3. 將刻度標籤中的零數目極小化。例如，在適當時候使用數百萬美元的刻度，而不是在每個數字後使用六個零的美元。
4. 在繪製數據之前，確定每個軸的最小和最大數據值。然後設置軸限制以覆蓋整個數據範圍加上額外的數量，以便選擇方便的刻度線間距。

實況編輯器讓你工作更有效率因為你可以撰寫、執行和測試程式碼而需離開環境，而且你可以個別或整體的執行區塊程式碼。你可以看到由此程式碼產生的結果和圖形出現在程式碼之後，而且你可以看到在檔案中錯誤產生的位置。

二種方式開啟一個新的實況腳本為：

- 在 Home 標籤，在新的下拉式選單，選擇 **Live Script**。
- 從指令歷史中凸顯要的指令，按右鍵，然後選擇 **Create Live Script**。

在實況編輯器鍵入你的程式碼，如同你在指令視窗中。參考圖 5.1-4 當作一個範例。鍵入程式碼後，按左側藍色邊界的頂部。程式碼將執運行，MATLAB 將提醒您任何錯誤。在範例中呈現的，圖形在程式碼的第三行執行時會出現。在編輯器的最右側有二個圖示來選擇將輸出放在何處 (在此是圖形)。按最左側的圖示將輸出對齊，按最右側顯示右側的輸出。你可以將現有腳本開啟為實況腳本。這將建立文件的副本，並保持原始文件不變。只有腳本檔能以實況腳本開啟。函數檔並不會轉換。

你可以開啟一個已有的腳本 (.m) 為實況腳本 (.mlx)，透過用以下的其中一種方法：

- 在編輯器打開腳本，按 **Save**，和選擇 **Save As**。然後，選擇 **Save as type: MATLAB Live Script (*.mlx)** 和按 **Save**。

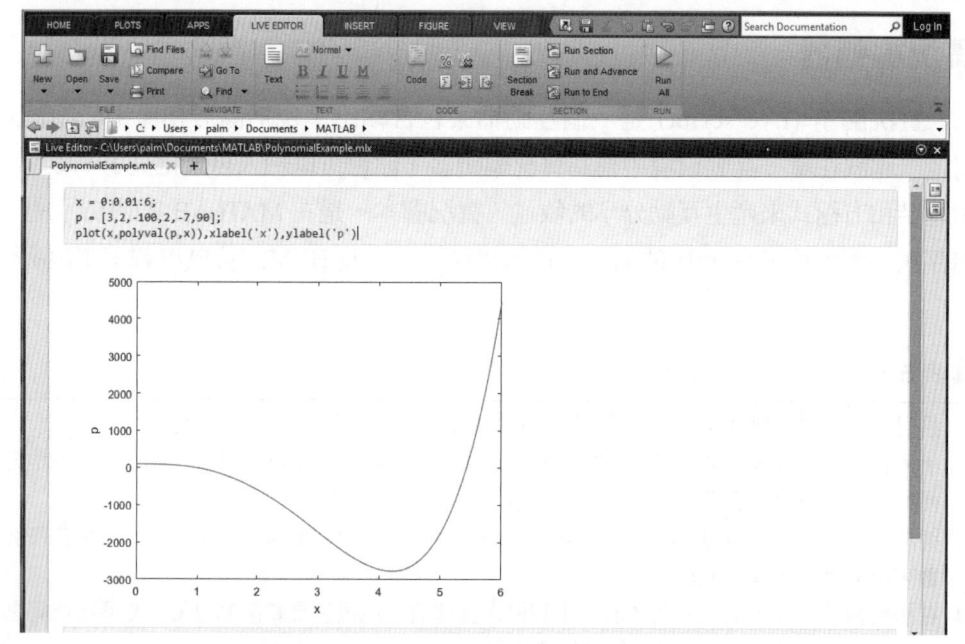

▎圖 5.1-4　帶有程式碼和圖形輸出的實況編輯器的螢幕截圖

■ 在目前目錄瀏覽器中右鍵按該檔案和從文件選單選擇 **Open as Live Script**。

注意：你必須使用其中一種方法將你的腳本轉換為實況腳本。只將腳本重新更名為副檔名 .mlx 行不通，會損壞檔案。

你可以插入方程式為排版數學。只有文字行，而非程式行，能包含方程式。將方程式插入實況腳本中有三種方法。你可以從符號和結構的調色板中互動地構立方程式 (到實況編輯器的插入標籤然後按 *Σ***Equation**)。或者你可以使用 LaTex 指令產生方程式 (到實況編輯器的插入標籤，按 **Equation**，然後選擇 **LaTex Equation**)。有關這兩種方法的資訊，請參閱輔助的主題「Insert Equations into Live Scripts」。最後，你可以使用符號運算工具箱的指令 (例如見第十一章，11.3 節和圖 11.3-2)。

學習更多的最好方法是在桌面右上角的文件搜尋框中鍵入 Live Editor。

5.2 其他指令及繪圖類型

MATLAB 可以建立包含陣列繪圖的圖形，稱為子圖形。舉例來說，子圖形對於比較在不同軸上畫出相同資料時非常有用。MATLAB 的 `subplot` 指令可以建立這一類的圖形。我們經常需要在同一張圖上畫出一條以上的曲線，或者一組以上的資料，我們稱這樣的圖形為**重疊圖形** (overlay plot)。本節將描述 MATLAB 用來建立重疊圖形的許多指令。

重疊圖形

子圖形

你可以使用 `subplot` 指令在同一張圖形上，得到許多比較小的「子圖形」，語法為 `subplot(m,n,p)`。此一指令會將圖形視窗切割為陣列般的直角方框，具有 *m* 列及 *n* 行。變數 p 會告訴 MATLAB 將 `subplot` 指令後面之 `plot` 指令的輸出結果，放置到第 p 個方框。例如，`subplot(3,2,5)` 會建立一個具有六個方框的陣列，縱深是三個方框，橫跨為兩個方框，並且將下一個圖形顯示於第五個方框之中 (即是左下角的那一個方框)。以下腳本檔所建立的圖形可參見圖 5.2-1，其顯示了當 $0 \leq x \leq 5$ 時函數 $y = e^{-1.2x}\sin(10x + 5)$ 以及當 $-6 \leq x \leq 6$ 時函數 $y = |x^3 - 100|$ 的圖形。

```
x = 0:0.01:5;
y = exp(-1.2*x).*sin(10*x+5);
subplot(1,2,1)
plot(x,y),xlabel('x'),ylabel('y'),axis([0 5 -1 1])
x = -6:0.01:6;
y = abs(x.^3-100);
```

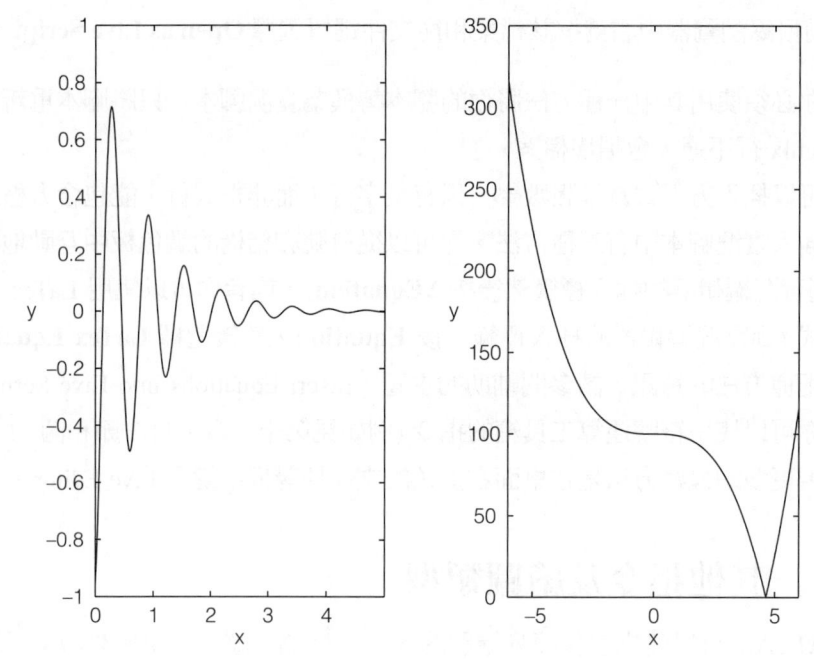

▎圖 5.2-1　subplot 指令的應用

```
subplot(1,2,2)
plot(x,y),xlabel('x'),ylabel('y'),axis([-6 6 0 350])
```

測試你的瞭解程度

T5.2-1　選取適當間距的 t 及 v，並使用 subplot 指令來畫出當 $0 \leq t \leq 8$ 時函數 $z = e^{-0.5t} \cos(20t - 6)$，以及當 $-8 \leq v \leq 8$ 時函數 $u = 6 \log_{10}(v^2 + 20)$ 的圖形。此外，對每個軸加上標籤。

重疊圖形

你可以使用下列 MATLAB 基礎繪圖函數 plot(x,y) 及 plot(y) 的變形，來建立重疊圖形：

- 如果 A 是一個具有 m 列及 n 行的矩陣，則 plot(A) 可以畫出 A 中每一行的元素對應於其索引的圖形，並產生 n 條曲線。
- plot(x,A) 可以畫出矩陣 A 對向量 x 的圖形，其中 x 不是一個列向量，就是一個行向量，而 A 是一個具有 m 列及 n 行的矩陣。如果 x 的長度是 m，則可畫出 A 的每一行對應於向量 x 的圖形。A 的行數與曲線的數目相同。如果 x 的長度是 n，則可畫出 A 的每一列對應於向量 x 的圖形。A 的列數與曲線的數目相同。

- `plot(A,x)` 可以畫出向量 x 對矩陣 A 的圖形。如果 x 的長度是 m，則可畫出向量 x 對應於 A 的每一行的圖形；A 的行數和曲線的數目相同。如果 x 的長度是 n，則可畫出向量 x 對應於 A 每一列的圖形；A 的列數與曲線的數目相同。
- `plot(A,B)` 可以畫出矩陣 B 每一行對應於矩陣 A 每一行的圖形。

資料標記及線條種類

要畫出向量 y 對向量 x 的圖形並將每一點以資料標記，可在 plot 函數中使用單引號將此標記包圍起來。表 5.2-1 顯示了一些可使用的資料標記符號。例如，若要使用小圈圈，則是用小寫字母的 o 來表示，並輸入 `plot(x,y,'o')`。這種標記方式的結果可參見圖 5.2-2 的左圖。若要將這些資料標記以直線連接，則需要畫出這些數據兩次，並輸入 `plot(x,y,x,y,'o')`，可得到圖 5.2-2 的右圖。

假設我們有兩組曲線或兩組資料，分別儲存於 x、y、u 及 v 中。要在同一張圖上畫出 y 對 x 及 v 對 u 的圖形，需要輸入 `plot(x,y,u,v)`。兩組都會以預設的實線形式畫出。要區分這兩組數據，我們可以使用不同種類的線條形式。想要以實線畫出 y 對 x 並以虛線畫出 v 對 u 的圖形，可輸入 `plot(x,y,u,v,'--')`，其中符號「--」表示使用虛線。表 5.2-1 介紹了其他種類的線條形式。若是要使用星號(*)標記資料點，以及用點線連接這些資料標記的 y 對 x 的圖形，則必須畫出這些數據兩次，並輸入 `plot(x,y,'*',x,y,':')`。

你可以使用列於表 5.2-1 中的顏色符號，來得到不同顏色的符號及線條。例如，要畫出使用綠色星號 (*) 標記資料點，以及用紅色虛線連接這些資料標記的 y 對 x 的圖形，則必須畫出這些數據兩次，並輸入 `plot(x,y,'g*',x,y,'r--')`。(如果你要使用黑白印表機列印這些圖形，則不

■ 表 5.2-1　資料標記、線條種類形式及顏色的說明

資料標記[†]		線條種類形式		顏色	
點 (.)	.	實線	-	黑色	k
星號 (*)	*	虛線	--	藍色	b
叉號 (×)	×	虛點線	-.	藍綠色	c
圈號 (o)	o	點線	:	綠色	g
加號 (+)	+			紫紅色	m
方塊 (□)	s			紅色	r
菱形 (◇)	d			白色	w
五芒星 (★)	p			黃色	y

[†]其他的資料標記請在 MATLAB 的輔助說明中輸入「markers」來搜尋。

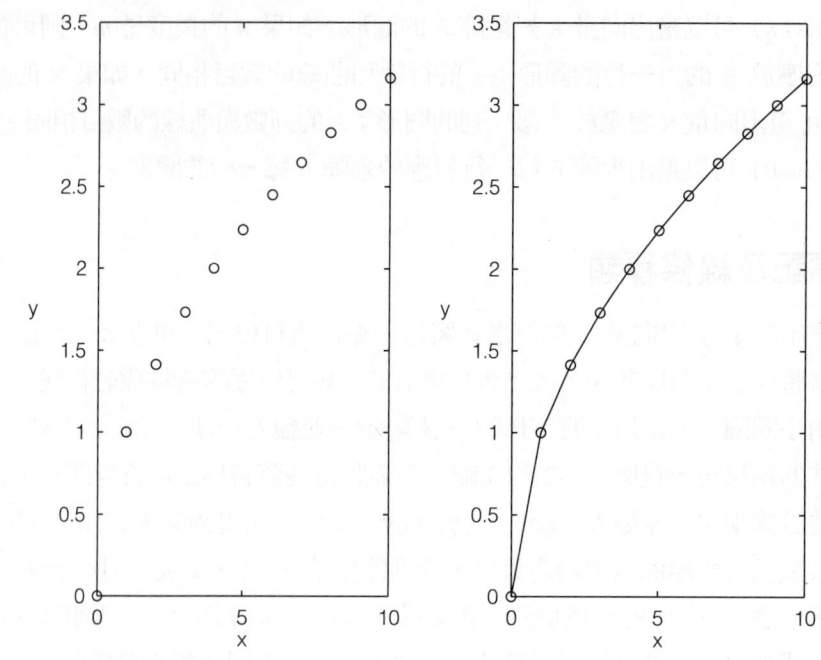

■ 圖 5.2-2　使用資料標記

需使用顏色。)

將曲線與資料加上標籤

當圖形中顯示一條以上的曲線或資料組時，我們就必須加以區分。如果我們使用不同的資料符號或不同形式種類的線條，則需要在一旁加上圖例或者要在每一條曲線旁邊加上標籤。若要建立一個圖例，可以使用 legend 指令。此指令的基本形式為 legend('string1','string2')，其中 string1 及 string2 是你所選取的文字字串。legend 指令會自動取得圖形中每一組資料的線條形式，並在圖例框中緊鄰你所選取的文字字串旁顯示線條形式的樣本。以下腳本檔所產生的圖形可參見圖 5.2-3。

```
x = 0:0.01:2;
y = sinh(x);
z = tanh(x);
plot(x,y,x,z,'--'),xlabel('x'),...
   ylabel('Hyperbolic Sine and Hyperbolic Tangent'),...
   legend('sinh(x)','tanh(x)')
```

legend 指令必須放置在 plot 指令之後。當圖形顯示於圖形視窗之後，按住滑鼠的左鍵來移動此圖例框。

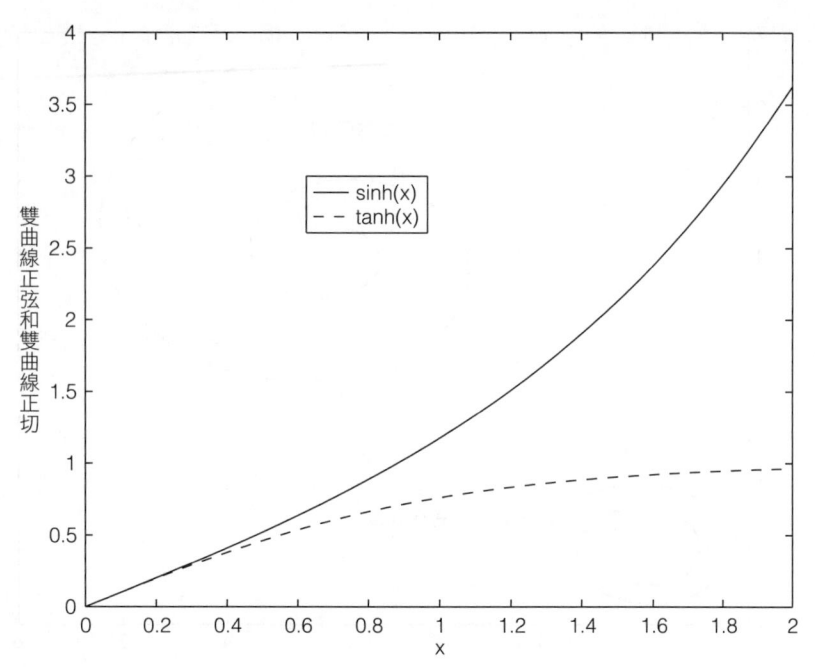

圖 5.2-3 legend 指令的應用

另外一個可以用來區分曲線的方式就是在曲線旁加上標籤。此標籤可以使用 gtext 指令來產生 (其可讓你使用滑鼠來加上標籤)，或者使用 text 指令來產生，但是此指令需要你配合指定標籤的座標。gtext 指令的語法為 gtext('string')，其中 string 可指明你所選取之標籤的文字字串。當執行此指令後，MATLAB 會等候使用者按下滑鼠按鈕，或者滑鼠指標停留在圖形視窗中使用鍵盤輸入；此標籤會被放置在滑鼠指標停留的位置。你可以在給定的圖形中使用一個以上的 gtext 指令。text 指令 text(x,y,'string') 能夠在你所指定的座標 x,y 處加上文字字串。這些座標和圖形資料具有相同的單位。當然，使用 text 指令來找到正確的座標位置通常需要多次的試誤。

hold 指令

hold 指令可以建立需要兩個或兩個以上之 plot 指令才能畫出的圖形。假設我們欲在 $-1 \leq x \leq 1$ 的條件下，將 $y_2 = 4 + e^{-x} \cos 6x$ 對 $y_1 = 3 + e^{-x} \sin 6x$ 的圖形，顯示於複數函數 $z = (0.1 + 0.9i)^n$ (其中 $0 \leq n \leq 10$) 同一張圖上。以下的腳本檔所建立的圖形可參見圖 5.2-4。

```
x = -1:0.01:1;
y1 = 3+exp(-x).*sin(6*x);
y2 = 4+exp(-x).*cos(6*x);
```

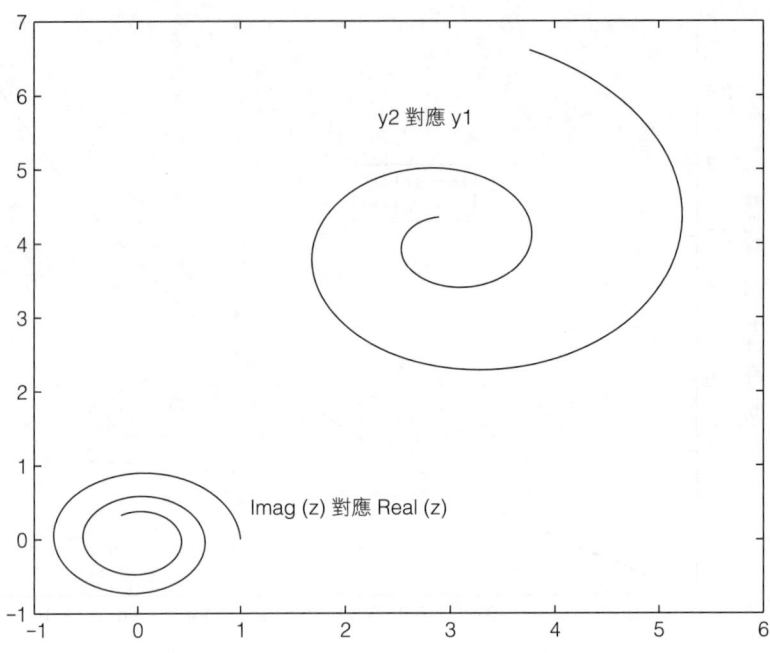

▣ 圖 5.2-4　hold 指令的應用

```
plot((0.1+0.9i).^[0:0.01:10]),hold,plot(y1,y2),...
  gtext('y2 versus y1'),gtext('Imag(z) versus Real(z)')
```

當使用一個以上的 plot 指令時，不要在任何 plot 指令前加上 gtext 指令。因為每次執行 plot 指令的時候，圖形的比例都會改變，以 gtext 指令放置的標籤會跑到錯誤的位置。使用指令 axis 手動凍結目前限制的縮放比例，因此如果保持打開，後續圖形將使用相同的限制。

以下形式的函數經常出現在應用中。

$$x(t) = e^{-0.3t}(\cos 2t + j\sin 2t)$$

如果我們嘗試畫 x 與 t 的關係，則只繪製實部，MATLAB 會發出警告。如果我們想畫實部和虛部在同一個圖上，我們可以使用 hold 命令，如下所示程序：

```
t = 0:pi/50:2*pi;
x = exp(-0.3t).*(cos(2t)+j*sin(2*t));
plot(t,real(x));
hold on;
plot(t,imag(x),'- -');
hold off;
```

表 5.2-2 摘要本節中所介紹的圖形強化指令。

● 表 5.2-2　圖形強化指令

指令	敘述
gtext('text')	將字串 text 放置在圖形視窗中滑鼠指定的點。
hold	凍結目前的圖形等待接下來的圖形指令。
legend('leg1','leg2',...)	建立使用字串 leg1、leg2 等的圖例，並以滑鼠指定位置。
plot(x,y,u,v)	在直角座標軸上畫出四個陣列：y 對 x，v 對 u。
plot(x,y,'type')	在直角座標軸上畫出 y 對 x 的圖形，並且使用在字串 type 中所指定的線條形式、資料標記及顏色。參見表 5.2-1。
plot(A)	畫出 m×n 陣列 A 對應於其索引的圖形，一共產生 n 條曲線。
plot(P,Q)	畫出陣列 Q 對陣列 P 的圖形。參考用來描述有關向量及 / 或矩陣的這些指令的變形，包括 plot(x,A)、plot(A,x) 以及 plot(A,B)。
subplot(m,n,p)	指令會將圖形視窗切割為子視窗的陣列，此陣列具有 m 列及 n 行，並且將後續的繪圖指令之輸出結果放置到第 p 個子視窗中。
text(x,y,'text')	將字串 text 放置到圖形視窗中對應座標為 x, y 的點。

測試你的瞭解程度

T5.2-2　在同一張圖形上畫出下列兩組資料。對於每一組資料，$x = 0, 1, 2, 3, 4, 5$。每一組資料使用不同的資料標記。將第一組資料以實線相連接，以虛線連接第二組資料。使用圖例，並正確地在軸上加上標籤。第一組為 $y = 11, 13, 8, 7, 5, 9$，第二組為 $y = 2, 4, 5, 3, 2, 4$。

T5.2-3　在 $0 \leq x \leq 2$ 下將 $y = \cosh x$ 及 $y = 0.5e^x$ 畫在同一張圖上。使用不同的線條形式及圖例來區分這兩條曲線，並正確地在軸上加上標籤。

T5.2-4　在 $0 \leq x \leq 2$ 下將 $y = \sinh x$ 及 $y = 0.5e^x$ 畫在同一張圖上，並以不同的線條形式顯示、使用 gtext 指令標記 sinh x 曲線，以及使用 text 指令標記 $0.5e^x$ 曲線。正確地在軸上加上標籤。

T5.2-5　使用 hold 指令及 plot 指令兩次，在 $0 \leq x \leq 1$ 下將 $y = \sin x$ 及 $y = x - x^3/3$ 畫在同一張圖形上。使用實線線條，並使用 gtext 指令標記兩條曲線，同時正確地在軸上加上標籤。

註解圖形

你可以建立包含數學符號、希臘字母,以及其他如斜體字等特殊效果,於圖形的文字、標題與標籤之中。這些特色是根據種類形式設定的 T_EX 程式語言。要獲得更多的資訊 (包括可取得字元的列表),可在線上輔助說明中搜尋「Text Properties」,此外也可參照「Mathematical symbols, Greek Letters, and T_EX Characters」網頁。

你可以透過輸入以下指令,而建立一個包含函數 $Ae^{-t/\tau}\sin(\omega i)$ 的標題:

```
>>title('{\it Ae}^{-{\it t/\tau}}\sin({\it \omega t})')
```

反斜線字元「\」會產生所有 T_EX 的字元程序。因此,字串 \tau 及 \omega 代表希臘字母的 τ 及 ω。上標由輸入 ^ 來建立,下標則是輸入 _ 來建立。要將多個字元設定為上標或下標,則以大括號包圍。例如,輸入 x_{13} 會產生 x_{13}。在數學文字變數中,我們常會將其設定為斜體,而 sin 等函數則會設定為正常字體。若要用 T_EX 指令來設定 x 這個字母為斜體字,則需要輸入 {\it x}。

對數圖形

對數比例——對數比例的縮寫——也很廣泛地使用於:(1) 表示涵括大範圍數值的資料時;以及 (2) 辨別某些資料的趨勢時。某些種類的函數關係在對數比例圖形上會出現一條直線。這個方法讓我們能夠輕易辨別函數。全對數 (log-log) 圖形是兩個軸都是對數比例的圖形;半對數 (semilog) 圖形是只有一個軸是對數比例。

例如,圖 5.2-5 用直線比例和對數比例畫出了下列函數的圖形:

$$y = \sqrt{\frac{100(1-0.01x^2)^2 + 0.02x^2}{(1-x^2)^2 + 0.1x^2}} \qquad 0.1 \le x \le 100 \qquad (5.2\text{-}1)$$

因為橫座標及縱座標涵蓋寬廣的數值範圍,所以直線比例繪圖並沒有凸顯圖形的特性。以下的程式碼可產生圖 5.2-5 的圖形。

```
% Creat the Rectilinear Plot
x1 = 0:0.01:100; u1 = x1.^2;
num1 = 100*(1-0.01*u1).^2 + 0.02*u1
den1 = (1-u1).^2 + 0.1*u1;
y1 = sqrt(num1./den1);
subplot(1,2,1),plot(x1,y1),xlabel('x'),ylabel('y'),
% Create the Loglog Plot
x2 = logspace(-2,2,500); u2 = x2.^2;
```

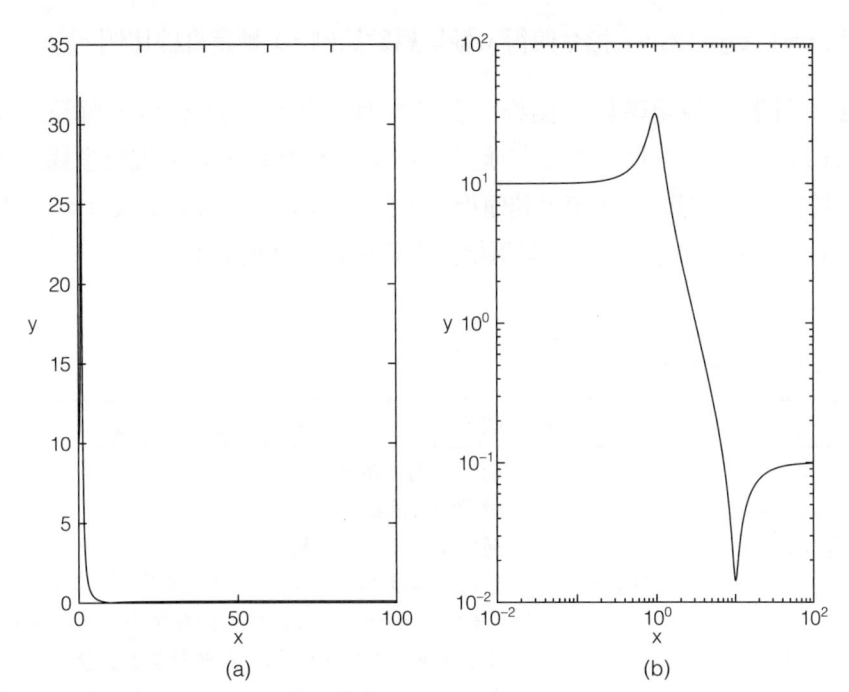

■ 圖 5.2-5　(a) (5.2-1) 式中函數的直線比例圖形；(b) 函數的全對數圖形。注意：x 和 y 涵蓋大範圍的數值

```
num2 = 100*(1-0.01*u2).^2 + 0.02*u2;
den2 = (1-u2).^2 + 0.1*u2;
y2 = sqrt(num2./den2);
subplot(1,2,2),loglog(x2,y2),xlabel('x'),ylabel('y')
```

請切記下列的重要事項：

1. 你無法在對數比例圖形上畫出負數，因為負數的對數無法定義為實數。
2. 你無法在對數比例圖形上畫出 0，因為 $\log_{10} 0 = \ln 0 = -\infty$。你必須適當地選取一個小的數字當作圖形界限範圍的下界。
3. 對數比例圖形上的刻度標記標籤為原本的值，而非這些數字的對數值。例如，圖 5.2-5b 中 x 值的範圍是由 $10^{-2} = 0.01$ 到 $10^2 = 100$，而 y 的值是從 $10^{-2} = 0.01$ 到 $10^2 = 100$。

MATLAB 有三個指令可以產生對數比例的圖形。要使用哪一個指令，必須根據哪一個軸具有對數比例而定。以下是這些指令的規則：

1. 使用 `loglog(x,y)` 指令使得兩個軸都是對數比例。
2. 使用 `semilogx(x,y)` 指令使得 x 軸是對數比例，y 軸是直線比例。

3. 使用 semilogy(x,y) 指令使得 y 軸是對數比例，x 軸是直線比例。

表 5.2-3 針對這些函數做出摘要。對於其他二維圖形的種類，可輸入 help specgraph。我們可以使用這些函數配合 plot 指令，同時畫出多條曲線。另外，我們還可以同樣的方式使用其他指令，包括 grid、xlabel 及 axis。圖 5.2-6 顯示這些指令的應用方式，該圖係根據下列程式碼來畫出：

■ 表 5.2-3　特殊繪圖指令

指令	敘述
bar(x,y)	產生 y 對 x 的長條圖。
fimplicit(f)	繪製隱式函數。
loglog(x,y)	產生 y 對 x 的全對數圖。
polarplot(theta,r,'type')	根據極座標 theta 及 r 產生極座標圖，其中線條種類形式、資料標記及顏色可以在字串 type 中指定。
semilogx(x,y)	產生 y 對 x 的半對數圖，橫軸為對數比例。
semilogy(x,y)	產生 y 對 x 的半對數圖，縱軸為對數比例。
stairs(x,y)	產生 y 對 x 的梯狀圖。
stem(x,y)	產生 y 對 x 的針頭圖。
yyaxis(x1,y1,x2,y2)	產生具有兩個 y 軸的圖形，y1 的圖形在左邊，y2 的圖形在右邊。

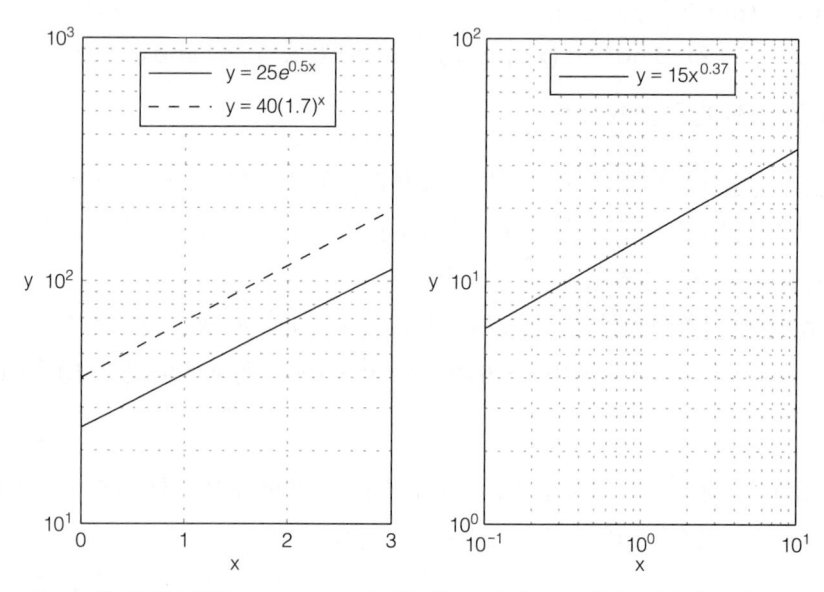

■ 圖 5.2-6　兩個指數函數用 semilog 函數畫出 (左圖)，以及一個冪函數用 loglog 函數畫出 (右圖)

```
x1 = 0:0.01:3;  y1 = 25*exp(0.5*x1);
y2 = 40*(1.7.^x1);
x2 = logspace(-1,1,500);  y3 = 15*x2.^(0.37);
subplot(1,2,1),semilogy(x1,y1,x2,y2,'--' ),...
    legend('y = 25e^{0.5x}','y = 40(1.7)^x'...
    xlabel('x'),ylabel('y'),grid,...
    subplot(1,2,2),loglog(x2,y3),legend('y=15x^{0.37}'),...
    xlabel('x'),ylabel('y'),grid
```

請注意，兩個指數函數 $y = 25e^{0.5x}$ 和 $y = 40(1.7)^x$ 在具有 y 軸對數比例之半對數圖形上都產生直線。冪函數 $y = 15x^{0.37}$ 在全對數繪圖中，同樣出現直線圖形。

針頭圖、梯狀圖及長條圖

　　MATLAB 還有許多其他的 xy 圖形，包括針頭圖、梯狀圖及長條圖。這些圖形的語法都非常簡單，根據命名分別為 `stem(x,y)`、`stairs(x,y)` 及 `bar(x,y)`。請參見表 5.2-3。

分離 y 軸

　　yyaxis 函數 (之前稱為 plotyy) 會產生具有兩個 y 軸的圖形。其語法為 `yyaxis(x1,y1,x2,y2)`，結果會畫出 y 軸標籤在左側的 y1 對 x1 圖形，以及 y 軸標籤在右側的 y2 對 x2 圖形。語法 `yyaxis(x1,y1,x2,y2,'type1','type2')` 則會畫出 y 軸標籤在左側之 y1 對 x1 的 'type1' 圖形，同時產生 y 軸標籤在右側之 y2 對 x2 的 'type2' 圖形。例如，`yyaxis(x1,y1,x2,y2,'plot','stem')` 使用 `plot(x1,y1)` 產生一個對於左側軸的圖形，並使用 `stem(x2,y2)` 產生一個對於右側軸的圖形。要知道更多有關於 yyaxis 函數的變形，可輸入 `help yyaxis`。

極圖

　　極圖 (polar plot) 是一個使用極座標的二維圖形。如果極座標為 (θ, r)，θ 表示此點的角座標，r 表示此點的徑座標，則 `polarplot(theta,r)` 會產生一個極圖。一個格子會自動重疊於此一極圖上，而這些格子是由同心圓及間隔為 30° 這個徑向直線所構成。title 及 gtext 指令可以用來放置標題與文字。此指令的變形為 `polarplot(theta,r,'type')`，可以用來指定資料標記的線條形式，如同我們在 plot 指令中所使用的方式一樣。

範例 5.2-1　畫出軌道圖形

方程式

$$r = \frac{p}{1 - \epsilon \cos \theta}$$

描述了一個軌道的兩個焦點之一所量測出來的極座標。對於繞行太陽軌道上的物體，太陽的位置必定是此軌道的兩個焦點之一，因此 r 是太陽至物體的距離。參數 p 及 ϵ 分別決定了此軌道的大小及離心率。求出一個代表 $\epsilon = 0.5$ 及 $p = 2$ AU 的軌道極圖 [AU 表示「astronomical unit」(天文單位)，1 AU 表示太陽到地球的距離]。此繞行軌道的物體距離太陽多遠？又此物體會多接近地球的軌道？

■ **解法**

圖 5.2-7 顯示了此軌道的極圖。此圖形是利用下列對話所產生。

```
>>theta = 0:pi/90:2*pi;
>>r = 2./(1-0.5*cos(theta));
>>polarplot(theta,r),title('Orbital Eccentricity = 0.5')
```

太陽落在原點，此圖形的同心圓格子讓我們能夠求出此物體離太陽最近及最遠的距離，分別為 1.3 AU 與 4 AU。地球的軌道 (近乎於圓形) 是以最內圈的圓形表示。因此，此物體離地球軌道最近的地方約為 0.3 AU。另外，徑向直線可以幫助我們求出 θ 在 90° 及 270° 時，此物體距離太陽 2 AU。

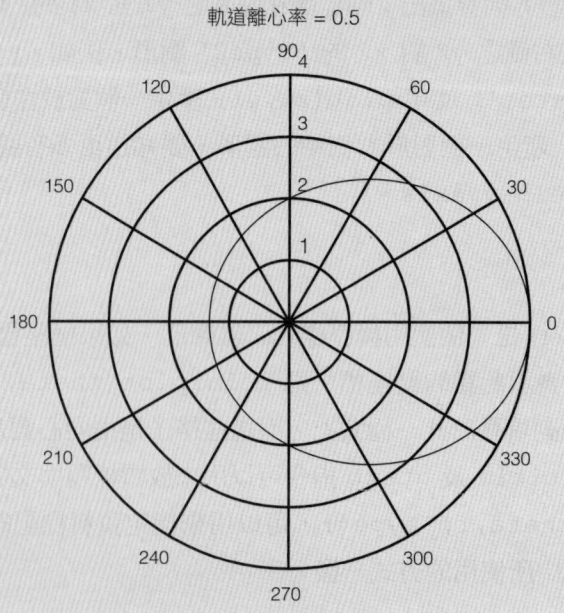

■ 圖 5.2-7　顯示一個有 0.5 離心率軌道的極圖

誤差長條圖

實驗資料呈現的方式通常含有誤差長條圖。長條圖顯示了每一點的估測或計算誤差，這也可以應用於表示近似方程式的誤差。errorbar(x,y,e) 基本語法繪製 y 與 x 的對應垂直誤差條長 2e(i)。陣列 x、y 和 e 必須大小相同。當它們是向量時，每個誤差條的是由 (x(i), y(i)) 定義的點之上和之下各距離 e(i)。當它們是矩陣時，每個誤差條的是由 (x(i,j), y(i,j)) 定義的點之上和之下各距離 e(i,j)。

舉例來說，$\cos x$ 在 $x = 0$ 的泰勒展開式前兩項是 $\cos x \approx 1 - x^2/2$。以下的程式碼創建了這個圖形，並顯示於圖 5.2-8。

```
% errorbar example
x = linspace(0.1,pi,20);
approx = 1 - x.^2/2;
error = approx - cos(x);
errorbar(x,cos(x),error),legend('cos(x)'),...
     title('Approximation = 1 - x^2/2')
```

MATLAB 中有超過二十種關於二維圖形的繪圖函數，在此我們只討論對工程應用最重要的一種。

隱函數的繪圖

隱式函數具有兩個變量，例如 x 和 y，它是我們無法在另一個變量中隔離一個變量的一種函數。幸好，MATLAB 提供函數 fimplicit(f) 在 x 和 y 的預設區間 [-5 5] 上繪製由方程 $f(x, y) = 0$ 定義的隱式函數。例如，繪製由 $x^2 - y^2 - 1 = 0$ 定義

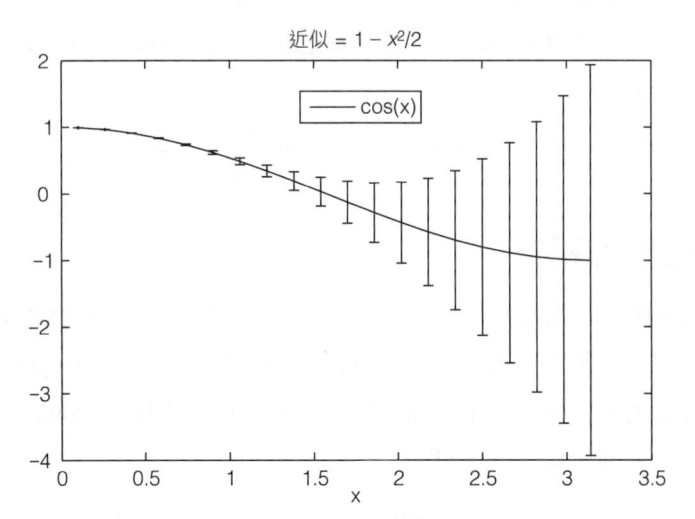

■ 圖 5.2-8　近似方程式 $\cos x \approx 1 - x^2/2$ 的誤差長條圖

的雙曲線在預設區間 [–5 5]，你鍵入

```
>>fimplicit(@(x,y) x.^2 - y.^2 - 1)
```

您可以使用語法 `fimplicit(f,interval)` 指定間隔。以原點為中心的橢圓方程式有此形式

$$\frac{x^2}{a^2} + \frac{y^2}{b^2} = 1$$

這個方程式在技術上不是隱函數，因為我們可以將變量 y 隔離如下：

$$y = \pm b\sqrt{1 - \frac{x^2}{a^2}}$$

但是，± 符號迫使我們在計算 y 時考慮兩種可能性。因此使用 `fimplicit` 函數更容易。要繪製由 $a = 2$ 和 $b = 4$ 給出的特定橢圓，如果 x 的範圍為 [–2 2] 且 y 的範圍為 [–4 4]，則將顯示完整橢圓。你可以鍵入

```
>>fimplicit(@(x,y) x.^2/4 + y.^2/16 - 1,[-2 2 -4 4])
```

測試你的瞭解程度

T5.2-6　畫出以下函數並調整軸的比例，使畫出來的圖形為直線。冪函數為 $y = 2x^{-0.5}$，而指數函數為 $y = 10^{1-x}$。

T5.2-7　畫出在區間 $-1 \leq x \leq 1$ 內函數 $y = 8x^3$ 的圖形，對應的 x 軸的刻度間距為 0.25，y 軸的刻度間距為 2。

T5.2-8　阿基米得螺旋 (spiral of Archimedes) 以極座標表示為 (θ, r)，其中 $r = a\theta$。畫出此螺旋的極圖，區間 $0 \leq \theta \leq 4\pi$，參數為 $a = 2$。

T5.2-9　求得以下隱函數的圖形，稱為安伯山 (Ampersand) 曲線。使用 `axis equal` 指令。

$$(y^2 - x^2)(x - 1)(2x - 3) = 4(x^2 + y^2 - 2x)^2$$

發布含有圖形的報告

從 MATLAB 7 開始便提供了 publish 函數的功能，其可用於產生內嵌圖形報告。由 `publish` 函數產生出來的報告有數種，包括 HTML (Hyper Text Markup Language，可以用來當作網頁上的報告)、MS Word (文書檔)、PowerPoint (簡報檔) 及 L^AT_EX。如果要發布報告，步驟為：

1.打開編輯器，在 M 檔中輸入此份報告的基本資料並且儲存。使用雙百分比字元

(%%) 標示報告的段落標題。此字元標示出新細胞腳本的開端,此細胞腳本包含了一連串的指令 (此處的細胞不要和第 2.6 節提到的胞陣列資料類型混淆)。使用者可以在報告中任意輸入任何一列空白。在此考慮一個簡單的例子,以下是 `ployplot.m` 的範例檔:

```
%% Example of Report Publishing:
% Plotting the cubic y = x^3 - 6x^2 + 10x+4.
%% Create the independent variable.
x = linspace(0,4,300); % Use 300 points between 0 and 4.
%% Define the cubic from its coefficients.
p = [1,-6,10,4]; % p contains the coefficients.
%% Plot the cubic
Plot(x,polyval(p,x)),xlabel('x'),ylabel('y')
```

2. 執行程式並且確認錯誤 (在撰寫大型的程式時,可以用細胞除錯模式,個別執行每個細胞程式,參見第 4.7 節)。
3. 用 `publish` 和 `open` 函數產生符合需求格式的報告。透過範例檔案,我們可以得到一個 HTML 格式的報告,輸入以下指令:

```
>>publish ('polyplot','html')
>>open html/polyplot.html
```

使用者可以看到如圖 5.2-9 的報告。

與其使用 `publish` 和 `open` 函數,你可以從工具條中的 PUBLISH 標籤使用選單項目。

一旦發布為 HTML 格式,使用者可以點選小節標題,以快速跳到相關的小節,這對大型的程式是很有用的。

如果你想要程式的排版看起來比較專業,可以透過適當的編輯器 (例如 MS Word 或 $L^A T_E X$) 編輯所產生的檔案。例如在 $L^A T_E X$ 檔案中編寫立方多項式,可透過此節先前提過的指令代換報告的第二行指令:

```
y = {\it x}^3 - 6{\it x}^2 + 10{\it x} + 4
```

5.3 MATLAB 中的互動式繪圖

MATLAB 的互動式繪圖環境是一組用來完成下列目標的工具:

發布報告的範例：

繪製以下的立方體：$y = x^3 - 6x^2 + 10x + 4$。

內容
- 建立一個自變數。
- 定義該立方體。
- 繪製此一立方體。

建立一個自變數。
```
x = linspace(0,4,300); % Use 300 points between 0 and 4.
```

定義該立方體。
```
p = [1,-6,10,4]; % p contains the coefficients.
```

繪製此一立方體。
```
plot(x,polyval(p,x)),xlabel('x'),ylabel('y')
```

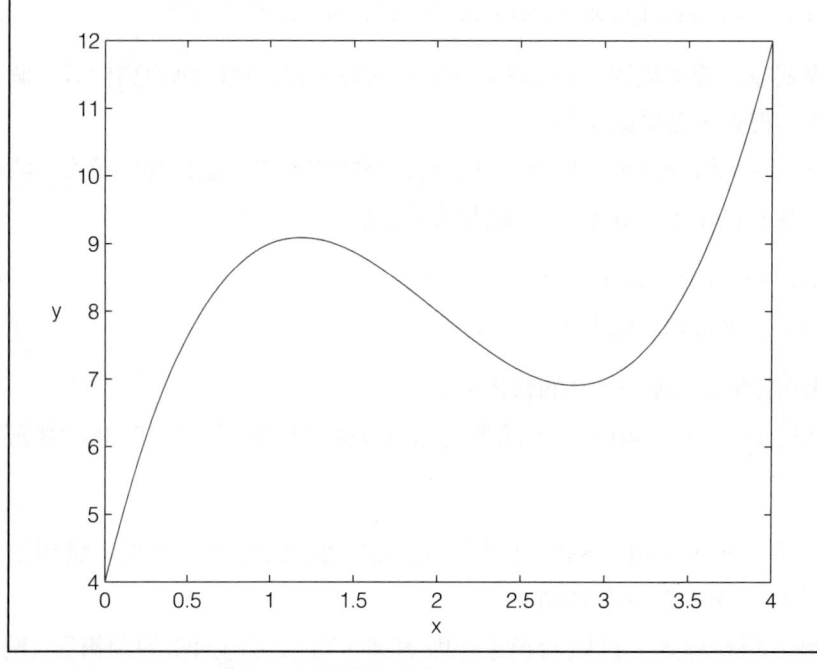

圖 5.2-9　用 MATLAB 發布一個簡單的報告

- 建立不同種類的圖形。
- 直接選取工作區瀏覽器中的變數以畫出圖形。
- 建立及編輯子圖形。
- 加入直線、箭頭、文字、矩形及橢圓形等註解。
- 編輯如顏色、線條寬度、字型等圖形物件的內容。

對於一個給定的圖形，繪圖工具介面包含了下列三個控制面板。

- **圖形調色盤** (Figure Palette)：使用此控制面板建立及安排子圖形，並且用來檢視與畫出工作區變數，並加入註解。
- **圖形瀏覽器** (Plot Browser)：使用此控制面板來選取並控制圖形中的軸或圖形物件的能見度，並且加入繪圖資料。
- **性質編輯器** (Property Editor)：使用此控制面板設定選取物件的基本特性，並透過特性檢查器 (Property Inspector) 存取所有的特性。

圖形視窗

當你建立一個圖形，會跳出具有圖形工具列的圖形視窗 (參見圖 5.3-1)。此視窗具有八個選單。

File 選單 File 選單用來儲存及列印圖形。此選單曾經在第 5.1 節中的 **Saving Figures** 及 **Exporting Figures** 中介紹過。

Edit 選單 你可以使用 Edit 選單來剪下、複製及貼上項目，例如出現在圖形中的圖例或標題文字。按下 **Figure Properties** 開啟性質編輯器，會開啟一個能夠更改某些圖形特性的圖形對話框。

Edit 選單上有三個非常有用的圖形編輯項目。按下 **Axes Properties** 項目會開啟性質編輯器——軸對話框。在任何軸上按兩下滑鼠，也會跳出同一個對話框。你可以選擇想要用來編輯軸或字型之標籤，來更改比例形式 (線性、對數等)、標籤和刻度標記。

Current Object Properties 選項可以讓你修改圖形中某一物件的特性。為此，首先點選一個物件，例如所畫出的線，接下來點選 Edit 選單中的 **Current Object Properties**，會出現一個 Property Editor——Line series 對話框，你可以修改線寬、顏色、資料標記種類及圖形種類等特性。

在任何以指令 `title`、`xlabel`、`ylabel`、`legend` 或 `gtext` 所放置的文字上按下滑鼠，接著點選 Edit 選單中的 **Current Object Properties** 選項，會帶出性質編輯器的文字對話框，好讓你編輯文字。

View 選單 View 選單中的項目有三個工具列 (Figure Toolbar、Plot Edit Toolbar 及 Camera toolbar)、Figure Palette、Plot Browser 及 Property Editor。這些功能會在本節

圖 5.3-1　顯示圖形工具列

後面的段落中討論。

Insert 選單　你可以使用 Insert 選單來插入標籤、圖例、標題、文字及圖形物件，而相對較不使用在指令視窗中輸入相關指令。例如要在 y 軸上加入一個標籤，可按下選單中的 **Y Label** 選項，y 軸上便會出現一個對話框。在此對話框中輸入想要的標籤，並在對話框之外按一下來結束設定。

　　Insert 選單也可以讓你插入箭頭、直線、文字、矩形及橢圓形到這個圖形中。例如若要插入一個箭頭，可按下 **Arrow** 選項，此時游標會變成一個十字準星的形狀。接著按住滑鼠的按鈕，並且移動游標來建立箭頭。箭頭的尖端會出現在你放開滑鼠的地方。記得若要加入箭頭、線條及其他註解順序，必須是在你已經完成移動及調整圖形的軸之後，因為這些物件並非固定於於軸上。(你可以使用 pinning 來固定這些註解；請參見 MATLAB 在「Add Annotation to Graph Interactively」下的輔助說明。)

　　要刪除或移動線條或箭頭，則點選該物件，接著按下 **Delete** 鍵刪除它，或者按下滑鼠移動該物件到想要的位置。Axes 選項能讓你使用滑鼠在現存的圖形中加入一組新的軸。點選這些新的軸，會出現一個包圍這些軸的框。接著，任何由指令視窗中輸入的指令會直接輸出到這些軸上。

　　Light 選項則應用於三維圖形中。

Tools 選單　Tools 選單包含了可以調整圖形上物件之呈現角度 (藉由縮放及平移) 與對齊的選項。Edit Plot 選項會啟動圖形編輯模式，而此模式也可藉由按下圖形工具列中朝向西北方的箭頭來啟動。此外，Tools 選單還可以讓你存取 Data Cursor，我們會在稍後討論這個功能。最後兩個選項——Basic Fitting 及 Data Statistics 選項——則分別在第 6.3 節及第 7.1 節中討論。

Other 選單　Desktop 選單讓你可以接合桌面上的圖形視窗。Window 選單可以讓你在指令視窗及其他圖形視窗中切換。Help 選單則可存取通用的 MATLAB 輔助說明系統，以及與繪圖相關的輔助功能。

　　另外，圖形視窗中還有三個工具列可以使用，分別是圖形工具列 (Figure toolbar)、圖形編輯工具列 (Plot Edit toolbar)，以及照相機工具列 (Camera toolbar)。View 選單能讓你選取想要顯示哪一個工具列。我們將會在本節中討論圖形工具列及圖形編輯工具列；照相機工具列對於三維圖形非常有用，將會在本章章末介紹。

圖形工具列

　　要啟動圖形工具列，必須從 View 選單中選取 (參見圖 5.3-1)。最左邊四個按鈕

分別可用來開啟、儲存及列印圖形。按下朝向西北方的箭頭按鈕則可開啟與關閉切換圖形編輯模式。

　　Zoom-in 及 Zoom-out 按鈕能讓你得到比較靠近或比較遠離此圖形的呈現角度。Pan 及 Rotate 3D 按鈕則應用於三維圖形。

　　Data Cursor 按鈕能夠直接顯示你所畫出的線條、表面、影像等上面所選取的點的值，讓你能夠直接讀取這些圖形上的資料。

　　Insert Colorbar 按鈕會在圖形中插入一個帶狀的色彩圖表，這對於三維表面圖是非常有用的。Insert Legend 按鈕讓你能在圖形中插入圖例。最後兩個按鈕可以用於隱藏或顯示圖形工具，並接合此圖形。

圖形編輯工具列

　　一旦視窗中出現一個圖形，你可以點選 View 選單中的圖形編輯工具列 (參見圖 5.3-2)。你可以藉由點選圖形工具列中面向西北方的箭頭來開始編輯圖形。接著，在軸上、畫出的線條上或標籤上點擊滑鼠兩下，則會開啟對應的性質編輯器。若要增加不屬於標籤、標題或圖例的文字，則按下標有 **T** 的按鈕，移動滑鼠至欲加入文字的位置而後按下滑鼠，並輸入想要的文字。完成輸入文字之後，在文字框之外按一下，可以發現最左邊九個按鈕變成可以使用的狀態。此時，你能運用這些按鈕修改顏色、字型及其他文字屬性。

　　要插入箭頭、直線、矩形及橢圓形，則按下適當的按鈕，並遵照先前所述之 Insert 選單中的說明操作即可。

圖形工具

　　一旦圖形建立完成，透過選取 View 選單中的項目，便可顯示三個圖形工具 (圖形調色盤、圖形瀏覽器以及性質編輯器) 的其中之一，或者三者全部同時顯示。你也可以先建立一個圖形，然後按下圖形工具列 (參見圖 5.3-3) 中的 **Show Plot Tools** 圖示來開啟這個環境，或者在 `plot` 函數之後使用 `plottools` 指令來建立附加繪圖工具的圖形。若是要移除這些工具，可按下 **Hide Tools** 圖示。

　　圖 5.3-3 顯示按下 **Show Plot Tools** 圖示的結果，此時會出現一個繪圖介面，並

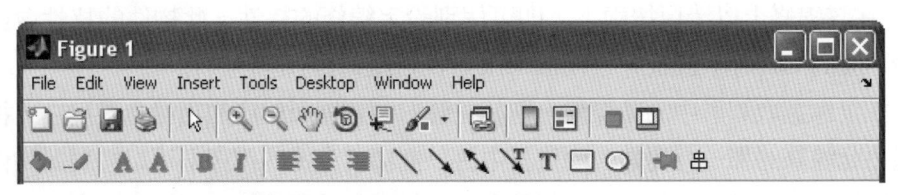

■ 圖 5.3-2　圖形及繪圖編輯工具列圖示

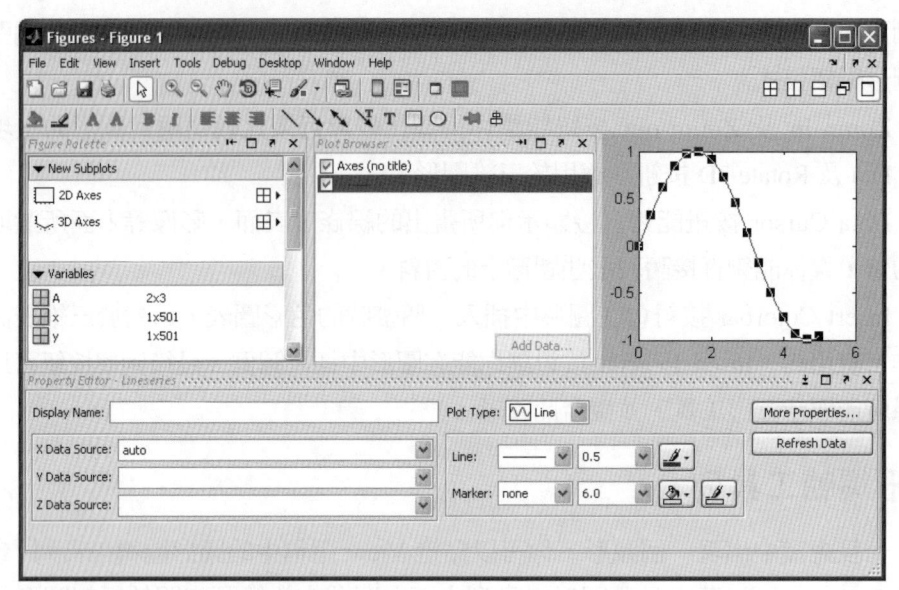

■ 圖 5.3-3　開啟繪圖工具的圖形視窗

顯示 Property Editor──Lineseries (性質編輯器)。

圖形調色盤

圖形調色盤具有三個控制面板，可以使用對應的按鈕展開與選取。按下 **New Subplots** (新子圖形) 控制面板中的格狀圖示來顯示格狀選擇器，讓你可以指定子圖形的配置方式。在 Variables (變數) 控制面板上，透過選取一個變數並按下右鍵帶出一個內容選單，你可以選取一個圖形函數來畫出這個變數。這個選單包含根據你所選取之變數種類所對應到的圖形種類列表。你也可以拖曳變數至一組特定的軸，此時 MATLAB 將會自動選擇適當的圖形種類。

按下 **Annotations** 控制面板可以顯示一個線條、箭頭等物件的選單。點選你欲使用的物件，並使用滑鼠拖曳到想要的位置及調整大小，以符合你的需求。

圖形瀏覽器

圖形瀏覽器提供了圖片中所有圖形的圖例。例如，如果你畫出一個具有許多列及許多行的陣列，則此瀏覽器會列出每一個用來構成圖形的軸及物件 (直線、表面等)。在該線條上以滑鼠按兩下，即可個別設定線條的特性。此物件的特性會顯示於最下面的 Property Editor──Lineseries (性質編輯器) 框中。

如果你選取圖形中的某條線，則其在圖形瀏覽器所對應的項目會被反白，指示出產生此線條的那一行變數。瀏覽器中每一個項目旁邊的選擇框可以控制此物件是否被顯示出來。例如，如果你只想要畫出資料中的某些欄位，可以取消空格中的勾

選記號。此時圖形會自動更新,並重新調整軸的比例。

性質編輯器

性質編輯器讓你能存取已選取物件的特性及其下面的子選項。若沒有選取任何物件,性質編輯器會顯示整個圖片的特性。下列是幾種顯示性質編輯器的方式:

1. 當開啟圖形編輯模式時,在物件上雙擊滑鼠。
2. 在物件旁按右鍵帶出內容選單,並選擇 **Properties**。
3. 選取 View 選單中的 **Property Editor**。
4. 使用 `propertyeditor` 指令。

性質編輯器能讓你更改大部分常用的物件特性。如果你想要存取所有的物件特性,可以使用特性檢查器 (Property Inspector)。要顯示特性檢查器,可在任何性質編輯器的控制面板上按下 **More Properties** 按鈕。使用此功能必須瞭解物件特性及握把圖案的相關知識,因此在此並不作介紹。

由 M 檔重新建立圖形

當繪圖的工作完成之後,你可以透過點選 File 選單中的 **Generate Code** 選項,來產生 MATLAB 程式碼以便重新產生圖形。MATLAB 會建立一個能建立圖形的函數,並將此 M 檔於編輯器中開啟。這個功能在擷取特性設定以及其他在圖形編輯器中所做的修正上是非常有用的。

於軸上加入資料

圖形瀏覽器提供一個機制,讓你可以對軸加入資料,程序如下:

1. 由新子圖形控制面板下選取二維軸或三維軸。
2. 建立軸之後,選取圖形瀏覽器控制面板,啟動在此面板最下方的 **Add Data** 按鈕。
3. 按下 **Add Data** 按鈕顯示加入資料於軸上 (Add Data to Axes) 的對話框。此對話框能讓你選取圖形種類,並指定工作區變數以傳入繪圖函數。你也可以指定一個能夠計算這些資料並產生圖形的 MATLAB 算式。

5.4 三維圖形

MATLAB 提供許多建立三維圖形的函數。在此,我們摘要了建立三種圖形的基本函數:線條圖、表面圖以及等高線圖。對於所有函數的延伸語法在這一節中會

有相當詳盡的說明。此語法讓你用顏色、間距、標記和灰階來客製化你的圖形。三維圖形的本質是相當複雜，因為觀察者的視角會影響從圖形中能獲得多少訊息和瞭解。因此在觀看選單的相機工具列 (Camera Toolbar) 是對決定適當的視角有幫助。這些函數的相關說明可以在 MATLAB 的輔助說明中取得 (目錄為 `graph3d` 和 `specgraph`)。

三維線條圖

三維空間中的線條可以用 `plot3` 函數畫出來，語法為 `plot3(x,y,z)`。例如，當參數 t 在某一範圍之間變化時，下列的方程式會產生一個三維曲線：

$$x = e^{-0.05t}\sin t$$
$$y = e^{-0.05t}\cos t$$
$$z = t$$

令 t 由 $t = 0$ 變化到 $t = 10\pi$，當 x 及 y 的絕對值隨 t 的增加而愈來愈小時，sine 及 cosine 函數會變化五個循環。此一程序會得到一個如圖 5.4-1 所示的螺旋曲線，其是藉由下列的對話所產生。

```
>>t = 0:pi/50:10*pi;
>>plot3(exp(-0.05*t).*sin(t),exp(-0.05*t).*cos(t),t),...
       xlabel('x'),ylabel('y'),zlabel('z'),grid
```

注意，`grid` 及 `label` 函數在 `plot3` 函數底下也是可以使用的，而且我們可以使用 `zlabel` 函數在 z 軸上加入標籤。同樣地，我們可以使用第 5.1 節及第 5.2 節所討論的圖形增強函數，在此圖形上加入標題並指定線條種類與顏色。

`plot3(x,y,z)` 函數透過座標為 x、y、z 的元素的點來繪製三維空間的線，其中 x、y、z 是向量或矩陣。`fplot3` 函數，在 MATLAB 版本 R2016a 中引入，與 `plot3` 函數互補。它的語法 `fplot3(fx,fy,fz,t_interval)` 畫出由函數定義的參數曲線 $x = fx(t)$、$y = fy(t)$ 和 $z = fz(t)$ 在 t 的區間 `t_interval`。

例如，在圖 5.4-1 的圖形，由 `plot3` 產生，也可以由 `fplot3` 建立如下：

```
>>fx = @(t)exp(-0.05*t).*sin(t)
>>fy = @(t)exp(-0.05*t).*cos(t)
>>fx = @(t)t
>>fplot3(fx,fy,fx,[0 10*pi]),xlabel('x'),…
     ylabel('y"),zlabel('z'),grid on
```

或

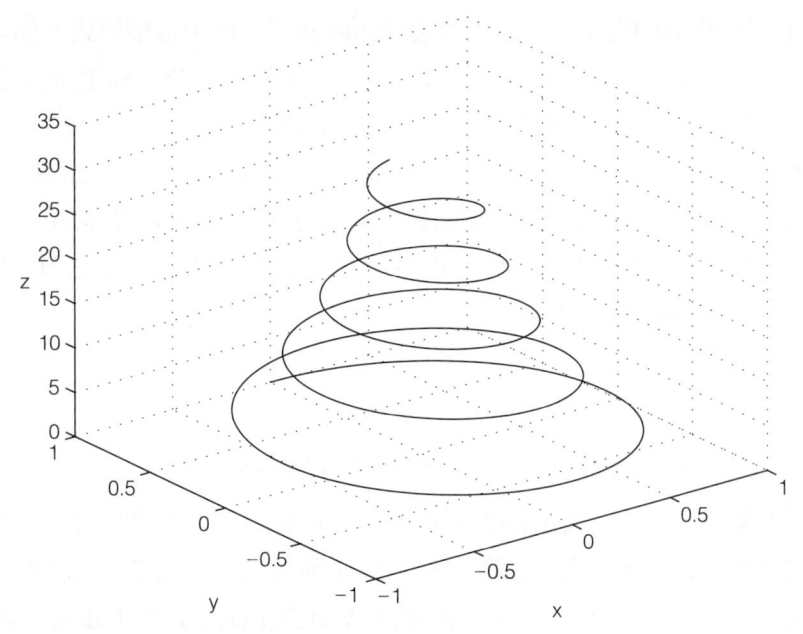

圖 5.4-1 使用 plot3 函數所畫出的 $x = e^{-0.05t} \sin t$、$y = e^{-0.05t} \cos t$ 及 $z = t$ 的曲線

```
>>fplot3(@(t)exp(-0.05*t).*sin(t),…
@(t)exp(-0.05*t).*cos(t),@(t)t,0,10*pi]),
xlabel('x'),ylabel('y'),zlabel('z'),grid on
```

測試你的瞭解程度

T5.4-1 使用 plot3 和 fplot3 畫出三維線圖由 $x = \sin(t)$, $y = \cos(t)$, $z = \ln(t)$ 所描述 t 介於 0 和 30 之間。

表面網狀圖

函數 $z = f(x, y)$ 表示在 xyz 軸上畫出的一個表面，而 mesh 函數提供產生表面圖的方式。在可以使用此函數之前，你必須產生一個由 xy 平面上的點所組成的格子，接著計算這些點上的函數 $f(x, y)$。而要使用產生格子的函數為 meshgrid，語法為 [X,Y] = meshgrid(x,y)。如果 x = xmin:xspacing:xmax 與 y = ymin:yspacing:ymax，接下來此函數會產生一個格狀的直角座標，起始點為 (xmin, ymin)，對角的座標為 (xmax, ymax)。每一個格中直角的方格具有寬度 xspacing 及深度 yspacing。所得到的矩陣 X 及 Y 包含了格中每一個點的座標對。這些座標對接著可用來計算這個函數。

函數 [X,Y] = meshgrid(x) 等效於 [X,Y] = meshgrid(x,x)，並且

在 x 與 y 具有相同的最小值、最大值及間距時使用。使用這種形式，你可以輸入 [X,Y] = meshgrid(min:spacing:max)，其中 min 及 max 指定 x 及 y 的最小值與最大值，而 spacing 是想要之 x 及 y 的間距。

當格子被計算出來後，你可以利用 mesh 函數建立表面圖，語法為 mesh(x,y,z)。格子、標籤及文字函數也可以與 mesh 函數一起使用。下列的對話顯示了函數 $z = xe^{-[(x-y^2)^2 - y^2]}$ 如何產生在 $-2 \leq x \leq 2$ 與 $-2 \leq y \leq 2$ 之內，且間距為 0.1 之表面圖。此圖形顯示於圖 5.4-2 中。

```
>>[X,Y] = meshgrid(-2:0.1:2);
>>Z = X.*exp(-((X-Y.^2).^2+Y.^2));
>>mesh(X,Y,Z),xlabel('x'),ylabel('y'),zlabel('z')
```

請小心不要使用過小的 x 及 y 間距，其有兩個理由：(1) 小的間距會建立出小的格子，而這會讓表面圖變得難以閱讀，而且 (2) 矩陣 X 及 Y 會變得相當龐大。

fmesh(f,xy_interval) 函數產成函數 $f(x, y)$ 的曲面圖。該函數在 MATLAB 版本 R2016a 中引入，並補充了 mesh 函數。要對 x 和 y 使用相同的間距，請將 xy_ interval 指定為 [min max] 形式的雙元素向量。要使用不同的間距，請指定格式為 [xmin xmax ymin ymax] 的四元素向量。

例如，圖 5.4-2 中使用網格產生的圖也可以使用 fmesh 建立，如下所示：

```
>>fmesh(@(x,y) x.*exp(-(x-y.^2).^2-y.^2),[-2 2]),…
    xlabel('x'),ylabel('y'),zlabel('z')
```

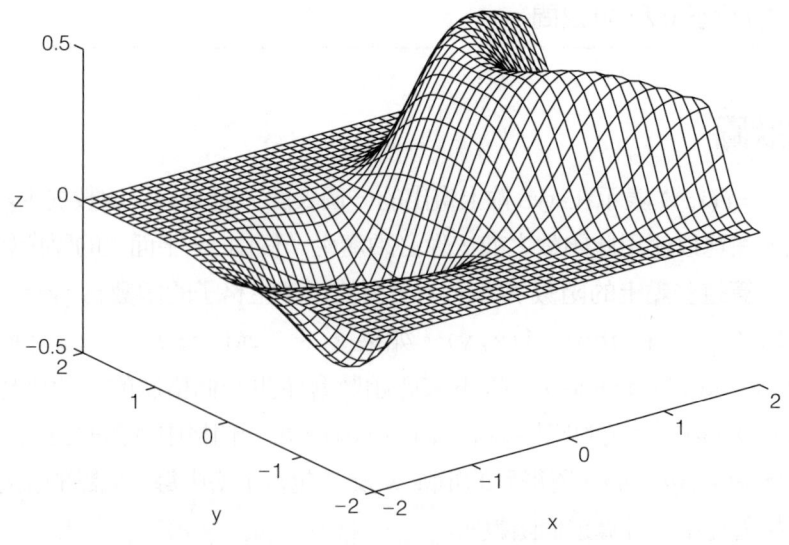

▌圖 5.4-2　以 mesh 函數所建立的 $z = xe^{-[(x-y^2)^2 - y^2]}$ 的表面圖

函數 surf 及 surfc 和 mesh 及 meshc 非常相似,只不過前者會形成有灰階的表面圖。你可以使用照相機工具列及圖形視窗中某些選單裡的項目,來更改此圖形的顯示角度及光影。

fsurf(f,xy_interval) 函數產生一個函數 $f(x, y)$ 的灰階表面圖形。這個函數是在 R2016a 版本被引進 MATLAB,和配合的 surf 函數。對 x 和 y 要使用相同區間,設定 xy_interval 為二元素向量的格式 [min max]。如要使用不同區間,則設定四元素向量的格式 [xmin xmax ymin ymax]。

目前並無 fmeshc 或 fsurfc 函數。

等高線圖

地形學會顯示出固定高度的線條相連所形成有相同高度地形的輪廓。我們稱這些線條為等高線 (contour lines),此圖形則被稱為等高線圖 (contour plot)。如果你沿著等高線前進,會保持在相同的高度。等高線圖能夠幫助你看出一個函數的形狀。這些圖可以使用 contour 函數產生,語法為 contour(X,Y,Z)。此函數的使用方式與 mesh 函數的使用方式相同;換言之,先使用 meshgrid 函數產生格子,接著再產生函數的值。下列的對話會產生顯示圖 5.4-2 中之函數表面圖的等高線圖,即是畫出函數 $z = xe^{-[(x-y^2)^2 + y^2]}$ 在 $-2 \leq x \leq 2$ 與 $-2 \leq y \leq 2$ 之內,且間距為 0.1 的等高線圖。此圖形可參見圖 5.4-3。

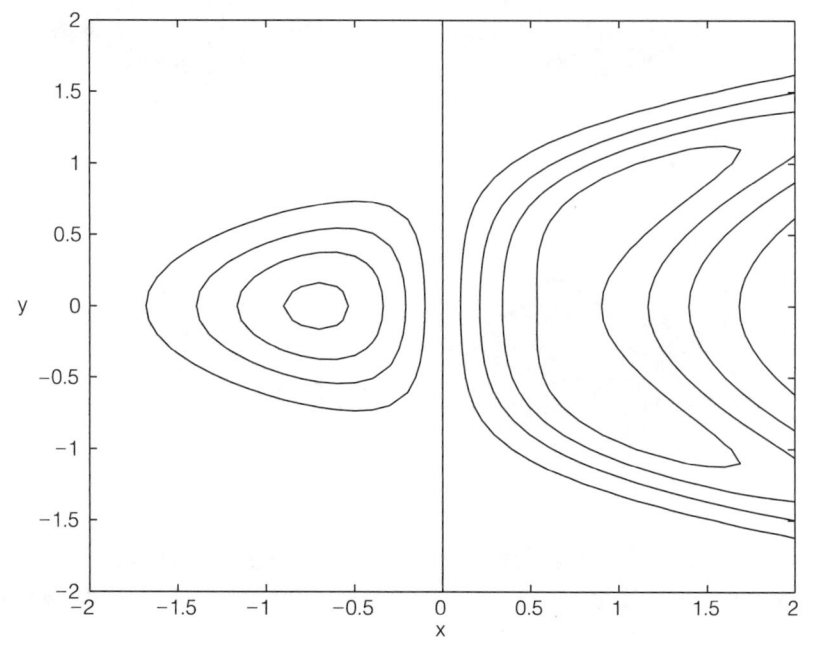

■ 圖 5.4-3　以 contour 函數所建立 $z = xe^{-[(x-y^2)^2 + y^2]}$ 表面之等高線圖

```
>>[X,Y] = meshgrid(-2:0.1:2);
>>Z = X.*exp(-((X-Y.^2).^2+Y.^2));
>>contour(X,Y,Z),xlabel('x'),ylabel('y')
```

你可以幫曲線加上標籤，輸入 `help clabel` 可得到相關說明。

等高線圖及表面圖經常一併使用來說明函數。例如，除非在等高線上標明高度，否則你無法分辨出該點是最小值或最大值。但是，這在表面圖上就能很容易辨識。另一方面，表面圖上沒有辦法做非常正確的量測，而這在等高線圖上卻是相對容易的，因為沒有任何的失真。因此，`meshc` 這個有用的函數顯示等高線對於表面圖是很有幫助的。`meshz` 函數會在表面圖底下畫出一系列的垂直線，而 `waterfall` 函數會在同一個方向上畫出網狀線。這些函數對於函數 $z = xe^{-(x^2+y^2)}$ 所畫出的結果顯示於圖 5.4-4 中。

`fcontour(f)` 函數畫出函數 $z = f(x, y)$ 的等高線對 z 的相等值在 x 和 y 的預設區間 [–5 5]。這個函數是在 R2016a 版本被引進 MATLAB，和配合的 `contour` 函數。延伸的語法是 `fcontour(f,xy_interval)`。對 x 和 y 要使用相同區間，設定 `xy_interval` 為二元素向量的格式 [min max]。要使用不同區間，設定四元素向量的格式 [xmin xmax ymin ymax]。

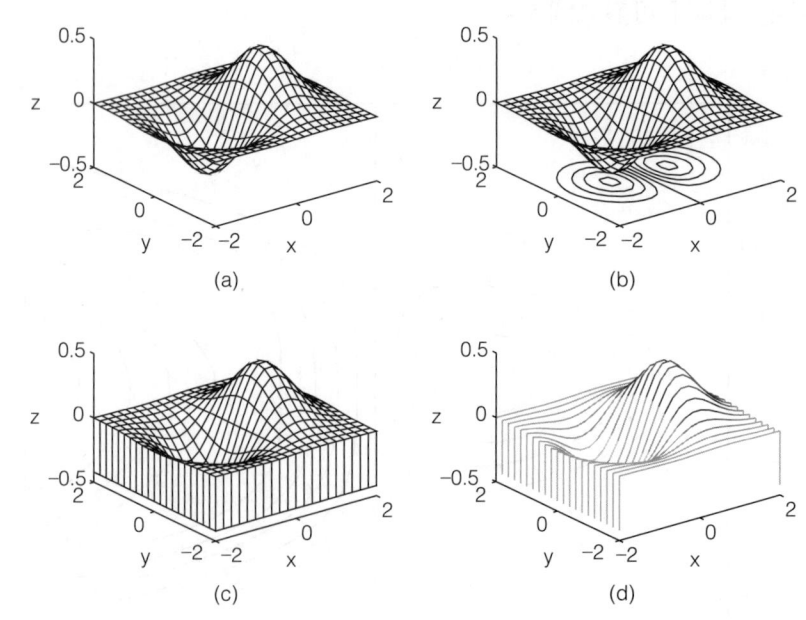

■ 圖 5.4-4 $z = xe^{-(x^2+y^2)}$ 的表面圖，分別以 `mesh` 函數及其變形的形式：`meshc`、`meshz` 和 `waterfall` 畫出。(a) `mesh`；(b) `meshc`；(c) `meshz`；以及 (d) `waterfall`

隱函數的表面圖

在 5.2 節我們看到隱函數 (implicit function) 是一種無法根據另一個來隔離一個變量的函數。還好，MATLAB 提供函數 fimplicit3(f) 畫出三維隱函數由方程式 $f(x, y, z) = 0$ 定義在 x，y 和 z 的預設區間 [−5 5]。你可以用語法 fimplicit3(f,interval) 來設定區間。例如，畫出雙曲線 $x^2 + y^2 − z^2 = 0$ 在預設區間 [−5 5]，你鍵入

```
>>f = @(x,y,z) x.^2 + y.^2 - z.^2;
>>fimplicit3(f)
```

要畫出雙曲面 $x^2 + y^2 − z^2 = 0$ 的上半部你設定區間為 z 為 [0 5]，而對 x 和 y，用預設區間 [−5 5] 如下。

```
>>f = @(x,y,z) x.^2 + y.^2 - z.^2;
>>interval = [-5 5 -5 5 0 5];
>>fimplicit3(f,interval)
```

表 5.4-1 和 5.4-2 總結了本節所介紹的函數。對於其他的三維圖形種類，可輸入

表 5.4-1　三維繪圖函數

函數	敘述
contour(x,y,z)	建立等高線圖。
mesh(x,y,z)	建立三維網狀表面圖。
meshc(x,y,z)	與 mesh 指令相同，但是在表面圖底下畫出等高線圖。
meshz(x,y,z)	與 mesh 指令相同，但是在表面圖底下畫出鉛直參考線。
plot3(x,y,z)	建立三維線性圖形。
surf(x,y,z)	建立有陰影的三維網狀表面圖。
surfc(x,y,z)	與 surf 指令相同，但是在表面圖底下畫出等高線圖。
[X,Y] = meshgrid(x,y)	根據向量 x 與 y 建立矩陣 X 及 Y 定義出直角格子。
[X,Y] = meshgrid(x)	與 [X,Y] = meshgrid(x,x) 指令相同。
waterfall(x,y,z)	與 mesh 指令相同，但是往同一個方向畫出網狀線。

表 5.4-2　使用函數匯入的三維繪圖函數

函數	描述
fcontour(f)	建立一個電腦圖形。畫一個內涵的三維函數。
fimplicit3(f)	建立一個三維表面圖形。
fmesh(f)	建立一個三維線性圖形。
fplot3(fx,fy,fz)	建立一個色階三維表面圖形。
fsurf(f)	

```
help specgraph 來得到說明。
```

測試你的瞭解程度

T5.4-2 使用 `mesh`、`fmesh`、`contour` 和 `fcontour` 建立函數 $z = (x-2)^2 + 2xy + y^2$ 的表面圖及等高線圖。

T5.4-3 使用 `fimplicit` 函數產生以下函數的表面圖形
$$x^2 - y^2 - z^2 = 0$$

5.5 摘要

本章解釋了如何使用 MATLAB 強而有力的指令，來建立有效且令人滿意的二維及三維圖形。下列則是一些指導方針，能夠幫助你建立圖形並有效地傳達想要的資訊：

- 每一個軸都必須加上所畫出之量的名稱標籤及其單位。
- 每一個軸都要具有相等的間距刻度標記，且距離適中以便於解讀。
- 如果你要畫出一組以上的資料或曲線，建議你在每一條曲線旁加上標籤或使用圖例來區分。
- 如果你準備相似種類的許多圖形或軸標籤無法傳遞足夠的訊息時，記得使用標題來輔助。
- 如果你要畫出量測得到的資料，則以符號標記每一筆資料，使用的符號可以是圈圈、方塊或十字。
- 如果你要畫出由計算某一函數所得的點 (相對於量測所得到的資料)，不要使用符號來畫出每一個點，而是將這些點以實線相連接。

習題

對於標註星號的問題，請參見本書最後的解答。

5.1 節、5.2 節、5.3 節

1.* 損益平衡分析 (breakeven analysis) 能夠求出總生產成本等於總收益時的產量。在損益平衡點上，既沒有利潤，也沒有損失。通常生產成本包含了固定成本及變動成本。固定成本包括不直接與產品、工廠維護成本及保險成本等相關的薪資；變動成本則與產量、原料成本、勞動成本及能源成本都有關。在下列的分析中，假設我們只生產能夠賣出的量，因此產量等於銷售量。令產量為 Q，單

位為加侖 / 年。

考慮某一化學產品的成本如下：

固定成本：每年 300 萬美元

變動成本：每加侖 2.5 美分

售價為每加侖 5.5 美分

使用這些資料畫出總成本及收益對 Q 的圖片，並且以圖形求解出損益平衡點。詳細標示圖形標籤及標記損益平衡點。請問 Q 的範圍是多少才有利潤？又多少的 Q 會得到最大的利潤？

2. 考慮下列某一化學產品的成本：

固定成本：每年 2,045,000 美元

變動成本：

原料成本：每加侖 62 美分

能源成本：每加侖 24 美分

勞動成本：每加侖 16 美分

假設我們只生產能夠賣出的量。令售價為 P，單位為美元 / 加侖。假設售價及銷售量 Q 的關係如下：$Q = 6 \times 10^6 - 1.1 \times 10^6 P$。根據此式，若我們提高售價，則產品將會變得比較沒有競爭力，且導致銷售量下滑。

使用這個資訊畫出固定成本及總變動成本對 Q 的圖形，並且以圖形求解出損益平衡點。詳細標示圖形標籤及損益平衡點。請問 Q 的範圍是多少才有利潤？又多少的 Q 會得到最大的利潤？

3.* a. 計算以下方程式的根：

$$x^3 - 3x^2 + 5x \sin\left(\frac{\pi x}{4} - \frac{5\pi}{4}\right) + 3 = 0$$

並畫出方程式。

b. 利用 a 小題所得到的結果，以 `fzero` 函數找出更精確的根值。

4. 計算結構體的施力，有時候我們必須解類似下面的方程式。利用 `fplot` 函數找出下列方程式的正根：

$$x \tan(x) = 9$$

5.* 我們經常使用纜繩來懸吊吊橋及其他建築結構。如果使用一條很重的均勻纜繩拉起兩端懸吊起來，則會形成一條懸垂線，其方程式為：

$$y = a \cosh\left(\frac{x}{a}\right)$$

其中，a 是此纜繩相對於某一水平參考線的最低點高度，x 為由最低點往右所量測得到的水平座標，y 是由水平參考線往上的垂直座標。

令 $a = 10$ m。畫出 $-20 \leq x \leq 30$ m 之條件下的懸垂線。兩端點的高度為何？

6. 使用雨量、蒸發量及水的使用量之估計值，都市工程師開發下列蓄水槽水的體積容量模型對時間的函數模型。

$$V(t) = 10^9 + 10^8(1 - e^{-t/100}) - 10^7 t$$

其中，V 是水的體積，單位為公升；t 是時間，單位為天數。畫出 $V(t)$ 對 t 的圖形。藉由此圖形估計需要經過多少天，才會使蓄水槽中水的體積減少為起始體積 10^9 公升的 50%。

7. 下列的萊布尼茲級數 (Leibniz series)，當 $n \to \infty$ 的時候會趨近於 π。

$$S(n) = \sum_{k=0}^{n} (-1)^k \frac{1}{2k+1}$$

畫出在 $0 \leq n \leq 200$ 之條件下，$\pi/4$ 與級數和 $S(n)$ 之間對 n 之圖形的差異。

8. 某一艘漁船起始時位於水平面，座標為 $x = 0$ 及 $y = 10$ mi。在 10 小時之內依照路徑 $x = t$ 及 $y = 0.5t^2 + 10$ 移動，其中 t 是小時數。國際漁場的範圍是由直線 $y = 2x + 6$ 表示。

a. 畫出此漁船的路徑及漁場範圍的邊界，並且加上標籤。

b. 點 (x_1, y_1) 與直線 $Ax + By + C = 0$ 的垂直距離由下列公式給定：

$$d = \frac{Ax_1 + By_1 + C}{\pm\sqrt{A^2 + B^2}}$$

其中，要選擇正負號以使 $d \geq 0$。使用此結果畫出漁船離邊界的距離對時間的函數，範圍為 $0 \leq t \leq 10$ 小時。

9. 畫出下列矩陣 **A** 第 2 行與第 3 行對第 1 行的圖形。第 1 行中的資料為時間 (單位為秒)，第 2 行與第 3 行的資料為力 (單位為牛頓)。

$$\mathbf{A} = \begin{bmatrix} 0 & -7 & 6 \\ 5 & -4 & 3 \\ 10 & -1 & 9 \\ 15 & 1 & 0 \\ 20 & 2 & -1 \end{bmatrix}$$

10.* 許多應用使用下列正弦函數的「小角度」近似，來得到比較簡單且易於瞭解和分析的模型。此近似告訴我們 $\sin x \approx x$，其中 x 的單位為弳度。以畫出三個圖形的方式探討此近似的正確度。第一，畫出在 $0 \leq x \leq 1$ 之內 $\sin x$ 與 x 對 x 的圖形。第二，畫出 $0 \leq x \leq 1$ 之內近似誤差 $\sin x - x$ 對 x 的圖形。第三，畫出 $0 \leq x \leq 1$ 之內相對誤差 $[\sin(x) - x]/\sin(x)$ 對 x 的圖形。x 在多小的時候，此近似的正確度相差不到 5%？

11. 以三角恆等式來簡化許多出現在應用中的方程式。透過畫出 $0 \leq x \leq 2\pi$ 之內等號左邊及右邊對 x 的圖形，來驗證恆等式 $\tan(2x) = 2\tan x/(1 - \tan^2 x)$。

12. 複數恆等式 $e^{ix} = \cos x + i \sin x$ 經常用於轉換方程式的解為相對容易具象化的形式。畫出在 $0 \leq x \leq 2\pi$ 之內等號左邊及右邊實部對虛部的圖形，來驗證上述的恆等式。

13. 畫出 $0 \leq x \leq 5$ 之內的圖形，來驗證恆等式 $\sin(ix) = i \sinh x$。

14.* 函數 $y(t) = 1 - e^{-bt}$，其中 t 是時間且 $b > 0$。此一函數描述了許多程序的特性，例如水槽中注水時的液面高度，以及某一被加熱物體的溫度。探討參數 b 對於 $y(t)$ 的影響。為此，首先在同一張圖上畫出對應於許多不同 b 值的 y 對 t 圖形。需要多少時間，$y(t)$ 才會達到穩態值的 98%？

15. 下列函數描述了某一電路或某一機械及結構的振盪情形。將這些函數畫在同一張圖上。因為這些函數都非常類似，找出清楚畫出這些圖形的最佳方式，並加上標示以避免混淆。

$$x(t) = 10 e^{-0.5t} \sin(3t + 2)$$
$$y(t) = 7 e^{-0.4t} \cos(5t - 3)$$

16. 在某一種結構的振動中，於此結構上加入週期性的力，會讓振動的振幅隨著時間不斷增加或減少。這個現象我們稱為擊拍，經常發生於音樂中。一個特殊的結構位移可以由下列方程式描述：

$$y(t) = \frac{1}{f_1^2 - f_2^2}[\cos(f_2 t) - \cos(f_1 t)]$$

其中，y 是位移，單位為英寸；t 為時間，單位為秒。畫出 $0 \leq t \leq 20$ 之內 y 對 t 的圖形，對應的參數為 $f_1 = 8$ rad/sec 及 $f_2 = 1$ rad/sec。務必確定選取足夠多的點以求得足夠正確的圖形。

17.* 以初速度 v 及角度 A 拋出一個球，高度 $h(t)$ 及水平距離 $x(t)$ 由下列公式給定：

$$h(t) = vt \sin A - \frac{1}{2} g t^2$$
$$x(t) = vt \cos A$$

地表重力加速度為 $g = 9.81$ m/s^2。

a. 假設以速度 $v = 10$ m/s 及角度 $A = 35°$ 拋出一個球，以 MATLAB 計算該球會達到多高、飛行多遠，以及需要花多少時間才會撞擊到地面。

b. 使用 a 題中 v 及 A 的值畫出此球的軌跡；亦即針對正的 h 畫出 h 對 x 的圖形。

c. 畫出速度為 $v = 10$ m/s 對應五個角度 A 值的軌跡：20°、30°、45°、60° 以及 70°。

d. 畫出 $A = 45°$ 對應五種起始速度 v 值的軌跡：10、12、14、16 及 18 m/s。

18. 完美的理想氣體定律關連到氣體的壓力 p、絕對溫度 T、質量 m，以及體積 V。

此定律可表示為：

$$pV = mRT$$

常數 R 即為氣體常數。空氣的 R 值為 286.7 (N · m)/(kg · K)。假設在室溫下空氣於密室中 (20°C = 293K)。建立一個具有三條密室內氣體壓力對體積的曲線，其中壓力的單位是 N/m^2，體積為 V (單位為 m^3)，$20 \leq V \leq 100$。這三條曲線對應於以下密室中空氣的質量：$m = 1$ kg、$m = 3$ kg 及 $m = 7$ kg。

19. 機械結構中的振盪及電子電路中的振盪經常能夠使用下列的函數描述：

$$y(t) = e^{-t/\tau}\sin(\omega t + \phi)$$

其中，t 是時間，ω 是每單位時間強度之振盪頻率。此振盪的週期為 $2\pi/\omega$ 之振盪，而振幅會隨著時間衰減，衰減的速率由時間常數 τ 決定。當 τ 愈小，此振盪衰減愈快。

a. 使用以上陳述的事實開發一個選取 t 間距的值及 t 範圍界限值的準則，這個準則用來得到正確的 $y(t)$ 圖形。(提示：考慮兩種情況：$4\tau > 2\pi/\omega$ 及 $4\tau < 2\pi/\omega$。)

b. 使用你的準則，畫出在 $\tau = 10$、$\omega = \pi$ 及 $\phi = 2$ 之下的 $y(t)$。

c. 使用你的準則，畫出在 $\tau = 0.1$、$\omega = 8\pi$ 及 $\phi = 2$ 之下的 $y(t)$。

20. 當某一固定電壓加至某一起始為靜止的馬達上，其對時間的轉速 $s(t)$ 被量測。所得到的資料如下表所示：

時間 (sec)	1	2	3	4	5	6	7	8	10
轉速 (rpm)	1210	1866	2301	2564	2724	2881	2879	2915	3010

確認下列函數是否能描述上述資料。如果可以，求出常數 b 及 c 的值。

$$s(t) = b(1 - e^{ct})$$

21. 下表顯示某一城市每一年的平均氣溫。以針頭圖、長條圖及梯狀圖畫出下列資料。

年度	2000	2001	2002	2003	2004
溫度 (°C)	21	18	19	20	17

22. 根據以下複利公式，以每年複利 4% 儲存的 1 萬美元將會有所成長：

$$y(k) = 10^4 (1.04)^k$$

其中，k 為年數 ($k = 0, 1, 2, \ldots$)。分別以下列方式畫出此帳戶以 10 年為一個週期

的金額：xy 圖、針頭圖、梯狀圖以及長條圖。

23. 半徑為 r 的球體，體積 V 及表面積 A 由下列公式給定：

$$V = \frac{4}{3}\pi r^3 \qquad A = 4\pi r^2$$

a. 以兩張子圖形的方式畫出 $0.1 \leq r \leq 100$ m 內的 V 及 A 對 r 的圖形。適當地選取軸使得 V 及 A 都是直線。

b. 以兩張子圖形的方式畫出 $1 \leq A \leq 10^4$ m^2 內的 V 及 r 對 A 的圖形。適當地選取軸使得 V 及 r 都是直線。

24. 根據以下公式，一個儲蓄帳戶中所投資的本金 P 以年利率 r 計算所得到目前的總和為 A：

$$A = P\left(1 + \frac{r}{n}\right)^{nt}$$

其中，n 是每年中以複利計算的期數。對於連續的複利，$A = Pe^{rt}$。假設一開始存入 1 萬美元，利率為 3.5% ($r = 0.035$)。

a. 依照下列四種情況畫出 $0 \leq t \leq 20$ 年內 A 對 t 的圖：連續複利、每年複利 ($n = 1$)、每季複利 ($n = 4$)、每月複利 ($n = 12$)。將四種情形畫在同一張子圖上，並且對每一條曲線加上標籤。在第二張子圖形中畫出連續複利所累積的量，以及其他三種情況所累積的量之間的差異。

b. 重做 a 題，但是在全對數及半對數圖形上畫出 A 對 t 的圖。哪一張圖會是一直線？

25. 圖 P25 是一個具有電壓源和負載的電子電力系統。電壓源提供一個固定電壓 v_1 和負載所需的電流 i_1，負載上的壓降為 v_2。經由實驗，對於一個特殊負載上的電流電壓之間關係如下所示：

$$i_1 = 0.16(e^{0.12v_2} - 1)$$

假設電源電阻為 $R_1 = 30\,\Omega$，電壓源 $v_1 = 15$ V。選取或設計一個足夠的電壓源，我們必須知道當負載接上電壓源時，有多少的電流會流向電壓源。同時也找出電壓降 v_2。

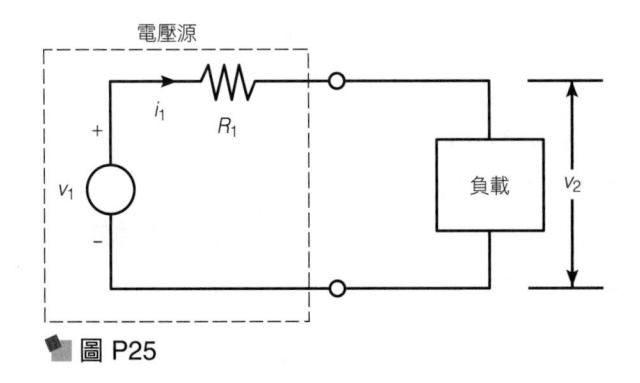

圖 P25

26. 圖 P26 顯示一個包含電阻和電容的 RC 電路。如果我們在電路上加上一個正弦電壓 v_i (稱為輸入電壓)，則我們最後得到的輸入電壓 v_o 也會是一個正弦電壓，有相同的頻率，但是相較於輸入電壓則有不同的振幅及時間偏移。明確地說，假設 $v_i = A_i \sin \omega t$，則 $v_o = A_o \sin(\omega t + \phi)$。頻率響應圖則是 A_o/A_i 對頻率 ω 的圖形，它通常是畫在對數軸上。更進階的工程課程解釋，針對 RC 電路來說，ω 和 RC 的比值如下所示：

$$\frac{A_o}{A_i} = \left| \frac{1}{RCs + 1} \right|$$

其中，$s = \omega i$。當 $RC = 0.1$ s，得到一個 $|A_o/A_i|$ 對頻率 ω 的全對圖，利用這個圖找出 A_o 小於輸入振幅 A_i 的 70% 時是在哪一個頻率範圍。

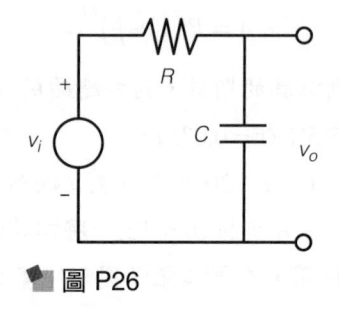

▇ 圖 P26

27. 函數 $\sin x$ 的近似是 $\sin x \approx x - x^3/6$。畫出 $\sin x$ 函數及規律性間隔為 20 的誤差長條圖。

28. 考慮以下函數

$$f(x) = 3x \cos^2 x - 2x$$
$$g(x) = -6x \cos x \sin x + 3\cos^2 x - 2$$

畫出 $f(x)$ 和 $g(x)$ 在同一個圖上在 x 的區間 $[-2\pi, 2\pi]$。標示雙軸和加上格線與圖示。使用紅色實線給 $f(x)$ 和藍色虛線給 $g(x)$。

29. 產生以下函數的極圖在範圍 $0 \leq \theta \leq 2\pi$。

$$r = 4\cos^2(0.6\theta) + \theta$$

30. 給定下列函數

$$y = 3^{(-0.5x + 15)}$$

畫出函數有格線在範圍 [0.1, 100] 使用四種類型軸：線性-線性、線性-對數、對數-線性和對數-數。不要用 `subplot`。

31. 撰寫一個 MATLAB 腳本容許使用者畫出以下函數在範圍 $0 \leq x \leq 10$。使用 `input` 指令讓使用者選擇函數來畫圖

$$f_1(x) = \cos(x)$$
$$f_2(x) = \sin(x)$$
$$f_3(x) = -x^2 + 10x$$

32. 星球和星際衛星以橢圓的軌道移動。一個橢圓以原點為中心有方程式

$$x^2 + \frac{y^2}{4} = 1$$

另一個橢圓，也以原點為中心相對於第一個橢圓旋轉。它的方程式為

$$0.5833x^2 - 0.2887xy + 0.4167y^2 = 1$$

我們要找出橢圓相交的所有點。使用 `fimplicit` 函數和 `hold` 指令畫出兩個橢圓在同一個圖上。因為兩個橢圓都以原點為圓心，如果它們相交，它們就會交會在四個點，因此對此四點你會需要使用 `ginput` 函數。

5.4 節

33. 最流行的雲霄飛車是瓶塞鑽形式的 (即是螺旋形)。圓形的螺旋的參數方程式為：

$$x = a\cos(t)$$
$$y = a\sin(t)$$
$$z = bt$$

其中，a 是此螺旋路徑的半徑，b 是決定此路徑「緊密程度」的常數。另外，如果 $b > 0$，表示此螺旋具有右旋方向的形式；如果 $b < 0$，則表示此螺旋具有左旋方向的形式。

求出在下列三種狀況下此螺旋的三維圖形，並且相互比較其外觀。對應的範圍為 $0 \leq t \leq 10\pi$ 下，半徑為 $a = 1$。

a. $b = 0.1$
b. $b = 0.2$
c. $b = -0.1$

34. 一個機器人在降下或伸展機器手臂時，每分鐘相對於底座旋轉兩圈。降下機器手臂的速率是每分鐘 120°，而伸展機器手臂的速率是每分鐘 5 公尺。此機器手臂長度為 0.5 公尺。機器人手臂的 xyz 座標由下列公式計算：

$$x = (0.5 + 5t)\sin\left(\frac{2\pi}{3}t\right)\cos(4\pi t)$$
$$y = (0.5 + 5t)\sin\left(\frac{2\pi}{3}t\right)\sin(4\pi t)$$
$$z = (0.5 + 5t)\cos\left(\frac{2\pi}{3}t\right)$$

其中，t 是時間，單位為分鐘。

求出在時間 $0 \leq t \leq 0.2$ min 內機器人手臂路徑的三維圖形。

35. 求出函數 $z = x^2 - 2xy + 4y^2$ 的表面圖及等高線圖，並且顯示最小值在 $x = y = 0$。

36. 求出函數 $z = -x^2 + 2xy + 3y^2$ 的表面圖及等高線圖。此表面圖為鞍形。鞍點為 $x = y = 0$，此點的表面具有零斜率，但此點並不是最小值，也非最大值。對應到鞍點的等高線是何種形式？

37. 求出函數 $z = (x - y^2)(x - 3y^2)$ 的表面圖及等高線圖。此表面圖在 $x = y = 0$ 處具有奇異點，此點的表面具有零斜率，但此點並不是最小值，也非最大值。對應到奇異點的等高線是何種形式？

38. 一塊方形的金屬板在對應到 $x = y = 1$ 的角落被加熱到 80°C。此金屬板的溫度分布可由下列方程式描述：

$$T = 80 e^{-(x-1)^2} e^{-3(y-1)^2}$$

求出此溫度的表面圖及等高線圖。對每一軸加上標籤。對應到 $x = y = 0$ 角落的溫度為何？

39. 下列函數可以用來描述某一機械結構及電路中的振盪：

$$z(t) = e^{-t/\tau} \sin(\omega t + \phi)$$

在此函數中，t 是時間，ω 是每單位時間強度的振盪頻率。此振盪具有週期 2 的振盪，且振幅會隨著時間衰減，衰減的速率由時間常數 τ 決定。當 τ 愈小，則此振盪衰減得愈快。

假設 $\phi = 0$ 及 $\omega = 2$，且 τ 可能是 $0.5 \leq \tau \leq 10$ sec 內的任何一個值。上述的方程式變成：

$$z(t) = e^{-t/\tau} \sin(2t)$$

求出此函數的表面圖及等高線圖，幫助你具象化 τ 在範圍 $0 \leq t \leq 15$ sec 之內變動的影響。令 x 變數為時間 t，y 變數為 τ。

40. 以下方程式可描述扁平矩形金屬板的溫度分布。金屬板三個側邊的溫度維持在定值 T_1，而第四個側邊則維持在 T_2 (參見圖 P40)。溫度 $T(x, y)$ 以座標 xy 的函數表示，公式為：

$$T(x, y) = (T_2 - T_1) w(x, y) + T_1$$

其中

$$w(x, y) = \frac{2}{\pi} \sum_{n \text{ odd}}^{\infty} \frac{2}{n} \sin\left(\frac{n\pi x}{L}\right) \frac{\sinh(n\pi y/L)}{\sinh(n\pi W/L)}$$

本題所給定的資料分別為：$T_1 = 70$°F、$T_2 = 200$°F 以及 $W = L = 2$ ft。

使用間距為 0.2 的 x 及 y，產生一個此溫度分布的表面網狀圖及等高線圖。

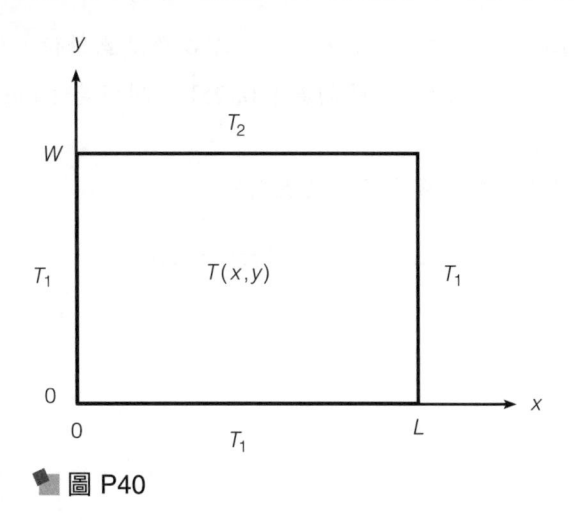

■ 圖 P40

41. 由兩個電荷所建立於某一點的電位場 V 由下列公式給定：

$$V = \frac{1}{4\pi \in_0}\left(\frac{q_1}{r_1} + \frac{q_2}{r_2}\right)$$

其中，q_1 及 q_2 為電荷帶電量，單位為庫侖 (C)；r_1 及 r_2 代表兩電荷到該點的距離；$\in_0$ 是自由空間中的介電常數，其值為

$$\in_0 = 8.854 \times 10^{-12} \text{ C}^2/(\text{N} \cdot \text{m}^2)$$

假設電荷帶電量為 $q_1 = 2 \times 10^{-10}$ C 且 $q_2 = 4 \times 10^{-10}$ C。在 xy 平面上，個別的位置分別為 (0.3, 0) 與 (−0.3, 0) m。畫出電位場於三維表面圖上的圖形，其中 z 軸為 V，範圍是 $-0.25 \leq x \leq 0.25$ 及 $-0.25 \leq y \leq 0.25$。以下列兩種方式建立圖形：(a) 使用 `surf` 函數；(b) 使用 `meshc` 函數。

42. 參考第四章的習題 26。使用該習題中的函數檔產生 x 對 h 的表面網狀圖及等高線圖，範圍在 $0 \leq W \leq 500$ N 及 $0 \leq h \leq 2$ m。使用下列的參數值：$k_1 = 10^4$ N/m；$k_2 = 1.5 \times 10^4$ N/m；$d = 0.1$ m。

43. 參考第四章的習題 29。求出總成本以配送中心位置的 (x, y) 座標為函數所得到之表面圖及等高線圖，以看出成本對於配送中心位置的敏感度。如果我們將配送中心的位置由最佳位置往任何方向移動 1 英里的情況下，成本會增加多少？

44. 參見範例 3.2-1。畫出以 d 和 θ 為函數表示的周長 L 的表面圖及等高線圖，對應的範圍在 $1 \leq d \leq 30$ ft 及 $0.1 \leq \theta \leq 1.5$ rad 之間。除了對應到 $d = 7.5984$ 及 $\theta = 1.0472$ 處有一個山谷之外，還有其他的山谷嗎？有任何鞍點存在嗎？

45. 一個拋射體以初始速度 v 在角度 A 拋出的距離給定為

$$R = \frac{2v^2 \cos A \sin A}{g}$$

產生一函數 range(v, A) 計算 R，給定 A 以角度為單位。使用函數 mesh 和 meshc 求得表面圖形。對 v 的區間為 [10, 25] 和間距是 1 m/s，和 A 在區間 [5, 85] 和間格為一度。

46. 使用 fimplicit3 函數來產生函數的表面圖形

$$x^2 + 30y^2 + 30z^2 = 120$$

Chapter 6
模型建立及迴歸

©Getty Images/iStockphoto

21 世紀的工程……
虛擬原型設計

　　虛擬原型設計 (virtual prototyping) 是一種產品開發方法，透過該方法在承諾製作物理原型之前先驗證設計。它通常使用電腦輔助設計 (CAD) 軟體，電腦輔助工程 (CAE) 軟體，和例如 MATLAB 和 Simulink 的模擬軟體。該方法是傳統設計方法的延伸，但由於現代電腦的強大功能和軟體的準確性提高而變得更加實用。

　　除了計算機輔助繪圖之外，CAD 和 CAE 還包括使用有限元素分析 (FEA) 以進行元件和組裝的應力分析、以計算流體力學 (CFD) 來計算流場型態和力、多物體動力學和優化。模擬則可用於加速微控制器單元的開發、整合和測試。工程師可以使用電腦來確定擬議設計中可能出現的力、電壓、電流等。他們可以使用此資訊確保硬體能夠承受預測的力或提供所需的電壓或電流。

　　開發新型載具的正常階段，例如飛機，以前由空氣動力學測試比例模型組成；建造一個全尺寸的木製模型來檢查管道，電纜和結構的干擾；最後建造並測試原型，亦即第一具完整載具。虛擬原型正在改變傳統的開發週期。

　　波音 777 是第一台使用電腦輔助工程來設計及建造的飛機，它省去建造實物模型所需的時間與高額費用。設計團隊負責各種次系統 (如空氣動力、結構系統、水力及電氣系統)，所有人都可以讀取描述飛機的同一個電腦資料庫。因此，當一個團隊進行設計更改時，資料庫已更新，允許其他團隊查看更改是否影響次系統。

學習大綱
6.1 函數發現
6.2 迴歸
6.3 基本擬合介面
6.4 摘要
習題

第五章所涵蓋之繪圖技巧中,最重要的應用就是「函數發現」,它是利用資料圖以取得描述此程序如何產生資料之數學函數或「數學模型」的技術,這將在第 6.1 節討論。以系統方式找到符合資料的方程式稱為「迴歸」(也稱為最小平方法),此將在第 6.2 節提及。第 6.3 節則介紹 MATLAB 中支援迴歸的基本擬合介面。

6.1 函數發現

函數發現 (function discovery) 是一個求出或「找出」可以用來描述某一組資料之數學函數的過程。下列三種函數經常用於描述物理現象。

1. 線性函數:$y(x) = mx + b$,注意 $y(0) = b$。
2. 冪函數:$y(x) = bx^m$。注意若 $m \geq 0$,則 $y(0) = 0$;若 $m < 0$,則 $y(0) = \infty$。
3. 指數函數:$y(x) = b(10)^{mx}$ 或其等效的形式 $y = be^{mx}$,其中 e 是自然對數的底數 ($\ln e = 1$)。注意,在兩種形式之下,$y(0) = b$。

每一個函數若為以下列指定的軸畫出,都會是一條直線。

1. 線性函數 $y = mx + b$ 以直線軸畫出會得到一條直線。斜率為 m,與縱軸的交點為 b。
2. 冪函數 $y = bx^m$ 以全對數軸畫出會得到一條直線。
3. 指數函數 $y = b(10)^{mx}$ 或其等效的形式 $y(x) = be^{mx}$ 以 y 軸為對數的半對數軸畫出來會得到一條直線。

我們之所以希望畫出直線的圖形,是因為直線的圖形有助於資料的辨認,也因此能夠容易地分辨此函數是否能適當地擬合這些資料。

利用下列程序,找出描述這些資料集合的函數。我們假設這三種函數形式(線性函數、指數函數或冪函數)之一能描述這些資料。

1. 檢查接近原點的資料。指數函數永遠不會通過原點 (除非 $b = 0$,但這是無意義的)。(參見圖 6.1-1 中以 $b = 1$ 所繪製的指數函數圖形) 線性函數在 $b = 0$ 的情況下會通過原點。冪函數在 $m > 0$ 的情況下才會通過原點。(參見圖 6.1-2 中以 $b = 1$ 所繪製的冪函數圖形。)
2. 使用直線比例畫出資料。如果得到直線,則表示此資料可以使用線性函數來表示,此時工作完成。反之,若在 $x = 0$ 處具有資料,則
   a. 如果 $y(0) = 0$,嘗試使用冪函數。
   b. 如果 $y(0) \neq 0$,嘗試指數函數。

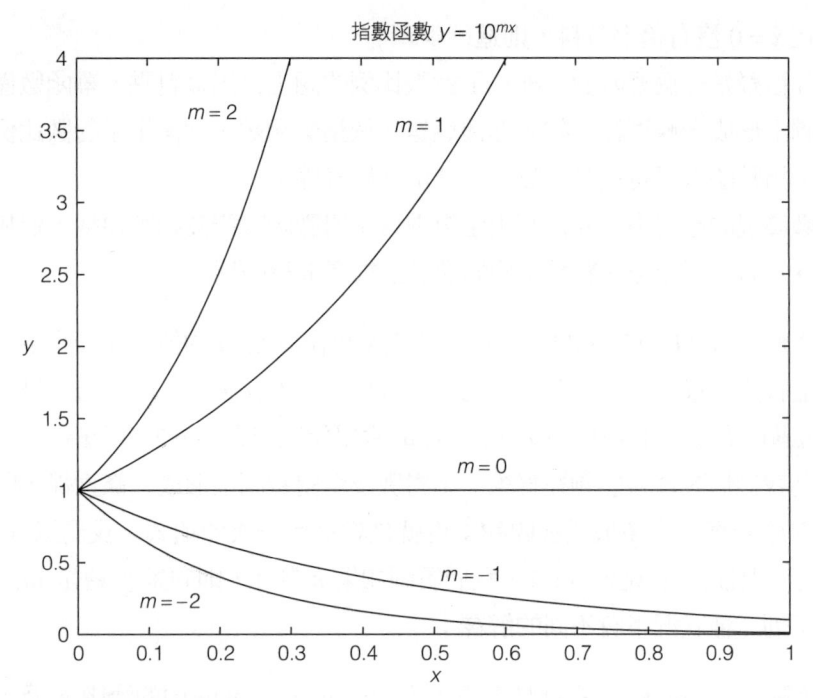

圖 6.1-1　指數函數範例

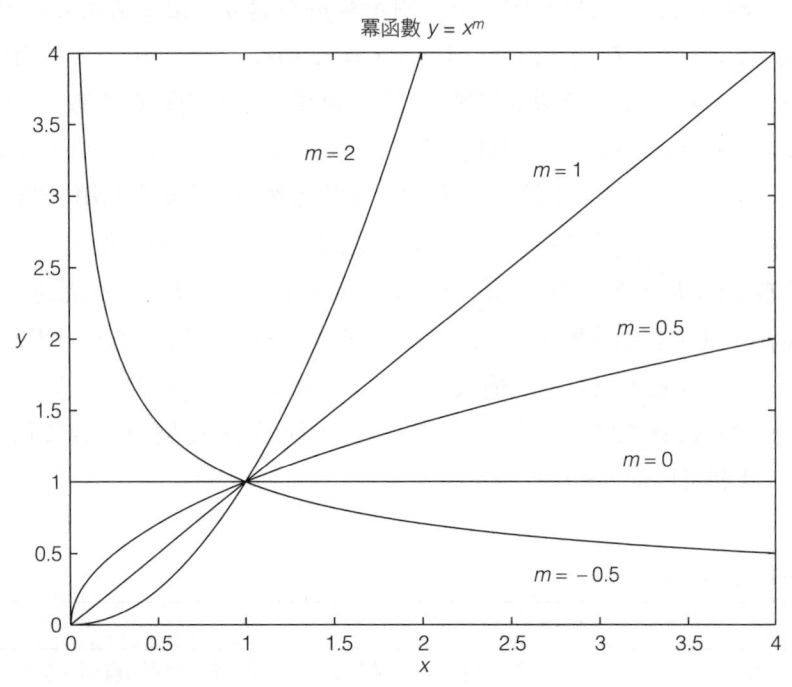

圖 6.1-2　冪函數範例

如果在 $x = 0$ 沒有給定資料，則進行步驟 3。

3. 如果你懷疑是一個冪函數，則在全對數比例的圖上畫出資料點。冪函數僅會在全對數圖上形成一條直線。如果你懷疑是一個指數函數，則使用半對數比例圖畫出資料。指數函數只有在半對數圖上會是一條直線。
4. 在函數發現的應用中，我們使用全對數或半對數圖來辨認函數類型，但無法求得係數 b 及 m，原因是在對數比例的圖形上很難進行內插。

我們可以使用 MATLAB 中的 polyfit 函數來求出 b 及 m 的值。在最小平方法中，此函數能找出可最佳擬合這些資料的多項式係數，而此多項式的次方 n 是可以指定的。語法顯示於表 6.1-1 中。最小平方法的數學函數將在第 6.2 節介紹。

因為我們假設資料能夠在直線、半對數及全對數圖上形成一條直線，所以我們只對能對應於直線的多項式感興趣；也就是說這是一次多項式，我們以 $w = p_1 z + p_2$ 來表示。因此，參見表 6.1-1，我們看到如果 n 為 1，則向量 p 會是 $[p_1, p_2]$。多項式在下列三種狀況下有不同的解釋：

- **線性函數**：$y = mx + b$。在此情況下，多項式 $w = p_1 z + p_2$ 中的變數 w 及 z 是原本的資料變數 x 及 y，我們可以藉由輸入 p = polyfit(x,y,1) 來求出能擬合這些資料的線性函數。向量 p 中的第一個元素 p_1 會是 m，第二個元素 p_2 為 b。
- **冪函數**：$y = bx^m$。在此情況下，$\log_{10} y = m \log_{10} x + \log_{10} b$，其對應的形式為 $w = p_1 z + p_2$，其中多項式變數 w 及 z 對應到原本的資料變數 x 及 y，因為 $w = \log_{10} y$，而 $z = \log_{10} x$。因此，我們透過輸入 p = polyfit(log10(x), log10(y),1)，可以求出擬合這些資料的冪函數。向量 p 中的第一個元素 p_1 會是 m，第二個元素 p_2 為 $\log_{10} b$。我們可以從 $b = 10^{p_2}$ 中求出 b 值。
- **指數函數**：$y = b(10)^{mx}$。在此情況下，$\log_{10} y = mx + \log_{10} b$，其對應到的形式為 $w = p_1 z + p_2$，其中多項式變數 w 及 z 對應到原本的資料變數 x 及 y，因為 $w = \log_{10} y$，而 $z = x$。因此，我們透過輸入 p = polyfit(x,log10(y),1)，可以求出擬合這些資料的指數函數。向量 p 中的第一個元素 p_1 會是 m，第二個元素 p_2 為 $\log_{10} b$。我們可以從 $b = 10^{p_2}$ 中求出 b 值。

表 6.1-1 polyfit 函數

指令	敘述
p = polyfit(x,y,n)	以 n 次多項式擬合使用向量 x 及 y 所描述的資料，其中 x 為自變數。傳回的向量 p 具有長度 $n + 1$，所包含的元素是多項式的係數，並且以降冪排列。

範例 6.1-1　聲納測量的速度估算

接近水下載具範圍的聲納測量值在下表中列出,其中距離以海浬 (nmi) 為測量單位。假設相對速度 v 是常數,則作為時間函數的範圍由下式給出 $r = -vt + r_0$,其中 r_0 是 $t = 0$ 的初始距離。估算速度 v 以及範圍何時為零。

時間 t (min)	0	2	4	6	8	10
距離 r (nmi)	3.8	3.5	2.7	2.1	1.2	0.7

■ 解法

MATLAB 程式如下。

```
% Data
t = 0:2:10;
r = [3.8,3.5,2.7,2.1,1.2,0.7];
% First-order curve fit.
p = polyfit(t,r,1)
% Create plotting variable.
rp = p(1)*t+p(2);
plot(t,r,'o',t,rp),xlabel('t (min'),ylabel('r (nmi)')
```

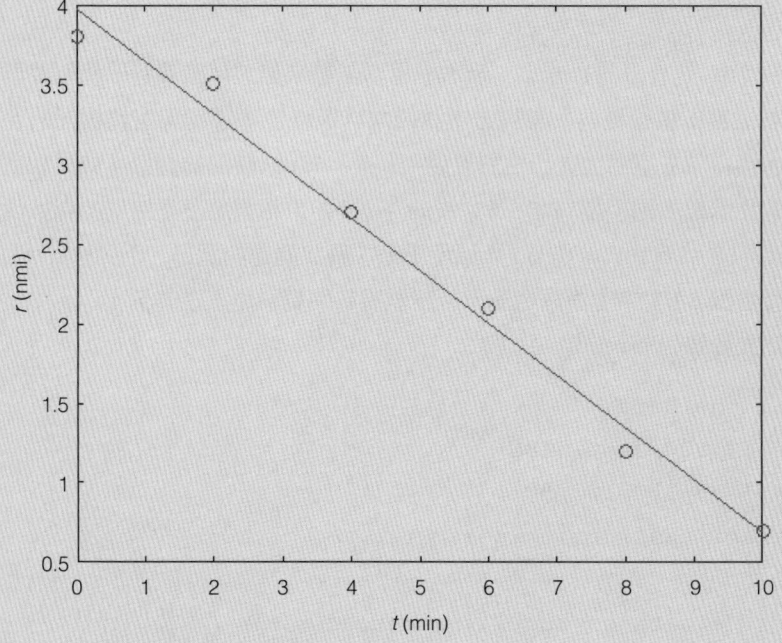

■ 圖 6.1-3　距離對時間:聲納數據和擬合線

```
% Speed calculation.
v = -p(1)*60 % speed in knots (nmi/hr)
p
```

圖 6.1-3 顯示了該圖。估計的相對速度為 0.3286 nmi/min，或 19.7 節。係數為 p(1)= −0.3286，p(2) = 3.9762，即 r_0。因此擬合方程式為 $r = -0.3286t + 3.9762$。由此我們可以估計距離何時為零：t = 3.9762 / 0.3286 = 12.1 分鐘。

範例 6.1-2　溫度動

在室溫 (68°F) 下，置於瓷器杯子中的咖啡逐漸冷卻，其溫度對時間的關係量測如下：

時間 t (s)	溫度 T (°F)
0	145
620	130
2266	103
3482	90

發展一個咖啡溫度模型作為時間的函數，並且用此模型估計需要多少時間，咖啡的溫度會達到 120°F。

■解法

因為 $T(0)$ 是有限的且非零，無法使用冪函數來描述這些資料，所以我們不必在全對數軸上畫出這些資料。常識告訴我們咖啡最後會冷卻到與室溫相同的溫度，所以我們將資料減去室溫並畫出相對溫度 (即 $T - 68$) 對時間的圖形。如果相對溫度是時間的線性函數，則模型為 $T - 68 = mt + b$。如果相對溫度是時間的指數函數，則模型為 $T - 68 = b(10)^{mt}$。圖 6.1-4 顯示用來求解此問題的圖形。下列的 MATLAB 腳本檔會產生圖 6.1-3 中上面兩個圖形。我們將時間資料輸入在陣列 time 中，並將溫度資料輸入於陣列 temp 中。

```
% Enter the data.
time = [0,620,2266,3482];
temp = [145,130,103,90];
% Subtract the room temperature.
temp = temp - 68;
% Plot the data on rectilinear scales.
subplot(2,2,1)
```

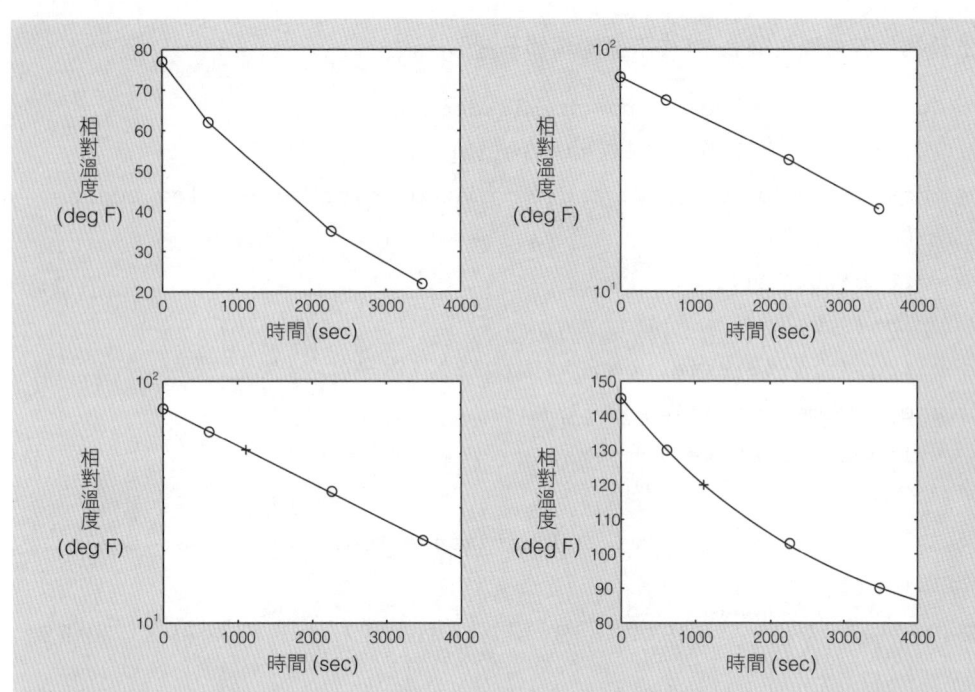

▶ 圖 6.1-4　在不同的座標上，畫出一杯降溫中咖啡的溫度

```
plot(time,temp,time,temp,'o'),xlabel('Time (sec)'),...
   ylabel('Relative Temperature (deg F)')
%
% Plot the data on semilog scales.
subplot(2,2,2)
semilogy(time,temp,time,temp,'o'),xlabel('Time (sec)'),...
   ylabel('Relative Temperature (deg F)')
```

這些資料只有在半對數圖上才會呈現一條直線 (即是右上角的圖)。因此，我們可以使用指數函數 $T = 68 + b(10)^{mt}$ 來描述。使用 polyfit 指令，將下列的程式碼加入腳本檔中。

```
% Fit a straight line to the transformed data.
p = polyfit(time,log10(temp),1);
m = p(1)
b = 10^p(2)
```

計算得到 $m = -1.5557 \times 10^{-4}$ 及 $b = 77.4469$。因此，我們所推導出來的模型為 $T = 68 + b(10)^{mt}$。要估計需要花費多少時間咖啡才能冷卻到 120°F，我們必須求解方程式 $120 = 68 + b(10)^{mt}$ 而得到 t，所得到的解為 $t = [(\log_{10}(120 - 68) - \log_{10}(b)]/m$。用來計算這個算式的 MATLAB 指令顯示在下面的腳本檔中，此腳本檔是前面所述之腳本檔

的延續，其會產生圖 6.1-4 中下面的兩個子圖形。

```
% Compute the time to reach 120 degrees.
t_120 = (log10(120-68)-log10(b))/m
% Show the derived curve and estimated point on semilog scales.
t = 0:10:4000;
T = 68+b*10.^(m*t);
subplot(2,2,3)
semilogy(t,T-68,time,temp,'o',t_120,120-68,'+'),
xlabel('Time (sec)'),...
   ylabel('Relative Temperature (deg F)')
%
% Show the derived curve and estimated point on linear scales.
subplot(2,2,4)
plot(t,T,time,temp+68,'o',t_120,120,'+'),xlabel('Time (sec)'),...
   ylabel('Temperature (deg F)')
```

求得的 t_120 之值為 1112。因此，達到 120°F 所需花費的時間為 1112 秒。此模型的圖形伴隨資料點與估計的點 (1112, 120)(以 + 號表示)，如圖 6.1-4 中下面兩個子圖形所示。因為我們的模型圖形落在資料點附近，所以我們對於 1112 秒這個估計值很有信心。

範例 6.1-3　　液壓阻力

一個 15 杯容量的咖啡壺 (參見圖 6.1-5) 放在一個水龍頭底下，並且充滿到 15 杯容量的界線。當出水口打開的時候，水龍頭的流率會自動調整直到水面維持在固定之 15 杯容量的高度，同時測量一杯容量流出咖啡壺所需的時間。此實驗針對不同的水面高度不斷重複，結果列於下表中：

液體體積 V (cups)	充滿一杯所需的時間 t (s)
15	6
12	7
9	8
6	9

(a) 使用前面所述的資料來獲得流率與咖啡杯數之間的關係。(b) 製造商欲製造一個 36 杯容量的咖啡壺，具有相同的出水口，但是考慮到流出的速率太快，會導致溢

▌圖 6.1-5　驗證托里切利定律的實驗

出。推斷 (a) 題所發展的關係，並預測在咖啡壺有 36 杯容量的情況下，需要多長的時間才能充滿一杯咖啡。

■ 解法

(a) 水利學的托里切利原理可表示為 $f = rV^{1/2}$，其中 f 是通過出水口的流率，單位為每秒的杯數；V 是壺內液體的體積，單位為杯數；r 是常數，即是我們欲求的值。這是一個冪函數的關係，指數為 0.5。因此，如果我們畫出 $\log_{10}(f)$ 對 $\log_{10}(V)$ 的圖形，應該會得到一條直線。f 可由給定的 t 值倒數求得，亦即 $f = 1/t$ cups/s。

MATLAB 的腳本檔如下。所得到的結果圖形可參見圖 6.1-6。將體積的資料輸入至陣列 cups 中，時間資料輸入至 meas_times 中。

```
% Data for the problem.
cups = [6,9,12,15];
meas_times = [9,8,7,6];
meas_flow = 1./meas_times;
%
% Fit a straight line to the transformed data.
p = polyfit(log10(cups),log10(meas_flow),1);
coeffs = [p(1),10^p(2)];
m = coeffs(1)
b = coeffs(2)
%
% Plot the data and the fitted line on a loglog plot to see
% how well the line fits the data.
x = 6:0.01:40;
```

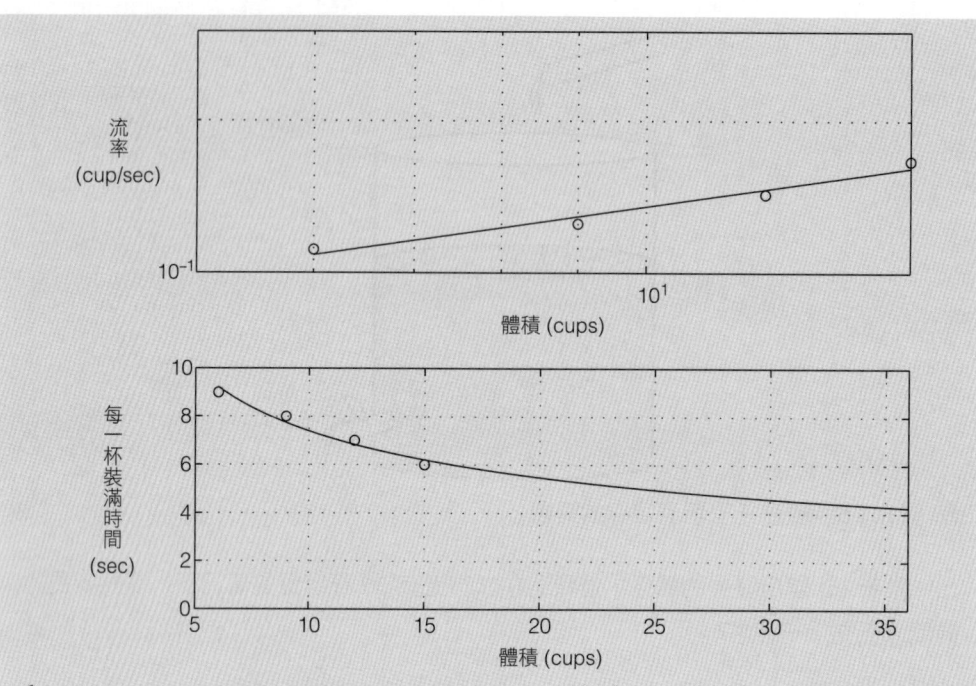

圖 6.1-6　一咖啡杯容量的流率和裝滿時間

```
y = b*x.^m;
subplot(2,1,1)
loglog(x,y,cups,meas_flow,'o'),grid,xlabel('Volume (cups)'),...
   ylabel('Flow Rate(cups/sec)'),axis([5 15 0.1 0.3])
```

計算出來的值為 $m = 0.433$ 及 $b = 0.0499$，求得的關係為 $f = 0.0499V^{0.433}$。由於指數是 0.433 而不是 0.5，因此我們的模型並沒有準確地與托里切利原理一致，但已經非常接近。注意，圖 6.1-6 中第一個圖形顯示出資料點並沒有準確地落在直線上。在這個應用中，要能準確地以整秒測量充滿一杯咖啡的時間是很困難的，所以測量時間的不正確性使得我們的結果和托里切利所預測的結果不一致。

(b) 我們注意到充滿一杯咖啡的時間是 $1/f$，即是流率的倒數。剩下的 MATLAB 腳本使用了流率關係 $f = 0.0499V^{0.433}$，來畫出充滿一杯時間曲線 $1/f$ 對 t 的圖形。

```
% Plot the fill time curve extrapolated to 36 cups.
subplot(2,1,2)
plot(x,1./y,cups,meas_times,'o'),grid,xlabel('Volume(cups)'),...
   ylabel('Fill Time per Cup (sec)'),axis([5 36 0 10])
%
```

模型建立及迴歸 Chapter 6

```
% Compute the fill time for V = 36 cups.
fill_time = 1/(b*36^m)
```

預測出充滿一杯咖啡的時間是 4.2 秒。製造商必須決定這樣的時間是否足夠讓使用者避免溢出 (實際上，製造商所設計的 36 杯容量咖啡壺充滿一杯咖啡的時間是 4 秒，和我們的預測一致)。

範例 6.1-4　　一個懸臂樑模型

懸臂樑的偏移是其端部回應於在端部施加的垂直力而移動的距離 (見圖 6.1-7)。下表給出了透過給定的施加力 f 在特定樑中產生的測量偏移 x。是否有一組軸 (直線、半對數或對數-對數) 的數據在這些軸上形成近似直線？如果是的話，請使用該資訊來獲得 f 和 x 之間的函數關係。

力 f(lb)	0	100	200	300	400	500	600	700	800
偏移 x(in.)	0	0.15	0.23	0.35	0.37	0.5	0.57	0.68	0.77

■ 解法

以下的 MATLAB 腳本檔在直線軸上生成兩個圖。數據以陣列輸入 deflection 和 force。

```
% Enter the data.
force = 0:100:800;
deflection=[0,0.15,0.23,0.35,0.37,0.5,0.57,0.68,0.77];
%
% Plot the data on rectilinear scales.
subplot(2,1,1)
```

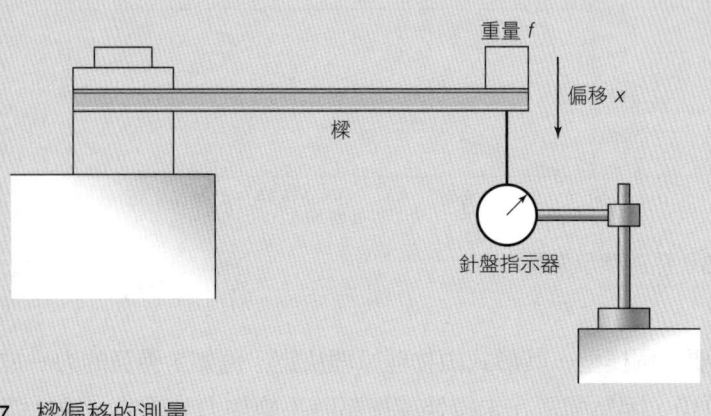

■ 圖 6.1-7　樑偏移的測量

```
plot(deflection,force,'o'),...
    xlabel('Deflection (in.)'),ylabel('Force(lb)'),...
    axis([0 0.8 0 800])
```

此圖顯示為圖 6.1-8 的第一個圖。這些點看起來位於一條直線上,該直線可以用通常寫成 $f = kx + c$ 的方程式來描述,其中 k 被稱為樑的彈簧常數。我們可以使用 polyfit 命令決定 k 的值,如以下腳本檔所示,該腳本檔是前面腳本的延續。

```
% Fit a straight line to the data.
p = polyfit(deflection,force,1);
% Here k = p(1) and c = p(2).
k = p(1)
c = p(2)
% Plot the fitted line and the data.
x = deflection;
f = k*x+c;
subplot(2,1,2)
plot(x,f,deflection,force,'o'),...
    xlabel('Deflection (in.)'),ylabel('Force (lb)'),...
    axis([0 0.8 0 800])
```

此圖顯示為圖 6.1-8 的第二個圖。計算值為 $k = 1082$ lb/in,並且 $c = -34.6592$ 磅。

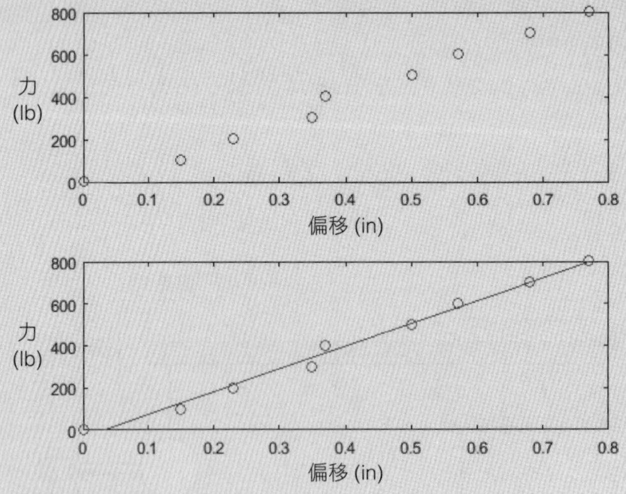

▶ 圖 6.1-8　懸臂樑示例圖

許多應用需要一個模型,其形式由物理原理決定。例如,彈簧的力—拉伸模型必須穿過原點 (0,0),因為彈簧在未拉伸或擠壓時不施加力。因此,線性彈簧模型應該

是 $f = kx$，其中 $c = 0$。在 6.2 節中，我們提出了一種方法，用於求出穿過原點的直線模型的彈簧常數 k。

6.2 迴歸

在第 6.1 節中，我們使用 MATLAB 的函數 `polyfit` 實現迴歸分析，此方式是利用線性函數或者在對數軸或是經由其他轉換而可以變成直線方程式。`polyfit` 函數是以最小平方法為基礎，也可以被稱為迴歸。在此我們將介紹如何使用此函數，來產生函數的多項式或其他種類。

最小平方法

假設我們已經具有三個給定於下表中的資料點，且需要求出直線 $y = mx + b$ 的係數，以在最小平方法下擬合表中的資料。

x	y
0	2
5	6
10	11

根據最小平方準則，最佳擬合的直線就是能夠最小化 J 的那一條直線，而 J 是資料點及直線之間垂直差異的平方和。這些差異我們稱為**殘差** (residual)。在此有三個資料點，而 J 由下列算式給定：

殘差

$$J = \sum_{i=1}^{3}(mx_i + b - y_i)^2$$
$$= (0m + b - 2)^2 + (5m + b - 6)^2 + (10m + b - 11)^2$$

能夠最小化 J 的 m 及 b 值可以藉由令偏微分 $\partial J/\partial m$ 及 $\partial J/\partial b$ 等於零來求得。

$$\frac{\partial J}{\partial m} = 250m + 30b - 280 = 0$$
$$\frac{\partial J}{\partial b} = 30m + 6b - 38 = 0$$

這些條件得到兩個可以求出未知數 m 及 b 的方程式，所得到的解為 $m = 0.9$ 及 $b = 11/6$。符合最小平方法的最佳擬合直線為 $y = 0.9x + 11/6$。如果以 x 為 0、5 與 10 來計算方程式，會得到 y 為 1.833、6.333 與 10.8333。這些值和表中所給定的資料 $y = 2$、6 及 11 不同，因為此直線並不是完美地擬合這些資料。所得到的 J 值為 $J = (1.833 - 2)^2 + (6.333 - 6)^2 + (10.8333 - 11)^2 = 0.16656689$。沒有其他的直線能夠針對這些資料得到更小的 J 值。

一般來說，對於多項式 $a_1x^n + a_2x^{n-1} + \cdots + a_nx + a_{n+1}$，$m$ 個資料點的殘差平方和為：

$$J = \sum_{i=1}^{m}(a_1x^n + a_2x^{n-1} + \cdots + a_nx + a_{n+1} - y_i)^2$$

能夠最小化 J 的 $n + 1$ 之係數 a_i 可以藉由求解一組 $n + 1$ 線性方程式而得到。`polyfit` 函數提供了解答，語法為 `p = polyfit(x,y,n)`。表 6.2-1 摘要出 `polyfit` 與 `polyval` 函數。

範例 6.2-1　多項式項次的影響

考慮資料組，其中 $x = 1, 2, 3, ..., 9$ 和 $y = 5, 6, 10, 20, 28, 33, 34, 36, 42$。將第一到第四次的多項式擬合到該資料並比較結果。

■ 解法

下列腳本檔可以求出並畫出能擬合這些數據的一次到四次多項式，同時計算出每一個多項式對應的 J。

```
x = 1:9;
y = [5,6,10,20,28,33,34,36,42];
for k = 1:4
   coeff = polyfit(x,y,k)
   J(k) = sum((polyval(coeff,x)-y).^2)
end
```

■ 表 6.2-1　多項式迴歸函數

指令	敘述
`p = polyfit(x,y,n)`	以 n 次多項式擬合向量 x 及 y 所描述的資料，其中 x 是自變數。傳回的列向量 p 具有長度 n+1，所包含的元素是多項式的係數，並且以降冪排列。
`[p,s,mu] = polyfit(x,y,n)`	以 n 次多項式擬合向量 x 及 y 所描述的資料，其中 x 是自變數。傳回的列向量 p 具有長度 n+1，所包含的元素是多項式的係數，以降冪排列，並且使用結構 s 與 `polyval` 而得到誤差估計。可自由選取的輸出變數 mu 是一個具有兩個元素的向量，包含了 x 的平均值及標準差。
`[y,delta] = polyval(p,x,s,mu)`	使用由 `[p,s,mu]=polyfit(x,y,n)` 產生之可以自由選取的輸出結構 s，得到誤差估計。如果用於 `polyfit` 的資料相互獨立，且為具有常數變量之常態分布，則至少有 50% 的資料落在 `y±delta` 這個範圍之中。

以兩位有效數字表示的 J 值分別為 72、57、42 及 4.7。因此，我們發現 J 值隨著多項式的次數增加而減少，如我們所預期。圖 6.2-1 顯示出這些資料及四個多項式。我們可以看到隨著次方數愈高，曲線的近似度愈好。

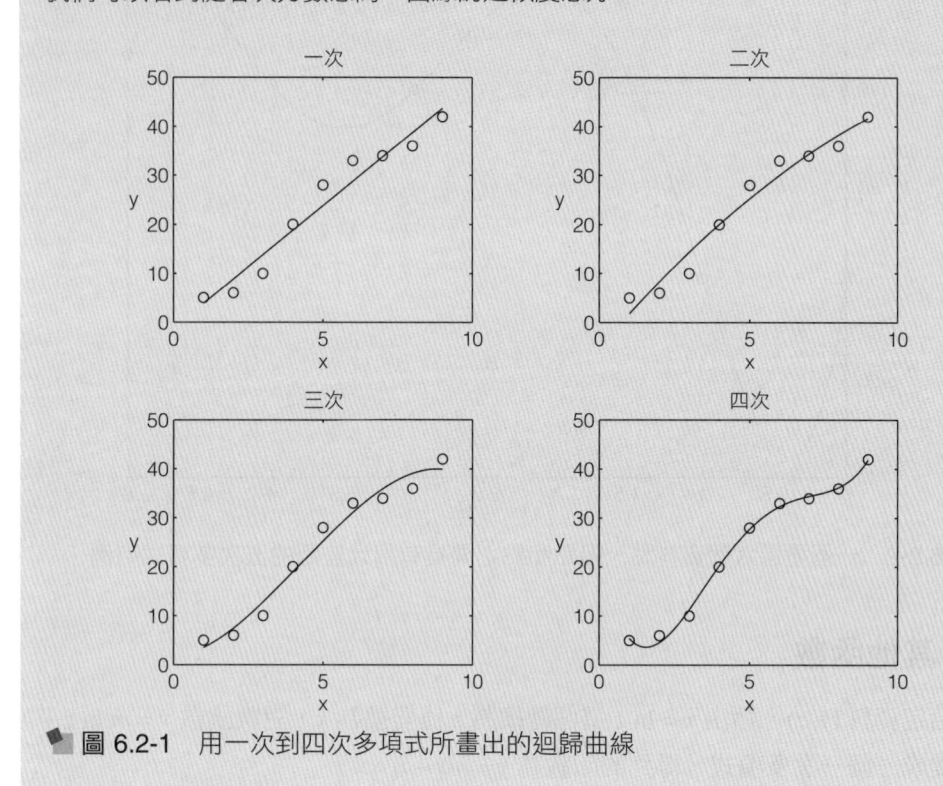

圖 6.2-1 用一次到四次多項式所畫出的迴歸曲線

注意：這使得我們想要嘗試使用更高次方的多項式來得到更好的擬合。然而，對於使用高次方的多項式具有兩個危險。第一，高次方多項式的資料點之間有較大的偏移量，應該加以避免 (參見圖 6.2-2)。第二，如果係數無法以夠多的有效位數表示時，也會導致較大的誤差。不過在某些情形中，可能無法單獨使用低次方多項式來擬合資料。在這種情況下，我們會使用許多三次多項式來擬合資料，這樣的方法稱為三次雲線 (cubic splines)，將會在第七章進行介紹。

測試你的瞭解程度

T6.2-1 計算並畫出下列資料的一次到四次多項式：$x = 0, 1, ..., 5$ 及 $y = 0, 1, 60, 40, 41, 47$。求出係數及 J 值。

(答案：所得到的多項式為 $9.5714x + 7.5714$；$-3.6964x^2 + 28.0536x - 4.7500$；$0.3241x^3 - 6.1270x^2 + 32.4934x - 5.7222$；以及 $2.5208x^4 - 24.8843x^3 + 71.2986x^2 - 39.5304x - 1.4008$。所對應的 J 值分別為 1534、1024、1017 及 495)

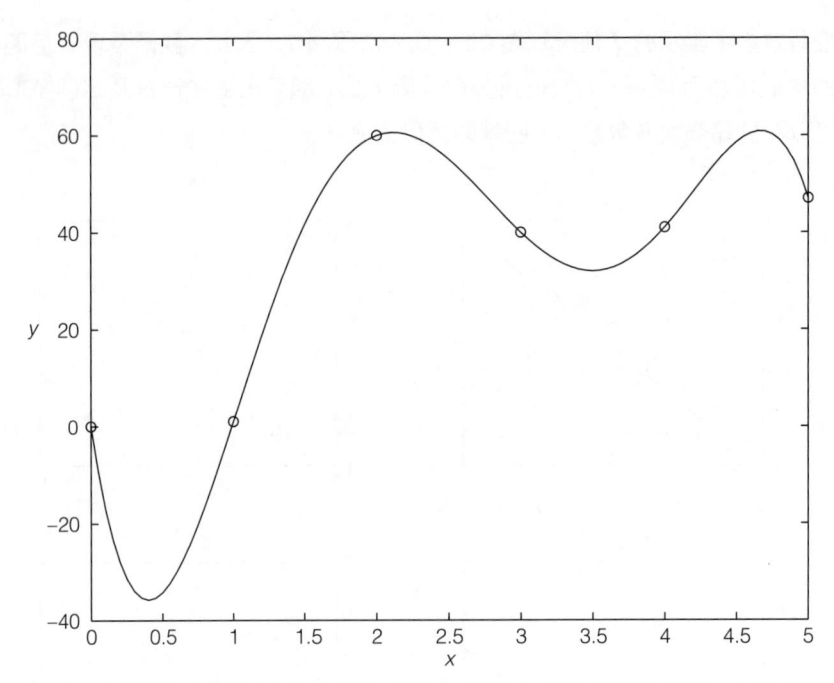

■ 圖 6.2-2　一個通過六個資料點,但點和點之間具有很大差距的五次多項式範例

擬合其他函數

　　給定資料 (y, z),藉由 $x = \ln z$ 這個轉換將 z 值變換為 x,對數函數 $y = m \ln z + b$ 可以變成一個一次多項式,得到的函數為 $y = mx + b$。

　　給定資料 (y, z),藉由 $x = 1/z$ 這個轉換將 z 值進行變換,函數 $y = b(10)^{m/z}$ 可以變成一個指數函數。

　　給定資料 (v, x),藉由 $y = 1/v$ 這個轉換將 v 值進行變換,函數 $v = 1/(mx + b)$ 可以變成一次多項式,得到的函數為 $y = mx + b$。

　　想知道如何得到通過原點的函數 $y = kx$,請參見習題 8。

擬合曲線的好壞

　　我們用最小平方準則來擬合函數 $f(x)$,即是殘差 J 的平方和。定義如下:

$$J = \sum_{i=1}^{m} [f(x_i) - y_i]^2 \tag{6.2-1}$$

我們可以使用 J 值來比較描述相同資料的兩個或多個函數的曲線擬合好壞程度。能夠得到最小 J 值的函數便有最佳的資料擬合。

　　我們標記值 y 到平均值 $\bar{y}$ 之間的差異量的平方和為 S,其可由下列公式計算:

$$S = \sum_{i=1}^{m} (y_i - \bar{y})^2 \tag{6.2-2}$$

此公式可以用來計算另一個曲線擬合好壞程度的指標,即**判定係數** (coefficient of determination),又稱為 r 平方值 (r-squared value)。定義如下:

$$r^2 = 1 - \frac{J}{S} \tag{6.2-3}$$

判定係數

對於一個完美的擬合,$J = 0$ 且 $r^2 = 1$。因此,r^2 愈接近 1,表示擬合度愈好;r^2 最大為 1。S 值表示此資料在平均值附近的散布情形,J 值則表示此模型無法說明資料散布情形的程度。因此,J/S 率表示此模型無法說明之分數變化量。J 可能會大於 S,所以 r^2 可能會是負值。若是出現這種情況,表示這是一個很不好的模型,而不應該使用。以經驗法則來說,一個好的擬合至少要能說明 99% 的資料變化量。這個值對應到 $r^2 \geq 0.99$。

例如,下表列出用來擬合資料 $x = 1, 2, 3, ..., 9$ 與 $y = 5, 6, 10, 20, 28, 33, 34, 36, 42$ 的一次到四次多項式中之 J、S、r^2 值。

n 次方	J	S	r^2
1	72	1562	0.9542
2	57	1562	0.9637
3	42	1562	0.9732
4	4.7	1562	0.9970

根據 r^2 準則,因為四次多項式有最大的 r^2 值,它表現數據比一次到三次多項式表現的更好。

將以下各行加到範例 6.2-1 中所示的腳本檔的末尾來計算 S 和 r^2 的值。

```
mu = mean(y);
for k=1:4
   S(k) = sum((y-mu).^2);
   r2(k) = 1 - J(k)/S(k);
end
S
r2
```

調整資料的比例

在計算係數時,計算誤差所造成的影響可以藉由適當地調整 x 值的比例來減輕。當執行函數 `polyfit(x,y,n)` 時,如果多項式次方數 n 大於或等於資料點的數目(因為 MATLAB 將沒有足夠的方程式來求解係數),或如果向量 x 有重複或接近重複的點,或如果向量 x 需要集中且 / 或調整比例,將會出現一個錯誤訊息。另

外一個語法 [p,s,mu] = polyfit(x,y,n) 根據以下變數，可求出 n 次多項式的係數 p。

$$\hat{x} = (x - \mu_x)/\sigma_x$$

輸出變數 mu 具有兩個元素的向量 $[\mu_x, \sigma_x]$，其中 μ_x 是 x 的平均值，σ_x 是 x 的標準差 (我們將在第七章中討論標準差)。

你可以在使用 polyfit 之前調整資料比例。如果 x 的範圍太小，常用的調整比例方法為：

$$\hat{x} = x - x_{\min} \quad 或 \quad \hat{x} = x - \mu_x$$

如果 x 的範圍太大，則調整比例的方法為：

$$\hat{x} = \frac{x}{x_{\max}} \quad 或 \quad \hat{x} = \frac{x}{x_{\mathrm{mean}}}$$

範例 6.2-2　交通流量估計

下列資料給定了 10 年內通過某一橋樑的車輛數目 (單位為百萬輛)。利用三次多項式擬合此資料，並使用此擬合估計 2010 年的車流量。

年	2000	2001	2002	2003	2004	2005	2006	2007	2008	2009
車流量 (百萬輛)	2.1	3.4	4.5	5.3	6.2	6.6	6.8	7	7.4	7.8

■ 解法

我們欲使用三次式方程式擬合資料，如以下對話所示，我們會得到一個錯誤訊息。

```
>>Year = 2000:2009;
>>Veh_Flow = [2.1,3.4,4.5,5.3,6.2,6.6,6.8,7,7.4,7.8];
>>p = polyfit(Year,Veh_Flow,3)
Warning: Polynomial is badly conditioned.
```

此問題是肇因於我們在自變數 Year 中使用了過大的值。因為範圍很小，我們可以很簡單地將每一個值減去 2000。接續上面所述的對話如下：

```
>>x = Year-2000; y = Veh_Flow;
>>p = polyfit(x,y,3)
p =
```

```
     0.0087       -0.1851        1.5991        2.0362
>>J = sum((polyval(p,x)-y).^2);
>>S = sum((y-mean(y)).^2);
>>r2 = 1 - J/S
r2 =
    0.9972
```

我們得到一個很好的多項式擬合,因為判定係數為 0.9972。對應的多項式為:

$$f = 0.0087(t-2000)^3 - 0.1851(t-2000)^2 + 1.5991(t-2000) + 2.0362$$

其中,f 是以百萬輛為單位的車流量,t 是由零起算之時間,單位為年。我們可以使用此多項式估計 2010 年的車流量,方式是代入 $t = 2010$,或者在 MATLAB 中輸入 `polyval(p,10)`。四捨五入至一位小數,得到的答案為 820 萬輛。

測試你的瞭解程度

T6.2-2 美國 1790 年至 1990 年的人口普查數據存儲在 `census.dat` 檔中,該文件由 MATLAB 提供。輸入 `load census` 來載入這個檔。第一列 cdate 包含年,第二列 pop 包含人口以百萬為單位。首先嘗試將三次多項式擬合到數據中。如果收到警告消息,請通過從年份中減去 1790 年來縮放數據,並擬合一個三次多項式。計算相關係數進行內插以估計 1965 年的人口。

(答案:$y = 3.8550 \times 10^{-6} x^3 + 5.3845 \times 10^{-3} x^2 - 2.2203 \times 10^{-3} x + 4.2644$,其中 x = cdate − 1790,相關係數 $r^2 = 0.9988$。估計 1965 年人口為 1.89 億)

使用殘差

我們要介紹如何使用殘差作為選取適當函數以描述資料的指引。一般來說,如果你看出殘差圖形具有某一種趨勢,則表示可以找出更適合用來描述這些資料的函數。

範例 6.2-3 細菌繁殖模型

下表給定了某一細菌繁殖數目與時間的資料。找出一個方程式以擬合這些資料。

時間 (m)	細菌 (ppm)	時間 (m)	細菌 (ppm)
0	6	10	350
1	13	11	440
2	23	12	557
3	33	13	685
4	54	14	815
5	83	15	990
6	118	16	1170
7	156	17	1350
8	210	18	1575
9	282	19	1830

■ 解法

我們嘗試三種多項式擬合 (線性、二次式及三次式) 與指數擬合，所使用的腳本檔如下。注意，我們可以將指數形式表示成 $y = b(10)^{mt} = 10^{mt+a}$，其中 $b = 10^a$。

```
% Time data
x = 0:19;
% Population data
y = [6,13,23,33,54,83,118,156,210,282,...
    350,440,557,685,815,990,1170,1350,1575,1830];
% Linear fit
p1 = polyfit(x,y,1);
% Quadratic fit
p2 = polyfit(x,y,2);
% Cubic fit
p3 = polyfit(x,y,3);
% Exponential fit
p4 = polyfit(x,log10(y),1);
% Residuals
res1 = polyval(p1,x)-y;
res2 = polyval(p2,x)-y;
res3 = polyval(p3,x)-y;
res4 = 10.^polyval(p4,x)-y;
```

接著，你可以畫出殘差，如圖 6.2-3 所示。注意，線性擬合的殘差具有固定的趨勢。這表示線性函數沒有辦法符合這些資料的曲線。二次多項式的殘差小了許多，但還是具有某一種趨勢，其中有隨機的成分，表示二次方程式仍然無法符合這些資料的曲線。三次多項式擬合的殘差更小，也沒有明顯的趨勢與較大的隨機成分。這

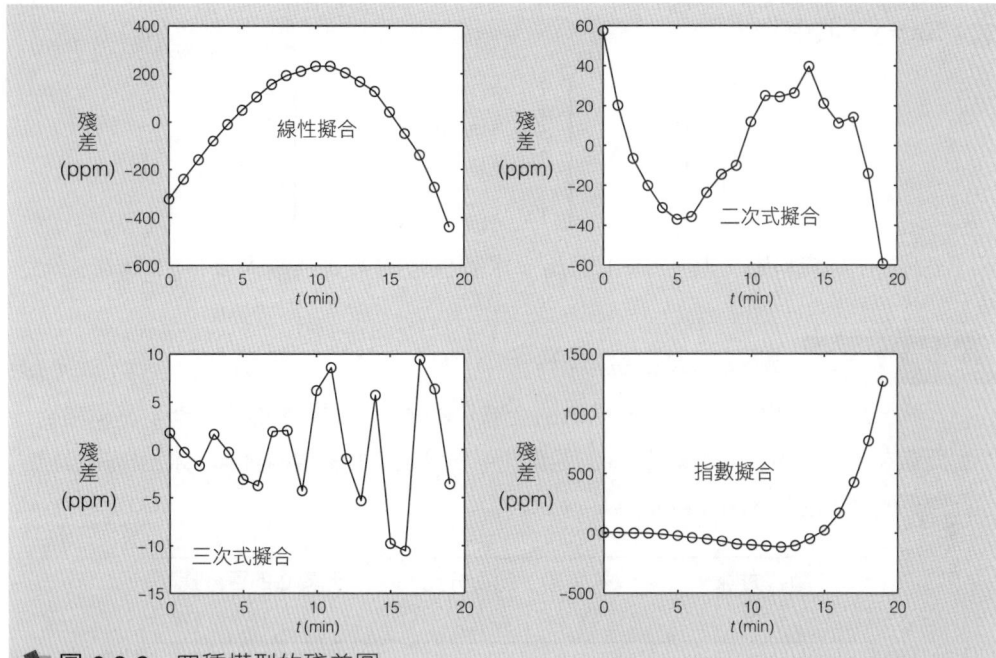

■ 圖 6.2-3　四種模型的殘差圖

表示三次方以上的多項式不一定比三次多項式更能符合資料曲率。指數的擬合殘差是最大的，表示這個擬合程度相當不好。注意，「殘差比」如何系統性地隨著 t 的增加而增加，表示在某一段時間後，指數無法描述這一組資料的行為。

因此，三次多項式是這四種模型中最佳的選項，其判定係數為 $r^2 = 0.9999$。模型為：

$$y = 0.1916t^3 + 1.2082t^2 + 3.607t + 7.7307$$

其中，y 是細菌數量，單位為 ppm；t 為時間，單位是分鐘。

測試你的瞭解程度

T6.2-3　參考 T6.2-2，使用縮放數據，嘗試三個多項式擬合 (線性、二次和三次)和指數擬合。然後繪製殘差，並確定哪個更合適。

多元線性迴歸

假設 y 是一個具有兩個或兩個以上變數 $x_1, x_2, ...$ 的線性函數，例如 $y = a_0 + a_1x_1 + a_2x_2$。要以最小平方法的概念求出係數 a_0、a_1 及 a_2 以擬合資料組 (y, x_1, x_2)，我們可以在方程式組為過定的情況下，使用左除法求解最小平方法所得到的線性方程式組。要使用這個方法，令 n 為資料點數，並且將線性方程式寫成如下的矩陣形

式：**Xa = y**，其中

$$\mathbf{a} = \begin{bmatrix} a_0 \\ a_1 \\ a_2 \end{bmatrix} \quad \mathbf{X} = \begin{bmatrix} 1 & x_{11} & x_{21} \\ 1 & x_{12} & x_{22} \\ 1 & x_{13} & x_{23} \\ \cdots & \cdots & \cdots \\ 1 & x_{1n} & x_{2n} \end{bmatrix} \quad \mathbf{y} = \begin{bmatrix} y_1 \\ y_2 \\ y_3 \\ \cdots \\ y_n \end{bmatrix}$$

x_{1i}、x_{2i} 及 y_i 為資料點，其中 $i = 1, ..., n$。求解係數的方式為輸入 a = X\y。

範例 6.2-4　斷裂力與合金成分

我們想要預測作為合金成分函數的金屬零件強度。拉斷鐵條的力量 y 是兩種合金元素在此合金中百分比 x_1 及 x_2 的函數。下表給定某些相關的資料。求出能夠描述此關係的線性模型 $y = a_0 + a_1 x_1 + a_2 x_2$。

斷裂力 (kN) y	元素 1 的百分比 x_1	元素 2 的百分比 x_2
7.1	0	5
19.2	1	7
31	2	8
45	3	11

■ 解法

腳本檔顯示如下：

```
x1 = (0:3)';x2 = [5,7,8,11]';
y = [7.1,19.2,31,45]';
X = [ones(size(x1)),x1,x2];
a = X\y
yp = X*a;
Max_Percent_Error = 100*max(abs((yp-y)./y))
```

向量 yp 是此模型所預測的斷裂力值，純量 Max_Percent_Error 則是四種預測中最大的百分比誤差量。結果為 a = [0.8000,10.2429,1.2143]'，且 Max_Percent_Error = 3.2193。因此，模型為 $y = 0.8 + 10.2429 x_1 + 1.2143 x_2$。相較於上面所給定的資料，此模型預測的最大誤差百分比為 3.2193%。

測試你的瞭解程度

T6.2-4　獲取線性模型 $y = a_0 + a_1 x_1 + a_2 x_2$ 以獲得以下數據來描述關係。

模型建立及迴歸　Chapter 6

y	x_1	x_2
3.8	7.5	6
5.6	12	9
6	13.5	10.5
5	16.5	18
5.8	19.5	21
5.6	21	25.5

(答案：$y = 1.3153 + 0.6043x_1 - 0.3386x_2$ 最大誤差百分比 = 4.1058%。最大誤差 = 0.2299)

線性參數迴歸

有時候我們欲擬合的算式，既非多項式，亦非可以藉由對數轉換或其他轉換變換到線性形式的函數。如果此函數以參數的形式表示，會呈現一個線性的運算式，在這種情況下我們仍然使用最小平方擬合。下面的範例說明了這個方法。

範例 6.2-5　生物醫學儀器的響應

開發儀器的工程師經常需要得到描述此設備能多快完成量測的響應曲線。此儀器的理論顯示，響應通常能以下列其中一個方程式描述，其中 v 是電壓輸出，t 是時間。在兩種模型中，當 $t \to \infty$ 時，電壓會達到穩態常數值，而 T 是電壓達到穩態值 95% 所需花費的時間。

$$v(t) = a_1 + a_2 e^{-3t/T} \quad \text{(一階模型)}$$
$$v(t) = a_1 + a_2 e^{-3t/T} + a_2 t e^{-3t/T} \quad \text{(二階模型)}$$

下列資料顯示某一裝置輸出電壓對時間的函數。求出一個能描述這組資料的函數。

t (s)	0	0.3	0.8	1.1	1.6	2.3	3
v (V)	0	0.6	1.28	1.5	1.7	1.75	1.8

■ 解法

畫出此資料，我們估計大約需要 3 秒，電壓才會達到常數。因此，我們估計 $T = 3$。對 n 個資料點中的每一個點所寫出的一階模型，可以表示如下：

$$\begin{bmatrix} 1 & e^{-t_1} \\ 1 & e^{-t_2} \\ \cdots & \cdots \\ 1 & e^{-t_n} \end{bmatrix} \begin{bmatrix} a_1 \\ a_2 \end{bmatrix} = \begin{bmatrix} y_1 \\ y_2 \\ \cdots \\ y_n \end{bmatrix}$$

297

或者,以矩陣的形式我們可以寫成

$$\mathbf{Xa} = \mathbf{y}'$$

使用左除法可以求出係數向量 **a**。下列的 MATLAB 腳本能解出這個問題。

```
t = [0,0.3,0.8,1.1,1.6,2.3,3];
y = [0,0.6,1.28,1.5,1.7,1.75,1.8];
X = [ones(size(t));exp(-t)]';
a = X\y'
```

所得到的結果為 $a_1 = 2.0258$,$a_2 = -1.9307$。

對於二階模型進行類似的程序。

$$\begin{bmatrix} 1 & e^{-t_1} & t_1 e^{-t_1} \\ 1 & e^{-t_2} & t_2 e^{-t_2} \\ \cdots & \cdots & \cdots \\ 1 & e^{-t_n} & t_n e^{-t_n} \end{bmatrix} \begin{bmatrix} a_1 \\ a_2 \\ a_3 \end{bmatrix} = \begin{bmatrix} y_1 \\ y_2 \\ \cdots \\ y_n \end{bmatrix}$$

以下的程式碼接續上述的腳本:

```
X = [ones(size(t));exp(-t);t.*exp(-t)]';
a = X\y'
```

所得到的結果為 $a_1 = 1.7496$、$a_2 = -1.7682$ 以及 $a_3 = 0.8885$。這兩個模型及對應的資料點如圖 6.2-4 所示。顯然,二階模型具有比較好的擬合。

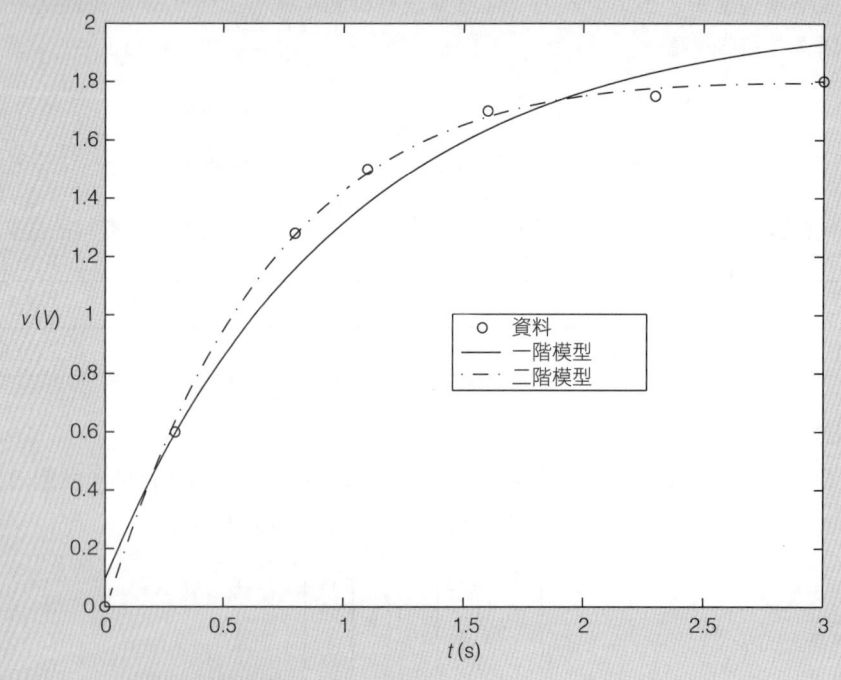

圖6.2-4 一階擬合模型和二階擬合模型之比較

測試你的瞭解程度

T6.2-5 安裝在彈簧和阻尼器上的質量移動距離 x_0 (cm)，同時給出初始速度 v_0 (cm/s)。我們從物理和數學知道 (見第八章) 將位移 x 作為函數時間是由

$$x(t) = \left(\frac{5x_0}{3} + \frac{v_0}{3}\right)e^{-2t} - \left(\frac{2x_0 + v_0}{3}\right)e^{-5t}$$

每 0.2 秒測量一次位移。測量的位移與時間的關係由下式給出

t (s)	0	0.2	0.4	0.6	0.8	1.1	1.2	1.4	1.6	1.8	2
x (cm)	1.9	2.1	1.7	1.2	0.9	0.6	0.4	0.3	0.2	0.1	0.1

估算初始位移和速度。

(答案：$x_0 = 1.9044$，$v_0 = 4.2090$)

約束曲線通過指定點

考慮圖 6.1-7 中所示的懸臂樑。樑的偏移 x 是其端部回應於在端部施加的力 f 而移動的距離。一般而言，如果沒有施加力，必須有零柱偏移，因此描述數據的方程式必須通過原點。因此，如果數據是線性相關，則關係必須是 $f = kx$ 的形式。在這種形式中，常數 k 稱為彈簧常數或彈性常數。

通常，線性模型 $y = mx + b$，有時 b 必須具有零值，但是，通常最小均方根法會給出 b 的非零值，因為數據中通常有分散或測量誤差。這樣的話我們不能使用函數 p = polyfit(x,y,1)，因為通常 p(2) 不會為零。

為了獲得形式為 $y = mx$ 的零截距模型，我們可利用這個事實右除法使用最小均方根法來得到包含未知數比方程式更多的一組方程式的解。這樣的方程組是超定的 (overdetermined)。解決超定方程組是第 8.4 節的主題。

以下程序說明這種方法應用於範例 6.1-4 中設定的懸臂樑數據。10 個數據點代表 10 個方程，其中一個未知，k。擬合方程的期望形式是 $f = kx$，因此從 $k = f/x$ 找到純量 k。如果 f and x 上的數據存儲為行向量，那麼在列向量形式中，必須使用右除法將該等式寫為 k = x'\f'。該程式如下：

```
% Deflection and force data.
x = [0,0.15,0.23,0.35,0.37,0.5,0.57,0.68,0.77];
f=0:100:800;
k=x'\f'
```

結果是 $k = 1017$ lb/in。

假設模型需要通過不在原點的點，比如點 (x_0, y_0)，並且已知該點是方程式的精確解，因此 $y_0 = mx_0 + b$。在這種情況下，只需從所有 x 值中減去 x_0，從所有 y 值中減去 y_0。具體來說，讓 $u = x - x_0$ 和 $w = y - y_0$。得到的等式將具有 $w = mu$ 的形式，並且係數 m 可以使用右除法來計算。在 MATLAB 中我們寫為 `m = u'\w'`，其中 u 和 w 是包含轉換數據的行向量。

6.3 基本擬合介面

MATLAB 透過基本擬合介面支援曲線擬合。使用這個介面，你可以在容易使用的環境下很快地進行基本曲線擬合任務。此介面是特別設計而能夠讓你達成：

- 以三次雲線或高達十次方的多項式來擬合資料。
- 對於給定的資料組同步畫出許多擬合圖形。
- 畫出殘差。
- 檢查擬合的數值結果。
- 對擬合進行內插或外插。
- 使用數值擬合的結果及殘差的範數註解圖形。
- 將擬合及計算所得的結果儲存於 MATLAB 工作區中。

根據你所指定的曲線擬合應用，你可以使用基本擬合介面、指令列函數，或兩者同時使用。注意，你只能對二維資料使用基本擬合介面。然而，如果你要在子圖形中畫出許多組資料，至少要有一組資料是二維的，如此一來此介面才能順利啟動。

兩個基本擬合介面的控制面板如圖 6.3-1 所示。要複製這個狀態，需要：

1. 畫出某些資料。
2. 從圖形視窗的 Tools 選單中點選 **Basic Fitting** 選項。
3. 當基本擬合介面的第一個面板出現之後，按下往右的箭頭按鈕一次。

而第三個控制面板則是用來進行擬合的內插或外插。當你按下第二次往右的箭頭時，就會顯示出這個控制面板。

第一個控制面板最上面的是 Select data 視窗，此視窗包含了顯示在圖形視窗中與基本擬合介面相關之所有資料組別的名稱。使用這個選單選取你想要擬合的資料。你可以對同一組資料進行多次擬合。使用圖形編輯器來修改這個資料組的名稱。而第一個控制面板中的其他項目使用方式如下。

- **Center and scale X data (集中及調整 X 資料)**。如果選取此項目，資料會集中到具有平均值為零，並調整到單位標準差。你可以藉由集中及調整資料比例，來改

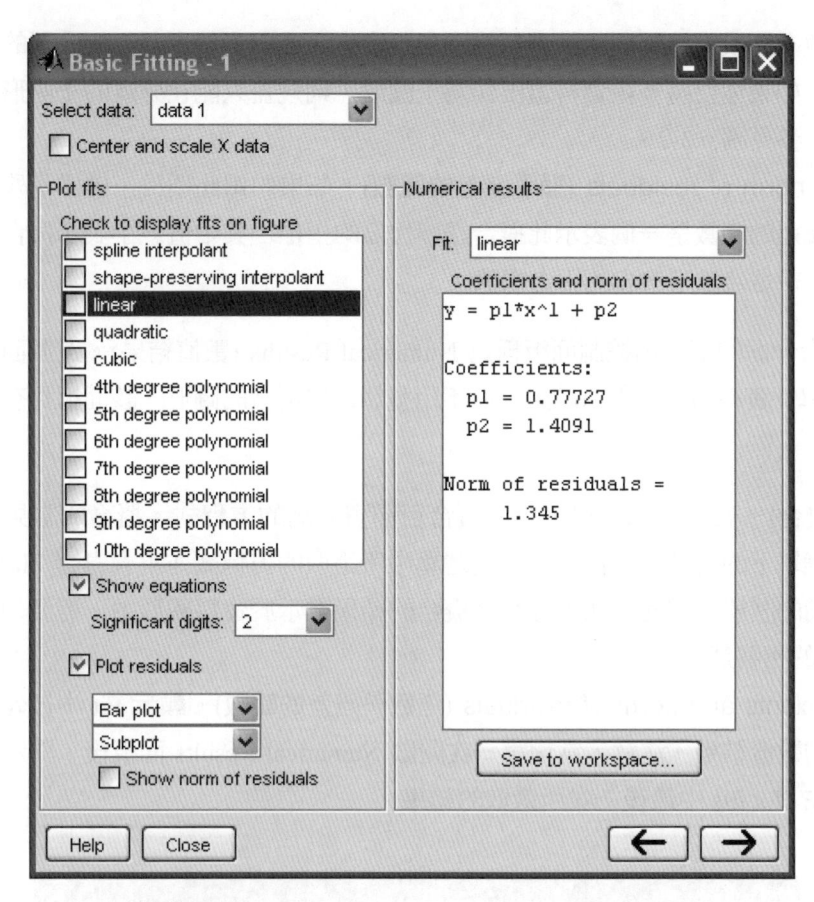

模型建立及迴歸　Chapter 6

■ 圖 6.3-1　基本擬合介面
來源：MATLAB

善數值計算的正確度。如同前文所述，如果擬合產生的資料不夠正確，則會傳回一個錯誤訊息至指令視窗中。

- Plot fits (畫出擬合)。此控制面板讓你能從圖形上看到對於此組資料的一個或更多的擬合。
- Check to display fits on figure (勾選欲顯示於圖形的擬合)。針對目前的資料，勾選你欲顯示的擬合。對於給定資料，你可以選取任何數目的擬合。然而，如果資料有 n 個點，那麼使用的多項式至多只能有 n 個係數。如果以超過 n 個係數的多項式擬合，則此介面會自動在計算中將足夠數目的係數設為零，如此一來才能計算出解答。
- Show equations (顯示方程式)。如果勾選此項目，則擬合方程式會顯示於圖形中。
- Significant digits (有效位數)。選擇欲顯示之擬合係數的有效位數。
- Plot residuals (畫出殘差)。如果勾選此項目，會顯示殘差。你可以將殘差以長條

301

圖、散布圖或直線圖顯示於資料的圖形視窗中，或顯示於另外一個分離的圖形視窗中。如果你要將多組資料畫出作為子圖形，則殘差只能在分離的子圖形視窗中顯示。參見圖 6.3-2。

- Show norm of residuals (顯示殘差的範數)。如果勾選此項目，會顯示殘差的範數。殘差的範數是一個表示此擬合好壞程度的指標，其中值愈小表示擬合程度愈好。範數是殘差平方和的平方根值。

基本擬合介面的第二個控制面板稱為 Numerical Results (數值結果)。這個面板讓你能看到單一資料的擬合數值結果，而不用整個畫出擬合的圖形。該面板具有三個選項：

- Fit (擬合)。使用這個選單來選取擬合目前資料組的方程式。擬合的結果會顯示在此選單下的對話框。注意，在此選單中所選取的方程式並不會影響 Plot fits 選項目前的狀態。因此，如果你欲將擬合的結果顯示於資料圖形中，需要勾選 Plot fits 內的相關選項。

- Coefficients and norm of residuals (係數與殘差的範數)。顯示 Fit 中被勾選之方程式的數值結果。注意，當你第一次開啟 Numerical Results 面板後，顯示的是你之前在 Plot fits 中最後一次所選取的結果。

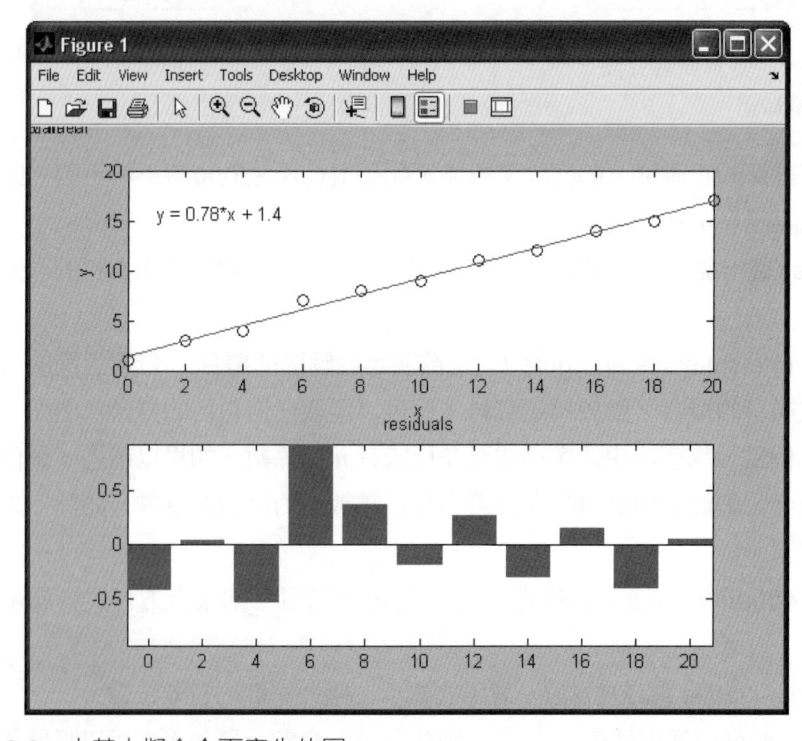

圖 6.3-2　由基本擬合介面產生的圖

- **Save to workspace (儲存至工作區)**。啟動此對話框能夠讓你儲存擬合結果至工作區中。

而基本擬合介面的第三個控制面板包含三個選項：

- **Find Y = f(X)(求出函數 Y = f(X))**。使用這個項目可以用來內插或外插目前的擬合。輸入一個對應到自變數 (X) 的純量或向量。當按下 **Evaluate** 按鈕之後會進行目前的擬合計算，結果則顯示在相關的視窗中。目前的擬合會顯示在 **Fit** 視窗中。
- **Save to workspace (儲存至工作區)**。啟動此對話框能夠讓你儲存計算所得的結果至工作區中。
- **Plot evaluated results (畫出計算的結果)**。如果勾選此項目，計算出來的結果會以圖形方式呈現。

測試你的瞭解程度

T6.3-1 1790 年至 1990 年的美國人口普查數據存儲在 `census.dat` 檔中，該文件由 MATLAB 提供。輸入 `load(census)` 來載入此檔。第一列 `cdate` 包含年份，第二列 `pop` 包含人口以百萬為單位。使用 Basic Fitting 介面解決此問題。首先嘗試將三次多項式擬合到數據中。如果收到警告消息，請透過檢查中心並縮放介面中的 **Center and scale x data** 來居中與縮放數據，並使其符合三次多項式。使用介面進行內插以估計 1965 年的人口。
(答案：$y = 0.921\, z^3 + 25.183\, z^2 + 73.86z + 61.744$，其中 $z = (\text{cdate} - 1890)/62.048$。1965 年的人口估計為 1.89 億)

6.4 摘要

你在本章中學到圖形的重要應用——函數發現，這個技巧是使用資料圖形來求出能描述這些資料的數學函數。另外，我們可以使用迴歸來開發具有某種散布程度的資料模型。

如果能將資料標示在適當的座標軸上，許多物理模型可以用函數進行模型化，而產生直線。在某些情況下，我們可以找到一個轉換方式，在轉換變數中產生直線。

當無法找到函數或轉換方式時，我們會訴諸於多項式型態的迴歸、多元線性迴歸或線性參數迴歸，以得到資料的近似函數敘述。MATLAB 的基本擬合介面是一

個強大的輔助工具，可幫助求得迴歸模型。

習題

對於標註星號的問題，請參見本書最後的解答。

6.1 節

1. 彈簧由「自然長度」起算的伸長量是所施加之力的函數。下表列出了給定外力 f 於某一條彈簧上，彈簧長度 y 的資料。此彈簧的自然長度為 4.7 英寸。求出 f 與 x 之間的函數關係，x 是由自然長度起算的伸長量 ($x = y - 4.7$)。

外力 f(lb)	彈簧長度 y(in.)
0	4.7
0.94	4.2
2.30	10.6
3.28	12.9

2.* 在下面一系列的問題中，求出能夠描述這些資料的最適函數 $y(x)$(線性函數、指數函數或冪函數)。在同一張圖形上同時畫出資料及函數，並將圖形加上適當的標籤及正確的格式。

   a.
x	25	30	35	40	45
y	5	260	480	745	1100

   b.
x	2.5	3	3.5	4	4.5	5	5.5	6	7	8	9	10
y	1500	1220	1050	915	810	745	690	620	520	480	410	390

   c.
x	550	600	650	700	750
y	41.2	18.62	8.62	3.92	1.86

3. 某一國家的人口資料如下：

年	2012	2013	2014	2015	2016	2017
人口 (百萬)	10	10.9	11.7	12.6	13.8	14.9

   求出描述此資料的函數。在同一張圖上畫出函數及資料。估計人口總和何時會變成 2004 年的兩倍。

4.* 放射性物質的半衰期是指濃度降到起始劑量的一半時所花費的時間。碳 14 是

用來測定曾經存活之物體的年代，半衰期為 5500 年。當有機物死亡後，碳 14 會停止累積。碳 14 衰減的時間表示物體死亡的時間。令 $C(t)/C(0)$ 為碳 14 在時間 t 所存留的比例。在放射性碳元素定年法中，科學家通常假設剩下的比例會成指數形式衰減，根據的公式如下：

$$\frac{C(t)}{C(0)} = e^{-bt}$$

a. 使用碳 14 的半衰期求出參數 b 的值，並且畫出此函數。

b. 如果原本的碳 14 還存留 90%，試估計此有機體的死亡時間。

c. 假設我們對於參數 b 的估計有 ±1 的誤差。此參數 b 誤差會影響年代估計值多少？

5. 淬火 (quenching) 是一種將熱的金屬物體浸入冷水浴中一段特定的時間來得到某一種物體特性 (如硬度) 的過程。一個銅球直徑為 25 公厘，起始時為 300°C，浸入的水溫為 0°C。下表列出此球體溫度對時間的量測資料。求出描述這些資料的函數，並在同一張圖形上畫出資料點及函數。

時間 (s)	0	1	2	3	4	5	6
溫度 (°C)	300	150	75	35	12	5	2

6. 某一機械軸承的可使用壽命長度與其操作溫度有關，相關資料列於下表。求出一個可以描述這些資料的函數，並在同一張圖形上畫出函數及資料點。估計如果操作在 150°F 的情況下之可使用壽命長度。

溫度 (°F)	100	120	140	160	180	200	220
軸承壽命長度 (hours×10³)	28	21	15	11	8	6	4

7. 某一電路具有一個電阻及一個電容。電容一開始被充電到 100 V。當電容與電源供應器分離之後，此電容的電壓開始隨時間衰減，對應資料列於下表中。求出電壓 v 的函數 (作為時間 t 的函數) 描述。在同一張圖形上畫出函數及資料點。

時間 (s)	0	0.5	1	1.5	2	2.5	3	3.5	4
電壓 (V)	100	62	38	21	13	7	4	2	3

6.2 節和 6.3 節

8. 彈簧從其自由長度伸展的距離是對其施加張力大小的函數。下表列出在給定的施加力 f 下在特定彈簧中產生的彈簧長度 y。彈簧的自由長度為 4.7 英吋。找到

f 和 x 之間的函數關係，即自由長度的延伸 ($x = y - 4.7$)。

力 f(lb)	彈簧長度 y (in.)
0	4.7
0.94	7.2
2.30	10.6
3.28	12.9

9. 下表是某一種類油漆的乾燥時間 T 對添加劑的量 A 之間的關係。

   a. 求出用來擬合此資料的一次、二次、三次及四次多項式，並且畫出每一個多項式與資料的圖形。求出 J、S 及 r^2 以判斷每一條擬合曲線的好壞程度。

   b. 使用最佳擬合的多項式估計能使乾燥時間最小化的添加劑量。

A (oz)	0	1	2	3	4	5	6	7	8	9
T (min)	130	115	110	90	89	89	95	100	110	125

10.* 下表列出了某一車輛模型停止距離 d 對應於起始速度 v 的資料。求出能夠最佳擬合此資料的二次多項式。求出 J、S 及 r^2 以判斷每一條擬合曲線的好壞程度。

v (mi/hr)	20	30	40	50	60	70
d (dt)	45	80	130	185	250	330

11.* 扭斷某一根棍子所需的扭轉圈數 y 是此棍子兩種合金元素成本百分比 x_1 及 x_2 的函數。下表列出相關的資料。使用多元線性迴歸求出扭轉圈數以及合金成分

扭轉圈數 y	元素 1 的百分比 x_1	元素 2 的百分比 x_2
40	1	1
51	2	1
65	3	1
72	4	1
38	1	2
46	2	2
53	3	2
67	4	2
31	1	3
39	2	3
48	3	3
56	4	3

百分比間關係的模型 $y = a_0 + a_1x_1 + a_2x_2$。另外，求出此預測中最大的百分比誤差。

12. 求解線性模型 $y = a_0 + a_1x_1 + a_2x_2$ 以得到下列數據，並可用以描述該關係。

y	x_1	x_2
2.85	10	8
4.2	16	12
4.5	18	14
3.75	22	24
4.35	26	28
4.2	28	34

13. 以下的資料是對於某一能源輸送管線每 10 秒量測一次所得到的壓力數據，單位為 psi。

時間 (s)	壓力 (psi)
1	26.1
2	27.0
3	28.2
4	29.0
5	29.8
6	30.6
7	31.1
8	31.3
9	31.0
10	30.5

a. 求出用來擬合此資料的一次、二次與三次多項式，並且畫出每一個多項式與資料的圖形。

b. 使用 a 題中所得到的結果，預測 $t = 11$ s 時的壓力。解釋哪一個曲線擬合可以得到最可靠的預測。考慮每一條擬合曲線的判定係數及殘差來做出你的決定。

14. 某一液體沸騰時表示其蒸汽壓等於作用在液體表面的外部壓力。這也是水在比較高的地方會於較低溫度就沸騰的原因。這項資訊對於化學、核能及其他需要設計利用液體沸騰的工程師是非常重要的。水的蒸汽壓 P 對溫度 T 的函數資料列於下表中。由理論知道，$\ln P$ 與 $1/T$ 成正比。求出這些資料的擬合曲線 $P(T)$。使用此擬合估計在 285 K 與 300 K 時的蒸汽壓。

T(K)	P(torr)
273	4.579
278	6.543
283	9.209
288	12.788
293	17.535
298	23.756

15. 水中鹽分的溶解度是水溫的函數。令 S 為 NaCl 的溶解度，單位是 100 公克水之鹽分公克數。令 T 為水溫，單位為 ℃。使用下列資料求出 S (T 的函數) 的擬合曲線。使用此擬合估計在 $T = 25$℃ 時的 S。

T(℃)	S (每 100 公克水中 NaCl 的公克數)
10	35
20	35.6
30	36.25
40	36.9
50	37.5
60	38.1
70	38.8
80	39.4
90	40

16. 水中氧的溶解度為水溫的函數。令 S 為 O_2 的溶解度，單位是每公升水中 O_2 的毫莫耳數 (millimoles)。令 T 為水溫，單位為 ℃。使用下列資料求出 S (T 的函數) 的擬合曲線。利用此擬合估計在 $T = 8$℃ 及 $T = 50$℃ 時的 S。

T(℃)	S (每公升水中 O_2 的毫莫耳數)
5	1.95
10	1.7
15	1.55
20	1.40
25	1.30
30	1.15
35	1.05
40	1.00
45	0.95

17. 下列函數對於參數 a_1 及 a_2 是線性的。

$$y(x) = a_1 + a_2 \ln(x)$$

對下列的資料使用最小平方迴歸估計 a_1 及 a_2 的值。使用此擬合曲線估計在 $x = 2.5$ 及 $x = 11$ 處對應的 y 值。

x	1	2	3	4	5	6	7	8	9	10
y	10	14	16	18	19	20	21	22	23	23

18. 附著在彈簧和阻尼器上的質量移動距離 x_0 (cm)，同時給出初始速度 v_0 (cm/s)。我們從物理學和數學 (見第八章) 知道，作為時間函數的位移 x 由下式設定。

$$x(t) = \left(\frac{6x_0}{3} + \frac{v_0}{3}\right)e^{-3t} - \left(\frac{3x_0 + v_0}{3}\right)e^{-6t}$$

每 0.2 秒測量一次位移。測量的位移與時間的關係由下式給出

t(s)	0	0.2	0.4	0.6	0.8	1	1.2	1.4
x(cm)	1.3	1.2	0.8	0.5	0.3	0.2	0.1	0

估算初始位移和速度。

19. 化學家與工程師必須能夠預測某一化學反應中化學物質濃度的變化。對於許多單一反應物反應程序所使用的模型為：

$$濃度變化速率 = -kC^n$$

其中，C 是化學物質的濃度，k 是速率常數。此反應的次方數是指數 n 的值。對於一次方反應 ($n = 1$) 而言，此微分方程式的解 (我們將會在第九章中討論) 為：

$$C(t) = C(0)e^{-kt}$$

下列的資料描述了化學反應：

$$(CH_3)_3CBr + H_2O \rightarrow (CH_3)_3COH + HBr$$

使用這些資料求出最小平方擬合，並估計 k 的值。

時間 t(h)	C (每公升 $(CH_3)_3$ 的莫耳數)
0	0.1039
3.15	0.0896
6.20	0.0776
10.0	0.0639
18.3	0.0353
30.8	0.0207
43.8	0.0101

20. 化學家與工程師必須能夠預測某一化學反應中化學物質濃度的變化。對於許多單一反應物反應程序所使用的模型為：

$$濃度變化速率 = -kC^n$$

其中，C 是化學物質的濃度，k 是速率常數。此反應的次方數是指數 n 的值。對於一次方反應 ($n = 1$) 而言，此微分方程式的解 (我們將會在第九章中討論) 為：

$$C(t) = C(0)e^{-kt}$$

對於二次方反應 ($n = 2$) 而言，此微分方程式的解為：

$$\frac{1}{C(t)} = \frac{1}{C(0)} + kt$$

下列資料 (請參見 Brown, 1994) 描述了二氧化氮在 300°C 時的氣相分解 (gas-phase decomposition)。

$$2NO_2 \rightarrow 2NO + O_2$$

時間 t(h)	C (每公升 NO_2 的莫耳數)
0	0.0100
50	0.0079
100	0.0065
200	0.0048
300	0.0098

求出此反應是一次方或二次方反應，並估計速率常數 k 的值。

21. 化學家與工程師必須能夠預測某一化學反應中化學物質濃度的變化。對於許多單一反應物反應程序所使用的模型為：

$$濃度變化速率 = -kC^n$$

其中，C 是化學物質的濃度，k 是速率常數。此反應的次方數是指數 n 的值。對於一次方反應 ($n = 1$) 而言，此微分方程式的解 (我們將會在第九章中討論) 為：

$$C(t) = C(0)e^{-kt}$$

對於二次方反應 ($n = 2$) 而言，此微分方程式的解為：

$$\frac{1}{C(t)} = \frac{1}{C(0)} + kt$$

又，對於三次方反應 $(n = 3)$，此微分方程式的解為：

$$\frac{1}{2C^2(t)} = \frac{1}{2C^2(0)} + kt$$

時間 t(min)	C (每公升反應物的莫耳數)
5	0.3575
10	0.3010
15	0.2505
20	0.2095
25	0.1800
30	0.1500
35	0.1245
40	0.1070
45	0.0865

上列資料描述了某一種化學反應。藉由檢查殘差，來求出此反應是一次方、二次方或三次方反應，並估計速率常數 k 的值。

22. 考慮以下數據。找到通過該點 $x_0 = 10, y_0 = 11$ 的最佳擬合線。

x	0	5	10
y	2	6	11

Chapter 7

統計學、機率和內插

©hans engbers/Alamy

21 世紀的工程……
高效能載具

現今的社會非常依賴汽油及柴油燃料,對於何時會耗盡這些資源,各方仍沒有定論,但是總有一天會發生。現代的工程發展對於個人及大眾運輸的首要目標,均是企圖降低對此類燃料的依賴程度。這將需要在許多領域具有更進一步的發展,包括引擎設計、電動馬達與電池科技、輕量材料以及空氣動力學。

有許多初步的研究已經開始進行。有些專題以設計六人座車輛為目標,車體重量只有現今汽車的三分之一,以及空氣動力比現今最光滑的車型要好上 40%。油電混合車是目前最能符合此一標準的車款。該種車款內建內燃機和電動馬達驅動輪胎;燃料電池係由引擎帶動發電機所產生的電能或剎車能量來充電,我們將此稱為再生煞車能 (regenerative braking)。

使用全鋁的一體成型以及運用先進材料 (如複合材料) 來改進引擎、雷達與剎車設計,可以達到減輕車體重量的目標。目前更有其他製造商積極探討由回收資源製作成塑膠車體的可能性。

真正的能源分析不僅僅涉及引擎運行效率和排放,但必須基於整個生命週期評估,包括生產和使用後的考慮因素,如回收性。在這樣的總體分析中,甚至全電動車輛也可能不節能。它們含有輕質材料,如碳複合材料和鋁,這些材料在生產是能源密集。電池含有鋰、銅和鎳等化合物,需要很多能源來開採

學習大綱
7.1 統計學和直方圖
7.2 常態分布
7.3 隨機數產生
7.4 內插
7.5 摘要
習題

和處理。除了能源效率之外,我們還必須考慮有效使用稀有材料,如稀土金屬,以及對環境有害的材料,如鋰。

在改進效率方面仍然有許多空間,而從事這方面的研發工程師還有一段很長的路要走。MATLAB 廣泛應用於輔助這些設計,來設計新的車輛系統之建模與分析的工具。

本章首先於第 7.1 節中介紹基礎統計學。讀者將瞭解如何製作及解讀直方圖。直方圖是一種特殊圖形,可以顯示統計的結果。常態分布 (經常被稱為鐘形曲線) 是許多機率定理及統計方法的基礎,我們將會在第 7.2 節中介紹。在第 7.3 節中,讀者會瞭解如何引入隨機處理程序到模擬程式當中。而在第 7.4 節中,讀者將會知道如何使用資料表及內插來估計一筆沒有列於表中的資料。

當你完成本章的學習之後,你將有能力使用 MATLAB 完成下列事項:

■ 求解統計學與機率的基本問題。
■ 建立使用隨機處理程序的模擬。
■ 應用內插技巧。

7.1 統計學和直方圖

平均值
眾數
中位數

透過 MATLAB 你可以計算一組資料的**平均值** (mean)、**眾數** (mode) 及**中位數** (median)。如果 x 是一個向量,MATLAB 提供了 mean(x)、mode(x) 及 median(x) 函數,來計算 x 中資料值的平均值、眾數與中位數。但是,如果 x 是一個矩陣,會傳回一個包含 x 每一行的平均值 (或眾數、中位數) 之列向量。這些函數並不需要事先將 x 的元素由小到大或由大到小排列整齊。

資料對於平均值的分布情形可以用直方圖來描述。直方圖 (histogram) 是一種描述「資料值發生的頻率次數」對「資料值本身」的圖形。在長條形的圖形中,顯示了每一個範圍內具有之資料值的出現次數,而每一「長條」則是位於該範圍的中心點。

倉位

在繪製直方圖,必須先將資料分類到子範圍內,稱為**倉位** (bin)。倉位寬及倉位中心點的選擇將明顯改變直方圖的形狀。如果資料值的數目相對較小,則倉位寬度不可以太小,否則某些倉位會沒有資料,導致直方圖無法有效地反映資料的分布。

你可以使用 bar 函數將每個倉中的值與倉中心的值繪製為條形圖。函數 bar(x,y) 產生 y 與 x 的條形圖。此語法將給予帶有以預設色著色的倉位矩形

圖。要獲得非陰影矩形 (如本節中所示的繪圖)，請使用語法 bar(x,y,'w')，其中 w 代表白色填充。

此外，MATLAB 也提供 histogram 指令以產生直方圖。這個指令具有許多形式，基本形式為 histogram(y)，其中 y 是包含資料的向量。此一指令形式可以集合資料進入平均分布於 y 之最大值及最小值之間的 10 個倉位。第二個形式為 histogram(y,n)，其中 n 是使用者指定的純量，用來指定倉位的數目。第三種形式為 histogram(y,x)，其中 x 是使用者指定的向量，用來決定每一個倉位的中心點；倉位的寬度則是中心點之間的距離。可以使用直方圖的語法 histogram(y,'FaceColor','none') 獲得無陰影的矩形。函數還有其他幾種形式，我們在此不需要。有關詳細信息，請參閱 MATLAB 文件。

範例 7.1-1　線的斷裂強度

為了做好品質管制，線的製造商會選取樣本並測試拉斷所需的力，亦即斷裂強度。假設 20 條線的樣本不斷被拉長直到斷裂，記錄斷裂時所施加的力量，四捨五入至整數，使用的單位為牛頓 (N)。測量出的斷裂強度為 92、94、93、96、93、94、95、96、91、93、95、95、95、92、93、94、91、94、92 和 93。試畫出這些資料的直方圖。

■ 解法

將這些資料儲存於向量 y，參見下列的腳本檔。以下腳本檔產生如圖 7.1-1 所示的直方圖。

```
% Thread breaking strength data for 20 tests.
y = [92,94,93,96,93,94,95,96,91,93,...
    95,95,95,92,93,94,91,94,92,93];
histogram(y,'FaceColor','none'),...
    axis([90 97 0 6]),
    ylabel('Absolute Frequency'),...
    xlabel('Thread Strength (N)'),...
    title('Absolute Frequency Histogram for 20 Tests')
```

因為有六個結果，六個倉就足夠了，這就是直方圖功能選擇的。如果我們將倉數指定為 6，我們就會得到相同的圖。

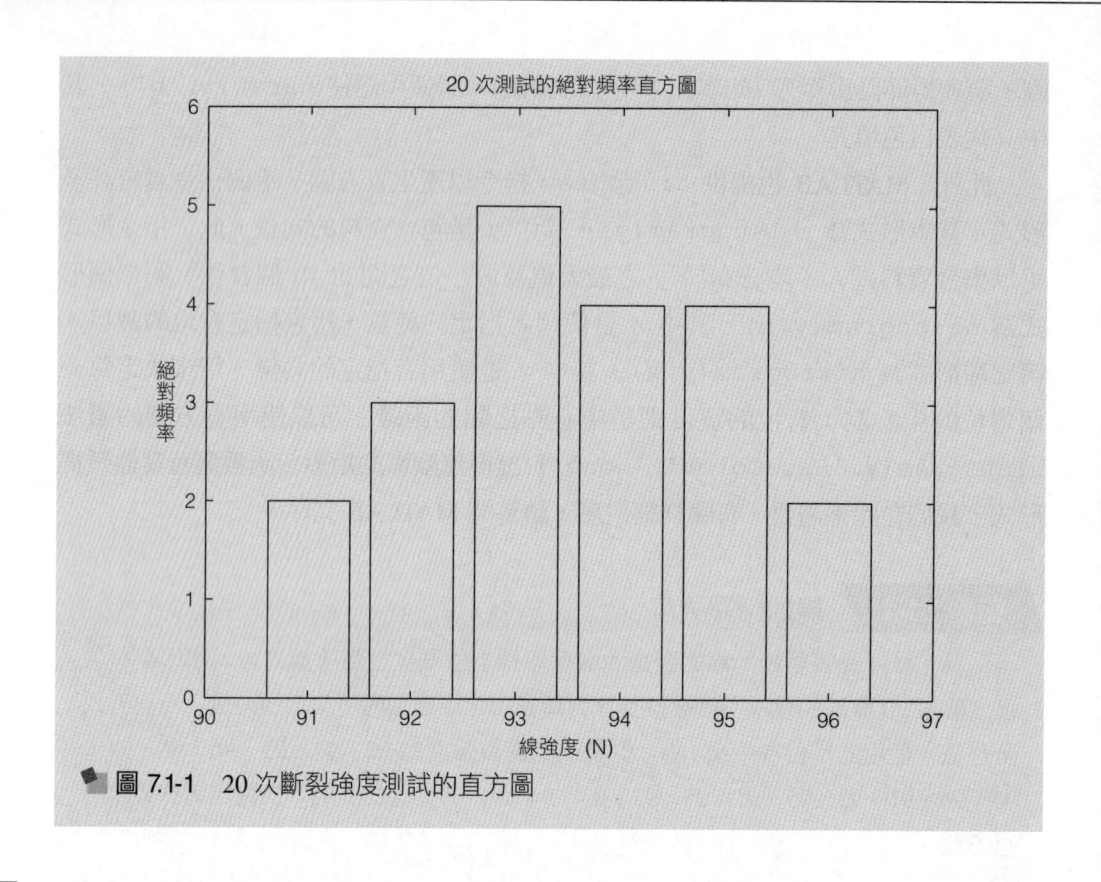

20 次測試的絕對頻率直方圖

■ 圖 7.1-1　20 次斷裂強度測試的直方圖

絕對頻率
相對頻率

　　絕對頻率 (absolute frequency) 是某一種結果發生的次數。例如，在 20 次測試中，95 這個結果發生了 4 次，所以絕對頻率為 4，**相對頻率** (relatvie frequency) 為 4/20，或者 20%。

　　當有大量的資料時，你可以先將每一種結果集合起來，避免逐一輸入資料的麻煩。下列例子說明如何使用 ones 函數來達到這個目的。以下資料是測試 100 條線的樣本結果。其中，91、92、93、94、95 或 96 N 所發生的次數分別為 13、15、22、19、17 和 14 次。

```
% Thread strength data for 100 tests.
y = [91*ones(1,13),92*ones(1,15),93*ones(1,22),...
   94*ones(1,19),95*ones(1,17),96*ones(1,14)];
histogram(y,'FaceColor','none'),ylabel('Absolute
   Frequency'),...
   xlabel('Thread Strength (N)'),...
   title('Absolute Frequency Histogram for 100 Tests')
```

此結果顯示於圖 7.1-2 中。

　　假設你要得到相對頻率直方圖。這種情況下，你可以使用 bar 函數來產生直

統計學、機率和內插　Chapter 7

100 次測試的絕對頻率直方圖

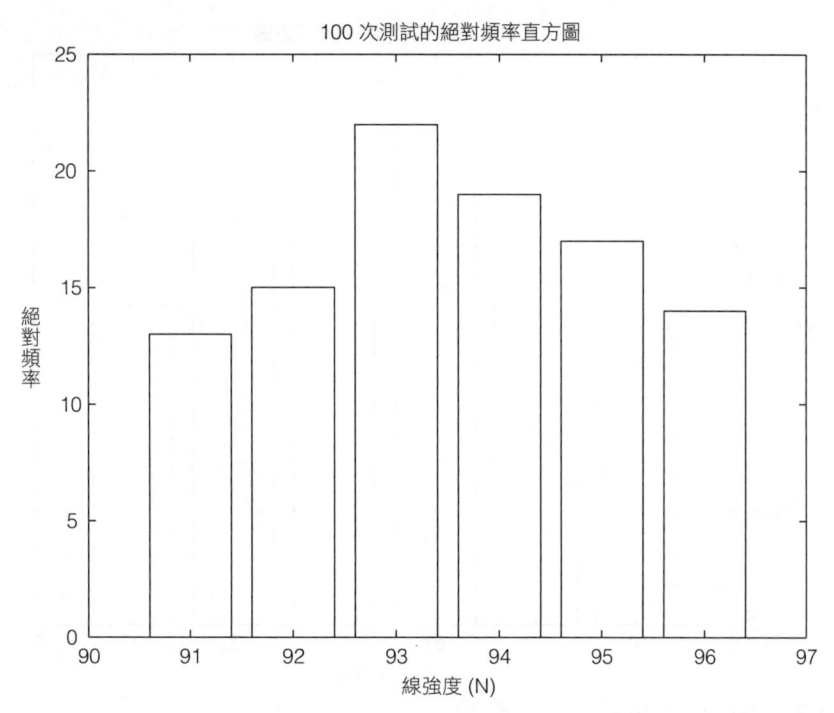

■ 圖 7.1-2　100 次測試的絕對頻率直方圖

方圖。下列的腳本檔可以產生 100 次斷裂強度測試的相對頻率直方圖。注意，如果你使用 bar 函數，必須先將資料集合分組。

```
% Relative frequency histogram using the bar function.
tests = 100;
y = [13,15,22,19,17,14]/tests;
x = 91:96;
bar(x,y,'w'),ylabel('Relative Frequency'),...
xlabel('Thread Strength (N)'),...
title('Relative Frequency Histogram for 100 Tests')
```

此腳本檔執行的結果可參見圖 7.1-3。

這些指令摘要於表 7.1-1 中。

測試你的瞭解程度

T7.1-1　在 50 次線的測試中，對應於 91、92、93、94、95 或 96 N 所發生的次數分別為 7、8、10、6、12 和 7 次。畫出絕對頻率直方圖及相對頻率直方圖。

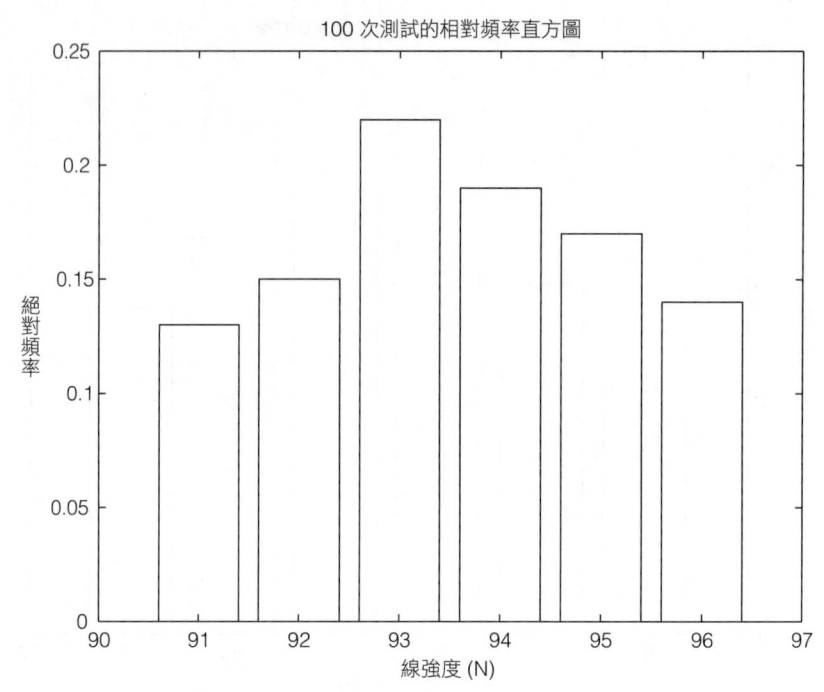

[圖表：100 次測試的相對頻率直方圖，X 軸為線強度 (N)，範圍 90 至 97；Y 軸為絕對頻率]

圖 7.1-3 100 次測試的相對頻率直方圖

表 7.1-1 直方圖函數

指令	敘述
`bar(x,y)`	建立 y 對 x 的直方圖使用預設顏色方式。
`bar(x,y,'w')`	使用無陰影矩形建立 y 與 x 的條形圖。
`histogram(y)`	使用預設顏色將向量 y 中的資料聚集到 y 中最小值和最大值之間的均勻寬度的倉位中。
`histogram(y,n)`	將向量 y 中的數據聚集為 y 中最小值和最大值之間的均勻寬度的 n 個倉位。
`histogram(y,'FaceColor','w')`	使用無陰影 (白色) 矩形，將向量 y 中的數據聚集到 y 中最小值和最大值之間的均勻寬度的倉位中。

資料統計工具

透過資料統計工具，你可以計算資料的統計數據，並將統計圖加入這些資料圖形中。在畫出資料圖形之後，此工具可由圖形視窗中呼叫開啟。方法是點選 **Tools** 選單，然後按下 **Data Statistics** 選項，便會跳出如圖 7.1-4 所示的選單。要在圖中顯示出應變數 (y) 的平均值，可勾選行標籤為 Y 底下的列標籤 mean 之方框，參見圖 7.1-4。接著，在圖形上會出現一條平均值的水平線。你也可以畫出其他的統計

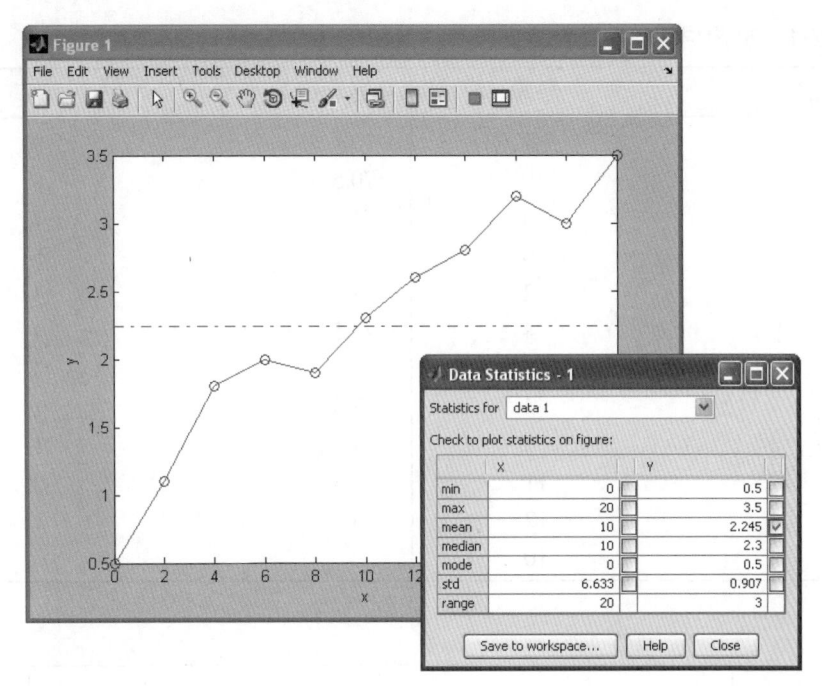

▌圖 7.1-4　資料統計工具

圖形；同樣顯示於圖 7.1-4 中。你可以藉由按下 **Save to Workspace** 按鈕來將統計數據以結構格式儲存於工作區中。按下按鈕之後會開啟一個對話框，提醒你輸入包含 x 資料與 y 資料的結構名稱。

7.2　常態分布

　　丟擲一個骰子所得到的可能結果是有限的；換句話說，一定是 1 到 6 之間的整數。對於這樣的處理程序，機率是離散值變數的函數，亦即具有有限數目之值的變數。舉例來說，表 7.2-1 所列出的是 100 位 20 歲男子的身高。記錄身高的方式精確到 1/2 英寸，所以高度變數是離散值。

比例頻率直方圖

　　你可以用絕對頻率或相對頻率直方圖的形式畫出這些資料。但是，另外一種有用的直方圖是使用數據的比例調整，如此一來直方圖底下的矩形總面積為 1。這種比例頻率直方圖 (scaled frequency histogram) 是將絕對頻率直方圖除以直方圖的總面積。而絕對頻率直方圖的每一個矩形面積，等於倉位寬度乘以該倉位對應的絕對頻率。因為所有的矩形具有相同的寬度，所以總面積就是倉位寬度乘以絕對頻率的加總。下列的 M 檔會產生如圖 7.2-1 所示的比例直方圖。

■ 表 7.2-1　20 歲男性的身高資料

身高 (in.)	頻率	身高 (in.)	頻率
64	1	70	9
64.5	0	70.5	8
65	0	71	7
65.5	0	71.5	5
66	2	72	4
66.5	4	72.5	4
67	5	73	3
67.5	4	73.5	1
68	8	74	1
68.5	11	74.5	0
69	12	75	1
69.5	10		

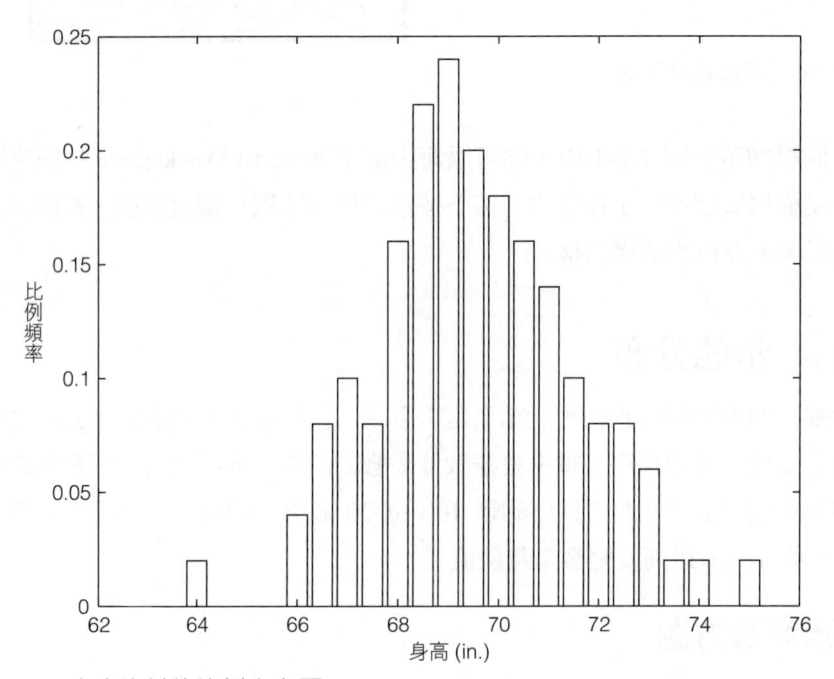

■ 圖 7.2-1　身高資料的比例直方圖

```
% Absolute frequency data.
y_abs=[1,0,0,0,2,4,5,4,8,11,12,10,9,8,7,5,4,4,3,1,1,0,1];
binwidth = 0.5;
% Compute scaled frequency data.
area = binwidth*sum(y_abs);
```

統計學、機率和內插 Chapter 7

```
y_scaled = y_abs/area;
% Define the bins.
bins = 64:binwidth:75;
% Plot the scaled histogram.
bar(bins,y_scaled,'W'),...
   ylabel('Scaled Frequency'),xlabel('Height (in.)')
```

因為比例直方圖底下的總面積為 1，所以對應於某一身高範圍的部分面積提供了隨機選取一個 20 歲男子，其身高落在該範圍內的機率。例如，對應到身高為 67 到 69 英寸的比例直方圖矩形高度為 0.1、0.08、0.16、0.22 與 0.24。因為倉位寬度為 0.5，所以對應到這些矩形的總面積為 (0.1 + 0.08 + 0.16 + 0.22 +0.24)(0.5) = 0.4。因此，40% 的身高落在 67 到 69 英寸之間。

你可以使用 cumsum 函數來計算比例頻率直方圖底下的面積與機率。如果 x 是一個向量，則 cumsum(x) 會傳回一個與 x 長度相同的向量，該向量的元素是之前所述所有的元素加總。例如，如果 x = [2,5,3,8]，則 cumsum(x) = [2,7,10,18]。如果 A 是矩陣，cumsum(A) 會計算每一列的累積和，所得到的結果也是一個大小與 A 相同的矩陣。

在執行完前面的腳本檔後，cumsum(y_scaled)*binwidth 的最後一個元素為 1，此即為比例頻率直方圖底下的面積。若要計算高度落在 67 到 69 英寸之內的機率 (也就是上述第 6 個值到第 11 個值)，則輸入

```
>>prob = cumsum(y_scaled)*binwidth;
>>prob67_69 = prob(11)-prob(6)
```

所得到的結果為 prob67_69 = 0.4000，與我們之前所計算的 40% 相符合。

比例直方圖的連續近似

對於具有無限多組可能結果的處理程序而言，其機率是一個連續變數的函數，圖形為一條曲線，而非多個矩形。它根據的是和比例直方圖相同的觀念；也就是說，在曲線底下所涵蓋的總面積為 1，部分區域是指輸出中被指定區塊的發生機率。我們稱一個可以用來描述許多處理程序的機率函數為**常態函數** (normal function) 或**高斯函數** (Gaussian function)，如圖 7.2-2 所示。

此函數即是我們所知的「鐘形曲線」。能以此函數描述的結果，我們稱為「**常態分布**」(normally distributed)。常態機率函數是一個具有兩個參數的函數：一個參數為 μ，亦即可能結果的平均值；另外一個參數為 σ，亦即可能結果的**標準差**

常態函數
高斯函數
常態分布
標準差

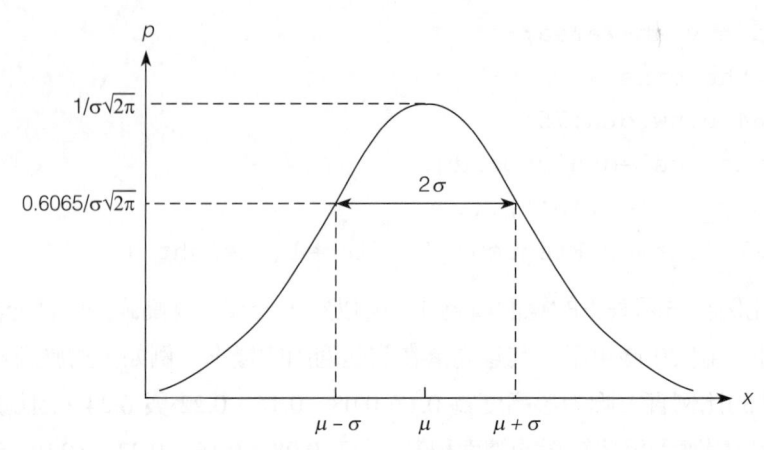

■ 圖 7.2-2 常態分布曲線的基本型態

(standard deviation)。平均值 μ 位於曲線的尖端,代表最有可能發生的值。參數 σ 是用來描述整個曲線的寬度或分散程度。但在很多情況之下,我們會使用**變異數** (variance) 來描述此曲線的分散程度。變異數就是標準差 σ 的平方。

變異數

常態機率函數是由下列的方程式所描述:

$$p(x) = \frac{1}{\sigma\sqrt{2\pi}} e^{-(x-\mu)^2/2\sigma^2} \tag{7.2-1}$$

由此圖形可以看到,大約 68% 的面積是落在 $\mu - \sigma \leq x \leq \mu + \sigma$ 之內。結果,在變數呈現常態分布的情況下,隨機選取一個樣本,大約會有 68% 的機率落在距離平均值左右的一個標準差之內。另外,大約 96% 的面積是落在 $\mu - 2\sigma \leq x \leq \mu + 2\sigma$ 之內,而且 99.7% (或者實際上大約是 100%) 的面積是落在 $\mu - 3\sigma \leq x \leq \mu + 3\sigma$ 之內。

函數 mean(x)、var(x) 與 std(x) 可以計算向量 x 中資料的平均值、變異數與標準差。

範例 7.2-1　身高的平均值與標準差

許多工程應用都會應用到人口的資料統計分析。例如,潛水艇水兵船艙設計工程師必須知道設計多長的臥舖,才能符合大部分水兵的需求。使用 MATLAB 估計表 7.2-1 中所給定的身高資料之平均值與標準差。

■ 解法

所使用的腳本檔如下所示。表 7.2-1 所給定的資料是絕對頻率的資料,並且儲存於向量 y_abs 中。倉位的寬度為 1/2 英寸,使用這個值是因為量測的身高可精確到 1/2 英寸。向量 bins 包含了以 1/2 英寸為增量的身高。

若要計算平均值與標準差,先從絕對頻率資料重新建立原本的 (列) 高度資料。我們注意到此資料具有某些零項。例如,100 人中沒有任何一個人的身高是 65 英寸。於是為了重新建立列資料,首先要在空向量 y_raw 中填入由絕對頻率所得到的身高資料。for 迴圈檢查某一個倉位的絕對頻率是否為零。若非零,則將適合此資料值的數字填入向量 y_raw 中。如果某一倉位的頻率為零,則 y_raw 不做任何變動。

```
% Absolute frequency data.
y_abs = [1,0,0,0,2,4,5,4,8,11,12,10,9,8,7,5,4,4,3,1,1,0,1];
binwidth = 0.5;
% Define the bins.
bins = [64:binwidth:75];
% Fill the vector y_raw with the raw data.
% Start with an empty vector.
y_raw = [];
for i = 1:length(y_abs)
   if y_abs(i)>0
      new = bins(i)*ones(1,y_abs(i));
   else
      new = [];
   end
y_raw = [y_raw,new];
end
% Compute the mean and standard deviation.
mu = mean(y_raw),sigma = std(y_raw)
```

當你執行此程式,你會發現平均值為 $\mu = 69.6$ in.,標準差為 $\sigma = 1.96$ in.。

如果你需要透過常態分布計算機率,可以使用 erf 函數。輸入 erf(x) 會傳回函數 $2e^{-t^2}/\sqrt{\pi}$ 之曲線底下到 $t = x$ 之值左端所包圍的面積。此面積是 x 的函數,我們稱之為**誤差函數** (error function),以 erf(x) 表示。如果結果是常態分布,則隨機變數 x 小於或等於 b 的機率可表示為 $P(x \le b)$。此機率可以用誤差函數計算而得:

$$P(x \le b) = \frac{1}{2}\left[1 + \text{erf}\left(\frac{b-\mu}{\sigma\sqrt{2}}\right)\right] \tag{7.2-2}$$

隨機變數 x 落在不小於 a 且不大於 b 的機率可表示成 $P(a \le x \le b)$,其可根據下列公式計算而得:

$$P(a \leq x \leq b) = \frac{1}{2}\left[\operatorname{erf}\left(\frac{b-\mu}{\sigma\sqrt{2}}\right) - \operatorname{erf}\left(\frac{a-\mu}{\sigma\sqrt{2}}\right)\right] \qquad (7.2\text{-}3)$$

範例 7.2-2　身高分布的估計

使用範例 7.2-1 所得到的結果，估計有多少位 20 歲男子的身高不超過 68 英寸？而有多少落在平均值 3 英寸之內？

■ 解法

在範例 7.2-1 中，所求得的平均值與標準差分別為 $\mu = 69.3$ in. 與 $\sigma = 1.96$ in.。在表 7.2-1 中，我們注意到仍有少數身高資料點小於 68 英寸。不過，如果你假設身高是常態分布，可以使用 (7.2-2) 式來估計有多少人的身高矮於 68 英寸。使用 (7.2-2) 式且 $b = 68$，則

$$P(x \leq 68) = \frac{1}{2}\left[1 + \operatorname{erf}\left(\frac{68-69.3}{1.96\sqrt{2}}\right)\right]$$

若要求得多少人落在平均值 3 英寸之內，則可使用 (7.2-3) 式，其中 $a = \mu - 3 = 66.3$ 與 $b = \mu + 3 = 72.3$，則

$$P(66.3 \leq x \leq 72.3) = \frac{1}{2}\left[\operatorname{erf}\left(\frac{3}{1.96\sqrt{2}}\right) - \operatorname{erf}\left(\frac{-3}{1.96\sqrt{2}}\right)\right]$$

在 MATLAB 中，這些算式可以使用下列腳本檔來計算：

```
mu = 69.3;
s = 1.96;
% How many are no taller than 68 inches?
b1 = 68;
P1 = (1+erf((b1-mu)/(s*sqrt(2))))/2
% How many are within 3 inches of the mean?
a2 = 66.3;
b2 = 72.3;
P2 = (erf((b2-mu)/(s*sqrt(2)))-erf((a2-mu)/(s*sqrt(2))))/2
```

在執行這個程式之後，你會得到結果 P1 = 0.2536 及 P2 = 0.8741。因此，我們估計大約有 25% 的 20 歲男子身高為 68 英寸或更矮，並且大約有 87% 的身高是落在 66.3 英寸及 72.3 英寸之間。

測試你的瞭解程度

T7.2-1 假設我們得到另外 10 筆身高的量測資料，所以下列的輸入要加到表 7.2-1 中。

身高 (in.)	額外的資料
64.5	1
65	2
66	1
67.5	2
70	2
73	1
74	1

(a) 畫出比例頻率直方圖。(b) 求出平均值及標準差。(c) 使用平均值及標準差來估計有多少 20 歲的男性身高不高於 69 英寸。(d) 估計多少人的身高落在 68 到 72 英寸之內。
(答案:(b) 平均值 = 69.4 in.,標準差 = 2.14 in.;(c) 43%;(d) 63%)

隨機變數的和與差

我們可以證明兩個獨立的常態分布隨機變數和 (或差) 的平均值,等於其平均值的和 (或差),但是變異數永遠都是兩個變異數的和。換句話說,如果 x 與 y 都是常態分布,具有平均值 μx 與 μy 及變異數 σ_x^2 與 σ_y^2,而且 $u = x + y$ 與 $v = x - y$,則

$$\mu_u = \mu_x + \mu_y \tag{7.2-4}$$

$$\mu_v = \mu_x - \mu_y \tag{7.2-5}$$

$$\sigma_u^2 = \sigma_v^2 = \sigma_x^2 + \sigma_y^2 \tag{7.2-6}$$

這些性質將會在部分的習題中使用。

7.3 隨機數產生

我們通常無法僅使用一個簡單的機率分布,來描述許多工程應用中結果的分布。例如,一個具有許多元件之電路,故障機率是元件數目及使用時間的函數,但我們常常沒有辦法得到一個用來描述故障機率的函數。在這種情形下,工程師往往會使用模擬來做預測。模擬程式會被反覆執行許多次,並且使用一組隨機的數字來表示一個或更多元件的故障,並使用此結果來估計想要求得的機率。

滾動一對「公平」骰子會生成真正隨機的數字,但用軟體產生的「隨機」數字不會被稱為偽隨機數,因為它們是由電腦內確定下一個隨機數的過程產生。但是,MATLAB 使用稱為隨機數生成器的算法,該演算法給的結果通過某些測試是隨機和獨立的。從現在開始,我們將忽略隨機和偽隨機之間的區別,並將這些數字稱為

隨機數,如在 MATLAB 文件中所做的。

使用軟體生成的隨機數的優點是你可以隨時重複隨機數計算。這在比較不同的模擬時很有用。但是,如果你不小心,可能會意外地重複結果。我們將討論如何避免這種情況。

均勻分布的數字

在均勻分布 (uniformly distributed) 隨機數的序列中,區間內每一個值的出現機會都是相等的。MATLAB 函數 rand 會產生均勻分布於超過區間 (0, 1) 的隨機數。輸入 rand 可得到一個落在區間 (0, 1) 之間的隨機數。再輸入一次 rand,則會得到另外一個隨機數,因為 MATLAB 對於 rand 函數所使用的演算法需要一個「狀態」去啟動。而 MATLAB 可以使用電腦中央處理器 (CPU) 的時脈來產生此狀態。因此,每次使用 rand 函數所得到的值都不一樣。例如,

```
>>rand
ans =
    0.7502
>>rand
ans =
    0.5184
```

例如,以下腳本在兩個同等可能的替代方案之間進行隨機選擇,並計算公平硬幣的 100 次模擬投擲的統計數據。

```
% Simulates multiple tosses of a fair coin.
heads = 0;
tails = 0;
for k = 1:100
    if rand < 0.5
       heads = heads + 1;
    else
       tails = tails + 1;
    end
end
heads
tails
```

每次 MATLAB 啟動時,產生器都會重置為相同的狀態。因此,rand 命令在每次啟動後立即執行時都會給出相同的結果,你將看到在之前啟動時看到的相同序

列。實際上，每當 MATLAB 重新啟動時，調用 rand 的任何腳本或函數都會回傳相同的結果。避免在獲得相同的隨機數時 MATLAB 重新啟動，在調用 rand 之前使用命令 rng('shuffle')。函數 rng('shuffle') 初始化隨機數發生器在計算機的 CPU 時鐘給出的當前時間。重複獲得的結果在啟動時沒有重新啟動，將產成器重置為啟動狀態使用 rng('default')。例如，

```
>>rand
ans =
    0.7502
>>rng('default')
>>rand
ans =
    0.7502
```

rand 函數具有擴充語法。輸入 rand(n) 會產生一個在區間 (0, 1) 內均勻分布之隨機數的 $n \times n$ 矩陣；輸入 rand(m,n) 則會產生一個隨機數的 $m \times n$ 矩陣。例如，若要建立一個 1×100 的向量 y，其中具有 100 個均勻分布在區間 (0, 1) 內的隨機數，則需要輸入 y = rand(1,100)。以這樣的方式使用 rand 函數等於輸入 rand 函數 100 次。雖然只呼叫 rand 函數一次，但 rand 函數的計算對於使用不同狀態來得到 100 個隨機數還是有效，也因此這些數字全部都是隨機的。

使用 Y = rand(m,n,p,...) 可以產生具有隨機元素的多維陣列 Y。輸入 rand(size(A)) 則會產生一個與 A 具有相同大小的隨機項目陣列。

表 7.3-1 和 7.3-2 總結了這些功能。

你可以使用 rand 函數來產生非 (0, 1) 區間內的隨機數。例如，若要產生區間 (2, 10) 之間的隨機數，首先要產生一個落在 0 到 1 之間的隨機數，再將此隨機數乘以 8 (即是乘以上界與下界的差)，最後再將此數字加上下界 (也就是 2)。所得到的結果即為均勻分布於區間 (2, 10) 之內的隨機數值。因此，產生區間 (a, b) 內均勻分布的隨機數 y，其通式為：

$$y = (b-a)x + a \qquad (7.3\text{-}1)$$

其中，x 是一個均勻分布在區間 (0, 1) 內的隨機數。例如，要產生一個具有 1,000 個落於區間 (2, 10) 內之均勻分布隨機數的向量 y，需要輸入 y = 8*rand(1,1000)+2。你可以使用 mean、min 及 max 函數來檢查所計算出來的結果。你應該分別會得到 6、2 及 10。

■ 表 7.3-1　隨機數函數

指令	敘述
`rand`	生成 0 到 1 之間的單個均勻分布的隨機數。
`rand(n)`	生成包含 0 到 1 之間均勻分布的隨機數的 $n \times n$ 矩陣。
`rand(m,n)`	生成包含 0 到 1 之間均勻分布的隨機數的 $m \times n$ 矩陣。
`randi(b,[m,n])`	生成包含 1 和 b 之間的隨機整數值的 $m \times n$ 矩陣。
`randi([a,b],[m,n])`	生成包含 a 和 b 之間的隨機整數值的 $m \times n$ 矩陣。
`randi(imax)`	生成 1 和 imax 之間的單個均勻分布的隨機整數。
`randi(imax,size(A))`	與 `randi(imax)` 相同但回傳大小為 A 的矩陣。
`randn`	生成單個常態分布的，其平均值為 0，標準差為 1。
`randn(n)`	生成包含平均值為 0 且標準差為 1 的常態分布隨機數的 $n \times n$ 矩陣。
`randn(m,n)`	生成包含平均值為 0 且標準差為 1 的常態分布隨機數的 $m \times n$ 矩陣。
`randperm(n)`	生成從 1 到 n 的整數的隨機數唯一排列。
`randperm(n,k)`	生成包含從 1 到 n (包括 1 和 n) 隨機數選擇的 k 個唯一整數的行向量。

■ 表 7.3-2　隨機數產生器函數

函數	敘述
`s = rng`	將目前產生器設置保存在結構 s 中。
`rng(s)`	將隨機數產生器的設置恢復為先前由 s=rng 捕獲的值。
`rng(n)`	使用非負整數 n 初始化隨機數產生器。
`rng('default')`	將隨機數產生器初始化為 MATLAB 啟動時的狀態。
`rng('shuffle')`	依據從 CPU 時鐘獲得的當前時間來初始化隨機數產生器。
`rng(n, 'twister')`	與 `rng(n)` 類似，但指定隨機數產生器為 Mersenne Twister 演算法。

常態分布隨機數

在一個常態分布隨機數的序列中，可能會產生接近於平均值的數值。請注意，許多處理程序的結果可以使用常態分布來描述。雖然均勻分布的隨機變數具有明確的上界及下界，但常態分布的隨機變數卻沒有。

MATLAB 函數 `randn` 可以產生單一個常態分布的數值，其平均值為 0，標準差為 1。輸入 `randn(n)` 會產生一個此種數值的 $n \times n$ 矩陣；輸入 `randn(m,n)` 則會產生一個隨機數的 $m \times n$ 矩陣。

除了在語法上使用 `randn(...)` 取代 `rand(...)`，以及用 'state' 而非 'twister'，擷取及指定常態分布隨機數產生器之狀態所使用的函數，與那些使用於

均勻分布產生器中的函數是一致的。這些函數均摘要於表 7.3-1 中。

你可以從平均值為 0 且標準差為 1 的常態分布序列中,產生一個平均值為 μ、標準差為 σ 的常態分布數值序列。要達成這個目的,必須將原本的數值乘以 σ,再加上 μ。因此,如果 x 是一個具有平均值為 0 且標準差為 1 的隨機數,則使用以下方程式可以產生新的隨機數 y,其具有標準差 σ 及平均值 μ。

$$y = \sigma x + \mu \tag{7.3-2}$$

例如,要產生一個具有平均值為 5、標準差為 3 的 2,000 個常態分布隨機數之向量 y,可輸入 `y = 3*randn(1,2000)+ 5`。你可以使用 `mean` 及 `std` 函數來檢查所求得的結果。你應該會分別得到接近 5 及 3 的值。

`rng` 函數與 `randn` 的使用方式與 `rand` 完全相同。

測試你的瞭解程度

T7.3-1 使用 MATLAB 產生包含 1,800 個常態分布隨機數的向量 y,這個常態分布的平均值為 7 且標準差為 10。使用 `mean` 及 `std` 函數來檢查你所求得的結果。為什麼不能使用 `min` 及 `max` 函數來檢查你的結果?

隨機變數的函數 如果 x 與 y 具有線性關係,

$$y = bx + c \tag{7.3-3}$$

且 x 是一個平均值為 μ_x 且標準差為 σ_x 的常態分布,則 y 的平均值與標準差可以寫成:

$$\mu_y = b\mu_x + c \tag{7.3-4}$$

$$\sigma_y = |b|\sigma_x \tag{7.3-5}$$

然而,當變數是以非線性函數的形式相關時,很容易就可以證明平均值與標準差並不是直接地以這種形式結合。例如,如果 x 是一個平均值為 0 的常態分布,又如果 $y = x^2$,顯然 y 的平均值並不是 0,但一定為正值。另外,y 並非常態分布的。

某些進階的方法可以推導出 $y = f(x)$ 的平均值與變異數,但若只是要達到我們的目的,最簡單的方式就是使用隨機數模擬。

我們注意到前一個段落中,兩個獨立的常態分布隨機變數,其和 (或差) 之平均值等於其平均值的和 (或差),但變異數一定是兩個變異數的和。不過,如果 z 是 x 及 y 的非線性函數,則 z 的平均值及變異數無法使用一個簡單的公式求得。事實

上，z 的分布甚至不是常態分布。此結果將會在下面的範例中說明。

範例 7.3-1　統計分析與製造公差

假設你必須從一塊方形平板自角落起算距離 x 及 y 剪裁一個三角形 (如圖 7.3-1 所示)。x 的期望值是 10 英寸，θ 的期望值是 20º。這得到 $y = 3.64$ in.。我們知道 x 及 y 的量測值為常態分布，其平均值分別是 10 及 3.64，標準差都是 0.05 英寸。求出角度 θ 的標準差，並且畫出角度 θ 的相對頻率直方圖。

■ 解法

根據圖 7.3-1，我們可以看到角度 θ 由 $\theta = \tan^{-1}(y/x)$ 決定。我們可以藉由建立具有平均值分別為 10 及 3.64，而標準差都是 0.05 的隨機變數 x 與 y，來計算 θ 的統計分布。接著，透過為每一個隨機數對 (x, y) 計算 $\theta = \tan^{-1}(y/x)$，便可得到隨機變數 θ。下列的腳本檔顯示此程序。

```
s = 0.05; % standard deviation of x and y
n = 8000; % number of random simulations
x = 10 + s*randn(1,n);
y = 3.64 + s*randn(1,n);
theta = (180/pi)*atan(y./x);
mean_theta = mean(theta)
sigma_theta = std(theta)
xp = 19:0.1:21;
histogram(theta,xp,'Normalization','probability'),...
   xlabel('Theta (degrees)'),...
   ylabel('Relative Frequency')
```

隨意所選取的模擬次數為 8,000 次。你應該使用不同的 n 值來計算並比較結果。結果是角度 θ 之平均值為 19.9993º，標準差為 0.2730º。此直方圖顯示於圖 7.3-2。雖然

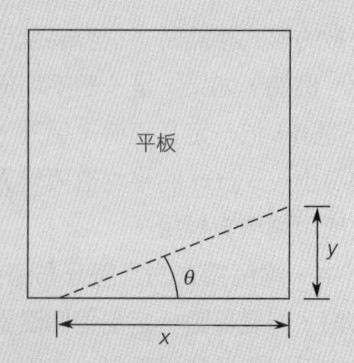

▌圖 7.3-1　三角形截角的維度

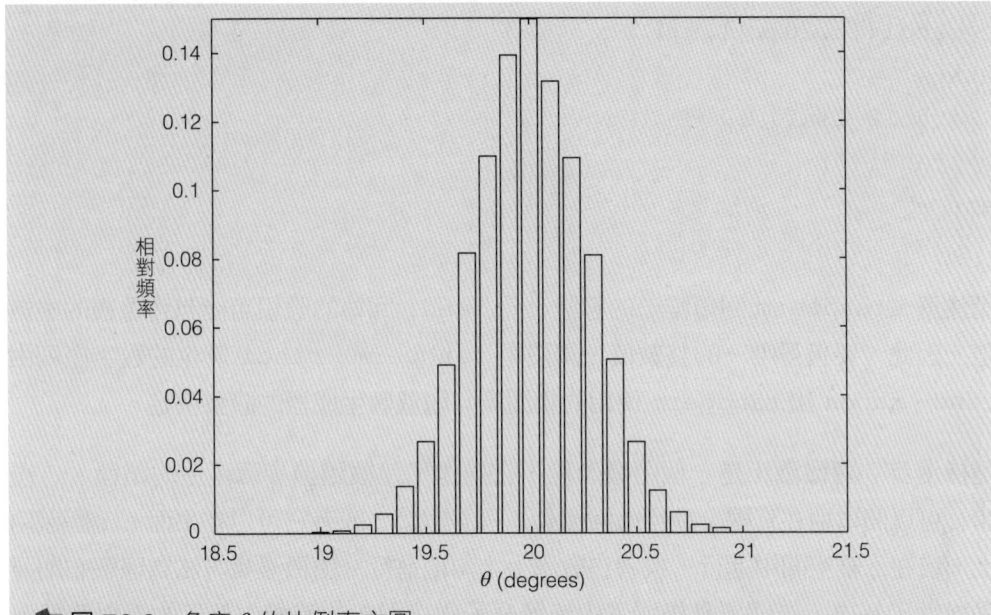

■ 圖 7.3-2　角度 θ 的比例直方圖

此圖形的外觀類似常態分布，但角度 θ 的值並非常態分布。根據直方圖，我們可以計算出大約 65% 的 θ 值落在 19.8 與 20.2 之間。這個範圍所對應的標準差為 0.2°，而不是模擬資料所得到的 0.273°。因此，此一曲線並不是常態分布。

這個範例顯示了兩個或更多之常態分布變數的交互作用，並不見得會產生一個常態分布的結果。一般而言，只有在結果是這些變數的線性組合下，才會得到常態分布的結果。

生成隨機整數

例如，如果你想為涉及骰子的遊戲生成隨機結果，但是你必須能夠生成整數。你可以用 randperm(n) 函數做到這一點，它生成一個包含隨機排列的行向量從 1 到 n 的整數。例如，randperm(6) 可能會生成向量 [3 2 6 4 1 5]，或從 1 到 6 的數字的其他一些排列。注意 randperm 呼叫 rand，因此改變了生成器的狀態。

函數 randi(b,[m,n]) 回傳包含隨機的 $m \times n$ 矩陣 1 到 b 之間的整數值。函數 randi([a,b],[m,n]) 回傳一個 m-by-n 矩陣，包含 a 和 b 之間的隨機整數值。鍵入 rand(imax) 回傳 1 和 imax 之間的標量。輸入 randi(imax,size(A)) 回傳與 A 大小相同的數組。例如，

```
>> randi(20,[1,5])
ans =
   1  7  3  9  19  16
```

```
>>randi([5,20],[1,5])
ans =
    5 12 11 17 17
>> randi(6)
ans =
    3
```

請注意，randperm 回傳唯一的整數，而 randi 回傳的數組可能包含重複的整數值。因此，要獲得唯一的整數值，請使用 randperm。randi 產生的數字序列由 rand、randn 和 randperm 使用的相同均勻隨機數生成器的設置決定。

隨機漫步 隨機漫步是一個隨機過程，它描述了連續隨機步驟產生的路徑。「漫步」可以簡單地在直線上進行來回運動 (一維漫步)，或者它可以在平面 (二維漫步) 上，或在三維空間中進行，或者在數學上均勻地進行。隨機漫步方法為理解布朗運動提供了基礎，布朗運動描述了由流體分子碰撞引起的流體中粒子的看似隨機運動。隨機漫步理論已被應用於了解各種流程，包括擴散、股票價格和機遇遊戲。

範例 7.3-2　漂移的隨機漫步

randi 函數可用於模擬一維隨機漫步。假設粒子從 $x = 0$ 開始，並且在過程的每個階段，它可以保持靜止，或向後移動一個空間，亦或向前移動一個或兩個空間，所有這些都具有相同的概率。我們可以使用 randi([-1,2],[1,99]) 函數獲得這些移動，這將以相等的概率生成四個可能的移動。因為這最終將為位置 x 產生增加的正值，我們說這是隨機漫步的漂移。建立一個 MATLAB 程序來模擬這個過程 100 步。使用 1000 次試驗生成粒子最終位置的統計數據並計算時間。

■ **解法**

我們使用兩個迴圈；隨機漫步本身的內迴圈，以及 1000 次試驗的外迴圈。我們使用函數 tic 和 toc 來計算過程的時間。

```
% random_walk_1.m
clear
tic
for n = 1:1000
    clear x p
    x(1) = 0;
    p = randi([-1,2],[1,100]);
    for k = 1:100
```

```
        x(k+1) = x(k) + p(k);
    end
    y(n) = x(101);
end
toc
maximum = max(y)
minimum = min(y)
mean = mean(y)
st_dev = std(y)
histogram(y)
```

如果你多次操作此程序，則移動的最小和最大距離的結果值將變化很大。100 步後達到的平均距離應該是約為 50，標準差約為 11。直方圖應類似於鐘形曲線。執行時間在很大程度上取決於特定的電腦。自從邁出了一步長度的平均值為 0.5，100 步中覆蓋的平均距離約為 0.5(100) = 50 也就不足為奇了。可能出乎意料的是直方圖即使輸入均勻分布，也類似於常態分布。這是一個過程輸出如何具有不同分布的示例輸入。

過程 $y = x^2$ 給出了一個過程如何改變輸入分布的簡單例子。請考慮以下腳本。

```
x = rand(1,1000);
y = x.^2;
histogram(x)
histogram(x),hold on
histogram(y)
```

x 的直方圖將是均勻分布的直方圖，而 y 的直方圖將是類似於衰減指數，峰值接近 0。

測試你的瞭解程度

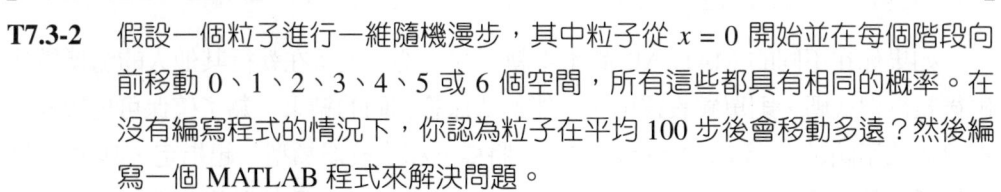

T7.3-2 假設一個粒子進行一維隨機漫步，其中粒子從 $x = 0$ 開始並在每個階段向前移動 0、1、2、3、4、5 或 6 個空間，所有這些都具有相同的概率。在沒有編寫程式的情況下，你認為粒子在平均 100 步後會移動多遠？然後編寫一個 MATLAB 程式來解決問題。

T7.3-3 假設 x 由 0 之間的 1000 個均勻分布的數字組成 1。繪製 y 的直方圖，其中 y 是 x 的平方根。和直方圖比較，其中 y 是 x 的平方。

比較兩個或多個模擬的結果 為了比較兩個或多個模擬的結果，有時你需要在每次模擬執行時生成相同的隨機數序列。一種方法是使用 rng('default') 來重複啟動時獲得的結果而不重新啟動，如前所述。但是，你無需從初始狀態開始生成相同的序列。要以不同方式初始化生成器，我們可以使用 rng(seed) 函數，其中種子是正整數。每次使用 rng(seed) 使用相同的種子初始化生成器時，總會得到相同的結果。請考慮以下示例。首先，我們初始化隨機數生成器，以使此示例中的結果可重複。

```
>>rng('default')
```

現在，我們使用任意種子數初始化生成器，比如 4。

```
>>rng(4)
```

然後，建立一個隨機數向量。

```
>> v1 = rand(1,5)
v1 =
    0.9670    0.5472    0.9727    0.7148    0.6977
```

重複相同的命令。

```
>> v2 = rand(1,5)
v2 =
    0.2161    0.9763    0.0062    0.2530    0.4348
```

第一次使用 rand 改變了生成器的狀態，因此第二個結果 v2 是不同的。

如果我們使用與之前相同的種子重新初始化生成器，我們可以重現第一個向量 v1，如下所示：

```
>> rng(4)
>> v3 = rand(1,5)
v3 =
    0.9670    0.5472    0.9727    0.7148    0.6977
```

如果你在不同的 MATLAB 版本中執行程式碼，或者在執行其他人的隨機數代碼後執行程式碼，則單獨設置種子可能無法保證相同的結果。為了確保可重複性，你可以使用函數 rng(n,'twister') 將種子和生成器類型一起指定，其中 n 是整數種子數。輸入 'twister' 指的是 Mersenne Twister 隨機數發生器，它是首選的生成器。

7.4 內插

成對的資料可能會是因果關係 (cause and effect relationship),或輸入–輸出關係 (input-output relationship,例如在電阻上施加電壓所得到的電流結果),或時間歷史 (time history,例如某一物體的溫度是時間的函數)。另一種成對資料代表的是剖面 (profile),例如一條道路剖面 (顯示此道路沿著長度的路面高度)。在某些應用中,我們想要估計資料點之間變數的值,這樣的處理程序稱為內插 (interpolation)。在其他情形下,我們可能需要估計給定資料範圍之外的變數值,這樣的處理程序稱為外插 (extrapolation)。內插及外插經常透過將資料以圖形方式繪出來輔助。這樣的圖形 (有些是使用對數軸) 往往有助於發現這些資料的功能性描述。

假設你具有下列自早上 7 點開始每小時進行一次的溫度量測結果。可能由於儀器故障或其他理由,我們遺失了 8 點及 10 點這兩個時間點的量測資料。

時間	7 點	9 點	11 點	12 點 (正午)
溫度 (°F)	49	57	71	75

這些資料的圖形可參見圖 7.4-1,其中資料點以虛線連接起來。如果我們需要估計 10 點時的溫度,我們可以讀出連接 9 點及 11 點資料點之虛線數值。因此,從

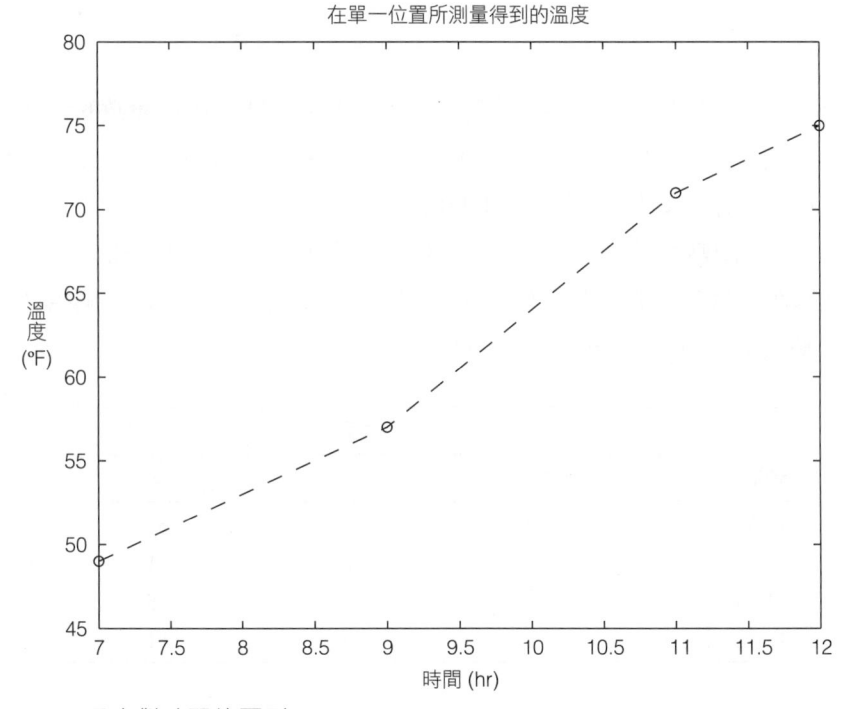

■ 圖 7.4-1　溫度對時間的圖形

圖中我們估計 8 點時溫度為 53°F，10 點時溫度為 64°F。我們使用線性內插 (linear interpolation) 來得到遺漏資料的估計值。線性內插命名的由來也是因為此內插方式是將兩個資料點以線性函數 (直線) 連接。

當然我們沒有理由相信溫度一定會隨圖形中的直線而變化，因此估計值 64°F 很可能是不正確的，但是應該夠接近而可以使用。使用直線來連接資料點是最簡單的內插形式。如果我們有更好的理由，也可以使用其他函數。本節後面將會使用多項式函數來進行內插。

MATLAB 中的線性內插是根據 interp1 與 interp2 函數而得到。假設 x 是包含自變數資料的向量，y 是包含應變數資料的向量。如果 x_int 是一個包含想要在對應位置得到應變數估計值之自變數的向量，則需要輸入 interp1(x,y,x_int)，所產生的向量與 x_int (包含對應於 x_int 之 y 的內插值) 具有相同大小。例如，下列對話可以產生根據上一頁所述之資料所估計的 8 點及 10 點溫度。向量 x 及 y 分別代表時間與溫度資料。

```
>>x = [7,9,11,12];
>>y = [49,57,71,75];
>>x_int = [8,10];
>>interp1(x,y,x_int)
ans =
    53
    64
```

你必須記住，使用 interp1 函數有兩個限制。向量 x 中自變數的值必須依照由小到大排列，且內插向量 x_int 的值必須落在 x 值的範圍內。因此，我們無法使用 interp1 函數來估計上午 6 點時的溫度。

interp1 函數可藉由將向量 y 定義為矩陣而非向量，以內插一個表格的資料。舉例來說，假設我們現在擁有三個位置的溫度量測資料，而這三個地點同樣遺失上午 8 點及 10 點的溫度資料。資料如下：

時間	溫度 (°F) 位置 1	位置 2	位置 3
7 點	49	52	54
9 點	57	60	61
11 點	71	73	75
12 點 (正午)	75	79	81

我們之前就已經定義過 x，但現在定義 y 為矩陣，此矩陣的三行包含前面表格的第二欄、第三欄及第四欄。下列對話將產生每一個位置 8 點及 10 點的溫度。

```
>>x = [7,9,11,12]';
>>y(:,1) = [49,57,71,75]';
>>y(:,2) = [52,60,73,79]';
>>y(:,3) = [54,61,75,81]';
>>x_int = [8,10]';
>>interp1(x,y,x_int)
ans =
    53.0000    56.0000    57.5000
    64.0000    65.5000    68.0000
```

因此，每一個位置在 8 點時的溫度分別為 53°F、56°F 與 57.5°F，在 10 點時的溫度分別為 64°F、65.5°F 與 68°F。根據這個例子，我們發現如果 interp1(x,y,x_int) 函數中第一個引數 x 是一個向量，而第二個引數 y 是一個矩陣，則此函數會內插在 y 的列與列之間，所得到的矩陣具有與 y 相同的行數，以及與 x_int 的值相同的列數。

注意，我們不需要定義兩個分開的向量 x 及 y，而只需定義包含整個表格的單一矩陣。舉例來說，透過定義矩陣 temp 代表前述的表格，則整個對話會如同以下的程式碼：

```
>>temp(:,1) = [7,9,11,12]';
>>temp(:,2) = [49,57,71,75]';
>>temp(:,3) = [52,60,73,79]';
>>temp(:,4) = [54,61,75,81]';
>>x_int = [8,10]';
>>interp1(temp(:,1),temp(:,2:4),x_int)
ans =
    53.0000    56.0000    57.5000
    64.0000    65.5000    68.0000
```

二維向量內插

現在假設我們具有四個位置在上午 7 點時的溫度量測值。這些位置分別位於一個寬為 1 英里、長 2 英里之矩形的四個角落。令第一個位置為座標系統的原點 (0, 0)，其他三個位置的座標則分別為 (1, 0)、(1, 2)、(0, 2)，如圖 7.4-2 所示。溫度的量測資料也顯示於圖中。溫度是兩個變數 (座標 x 及 y) 的函數。MATLAB 提供

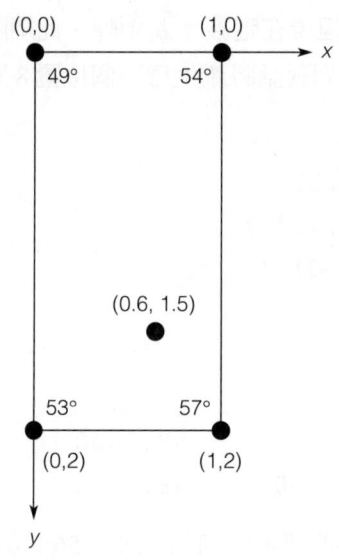

■ 圖 7.4-2　在四個位置的溫度測量

了 interp2 函數來進行兩個變數之函數的內插。如果函數寫成 $z = f(x, y)$，而且我們想要估計在 $x = x_i$ 及 $y = y_i$ 這一點的 z，則使用的語法為 interp2(x,y,z,x_i,y_i)。

假設我們想要估計在座標 (0.6, 1.5) 之位置的溫度。將 x 座標放在向量 x 中，而將座標 y 放在向量 y 中。接著，將溫度量測值放入矩陣 z，矩陣的列對應於座標 x 的增加，而矩陣的行對應於座標 y 的增加。對話如下：

```
>>x = [0,1];
>>y = [0,2];
>>z = [49,54;53,57]
z =
    49    54
    53    57
>>interp2(x,y,z,0.6,1.5)
ans =
     54.5500
```

因此，所得到的溫度估計值為 54.55ºF。

interp1 及 interp2 函數的語法摘要於表 7.4-1 中。MATLAB 也提供了 interpn 函數來進行多維陣列的內插。

表 7.4-1　線性內插函數

指令	敘述
`y_int=interp1(x,y,x_int)`	用來線性內插一個變數的函數：$y = f(x)$。在指定值 `x_int` 中傳回線性內插向量 `y_int`，使用的資料儲存於 `x` 與 `y` 中。
`z_int=interp2(x,y,z,x_,y_int)`	用來線性內插兩個變數的函數：$z = f(x, y)$。在指定值 `x_int` 及 `y_int` 中傳回線性內插向量 `z_int`，使用的資料儲存於 `x`、`y` 與 `z` 中。

三次雲線內插

　　高階多項式會在資料點之間顯示出不想要的特性，而這種特性讓高階多項式不適合用來進行內插。一個替代的方式是針對相鄰的每一對資料，使用比較低階的多項式來擬合資料，我們稱此方法為雲線 (spline) 內插，命名的由來是以前我們使用雲線來繪製通過一組點的平滑曲線。

　　雲線內插會得到一個平滑且完全擬合的圖形。最常使用的處理程序就是使用三次多項式 [稱為三次雲線 (cubic spline)]，因此我們稱之為三次雲線內插 (cubic spline interpolation)。如果給定 (x, y) 值的 n 組資料，則使用 $n - 1$ 三次多項式進行內插。每一個多項式都有下列的形式：

$$y_i(x) = a_i(x - x_i)^3 + b_i(x - x_i)^2 + c_i(x - x_i) + d_i$$

其中，$x_i \le x \le x_{i+1}$ 且 $i = 1, 2, ..., n - 1$。每一個多項式的係數 a_i、b_i、c_i 及 d_i 都已經確定，因此以下三個條件都可滿足每一個多項式：

1. 多項式必須通過端點 (也就是 x_i 及 x_{i+1}) 的資料點。
2. 相鄰兩個多項式的斜率在共同點的地方必須一致。
3. 相鄰兩個多項式的曲率在共同點的地方必須一致。

例如，一組用來擬合之前所給定之溫度資料的三次雲線 (y 表示溫度的值，x 表示小時的值)。我們重複資料如下。

x	7	9	11	12
y	49	57	71	75

　　我們不久將會看到如何使用 MATLAB 來得到這些多項式。在 $7 \le x \le 9$ 之下，

$$y_1(x) = -0.35(x - 7)^3 + 2.85(x - 7)^2 - 0.3(x - 7) + 49$$

在 $9 \leq x \leq 11$ 之下，

$$y_2(x) = -0.35(x-9)^3 + 0.75(x-9)^2 + 6.9(x-9) + 57$$

在 $11 \leq x \leq 12$ 之下，

$$y_3(x) = -0.35(x-11)^3 - 1.35(x-11)^2 + 5.7(x-11) + 71$$

MATLAB 提供 `spline` 指令來得到三次雲線內插。語法為 `y_int = spline(x,y,x_int)`，其中 x 及 y 是包含資料的向量，x_int 同樣是一個向量，其包含自變數 x 值，我們希望利用它們來估計應變數 y 值。所得到的 y_int 也是一個向量，大小與 x_int 相同，並包含與 x_int 對應的 y 之內插值。藉由畫出向量 x_int 與 y_int，便可畫出雲線擬合。例如，下列對話會產生針對前面資料的三次雲線擬合並畫出其圖形，其中 x 值的間距為 0.01。

```
>>x = [7,9,11,12];
>>y = [49,57,71,75];
>>x_int = 7:0.01:12;
>>y_int = spline(x,y,x_int);
>>plot(x,y,'o',x,y,'--',x_int,y_int),...
   xlabel('Time (hr)'),ylabel('Temperature (deg F)')...
   title('Measurements at a Single Location'),...
   axis([7 12 45 80])
```

此圖形可參見圖 7.4-3。虛線代表線性內插，實線代表三次雲線。如果我們計算 $x = 8$ 處的雲線多項式，會得到 $y(8) = 51.2°F$。此一估測與線性內插所得到的 $53°F$ 不同。在沒有更多對於溫度動態的進一步瞭解之下，我們無法判斷哪一組估計值比較準確。

我們可以使用下列 `interp1` 函數的變形，更快速地得到估測值。

```
y_est = interp1(x,y,x_est,'spline')
```

在上述函數的形式下，會傳回行向量 y_est，其中包含了 y 的估測值，其對應於向量 x_est 中的 x 值，使用的內插方式為三次雲線內插。

在某些應用中，知道多項式的係數是非常有用的，但我們無法從 `interp1` 函數中得到雲線的係數。不過，我們可以使用下列形式來求出三次多項式的係數：

```
[breaks,coeffs,m,n] = unmkpp(spline(x,y))
```

向量 `breaks` 包含資料的 x 值，而矩陣 `coeffs` 是一個包含了多項式係數的 $m \times n$ 矩陣。純量 m 及 n 是矩陣 `coeffs` 的維度；其中，m 是多項式的數目，而 n 是每一

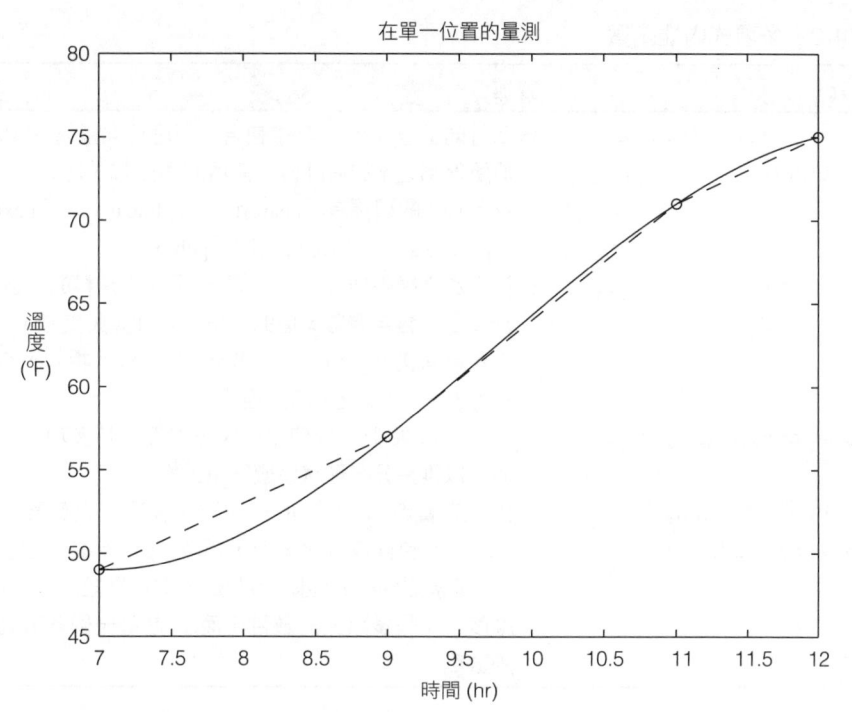

■ 圖 7.4-3　溫度資料的線性和三次雲線內插

個多項式係數的數目 (MATLAB 會盡可能尋找一個低階多項式的擬合，所以係數會比四個還要少)。例如，使用相同的資料，下列對話會產生與前述相同的多項式係數：

```
>>x = [7,9,11,12];
>>y = [49,57,71,75];
>>[breaks,coeffs,m,n] = unmkpp(spline(x,y))
breaks =
       7    9   11   12
coeffs =
      -0.3500    2.8500   -0.3000   49.0000
      -0.3500    0.7500    6.900    57.0000
      -0.3500   -1.3500    5.7000   71.0000
m =
    3
n =
    4
```

矩陣 coeffs 的第一列包含第一個多項式的係數，其餘依此類推。spline、unmkpp 和 interp1 函數的擴充語法摘要於表 7.4-2 中。除了「spline」之外，

■ 表 7.4-2　多項式內插函數

指令	敘述
y_est = interp1(x,y,x_est,method)	傳回行向量 y_est，其中包含了對應於向量 x_est 中 x 值所得到之 y 的估計值，使用的內插方式是 method。method 的選擇有「nearest」、「linear」、「next」、「previous」、「spline」和「pchip」。
y_int = spline(x,y,x_int)	計算三次雲線內插，其中 x 及 y 是包含資料的向量，x_int 是包含自變數 x 值的向量，可計算應變數 y。所得結果為向量 y_int，大小與向量 x_int 相同，包含了對應於 x_int 之 y 的內插值。
y_int = pchip (x,y,x_int)	與 spline 相似，但使用分段三次賀米特多項式進行內插，以維持分布形狀與遵守單調性。
[breaks,coeffs,m,n] = unmkpp(spline(x,y))	求出給定資料 x 及 y 的三次雲線多項式之係數。向量 breaks 包含資料的 x 值，矩陣 coeffs 是一個包含多項式係數的 $m \times n$ 矩陣。純量 m 及 n 是矩陣 coeffs 的維度；m 是多項式的數目，而 n 是每一個多項式係數的數目。

透過指定參數「method」，可以將其他的內插方法和 interp1 函數一起使用。這些列在表 7.4-2 中。有關這些方法的資訊，請參閱 MATLB 的文件中。基本擬合介面可以由圖形視窗中的 **Tools** 選單裡得到，其可進行三次雲線內插。請參見第 6.3 節以瞭解如何使用這個介面。

另一個內插的例子為考慮由函數 $y = 1/(3 - 3x + x^2)$ 產生的 10 個均勻分布資料點，範圍介於 $0 \le x \le 4$。圖 7.4-4 的上圖顯示三次多項式和八次多項式的擬合結果。明顯地，三次多項式曲線並不適合用於內插。當我們增加擬合多項式的次方數時可以發現，當多項式小於七次時，擬合曲線將不會通過所有的資料點。但是，八次多項式有兩個問題：我們無法在 $0 < x < 0.5$ 區間進行內插，而且當我們使用八次多項式進行內插時，多項式的係數必須以非常高的精準度儲存。圖 7.4-4 的下圖顯示了用三次雲線的擬合結果，顯然這是一個較佳的選擇。

賀米特多項式內插法

pchip 函數用分段連續賀米特內插多項式 (piecewise continuous Hermite interpolation polynomials, pchips)，語法和 spline 函數相同。在 pchip 中，會計算資料點的斜率以保持資料的分布「形狀」和「遵守」單調性；換言之，擬合函數在資料單調的區間中會維持單調，而在有區域極值的資料區間內會有區域極值。這兩個函數的不同點包括：

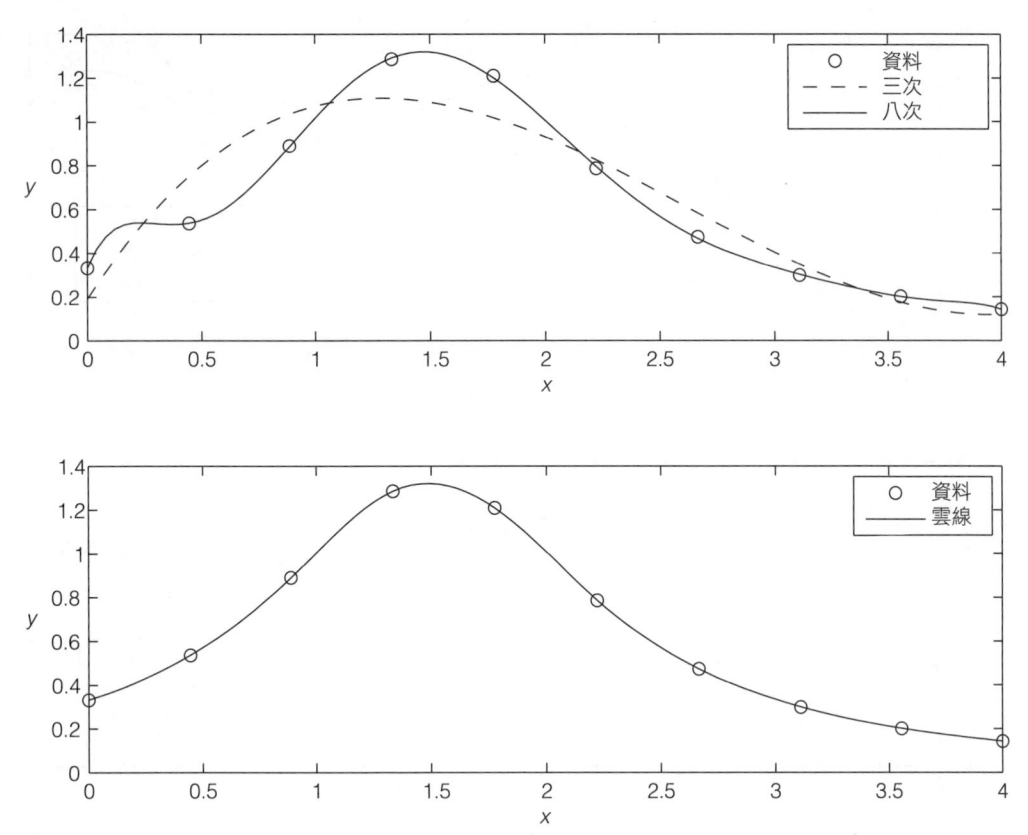

■ 圖 7.4-4　上圖用三次多項式和八次多項式進行內插；下圖用三次雲線進行內插

- 在函數 spline 中二次微分是連續的，但在 pchip 中可能不連續，所以 spline 會產生一個較平滑的曲線。
- 因此，如果資料是「比較平滑的」，則 spline 函數會比較準確。
- 儘管資料不平滑，以 pchip 產生的函數不會過調 (overshoot)，也比較不會振盪。

考慮資料 x = [0, 1, 2, 3, 4, 5] 和 y = [0, –10, 60, 40, 41, 47]。圖 7.4-5 的上圖顯示了五次多項式的擬合結果與資料的三次雲線。明顯地，五次多項式比較不適合內插法，因為它會產生較大的偏移量，特別是在 0 < x < 1 及 4 < x < 5 的區間。在高階多項式中，這種偏移是很常見的。在此，三次雲線會比較適合。圖 7.4-5 的下圖則顯示用分段連續賀米特多項式擬合 (用 pchip) 的三次雲線擬合，很明顯可以看出是一個較好的選擇。

MATLAB 提供了許多其他函數以支援三維資料的內插。參見 MATLAB 輔助說明中的 griddate、interp3 和 interpn。

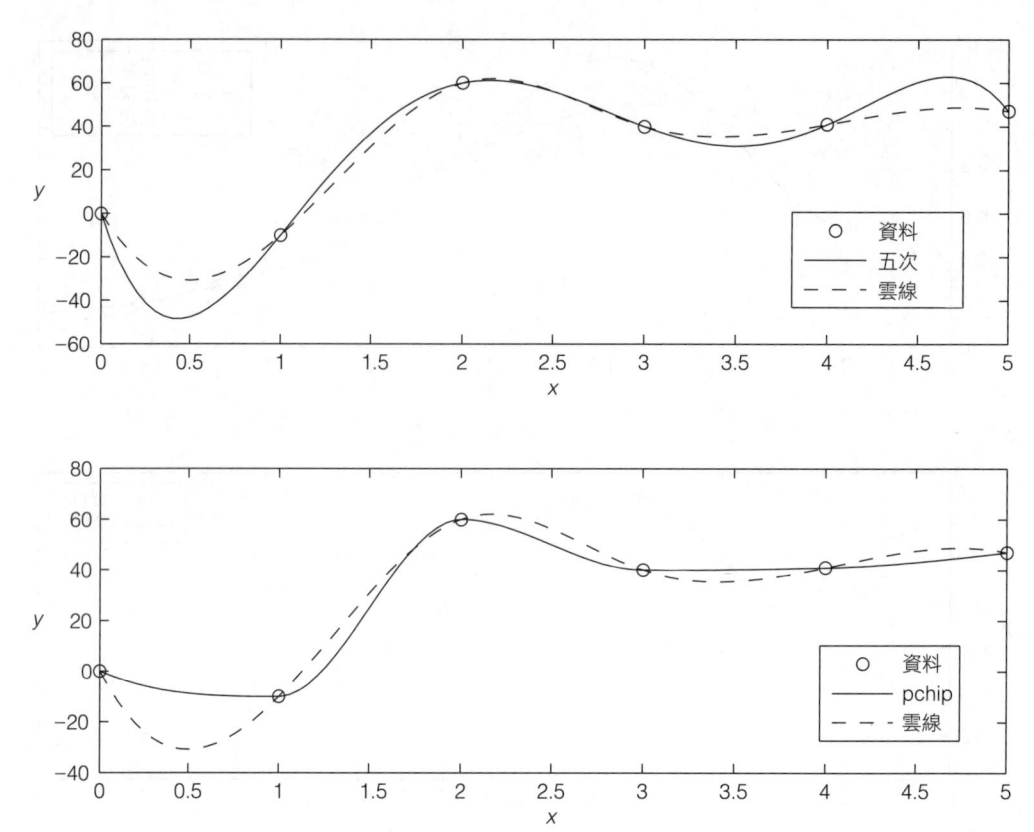

■ 圖 7.4-5　上圖用五次多項式和三次雲線的內插法；下圖用片段連續賀米特多項式和三次雲線的內插法

7.5　摘要

在本章中，我們介紹了許多 MATLAB 函數，這些函數相當簡單且被廣泛使用，對於統計學及資料分析非常重要。我們首先於第 7.1 節中介紹基礎統計學、機率及直方圖。直方圖是一種特殊圖形，可以顯示統計的結果。常態分布的概念是許多統計方法的基礎，涵蓋於第 7.2 節。第 7.3 節則介紹隨機數產生器與其在模擬程式中的運用。第 7.4 節則討論內插法，包含線性及雲線內插。

現在你已經讀完本章，應該能夠使用 MATLAB 完成下列事項：

- 求解統計學與機率的基本問題。
- 應用隨機程序建立模擬。
- 應用內插技巧。

習題

對於標註星號的問題，請參見本書最後的解答。

7.1 節

1. 以下列出 22 輛相同車型行駛里程的汽油消耗所量測到的資料，單位為英里 / 加侖。畫出絕對頻率直方圖及相對頻率直方圖。

| 23 | 25 | 26 | 25 | 27 | 25 | 24 | 22 | 23 | 25 | 26 |
| 26 | 24 | 24 | 22 | 25 | 26 | 24 | 24 | 24 | 27 | 23 |

2. 30 根建築用的木材具有相同尺寸，不斷施加側向的力直到斷裂為止。下列資料是壓斷木材所需的力，單位為磅。畫出絕對頻率直方圖。試著使用倉位寬度為 50、100 及 200 磅。哪一個寬度的值可以得到最有意義的直方圖？試著找出一個更好的倉位寬度。

243	236	389	628	143	417	205
404	464	605	137	123	372	439
497	500	535	577	441	231	675
132	196	217	660	569	865	725
457	347					

3. 下列資料是給定之 60 條某種材料的繩索樣本所測量到的斷裂強度，單位為 N。畫出絕對頻率直方圖。試著使用的倉位寬度為 10、30 及 50 N。哪一個寬度的值可以得到最有意義的直方圖？試著找出一個更好的倉位寬度。

311	138	340	199	270	255	332	279	231	296	198	269
257	236	313	281	288	225	216	250	259	323	280	205
279	159	276	354	278	221	192	281	204	361	321	282
254	273	334	172	240	327	261	282	208	213	299	318
356	269	355	232	275	234	267	240	331	222	370	226

7.2 節

4. 根據習題 1 中所給定的資料：
   a. 畫出比例頻率直方圖。
   b. 計算平均值及標準差，並使用這兩個數據估計 68% 的此種車型，其消耗之汽油所能行駛的里程下界與上界。將這兩個界限範圍與資料相比較。

5. 根據習題 2 中所給定的資料：
   a. 畫出比例頻率直方圖。

b. 計算平均值及標準差,並使用這兩個數據來估計 68% 及 96% 的此種木材能夠使其斷裂的力之下界與上界。將這兩個界限範圍與資料相比較。

6. 根據習題 3 中所給定的資料:

   a. 畫出比例頻率直方圖。

   b. 計算平均值及標準差,並使用這兩個數據來估計 68% 及 96% 的此種繩索能夠使其斷裂的力之下界與上界。將這兩個界限範圍與資料相比較。

7.* 某資料分析顯示纖維的斷裂強度為常態分布,平均值為 300 磅,變異數為 9。

   a. 估計有多少百分比的纖維樣本,其斷裂強度不小於 294 磅。

   b. 估計有多少百分比的纖維樣本,其斷裂強度不小於 297 磅,也不大於 303 磅。

8. 服務紀錄的資料顯示,修理某種機器所需的時間為常態分布,平均值為 65 分鐘,標準差為 5 分鐘。估計需要花費超過 75 分鐘才能修理完畢一台機器的機率。

9. 根據量測結果顯示,某種線的節圓直徑為常態分布,平均值為 8.007 公厘,標準差為 0.005 公厘。所需的設計規格為節圓直徑落在 860.01 公厘之內。估計多少百分比的線是落在容許範圍內。

10. 某種產品需要將軸插入軸承內。量測結果顯示軸承圓柱的洞其直徑 d_1 為常態分布,平均值為 3 公分,變異數為 0.0064。軸的直徑 d_2 同樣為常態分布,平均值為 2.96 公分,變異數為 0.0036。

    a. 計算間距 $c = d_1 - d_2$ 的平均值及變異數。

    b. 求出給定的軸無法插入軸承的機率。(提示:求出間距為負值的機率)

11.* 某一運輸拖板可以負荷 10 個箱子,而每一個箱子可以負荷 300 個不同種類的零件。零件的重量為常態分布,平均值為 1 磅,標準差為 0.2 磅。

    a. 計算拖板重量的平均值及標準差。

    b. 計算拖板重量會超過 3,015 磅的機率。

12. 某一種產品是將三個元件串接在一起組合。三個元件的長度分別為 L_1、L_2 與 L_3。每一個元件都是由不同的機器所製造,所以長度的變化是隨機的,而且每一個元件之間都是獨立的。長度為常態分布,平均值分別為 1、2 及 1.5 英尺,變異數分別為 0.00014、0.0002 及 0.0003。

    a. 計算組合的成品長度之平均值與變異數。

    b. 估計多少百分比的組合成品長度會不少於 4.48 英尺且不長於 4.52 英尺。

7.3 節

13. 使用隨機數產生器產生 1,000 個均勻分布的數字,平均值為 10,最小值為 2,

最大值為 18。求得這些數字的平均值及直方圖,並且討論在我們想要的平均值之下,這些數字是否為均勻分布。

14. 使用隨機數產生器產生 1,000 個常態分布的數字,平均值為 20,變異數為 4。求出這些數字的平均值、變異數及直方圖,並且討論在我們想要的平均值與變異數之下,這些數字是否為常態分布。

15. 兩個獨立的隨機變數,其和 (或差) 的平均值等於其平均值的和 (或差),但變異數一定是兩個變異數的和。使用隨機數產生器在 $z = x + y$ 的狀況之下來驗證此敘述,其中 x 與 y 是兩個相互獨立且常態分布的隨機變數。x 的平均值及變異數分別為 $\mu_x = 8$ 及 $\sigma_x^2 = 2$。y 的平均值及變異數分別為 $\mu_y = 15$ 及 $\sigma_y^2 = 4$。透過模擬求出 z 的平均值及變異數,並且與理論所得到的預測值相比較。重複此模擬 100 次、1,000 次與 5,000 次。

16. 假設 $z = xy$,其中 x 及 y 是兩個相互獨立且常態分布的隨機變數。x 的平均值及變異數分別為 $\mu_x = 10$ 及 $\sigma_x^2 = 2$。y 的平均值及變異數分別為 $\mu_y = 15$ 及 $\sigma_y^2 = 3$。透過模擬求出 z 的平均值及變異數。請問 $\mu_z = \mu_x \mu_y$ 成立嗎?$\sigma_z^2 = \sigma_x^2 \sigma_y^2$ 成立嗎?重複此模擬 100 次、1,000 次與 5,000 次。

17. 假設 $y = x^2$,其中 x 為常態分布的隨機變數,平均值與變異數分別為 $\mu_x = 0$ 及 $\sigma_x^2 = 4$。透過模擬求出 y 的平均值及變異數。$\mu_y = \mu_x^2$ 成立嗎?$\sigma_y = \sigma_y^2$ 成立嗎?重複此模擬 100 次、1,000 次與 5,000 次。

18.* 假設你藉由畫出股價對月份的比例頻率直方圖,來分析某種股票的價格行為。假設直方圖指出價格為常態分布,平均值為 100 美元,標準差為 5 美元。撰寫一個 MATLAB 程式來模擬股價小於平均值 100 美元時購買 50 股此檔股票,並且在股價超過 105 美元時售出所有股票所得到的效應。分析經過 250 天後此策略的結果 (250 天大約是一年交易日的天數)。利潤定義為賣出股票的收入,加上年終手上握有的股票市值,再減去購入股票的成本。計算每年期望得到的利潤平均值、期望得到的利潤最小值、期望得到的利潤最大值以及標準差。假設你每天進行一次交易,股票交易員對於每股的購入或售出抽取 6 美分的費用,而且每次交易最少要收取 40 美元的費用。

19. 假設某一檔股票的價格是一個常態分布,平均值為 150 美元及變異數為 100。建立一個模擬,比較在 250 天的週期內下列兩種策略所得到的結果。年度開始的時候你有 1,000 股的股票。第一種策略是每天股價小於 140 美元時購入 100 股,而在股價超過 160 美元時售出所有的股票。第二種策略是股價小於 150 美元時購買 100 股,而在股價超過 160 美元時售出所有的股票。股票交易員對於每股的購入或售出抽取 5 美分的費用,每次交易最少要收取 35 美元的費用。

20. 撰寫一個模擬丟擲兩個硬幣 100 回的 MATLAB 腳本檔。如果兩個硬幣都是正

面,表示你贏;兩個硬幣都是反面,則是輸;若是出現一正一反的情況,必須重新丟擲一次。建立三個使用者定義函數,以便在腳本檔中使用。函數 `flip_coin` 模擬丟擲一枚硬幣的情形,隨機數產生器的狀態 s 作為輸入引數,而新的狀態 s 及此次投擲硬幣的結果 (0 表示反面,1 表示正面) 當作輸出。函數 `flips` 是模擬投擲兩個硬幣的情形,並呼叫 `flip_coin`。`flips` 的輸入為狀態 s,輸出為新的狀態 s 及得到的結果 (0 表示兩個反面,1 表示一正一反,2 表示兩個正面)。函數 `match` 則是模擬每一回的遊戲情形,輸入為狀態 s,而輸出為最後的結果 (1 表示贏,0 表示輸) 及新的狀態 s。此腳本檔要能夠重設隨機數產生器回到起始狀態、計算狀態 s,並且能夠將此狀態傳遞至使用者定義函數中。

21. 撰寫一個腳本檔來進行簡單的猜數字遊戲,規則如下。此腳本檔要能產生範圍在 1, 2, 3, ..., 14, 15 之間的隨機整數。它應該提供猜測者重新猜測數字的機會,以及提示猜測者已經猜出答案,或者在猜測者猜錯的情況之下給予提示。腳本檔的回應及提示如下:
    - 「你贏了」,並且停止遊戲。
    - 「非常接近」,猜測的數字與正確的數字差距在 1 之內。
    - 「愈來愈近了」,猜測的數字與正確的數字差距在 2 或 3 之內。
    - 「不夠接近」,猜測的數字與正確的數字差距超過 3。

22. 假設粒子進行一維隨機漫步從 $x = 0$ 開始並根據正態分布向前移動一個空間的平均值,每個階段的標準偏差為兩個空格。這個動作類似於布朗運動。沒有編寫程式,你認為平均 100 步後粒子會移動多遠?然後編寫一個 MATLAB 程式來解題。計算統計數據和繪製直方圖。這個平均運動是你所期望的嗎?

23. 假設 x 由 0 和 1 之間的 1000 個均勻分布的數字組成。繪製 y 的直方圖,其中 (a) $y = e^{-x}$ 和 (b) $y = e^{-10x}$。比較每種情況的直方圖。根據時間常數解釋結果。

7.4 節

24.* 內插相當適用於遺漏一個或多個資料點的情況。這樣的狀況在環境量測中經常發生,例如在某些時間下難以進行溫度的量測。下列的溫度對時間資料遺漏了 5 點及 9 點的資料。使用線性內插並搭配 MATLAB,估計這些時間點的溫度。

時間 (hours;P.M.)	1	2	3	4	5	6	7	8	9	10	11	12
溫度 (°C)	10	9	18	24	?	21	20	18	?	15	13	11

25. 下表列出溫度資料 (單位為 °C) 作為一天時間的函數,以及某個指定地點在一週中的工作天。我們以問號「?」標示遺漏的資料項目。使用線性內插搭配

MATLAB，估計這些遺漏資料點的溫度。

小時	工作天				
	週一	週二	週三	週四	週五
1	17	15	12	16	16
2	13	?	8	11	12
3	14	14	9	?	15
4	17	15	14	15	19
5	23	18	17	20	24

26. 一具由電腦控制的機器可切割和成型金屬與其他材料來製造產品。這些機器經常使用三次雲線來指定所需切割的路徑，或者其他零件所需製作成型的輪廓線。下列座標指定了某種車輛前方保險桿的形狀。使用一系列三次雲線來擬合這些座標，並且沿著這些座標點畫出雲線。

x (ft)	0	0.25	0.75	1.25	1.5	1.75	1.875	2	2.125	2.25
y (ft)	1.2	1.18	1.1	1	0.92	0.8	0.7	0.55	0.35	0

27. 下列資料為某一熱水龍頭自 $t = 0$ 時被轉開之後，流出的水流溫度 T (單位為 ºF) 資料。

t (sec)	T (ºF)	t (sec)	T (ºF)
0	72.5	6	109.3
1	78.1	7	110.2
2	86.4	8	110.5
3	92.3	9	109.9
4	110.6	10	110.2
5	111.5		

a. 首先使用直線，接著使用三次雲線，畫出連接這些資料的圖形。

b. 使用線性內插法及三次雲線內插法來估計下列時間點的溫度：$t = 0.6, 2.5, 4.7, 8.9$。

c. 使用線性內插法及三次雲線內插法來估計需要花費多少時間，溫度才會達到下列的值：$T = 75, 85, 90, 105$。

28. 1790 年至 1990 年的美國人口普查數據存儲在 census.dat 檔中，由 MATLAB 提供。鍵入 load census 來載入此檔。第一列，cdate，包含年份，第二列，pop，包含人口以百萬為單位。在第六章的測試您的理解程度問題 T6.2-2 中，我們使用三次多項式來估計 1965 年的人口為 1.89 億。將該預測與使用 (a) 線性內值和 (b) 三次樣條內值獲得的預測進行比較。

Chapter 8
線性代數方程式

©Cultura Creative RF/Alamy Stock Photo

21 世紀的工程……
積層製造

三維 (3D) 列印透過鋪設連續的材料層來構建三維物件。該過程由使用實體建模軟體的電腦控制。原始過程使用噴墨印表機將一層液體黏合劑沈積到粉末床上,稱為黏合噴劑。除了使用電腦輔助設計 (CAD) 軟體之外,還可以使用一些較新的方法來創建軟體。這些包括在現有零件、小型模型或雕刻模型上使用 3D 掃描儀,其他來源使用數位照片和攝影測量軟體。

後來的發展導致了現在由積層製造 (additive manufacturing, AM) 的詞彙所描述的多種技術。除了黏著劑噴塗成型技術 (binder jetting) 之外,通常還有被認可的其他六種類型的 AM。這些是:指向性能量沉積技術 (directed energy deposition)、材料擠製成型技術 (material extrusion)、材料噴塗成型技術 (material jetting)、粉體熔化成型技術 (powder bed fusion)、疊層製造成型技術 (sheet lamination) 和光聚合固化技術 (vat photopolymerization)。

利用指向性能量沉積技術,使用諸如雷射的高能加熱源透過融化來熔化材料。材料擠製成型技術沉積建築材料的液滴。在粉體熔化成型技術中,熱能用來熔化粉末床的某些區域。疊層製造成型技術將片狀材料黏合讓物體成形。利用光聚合固化技術,透過相鄰聚合物鏈的光活化交戶聯結可以固化在桶中的液體光聚合物。

這些技術使製造商能夠加快產品上市的速度,消除昂貴的

學習大綱
8.1 線性方程式的矩陣方法
8.2 左除法
8.3 欠定系統
8.4 過定系統
8.5 通解程序
8.6 摘要
習題

工件、模具或鑄具,並按訂單生產小批量的產品。可以生產有更複雜幾何形狀和內部特徵的零件。由於低的硬體成本使得許多本地和小型製造中心得以建立,因此降低了運輸成本和運輸時間。

MATLAB 以數種方式支援積層製造。MATLAB 檔案用於將三維表面資料轉換為標準曲面細分語言 (Standard Tessellation Language, STL) 檔案,這是 AM 中廣泛使用的格式。MATLAB 用於拓撲優化,這是一種在給定設計空間內來優化材料佈置的數學方法。它提供了一種優化承重設計的新方法,使結構更輕、更堅固,其內部是蜂窩狀而外觀幾乎像骨頭一樣。這些結構不能用傳統方法製造,但可以用 AM 製造。

諸如下列的線性代數方程式

$$5x - 2y = 13$$
$$7x + 3y = 24$$

出現在許多工程應用中。例如,電子工程師使用線性代數方程式預測電路的功率需求;土木工程師、機械工程師及航太工程師使用線性代數方程式設計結構與機器;化學工程師使用線性代數方程式計算化學反應的平衡;工業工程師則使用線性代數方程式設計排程程序與運作。本章的範例及習題將會探索這些相關應用。

線性代數方程式可以徒手計算求解 (用紙筆),也可以用計算機或類似 MATLAB 的套裝軟體來求解,選擇的依據視環境而定。對於只有兩個未知變數的方程式,徒手計算求解相對容易且適當;而某些機型的計算機則可求解內含許多變數的方程式。然而,最強而有力且最有彈性的方式仍是使用套裝軟體。例如,我們只要更動一個或更多參數,就可以使用 MATLAB 計算並畫出方程式的解。

目前已開發出系統性的方法可求解線性方程式組。在第 8.1 節,我們介紹會使用到 MATLAB 的矩陣表示法,其可簡潔地求出解答。接著會介紹解的存在條件與唯一解。最後 MATLAB 的求解方法分別在四節中介紹:第 8.2 節涵蓋求出具有唯一解的方程式組之左除法;第 8.3 節涵蓋沒有足夠資訊的方程式組,以求出所有的未知數,這屬於欠定系統;第 8.4 節介紹過定系統,表示方程式組的獨立方程式多於未知數;通解程式則在第 8.5 節介紹。

8.1 線性方程式的矩陣方法

線性代數方程式組可以使用矩陣表示法寫成單一方程式。此一標準且簡潔的形

式對於求解及發展有任意數目變數之電腦軟體應用而言，非常有用。在此一應用中，除非有特殊註明，否則向量都用行向量表示。

矩陣標示法讓我們能以單一矩陣方程式表示多個方程式。例如，考慮下列的方程式組：

$$2x_1 + 9x_2 = 5$$
$$3x_1 - 4x_2 = 7$$

這一組方程式可以用向量-矩陣的形式表示成：

$$\begin{bmatrix} 2 & 9 \\ 3 & -4 \end{bmatrix} \begin{bmatrix} x_1 \\ x_2 \end{bmatrix} = \begin{bmatrix} 5 \\ 7 \end{bmatrix}$$

以下列更為簡潔的形式表示成：

$$\mathbf{Ax = b} \tag{8.1-1}$$

其中所定義的矩陣及向量如下：

$$\mathbf{A} = \begin{bmatrix} 2 & 9 \\ 3 & -4 \end{bmatrix} \qquad \mathbf{x} = \begin{bmatrix} x_1 \\ x_2 \end{bmatrix} \qquad \mathbf{b} = \begin{bmatrix} 5 \\ 7 \end{bmatrix}$$

通常一組具有 n 個未知數的 m 個方程式組可以表示成 (8.1-1) 式的形式，其中 $\mathbf{A}$ 為 $m \times n$，$\mathbf{x}$ 是 $n \times 1$，$\mathbf{b}$ 是 $m \times 1$。

反矩陣

純量方程式 $ax = b$ 的解是 $x = b/a$，先決條件是 $a \neq 0$。純量代數的除法和矩陣代數的運算相類似。例如，求解 (8.1-1) 式之矩陣方程式中的 $\mathbf{x}$，必須將 $\mathbf{A}$「除以」$\mathbf{b}$。這個程序是由反矩陣 (matrix inverse) 的觀念而來。矩陣 $\mathbf{A}$ 之反矩陣可標記為 $\mathbf{A}^{-1}$，並且具有下列性質：

$$\mathbf{A}^{-1}\mathbf{A} = \mathbf{AA}^{-1} = \mathbf{I}$$

其中，$\mathbf{I}$ 是單位矩陣。利用此一性質，我們將 (8.1-1) 式等號兩側的左邊都乘上 $\mathbf{A}^{-1}$，會得到 $\mathbf{A}^{-1}\mathbf{Ax} = \mathbf{A}^{-1}\mathbf{b}$。因為 $\mathbf{A}^{-1}\mathbf{Ax} = \mathbf{Ix} = \mathbf{x}$，所以得到：

$$\mathbf{x} = \mathbf{A}^{-1}\mathbf{b} \tag{8.1-2}$$

在此，只有在矩陣 $\mathbf{A}$ 為方陣且非**奇異矩陣** (singular matrix) 時，$\mathbf{A}$ 的反矩陣才有定義。如果行列式 |$\mathbf{A}$| 值為 0 時，矩陣 $\mathbf{A}$ 是奇異矩陣；如果 $\mathbf{A}$ 為奇異矩陣，則 (8.1-1) 式不存在唯一解。MATLAB 的函數 `inv(A)` 和 `det(A)` 可以計算矩陣 $\mathbf{A}$ 的反矩陣和行列式。如果 `inv(A)` 函數適用於奇異矩陣，則 MATLAB 會對這個動作顯示警告訊息。

奇異矩陣

病態條件方程式組 (ill-conditioned set of equations) 是指一組很接近奇異性的方程式組。病態條件的狀態視計算答案的精確度而定。當 MATLAB 的內部數值精準度足夠求解，MATLAB 會顯示警告訊息，說明此矩陣接近奇異矩陣，結果可能會不精準。

以 2×2 矩陣 **A** 來說，

$$\mathbf{A} = \begin{bmatrix} a & b \\ c & d \end{bmatrix} \qquad \mathbf{A}^{-1} = \frac{1}{ad-bc}\begin{bmatrix} d & -b \\ -c & a \end{bmatrix}$$

其中，$\det(\mathbf{A}) = ad - bc$，因此如果 $ad - bc = 0$，則 **A** 為奇異矩陣。

範例 8.1-1　反矩陣法

利用反矩陣求解下列方程式：

$$2x_1 + 9x_2 = 5$$
$$3x_1 - 4x_2 = 7$$

■ 解法

矩陣 **A** 為和向量 **b** 為：

$$\mathbf{A} = \begin{bmatrix} 2 & 9 \\ 3 & -4 \end{bmatrix} \qquad \mathbf{b} = \begin{bmatrix} 5 \\ 7 \end{bmatrix}$$

對話如下：

```
>>A = [2,9;3,-4]; b = [5;7];
>>x = inv(A)*b
x =
    2.3714
    0.0286
```

解為 $x_1 = 2.3714$ 和 $x_2 = 0.0286$。MATLAB 並沒有顯示警告訊息，所以這是唯一解。

解的形式 $\mathbf{x} = \mathbf{A}^{-1}\mathbf{b}$ 很少真的被用來求方程式組的數值解，因為比起左除法，計算反矩陣的過程中會在數值上引入更多的不精確項次。

測試你的瞭解程度

T8.1-1 何種 c 值會讓方程式組具有下列情況：(a) 有唯一解；(b) 有無窮多解？找出這些解中 x_1 和 x_2 的關係。

$$6x_1 + cx_2 = 0$$
$$2x_1 + 4x_2 = 0$$

(答案：(a) $c \neq 12$，$x_1 = x_2 = 0$；(b) $c = 12$，$x_1 = -2x_2$)

T8.1-2 使用反矩陣法求解下列方程式組。

$$3x_1 - 4x_2 = 5$$
$$6x_1 - 10x_2 = 2$$

(答案：$x_1 = 7$，$x_2 = 4$)

T8.1-3 使用反矩陣法求解下列方程式組的解。

$$3x_1 - 4x_2 = 5$$
$$6x_1 - 8x_2 = 2$$

(答案：無解)

解的存在條件及唯一解

在反矩陣法中，當不存在唯一解時，MATLAB 會提出警告，但是並不會告訴我們方程式組是無解，還是無窮多解。此外，這個方法只適用於方陣 **A**，也就是說，方程式的數目等於未知數的數目。基於此，我們將介紹一個方法，其可簡單地判斷一個方程式組是否有解，以及此解是否唯一。此方法需要有**矩陣的秩** (matrix rank) 之概念。

> 矩陣的秩

考慮以下的 3×3 行列式：

$$|\mathbf{A}| = \begin{vmatrix} 3 & -4 & 1 \\ 6 & 10 & 2 \\ 9 & -7 & 3 \end{vmatrix} = 0 \tag{8.1-3}$$

若我們消去此行列式的一列與一行，我們會得到一個 2×2 行列式。根據消去的列及行，我們可以得到九個可能的 2×2 行列式。我們稱這些元素為**子行列式** (subdeterminant)。例如，若我們消去第 2 列及第 3 行，則得到：

> 子行列式

$$\begin{vmatrix} 3 & -4 \\ 9 & -7 \end{vmatrix} = 3(-7) - 9(-4) = 15$$

子行列式可以用來定義矩陣的秩。矩陣的秩定義如下。

矩陣的秩。若且唯若 |**A**| 包含非零的 $r \times r$ 行列式，且每一個方陣子行列式具有 $r + 1$ 或更多的列為零，則一個 $m \times n$ 的矩陣 **A** 具有秩 $r \geq 1$。

例如，當 |**A**| 包含至少一個非零的 2×2 子行列式時，(8.1-3) 式中矩陣 **A** 的秩為 2，因為 |**A**| = 0。為了確定 MATLAB 中矩陣 **A** 的秩，輸入 `rank(A)`。如果矩陣 **A** 是 $n \times n$，且 $\det(\mathbf{A}) \neq 0$，則矩陣的秩為 n。

我們可以使用下列測試確認 **Ax** = **b** 是否有解存在，以及解是否唯一。這個測

增廣矩陣　試首先要寫出增廣矩陣 (augmented matrix)，即 [**A b**]。

解的存在條件及唯一解。若且唯若 rank(**A**) = rank([**A b**])(條件 (1))，具有 m 個方程式及 n 個未知數的方程式組 **Ax** = **b** 有解。令 r = rank(**A**)。若滿足條件 (1) 且 $r = n$，則具有唯一解。若滿足條件 (1) 但 $r < n$，則有無限多解，且 r 個未知數可以表示成其他 $n - r$ 個未知數的線性組合，其值為任意數。

齊次方程式的情況。齊次方程式組 **Ax** = **0** 是一個特例，其中 **b** = **0**。在此情形下，rank(**A**) = rank([**A b**]) 永遠成立，也因此這個方程式組具有零解 **x** = **0**。若且唯若 rank(**A**) < n，則至少會有一個非零解。若 $m < n$，則齊次方程式組永遠具有一個非零解。

此一測試表示，若 **A** 為方陣且維度是 $n \times n$，則 rank([**A b**]) = rank(**A**)，而且若 rank(**A**) = n，對任何 **b** 都存在唯一解。

8.2　左除法

MATLAB 提供的左除法 (left division method) 可以用來求解方程式組 **Ax** = **b**。此方法係根據高斯消去法而設計。要使用左除法求解 **x**，可輸入 x = A\b。如果 |**A**| = 0 或某些未知數的數目並不等於方程式的數目，我們必須使用其他方法，容述於後。

範例 8.2-1　三個未知數的左除法

使用左除法求解下列方程式組：

$$3x_1 + 2x_2 - 9x_3 = -65$$
$$-9x_1 - 5x_2 + 2x_3 = 16$$
$$6x_1 + 7x_2 + 3x_3 = 5$$

■ 解法

矩陣 **A** 與 **b** 為：

$$\mathbf{A} = \begin{bmatrix} 3 & 2 & -9 \\ -9 & -5 & 2 \\ 6 & 7 & 3 \end{bmatrix} \quad \mathbf{b} = \begin{bmatrix} -65 \\ 16 \\ 5 \end{bmatrix}$$

對話如下：

```
>>A = [3,2,-9;-9,-5,2;6,7,3];
>>rank(A)
ans =
```

3

因為 **A** 為 3×3 且 rank(**A**) = 3，存在唯一解。我們可藉由下列的對話來求解：

```
>>b = [-65;16;5];
>>x = A\b
x =
    2.0000
   -4.0000
    7.0000
```

此答案得到一個向量 **x**，其對應的解為 $x_1 = 2$、$x_2 = -4$ 及 $x_3 = 7$。

對於解 $\mathbf{x} = \mathbf{A}^{-1}\mathbf{b}$，向量 **x** 與向量 **b** 成比例。我們可以利用此一線性特質，在等號兩側的右邊都乘上一個相同的常數，來得到一個更為通用的代數解。例如，假設矩陣方程式為 **Ay** = **bc**，其中 c 是一個純量，所得到的解為 $\mathbf{y} = \mathbf{A}^{-1}\mathbf{bc} = \mathbf{x}c$。因此若知 **Ax** = **b** 的解，則 **Ay** = **bc** 的解為 $\mathbf{y} = \mathbf{x}c$。

範例 8.2-2　纜繩張力的計算

質量 m 以三條纜繩懸吊著，纜繩附著的點為 B、C 及 D 三點，如圖 8.2-1 所示。令 T_1、T_2 及 T_3 分別表示三條纜繩 AB、AC 與 AD 上的張力。若質量 m 是靜止的，則張力在方向 x、y 及 z 上的分量和必為零。此必備條件得到下列三個方程式：

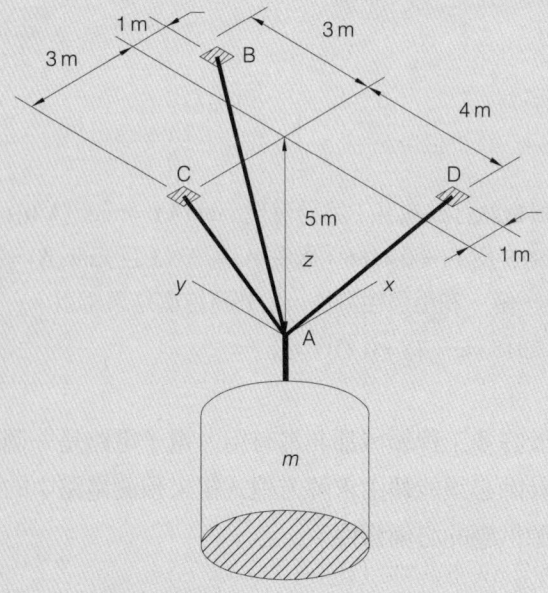

圖 8.2-1　由三條線所懸掛的物體

$$\frac{T_1}{\sqrt{35}} - \frac{3T_2}{\sqrt{34}} + \frac{T_3}{\sqrt{42}} = 0$$

$$\frac{3T_1}{\sqrt{35}} - \frac{4T_3}{\sqrt{42}} = 0$$

$$\frac{5T_1}{\sqrt{35}} + \frac{5T_2}{\sqrt{34}} + \frac{5T_3}{\sqrt{42}} - mg = 0$$

求出以未指定重量 mg 所表示的 T_1、T_2 與 T_3。

■ 解法

若令 $mg = 1$，並以 **AT = b** 形式表示方程式，其中

$$\mathbf{A} = \begin{bmatrix} \frac{1}{\sqrt{35}} & -\frac{3}{\sqrt{34}} & \frac{1}{\sqrt{42}} \\ \frac{3}{\sqrt{35}} & 0 & -\frac{4}{\sqrt{42}} \\ \frac{5}{\sqrt{35}} & \frac{5}{\sqrt{34}} & \frac{5}{\sqrt{42}} \end{bmatrix} \quad \mathbf{T} = \begin{bmatrix} T_1 \\ T_2 \\ T_3 \end{bmatrix} \quad \mathbf{b} = \begin{bmatrix} 0 \\ 0 \\ 1 \end{bmatrix}$$

用下列腳本檔求解此一系統。

```
% File cable.m
s34 = sqrt(34); s35 = sqrt(35); s42 = sqrt(42);
A1 = [1/s35, -3/s34, 1/s42];
A2 = [3/s35, 0, -4/s42];
A3 = [5/s35, 5/s34, 5/s42];
A = [A1; A2; A3];
b = [0; 0; 1];
rank(A)
rank([A,b])
T = A\b
```

在輸入 cable 之後會執行此檔案，我們發現 rank(**A**) = rank([**A b**]) = 3，並且得到 T_1 = 0.5071、T_2 = 0.2915 及 T_3 = 0.4166。因為 **A** 為 3×3 且 rank(**A**) = 3，和未知數的數目相等，所以有唯一解。利用線性特性，我們將這個結果乘以 mg 而得到通解：T_1 = 0.5071 mg，T_2 = 0.2915 mg，T_3 = 0.4166 mg。

線性方程式對於許多工程領域都非常有用。電子電路是一個線性方程式模型的主要來源。電路設計師必須能藉由求解方程式組來預測電路中的電流。這些資訊可以用來決定其他電源供應的必備條件。

範例 8.2-3　電阻網路

圖 8.2-2 中所示的電路具有五個電阻及兩個電壓源。假設電流的正方向為圖中箭頭的方向，則可以應用克希荷夫電壓定律 (Kirchhoff's voltage law) 於電路中的每一個迴路，並得到下列方程式：

$$\begin{aligned} -v_1 + R_1 i_1 + R_4 i_4 &= 0 \\ -R_4 i_4 + R_2 i_2 + R_5 i_5 &= 0 \\ -R_5 i_5 + R_3 i_3 + v_2 &= 0 \end{aligned}$$

根據電路中每一個節點的電流守恆可以得到

$$\begin{aligned} i_1 &= i_2 + i_4 \\ i_2 &= i_3 + i_5 \end{aligned}$$

你可以使用這兩個方程式來消去前面三個方程式中的 i_4 及 i_5。結果為：

$$\begin{aligned} (R_1 + R_4) i_1 - R_4 i_2 &= v_1 \\ -R_4 i_1 + (R_2 + R_4 + R_5) i_2 - R_5 i_3 &= 0 \\ R_5 i_2 - (R_3 + R_5) i_3 &= v_2 \end{aligned}$$

因此，我們具有三個方程式及三個未知數：i_1、i_2 及 i_3。

撰寫一個 MATLAB 腳本檔，使用電壓源 v_1 與 v_2 的值及五個電阻的值，來求解 i_1、i_2 與 i_3。在此程式中，使用下列的值來求解電流：$R_1 = 5$ kΩ、$R_2 = 100$ kΩ、$R_3 = 200$ kΩ、$R_4 = 150$ kΩ、$R_5 = 250$ kΩ、$v_1 = 100$ V 及 $v_2 = 50$ V。(注意，1 kΩ = 1000 Ω)

■ 解法

因為未知數的數目與方程式的數目相等，所以若 |A|≠0，則此方程式組會有唯一解；若 |A| = 0，則使用左除法會產生錯誤訊息。下列的 resist.m 腳本檔使用左除法求解這三個方程式組，而可得到 i_1、i_2 及 i_3。

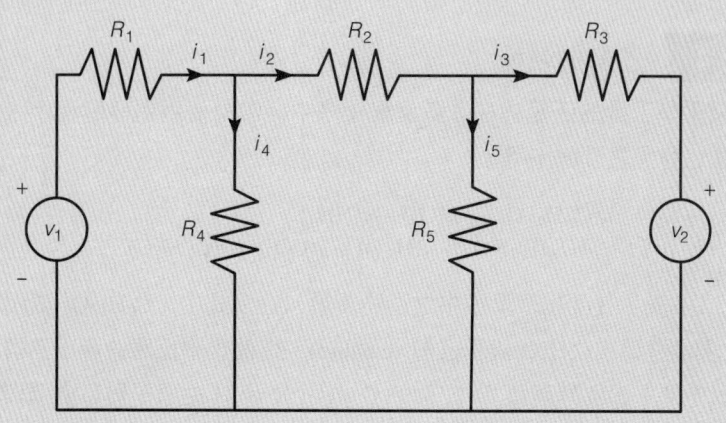

▼ 圖 8.2-2　電阻網路

```
% File resist.m
% Solves for the currents i_1, i_2, i_3
R = [5,100,200,150,250]*1000;
v1 = 100; v2 = 50;
A1 = [R(1) + R(4), -R(4), 0];
A2 = [-R(4), R(2) + R(4) + R(5), -R(5)];
A3 = [0, R(5), -(R(3) + R(5))];
A = [A1; A2; A3];
b=[v1; 0; v2];
current = A\b;
disp('The currents are:')
disp(current)
```

列向量 A1、A2 與 A3 之所以這樣定義，是因為要避免在同一列程式碼中輸入過長的算式 A。此腳本檔在指令提示字元之後執行的結果如下：

```
>>resist
The currents are:
   1.0e-003*
   0.9544
   0.3195
   0.0664
```

因為 MATLAB 並沒有產生一個錯誤訊息，表示此解是一個唯一解。所得到的電流為 $i_1 = 0.9544$ mA、$i_2 = 0.3195$ mA 以及 $i_3 = 0.0664$ mA，其中 1 mA = 1 milli-ampere (毫安培) = 0.001 A。

範例 8.2-4　乙醇的製造

食品及化學工業的工程師在許多反應程序中經常會使用到發酵程序。下列方程式描述了麵包酵母之發酵作用。

$$a(C_6H_{12}O_6) + b(O_2) + c(NH_3)$$
$$\rightarrow C_6H_{10}NO_3 + d(H_2O) + e(CO_2) + f(C_2H_6O)$$

變數 $a, b, ..., f$ 表示在此化學反應中之產物質量。在公式中，$C_6H_{12}O_6$ 表示葡萄糖，$C_6H_{10}NO_3$ 表示酵母，C_2H_6O 表示乙醇 (ethanol)。這個化學反應會產出乙醇、水和二氧化碳。我們欲求出乙醇產量 f，左側的 C、O、N 及 H 之原子數目必須與方程式右側平衡。因此，我們得到下列四個方程式：

$$6a = 6 + e + 2f$$
$$6a + 2b = 3 + d + 2e + f$$
$$c = 1$$
$$12a + 3c = 10 + 2d + 6f$$

發酵槽裝配有氧氣感測器及二氧化碳感測器。這能夠讓我們計算出呼吸商數 R：

$$R = \frac{CO_2}{O_2} = \frac{e}{b}$$

因此，第五個方程式為 $Rb - e = 0$。酵母良率 Y (即是每公克葡萄糖消耗所產生的酵母公克數) 與 a 的關係如下：

$$Y = \frac{144}{180a}$$

其中，144 為酵母的分子量，180 為葡萄糖的分子量。藉由測量酵母良率 Y，我們可以計算出 $a = 144/180Y$。這是第六個方程式。

撰寫一個使用者定義函數來計算 f，其為產出的乙醇量，並有函數引數 R 及 Y。以下列兩種狀況來測試你的函數，其中 Y 為 0.5：(a) $R = 1.1$；(b) $R = 1.05$。

■ 解法

首先，我們注意到因為第三個方程式直接可以算出 $c = 1$，所以實際上只有四個未知數，而第六個方程式可以直接算出 $a = 144/180Y$。為了將這些方程式寫成矩陣的形式，令 $x_1 = b$、$x_2 = d$、$x_3 = e$ 及 $x_4 = f$。接著，方程式可以改寫為：

$$-x_3 - 2x_4 = 6 - 6(144/180Y)$$
$$2x_1 - x_2 - 2x_3 - x_4 = 3 - 6(144/180Y)$$
$$-2x_2 - 6x_4 = 7 - 12(144/180Y)$$
$$Rx_1 - x_3 = 0$$

若以矩陣形式表示則為：

$$\begin{bmatrix} 0 & 0 & -1 & -2 \\ 2 & -1 & -2 & -1 \\ 0 & -2 & 0 & -6 \\ R & 0 & -1 & 0 \end{bmatrix} \begin{bmatrix} x_1 \\ x_2 \\ x_3 \\ x_4 \end{bmatrix} = \begin{bmatrix} 6 - 6(144/180Y) \\ 3 - 6(144/180Y) \\ 7 - 12(144/180Y) \\ 0 \end{bmatrix}$$

函數檔的程式碼如下所示。

```
function E = ethanol(R,Y)
% Computes ethanol produced from yeast reaction.
A = [0,0,-1,-2;2,-1,-2,-1;...
    0,-2,0,-6;R,0,-1,0];
b = [6-6*(144./(180*Y));3-6*(144./(180*Y));...
    7-12*(144./(180*Y));0];
```

```
x = A\b;
E = x(4);
```
對話如下：
```
>>ethanol(1.1,0.5)
ans =
     0.0654
>>ethanol(1.05,0.5)
ans =
    -0.0717
```
第二個情況下所得到的 E 是負值，表示消耗掉的乙醇比產生的乙醇還要多。

測試你的瞭解程度

T8.2-1 用左除法求解下列方程組：

$5x_1 - 3x_2 = 21$

$7x_1 - 2x_2 = 36$

(答案：$x_1 = 6$，$x_2 = 3$)

T8.2-2 使用 MATLAB 求解以下方程式：

$6x - 4y + 3z = 5$

$4x + 3y - 2z = 23$

$2x + 6y + 3z = 63$

(答案：x = 3，y = 7，z = 5)

8.3 欠定系統

　　欠定系統 (underdetermined system) 沒有辦法包含求解所有未知數的資訊，這通常 (但非一定) 是因為它有比未知數的數目還要少的方程式。因此可能會存在無限多解，其中一個或更多未知數端視剩下的未知數而定。左除法對方陣與非方陣 A 都是有用的，然而如果 A 不是方陣，左除法可能會求出令人誤解的答案。以下將展示如何正確地解釋 MATLAB 的結果。

　　當方程式的數目比未知數還要少時，左除法會得到某些未知數等於零的解，但這並非通解。就算是方程式的數目等於未知數的數目，也可能具有無限多解，這種情況會發生在 |A| = 0 時。對於這樣的系統，左除法會產生錯誤訊息，警告我們矩陣 A 是奇異矩陣。在這個情況下，我們要使用**擬反矩陣法** (pseudoinverse method)，

擬反矩陣法

方式是輸入 x = pinv(A)*b 來得到一組解，稱之為**最小範數解** (minimum norm solution)。而在具有無限多組解的情況下，可以使用 rref 指令，將這些未知數用其他剩餘的未知數來表示，而這些剩餘的未知數值是任意的。

最小範數解

然而，即使方程式的數目和未知數的數目相等，方程式組也可能是欠定的，這可能發生在有些方程式並非獨立時。要經由手算確認方程式是否獨立並不容易，特別是當方程組擁有很多方程式的時候，但是對 MATLAB 來說卻相當容易。

範例 8.3-1　具有三個方程式及三個未知數的欠定程式組

下列的方程式組並不存在唯一解。有多少個未知數是欠定的？解讀左除法得出的結果。

$$2x_1 - 4x_2 + 5x_3 = -4$$
$$-4x_1 - 2x_2 + 3x_3 = 4$$
$$2x_1 + 6x_2 - 8x_3 = 0$$

■ 解法

檢查此方程式組之秩的 MATLAB 對話如下：

```
>>A = [2,-4,5;-4,-2,3;2,6,-8];
>>b = [-4;4;0];
>>rank(A)
ans =
   2
>>rank([A b])
ans =
   2
>>x = A\b
Warning: Matrix is singular to working precision.
ans =
   NaN
   NaN
   NaN
```

因為 **A** 及 **[A b]** 具有相同的秩，所以存在一個解。然而，因為有三個未知數，比矩陣 **A** 的秩數目還多一個，所以會有一個未知數是欠定的，故具有無限多組解，我們可以用第三個未知數來表示另外兩個未知數的解。此方程組是欠定的，因為獨立的方程式少於三個；第三個方程式可以由前面兩個方程式運算而得。為了加以驗證，我們將第一個方程式和第二個方程式相加，而得到 $-2x_1 - 6x_2 + 8x_3 = 0$，和第三個方

程式完全相同，因此得證。

注意，我們還可以知道矩陣 **A** 是奇異矩陣，因為其矩陣的秩小於 3。若我們使用左除法，則 MATLAB 會傳回一個警告訊息，告訴我們此問題是奇異的，而不會產生解答。

pinv 函數及歐幾里得範數

函數 pinv [表示 pseudoinverse (擬反矩陣)] 可以用來求解欠定的方程式組。要使用 pinv 函數求解方程式組 **Ax = b**，你可以輸入 x = pinv(A)*b，則 pinv 函數會產生一組對應到歐幾里得範數 (Euclidean norm) 之最小值的解；歐幾里得範數是解向量 **x** 的量值大小。在三維空間中，具有分量 x、y 與 z 的向量 **v** 量值大小為 $\sqrt{x^2 + y^2 + z^2}$。這個值可以藉由使用矩陣的乘法及轉置計算出來，方法如下：

$$\sqrt{\mathbf{v}^T\mathbf{v}} = \sqrt{[x\ y\ z]^T \begin{bmatrix} x \\ y \\ z \end{bmatrix}} = \sqrt{x^2 + y^2 + z^2}$$

此公式可以一般化推廣到 n 維的向量 **v**，而得到向量的量值大小及歐幾里得範數 N。因此

$$N = \sqrt{\mathbf{v}^T\mathbf{v}} \tag{8.3-1}$$

MATLAB 的函數 norm(v) 可以計算出歐幾里得範數。

範例 8.3-2　靜不定問題

三個等間距的支撐物撐住一個燈具，求出三個支撐物的張力。支撐物之間的距離為 5 英尺。燈具的重量為 400 磅，且質量中心距離右端 4 英尺。使用 MATLAB 的左除法及擬反矩陣法求解此問題。

■ 解法

圖 8.3-1 顯示了此燈具及自由體圖，其中 T_1、T_2、T_3 是三根支撐物的張力。此燈具處於平衡點，所以垂直方向力會互相抵消，並且對於任意固定點的力矩也必須為零，我們選擇的固定點為右端點。根據這些條件可以得到下列兩個方程式：

$$T_1 + T_2 + T_3 - 400 = 0$$
$$400(4) - 10T_1 - 5T_2 = 0$$

或可以寫成

$$T_1 + T_2 + T_3 = 400 \tag{8.3-2}$$

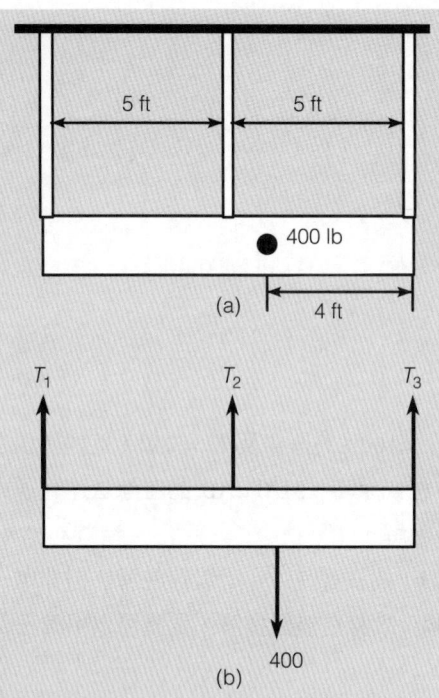

線性代數方程式 Chapter 8

圖 8.3-1 一個燈具和自由體圖

$$10T_1 + 5T_2 + 0T_3 = 1600 \qquad (8.3\text{-}3)$$

因為未知數的數目比方程式還多，所以此方程式組為欠定，而無法求解出力的唯一解。對於這樣的問題，當靜力方程式的數目不足，無法得到足夠的方程式來求出所有的未知數，我們稱這樣的問題為**靜不定** (statically indeterminate) 問題。此方程式可以被寫成矩陣的形式 **AT = b**，如下所示：

靜不定

$$\begin{bmatrix} 1 & 1 & 1 \\ 10 & 5 & 0 \end{bmatrix} \begin{bmatrix} T_1 \\ T_2 \\ T_3 \end{bmatrix} = \begin{bmatrix} 400 \\ 1600 \end{bmatrix}$$

MATLAB 的對話如下：

```
>>A = [1,1,1;10,5,0];
>>b = [400;1600];
>>rank(A)
ans =
   2
>>rank([A b])
ans =
   2
>>T = A\b
```

365

```
T =
   160.0000
   0
   240.0000
>>T = pinv(A)*b
T =
   93.3333
   133.3333
   173.3333
```

左除法得到的答案為 $T_1 = 160$、$T_2 = 0$ 及 $T_3 = 240$。這說明了在面對未知數的數目比方程式還要多的欠定方程式組時，MATLAB 的左除法運算子如何將一個或一個以上的變數令為零來產生一個解。

因為 **A** 的秩和 **[A b]** 的秩都是 2，所以存在解，但非唯一解。因為未知數是 3 個，比 **A** 的秩還多一個，故存在無限多解，我們可以用第三個未知數來表示另外兩個未知數的解。

擬反矩陣法得到的結果為 $T_1 = 93.3333$、$T_2 = 133.3333$ 以及 $T_3 = 173.3333$。此答案是變數實數值的最小範數解。最小範數解由實數 T_1、T_2 及 T_3 所組成，而且能夠最小化

$$N = \sqrt{T_1^2 + T_2^2 + T_3^2}$$

若要瞭解 MATLAB 是如何運作的，我們可以求解 (8.3-2) 式和 (8.3-3) 式，以 T_3 來表示 T_1 和 T_2 的解，亦即 $T_1 = T_3 - 80$，$T_2 = 480 - 2T_3$。接著，歐幾里得範數可以表示如下：

$$N = \sqrt{(T_3 - 80)^2 + (480 - 2T_3)^2 + T_3^2} = \sqrt{6T_3^2 - 2080T_3 + 236,800}$$

最小化 N 的實數 T_3 可以藉由畫出 N 對 T_3 的圖形求得，或是藉由微積分求得。結果為 $T_3 = 173.3333$，和由擬反矩陣法求得的結果相同。

當有無限多解的時候，我們必須判斷由左除法和擬反矩陣求出的解是否在實際應用上有意義，這可以在實際的應用中得到驗證。

測試你的瞭解程度

T8.3-1 使用 MATLAB 求解下列方程式組的兩個解：

$$x_1 + 3x_2 + 2x_3 = 2$$
$$x_1 + x_2 + x_3 = 4$$

(答案：最小範數解：$x_1 = 4.33$，$x_2 = -1.67$，$x_3 = 1.34$。左除法的解：$x_1 = 5$，$x_2 = -1$，$x_3 = 0$)

縮減列梯隊形式

我們可以將欠定方程式組中的某些未知數表示成其他未知數的函數。在範例 8.3-2 中，我們將兩個力的解以第三個力表示出來：$T_1 = T_3 - 80$ 及 $T_2 = 480 - 2T_3$。這兩個方程式如下：

$$T_1 - T_3 = -80 \qquad T_2 + 2T_3 = 480$$

改寫成矩陣形式，我們得到：

$$\begin{bmatrix} 1 & 0 & -1 \\ 0 & 1 & 2 \end{bmatrix} \begin{bmatrix} T_1 \\ T_2 \\ T_3 \end{bmatrix} = \begin{bmatrix} -80 \\ 480 \end{bmatrix}$$

上面矩陣的增廣矩陣 [**A b**] 為：

$$\begin{bmatrix} 1 & 0 & -1 & -80 \\ 0 & 1 & 2 & 480 \end{bmatrix}$$

注意，最前面兩行形成一個 2×2 的單位矩陣。因此，對應的方程式可以直接用 T_3 表示出 T_1 與 T_2 的解。

我們可以透過將此組方程式乘以某一個適當的因子，並將得到的方程式相加，消去一個未知變數，把欠定方程式組縮減成上述的形式。MATLAB 的 `rref` 函數提供一個程序來將方程式縮減成此一形式，此種形式我們稱之為縮減列梯隊形式 (reduced row echelon from)，語法為 `rref([A b])`。其輸出是一個增廣矩陣 [**C d**]，對應到的方程式組是 **Cx = d**。此方程式組即為縮減列梯隊形式。

範例 8.3-3　含有三個未知數的三個方程式

下列的欠定方程式組曾經在範例 8.3-1 中分析過。在該範例中只說明了此方程式組具有無限多解。在此使用 `rref` 函數來求解。

$$\begin{aligned} 2x_1 - 4x_2 + 5x_3 &= -4 \\ -4x_1 - 2x_2 + 3x_3 &= 4 \\ 2x_1 + 6x_2 - 8x_3 &= 0 \end{aligned}$$

■ 解法

MATLAB 對話如下：

```
>>A = [2,-4,5;-4,-2,3;2,6,-8];
>>b = [-4;4;0];
>>rref([A,b])
ans =
    1      0      -0.1    -1.2000
    0      1      -1.3     0.4000
    0      0       0       0
```

此答案對應到增廣矩陣 [**C d**]，其中

$$[\mathbf{C}\ \mathbf{d}] = \begin{bmatrix} 1 & 0 & -0.1 & -1.2 \\ 0 & 1 & -1.3 & 0.4 \\ 0 & 0 & 0 & 0 \end{bmatrix}$$

此矩陣對應到矩陣方程式 **Cx = d**，或者

$$\begin{aligned} x_1 + 0x_2 - 0.1x_3 &= -1.2 \\ 0x_1 + x_2 - 1.3x_3 &= 0.4 \\ 0x_1 + 0x_2 - 0x_3 &= 0 \end{aligned}$$

這可以很容易地以 x_3 表示出 x_1 及 x_2 的解：$x_1 = 0.1x_3 - 1.2$ 及 $x_2 = 1.3x_3 + 0.4$。這是問題的通解，其中 x_3 可以為任意值。

補足欠定系統

用來描述應用的線性方程式經常是欠定的，因為沒有足夠的訊息，所以沒有辦法決定未知數的唯一值。在這種情形下，我們也許需要引入其他的資訊、目標或限制來求出唯一解。我們可以使用 `rref` 指令來減少題目中未知變數的數目，請參見下面兩個範例的說明。

範例 8.3-4　量產規劃

下表顯示需要多少時數，才能讓反應物 A 及反應物 B 產生出 1 噸的化學產品 1、2 及 3。兩種反應物每週有 40 小時及 30 小時的可使用量。求出每週每一種產品的產量各為幾噸。

小時	產品 1	產品 2	產品 3
反應物 A	5	3	3
反應物 B	3	3	4

■ **解法**

令 x、y 及 z 為產品 1、2 及 3 每週可生產的噸數。根據反應物 A 的資料，每週

使用量的方程式為：

$$5x + 3y + 3z = 40$$

根據反應物 B 的資料所得到的方程式為：

$$3x + 3y + 4z = 30$$

此系統是欠定的。方程式 **Ax = b** 的矩陣為：

$$\mathbf{A} = \begin{bmatrix} 5 & 3 & 3 \\ 3 & 3 & 4 \end{bmatrix} \quad \mathbf{b} = \begin{bmatrix} 40 \\ 30 \end{bmatrix} \quad \mathbf{x} = \begin{bmatrix} x \\ y \\ z \end{bmatrix}$$

在此，rank(**A**) = rank([**A b**]) = 2，比未知數的數目還要少，因此具有無限多解，而且可以使用第三個變數來表示其他兩個變數。

使用 rref 指令，輸入 rref([A b])，其中 A = [5,3,3;3,3,4] 且 b = [40;30]，我們可以得到下列的縮減梯隊增廣矩陣：

$$\begin{bmatrix} 1 & 0 & -0.5 & 5 \\ 0 & 1 & 1.8333 & 5 \end{bmatrix}$$

此矩陣所得到的縮減系統為：

$$\begin{aligned} x - 0.5z &= 5 \\ y + 1.8333z &= 5 \end{aligned}$$

可以很容易地解出：

$$x = 5 + 0.5z \tag{8.3-4}$$
$$y = 5 - 1.8333z \tag{8.3-5}$$

其中，z 為任意數。然而，若是為了讓解是有意義的，z 不能全然是任意數。例如，若變數的值為負是完全沒有意義的，因此我們要求 $x \geq 0$、$y \geq 0$ 及 $z \leq 0$。(8.3-4) 式顯示若 $z \geq -10$，則 $x \geq 0$；(8.3-5) 式顯示，$y \geq 0$ 意指 $z \leq 5/1.8333 = 2.727$。因此，根據 (8.3-4) 式與 (8.3-5) 式所得到的有效解為 $0 \leq z \leq 2.737$ 噸。而在這個範圍內要選取哪一個 z 則需要由其他條件決定，例如利潤。

舉例來說，假設每噸的產品 1、2 與 3 所得到的利潤為 400 美元、600 美元及 100 美元，則總利潤 P 為：

$$\begin{aligned} P &= 400x + 600y + 100z \\ &= 400(5 + 0.5z) + 600(5 - 1.8333z) + 100z \\ &= 5000 - 800z \end{aligned}$$

要最大化利潤，我們須盡可能選取最小的 z 值，亦即 $z = 0$。此選擇所得到的結果為 $x = y = 5$ 噸。

然而,若每一種產品的利潤為 3,000 美元、600 美元與 100 美元,則總利潤 $P = 18{,}000 + 500z$。因此,我們要盡可能選取最大的 z 值,亦即 $z = 2.727$ 噸。根據 (8.3-4) 式與 (8.3-5) 式所得到的解為 $x = 6.36$ 噸及 $y = 0$ 噸。

範例 8.3-5　交通工程

交通工程師欲知道進入及離開交通網路所量測到的車流量,是否足夠用來預測網路中每一條街道的車流量。例如,考慮圖 8.3-2 中的單行道交通網路。圖中的數字是每一小時所測量到的車流量。假設交通網路中沒有車輛停下來。可能的話,計算車流量 f_1、f_2、f_3 及 f_4;若不可行,則提出如何能得到所需的資訊。

■ 解法

進入交叉口 1 的車流量必須等於離開該交叉口的車流量,因此:

$$100 + 200 = f_1 + f_4$$

同理,對於其他三個交叉路口,可以得到:

$$f_1 + f_2 = 300 + 200$$
$$600 + 400 = f_2 + f_3$$
$$f_3 + f_4 = 300 + 500$$

將這些算式整理成矩陣的形式 $\mathbf{Ax} = \mathbf{b}$,我們得到:

$$\mathbf{A} = \begin{bmatrix} 1 & 0 & 0 & 1 \\ 1 & 1 & 0 & 0 \\ 0 & 1 & 1 & 0 \\ 0 & 0 & 1 & 1 \end{bmatrix} \quad \mathbf{b} = \begin{bmatrix} 300 \\ 500 \\ 1000 \\ 800 \end{bmatrix} \quad \mathbf{x} = \begin{bmatrix} f_1 \\ f_2 \\ f_3 \\ f_4 \end{bmatrix}$$

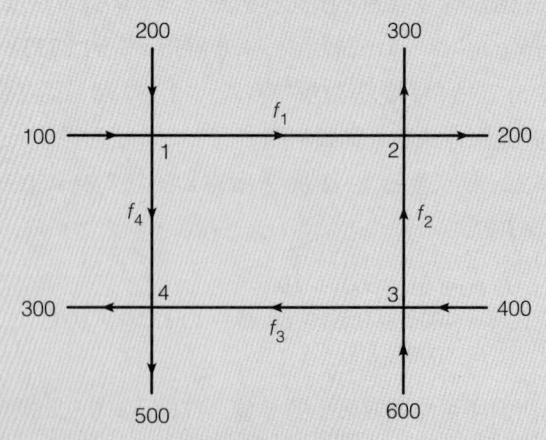

▶ 圖 8.3-2　單向街道網路

首先檢查 **A** 及 **[A b]** 的秩，方式是使用 MATLAB 中的 `rank` 函數。我們發現兩者的秩都是 3，皆比未知數的數目小 1，所以我們可以將前面三個變數以第四個變數表示出來。也因此，我們無法根據目前的量測結果來獲知車流量。

使用 `rref([A b])` 函數可以產生以下的縮減增廣矩陣：

$$\begin{bmatrix} 1 & 0 & 0 & 1 & 300 \\ 0 & 1 & 0 & -1 & 200 \\ 0 & 0 & 1 & 1 & 800 \\ 0 & 0 & 0 & 0 & 0 \end{bmatrix}$$

此矩陣對應到下列的縮減系統：

$$\begin{aligned} f_1 + f_4 &= 300 \\ f_2 - f_4 &= 200 \\ f_3 + f_4 &= 800 \end{aligned}$$

我們可以輕易地求解此系統如下：$f_1 = 300 - f_4$、$f_2 = 200 + f_4$ 以及 $f_3 = 800 - f_4$。若我們能量測出其中一條道路的車流量，如 f_4，就可以推算出其他道路的車流量。因此，我們建議工程師應該要進行這個額外的測量。

測試你的瞭解程度

T8.3-2 利用 `rref`、`pinv` 及左除法來求解下列的方程式組：

$$\begin{aligned} 3x_1 + 5x_2 + 6x_3 &= 6 \\ 8x_1 - x_2 + 2x_3 &= 1 \\ 5x_1 - 6x_2 - 4x_3 &= -5 \end{aligned}$$

(答案：此方程式組具有無限多解。使用 `rref` 函數所得到的結果為 $x_1 = 0.2558 - 0.3721x_3$、$x_2 = 1.0465 - 0.9767x_3$，x_3 為任意數。使用 `pinv` 函數所得到的結果為 $x_1 = 0.0571$、$x_2 = 0.5249$ 以及 $x_3 = 0.5340$。使用左除法會產生錯誤訊息)

T8.3-3 利用 `rref`、`pinv` 以及左除法及擬反矩陣法來求解下列的方程式組：

$$\begin{aligned} 3x_1 + 5x_2 + 6x_3 &= 4 \\ x_1 - 2x_2 - 3x_3 &= 10 \end{aligned}$$

(答案：此方程式組具有無限多解。使用 `rref` 函數所得到的結果為 $x_1 = 0.2727x_3 + 5.2727$、$x_2 = -1.3636x_3 - 2.2626$，$x_3$ 為任意數。使用左除法所得到的結果為 $x_1 = 4.8000$、$x_2 = 0$ 以及 $x_3 = -1.7333$。使用擬反矩陣法所得到的結果為 $x_1 = 4.8394$、$x_2 = -0.1972$ 以及 $x_3 = -1.5887$)

8.4 過定系統

所謂過定系統 (overdetermined system) 是指一個方程式組具有比未知數更多的獨立方程式。某些過定系統具有完全正確的解，並且可以使用左除法 x = A\b 計算出來。至於其他過定系統，不存在完全正確的解；部分情況下，左除法無法產生答案，但在其他情況下，左除法產生只能以「最小平方」的形式滿足方程式組的解。我們將在接下來的範例中加以說明。當 MATLAB 能提供某一過定方程式組解答，它並不會告訴我們這個答案是否為正確的解，我們必須自行判斷，請參見下面的說明。

範例 8.4-1　最小平方法

假設我們具有下列的三個資料點，而且欲求出在某種意義上最佳擬合此資料的直線 $y = c_1 x + c_2$。

x	y
0	2
5	6
10	11

(a) 使用最小平方準則求出係數 c_1 與 c_2。(b) 使用左除法求解這三個方程式 (每一個方程式對應到一個資料點) 以得到係數 c_1 與 c_2。比較 (a) 與 (b) 的結果。

■ 解法

(a) 因為兩點可以決定一條直線，除非很幸運，否則資料點通常不會落在同一條直線上。要得到最佳擬合此資料的直線，常用準則就是**最小平方準則** (least squeares criterion)。根據此準則，此直線能最小化 J (即是每一個資料點與直線的垂直差平方和)，從而得到「最佳」擬合。在此，J 等於

$$J = \sum_{i=1}^{i=3}(c_1 x_i + c_2 - y_i)^2 = (0c_1 + c_2 - 2)^2 + (5c_1 + c_2 - 6)^2 + (10c_1 + c_2 - 11)^2$$

若你會使用微積分，應該知道能最小化 J 的 c_1 及 c_2 可以藉由令偏微分 $\partial J/\partial c_1$ 及 $\partial J/\partial c_2$ 等於零而計算出來：

$$\frac{\partial J}{\partial c_1} = 250c_1 + 30c_2 - 280 = 0$$

$$\frac{\partial J}{\partial c_2} = 30c_1 + 6c_2 - 38 = 0$$

解得 $c_1 = 0.9$，$c_2 = 11/6$。因此，符合最小平方的最佳直線為 $y = 0.9x + 11/6$。

(b) 在每一個資料點計算方程式 $y = c_1 x + c_2$，可以得到下列三個方程式，此方程

式組是一個過定方程式組,因為它具有比未知數還要多的方程式。

$$0c_1 + c_2 = 2 \qquad (8.4\text{-}1)$$
$$5c_1 + c_2 = 6 \qquad (8.4\text{-}2)$$
$$10c_1 + c_2 = 11 \qquad (8.4\text{-}3)$$

這些方程式可以寫成如下的矩陣形式 **Ax = b**:

$$\mathbf{Ax} = \begin{bmatrix} 0 & 1 \\ 5 & 0 \\ 10 & 1 \end{bmatrix} \begin{bmatrix} c_1 \\ c_2 \end{bmatrix} = \begin{bmatrix} 2 \\ 6 \\ 11 \end{bmatrix} = \mathbf{b}$$

其中

$$[\mathbf{A}\ \mathbf{b}] = \begin{bmatrix} 0 & 1 & 2 \\ 5 & 1 & 6 \\ 10 & 1 & 11 \end{bmatrix}$$

利用左除法,MATLAB 對話的內容如下:

```
>>A = [0,1;5,1;10,1];
>>b = [2;6;11];
>>rank(A)
ans =
   2
>>rank([A,b])
ans =
   3
>>x = A\b
x =
   0.9000
   1.8333
>>A*x
ans =
   1.833
   6.333
   10.8333
```

x 的結果和前面用最小平方法求得的結果相同:$c_1 = 0.9$,$c_2 = 11/6 = 1.8333$。**A** 的秩為 2,但是 [**A b**] 的秩為 3,所以對 c_1 和 c_2 來說並沒有確切的解。注意,A*x 求得的 y 值是根據直線 $y = 0.9x + 1.8333$ 而來,其所對應的 x 值分別是 0、5 及 10。這些值與原本的 (8.4-1) 式到 (8.4-3) 式中等號右側的值不一樣。這個結果並不在意料之外,因為最小平方解並非原本方程式的正確解。

某些過定系統具有完全正確的解。使用左除法有時可以得到此過定系統的答案，但它不會告訴我們這個答案是否完全正確，我們必須檢查 **A** 及 **[A b]** 的秩才能加以判斷。下列範例說明了這種情況。

範例 8.4-2　過定方程式組

徒手求解下列的方程式，並討論下列兩種狀況所對應的解：$c = 9$ 及 $c = 10$。

$$x_1 + x_2 = 1$$
$$x_1 + 2x_2 = 3$$
$$x_1 + 5x_2 = c$$

■ 解法

此問題的係數矩陣及增廣矩陣分別為：

$$\mathbf{A} = \begin{bmatrix} 1 & 1 \\ 1 & 2 \\ 1 & 5 \end{bmatrix} \quad [\mathbf{A} \ \mathbf{b}] = \begin{bmatrix} 1 & 1 & 1 \\ 1 & 2 & 3 \\ 1 & 5 & c \end{bmatrix}$$

在 MATLAB 中進行計算，我們發現對於 $c = 9$，會得到 rank(**A**) = rank([**A b**]) = 2。因此，本系統具有一個解，而且因為未知數的數目 (數目為 2) 與 **A** 的秩相等，所以是唯一解。使用左除法 A\b 可以得到解，答案為 $x_1 = -1$ 與 $x_2 = 2$。

對於 $c = 10$，我們發現 rank(**A**) = 2，但 rank([**A b**]) = 3。因為 rank(**A**) ≠ rank([**A b**])，所以解不存在。然而，使用左除法 **A\b** 仍會得到 $x_1 = -1.3846$、$x_2 = 2.2692$，但這不是一個正確解！此結論可以藉由將這些值代入原本的方程式組來驗證。這個答案是以最小平方的形式呈現。亦即，這些值是能夠最小化 J 的 x_1 值及 x_2 值，J 是原本方程式等號左側與右側之差的平方和。

$$J = (x_1 + x_2 - 1)^2 + (x_1 + 2x_2 - 3)^2 + (x_1 + 5x_2 - 10)^2$$

要正確地解讀過定系統的 MATLAB 答案，首先要檢查 **A** 及 **[A b]** 的秩，以判斷是否存在完全正確的解；若不存在一個解，那麼我們就會知道左除法得到的結果是一個最小平方解。在第 8.5 節中，我們將寫一個通用程式，以檢查秩並求解線性方程組。

▸ 測試你的瞭解程度

T8.4-1　求解下列的方程式組：

$$x_1 - 3x_2 = 2$$
$$3x_1 + 5x_2 = 7$$
$$70x_1 - 28x_2 = 153$$

(答案：此方程式組具有唯一解 $x_1 = 2.2143$、$x_2 = 0.0714$，使用的是左除法)

T8.4-2 說明為何以下的方程式組沒有解答：

$$\begin{aligned} x_1 - 3x_2 &= 2 \\ 3x_1 + 5x_2 &= 7 \\ 5x_1 - 2x_2 &= -4 \end{aligned}$$

8.5 通解程式

在本章中，你看到具有 m 個方程式及 n 個未知數的線性代數方程式組 **Ax = b** 有解，若且唯若 rank[**A**] = rank[**A b**](條件 (1))。令 r = rank[**A**]。若滿足條件 (1) 且 $r = n$，則具有唯一解。若滿足條件 (1)，但 $r < n$，則具有無限多解；此外，r 個未知數可以表示為其他 $n - r$ 個未知數的線性組合，其值為任意數。在這種情況下，我們可以使用 rref 指令來求出這些變數之間的關係。在開始動手撰寫程式之前，表 8.5-1 中的假碼可以用來摘要出一個方程式求解器程式。

我們濃縮此流程圖為圖 8.5-1。根據此流程圖或假碼，我們可以開發一個如表 8.5-2 所列出的腳本檔。此程式使用了給定的陣列 A 及 b 來檢查秩的條件；若存在一個解，則使用左除法來求解；若具有無限多解，則使用 rref 法來求解。注意，未知數的數目會等於 A 的行數，而行數可以藉由輸入 size_A(2)(代表 size_A 中的第二個元素) 來得到。此外，也要注意 **A** 的秩不能超過 **A** 的行數。

測試你的瞭解程度

T8.5-1 輸入表 8.5-2 中的腳本檔 lineq.m，並且執行此程式計算下列的情況。徒手計算來驗證答案。

a. A = [1,-1;1,1], b = [3;5]
b. A = [1,-1;2,-2], b = [3;6]
c. A = [1,-1;2,-2], b = [3;5]

表 8.5-1 線性方程式求解器的虛擬碼

若 **A** 的秩等於 [**A b**] 的秩，則
　　求出 **A** 的秩是否等於未知數的數目。若是，則具有唯一解，並且可以左除法求得。顯示此結果並終止程式。
　　若否，具有無限多解，並可由增廣矩陣來求得。顯示此結果並終止程式。
否則 (若 **A** 的秩不等於 [**A b**] 的秩)，則無解。
　　顯示此結果並終止程式。

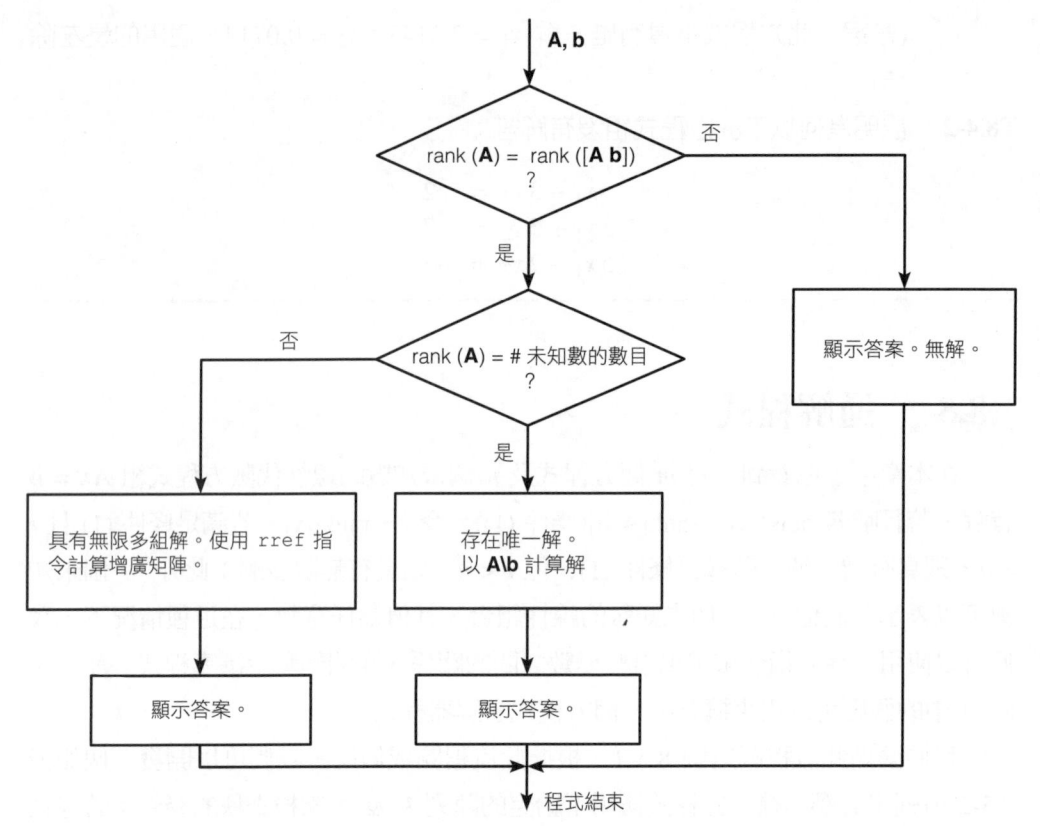

```
                          A, b
                            ↓
              ┌─────────────────────┐         否
              │ rank (A) = rank ([A b]) │ ──────────┐
              │          ?          │           │
              └─────────────────────┘           │
                       │ 是                     │
                       ↓                        │
     否    ┌─────────────────────┐              │
  ┌──────  │ rank (A) = # 未知數的數目 │            │
  │        │          ?          │              │
  │        └─────────────────────┘              │
  │                │ 是                         │
  │                ↓                            ↓
  │        ┌──────────────┐              ┌──────────────┐
  │        │ 存在唯一解。    │              │ 顯示答案。無解。│
  │        │ 以 A\b 計算解  │              │              │
  │        └──────────────┘              └──────────────┘
  ↓                │                            │
┌──────────────┐   ↓                            │
│具有無限多組解。使用 rref│                       │
│指令計算增廣矩陣。│                              │
└──────────────┘                                │
  │        ┌──────────┐              ┌──────────┐
  └──────→ │ 顯示答案。 │              │ 顯示答案。 │
           └──────────┘              └──────────┘
                │                           │
                └───────────┬───────────────┘
                            ↓
                         程式結束
```

圖 8.5-1 求解線性方程式的解說流程圖

8.6 摘要

若方程式組中,方程式的數目等於未知變數的數目,MATLAB 提供兩種方式求解方程式組 **Ax = b**:反矩陣法 x = inv(A)*b 及左除法 x = A\b。如果 MATLAB 沒有產生任何錯誤訊息,則此方程式組具有唯一解。你應該輸入 Ax 來檢查所得到的解 x,看看所得到的結果是否與 b 相同。若得到錯誤訊息,則表示此方程式組為欠定 (即使方程式的數目和未知數的數目相等),那麼它沒有任何解,或有一個以上的解。

對於過定方程式組,MATLAB 提供三種處理這種方程式組 **Ax = b** 的方式 (注意,反矩陣法在這種情況下是無法使用的):

1. 矩陣的左除法 (可以求出一個特解,但是無法求得通解)。
2. 擬反矩陣法。輸入 x = pinv(A)*b 求解 x,此法可以求得最小範數解。
3. 縮減列梯隊形式法。這個方法是使用 MATLAB 的 rref 指令來求出通解,用其中一些未知數來表示其他未知數。

表 8.5-2　以 MATLAB 程式碼求解線性方程式

```
% Script file lineq.m
% Solves the set Ax = b, given A and b.
% Check the ranks of A and [A b].
if rank(A) == rank([A b])
   % The ranks are equal.
   size_A = size(A);
   % Does the rank of A equal the number of unknowns?
   if rank(A) == size_A(2)
      % Yes. Rank of A equals the number of unknowns.
      disp('There is a unique solution, which is:')
      x = A\b % Solve using left division.
   else
      % Rank of A does not equal the number of unknowns.
      disp('There is an infinite number of solutions.')
      disp('The augmented matrix of the reduced system is:')
      rref([A b]) % Compute the augmented matrix.
   end
else
   % The ranks of A and [A b] are not equal.
   disp('There are no solutions.')
end
```

　　表 8.6-1 摘要了四種方法。你現在應該能夠決定方程式是否具有唯一解、無限多解，或者無解。你可以使用第 8.1 節的測試程序來測試解的存在條件及唯一性。

　　某些過定系統有正解，可以用左除法求得，但是這個方法並沒有指出解是否正確。若要確定解是否正確，首先必須檢查 **A** 及 **[A b]** 的秩來判斷是否有解存在；若不存在，則使用左除法所得到的解是一個最小平方解。

表 8.6-1　求解線性方程組的矩陣函數和指令

函數	敘述
det(A)	計算陣列 **A** 的行列式值。
inv(A)	計算矩陣 **A** 的反矩陣。
pinv(A)	計算矩陣 **A** 的擬反矩陣。
rank(A)	計算矩陣 **A** 的秩。
rref([A b])	計算對應於增廣矩陣 **[A b]** 的縮減列梯隊形式。
x = inv(A)*b	使用反矩陣法求解矩陣方程式 **Ax = b**。
x = A\b	使用左除法求解矩陣方程式 **Ax = b**。

習題

對於標註星號的問題,請參見本書最後的解答。

8.1 節

1. 利用反矩陣求解下列方程式,並計算 $\mathbf{A}^{-1}\mathbf{A}$ 來確認答案。

    a. $2x + y = 5$
       $3x - 9y = 7$

    b. $-8x - 5y = 4$
       $-2x + 7y = 10$

    c. $12x - 5y = 11$
       $-3x + 4y + 7x_3 = -3$
       $6x + 2y + 3x_3 = 22$

    d. $6x - 3y + 4x_3 = 41$
       $12x + 5y - 7x_3 = -26$
       $-5x + 2y + 6x_3 = 16$

2.* a. 求解下列的矩陣方程式以得到矩陣 $\mathbf{C}$:

$$\mathbf{A}(\mathbf{BC} + \mathbf{A}) = \mathbf{B}$$

   b. 以下列的條件來評估 a 題中所得到的解:

$$\mathbf{A} = \begin{bmatrix} 7 & 9 \\ -2 & 4 \end{bmatrix} \quad \mathbf{B} = \begin{bmatrix} 4 & -3 \\ 7 & 6 \end{bmatrix}$$

3. 用 MATLAB 求解下列方程式:

    a. $-2x + y = -5$
       $-2x + y = 3$

    b. $-2x + y = 3$
       $-8x + 4y = 12$

    c. $-2x + y = -5$
       $-2x + y = -5.00001$

    d. $x_1 + 5x_2 - x_3 + 6x_4 = 19$
       $2x_1 - x_2 + x_3 - 2x_4 = 7$
       $-x_1 + 4x_2 - x_3 + 3x_4 = 30$
       $3x_1 - 7x_2 - 2x_3 + x_4 = -75$

8.2 節

4. 圖 P4 的電路具有五個電阻及一個電壓源。應用克希荷夫電壓定律於電路中的每一個迴路,如下所示:

$$v - R_2 i_2 - R_4 i_4 = 0$$
$$-R_2 i_2 + R_1 i_1 + R_3 i_3 = 0$$
$$-R_4 i_4 - R_3 i_3 + R_5 i_5 = 0$$

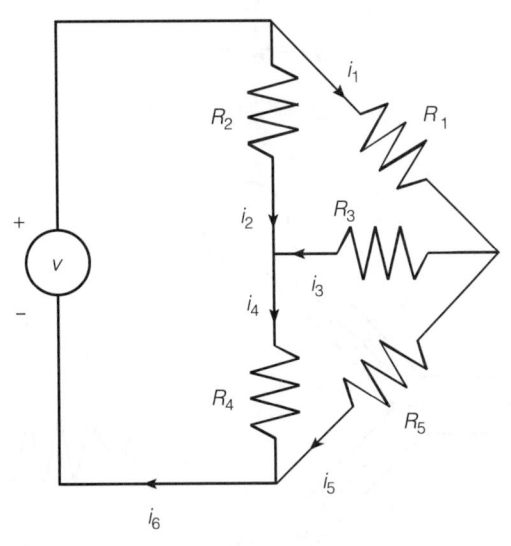

■ 圖 P4

電路中每一個節點的電流守恆,則可得到:

$$i_6 = i_1 + i_2$$
$$i_2 + i_3 = i_4$$
$$i_1 = i_3 + i_5$$
$$i_4 + i_5 = i_6$$

a. 使用電壓源的值及五個電阻的值來撰寫一個 MATLAB 腳本檔,以求解六個電流。

b. 使用 a 題中所開發的程式,並使用下列的值來求解電流:$R_1 = 1$ kΩ、$R_2 = 5$ kΩ、$R_3 = 2$ kΩ、$R_4 = 10$ kΩ、$R_5 = 5$ kΩ 以及 $v = 100$ V。(注意,1 kΩ = 1000 Ω)

5.* a. 使用 MATLAB 求解下列方程式中的 x、y 及 z,以參數 c 的函數表示:

$$x - 5y - 2z = 11c$$
$$6x + 3y + z = 13c$$
$$7x + 3y - 5z = 10c$$

b. 畫出 x、y 及 z 對 c 的圖形於同一張圖形上,區間為 $-10 \leq c \leq 10$。

6. 管線網路中的流體流量可以使用和電阻網路中的電流相似的方式來分析。圖 P6 顯示一個具有三條管線的網路。三條管線中的體積流量分別為 q_1、q_2 及 q_3。管線末端的壓力分別為 p_a、p_b 及 p_c;p_1 為接面的壓力。在某些情況下,管線中壓

力流量的關係和電阻中的電壓電流關係相同。因此對於這三條管線，我們可以得到：

$$q_1 = \frac{1}{R_1}(p_a - p_1)$$

$$q_2 = \frac{1}{R_2}(p_1 - p_b)$$

$$q_3 = \frac{1}{R_3}(p_1 - p_c)$$

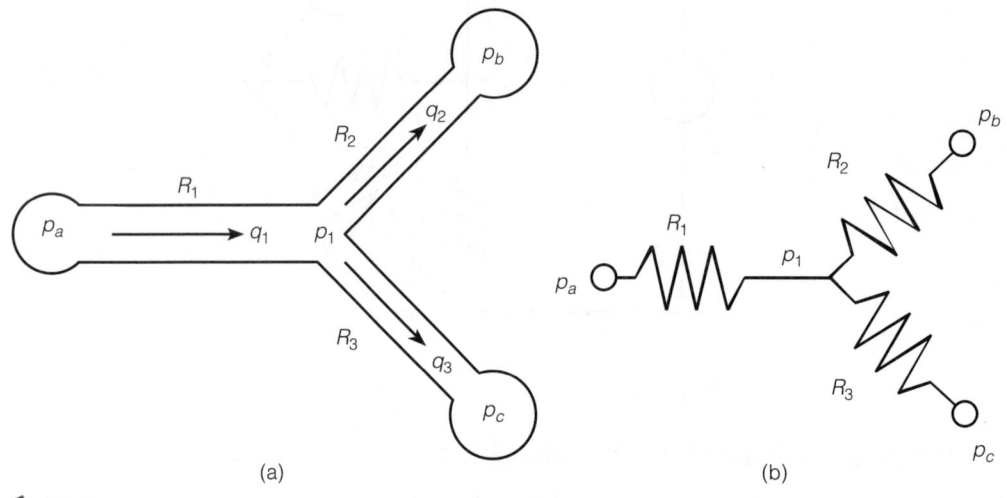

圖 P6

其中，R_i 表示管線的阻抗。根據質量守恆定律，$q_1 = q_2 + q_3$。

a. 建立這些方程式的一個適合求解三個流量 q_1、q_2、q_3 及壓力 p_1 的矩陣形式 **Ax = b**，所給定的值為壓力 p_a、p_b、p_c，以及電阻 R_1、R_2、R_3。求出 **A** 及 **b** 的表示式。

b. 使用 MATLAB 求解 a 題中所得到的矩陣方程式，根據如下的值：$p_a = 4,320$ lb/ft^2、$p_b = 3,600$ lb/ft^2、$p_c = 2,880$ lb/ft^2。這些值分別對應到 30、25 及 20 psi (1 psi = 1 lb/in^2；一大氣壓力等於 14.7 psi)。使用電阻值 $R_1 = 10,000$ lb sec/ft^5、$R_2 = 14,000$ lb sec/ft^5。這些值對應到將燃料油輸送進入長 2 英尺、直徑 2 英寸寬，以及長 2 英尺與直徑 1.4 英寸寬的兩條不同管線。流量單位是 ft^3/sec，壓力單位是 lb/ft^2。

7. 圖 P7 顯示了一個機器手臂，其具有兩個「連桿」，並且以兩個「關節」連接——一個關節是肩關節 (或稱為底關節)，第二個關節為肘關節。在每一個關節上有一個馬達。關節的角度為 θ_1 及 θ_2。機器手臂末端的手部座標 (x, y) 由下列公式給定：

$$x = L_1 \cos \theta_1 + L_2 \cos(\theta_1 + \theta_2)$$
$$y = L_1 \sin \theta_1 + L_2 \sin(\theta_1 + \theta_2)$$

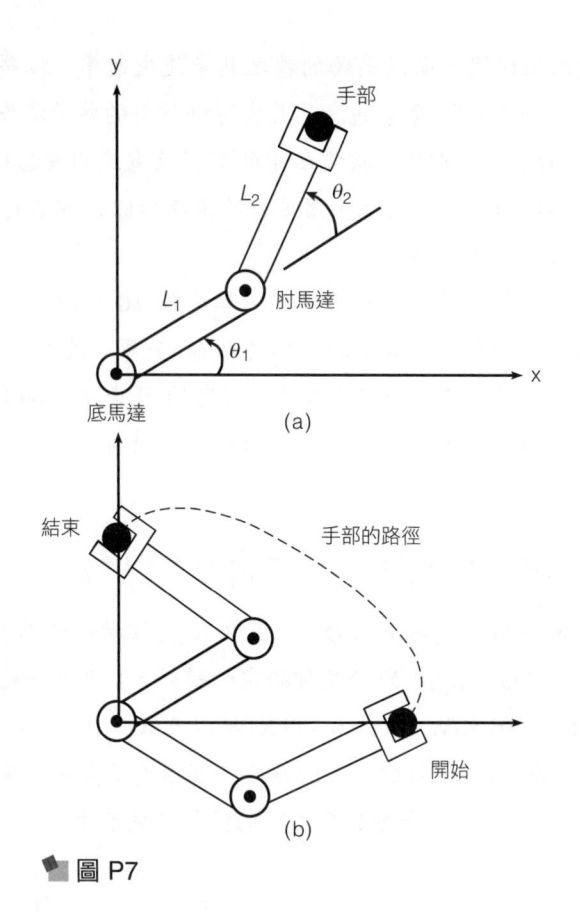

線性代數方程式 Chapter 8

▣ 圖 P7

其中，L_1 與 L_2 是兩個連桿的長度。

我們使用多項式來控制機器人的動作。若我們由靜止 (即速度與加速度均為零) 開始啟動手臂，下列的多項式可產生控制命令到每一個關節馬達控制器上。

$$\theta_1(t) = \theta_1(0) + a_1 t^3 + a_2 t^4 + a_3 t^5$$
$$\theta_2(t) = \theta_2(0) + b_1 t^3 + b_2 t^4 + b_3 t^5$$

其中，$\theta_1(0)$ 與 $\theta_2(0)$ 是時間 $t = 0$ 的起始值。而在時間 t_f 時，手部會移動到所欲的目的地，對應的角度為 $\theta_1(t_f)$ 及 $\theta_2(t_f)$。若起始與結束時手部座標 (x, y) 是給定的，則可以根據三角函數寫出 $\theta_1(0)$、$\theta_2(0)$、$\theta_1(t_f)$ 及 $\theta_2(t_f)$ 的值。

a. 在給定 $\theta_1(0)$、$\theta_1(t_f)$ 及 t_f 的情況下，建立一個矩陣方程式，以求出係數 a_1、a_2 與 a_3。得到一個類似的方程式以求出係數 b_1、b_2 與 b_3。

b. 使用 MATLAB 求解多項式係數，給定的值如下：$t_f = 2$ sec、$\theta_1(0) = -19°$、$\theta_2(0) = 44°$、$\theta_1(t_f) = 43°$ 以及 $\theta_2(t_f) = 151°$。(這些值對應到的手部起始位置為 $x = 6.5$、$y = 0$ 英尺，對應的終點位置為 $x = 0$、$y = 2$ 英尺，此時 $L_1 = 4$、$L_2 = 3$ 英尺。)

c. 使用 b 題得到的結果畫出手部運動的路徑。

8.* 工程師必須預測通過一面建築物的牆之熱量流失速率,以獲得加熱系統的必要條件。工程師利用熱阻 R 的觀念,其與穿過材料的熱量流失速率 q 及溫度差 ΔT 相關:$q = \Delta T/R$。這個關係與電阻中的電壓及電流的觀念相似:$i = v/R$。所以熱量流失速率類似電流的角色,溫度差的角色類似於電壓的差。q 的 SI 單位為瓦,也就是 1 焦耳/秒 (J/S)。

圖 P8 顯示的牆具有四層:內層為車床,厚度為 10 公厘;一層玻璃纖維的隔熱層,厚度為 125 公厘;一層木頭,厚度為 60 公厘;最外層是 50 公厘厚的磚塊。若我們假設內層與外層的溫度維持在固定的 T_i 與 T_o,那麼儲存於這些夾層中的熱量也是定值;因此,流經每一層的熱量是相同的。我們使用能量守恆得到下列的方程式:

$$q = \frac{1}{R_1}(T_i - T_1) = \frac{1}{R_2}(T_1 - T_2) = \frac{1}{R_3}(T_2 - T_3) = \frac{1}{R_4}(T_3 - T_o)$$

某一固體材料的熱阻公式為 $R = D/k$,其中 D 是該材料的厚度,k 是材料的導熱性 (thermal conductivity)。對於某種給定的材料,1 平方公尺牆的熱阻為 $R_1 = 0.036$ K/W、$R_2 = 4.01$ K/W、$R_3 = 0.408$ K/W 以及 $R_4 = 0.038$ K/W。

假設 $T_i = 20°C$ 及 $T_o = -10°C$。求出另外三個溫度及熱量流失速率 q,單位為瓦。計算在牆壁面積為 10 平方公尺之下的熱量流失速率。

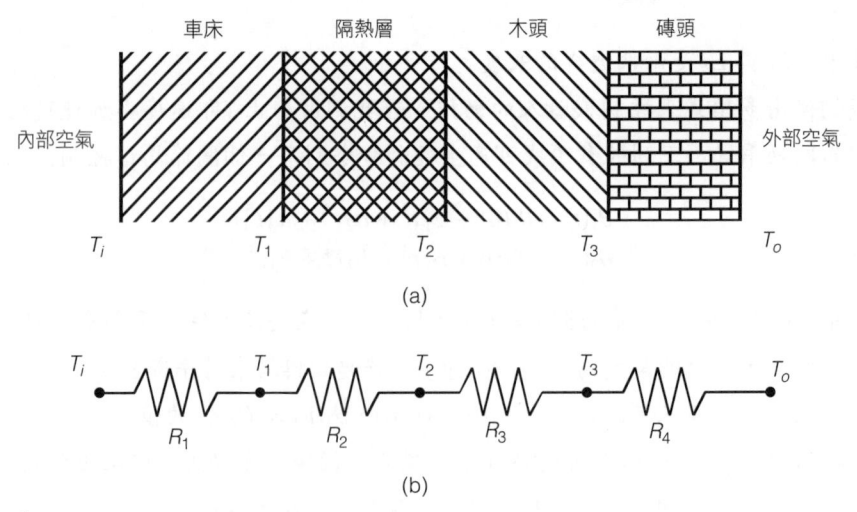

▤ 圖 P8

9. 習題 8 中所使用的熱阻觀念可以用來求出一個方形平板上的溫度分布,此方形平板如圖 P9(a) 所示。

平板的邊緣是隔絕的,所以不會有任何的熱量流失。除了隔絕的地方之外,有兩點的邊緣分別被加熱至 T_a 及 T_b。溫度沿著整張平板變化,所以無法用單一

▣ 圖 P9

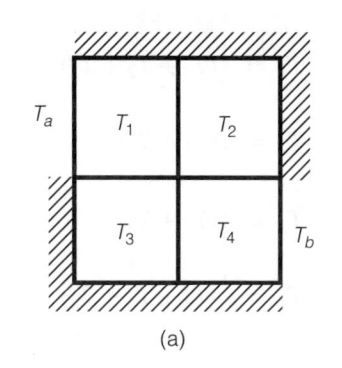

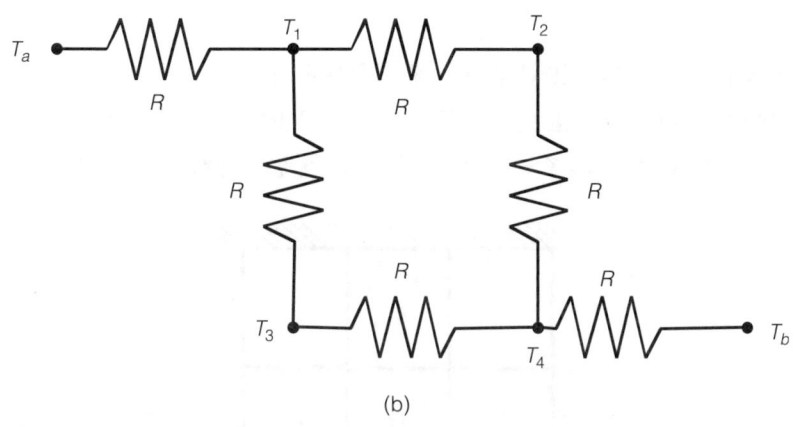

點的溫度來描述整塊平板的溫度。若要估計溫度分布，方法之一是想像此平板係由四個方形的子平板所組成，並且計算出每一個方形子平板的溫度。令 R 是相鄰兩塊方形平板之中心點間的熱阻。接著，我們可以將此問題想成是一個電阻的網路，如圖 P9(b) 所示。令 q_{ij} 是溫度 T_i 與 T_j 兩點之間的熱量流。若 T_a 及 T_b 在某一段時間內為定值，則每一塊方形子平板中所儲存的熱量，以及每一塊方形子平板之間的熱量流都會是定值。在這種情況下，能量守恆告訴我們流入每一個方形子平板的熱量等於流出的熱量。使用這個定律於每一塊方形子平板，我們可以得到下列公式：

$$q_{a1} = q_{12} + q_{13}$$

$$q_{12} = q_{24}$$

$$q_{13} = q_{34}$$

$$q_{34} + q_{24} = q_{4b}$$

將 $q = (T_i - T_j)/R$ 代入，我們發現每一個方程式中的 R 可以互相抵消，方程式可重新改寫如下：

$$T_1 = \tfrac{1}{3}(T_a + T_2 + T_3)$$

$$T_2 = \tfrac{1}{2}(T_1 + T_4)$$

$$T_3 = \tfrac{1}{2}(T_1 + T_4)$$

$$T_4 = \tfrac{1}{3}(T_2 + T_3 + T_5)$$

這些方程式告訴我們每一塊方形子平板的溫度,就是相鄰方形子平板的溫度平均!

使用 $T_a = 150°C$ 及 $T_b = 20°C$ 的條件來求解這些方程式。

10. 使用習題 9 中所得到的溫度平均原理,求出圖 P10 所顯示的平板溫度分布。圖 P10 使用的是 3×3 的格子,而且 $T_a = 150°C$ 及 $T_b = 20°C$。

◆ 圖 P10

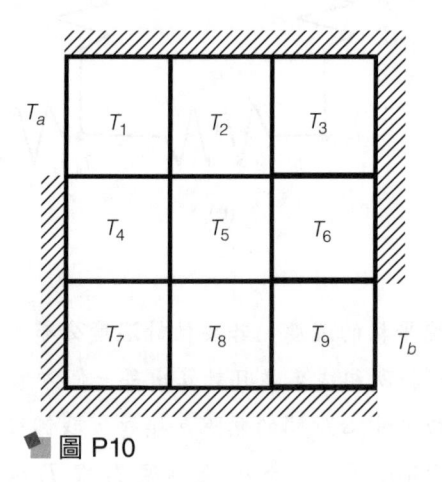

11. 考慮 8.2 節中的例 8.2-3 (a),但現在電壓為 v_2 沒有具體說明。假設每個電阻額定承載電流不超過 1 mA (= 0.001 A)。確定允許的正面範圍電壓 v_2 的值。

12. 重量 W 由兩根相距固定距離 D 的電纜支撐 (見圖 P12)。給定電纜長度 L_{AB},但要選擇長度 L_{AC}。每根電纜可支持最大張力等於 W 重量保持靜止,總水平力和總垂直每個力必須為零。該原理給定的方程式

$$-T_{AB}\cos\theta + T_{AC}\cos\phi = 0$$
$$T_{AB}\sin\theta + T_{AC}\sin\phi = W$$

如果我們可以解決張力 T_{AB} 和 T_{AC} 的這些方程式知道角度 θ 和 ϕ。從餘弦定律

$$\theta = \cos^{-1}\left(\frac{D^2 + L_{AB}^2 - L_{AC}^2}{2DL_{AB}}\right)$$

▶ 圖 P12

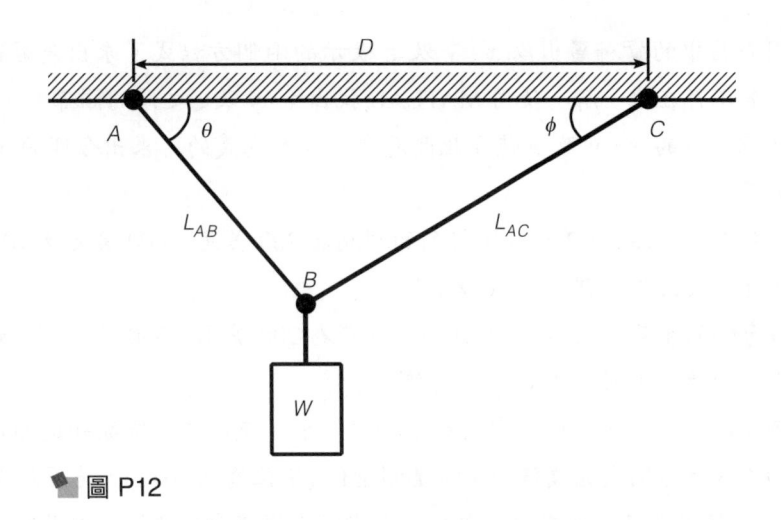

從正弦法則

$$\phi = \sin^{-1}\left(\frac{L_{AB}\sin\theta}{L_{AC}}\right)$$

對於給定值 $D = 6$ ft, $L_{AB} = 3$ ft, $W = 2000$ lb, 請使用循環 MATLAB 找到 $L_{AC\min}$, 我們可以在沒有 T_{AB} 的情況下使用最短的 L_{AC} 長度或者 T_{AC} 超過 2000 磅。注意最大的 L_{AC} 可以是 6.7 英尺 (其中對應於 $\theta = 90°$)。繪製張力 T_{AB} 和 T_{AC} 的圖與 L_{AC} 的關係曲線而 $L_{AC\min} \leq L_{AC} \leq 6.7$。

8.3 節

13.* 求解下列方程式：

$$\begin{aligned} 7x + 9y - 9z &= 22 \\ 3x + 2y - 4z &= 12 \\ x + 5y - z &= -2 \end{aligned}$$

14. 求解下列方程式：

$$\begin{aligned} 6x - 4y + 3z &= 5 \\ 4x + 3y - 2z &= 23 \\ 10x - y + z &= 28 \end{aligned}$$

15. 下表顯示需要多少小時才能讓反應物 A 及反應物 B 產生出 1 噸的化學產品 1、2 與 3。兩種反應物每週有 35 小時及 40 小時的可使用量。

小時	產品 1	產品 2	產品 3
反應物 A	6	2	10
反應物 B	3	5	2

令 x、y 及 z 為產品 1、2 及 3 每週可生產的噸數。

a. 使用表格中的資料寫出以 x、y 及 z 表示的兩個方程式。求出是否存在唯一解；若不存在唯一解，使用 MATLAB 找出 x、y 及 z 之間的關係。

b. 請注意，負的 x、y 及 z 值在此問題中是沒有意義的。求出合理的 x、y 及 z 值範圍。

c. 假設每噸的產品 1、2 及 3 所得到的利潤為 200 美元、300 美元及 100 美元。求出能夠最大化利潤的 x、y 及 z 值。

d. 假設每噸的產品 1、2 及 3 所得到的利潤為 200 美元、500 美元及 100 美元。求出能夠最大化利潤的 x、y 及 z 值。

16. 參考圖 P16。假設交通網路中沒有車輛停下來。交通工程師欲知道顯示於此圖形中的進入及離開交通網路的車流量測量值 (單位為輛/小時)，是否足以計算 f_1, f_2, ..., f_7。若不可行，則求出需要加裝多少個交通流量感測器，並且寫出以計算所得的數值來表示其他車流量的算式。

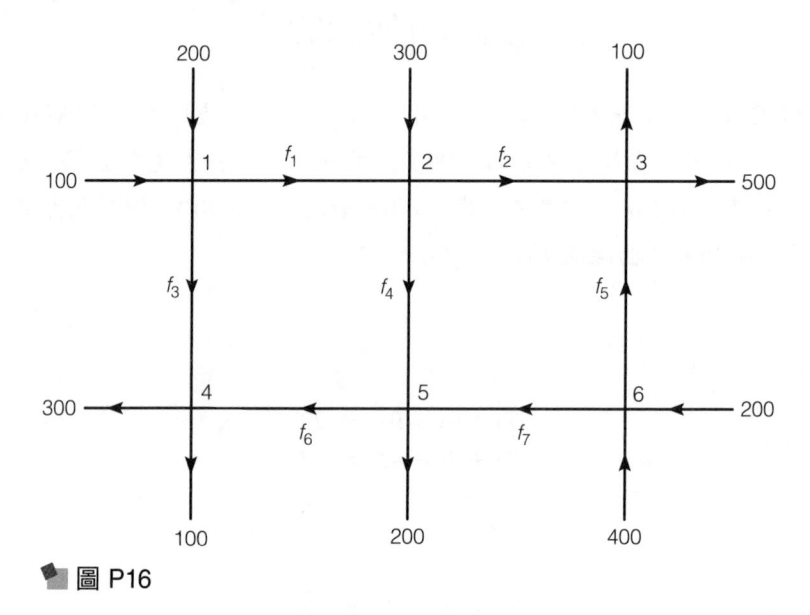

▶ 圖 P16

17. 使用 MATLAB 尋找三次多項式 $ax^3 + bx^2$ 的係數 $cx + d$ 通過四個點 $(x, y) = (1, 6)$、$(2, 38)$、$(4, 310)$、$(5, 580)$。

8.4 節

18.* 使用 MATLAB 求解下列問題：

$$x - 3y = 2$$
$$x + 5y = 18$$
$$4x - 6y = 20$$

19. 使用 MATLAB 求解下列問題：

$$x + 6y = 32$$
$$7x - 2y = 4$$
$$2x + 3y = 19$$

20. 使用 MATLAB 求解下列問題：
$$x - 3y = 2$$
$$x + 5y = 18$$
$$4x - 6y = 10$$

21. 使用 MATLAB 求解以下問題：
$$x + 6y = 20$$
$$7x - 2y = 4$$
$$2x + 3y = 19$$

22. a. 使用 MATLAB 求解下列二次多項式 $y = ax^2 + bx + c$ 的係數，此多項式通過三個點：$(x, y) = (1, 4)$、$(4, 73)$、$(5, 120)$。

    b. 使用 MATLAB 求解下列三次多項式 $y = ax^3 + bx^2 + cx + d$ 的係數，此多項式通過 a 題給定的三個點。

23. a. 使用 MATLAB 尋找二次多項式的係數 $y = ax^2 + bx + c$，它通過三個點 $(x, y) = (1,10)$，$(3,30)$，$(5,74)$。

    b. 使用 MATLAB 找到三次多項式 $ax^3 + bx^2 + cx + d$ 的係數，它們通過在 a 題給定的三個點。

24. 利用表 8.5-2 中的 MATLAB 程式求解下列問題：

    a. 問題 3d

    b. 問題 13

    c. 問題 18

    d. 問題 20

Chapter 9

微積分及微分方程式的數值方法

©Nor Gal / shutterstock

21 世紀的工程……
基礎建設的改建

美國政府在經濟大蕭條期間著手進行了許多公共建設計畫，目的是刺激經濟成長及提供就業機會。這些公共建設計畫包含了高速公路、橋樑、供水設施、下水道系統以及電力輸送網路。二次世界大戰之後，另外一項突破性的公共建設就是州際高速公路系統的興建。邁入 21 世紀後，許多基礎建設的使用時間大都有 40 至 80 年左右，因此逐漸出現毀損或不符時代需求的現象。某一份調查顯示，美國國內超過 25% 的橋樑已經不符標準，而應該進行補強或重建。2013 年的一項研究估計需要改進所有類型的基礎設施將耗資約 3.3 兆美元，約合 1.4 兆美元比目前的資金水準。

重建這些基礎建設需要使用與以往不同的工程方法，因為現在的勞工成本及建築材料成本都比以往還要高，環境與社會議題的影響力也比昔日更被重視。基礎建設工程師必須採用新的材料、探勘科技、建築技巧及省力機器。

同時，某些基礎建設元件 (如通訊網路) 也應該更新，因為它們已經過時，而且無法採用新的科技。範例之一就是「資訊基礎建設」，此類基礎建設包含了用來傳輸、儲存、處理，以及顯示各種音訊、資料與影像之實體設施。為此，我們需要更先進的通訊系統及電腦網路科技。

顯然，每個工程學科都將參與這樣的工作許多 MATLAB 工具箱對此提供更進階的支援，包括財務工程工具箱

學習大綱
9.1 數值積分
9.2 數值微分
9.3 一階微分方程式
9.4 高階微分方程式
9.5 用於線性方程式的特殊方法
9.6 摘要
習題

(Financial toolbox)、通訊系統工具箱 (Communication toolbox)、影像處理工具箱 (Image Processing toolbox)、信號處理工具箱 (Signal Processing toolbox)、偏微分方程式工具箱 (PDE toolbox) 以及小波工具箱 (Wavelet toolbox)。

本章涵蓋了計算積分與導數，以及求解常微分方程式的數值方法。由於某些積分無法使用解析的方式求出，所以我們需要利用數值方法來求得近似解 (第 9.1 節)。另外，我們常常必須使用數據來估計變化的速率，而這需要對導數做數值的估計 (第 9.2 節)。然而，許多微分方程式尚無法使用解析的方式求出，所以我們必須使用適當的數值技巧來求解。第 9.3 節將介紹一階微分方程式，第 9.4 節會將第 9.3 節的方法延伸到高階方程式。第 9.5 節則介紹更多求解線性方程式的實用方法。

當你完成本章的學習之後，你將有能力完成下列事項：

- 使用 MATLAB 以數值方法進行積分。
- 使用 MATLAB 配合數值方法來估計導數。
- 使用 MATLAB 的數值微分方程式解法器來求解。

9.1　數值積分

函數 $f(x)$ 在範圍 $a \leq x \leq b$ 之間的積分可以表示成 $f(x)$ 曲線和 x 軸 (界限範圍為 $x = a$ 與 $x = b$) 所包圍起來的面積。如果我們將面積標記成 A，則我們可以將 A 寫成

$$A = \int_a^b f(x)\, dx \tag{9.1-1}$$

定積分　如果有指定積分的範圍，這樣的積分被稱為**定積分** (definite integral)；反之，如果
不定積分　沒有指定積分範圍，則為**不定積分** (indefinite integral)。另外，視積分的限制，**瑕積**
瑕積分　**分** (improper integral) 可能有無窮大值。舉例來說，下列積分可以在多數積分表中找到：

$$\int \frac{1}{x-1} dx = \ln |x-1|$$

然而，若此積分的界限範圍包含點 $x = 1$，則此積分是一個瑕積分。所以就算此積分所得到的公式可以在積分表中找到，你仍應該仔細檢查此被積函數 (integrand) 以
奇異點　找出**奇異點** (singularity)，這些點存在於此被積函數沒有被定義的情況下。這同樣也會出現於以數值方法求解積分的情況。

離散點的積分

求得某一曲線底下面積的最簡單方法，就是將這一塊面積切割成許多矩形 (圖 9.1-1a)。如果矩形的寬度夠小，則面積的加總可以得到整個積分的近似值。而更為複雜的方式就是使用梯形元素 (圖 9.1-1b)。每一個梯形稱為一塊嵌板 (panel)，每一塊嵌板的寬度不一定相同；為了提高此方法的正確度，你可以在函數變化比較劇烈的地方使用較窄的嵌板寬度。針對函數的行為調整嵌板寬度的方式，稱為適應性方法 (adaptive method)。MATLAB 只用 trapz 函數來執行梯形積分 (trapzoidal integration)，語法為 trapz(x,y)，陣列 y 包含對應於陣列 x 中點的函數值。如果你想要進行單一函數的積分，則 y 是一個向量。如果要進行一個函數以上的積分，則將這些值放入矩陣 y，並且輸入 trapz(x,y) 來計算 y 中每一行的積分。

你不可以直接使用 trapz 函數來對一個指定的函數做積分；你首先必須計算，並且將函數值儲存於陣列之中。後面我們將會討論另一個能直接接受函數進行積分的積分函數，即 integral 函數。然而，這個函數無法處理由值所構成的陣列，所以這些函數是互補的。trapz 函數的相關內容摘要於表 9.1-1 中。

以下是使用 trapz 函數進行積分的簡單例子，讓我們計算下列的積分：

$$A = \int_0^\pi \sin x \, dx \tag{9.1-2}$$

正確的解答為 $A = 2$。若要探討嵌板寬度的效應，首先我們用 10 個具有相同寬度 $\pi/10$ 的嵌板。腳本檔如下：

```
x = linspace(0,pi,10);
y = sin(x);
A = trapz(x,y)
```

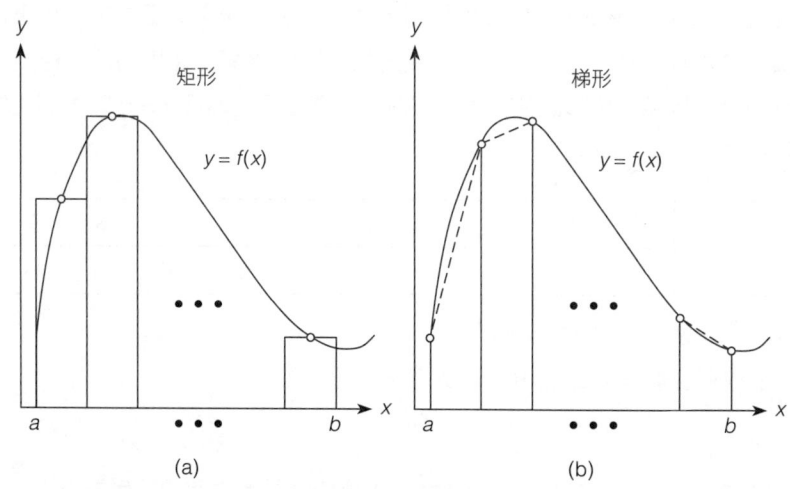

圖 9.1-1 (a) 長方形；與 (b) 梯形數值積分圖解

表 9.1-1　數值積分函數的基本語法

指令	敘述
`integral(fun,a,b)`	使用自調應 Simpson 規則來計算極限 a 和 b 之間的函數 `fun` 的積分。輸入 `fun` 表示被積函數 $f(x)$，它是被積函數的函數句柄。它必須接受向量參數 x 並回傳向量結果 y。
`integral2(fun,a,b,c,d)`	計算在極限 $a \le x \le b$ 和 $c \le y \le d$ 之間的函數 $f(x, y)$ 的雙積分。輸入 `fun` 指定計算被積函數的函數。它必須接受向量參數 x 和純量 y，並且必須回傳向量結果。
`integral3(fun,a,b,c,d,e,f)`	計算在極限 $a \le x \le b$，$c \le y \le d$ 和 $e \le y \le f$ 之間的函數 $f(x, y, z)$ 的三重積分。輸入 `fun` 指定計算被積函數的函數。它必須接受向量參數 x、純量 y 和純量 z，並且它必須回傳向量結果。
`polyint(p,C)`	透過一個使用者指定的積分常數 C 來計算多項式 p 的積分。
`trapz(x,y)`	使用梯形積分計算 y 對 x 的積分，其中陣列 y 包含在陣列 x 中點的函數值。

所得到的答案是 $A = 1.9797$，此答案具有相對誤差 $100(2 - 1.9797)/2 = 1\%$。現在我們使用 100 塊具有相同寬度的嵌板；將陣列 x 更換為 `x = linspace(0,pi,100)`，得到的答案為 $A = 1.9998$，具有相對誤差 $100(2 - 1.9998)/2 = 0.01\%$。如果我們檢查被積函數 $\sin x$ 的圖形，將會發現此函數在 $x = 0$ 及 $x = \pi$ 附近的變化程度，比在 $x = \pi/2$ 附近的變化程度還要大。因此，如果我們只在 $x = 0$ 及 $x = \pi$ 附近使用比較窄的嵌板，仍然可以達到相同的正確度。

如果被積函數是以列表的方式呈現，我們通常使用 `trapz` 函數；反之，如果被積函數是以函數的方式呈現，則用 `integral` 函數，後續將進行簡短的介紹。

範例 9.1-1　由加速計求得速度

加速計 (accelerometer) 通常設置於飛機、火箭及其他交通工具中，用來估計此交通工具的速度與位移。加速計將加速度的信號積分以產生速度的估計值，再將速度的估計值積分以產生位移的估計值。假設此交通工具在時間 $t = 0$ 時由靜止啟動，所量測到的加速度列於下表中。

時間 (s)	0	1	2	3	4	5	6	7	8	9	10
加速度 (m/s²)	0	2	4	7	11	17	24	32	41	48	51

(a) 估計 10 秒之後的速度 v。

(b) 估計在時間 $t = 1, 2, ..., 10$ s 時的速度。

■解法

(a) 初速為零，所以 $v(0) = 0$。加速度 $a(t)$ 及速度兩者之間的關係為：

$$v(10) = \int_0^{10} a(t)\,dt + v(0) = \int_0^{10} a(t)\,dt$$

所使用的腳本檔如下：

```
t = 0:10;
a = [0,2,4,7,11,17,24,32,41,48,51];
v10 = trapz(t,a)
```

10 秒後的速度為 v10，即為 211.5 m/s。

(b) 下列的腳本檔使用以下的速度表示式：

$$v(t_{k+1}) = \int_{t_k}^{t_{k+1}} a(t)\,dt + v(t_k) \qquad k = 1, 2, \ldots, 10$$

其中 $v(t_1) = 0$。

```
t = 0:10;
a = [0,2,4,7,11,17,24,32,41,48,51];
v(1) = 0;
for k = 1:10
   v(k+1) = trapz(t(k:k+1), a(k:k+1))+v(k);
end
disp([t',v'])
```

答案列於下表中：

時間 (s)	0	1	2	3	4	5	6	7	8	9	10
速度 (m/s)	0	1	4	9.5	18.5	32.5	53	81	117	162	211.5

測試你的瞭解程度

T9.1-1 修改範例 9.1-1(b) 中的腳本檔，來估計在 $t = 1, 2, \ldots, 10$ s 時的位移。(部分的答案：10 秒之後的位移為 584.25 公尺)

函數積分

另一個數值積分法是辛普森法 (Simpson's rule)。辛普森法是將積分範圍 $b - a$ 分割為偶數個段落，並且對每一對相鄰的嵌板使用不同的二次函數。二次函數具有三個參數，辛普森法要求此二次函數通過此函數的三個對應於這兩塊相鄰嵌板的點，來計算這些參數。我們也可以運用比二次還要高階的多項式來達到更好的準確度。

MATLAB 的函數 `integral` 使用了辛普森法的適應性版本，`integral(fun,a,b)` 函數計算積分限制 a 和 b 之間的功能樂趣。輸入的 `fun`，代表 integrand $f(x)$，是被積函數的函數握把或者是匿名函數的名稱。函數 $y = f(x)$ 必須接受向量參數 x 並且必須回傳向量結果 y。總結了基本語法見表 9.1-1。

為了方便說明，讓我們計算 (9.1-2) 式的積分。此一對話包括以下指令：`A = integral(@sin,0,pi)`。MATLAB 求出的答案為 $A = 2.0000$，到小數點以下第四位都是正確的。

因為 `integral` 函數使用向量引數來呼叫被積函數，所以定義函數的時候，你必須永遠使用陣列運算。作法請參見下面的範例。

範例 9.1-2　計算夫瑞奈餘弦積分

某些看似簡單的積分並沒有辦法計算出閉合形式的積分，其中一例就是夫瑞奈餘弦積分 (Fresnel's cosine integral)：

$$A = \int_0^b \cos x^2 dx \tag{9.1-3}$$

(a) 用兩種方式計算積分值，其中上界為 $b = \sqrt{2\pi}$。

(b) 用巢狀函數計算更為一般化的積分

$$A = \int_0^b \cos x^n dx \tag{9.1-4}$$

$n = 2$ 與 $n = 3$。

■ 解法

(a) 很明顯地，被積函數 $\cos x^2$ 並不存在會造成積分函數出問題的奇異點。我們用兩種方式來使用 `integral` 函數。

1. 用函數檔案：以使用者定義函數來定義被積函數，如以下函數檔所示：

```
function c2 = cossq(x)
c2 = cos(x.^2);
```

`integral` 函數被呼叫如下：

```
A = integral(@cossq,0,sqrt(2*pi))
```

結果為 $A = 0.6119$。

2. 利用匿名函數 (匿名函數可參見第 3.3 節的討論)：對話為：

```
>>cossq = @(x)cos(x.^2);
>>A = integral(cossq,0,sqrt(2*pi))
```

```
A =
    0.6119
```

上述兩行可以被合成一行如下：

```
A = integral(@(x)cos(x.^2),0,sqrt(2*pi))
```

使用匿名函數的優點為使用者不需要建立或儲存一個函數檔。然而，對於比較複雜的被積函數，使用函數檔反而比較方便。

(b) 因為 integral 要求被積函數僅能有一個引數，所以下列的程式碼將無法順利執行。

```
>>cossq = @(x)cos(x.^n);
>>n = 2;
>>A = integral(cossq,0,sqrt(2*pi))
??? Undefined function or variable 'n'.
```

取而代之的是，我們將使用巢狀函數 (參見第 3.3 節) 來傳遞參數。首先建立並儲存下列函數檔。

```
function A = integral_n(n)
A = integral(@cossq_n,0,sqrt(2*pi));

% Nested function
    function integrand = cossq_n(x)
        integrand = cos(x.^n);
    end
end
```

將 $n=2$ 及 $n=3$ 帶入對話的結果為：

```
>>A = integral_n(2)
    A =
        0.6119
>>A = integral_n(3)
    A =
        0.7734
```

integral 函數具有一些自由選取的引數，可以用來分析和調整演算法的效率及準確度。輸入 help integral 查看更詳細的內容。

測試你的瞭解程度

T9.1-2 使用 `integral` 函數來計算下列積分：

$$A = \int_2^5 \frac{1}{x} dx$$

並且與閉合形式解出的答案相互比較，即 $A = 0.9163$。

多項式積分

MATLAB 提供 `polyint` 函數來計算多項式的積分。語法 `q = polyint(p,C)` 會回傳多項式 q，代表多項式 p 的積分和一個使用者指定的積分常數 C。向量 p 中的元素代表多項式的係數，以降冪排列。語法 `polyint(p)` 假設積分常數 C 為零。

例如，多項式 $12x^3 + 9x^2 + 8x + 5$ 的積分可以由 `q = polyint([12,9,8,5],10)` 得到。答案為 `q = [3,3,4,5,10]`，對應於多項式 $3x^4 + 3x^3 + 4x^2 + 5x + 10$。因為多項式的積分可以由符號公式求得，所以 `polyint` 函數並不是數值積分運算。

雙重積分

函數 `integral2` 可計算雙重積分。考慮以下積分式：

$$A = \int_c^d \int_a^b f(x,y) dx\, dy$$

基本的語法如下：

`A = integral2(fun,a,b,c,d)`

其中，`fun` 是使用者定義函數的握把，定義被積函數 $f(x, y)$。此函數必須接受一個向量 x 及一個純量 y，然後回傳一個向量結果，所以必須使用適當的陣列運算。延伸語法可以讓使用者調整精準度，可參見 MATLAB 輔助說明。

舉例來說，使用匿名函數計算下列的積分：

$$A = \int_0^1 \int_1^3 xy^2 dx\, dy$$

你可以輸入

```
>>fun = @(x,y)x.*y^2;
>>A = integral2(fun,1,3,0,1)
```

答案為 $A = 1.3333$。

前面提到的積分是在一個矩形範圍 $1 \leq x \leq 3$、$0 \leq y \leq 1$ 之上進行。某些雙重積分式被指定的積分範圍並不是矩形，這類問題可以藉由變數轉換來解決。你也可以用一個包含非矩形面積的長方形，並且強迫非矩形面積以外的積分值為零，例如可以透過 MATLAB 的關係運算子來完成。參見習題 16。下列範例展示了變數轉換方法。

範例 9.1-3　非矩形面積的雙重積分

計算下列積分式：

$$A = \iint_R (x-y)^4 (2x+y)^2 \, dx \, dy$$

面積 R 的範圍如下：

$$x - y = \pm 1 \qquad 2x + y = \pm 2$$

■ 解法

我們必須將積分範圍轉換成一個矩形範圍。為此，令 $u = x - y$ 及 $v = 2x + y$。因此，利用賈克比，我們可以得到下列算式：

$$dx\,dy = \begin{vmatrix} \partial x/\partial u & \partial x/\partial v \\ \partial y/\partial u & \partial y/\partial v \end{vmatrix} du\,dv = \begin{vmatrix} 1/3 & 1/3 \\ -2/3 & 1/3 \end{vmatrix} du\,dv = \frac{1}{3} du\,dv$$

接著，矩形面積 R 可以 u 和 v 表示。積分的邊界為 $u = \pm 1$ 及 $v = \pm 2$，積分函數表示如下：

$$A = \frac{1}{3} \int_{-2}^{2} \int_{-1}^{1} u^4 v^2 \, du \, dv$$

MATLAB 的對話為：

```
>>fun = @(u,v)u.^4*v^2;
>>A = (1/3)*integral2(fun,-1,1,-2,2)
```

答案為 $A = 0.7111$。

三重積分

函數 integral3 可以計算三重積分。考慮以下積分：

$$A = \int_e^f \int_c^d \int_a^b f(x,y,z) dx \, dy \, dz$$

基本語法如下：

```
A = integral3(fun,a,b,c,d,e,f)
```

其中，`fun` 是使用者定義函數的握把，定義積分函數為 $f(x, y, z)$。此函數必須接受一個向量 x、一個純量 y 和一個純量 z，計算結果會回傳一個向量結果，所以必須使用合適的陣列運算。延伸的語法讓使用者可以調整精準度，並使用積分或一個使用者定義的正交例行。若要得到更詳細的內容，參見 MATLAB 輔助說明。舉例來說，計算下列積分函數：

$$A = \int_1^2 \int_0^2 \int_1^3 \left(\frac{xy - y^2}{z}\right) dx\, dy\, dz$$

你可以輸入

```
>>fun = @(x,y,z)(x*y-y^2)./z;
>>A = integral3(fun,1,3,0,2,1,2)
```

答案為 $A = 1.8484$。

▍測試你的瞭解程度

T9.1-3 使用 MATLAB 評估以下雙積分：

$$\int_1^2 \int_0^1 (x^2 + xy^3) dx\, dy$$

（答案：2.2083）

T9.1-4 使用 MATLAB 評估以下三重積分：

$$\int_0^1 \int_1^2 \int_2^3 xyz\, dx\, dy\, dz$$

（答案：1.875）

9.2 數值微分

函數的導數可以用一個函數的斜率進行圖解。這種闡述方式會導出計算一組資料之導數的各種方式。圖 9.2-1 顯示函數 $y(x)$ 的三個資料點。回想導數的定義如下：

$$\frac{dy}{dx} = \lim_{\Delta x \to 0} \frac{\Delta y}{\Delta x} \tag{9.2-1}$$

數值微分的成功與否取決於下列兩個因素：(1) 資料點的間隔；(2) 因量測誤差所造成的資料分散程度。間隔愈大，則愈難估計導數。我們假設每一次量測之間的間

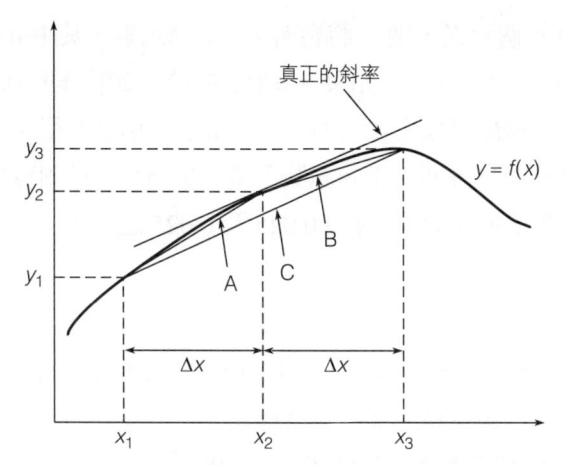

■ 圖 9.2-1　估計導數 dy/dx 的方法圖解

隔是固定的；也就是說，$x_3 - x_2 = x_2 - x_1 = \Delta x$。假設想要估計點 x_2 的導數 dy/dx，所得到的結果即是通過點 (x_2, y_2) 的直線斜率；但我們並不知道此直線上的第二個點，所以無法求出斜率。因此，必須使用附近的資料點來估計斜率。其中一個估計值可由圖中標記為 A 的直線來得到。該直線的斜率為：

$$m_A = \frac{y_2 - y_1}{x_2 - x_1} = \frac{y_2 - y_1}{\Delta x} \qquad (9.2\text{-}2)$$

我們稱這個導數的估計為**向後差分** (backward difference) 估計，而實際上，$x = x_1 + (\Delta x)/2$ 處比在 $x = x_2$ 處能得到更好的導數估計值。另一個估計值可由標記為 B 的直線來得到，其斜率為：

向後差分

$$m_B = \frac{y_3 - y_2}{x_3 - x_2} = \frac{y_3 - y_2}{\Delta x} \qquad (9.2\text{-}3)$$

這個估計稱為**向前差分** (forward difference) 估計，且在 $x = x_2 + (\Delta x)/2$ 處比在 $x = x_2$ 處能得到更好的導數估計值。檢視該圖形，你可能會認為相較於 $x = x_2$ 處的估計值，這兩個斜率的平均值應該是一個更好的導數估計值，因為此平均值可以消除量測上的誤差。m_A 及 m_B 的平均值為：

向前差分

$$m_C = \frac{m_A + m_B}{2} = \frac{1}{2}\left(\frac{y_2 - y_1}{\Delta x} + \frac{y_3 - y_2}{\Delta x}\right) = \frac{y_3 - y_1}{2\Delta x} \qquad (9.2\text{-}4)$$

此為 C 之直線斜率，也就是連接第一個點及第三個點的直線。此導數的估計值稱為**中央差分** (central difference) 估計。

中央差分

diff 函數

MATLAB 提供 `diff` 函數來計算導數估計值。語法為 `d = diff(x)`，其中 `x` 是一個向量的值，所得到的結果是向量 `d`，其包含 `x` 中兩個相鄰元素間的差分。

換言之,如果 x 有 n 個元素,則 d 將會有 n − 1 個元素,其中 d = [x(2) − x(1), x(3) −x(2), ..., x(n) − x(n − 1)]。例如,如果 x = [5, 7, 12, −20],則 diff(x) 會回傳向量 [2,5,-32]。導數 dy/dx 可以用 diff(y)./diff(x) 估計而得。

以下的腳本檔針對半衰期的正弦訊號所進行的 51 次量測資料,可執行向後差分及中央差分。量測誤差均勻地落在 −0.025 及 0.025 之間。

```
x = 0:pi/50:pi;
n = length(x);
% Data-generation function with +/-0.025 random error.
y = sin(x)+.05*(rand(1,51)-0.5);
% Backward difference estimate of dy/dx.
d1 = diff(y)./diff(x);
subplot(2,1,1)
plot(x(2:n),d1,x(2:n),d1,'o')
% Central difference estimate of dy/dx.
d2 = (y(3:n)-y(1:n-2))./(x(3:n)-x(1:n-2));
subplot(2,1,2)
plot(x(2:n-1),d2,x(2:n-1),d2,'o')
```

測試你的瞭解程度

T9.2-1 修改前面所述的程式,使用向前差分法來估計導數。畫出此結果,並且與向後差分法及中央差分法所得到的結果相互比較。

多項式導數

MATLAB 提供 ployder 函數來計算多項式的導數。其語法具有許多不同的形式,最基本的形式為 d = polyder(p),其中 p 是一個向量,此向量的元素是降冪排列的多項式係數。輸出向量 d 包含的是導數多項式的係數。

第二種語法形式為 d = polyder(p1,p2),此形式是計算兩個多項式 p1 及 p2 之乘積的導數。第三種形式為 [num,den] = polyder(p2,p1),此形式可以計算商數 p2/p1 的導數。此導數分子的係數儲存於 num,而分母的係數則儲存於 den 中。

在此,我們列出一些使用 polyder 的例子。令 $p_1 = 5x + 2$, $p_2 = 10x^2 + 4x − 3$。我們可以得到:

$$\frac{dp_2}{dx} = 20x + 4$$

$$p_1 p_2 = 50x^3 + 40x^2 - 7x - 6$$
$$\frac{d(p_1 p_2)}{dx} = 150x^2 + 80x - 7$$
$$\frac{d(p_2/p_1)}{dx} = \frac{50x^2 + 40x + 23}{25x^2 + 20x + 4}$$

上述的結果可由以下的程式碼得到:

```
p1 = [5,2];p2 = [10,4,-3];
% Derivative of p2.
der2 = polyder(p2)
% Derivative of p1*p2.
prod = polyder(p1,p2)
% Derivative of p2/p1.
[num,den] = polyder(p2,p1)
```

結果分別為 `der2 = [20,4]`、`prod = [150,80,-7]`、`num = [50,40,23]`，以及 `den = [25,20,4]`。

因為多項式導數可以由符號算式求得，所以 `ployder` 函數並不是一個數值微分運算。

梯度

函數 $f(x, y)$ 的梯度 (gradient) ∇f 是一個指向 $f(x, y)$ 增加值的向量，定義如下:

$$\nabla f = \frac{\partial f}{\partial x}\mathbf{i} + \frac{\partial f}{\partial y}\mathbf{j}$$

其中，$\mathbf{i}$ 和 $\mathbf{j}$ 分別是 x 和 y 方向的單位向量。此一概念可以延伸至有三個或更多變數的函數。

在 MATLAB 中，表示二維函數 $f(x, y)$ 的資料組梯度可以用 `gradient` 函數計算而得，語法為 `[df_dx,df_dy] = gradient(f,dx,dy)`，其中 `df_dx` 與 `df_dy` 表示 $\partial f/\partial x$ 以及 $\partial f/\partial y$，`dx` 和 `dy` 表示與 f 的數值有關的 x 和 y 值間隔。此一語法可以延伸至有三個或更多變數的函數。

下列程式碼會畫出以下函數的等高線圖和梯度 (用箭頭表示):

$$f(x,y) = xe^{-(x^2+y^2)^2} + y^2$$

其圖形可參見圖 9.2-2。箭頭指出了 f 的增值方向。

```
[x,y] = meshgrid(-2:0.25:2);
f = x.*exp(-((x-y.^2).^2+y.^2));
```

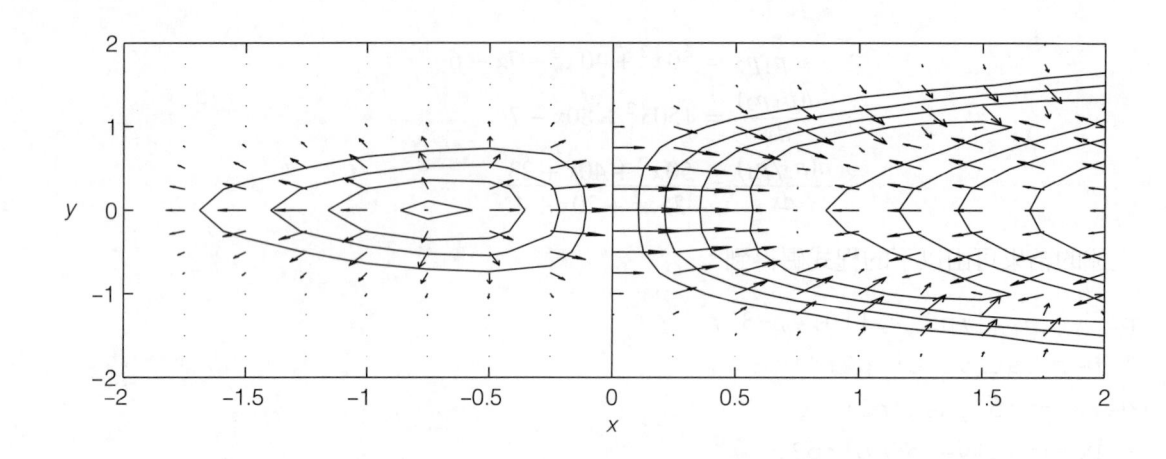

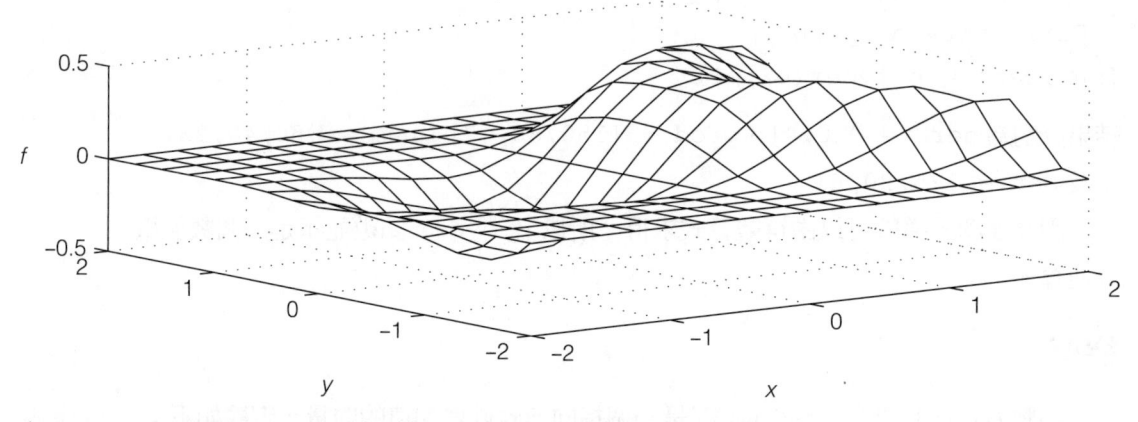

■ 圖 9.2-2　函數 $f(x,y) = xe^{-(x^2+y^2)^2} + y^2$ 的梯度、等高線圖及表面圖

```
dx = x(1,2) - x(1,1); dy = y(2,1) - y(1,1);
[df_dx,df_dy] = gradient(f,dx,dy);
subplot(2,1,1)
contour(x,y,f),xlabel('x'); ylabel('y'),...
   hold on,quiver(x,y,df_dx,df_dy),hold off
subplot(2,1,2)
mesh(x,y,f),xlabel('x'),ylabel('y'),zlabel('f')
```

拉普拉斯　　二次導數表示式所得的曲率稱為**拉普拉斯** (Laplacian)。

$$\nabla^2 f(x,\ y) = \frac{\partial^2 f}{\partial x^2} + \frac{\partial^2 f}{\partial y^2}$$

它可以用函數 del2 計算而得。要獲得更詳細的資訊，可參見 MATLAB 的輔助說明。

在此討論到的 MATLAB 微分函數摘要於表 9.2-1。

表 9.2-1　數值微分函數

指令	敘述
`d = diff(x)`	傳回一個向量 d，其包含向量 x 中相鄰之元素間的差分。
`[df_dx,df_dy] = gradient(f,dx,dy)`	計算函數 $f(x, y)$ 的梯度，其中 df_dx 及 df_dy 代表 $\partial f/\partial x$ 與 $\partial f/\partial y$，dx 及 dy 是與 f 相關之 x 和 y 值間的間隔。
`d = polyder(p)`	傳回一個向量 d，其包含多項式導數結果的係數，以向量 p 表示。
`d = polyder(p1,p2)`	傳回一個向量 d，其包含多項式 p1 及 p2 乘積導數的多項式係數。
`[num,den] = polyder(p2,p1)`	回傳向量 num 及 den，其包含商 p2/p1 導數的分子分母係數，向量 num 是分子，向量 den 是分母，p1 和 p2 則是多項式。

9.3　一階微分方程式

在本節中，我們要介紹用數值方法求解一階微分方程式。在第 9.4 節中，我們將說明如何將此技巧延伸到高階方程式。

常微分方程式 (ordinary differential equation, ODE) 是包含應變數之一般導數方程式。而包含兩個或更多自變數的偏導數的此類方程式，稱為偏微分方程式 (partial differential equation, PDE)。偏微分方程式的求解是屬於更進階課程的內容，本書將不會提及。此章中，我們將討論範圍限制在**起始值問題** (initial-value problem, IVP)。求解這些問題的常微分方程式必須給定在某些起始時間 (通常為 $t = 0$) 的一組值。至於其他形式的常微分方程式問題將在第 9.6 節末進行討論。

用縮寫「點」記號表示導數是比較方便的。

$$\dot{y}(t) = \frac{dy}{dt} \qquad \ddot{y}(t) = \frac{d^2 y}{dt^2}$$

微分方程式的**自由響應** (free response)[有時被稱為齊次解 (homogeneous solution) 或是起始響應 (initial response)] 是指在沒有強制函數 (forcing function) 下的解。自由響應端視起始條件而定。**強制響應** (forced response) 是當起始條件為零，由強制函數所得到的解。對於線性微分方程式，完整或全部響應會等於自由響應和強制響應的總和。非線性常微分方程式可以透過應變數或其導數出現在乘方或超越函數之中而被識別。例如，方程式 $\dot{y} = y^2$ 及 $\dot{y} = \cos y$ 就是非線性方程式。

數值方法的本質是將微分方程式轉換成可以程式化的差分方程式。數值演算法部分因用來得到差分方程式之特定程序之結果而有些許不同。瞭解「步長大小」的概念，以及其對解之精確度的影響是很重要的。為提供這些議題的簡單介紹，

以下將介紹最簡單的數值方法——歐拉法與預測式-修正式法 (predictor-corrector method)。

歐拉法

歐拉法 (Euler method) 是以數值方法求解微分方程式最簡單的一種演算法。考慮下列方程式：

$$\frac{dy}{dt} = f(t, y) \qquad y(0) = y_0 \tag{9.3-1}$$

其中，$f(t, y)$ 為已知函數且起始條件是 y_0，給定 $t = 0$ 時 $y(t)$ 的資料。根據導數的定義，

$$\frac{dy}{dt} = \lim_{\Delta t \to 0} \frac{y(t + \Delta t) - y(t)}{\Delta t}$$

如果時間增量 Δt 夠小，導數可以使用下列的近似算式來取代：

$$\frac{dy}{dt} \approx \frac{y(t + \Delta t) - y(t)}{\Delta t} \tag{9.3-2}$$

假設 (9.3-1) 式中的函數 $f(t, y)$ 在時間區間 $(t, t + \Delta t)$ 維持定值，則 (9.3-1) 式可以改寫成：

$$\frac{y(t + \Delta t) - y(t)}{\Delta t} = f(t, y)$$

或

$$y(t + \Delta t) = y(t) + f(t, y)\Delta t \tag{9.3-3}$$

而 Δt 愈小，我們用來引導出 (9.3-3) 式的兩個假設就愈正確。這個將一個微分方程式以另一個微分方程式取代的技巧就是歐拉法。增量 Δt 即稱為**步長大小** (step size)。

> 步長大小

(9.3-3) 式可以用比較方便的方式表示為：

$$y(t_{k+1}) = y(t_k) + \Delta t f[t_k, y(t_k)] \tag{9.3-4}$$

其中，$t_{k+1} = t_k + \Delta t$。此算式可以放入 `for` 迴圈中來運算時間 t_k 的值。歐拉法的精準度有時可以透過使用較小的步長大小來改善。不過，太小的步長需要較長的時間，而且在四捨五入時會導致很大的累積誤差。

預測式-修正式法

歐拉法在變數劇烈變化的地方會有嚴重的缺陷，因為此法假設變數在時間間隔

Δt 之內為定值。改進這個方法的方式之一就是對 (9.3-1) 式等號右邊的部分做更好的近似。假定不使用歐拉近似的 (9.3-4) 式，我們在區間 (t_k, t_{k+1}) 上使用 (9.3-1) 式等號右邊的平均值，亦即：

$$y(t_{k+1}) = y(t_k) + \frac{\Delta t}{2}(f_k + f_{k+1}) \qquad (9.3\text{-}5)$$

其中

$$f_k = f[t_k, y(t_k)] \qquad (9.3\text{-}6)$$

和 f_{k+1} 的定義類似。(9.3-5) 式等效於將 (9.3-1) 式使用梯形法積分。

使用 (9.3-5) 式的困難在於，在求得 $y(t_{k+1})$ 之後，才有辦法求解 f_{k+1}，但這恰好是我們正在尋找的量。為克服此一困難，我們可以使用歐拉公式 (9.3-4) 式，來求得 $y(t_{k+1})$ 的初步估計。這個估計值接著用於計算 f_k，再配合 (9.3-5) 式求出所需的 $y(t_{k+1})$ 值。

我們可以修正表示法來幫助瞭解這個方法。令 $h = \Delta t$ 與 $y_k = y(t_k)$，並且令 x_{k+1} 為 (9.3-4) 式所求得之 $y(t_{k+1})$ 估計值。接著，省略其他方程式中的 t_k 表示法，我們得到下列之預測式-修正式程序的描述：

歐拉法預測

$$x_{k+1} = y_k + hf(t_k, y_k) \qquad (9.3\text{-}7)$$

梯形法校正

$$y_{k+1} = y_k + \frac{h}{2}[f(t_k, y_k) + f(t_{k+1}, x_{k+1})] \qquad (9.3\text{-}8)$$

此演算法有時被稱為**改進的歐拉法** (modified Euler method)。然而請注意，任何演算法也可以嘗試以預測式或修正式的形式來表示，因此許多方法也可被歸類為預測式-修正式。

改進的歐拉法

倫基-庫達法

泰勒級數表示式是許多求解微分方程式方法的基礎，同時也是倫基-庫達法 (Runge-Kutta methods) 的基礎。泰勒級數可以用 $y(t)$ 及其導數來表示解 $y(t + h)$，方式如下。

$$y(t + h) = y(t) + h\dot{y}(t) + \frac{1}{2}h^2\ddot{y}(t) + \cdots \qquad (9.3\text{-}9)$$

留在級數中的項數決定了正確度。需要的導數是由微分方程式所計算出來。如果可

以求出這些導數，則 (9.3-9) 式可以隨著時間往前邁進。實際上，高階導數的運算是非常困難的，而且級數 [(9.3-9) 式] 在某一期限會被截斷。倫基-庫達法就是針對導數難以計算的這個問題而開發出來。這些方法使用函數 $f(t, y)$ 的某些計算來達到泰勒級數的近似。在此級數中，被複製的項數決定了倫基-庫達法的階數。因此，四階倫基-庫達演算法會複製泰勒級數直到 h^4 的項出現為止。

MATLAB 常微分方程式解法器

除了許多預測式-修正式及倫基-庫達演算法的變形之外，還有許多使用各種步長大小之進階演算法。這些「適應性」演算法針對解的變化比較緩慢的區域，使用較大的步長。MATLAB 提供了許多函數，稱為解法器 (solver)，其可配合倫基-庫達法及其他使用各種步長大小的方法。其中兩個函數為 `ode45` 與 `ode15s`。`ode45` 函數是使用四階與五階倫基-庫達法的結合。`ode45` 是一個通用解法器，而 `ode15s` 則適合較困難的「剛性」方程式。這些解法器已經足夠解決本章的問題。建議讀者可以先嘗試 `ode45`，如果在求解過程中遇到困難 (例如需要耗費冗長的時間，或是有警告和錯誤訊息)，再使用 `ode15s`。

在本節中，我們將只介紹一階方程式，而高階方程式的求解則在第 9.4 節中討論。當求解方程式 $\dot{y} = (t, y)$ 時，基本語法為 (用 `ode45` 當範例)：

`[t,y] = ode45(@ydot,tspan,y0)`

其中，`@ydot` 是函數檔的握把，此函數檔的輸入必定為 t 及 y，而輸出必定為以 dy/dt 表示的行向量，也就是 $f(t, y)$。此行向量的列數必須等於方程式的階數。`ode15s` 使用的語法和 `ode45` 是一致的。函數檔 `ydot` 必須給定一個字串名稱 (例如名稱必須被放在單括號中)，但函數握把是一個較受歡迎的方式。

向量 `tspan` 包含了自變數 t 開始與結束的值，以及可以自由選取是否加入想要求出對應解的 t 中間值。例如，如果沒有指定的中間值，則 `tspan` 是 `[t0, tfinal]`，其中 `t0` 及 `tfinal` 是自變數 t 想要的開始值及結束值。又例如，使用 `tspan = [0,5,10]` 會指示 MATLAB 解出當 $t = 5$ 與 $t = 10$ 時的解。你可以透過將 `t0` 指定一個比 `tfinal` 還要大的值，以在時間軸上往後求解方程式。

參數 `y0` 是起始值 $y(0)$。此函數檔必須具有兩個輸入引數 `t` 及 `y`，就算 $f(t, y)$ 不是 t 的函數也要加入這兩個輸入引數。在這個函數檔中，你不需要執行任何陣列運算，因為常微分方程式解法器會為這些引數以純量值的方式呼叫此檔案。

首先考慮具有閉合形式解的方程式，如此一來，我們才能確認使用的方法是正確的。

範例 9.3-1　RC 電路的響應

圖 9.3-1 所示的 RC 電路係根據克希荷夫電壓定律及電荷守恆,而可以得到 $RC\dot{y} + y = v(t)$ 的模型。假設 RC 的值為 0.1 秒。使用數值方法求出本範例中的自由響應,其中使用的電壓 v 為 0,起始的電容電壓為 $y(0) = 2$ V。將所得到的結果與解析解 $y(t) = 2e^{-10t}$ 比較。

■ 解法

此電路的方程式變為 $0.1\dot{y} + y = 0$。首先解出 y: $\dot{y} = -10y$,接著定義並儲存下列的函數檔。請注意,輸入引數的順序必須是 t 及 y,即使 t 並沒有出現在方程式的右邊。

```
function ydot = RC_circuit(t,y)
% Model of an RC circuit with no applied voltage.
ydot = -10*y;
```

起始時間為 $t = 0$,所以我們將 t0 設為 0。在此,我們知道 $y(t)$ 的解析解在 $t \geq 0.5$ s 時接近 0,因此選擇 tfinal 為 0.5 秒。在其他問題中,我們通常無法對 tfinal 值進行一個好的猜測,所以我們必須嘗試 tfinal 的某些增值,直到我們在圖上看到足夠多的響應為止。

函數 ode45 會以下列的方式呼叫,而且所求出的解會和解析解 y_true 一併畫在圖上。

```
[t,y] = ode45(@RC_circuit,[0,0.5],2);
y_true = 2*exp(-10*t);
plot(t,y,'o',t,y_true),xlabel('Time(s)'),...
   ylabel('Capacitor Voltage')
```

請注意,並不需要產生陣列 t 來計算 y_true,因為 t 是由 ode45 函數產生。此圖形可參見圖 9.3-2。我們以圓圈標記數值解,使用實線標記解析解。顯然,數值解是正確的答案。我們注意到步長大小是由 ode45 函數自動選取的。

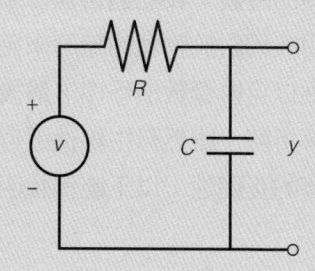

▼ 圖 9.3-1　RC 電路圖

■ 圖 9.3-2　*RC* 電路的自由響應

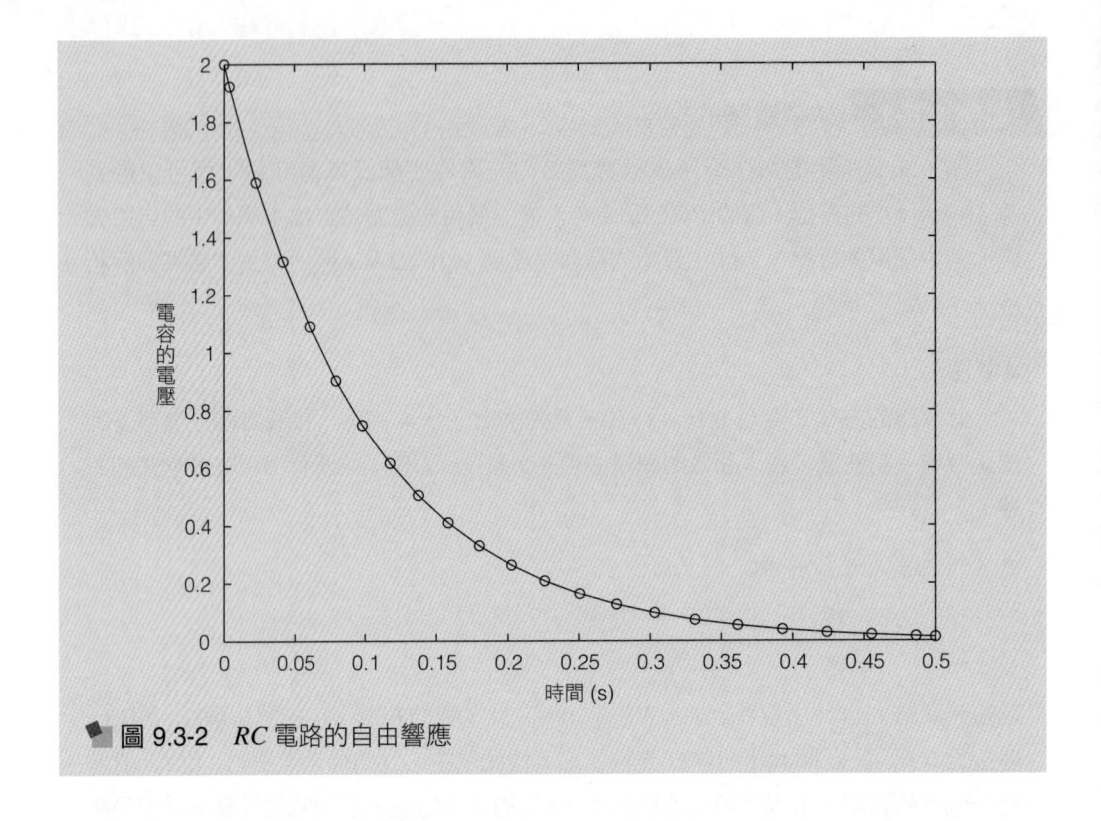

　　MATLAB 比較早的版本需要函數名稱，在此為 `RC_circuit`，而且必須被單括號包住，但是這在未來的版本是不被允許的。函數握把是比較受歡迎的方式，像是 `@RC_circuit`。誠如以下所述，函數握把可提供額外的功能。

測試你的瞭解程度

T9.3-1　使用 MATLAB 計算並繪出下列方程式的解：

$$10\frac{dy}{dt} + y = 20 + 7\sin 2t \qquad y(0) = 15$$

　　當常微分方程式是非線性的時候，我們通常無法求出解析解來檢查數值結果。在這種情況之下，則需要利用我們對於物理的瞭解來確保不致於發生各種錯誤。我們也可以檢查方程式的奇異點以免影響數值程序。最後，我們可以使用此非線性方程式的線性近似來得到一個解析解。雖然藉由線性近似所求得的解並非完全正確，但這個解可以用來判斷數值解的正確性。以下範例說明了這個方法。

範例 9.3-2　球形槽中的液面高度

圖 9.3-3 顯示一個儲水的球形槽。此水槽由最上方的孔注入水，並由最下方的洞汲取水。如果水槽的半徑為 r，你可以使用積分顯示出水槽中水的體積是高度 h 的函數，亦即：

$$V(h) = \pi r h^2 - \pi \frac{h^3}{3} \tag{9.3-10}$$

托里切利原理描述流體通過一個洞的流量與高度 h 的平方根成正比。進一步探討流體力學，我們可以將此關係定義得更為精確，所得到的結果是通過一個洞的體積流量：

$$q = C_d A \sqrt{2gh} \tag{9.3-11}$$

其中，A 是洞的面積，g 是重力加速度，C_d 是實驗性決定的值，此值部分與流體的種類有關。以水來說，$C_d = 0.6$ 是一個常用的值。我們可以根據質量守恆定律得到高度 h 的微分方程式。將此定律應用於水槽，此定律指出水槽中流體體積變化的速率必定等於流體流出水槽的速率；也就是說，

$$\frac{dV}{dt} = -q \tag{9.3-12}$$

根據 (9.3-10) 式，

$$\frac{dV}{dt} = 2\pi r h \frac{dh}{dt} - \pi h^2 \frac{dh}{dt} = \pi h(2r - h)\frac{dh}{dt}$$

將此式與 (9.3-11) 式代入 (9.3-12) 式，可以得到 h 的方程式。

$$\pi(2rh - h^2)\frac{dh}{dt} = -C_d A \sqrt{2gh} \tag{9.3-13}$$

使用 MATLAB 來解出此方程式，求出需要花費多少時間，才能讓水槽由起始高度的 9 英尺將水排光。此水槽具有半徑 $r = 5$ ft，底部洞的直徑為 1 英寸，$g = 32.2$ ft/sec^2。討論如何檢查所得到的解。

■ 解法

在 $C_d = 0.6$、$r = 5$、$g = 32.2$ 及 $A = \pi(1/24)^2$ 之下，(9.3-13) 式變成

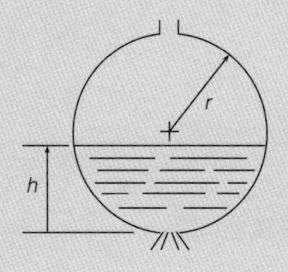

■ 圖 9.3-3　球形槽的排水

$$\frac{dh}{dt} = -\frac{0.0334\sqrt{h}}{10h - h^2} \tag{9.3-14}$$

首先,我們可以用 dh/dt 來檢查算式是否具有奇異點。除非 h = 0 或 h = 10,否則分母都不會為零,這兩個值剛好對應到水槽全空或水槽全滿。所以若 0 < h < 10,則沒有奇異點的問題。

最後,我們可以使用下列的近似法來估計水排光所需的時間。我們將 (9.3-14) 式等號右側的 h 以其平均值 [即 (9 − 0)/2 = 4.5 ft] 來取代。因此,我們得到 dh/dt = − 0.00286,解為 h(t) = h(0) − 0.00286t = 9 − 0.00286t。根據這個方程式,此水槽會在 t = 9/0.00286 = 3147 秒,或 52 分鐘之後將水排光。我們將利用這個值檢查所求出的解是否符合實際情況。

根據 (9.3-14) 式所得到的函數檔為:

```
function hdot = height(t,h)
hdot = -(0.0334*sqrt(h))/(10*h-h^2);
```

此檔案是以下列的方式呼叫,使用的是 ode45 解法器。

```
[t,h] = ode45(@height,[0,2475],9);
plot(t,h),xlabel('Time (sec)'),ylabel('Height (ft)')
```

所得到的圖形可參見圖 9.3-4。請注意,當水槽中的流體體積接近全滿或全空

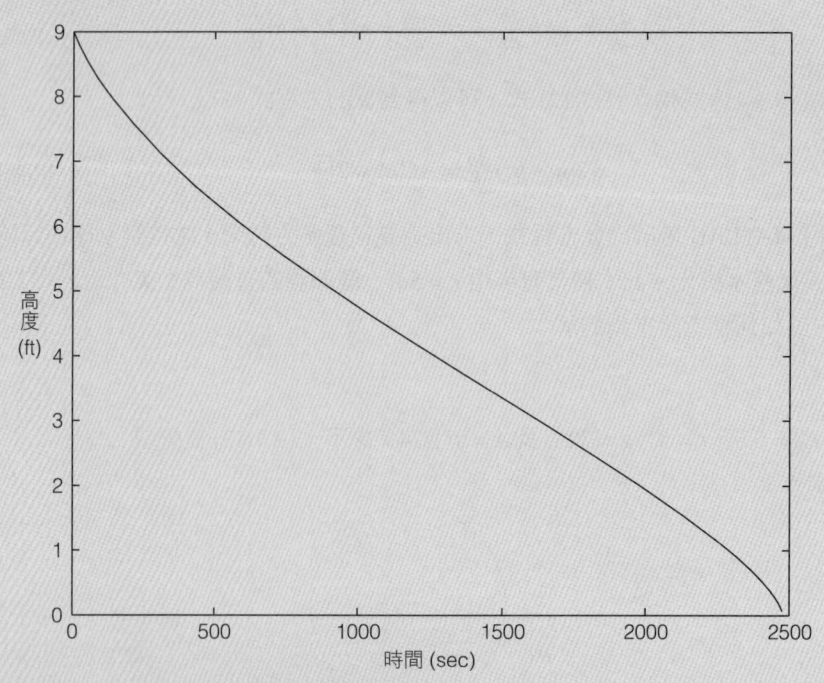

■ 圖 9.3-4　球形槽中液體的高度曲線圖

時,高度是如何迅速變化的。這是水槽曲率效應所致。此水槽會在 2,475 秒或 41 分鐘時全部排光。這個值和我們之前粗略估計的 52 分鐘並沒有很大的差異,所以我們可以接受所求出的數值結果。2,475 秒這個結束時間的值,可以藉由增加結束時間直到圖形的高度變為 0 而求得。

9.4 高階微分方程式

若要使用常微分方程式解法器求解階數比 1 還要高的方程式,首先必須將方程式寫成一組一階方程式組,這非常容易。考慮下列的二階方程式:

$$5\ddot{y} + 7\dot{y} + 4y = f(t) \tag{9.4-1}$$

根據最高階的導數而可求出:

$$\ddot{y} = \frac{1}{5}f(t) - \frac{4}{5}y - \frac{7}{5}\dot{y} \tag{9.4-2}$$

定義兩個新的變數 x_1 及 x_2 分別等於 y 及其導數 $\dot{y}$。也就是說,定義 $x_1 = y$,$x_2 = \dot{y}$,因此:

$$\dot{x}_1 = x_2$$
$$\dot{x}_2 = \frac{1}{5}f(t) - \frac{4}{5}x_1 - \frac{7}{5}x_2$$

此一形式有時稱為**柯西形式** (Cauchy form) 或**狀態變數形式** (state-variable form)。

現在我們要撰寫一個能計算 $\dot{x}_1$ 及 $\dot{x}_2$ 之值的函數檔,並將它們儲存於行向量之中。為此,首先我們必須有一個指定的函數 $f(t)$。假設 $f(t) = \sin t$,則接下來需要的檔案為:

```
function xdot = example_1(t,x)
% Computes derivatives of two equations
xdot(1) = x(2);
xdot(2) = (1/5)*(sin(t)-4*x(1)-7*x(2));
xdot = [xdot(1); xdot(2)];
```

注意,xdot(1) 表示 $\dot{x}_1$,xdot(2) 表示 $\dot{x}_2$,x(1) 表示 x_1,x(2) 表示 x_2。一旦對這種狀態變數形式的表示法更為熟悉,你將會發現可以將上面所述的程式碼以下列較短的形式來取代。

```
function xdot = example_1(t,x)
% Computes derivatives of two equations
xdot = [x(2); (1/5)*(sin(t)-4*x(1)-7*x(2))];
```

假設我們想要求解 (9.4-1) 式,區間為 $0 \leq t \leq 6$,起始條件為 $x(0) = 3$ 及 $\dot{x}(0) = 9$,則向量 x 的起始條件為 [3, 9]。若使用 `ode45`,則需要輸入:

`[t,x] = ode45(@example_1,[0,6],[3,9]);`

矩陣 x 的每一列都對應到一個行向量 t 所回傳的時間。如果你輸入 `plot(t,x)`,你將會得到 x_1 及 x_2 對 t 的圖形。注意,x 是一個具有兩行的矩陣:第一行包含的是由解法器在不同時間所產生的 x_1 值;第二行包含的是 x_2 值。因此,若只想畫出 x_1,則輸入 `plot(t,x(:,1))` 即可;若只想畫出 x_2,則輸入 `plot(t,x(:,2))`。

當我們求解非線性方程式時,可以利用近似法將方程式簡化成線性型態,以確認數值結果。以下範例用一個二階方程式描述這個方法。

範例 9.4-1　非線性單擺模型

圖 9.4-1 中的單擺是由一個集中質量 m 附著於一根棒子,這根棒子的質量相較於 m 來說非常小,棒長為 L。此單擺的運動方程式如下:

$$\ddot{\theta} + \frac{g}{L}\sin\theta = 0 \tag{9.4-3}$$

假設 $L = 1$ m 且 $g = 9.81$ m/s^2。使用 MATLAB 求解此方程式的 $\theta(t)$,所根據的兩個狀況分別為 $\theta(0) = 0.5$ rad 及 $\theta(0) = 0.8\pi$ rad。在這兩個狀況中,$\dot{\theta}(0) = 0$。討論如何檢查此結果的正確度。

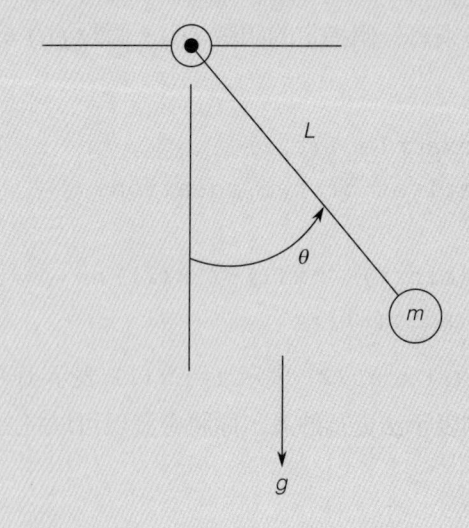

▣ 圖 9.4-1　單擺

■ 解法

如果我們使用小角度近似 $\sin \approx \theta$，則方程式可以改寫成：

$$\ddot{\theta} + \frac{g}{L}\theta = 0 \tag{9.4-4}$$

這是一個線性方程式，如果，可以得到此方程式的解：

$$\theta(t) = \theta(0) \cos \sqrt{\frac{g}{L}} t \tag{9.4-5}$$

如果 $\dot{\theta}(0) = 0$。因此振盪的振幅為 $\theta(0)$，週期為 $P = 2\pi\sqrt{L/g} = 2.006$ s。我們可以使用此訊息來選擇結束時間，並且檢查所得到的數值結果。

首先改寫 (9.4-3) 式的單擺方程式為兩個一階方程式。為此，令 $x_1 = \theta$ 及 $x_2 = \dot{\theta}$，因此

$$\begin{aligned} \dot{x}_1 &= \dot{\theta} = x_2 \\ \dot{x}_2 &= \ddot{\theta} = -\frac{g}{L}\sin x_1 \end{aligned}$$

下列的函數檔是根據上面兩個方程式而來。記住，輸出 xdot 必定是一個行向量。

```
function xdot = pendulum(t,x)
g = 9.81; L = 1;
xdot = [x(2); -(g/L)*sin(x(1))];
```

此檔以下列方式被呼叫。向量 ta 及 xa 包含的是 $\theta(0)= 0.5$ 下的值。在兩個狀況中，$\dot{\theta}(0) = 0$。向量 tb 及 xb 包含的是在 $\theta(0) = 0.8\pi$ 下的值。

```
[ta,xa] = ode45(@pendulum,[0,5],[0.5,0]);
[tb,xb] = ode45(@pendulum,[0,5],[0.8*pi,0]);
plot(ta,xa(:,1),tb,xb(:,1)),xlabel ('Time(s)'),...
   ylabel('Angle (rad)'),gtext('Case 1'),gtext('Case 2')
```

結果如圖 9.4-2 所示。振幅維持定值，如同小角度分析所預測的結果，並且在 $\theta(0) = 0.5$ 狀況下，週期比 2 秒還要長，而這個值是根據小角度分析得到的。因此，我們對於以上的數值求解過程頗具信心。至於在 $\theta(0) = 0.8\pi$ 之下，數值解的週期為 3.3 秒。這表示非線性微分方程式的一個重要特性：線性方程式的自由響應對於任何起始條件都具有相同的週期；然而，非線性方程式的自由響應形式則因起始條件的不同而有差異。

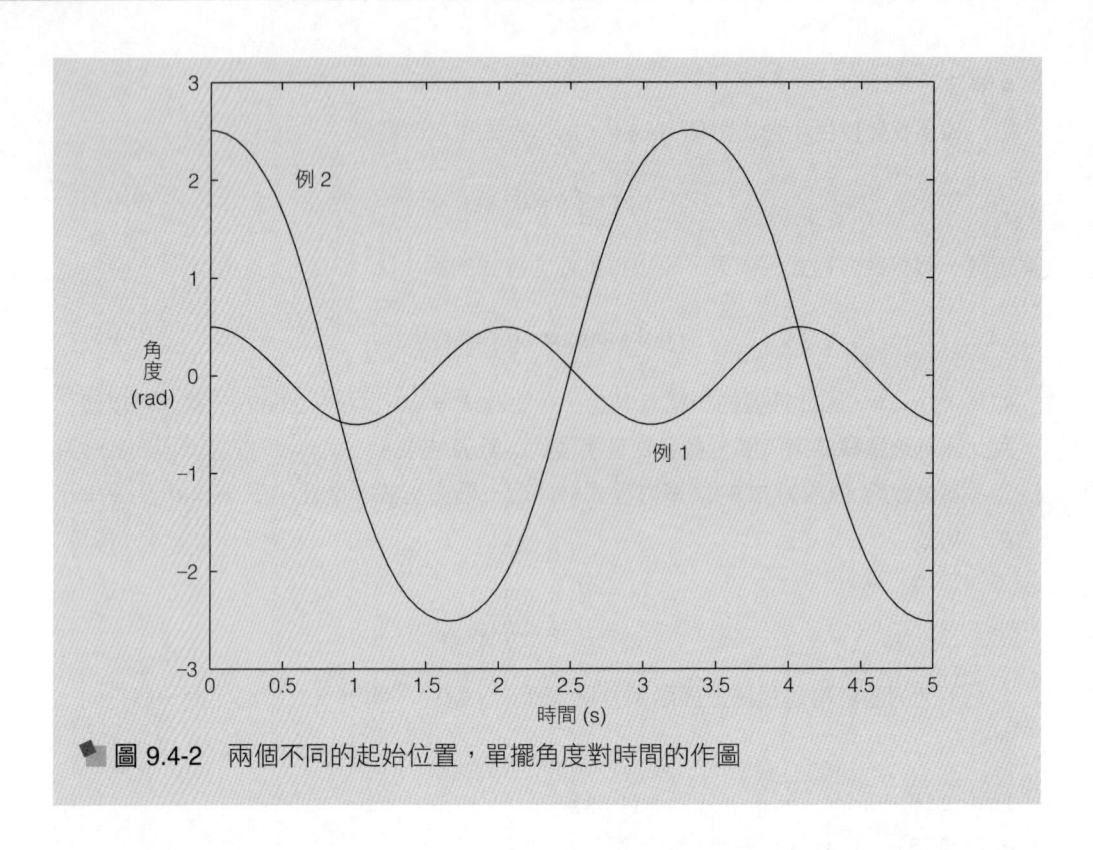

圖 9.4-2 兩個不同的起始位置，單擺角度對時間的作圖

在上例中，函數 pendulum(t,x) 將 g 和 L 值加以編碼。現在假定你想得到在不同長度 L 和不同重力加速度 g 時的單擺響應，你可以用 global 指令宣告 g 和 L 為全域變數，或透過列於函數 ode45 中的引數傳遞參數值；但是從 MATLAB 7 開始，比較受歡迎的方式是使用巢狀函數 (巢狀函數可參見第 3.3 節的說明)。下列程式碼顯示如何使用這個方法。

```
function pendula
g = 9.81; L = 0.75; % First case.
tF = 6*pi*sqrt(L/g); % Approximately 3 periods.
[t1, x1] = ode45(@pendilum,[0,tF],[0.4,0]);
%
g = 1.63; L = 2.5; % Second case.
tF = 6*pi*sqrt(L/g); % Approximately 3 periods.
[t2,x2] = ode45(@pendilum,[0,tF],[0.2,0]);
plot(t1,x1(:,1),t2, x2(:,1)),...
   xlabel('time (s)'),ylabel('\theta (rad)')
   % Nested function.
      function xdot = pendulum(t,x)
```

```
        xdot = [x(2);-(g/L)*sin(x(1))];
    end
end
```

表 9.4-1 以 ode45 為範例，摘要了常微分方程式解法器的語法。

9.5 用於線性方程式的特殊方法

若微分方程式模型是線性的，MATLAB 提供許多便利的工具。雖然對於線性微分方程式已經有可以求得解析解的通式，但有時候還是用數值方法求解比較方便。這樣的狀況通常發生於作用函數很複雜，或是微分方程式的階數大於 2 時。在這些狀況下，使用線性代數方法求解是不符時間效益的，尤其是當目標設定為畫出解的圖形時。

矩陣方法

我們可以使用矩陣運算來減少於導數函數檔中輸入程式碼的列數。例如，下列方程式描述了一個連接到彈簧的質量運動，而此質量與表面之間具有黏性摩擦力。另外一個力 u(t) 也施加於此質量之上。

$$m\ddot{y} + c\dot{y} + ky = u(t) \tag{9.5-1}$$

此方程式可以透過令 $x_1 = y$ 及 $x_2 = \dot{y}$ 而以柯西形式表示，亦即：

$$\dot{x}_1 = x_2$$
$$\dot{x}_2 = \frac{1}{m}u(t) - \frac{k}{m}x_1 - \frac{c}{m}x_2$$

■ 表 9.4-1　ODE 解法器 ode45 的語法

指令	描述
[t,y] = ode45(@ydot,tspan, y0,options)	求解由函數指定的向量微分方程 $\dot{y} = f(t, y)$ 握把為 @ydot 並其輸入必須為 t 和 y 的檔案其輸出必須是表示 dy/dt 的列向量；也就是 $f(t, y)$。此列向量中的行數必須等於方程。向量 tspan 包含的起始值和結束值獨立變量 t，以及可選的任何 t 中間值需要解決方案。向量 y0 包含初始值。該函數檔案必須有兩個輸入參數 t 和 y，即使是方程式也是如此，其中，$f(t, y)$ 不是 t 的函數。options 參數是用 odeset 函數建立的。解法器 ode15s 的語法相同。

可以重新改寫成下列的矩陣方程式：

$$\begin{bmatrix} \dot{x}_1 \\ \dot{x}_2 \end{bmatrix} = \begin{bmatrix} 0 & 1 \\ -\dfrac{k}{m} & -\dfrac{c}{m} \end{bmatrix} \begin{bmatrix} x_1 \\ x_2 \end{bmatrix} + \begin{bmatrix} 0 \\ \dfrac{1}{m} \end{bmatrix} u(t)$$

更為簡潔的形式為：

$$\dot{\mathbf{x}} = \mathbf{A}\mathbf{x} + \mathbf{B}u(t) \tag{9.5-2}$$

其中

$$\mathbf{A} = \begin{bmatrix} 0 & 1 \\ -\dfrac{k}{m} & -\dfrac{c}{m} \end{bmatrix} \quad \mathbf{B} = \begin{bmatrix} 0 \\ \dfrac{1}{m} \end{bmatrix} \quad \mathbf{x} = \begin{bmatrix} x_1 \\ x_2 \end{bmatrix}$$

下列的函數檔顯示如何使用矩陣運算。在這個例子中，$m = 1$，$c = 2$，$k = 5$，所施加的外力為 $u(t) = 10$。

```
function xdot = msd(t,x)
% Function file for mass with spring and damping.
% Position is first variable, velocity is second variable.
u = 10;
m = 1;c = 2;k = 5;
A = [0,1;-k/m,-c/m];
B = [0;1/m];
xdot = A*x+B*u;
```

注意，根據矩陣-向量乘法的定義，輸出 xdot 會是一個行向量。我們嘗試不同最後時間的數值，直到我們可以看到完整的響應。最後時間帶入 5，而起始條件為 $x_1(0) = 0$ 及 $x_2(0) = 0$，我們可以呼叫解法器並畫出解如下：

```
[t,x] = ode45(@msd,[0,5],[0,0]);
plot(t,x(:,1),t,x(:,2))
```

圖 9.5-1 顯示編輯過後的圖形。請注意，如同第 9.4 節提到的函數 pendulum 及 pendula 的作法，我們使用巢狀函數 msd 來避免嵌入參數 m、c、k 與 u 的值。

測試你的瞭解程度

T9.5-1 畫出一個具有阻尼與彈簧的質量位置與速度的圖形，使用的參數值為 $m = 2$、$c = 3$ 與 $k = 7$。所施加的外力為 $u = 35$，起始位置為 $y(0) = 2$，起始速度為 $\dot{y}(0) = -3$。

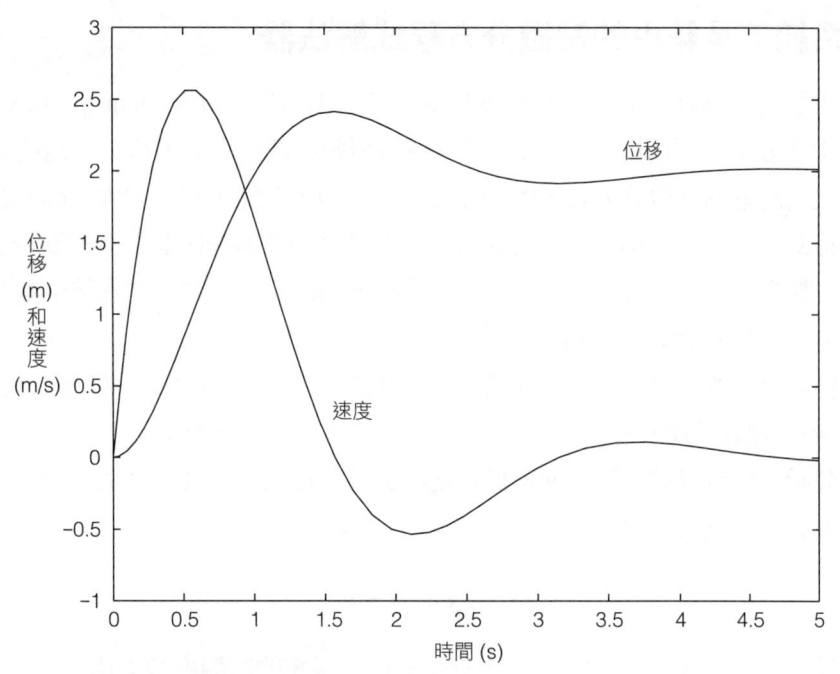

■ 圖 9.5-1　質量的位移及速度對時間函數作圖

由 eig 函數求特徵根

線性微分方程式的特徵根提供了響應速度及震盪頻率的資訊。

當模型是以狀態變數 (9.5-2) 式表示時，MATLAB 提供 eig 函數來計算特徵根，語法為 eig(A)，其中 A 是 (9.5-2) 式中的矩陣。[函數 eig 是**特徵值** (eigenvalue) 的縮寫，另外的名稱是特徵根。] 例如，考慮下列方程式：

特徵值

$$\dot{x}_1 = -3x_1 + x_2 \qquad (9.5\text{-}3)$$
$$\dot{x}_2 = -x_1 - 7x_2 \qquad (9.5\text{-}4)$$

上述方程式的矩陣 A 為：

$$\mathbf{A} = \begin{bmatrix} -3 & 1 \\ -1 & -7 \end{bmatrix}$$

若要找到特徵根，可輸入

```
>>A = [-3,1;-1,-7];
>>r = eig(A)
```

答案為 r = [-6.7321,-3.2679]。若要找到時間常數 (負根實部的倒數)，你可以輸入 tau = -1./real(r)，所得到的時間常數為 0.1485 及 0.3060。時間常數的 4 倍或 4(0.3060) = 1.224，使得自由響應經過四倍時間之後趨近於零。

控制系統工具箱中的常微分方程式解法器

學生版的 MATLAB 提供許多控制系統工具箱 (Control System toolbox) 的功能，其中部分函數可以用來求解線性非時變 (係數-常數) 微分方程式。這些函數有時候比之前討論的常微分方程式解法器更方便使用，功能也更為強大，因為線性非時變方程式可以求出一個通解。在此我們將討論其中的幾個函數，並摘要於表 9.5-1 中。控制系統工具箱的其他特色則需要比較進階的方法，將不在本節中論及。關於這些方法可參考 [Palm, 2014]。

線性非時變物件 (LTI object) 可描述一個線性非時變方程式或一組方程式 (在此稱為系統)。線性非時變物件可以藉由對於系統的不同描述而產生，它能使用許多函數來分析，也可以被存取以便提供系統的另外一種描述方式。舉例來說，下列方程式是對於某系統的描述。

$$2\ddot{x} + 3\dot{x} + 5x = u(t) \quad (9.5\text{-}5)$$

此描述稱為簡化形 (reduced form)。下列是對同一系統的狀態模型描述：

$$\dot{\mathbf{x}} = \mathbf{A}\mathbf{x} + \mathbf{B}u \quad (9.5\text{-}6)$$

其中，$x_1 = x$、$x_2 = \dot{x}$，以及

$$\mathbf{A} = \begin{bmatrix} 0 & 1 \\ -\frac{5}{2} & -\frac{3}{2} \end{bmatrix} \quad \mathbf{B} = \begin{bmatrix} 0 \\ \frac{1}{2} \end{bmatrix} \quad \mathbf{x} = \begin{bmatrix} x_1 \\ x_2 \end{bmatrix} \quad (9.5\text{-}7)$$

表 9.5-1 線性非時變系統函數

指令	敘述
`sys = ss(A,B,C,D)`	以狀態空間形式建立線性非時變物件，其中矩陣 A、B、C 及 D 對應到模型 $\dot{\mathbf{x}} = \mathbf{A}\mathbf{x} + \mathbf{B}u$、$\mathbf{y} = \mathbf{C}\mathbf{x} + \mathbf{D}u$。
`[A,B,C,D] = ssdata(sys)`	由模型 $\dot{\mathbf{x}} = \mathbf{A}\mathbf{x} + \mathbf{B}u$、$\mathbf{y} = \mathbf{C}\mathbf{x} + \mathbf{D}u$ 中抽取出對應矩陣 A、B、C 及 D。
`sys = tf(right,left)`	以轉移函數形式建立線性非時變物件，其中向量 `right` 是方程式等號右邊的係數向量，導數階數降冪排列；向量 `left` 則是方程式等號左邊的係數向量，同樣是依照導數階數降冪排列。
`sys2 = tf(sys1)`	從狀態模型 `sys1` 中建立轉移函數模型 `sys2`。
`sys1 = ss(sys2)`	從轉移函數模型 `sys2` 中建立狀態模型 `sys1`。
`[right,left] = tfdata(sys,'v')`	從轉移函數模型 `sys` 中抽取出簡化形模型的等號右邊及等號左邊的係數。當使用任選參數 `'v'` 時，傳回的係數為向量，而非胞陣列。

上述兩種模型形式都包含了相同的資訊。然而，根據所要分析的目的，每一種形式皆具有獨特的優點。

因為在狀態模型中具有兩個或更多的狀態變數，所以需要能指出哪個狀態變數或哪些狀態變數的組合最後形成模擬的輸出。例如，(9.5-6) 式與 (9.5-7) 式所表示的模型可以用來描述某一質量的運動，其中 x_1 是位置，x_2 是質量運動的速度。我們要能指出是否想要畫出位置、速度或兩者兼具的圖形。用來指明輸出的方式是標記一個向量 **y**，並且配合矩陣 **C** 及 **D** 一起使用，我們所使用的定義如下：

$$\mathbf{y} = \mathbf{Cx} + \mathbf{Du}(t) \tag{9.5-8}$$

其中，向量 **u**(t) 允許多個輸入。承續前一個範例，如果我們需要的輸出是位置 $x = x_1$，那麼 $y = x_1$，則我們選取 **C** = [1, 0] 及 **D** = 0。既然如此，(9.5-8) 式可簡化為 $y = x_1$。

要根據簡化形式 (9.5-5) 式建立一個線性非時變物件，需要使用 `tf(right,left)` 函數，並輸入：

```
>>sys1 = tf(1,[2,3,5]);
```

其中，向量 `right` 是方程式等號右邊的係數向量，依照導數階數降冪排列；向量 `left` 是方程式等號左邊的係數向量，同樣依照導數階數降冪排列。所得到的結果 `sys1` 是用來描述系統之簡化形的線性非時變物件，也可稱為轉移函數形式 (transfer function form)。(函數 `tf` 的名稱是指 transfer function，是一個用來描述方程式等號右邊及等號左邊係數的等效形式。)

要建立下列方程式

$$6\frac{d^3x}{dt^3} - 4\frac{d^2x}{dt^2} + 7\frac{dx}{dt} + 5x = 3\frac{d^2u}{dt^2} + 9\frac{du}{dt} + 2u \tag{9.5-9}$$

轉移函數形式的線性非時變物件 `sys2`，可輸入

```
>>sys2 = tf([3,9,2],[6,-4,7,5]);
```

為了從狀態模型建立一個線性非時變物件，你需要使用 `ss(A,B,C,D)` 函數，其中 ss 表示狀態空間 (state space)。例如，要建立根據 (9.5-6) 式到 (9.5-8) 式所描述之狀態模型的線性非時變物件，則需要輸入

```
>>A = [0,1;-5/2,-3/2];B = [0;1/2];
>>C = [1,0];D = 0;
>>sys3 = ss(A,B,C,D);
```

一個線性非時變物件可以用函數 `tf` 來定義，以得到一個等效的系統狀態模

型描述。為了建立使用線性非時變物件 sys1 來描述的系統狀態模型，需要輸入 ss(sys1)。接著，你會在螢幕上看到結果為矩陣 **A**、**B**、**C** 及 **D**。要將這些矩陣抽取出來並儲存，可以使用 *ssdata* 函數，方式如下：

>>[A1,B1,C1,D1] = ssdata(sys1);

所得到的結果為：

$$\mathbf{A1} = \begin{bmatrix} -1.5 & -1.25 \\ 2 & 0 \end{bmatrix} \quad \mathbf{B1} = \begin{bmatrix} 0.5 \\ 0 \end{bmatrix} \quad \mathbf{C1} = [0 \quad 0.5] \quad \mathbf{D1} = [0]$$

當使用 ssdata 將轉移函數轉換為狀態模型，注意到輸出 y 將是一個純量，此純量與簡化形的解變數一致；在這個例子中，(9.5-1) 式的解變數為變數 y。為了解讀此狀態模型，我們需要將狀態變數 x_1 及 x_2 關聯到 y。矩陣 **C1** 及 **D1** 的值告訴我們輸出變數為 $y = 0.5x_2$，因此我們會得到 $x_2 = 2y$。而藉由 $\dot{x}_2 = 2x_1$，另外一個變數 x_1 可關聯到 x_2，因此 $x_1 = \dot{y}$。

為了建立系統 sys3 (根據之前的狀態模型所建立) 的轉移函數描述，需要輸入 tfsys3 = tf(sys3)。要將這個簡化形的係數抽出並加以儲存，則需要使用 tfdata 函數，方式如下：

[right,left] = tfdata(sys3,'v')

舉例來說，傳回的向量為 right = 1 與 left = [1,1.5,2.5]。任選參數 'v' 會告訴 MATLAB 將係數以向量的方式傳回；否則，係數會以胞陣列的方式傳回。這些函數摘要於表 9.5-1 中。

▌測試你的瞭解程度

T9.5-2 求出下列簡化形模型的狀態模型：

$$5\ddot{x} + 7\dot{x} + 4x = u(t)$$

接著將此狀態模型轉換回簡化形，並檢視是否得到原本的簡化形模型。

線性常微分方程式解法器

控制系統工具箱提供許多線性模型的解法器。這些解法器是依照所能夠接受的輸入函數類型來分類。輸入函數的類型包括：零輸入、脈衝輸入、步階輸入以及一般輸入函數。這些函數摘要於表 9.5-2 中。

■ 表 9.5-2　線性非時變系統常微分方程式的基本語法

指令	敘述
`impulse(sys)`	計算並畫出非時變物件 sys 的脈衝響應。
`initial(sys,x0)`	針對指定於向量 x0 中的起始條件，計算並畫出由以狀態模型形式給定的線性非時變物件 sys 之自由響應。
`lsim(sys,u,t)`	在向量 t 的情況下，計算並畫出線性非時變物件 sys 對向量 u 之輸入的響應。
`step(sys)`	計算並畫出線性非時變物件 sys 的步階響應。

參見本書有關延伸語法的敘述。

initial 函數　initial 函數可以計算並畫出狀態模型的自由響應。在 MATLAB 的文件中，有時稱此響應為起始條件響應 (initial-condition response) 或未驅動響應 (undriven response)。其基本語法為 initial(sys,x0)，其中 sys 是線性非時變物件的狀態模型形式，x0 是起始條件向量。時間廣度及解的點數則是由程式自動選取。例如，若要求出由 (9.5-5) 式到 (9.5-8) 式的狀態模型之自由響應，條件為 $x_1(0) = 5$ 及 $x_2(0) = -2$，首先要以狀態模型形式來定義。這也就是我們之前所求出的系統 sys3。接下來，使用 initial 函數如下：

```
>>initial(sys3,[5,-2])
```

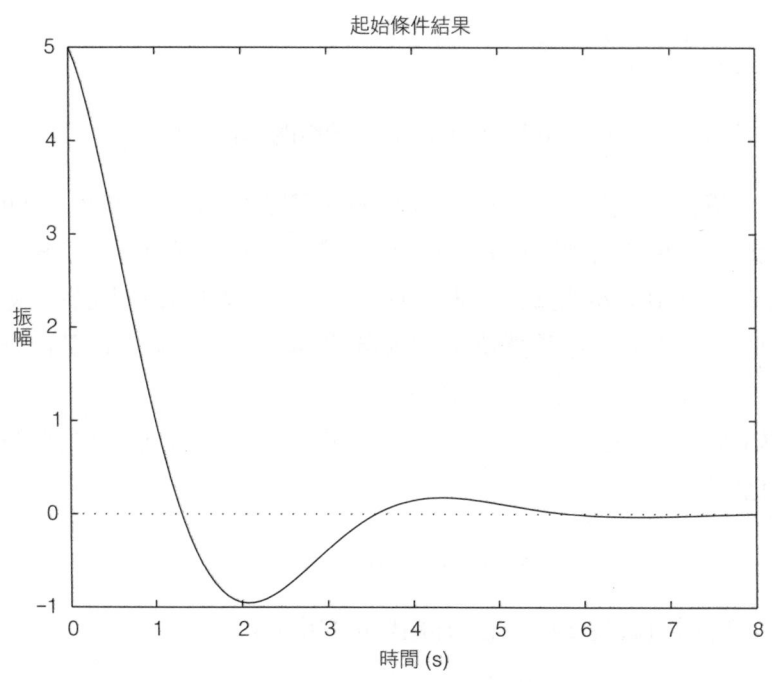

■ 圖 9.5-2　(9.5-5) 式到 (9.5-8) 式模型的自由響應，條件為 $x_1(0) = 5$ 及 $x_2(0) = -2$

所得到的圖形如圖 9.5-2 所示,此圖形會顯示於螢幕上。請注意,MATLAB 會自動在圖上做標記、計算穩態響應,並且以虛線畫出。

要指定最後時間 tF,可以使用的語法為 initial(sys,x0,tF)。若要指定形式 t = 0:dt:tF 的時間向量,以求出解,使用的語法為 initial(sys,x0,t)。

當以等號左邊的引數進行呼叫,指令為 [y,t,x] = initial(sys,x0,...),則函數會傳回輸出響應 y、用來模擬的時間向量 t,以及在這些時間所計算出來的狀態向量 x。矩陣 y 及 x 的每一行分別是輸出及狀態。y 及 x 列的數目等於 length(t)。但是,此函數並不會畫出任何圖形。語法 initial(sys1,sys2,...,x0,t) 則會畫出多重線性非時變系統的自由響應圖於同一張圖形上。時間向量 t 是可以自由選取的。你可以指定每一個系統的線條顏色、線條形式及數據標記;例如,輸入 initial(sys1,'r',sys2,'y--',sys3,'gx',x0)。

impulse 函數 假設起始條件為零,impulse 函數會畫出每一個系統的輸入-輸出對的單位脈衝響應。[單位脈衝也被稱為狄拉克 δ 函數 (Dirac delta function)] 其基本語法為 impulse(sys),其中 sys 是線性非時變物件。與 initial 函數不同的是,impulse 函數可以使用於狀態模型或轉移函數模型。時間廣度及解的點數是程式自動選取。例如,(9.5-5) 式的脈衝響應可以藉由下列的方式求出:

```
>>sys1 = tf(1,[2,3,5]);
>>impulse(sys1)
```

impulse 函數的延伸語法類似於 initial 函數的延伸語法。

step 函數 假設起始條件為零,step 函數會畫出每一個系統的輸入-輸出對的單位步階響應。(如果步階函數為 $u(t)$,$t < 0$ 時為 0,$t > 0$ 時為 1。) 其基本語法為 step(sys),其中 sys 是線性非時變物件。step 函數可以使用於狀態模型或轉移函數模型。時間廣度及解的點數是程式自動選取。step 函數的延伸語法類似於 initial 及 impulse 函數的延伸語法。

在起始條件為零之下,為了求出 (9.5-6) 式到 (9.5-8) 式之狀態模型的單位步階響應及簡化形模型

$$5\ddot{x} + 7\dot{x} + 5x = 5\dot{f} + f \tag{9.5-10}$$

必須輸入以下對話 (假設 sys3 在工作區是可取得的):

```
>>sys4 = tf([5,1],[5,7,5]);
```

```
>>step(sys3,'b',sys4,'- -')
```

結果顯示於圖 9.5-3 中。穩態響應是由水平的點線代表。要注意的是，達到該狀態的穩態響應及時間是如何自動選取的。

步階響應可以用下列的參數描述：

- 穩態值：t 趨近於無窮大時的響應限制。
- 安定時間：響應的變化達到穩態值且穩定在一個區間內 (通常是 2%) 所需的時間。
- 上升時間：響應從穩態值的 10% 上升到 90% 所需的時間。
- 尖峰響應：響應的最大值。
- 尖峰時間：尖峰響應發生的時間點。

當 step(sys) 函數將圖形顯示於螢幕上時，使用者可以利用圖形計算上述的參數。在圖上任意的位置點滑鼠右鍵，會出現一張選單，選取 **Characteristics** 可以得到一張次選單，其中包含響應特徵。當你選定一個特定的特性後，例如「尖峰響應」，MATLAB 會在圖上產生一個大點，並且用虛線表示出尖峰響應的數值及尖峰時間。將游標移動到這個點上可以看到數值顯示。雖然選單可能會不一樣，使用者還是可以對其他解法器採用相同的方法。舉例來說，使用 impulse(sys) 函數可以取得尖峰響應及安定時間，但是並沒有上升時間。如果使用者不是選擇

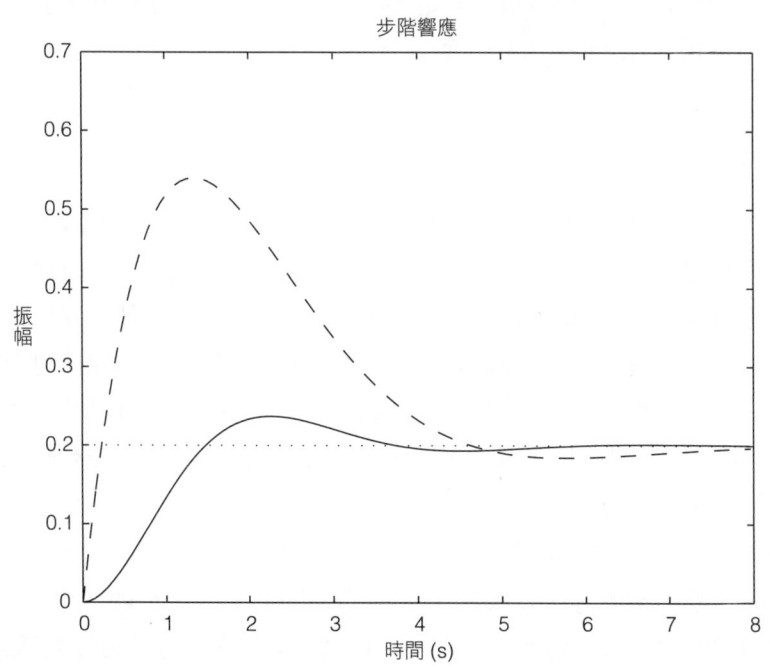

圖 9.5-3 (9.5-6) 式到 (9.5-8) 式以及 (9.5-10) 式模型的步階響應，起始條件為零

Characteristics，而是 **Properties** 中的 **Options** 標籤，可以改變安定時間及上升時間的預設值，分別預設為 2% 以及 10% 到 90%。

透過這個方法，我們可以發現圖 9.5-3 的實線曲線有下列特點：

- 穩態值：0.2
- 2% 的安定時間：5.22
- 10% 到 90% 的上升時間：1.01
- 尖峰響應：0.237
- 尖峰時間：2.26

你也可以透過將游標放在曲線上的任意一個想要瞭解的點，來讀取該點的值。你可以將游標順著曲線移動，並觀察數值的變化。透過這個方法，可以發現圖 9.5-3 的實線在 t = 3.74 時穿過穩態值 0.2。

假設 sys3 仍然存在工作區中，你可以將 step 產生的圖形調小，並且用下列指令產生自己的圖形。

```
[x,t] = step(sys3);
plot(t,x)
```

接著，你可以用圖形編輯器工具對圖形進行編輯。但是透過這個方法，在圖上按下右鍵將無法獲得步階響應的相關資訊。

假設步階輸入並非一個步階，而是 t < 0 時為 0，t > 0 時為 10。有兩個方法得到因子為 10 的解。以 sys3 為例，輸入 step(10*sys3) 且

```
[x,t] = step(sys3);
plot(t,10*x)
```

lsim 函數　lsim 函數可以畫出系統對於任意的輸入所得到的響應圖形。對於起始條件為零所使用的語法為 lsim(sys,u,t)，其中 sys 是線性非時變物件，t 是一個具有等間距的時間向量 (如 t = 0:dt:tF)，u 是一個矩陣，其行數等於輸入的數目，而且第 i 列指定了在時間 t(i) 的輸入值。針對狀態空間模型指定非零的起始條件，使用的語法為 lsim(sys,u,t,x0)。這可計算並畫出全部的響應 (自由響應及強制響應)。在圖上按下右鍵，可以得到一張包含 **Characteristics** 選項的選單，但它只有提供尖峰響應的特性。

以等號左邊之引數進行呼叫，所使用的語法為 [y,t]=lsim(sys,u,...)，此函數會傳回輸出響應 y，以及用來模擬的時間向量 t。矩陣 y 的每一行是輸出，矩陣的列數等於 length(t)。注意，此函數並不會畫出任何圖形。要求得狀態空間模型的狀態向量解，使用語法 [y,t,x] = lsim(sys,u,...)。

語法 `lsim(sys1,sys2,...,u,t,x0)` 將多重線性非時變系統的自由響應畫於同一張圖形上。起始條件向量 `x0` 只有在起始條件非零的情況之下才使用。你可以指定每一個系統的線條顏色、線條形式及標記；例如，輸入 `lsim(sys1,'r',sys2,'y--',sys3,'gx',u,t)`。

我們將看到 `lsim` 函數的範例。

程式化詳細的強制函數

在高階方程式的最後一個例子中，我們要顯示如何用 `lsim` 函數去程式化詳細的強制函數。以直流馬達為例。圖 9.5-4 中的電樞控制直流馬達 (如永久磁鐵馬達) 之方程式顯示如下。這些方程式是根據克希荷夫電壓定律，以及應用於轉動慣量的牛頓運動定律所推導出來。馬達的電流為 i，旋轉速度為 ω。

$$L\frac{di}{dt} = -Ri - K_e\omega + v(t) \tag{9.5-11}$$

$$I\frac{d\omega}{dt} = K_T i - c\omega \tag{9.5-12}$$

其中，L、R、I 分別是馬達的電感、電阻及轉動慣量；K_T 及 K_e 為力矩常數及反電動勢常數；c 是黏性阻尼常數；$v(t)$ 是供應的電壓。這些方程式可以寫成下列的矩陣形式，其中 $x_1 = i$，$x_2 = \omega$。

$$\begin{bmatrix} \dot{x}_1 \\ \dot{x}_2 \end{bmatrix} = \begin{bmatrix} -\dfrac{R}{L} & -\dfrac{K_e}{L} \\ \dfrac{K_T}{I} & -\dfrac{c}{I} \end{bmatrix} \begin{bmatrix} x_1 \\ x_2 \end{bmatrix} + \begin{bmatrix} \dfrac{1}{L} \\ 0 \end{bmatrix} v(t)$$

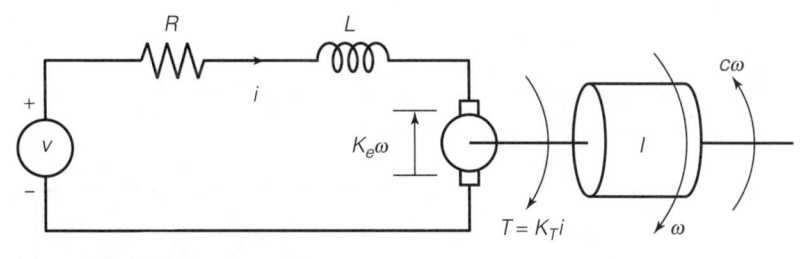

■ 圖 9.5-4　一個電樞控制的直流馬達

範例 9.5-1　直流馬達的梯形輪廓

在許多應用中，我們想要將馬達加速到指定的速度，並固定在此速度旋轉一段時間後，慢慢減速至停止。輸入具有梯形輪廓的供應電壓是否可以完成此速度控制？使用的值為 $R = 0.6\ \Omega$、$L = 0.002\ H$、$K_T = 0.04\ N \cdot m/A$、$K_e = 0.04\ V \cdot s/rad$、$c = $

0,以及 $I = 6 \times 10^{-5}$ kg·m^2。供應的電壓(單位為安培)為：

$$y(t) = \begin{cases} 100t & 0 \leq t < 0.1 \\ 10 & 0.1 \leq t \leq 0.4 \\ -100(t-0.4)+10 & 0.4 < t \leq 0.5 \\ 0 & t > 0.5 \end{cases}$$

此函數顯示於圖 9.5-5 的上半部。

■ **解法**

以下的程式中，我們首先利用矩陣 **A**、**B**、**C** 及 **D** 建立模型 sys。我們選擇 **C** 和 **D** 去求得唯一的輸出，即速度 x_2。(要得到速度及電流輸出，我們選擇 C = [1,0;0,1] 及 D = [0;0]。) 此一程式可以利用 eig 函數計算出時間常數，並且產生 time，時間值陣列可以被函數 lsim 所使用。我們選擇時間的增量為 0.0001，對於總時間 0.6 秒是一個很小的百分比。

接著，以 for 迴圈產生梯形電壓函數。這或許是一個最簡單的方法，因為 if-elseif-else 架構類似定義 $v(t)$ 的方程式。起始條件 $x_1(0)$ 及 $x_2(0)$ 假設為零，所以它們在 lsim 函數中不需要被指定。

```
% File dcmotor.m
R = 0.6; L = 0.002; c = 0;
K_T = 0.04; K_e = 0.04; I = 6e-5;
```

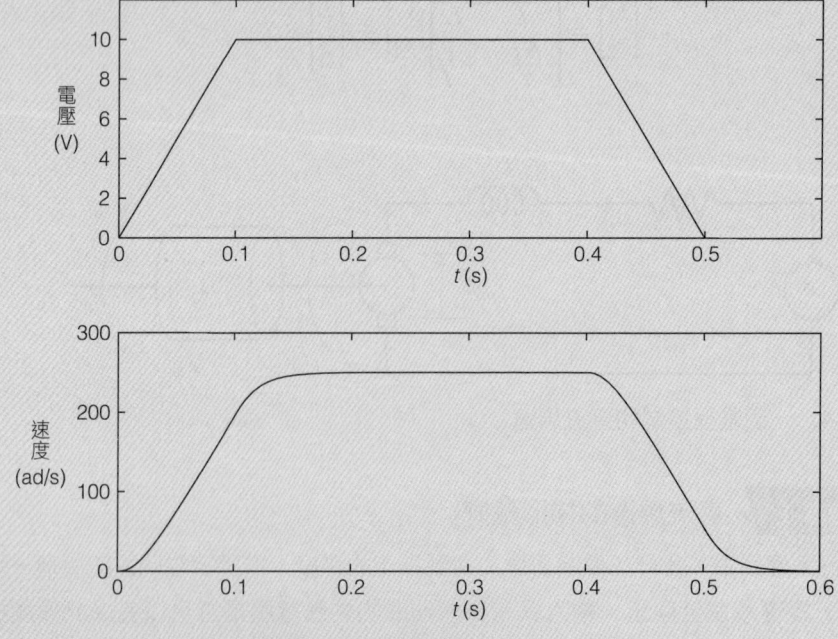

▼ 圖 9.5-5 直流馬達的電壓輸入及速度響應

```
A = [-R/L. -K_e/L; K_T/I, -c/I];
B = [1/L;0]; C = [0,1];D = [0];
sys = ss(A,B,C,D);
Time_constants = -1./real(eig(A))
time = 0:0.0001:0.6;
k = 0;
for t = 0:0.0001:0.6
    k = k +1;
    if t < 0.1
        v(k) = 100*t;
    elseif t <= 0.4
        v(k) = 10;
    elseif t <= 0.5
        v(k) = -100*(t-0.4) + 10;
    else
        v(k) = 0;
    end
end
[y,t] = lsim(sys,v,time);
subplot(2,1,1), plot(time,v)
subplot(2,1,2), plot(time,y)
```

計算所得的時間常數為 0.0041 秒及 0.0184 秒。最大的時間常數是指馬達的響應時間，大約為 4(0.0184) = 0.0736 s。因為這個時間比達到所需之 10V 電壓的時間還短，所以馬達應該會合理地遵循所需的梯形輪廓。要得到肯定的答案，我們必須求解馬達的微分方程式，其結果顯示於圖 9.5-5 的下圖。雖然由於電阻控制與機械慣性造成些許的誤差，但馬達的速度還是能夠遵循預期的梯形輪廓。

線性系統分析器 控制系統工具箱包含線性系統分析器 (Linear System Analyzer)，其可促進 LTI 的分析。它提供一個使用者互動介面，讓你得以在不同的響應圖形之間及不同系統的分析之間做切換。此檢視器可透過輸入 linearSystemAnalyzer 來啟動。請參見 MATLAB 的輔助說明以得到更多的資訊。

預先定義輸入函數

透過定義一個包含在指定時間之輸入函數值的向量，你可以建立出任何複雜的

輸入函數來運用常微分方程式解法器中的 ode45 或 lsim，這種方式可請參見範例 9.5-1 所述的梯形輪廓。然而，MATLAB 提供 gensig 函數讓建構週期輸入函數變簡單。

語法 [u,t] = gensig(type,period) 會產生指定形式 type 的週期性輸入波形，週期為 period。以下為可得的形式：正弦波 (type = 'sin')、方波 (type = 'square') 以及窄寬週期脈衝 (type = 'pulse')。向量 t 包含時間，向量 u 包含對應於這些時間的輸入值。所有產生的輸入具有單位振幅。語法 [u,t] = gensig(type,period,tF,dt) 指定輸入的持續時間為 tF，以及輸入的時間間隔為 dt。

舉例來說，假設我們對於下列的簡化形模型輸入一個週期為 5 的方波。

$$\ddot{x} + 2\dot{x} + 4x = 4f \tag{9.5-13}$$

為了求出起始條件為零下的響應，設步長大小為 0.01，區間為 $0 \leq t \leq 10$，對話如下：

```
>>sys5 = tf(4,[1,2,4]);
>>[u,t] = gensig('square',5,10,0.01);
>>[y,t] = lsim(sys5,u,t);plot(t,y,u),...
   axis([0 10 -0.5 1.5]),...
   xlabel('Time'),ylabel('Response')
```

所得到的結果如圖 9.5-6 所示。

9.6 摘要

本章包含用來計算積分、導數及求解常微分方程式的數值方法。當讀者完成本章的學習之後，你將能夠：

- 在給定被積函數之下，計算單積分、二重積分及三重積分的結果。
- 在被積函數被給定數值之下，計算單積分的結果。
- 用數字估計一組資料的導數。
- 計算給定函數的梯度及拉普拉斯轉換。
- 計算多項式函數的閉合形式積分及導數。
- 利用 MATLAB 常微分方程式解法器，求解給定起始條件下的單一一階常微方程式。
- 將高階常微分方程式轉換為一組一階方程式。

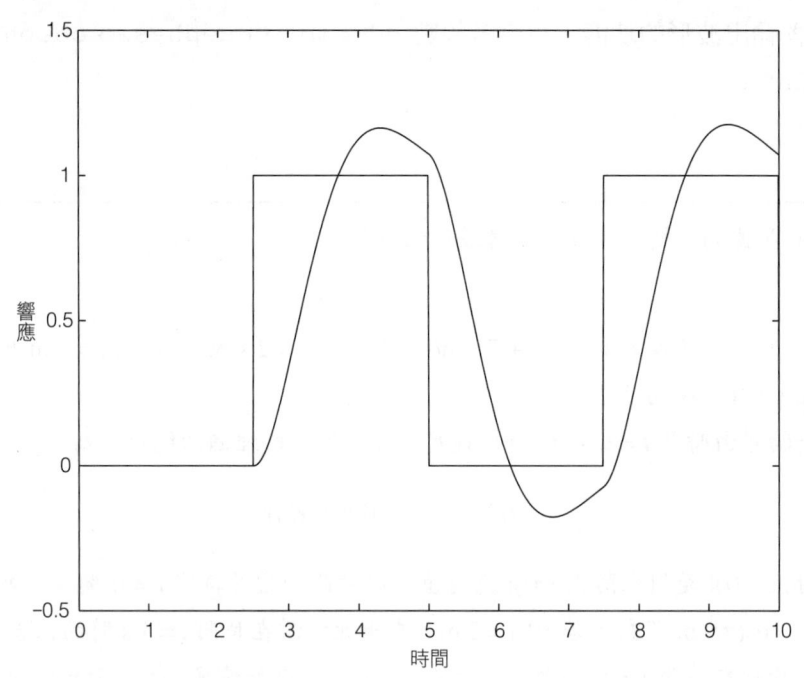

▓ 圖 9.5-6　模型的方波響應

- 用 MATLAB 常微分方程式解法器，求解給定起始條件下的一組高階常微分方程式。
- 用 MATLAB 將轉移函數形式的模型轉換成狀態變數形式的模型，反之亦然。
- 用 MATLAB 線性解法器求解線性微分方程式，以獲得任意強制函數的自由響應和步階響應。

我們並未涵蓋 MATLAB 中所有的微分方程式解法器，而將介紹的內容限制在給定起始條件下的常微分方程式。MATLAB 提供解決邊界值問題 (boundary-value problems, BVPs) 的演算法，如下：

$$\ddot{x} + 7\dot{x} + 10x = 0 \qquad x(0) = 2 \qquad x(5) = 8 \qquad 0 \leq t \leq 5$$

參見輔助說明中有關函數 bvp4c 的內容。部分微分方程式被指定為 $f(t, y, \dot{y}) = 0$ 的條件，解法器 ode15i 可以解決這類問題。MATLAB 也可以解決延遲微分方程式 (delay-differential equations, DDEs) 的問題，如下：

$$\ddot{x} + 7\dot{x} + 10x + 5x(t-3) = 0$$

參見輔助說明中有關函數 dde23、ddesd 及 deval 的內容。函數 pdepe 可以用來解決偏微分方程式，也可參考 pdeval。此外，MATLAB 支援分析及畫

出解法器輸出波形的功能,可參考函數 `odeplot`、`odephas2`、`odephas3` 及 `odeprint`。

習題

對於標註星號的問題,請參見本書最後的解答。

9.1 節

1.* 某一物體的速度為 $v(t) = 5 + 7t^2$ m/s,從時間 $t = 2$ s 及位置 $x(2) = 5$ m 出發。求出在 $t = 10$ s 時的位置。

2. 某一物體由時間 $t = a$ 到 $t = b$ 以速度 $v(t)$ 移動,所經過的總距離為:

$$x(b) = \int_a^b |v(t)|dt + x(a)$$

絕對值 $|v(t)|$ 是用來防止 $|v(t)|$ 為負值。假設此物體從時間 $t = 0$ 開始,並以速度 $v(t) = \cos(\pi t)$ m 移動。若 $x(0) = 2$ m,求出此物體在時間 $t = 1$ s 時的位置。

3. 某一物體在時間 $t = 0$ 的起始速度為 3 m/s,並以加速度 $a(t) = 7t$ m/s^2 加速。求出此物體在 4 秒之內移動的距離。

4. 跨過某一電容的電壓方程式以時間的函數表示為:

$$v(t) = \frac{1}{C}\left[\int_0^t i(t)\,dt + Q_0\right]$$

其中,$i(t)$ 是所施加的電流,Q_0 是起始時電容的電荷。某一電容起始時沒有電荷,電容值為 $C = 10^{-7}$ F。如果施加電流 $i(t) = 0.2[1 + \sin(0.2t)]$ A 於此電容,且初始速度為 0,求出電壓 $v(t)$ 在 $t = 1.2$ s 時的值。

5. 某一物體的加速度為 $a(t) = 7t \sin 5t$ m/s^2。如果起始速度為 0,計算在時間 $t = 10$ s 時的速度。

6. 某一物體以下表所給定的速度 $v(t)$ 移動。若 $x(0) = 3$,求出此物體在 $t = 10$ s 的位置 $x(t)$。

時間 (s)	0	1	2	3	4	5	6	7	8	9	10
速度 (m/s)	0	2	5	7	9	12	15	18	22	20	17

7.* 某一個用來儲水的水槽具有垂直的側邊,底部面積為 100 平方英尺。儲水槽一開始是空的,水被抽取至頂部以充滿此水槽,流量給定於下表中。求出在時間 $t = 10$ min 時的水面高度 $h(t)$。

時間 (min)	0	1	2	3	4	5	6	7	8	9	10
流量 (ft^3/min)	0	80	130	150	150	160	165	170	160	140	120

8. 一個錐形的飲料紙杯 (例如冷飲販賣機所使用的紙杯)，半徑為 R，高度為 H。如果杯中水的高度為 h，則水的體積為：

$$V = \frac{1}{3}\pi\left(\frac{R}{H}\right)^2 h^3$$

假設此紙杯的 $R = 1.5$ in.，$H = 4$ in.。

a. 如果從冷飲販賣機流入紙杯的流量為 2 in.^{3}/s，需要花多少時間才能將紙杯充滿至杯口？

b. 如果從冷飲販賣機流入紙杯的流量為 $2(1 - e^{-2t})$ in.^{3}/s，需要花多少時間才能將紙杯充滿至杯口？

9. 某一物體具有質量 100 公斤，且被施力 $f(t) = 500[2 - e^{-t}\sin(5\pi t)]$ N。此質量在 $t = 0$ 時為靜止。求出此物體在 $t = 5$ s 時的速度。

10.* 某一火箭的質量隨著燃料的消耗而減少。根據牛頓運動定理，我們可以推導出火箭的垂直飛行運動方程式為：

$$m(t)\frac{dv}{dt} = T - m(t)g$$

其中，T 是火箭的推力，火箭的質量對時間函數為 $m(t) = m_0(1 - rt/b)$。此火箭起始時的質量為 m_0、燃燒時間為 b，r 是燃料占全部體積的比值。

使用下列的值 $T = 48{,}000$ N、$m_0 = 2200$ kg、$r = 0.8$、$g = 9.81$ m/s^2、$b = 40$ s，求出此火箭在燃料耗盡時的速度。

11. 跨過某一電容的電壓 $v(t)$ 方程式以時間的函數表示為：

$$y(t) = \frac{1}{C}\left[\int_0^t i(t)\,dt + Q_0\right]$$

其中，$i(t)$ 為供應的電流，Q_0 為起始時電容的電荷。假設電容值為 $C = 10^{-7}$ F，$Q_0 = 0$。假設供應的電流為 $i(t) = 0.3 + 0.1e^{-5t}\sin(25\pi t)$ A。畫出電壓 $v(t)$ 在區間 $0 \leq t \leq 7$ s 的圖形。

12. 計算不定積分 $p(x) = 5x^2 - 9x + 8$。

13. 計算二重積分

$$A = \int_0^3 \int_1^3 (x^2 + 3xy)\,dx\,dy$$

14. 計算二重積分

$$A = \int_0^4 \int_0^\pi x^2 \sin y\,dx\,dy$$

15. 使用 MATLAB 評估以下雙積分：

$$\int_1^2 \int_0^3 (1 + 10xy)\,dx\,dy$$

16. 計算二重積分

$$A = \int_0^1 \int_y^3 x^2(x+y)\,dx\,dy$$

積分的範圍落在直線 $y = x$ 的右邊區域。利用這項特質及 MATLAB 的相關運算子消除 $y > x$ 的值。

17. 計算三重積分

$$A = \int_1^2 \int_0^1 \int_1^3 xe^{yz}\,dx\,dy\,dz$$

18. 使用 MATLAB 評估以下三重積分：

$$\int_0^3 \int_0^2 \int_0^1 xyz^2\,dx\,dy\,dz$$

9.2 節

19. 根據下表估計導數 dy/dx。分別使用向前差分、向後差分及中央差分法，並比較這些方法的結果。

x	0	1	2	3	4	5	6	7	8	9	10
y	0	2	5	7	9	12	15	18	22	20	17

20. 在曲線 $y(x)$ 的相對最大值處，斜率 dy/dx 為 0。使用下列資料估計對應於最大值點的 x 值與 y 值。

x	0	1	2	3	4	5	6	7	8	9	10
y	0	2	5	7	9	10	8	7	6	4	5

21. 分別使用向前差分、向後差分及中央差分方法估計 $y(x) = e^{-x}\sin(3x)$ 之導數，並比較三者的結果。在 $x = 0$ 到 $x = 4$ 之間使用 101 個點。外加的隨機誤差為 ± 0.01。

22. 計算方程式 dp_2/dx、$d(p_1 p_2)/dx$ 及 $d(p_2/p_1)/dx$，$p_1 = 5x^2 + 7$ 及 $p_2 = 5x^2 - 6x + 7$。

23. 畫出以下函數的等高線圖及梯度 (用箭頭表示)：

$$f(x, y) = -x^2 + 2xy + 3y^2$$

9.3 節

24. 畫出下列方程式的解：

$$6\dot{y} + y = f(t)$$

$t < 0$ 時,$f(t) = 0$;$t \geq 0$ 時,$f(t) = 15$。起始條件為 $y(0) = 7$。

25. RC 電路中,電容上的跨壓 y 之方程式為:

$$RC\frac{dy}{dt} + y = v(t)$$

其中,$v(t)$ 是供應的電壓。假設 $RC = 0.2$ s,電容上的起始電壓為 2 V。另外假設供應電壓在 $t = 0$ 時,電壓由 0 增加為 10 V。畫出在區間 $0 \leq t \leq 1$ s 之內電壓 $y(t)$ 的圖形。

26. 以下是一個描述某物體浸泡入溫度固定為 T_b 的液體中,物體溫度為 $T(t)$ 的方程式。

$$10\frac{dT}{dt} + T = T_b$$

假設物體的起始溫度為 $T(0) = 70°F$,所浸泡的液體溫度為 $T_b = 170°F$。

a. 物體的溫度經過多少時間 T 才會達到浸泡的液體溫度?
b. 物體的溫度經過多少時間 T 才會達到 168°F?
c. 畫出此物體溫度 $T(t)$ 作為時間的函數的圖形。

27.* 以下是根據牛頓定律得到描述火箭推進的雪橇運動方程式:

$$m\dot{v} = f - cv$$

其中,m 是雪橇的質量,f 是火箭的推力,c 是空氣阻力係數。假設 $m = 1{,}000$ m,$c = 500$ N·s/m。同時假設在 $t \geq 0$ 的時候,$v(0) = 0$ 及 $f = 75{,}000$ N。求出雪橇在 $t = 10$ s 時的速度。

28. 以下是描述連接至某一彈簧的質量受到表面黏性摩擦力之運動方程式:

$$m\ddot{y} + c\dot{y} + ky = 0$$

畫出以下條件時 $y(t)$ 的圖形,其中 $y(0) = 10$,$\dot{y}(0) = 5$。
a. $m = 3$,$c = 18$,$k = 102$。
b. $m = 3$,$c = 39$,$k = 120$。

29. RC 電路中,電容上的跨壓 y 之方程式為:

$$RC\frac{dy}{dt} + y = v(t)$$

其中,$v(t)$ 是供應電壓。假設 $RC = 0.2$ s,電容上的起始電壓為 2 V。另外假設供應電壓為 $v(t) = 10[2 - e^{-t}\sin(5\pi t)]$ V。畫出 $0 \leq t \leq 5$ s 之內電壓 $y(t)$ 的圖形。

30. 以下方程式可用來描述一個儲水的球形水槽之流量,其中液面高度為 h,在底部有一個面積為 A 的排水口。

$$\pi(2rh - h^2)\frac{dh}{dt} = -C_d A\sqrt{2gh}$$

假設水槽半徑為 3 公尺，圓形排水口的半徑為 2 公分。假設 $C_d = 0.5$，水槽中水的起始高度為 $h(0) = 5$ m，$g = 9.81$ m/s^2。

a. 使用近似估計需要花費多少時間，水槽的水才會被排光。

b. 畫出水面高度作為時間的函數圖形，直到 $h(t) = 0$。

31. 下列方程式可用來描述某一稀釋過程，其中 $y(t)$ 是當鹽滷加入純水水槽中鹽的濃度。

$$\frac{dy}{dt} + \frac{5}{10+2t}y = 4$$

假設起始條件 $y(0) = 0$。畫出在 $0 \le t \le 10$ 之內 $y(t)$ 的圖形。

9.4 節

32. 下列方程式可用來描述連接至某一彈簧的質量受到表面黏性摩擦力的運動方程式：

$$3\ddot{y} + 18\dot{y} + 102y = f(t)$$

其中，$f(t)$ 是所施加的外力。假設 $t < 0$ 時，$f(t) = 0$；$t \ge 0$ 時，$f(t) = 10$。

a. 畫出 $y(0) = \dot{y}(0) = 0$ 時的 $y(t)$。

b. 畫出 $y(0) = 0$ 及 $\dot{y}(0) = 10$ 時的 $y(t)$。討論起始速度不為零的效應。

33. 以下的方程式用來描述連接至某一彈簧的質量受到表面黏性摩擦力的運動方程式。

$$3\ddot{y} + 39\dot{y} + 120y = f(t)$$

其中，$f(t)$ 是施加的外力。假設 $t < 0$ 時，$f(t) = 0$；$t \ge 0$ 時，$f(t) = 10$。

a. 畫出 $y(0) = \dot{y}(0) = 0$ 時的 $y(t)$。

b. 畫出 $y(0) = 0$ 及 $\dot{y}(0) = 10$ 時的 $y(t)$。討論起始速度不為零的效應。

34. 下列方程式可用來描述連接至某一彈簧的質量運動方程式，且質量並沒有受到任何的摩擦力。

$$3\ddot{y} + 75y = f(t)$$

其中，$f(t)$ 是施加的外力。假設外力是頻率為 ω rad/s 的正弦，振幅為 10 N，$f(t) = 10\sin(\omega t)$。

假設起始條件為 $y(0) = \dot{y}(0) = 0$。畫出在 $0 \le t \le 20$ s 之內的 $y(t)$。請比較下列三種情形的結果。

a $\omega = 1$ rad/s

b. $\omega = 5$ rad/s

c. $\omega = 10$ rad/s

35. 凡得坡方程式是用來描述許多振盪的程序。此方程式為：

$$\ddot{y} - \mu(1 - y^2)\dot{y} + y = 0$$

畫出在 $0 \leq t \leq 20$ 之內且 $\mu = 1$ 的 $y(t)$，並且假設起始條件為 $y(0) = 5$ 及 $\dot{y}(0) = 0$。

36. 某一單擺的底座以水平方向的加速度 $a(t)$ 移動時，單擺的運動方程式為：

$$L\ddot{\theta} + g \sin \theta = a(t) \cos \theta$$

假設 $g = 9.81$ m/s^2、$L = 1$ m，$\dot{\theta}(0) = 0$。根據下列三種條件畫出 $0 \leq t \leq 10$ s 內的 $\theta(t)$ 圖形。

a. 加速度為定值：$a = 5$ m/s^2 且 $\theta(0) = 0.5$ rad。

b. 加速度為定值：$a = 5$ m/s^2 且 $\theta(0) = 3$ rad。

c. 加速度隨時間呈線性增加：$a = 0.5t$ m/s^2 且 $\theta(0) = 3$ rad。

37. 凡得坡方程式為：

$$\ddot{y} - \mu(1 - y^2)\dot{y} + y = 0$$

對很大的參數 μ 來說，這個方程式會逐漸逼近一個剛性系統。比較 `ode45` 及 `ode15s` 在這個方程式的表現。使用 $\mu = 1000$ 且 $0 \leq t \leq 3000$，起始條件為 $y(0) = 2$、$\dot{y}(0) = 0$。畫出 $y(t)$ 對 t 的關係。

38. 考慮彈簧元件得到的質量彈簧-阻尼系統由於金屬疲勞，時間較短。假設彈簧常數變化時間如下。

$$k = 20(1 + e^{-t/10})$$

運動方程式是

$$m\ddot{x} + c\dot{x} + 20(1 + e^{-t/10})x = f(t)$$

使用值 $m = 1$，$c = 2$ 和 $f = 10$，並求解方程和圖 $x(t)$ 表示在 $0 \leq t \leq 4$ 的區間內之零初始條件。

39. 兩個類似的機械系統如圖 P39 所示。在這兩種情況下輸入是基座的位移 $y(t)$，彈簧常數是非線性，因此微分方程是非線性的。它們的運動方程式對於 (a) 部分是

$$m\ddot{x} = c(\dot{y} - \dot{x}) + k_1(y - x) + k_2(y - x)^3$$

而對於 (b) 部分

$$m\ddot{x} = -c\dot{x} + k_1(y-x) + k_2(y-x)^3$$

這些系統之間的唯一區別在於系統圖 P39a 有一個包含導數的運動方程式輸入函數 $y(t)$。階梯函數難以與數值解一起使用，特別是當存在輸入導數 $\dot{y}$ 時，由於 $t=0$ 時的不連續性。因此，我們將用單位輸入對單位步進輸入進行建模函數 $y(t) = 1 - e^{-t/\tau}$。

與振盪相比，參數 τ 應選擇的小週期和時間常數，這二者我們都不知道。我們可以透過使用線性模型的特徵根來估計通過設置 $k_2 = 0$ 獲得。

使用值 $m = 100$，$c = 600$，$k_1 = 8000$ 和 $k_2 = 24{,}000$。選擇參數 τ 與週期和時間常數相比較小 $k_2 = 0$ 的線性模型。繪製兩個系統的解 $x(t)$ 在相同的圖表上。使用零初始條件。

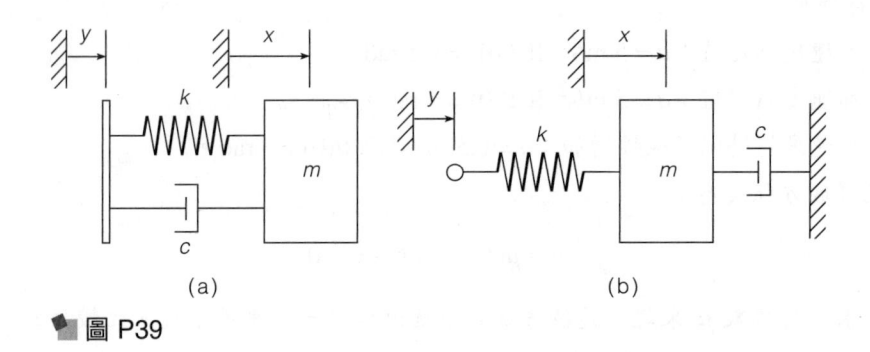

圖 P39

9.5 節

40. 電樞控制直流馬達的方程式如下。馬達的電流為 i，旋轉速度為 ω。

$$L\frac{di}{dt} = -Ri - K_e\omega + v(t) \tag{9.6-1}$$

$$I\frac{d\omega}{dt} = K_T i - c\omega \tag{9.6-2}$$

其中，L、R、I 分別代表馬達的電感、電阻及慣性；K_T 及 K_e 分別代表力矩常數及反電動勢常數；c 是黏性阻尼常數；$v(t)$ 則是供應的電壓。

使用的值為 $R = 0.8\,\Omega$、$L = 0.003\,H$、$K_T = 0.05\,N\cdot m/A$、$K_e = 0.05\,V\cdot s/rad$、$c = 0$ 以及 $I = 8\times 10^{-5}\,kg\cdot m^2$。

a. 假設供應的電壓為 20 V。畫出此馬達速度及電流對時間的圖形。選取一個足夠大的最後時間，以完整顯示出馬達速度達到定值的情形。

b. 假設供應的電壓是梯形的形式，公式給定如下：

$$v(t) = \begin{cases} 400t & 0 \leq t \leq 0.05 \\ 20 & 0.05 \leq t \leq 0.2 \\ -400(t-0.2) + 20 & 0.2 < t \leq 0.25 \\ 0 & t > 0.25 \end{cases}$$

畫出此馬達在 $0 \leq t \leq 0.3$ s 之內速度對時間的圖形。同時也畫出供應電壓對時間的圖形。此馬達的速度也和控制電壓一樣呈現梯形輪廓嗎？

41. 計算並畫出下列模型的單位脈衝響應。

$$10\ddot{y} + 3\dot{y} + 7y = f(t)$$

42. 計算並畫出下列模型的單位步階響應。

$$10\ddot{y} + 6\dot{y} + 2y = f + 7\dot{f}$$

43.* 求出下列狀態模型的簡化形。

$$\begin{bmatrix} \dot{x}_1 \\ \dot{x}_2 \end{bmatrix} = \begin{bmatrix} -4 & -1 \\ 2 & -3 \end{bmatrix} \begin{bmatrix} x_1 \\ x_2 \end{bmatrix} + \begin{bmatrix} 2 \\ 5 \end{bmatrix} u(t)$$

44. 下列狀態模型可用來描述某一質量連接於彈簧，且受到表面黏性摩擦力的運動方程式，其中 $m = 1$、$c = 2$、$k = 5$。

$$\begin{bmatrix} \dot{x}_1 \\ \dot{x}_2 \end{bmatrix} = \begin{bmatrix} 0 & 1 \\ -5 & -2 \end{bmatrix} \begin{bmatrix} x_1 \\ x_2 \end{bmatrix} + \begin{bmatrix} 0 \\ 1 \end{bmatrix} f(t)$$

a. 使用 `initial` 函數畫出質量的位置 x_1，所使用的起始條件是起始位置為 5，起始速度為 3。

b. 使用 `step` 函數畫出在起始條件為零的情況下之位置及速度的步階響應，其中步階輸入的量值大小為 10。將畫出來的結果與圖 9.5-1 相比較。

45. 考慮下列方程式：

$$5\ddot{y} + 2\dot{y} + 10y = f(t)$$

a. 畫出起始條件為 $y(0) = 10$ 且 $\dot{y}(0) = -5$ 的自由響應。

b. 畫出起始條件為零的單位步階響應。

c. 步階輸入的總響應是自由響應及步階響應的加總。透過畫出在 a 題及 b 題中結果的加總來驗證此一方程式，並且將此圖形與起始條件為 $y(0) = 10$ 且 $\dot{y}(0) = -5$ 所產生的總響應圖形相比較。

46. 圖 P46 中所顯示的 RC 電路模型為：

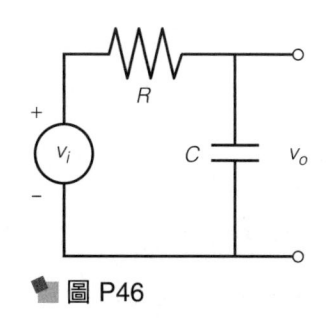

圖 P46

$$RC\frac{dv_o}{dt} + v_o = v_i$$

當 $RC = 0.2$ s，供應的電壓為單一方波脈衝，此脈衝的高度為 $10\,\text{V}$，脈衝由 $t = 0$ 開始，並且持續 0.4 秒，畫出此情況之下的電壓響應 $v_0(t)$。電容的起始電壓為 0。

Chapter 10

Simulink

©Janka Dharmasena/Getty Images

21 世紀的工程……
嵌入式控制系統

　　嵌入式控制系統是一個微處理器與感測器的組合,它被設計成某一產品的零件。航太及汽車工業使用嵌入式控制器已經有一段時間了,但由於元件成本逐漸降低,使得嵌入式控制器對於消費及生物醫學方面的應用更為廣泛。

　　舉例來說,嵌入式控制器可以大幅增進整形外科裝置的效能。現今一種人造義肢會使用感測器去測量即時的行走速度、膝關節的角度以及對於腳部與踝部的負載。感測器會利用這些量測結果,來決定如何調整活塞液體阻力,以產生更穩定、自然及有效的步伐。此控制器的演算法能配合每個人的特性,以及針對不同的身體活動而進行調整。

　　裝配嵌入式控制器的引擎有較好的效率。配備有嵌入式控制器的主動懸吊系統,使用致動器來改善由彈簧及阻尼器組成之傳統被動系統的效能。這種系統的其中一個設計階段為硬體在迴圈中測試 (hardware-in-the-loop testing),其中受控制的物件 (引擎或懸吊系統) 會以一個該物件行為的即時模擬來取代。這讓嵌入式系統的硬體及軟體能比實際的原型花費更少的時間與金錢來做測試,甚至在沒有製造原型之前就能先行測試。

　　Simulink 通常用來建立硬體在迴路中測試的模擬模型。此外,控制系統工具箱 (Control System toolbox)、信號處理工具箱 (Signal Processing toolbox),以及數位信號處理塊組 (DSP block set) 和固定點塊組 (Fixed Point block set),對於這種應用也都非常有用。

學習大綱
10.1　模擬圖
10.2　Simulink 的介紹
10.3　線性狀態變數模型
10.4　分段線性模型
10.5　轉移函數模型
10.6　非線性狀態變數模型
10.7　子系統
10.8　模型中的遲滯時間
10.9　非線性車輛懸吊模型的模擬
10.10　控制系統和硬體在迴圈中測試
10.11　摘要
習題

Simulink 建立於 MATLAB 之上，所以你必須有 MATLAB 才能使用 Simulink。學生版的 MATLAB 有包含 Simulink，但也可以向 MathWorks 公司單獨購買 Simulink。近年來，Simulink 廣泛地被產業使用，以建立複雜之系統與程序的模型，那是簡單的微分方程式組無法做到的。

Simulink 提供一個圖形使用者介面，使用各種稱為方塊 (block) 的元素，來建立動態系統模擬。動態系統是指可以用微分或差分方程式來模型化的系統，其中自變數為時間。例如，一種方塊是乘法器，一種可以進行加法，另外一種是積分器。Simulink 使用者介面可以供使用者放置方塊、調整方塊的大小、加入標籤、指定方塊參數，並且連接各方塊以描述複雜的系統，完成系統的模擬。

本章先由需要使用少數方塊的簡單系統模擬開始介紹，循序漸進地藉由一連串的範例，逐漸引介更多的方塊種類。被選取的應用只需要物理的基礎知識，各種工程或科學領域的讀者都應該能夠瞭解。完成本章的學習之後，你將會看到用來模擬一般應用的方塊種類。

10.1 模擬圖

方塊圖

藉由建立出所要求解問題的組成元素之方塊圖，便能開發出一個 Simulink 模型。我們稱這樣的方塊圖為模擬圖 (simulation diagram)，或者直接稱之為**方塊圖** (block diagram)。考慮方程式 $\dot{y} = 10f(t)$。此方程式的解可以用符號表示為：

$$y(t) = \int 10f(t)dt$$

我們將這個解想成兩個步驟，並使用中間變數 x：

$$x(t) = 10f(t) \text{ 和 } y(t) = \int x(t)dt$$

且此解可以使用圖 10.1-1a 中的模擬圖表示出來。圖中的箭頭表示變數 y、x 及 f，方塊表示因果關係。因此，包含數字 10 的方塊是指進行 $x(t) = 10f(t)$ 的計算，其中 $f(t)$ 為因 (輸入)，$x(t)$ 為果 (輸出)。這種方塊稱為乘法器方塊 (multiplier block) 或增益方塊。

積分器方塊

而包含積分符號 $\int$ 的方塊表示進行 $y(t) = \int x(t)dt$ 的積分計算，其中 $x(t)$ 為因 (輸入)，$y(t)$ 為果 (輸出)。這種方塊我們稱為**積分器方塊** (integrator block)。

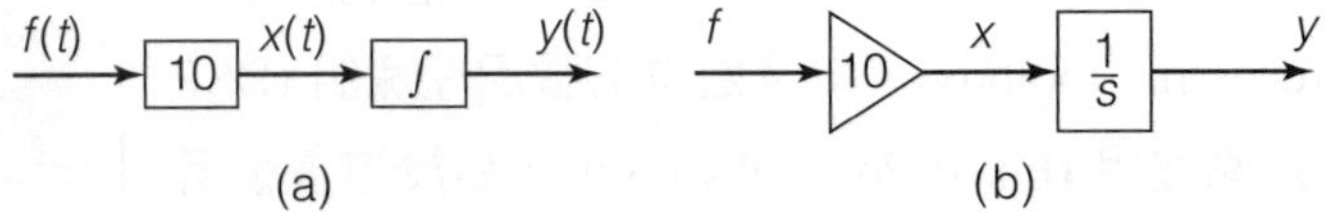

■ 圖 10.1-1　$\dot{y} = 10f(t)$ 的模擬圖

另外，模擬圖中還使用許多表示法及符號的變形。圖 10.1-1b 顯示其中一種變形。取代方框的表示法，現在的乘法是用三角形 (代表電子放大器) 來表示，因此得名**增益方塊** (gain block)。

> 增益方塊

此外，積分器方塊中的積分符號也可以使用運算子符號 $1/s$ 來取代，這是從拉普拉斯轉換的表示法而來 (參見第 11.7 節對於此轉換的討論)。因此，方程式 $\dot{y} = 10f(t)$ 可以表示成 $sy = 10f$，解可以表示成：

$$y = \frac{10f}{s}$$

或表示成兩個方程式：

$$x = 10f \quad \text{和} \quad y = \frac{1}{s}x$$

且另外一個使用於模擬圖中的元件是**加總器** (summer)，雖然取名為加總，但實際上可以進行變數的加法及減法。這個符號的兩種形式如圖 10.1-2a 所示。在這種情況下，該符號表示方程式 $z = x - y$。注意圖中每一個輸入箭頭所使用的加法或減法符號。

> 加總器

加總器符號可以用來表示方程式 $\dot{y} = f(t) - 10y$，即：

$$y(t) = \int [f(t) - 10y]dt$$

或

$$y = \frac{1}{s}(f - 10y)$$

你應該閱讀 10.1-2b 中的模擬圖，來確認它代表此方程式。這張圖構成了發展 Simulink 模型以求解方程式的基礎。

10.2　Simulink 的介紹

在 MATLAB 指令視窗之下輸入 simulink，可以啟動 Simulink。首先開啟的是 Simulink **程式庫瀏覽器** (Simulink Library Browser) 視窗，如圖 10.2-1 所示。Simulink 方塊都位於「程式庫」當中。這些程式庫顯示於 Simulink 標題下方，如

> 程式庫瀏覽器

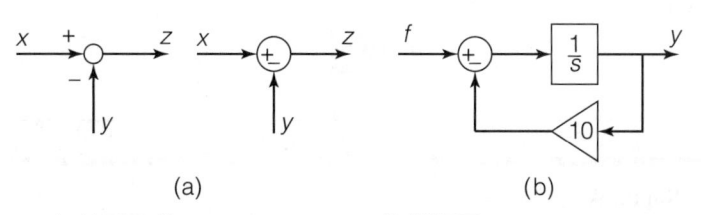

(a)　　　　　　　　　　(b)

■ 圖 10.1-2　(a) 加總器元件；(b) $\dot{y} = f(t) - 10y$ 的模擬圖

圖 10.2-1 所示。根據所安裝的 MathWorks 產品，你可能會看到比此圖所顯示還要多的項目，如控制系統工具箱 (Control System Toolbox) 及狀態流 (Stateflow)。其他的 Simulink 方塊可以藉由點選左方的加號展開而顯示出來。隨著 Simulink 版本的更新，某些程式庫被重新命名，而且某些方塊會被移至不同的程式庫，因此本章所使用的程式庫可能會和日後推出的新版本有些許的不同。要確定方塊的位置，最好的方式就是在 Simulink 程式庫瀏覽器上方的搜尋框當中輸入方塊的名稱。當你按下 Enter 之後，Simulink 便會提供該方塊的位置。

要從程式庫瀏覽器中選取一個方塊，則在對應的程式庫中雙擊滑鼠，此程式庫中的方塊列表便會顯示。

按下方塊的名字或圖示，按住滑鼠不放並將此方塊拖曳至新的模型視窗後，再鬆開滑鼠。你可以在該方塊或其名稱上按右鍵，於出現的下拉選單中選擇 **Help** 以得到輔助說明。

Simulink 模型檔案對舊的檔案的副檔名為 `.slx` 和 `.mdl`。使用模型視窗中的 **File** 選單來開啟、關閉及儲存模型檔案。若要列印此模型的方塊圖，則點選 **File** 選

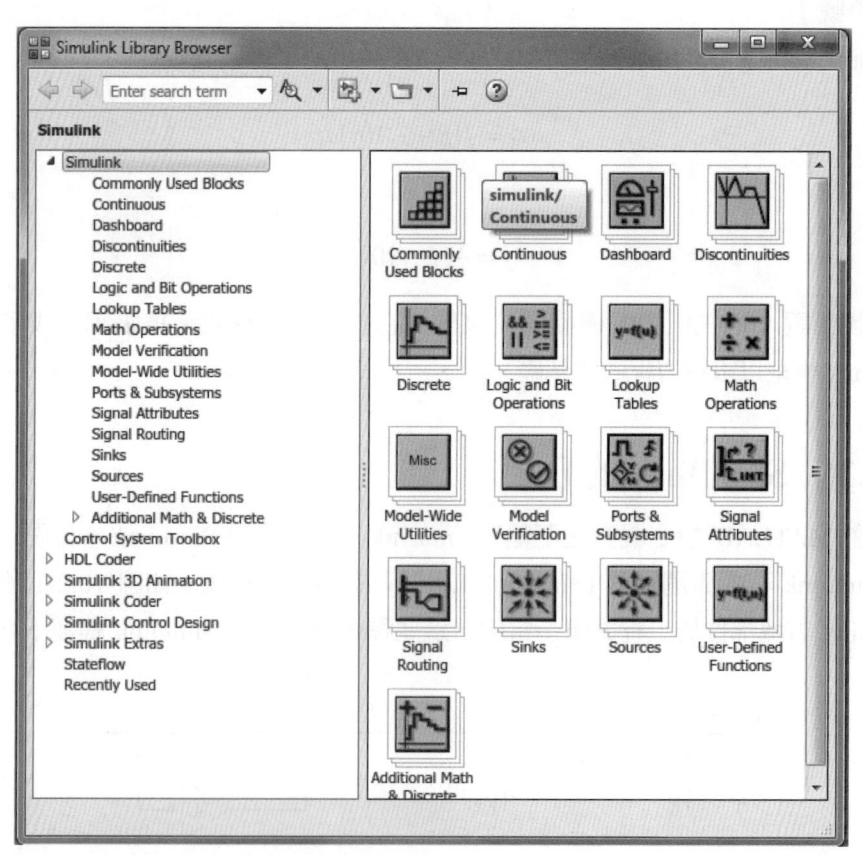

■ 圖 10.2-1　Simulink 程式庫瀏覽器
來源：MATLAB

單中的 **Print** 選項。使用 **Edit** 選單來拷貝、剪下及貼上方塊。此外,你也可以使用滑鼠來完成上述的操作。例如,要刪除一個方塊,可以點選該方塊並按下 **Delete** 鍵。

要熟悉 Simulink 的最佳方式就是透過範例來練習。

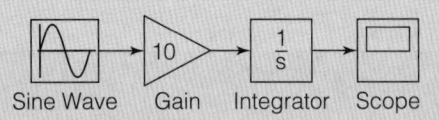

範例 10.2-1　$\dot{y} = 10 \sin t$ 的 Simulink 解

使用 Simulink 來求解下列問題,區間為 $0 \le t \le 13$。

$$\frac{dy}{dt} = 10 \sin t \qquad y(0) = 0$$

此問題的正確解為 $y(t) = 10(1 - \cos t)$。

■ 解法

要建立模擬,可以進行下列步驟,同時參考圖 10.2-2。圖 10.2-3 顯示完成下列步驟以後的模型視窗。

1. 啟動 Simulink 並根據上述方法開啟新模型視窗。
2. 點選並放置由 Sources (信號源) 程式庫選取的 Sine Wave (正弦波) 方塊於新模型視窗中。在該方塊上雙擊滑鼠,以開啟方塊參數視窗 (Block Parameters window),並確定 Amplitude (振幅) 設定為 1、Bias (偏壓) 設定為 0、Frequency (頻率) 設定為 1、Phase (相位) 設定為 0,而 Sample time (取樣時間) 設定為 0。最後按下 **OK**。

■ 圖 10.2-2　$\dot{y} = 10 \sin t$ 的 Simulink 模型

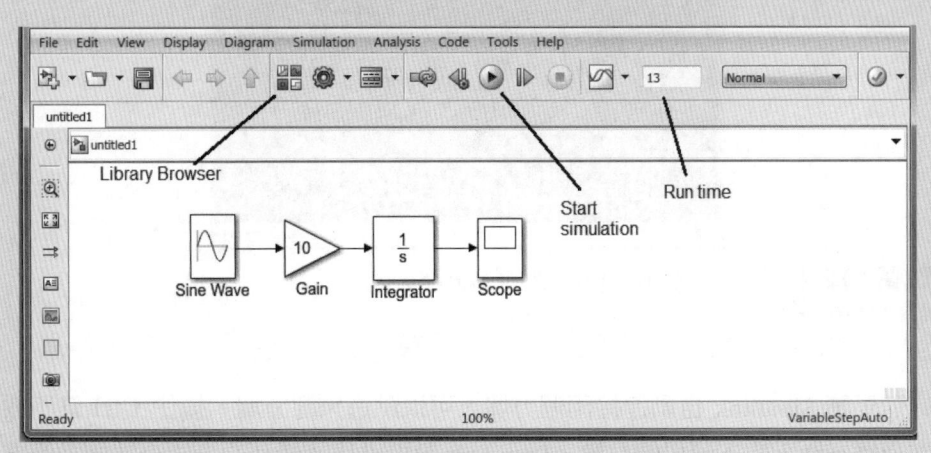

■ 圖 10.2-3　範例 10.2-1 所建立之模型的 Simulink 模型視窗

3. 由 Math Operations (數學運算) 程式庫中選取增益方塊,並且在該方塊上雙擊滑鼠開啟方塊參數視窗,將 Gain (增益) 的值設定為 10。接著按下 **OK**。注意,接下來在三角形中會顯示 10。若要讓這個值更加明顯,可點選方塊並拖曳該三角形的角落,將此三角形放大讓文字更加明顯。

4. 從 Continuous 程式庫中選取並放置 Integrator (積分器) 方塊,並雙擊滑鼠開啟方塊參數視窗,將起始條件設定為 0 (這是因為 $y(0) = 0$)。接下來按 **OK**。

5. 由 Sinks 程式庫中選取 Scope 方塊。

6. 一旦選取圖 10.2-2 中的所有方塊,將此方塊的輸入端與前述各方塊的輸出端相連接。為此,將游標移至輸出端或輸入端,此時游標會變成一個十字。按住滑鼠不放,拖曳此游標至另外一個方塊的一端。當你放開滑鼠按鈕的時候,Simulink 會將此連接線在輸入端那一側以箭頭表示。現在你的模型看起來會如同圖 10.2-2 所示。

7. 在 **Start Simulation** (開始模擬,黑色三角形) 按鈕的右邊,Stop time (停止時間) 的視窗中輸入 13,參見圖 10.2-3。其預設值為 10,但可以刪除並改成 13。

8. 按下工具列中的 **Start Simulation** (亦即黑色三角形按鈕) 來開始模擬。

9. 在模擬結束時,你會聽到一聲鈴聲。接著在 Scope 方塊上雙擊滑鼠,並按下 Scope 視窗中的雙筒顯微鏡按鈕,來自動調整比例大小。你會看到一個振盪的曲線,振幅為 10,週期為 2π (圖 10.2-4)。Scope 方塊中的自變數是時間 t;對此方塊的輸入為應變數 y。至此,模擬完成。

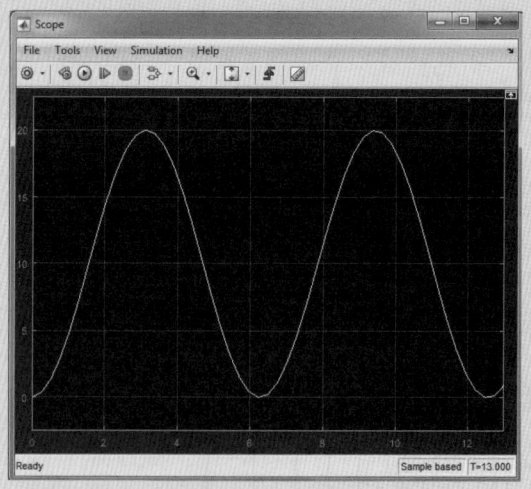

■ 圖 10.2-4　執行範例 10.2-1 中之模型後的 Scope 視窗
來源:MATLAB

若要讓 Simulink 自動連接兩個方塊,可以點選來源方塊,按住 **Ctrl** 鍵不放,並在目標方塊上按下滑鼠的左鍵。Simulink 還提供比較便利的方式來連接多個方塊

及多條線，請讀者自行參見輔助說明。

請注意，當你在方塊上雙擊滑鼠，會開啟方塊參數視窗。此視窗會包含許多可以用來指明該方塊的項目、數字及特性。一般來說，除了明顯指定應該輸入的參數之外，你也可以使用參數的預設值。記得隨時按下該方塊視窗中的 **Help** 按鈕，以取得更多的相關資訊。

當你按下 **Apply**，任何更動都會在視窗保持開啟下立即生效。但如果你按下 **OK**，則更動會立即生效並關閉視窗。

要注意大部分的方塊都有預設的標籤。你可以點擊文字以進行編輯與變更。你可以藉由選取 **File** 選單中的 **Save** 選項，將 Simulink 模型儲存成 .mdl 檔。此一模型檔可以在日後被重新載入。此外，你也可以選取 **File** 選單中的 **Print** 選項來列印此方塊圖。

Scope 方塊對於檢查結果非常有用，但如果你想要得到加入標籤並列印圖形，可以使用 To Workspace (送至工作區) 方塊，作法請參見以下範例。

範例 10.2-2　輸出資料到 MATLAB 工作區

我們現在要說明如何將模擬的結果匯出到 MATLAB 工作區中。在工作區裡，我們可以使用 MATLAB 函數對資料進行繪圖及分析。

■ 解法

修改範例 10.2-1 中的 Simulink 模型如下。參見圖 10.2-5。

1. 將連接 Scope 方塊的箭頭刪除，方式為點選該箭頭並按下 **Delete** 鍵。用相同的方式刪除 Scope 方塊。
2. 從 Sinks 程式庫中選取並放置 To Workspace 方塊以及放置 Clock 方塊。
3. 從 Signal Routing (信號行程安排) 程式庫中選取並放置 Mux (多工器) 方塊，同時在該方塊上雙擊滑鼠，將 Number of inputs (輸入的數目) 設定為 2。按下 **OK**。[*Mux* 是 multiplexer (多工器) 的縮寫，是一個用來傳輸多個信號的電子裝置。]
4. 將 Mux 方塊上半部的輸入端連接到 Integrator 方塊的輸出端，接著使用相同的方式將下半部的輸入端連接到 Clock 方塊的輸出端。所得到的模型如圖 10.2-5 所示。
5. 在 To Workspace 方塊上雙擊滑鼠。你可以指定任何想要使用的變數名稱當作輸

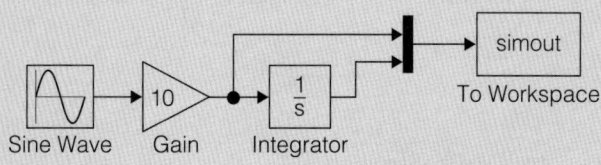

■ 圖 10.2-5　使用 Clock 及 To Workspace 方塊的 Simulink 模型

出；預設的變數名稱為 simout。將此名稱改為 y。輸出變數 y 將和模擬時間步階有一樣的列數，和此方塊的輸入有一樣的行數。第一行含有 Gain 方塊的輸出。在 y 的第 2 行是積分器方塊的輸出。在 To Workspace 方塊中，指定 Save 格式為陣列。其他參數使用預設值。按下 **OK**。

6. 在執行模擬之後，你可以從指令視窗中使用 MATLAB 的繪圖指令來畫出 y 的行 (在一般的情況下是 simout)。當你使用 To Workshapce 方塊時 Simulink 自動將時間變數 tout 放入 MATLAB 的工作空間。要畫出二個輸出，可在 MATLAB 指令視窗中輸入：

```
>>plot(tout,y(:,1),tout,y(:,2)),xlabel('t'),ylabel('y')
```

範例 10.2-3　$\dot{y} = -10y + f(t)$ 的 Simulink 模型

建立 Simulink 模型來求解以下方程式：

$$\dot{y} = -10y + f(t) \qquad y(0) = 1$$

其中 $f(t) = 2 \sin 4t$，$0 \leq t \leq 3$。

■ 解法

要建立模擬，須遵循以下步驟。

1. 藉由重新安排圖 10.2-2 中的方塊，變成圖 10.2-6 所示的模型。你會需要增加一個 Sum 方塊。

2. 由 Math Operations 程式庫中選取並放置 Sum 方塊，如模擬圖所示。該方塊的預設值是將兩個輸入信號相加。若要更改這個預設值，在該方塊上雙擊滑鼠，於 List of Signs 視窗中輸入 |+-。這些符號會在方塊上方以逆時針順序顯示。其中，符號 | 是一個間隔符號，表示頂部的端口是空的。

3. 要改變 Gain 方塊的方向，可在該方塊上按下右鍵，在彈出式選單中選取 **Format**，並選取 **Flip Block**。

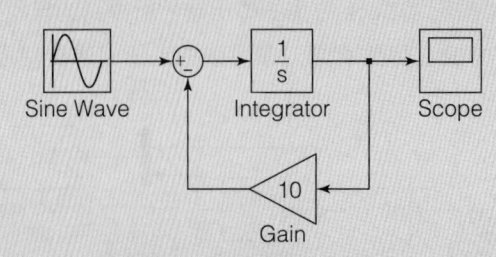

■ 圖 10.2-6　$\dot{y} = -10y + f(t)$ 的 Simulink 模型

4. 當你將 Sum 方塊的負輸入端連接至 Gain 方塊的輸出端，Simulink 會自動畫出一條最短的線。為了得到更標準的外觀 (如圖 10.2-6 所示)，首先要將 Sum 輸入端的線垂直延伸。放開滑鼠的按鈕，並在線條的末端按下，將之連接到 Gain 方塊，如此一來會得到一條有直角的線。進行相同的操作，將 Gain 方塊的輸入端連結到 Integrator 及 Scope 方塊。若是成功連接，線上會出現一個小點，我們稱之為脫離點 (takeoff point)，因為此點取走了箭頭表示的變數 (在此，所代表的變數是 y)，並讓這個值在其他方塊也可以取得。
5. 將 Stop time 設定為 3。
6. 執行前述的模擬，並觀察 Scope 中出現的結果。

10.3 線性狀態變數模型

相較於轉移函數模型，狀態變數模型可以有一個以上的輸入及輸出。Simulink 具有 State-Space (狀態空間) 方塊，用來表示線性狀態變數模型 $\dot{\mathbf{x}} = \mathbf{Ax} + \mathbf{Bu}$，$\mathbf{y} = \mathbf{Cx} + \mathbf{Du}$。(參見第 9.5 節中對於模型形式的討論) 向量 $\mathbf{u}$ 表示輸入，向量 $\mathbf{y}$ 表示輸出。因此，當你將輸入連接到 State-Space 方塊，必須注意按照順序來連接。在將方塊的輸出連接到其他方塊時也同樣要注意。下列範例說明如何完成上述的作法。

範例 10.3-1　雙質量懸吊系統的 Simulink 模型

下列方程式為雙質量懸吊系統的運動模型，如圖 10.3-1 所示。

$$m_1\ddot{x}_1 = k_1(x_2 - x_1) + c_1(\dot{x}_2 - \dot{x}_1)$$
$$m_2\ddot{x}_2 = -k_1(x_2 - x_1) - c_1(\dot{x}_2 - \dot{x}_1) + k_2(y - x_2)$$

建立這個系統的 Simulink 模型，以求得 x_1 及 x_2 的圖形。輸入 $y(t)$ 為單位步階函數，

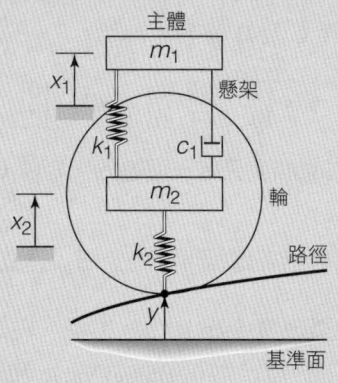

■ 圖 10.3-1　雙質量懸吊系統

起始條件為 0。使用以下數值:$m_1 = 250$ kg,$m_2 = 40$ kg,$k_1 = 1.5 \times 10^4$ N/m,$k_2 = 1.5 \times 10^5$ N/m,$c_1 = 1917$ N·s/m。

■ 解法

令 $z_1 = x_1$,$z_2 = \dot{x}_1$,$z_3 = x_2$,$z_4 = \dot{x}_2$,運動方程式可以藉由狀態變數形式表示如下:

$$\dot{z}_1 = z_2 \quad \dot{z}_2 = \frac{1}{m_1}(-k_1 z_1 - c_1 z_2 + k_1 z_3 + c_1 z_4)$$

$$\dot{z}_3 = z_4 \quad \dot{z}_4 = \frac{1}{m_2}[k_1 z_1 + c_1 z_2 - (k_1 + k_2)z_3 - c_1 z_4 + k_2 y]$$

這些方程式可以向量-矩陣形式表示為:

$$\dot{\mathbf{z}} = \mathbf{A}\mathbf{z} + \mathbf{B}y(t)$$

其中

$$\mathbf{A} = \begin{bmatrix} 0 & 1 & 0 & 0 \\ -\frac{k_1}{m_1} & -\frac{c_1}{m_1} & \frac{k_1}{m_1} & \frac{c_1}{m_1} \\ 0 & 0 & 0 & 1 \\ \frac{k_1}{m_2} & \frac{c_1}{m_2} & -\frac{k_1 + k_2}{m_2} & -\frac{c_1}{m_2} \end{bmatrix} \quad \mathbf{B} = \begin{bmatrix} 0 \\ 0 \\ 0 \\ \frac{k_2}{m_2} \end{bmatrix}$$

以及

$$\mathbf{z} = \begin{bmatrix} z_1 \\ z_2 \\ z_3 \\ z_4 \end{bmatrix} = \begin{bmatrix} x_1 \\ \dot{x}_1 \\ x_2 \\ \dot{x}_2 \end{bmatrix}$$

為簡化表示法,令 $a_1 = k_1/m_1$、$a_2 = c_1/m_1$、$a_3 = k_1/m_2$、$a_4 = c_1/m_2$、$a_5 = k_2/m_2$ 以及 $a_6 = a_3 + a_5$。矩陣 **A** 及 **B** 變成

$$\mathbf{A} = \begin{bmatrix} 0 & 1 & 0 & 0 \\ -a_1 & -a_2 & a_1 & a_2 \\ 0 & 0 & 0 & 1 \\ a_3 & a_4 & -a_6 & -a_4 \end{bmatrix} \quad \mathbf{B} = \begin{bmatrix} 0 \\ 0 \\ 0 \\ a_5 \end{bmatrix}$$

接著,選取輸出方程式 $\mathbf{y} = \mathbf{C}\mathbf{z} + \mathbf{B}y(t)$ 的適當矩陣值。因為我們想要畫出 x_1 及 x_2 (亦即 z_1 及 z_3),則應該使用矩陣 **C** 及 **D** 如下。

$$\mathbf{C} = \begin{bmatrix} 1 & 0 & 0 & 0 \\ 0 & 0 & 1 & 0 \end{bmatrix} \quad \mathbf{D} = \begin{bmatrix} 0 \\ 0 \end{bmatrix}$$

注意,矩陣 **B** 的維度告訴 Simulink 只有一個輸入,矩陣 **C** 及 **D** 的維度告訴 Simulink 有兩個輸出。

開啟一個新的模型視窗,接著進行下列的步驟以建立如圖 10.3-2 所示的模型。

1. 從 Sources 程式庫中選取並放置 Step (步階) 方塊。在該方塊上雙擊滑鼠,開啟方塊參數視窗,並將 Step Time 設定為 0,Initial Value 和 Final Value 設為 0 及 1。千萬不要更改其他參數的預設值。按下 **OK**。Step Time 就是步階輸入開始的時間。

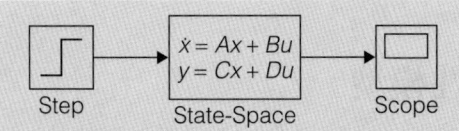

▎ 圖 10.3-2　包含 State-Space 及 Step 方塊的 Simulink 模型

2. 從 Continuous 程式庫中選取並放置 State-Space 方塊。在該方塊上雙擊滑鼠，開啟方塊參數視窗，並且輸入矩陣 **A**、**B**、**C**、**D** 的值。其中 **A** 為 [0,1,0,0;-a1, -a2,1,a2;0,0,0,1;a3,a4,-a6,-a4]，**B** 為 [0;0;0;a5]，**C** 為 [1,0,0,0;0,0,1,0] 以及 **D** 為 [0;0]。接著在起始條件中輸入 [0;0;0;0]。按下 **OK**。

3. 從 Sinks 程式庫中選取並放置 Scope 方塊。

4. 將每一個方塊的輸入端及輸出端相互連接 (參見圖 10.3-2)，並儲存該模型。

5. 在工作視窗中輸入下列參數值，並計算 a_i 常數，對話如下：

```
>>m1 = 250; m2 = 40; k1 = 1.5e+4;
>>k2 = 1.5e+5; c1 =1917;
>>a1 = k1/m1; a2 = c1/m1; a3 = k1/m2;
>>a4 = c1/m2; a5 = k2/m2; a6 = a3 + a5;
```

6. 代入不同的 Stop Time，直到 Scope 達穩態為止。透過這個方法，可以滿足 Stop Time 為 1。x_1 及 x_2 的圖形將顯示於 Scope 中。我們可以將 To Workspace 方塊加入 MATLAB 以得到繪圖結果，圖 10.3-3 就是以這個方法繪出。

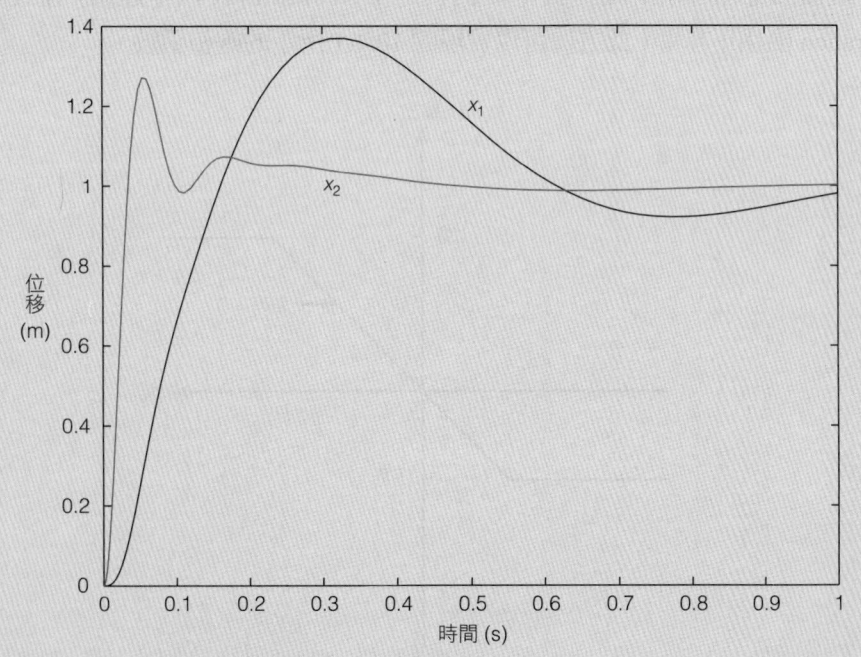

▎ 圖 10.3-3　雙質量懸吊模型的單位步階響應

10.4 分段線性模型

相較於線性模型，大部分的非線性微分方程式都無法求得閉合形式解，因此我們必須使用數值方法來求解。區分非線性常微分方程式的方式，須視應變數或其導數是否具有冪次或成為超越函數而定。例如，以下就是一個非線性方程式。

$$y\ddot{y} + 5\dot{y} + y = 0 \qquad \dot{y} + \sin y = 0 \qquad \dot{y} + \sqrt{y} = 0$$

分段線性模型 (piecewise-linear model) 雖然外觀看起來是線性的，但實際上是非線性的。在某些條件成立的情況下，分段線性模型可以由線性模型所組成。而在線性模型之間來回切換的結果，會產出一個非線性整體模型。一個質量連接至彈簧並在具有庫侖摩擦力的水平面上滑動的模型，就是一個很好的例子。此模型為：

$$m\ddot{x} + kx = \begin{cases} f(t) - \mu mg & 若 \dot{x} \geq 0 \\ f(t) + \mu mg & 若 \dot{x} < 0 \end{cases}$$

上述兩個線性方程式可以用單一非線性方程式表示為：

$$m\ddot{x} + kx = f(t) - \mu mg\, \text{sign}(\dot{x}) \quad 其中 \quad \text{sign}(\dot{x}) = \begin{cases} +1 & 若 \dot{x} \geq 0 \\ -1 & 若 \dot{x} < 0 \end{cases}$$

使用程式來求解一個包含分段線性函數的模型是非常繁瑣的。然而，Simulink 具有內建方塊，可以表示出許多常見的函數，例如庫侖摩擦力。因此 Simulink 對於這類的應用特別有用。其中一例就是 Discontinuities (不連續) 程式庫中的 Saturation (飽和) 方塊。此方塊可以實現圖 10.4-1 所示的飽和函數。

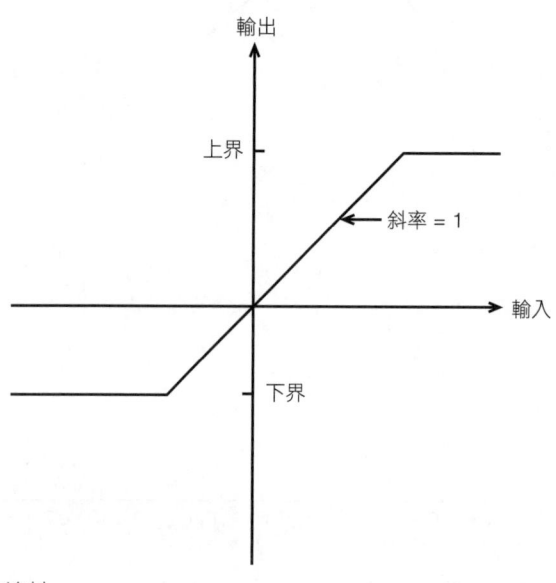

▌圖 10.4-1　飽和非線性

範例 10.4-1 火箭推進雪橇的 Simulink 模型

一個火箭推進的雪橇如圖 10.4-2 所示,質量為 m,施力 f 表示是火箭的推力。此火箭的推力起始方向為水平的,但發射的時候引擎意外地轉向,轉動的角加速度為 $\ddot{\theta} = \pi/50$ rad/s。計算在 $v(0) = 0$ 的情況下,雪橇於 $0 \le t \le 6$ s 之間的速度 v。火箭的推力為 4000 牛頓,雪橇的質量為 450 公斤。

雪橇的運動方程式為:

$$450\dot{v} = 4000\cos\theta(t)$$

若要求出 $\theta(t)$,需要注意

$$\dot{\theta} = \int_0^t \ddot{\theta}\,dt = \frac{\pi}{50}t$$

及

$$\theta = \int_0^t \dot{\theta}\,dt = \int_0^t \frac{\pi}{50}t\,dt = \frac{\pi}{100}t^2$$

因此運動方程式變成:

$$450\dot{v} = 4000\cos\left(\frac{\pi}{100}t^2\right)$$

或

$$\dot{v} = \frac{80}{9}\cos\left(\frac{\pi}{100}t^2\right)$$

此方程式的正式解為:

$$v(t) = \frac{80}{9}\int_0^t \cos\left(\frac{\pi}{100}t^2\right)dt$$

不幸的是,這個積分並沒有閉合形式解,因此稱為夫瑞奈餘弦積分 (Fresnel's cosine integral)。此積分的值可以經由查表得到,但是我們在這裡要使用 Simulink 來求解。

(a) 建立一個 Simulink 模型在 $0 \le t \le 10$ s 之下求解此問題。
(b) 現在假設引擎角度受限於機械結構而停止於 60°,也就是 $\pi/3$ rad。建立一個 Simulink 模型來求解此問題。

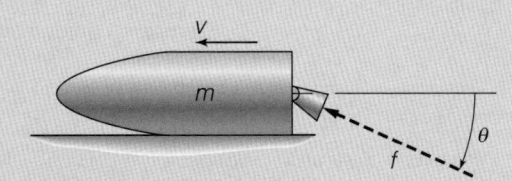

▣ 圖 10.4-2 火箭推進雪橇

■ 解法

(a) 有數種方式可以建立輸入函數 $\theta = (\pi/100)t^2$。在此，我們注意到 $\ddot{\theta} = \pi/50$ rad/s，且

$$\dot{\theta} = \int_0^t \ddot{\theta}\, dt$$

以及

$$\theta = \int_0^t \dot{\theta}\, dt = \frac{\pi}{100} t^2$$

因此，我們可以將常數 $\ddot{\theta} = \pi/50$ 積分兩次而求出 $\theta(t)$。模擬的方塊圖可參見圖 10.4-3。此方塊圖可以用來建立圖 10.4-4 中所對應的 Simulink 模型。

在此模型中，我們還使用了兩個新的方塊。其中一個是 Sources 程式庫中的 Constant (常數) 方塊。當放置此方塊之後，在該方塊上點擊滑鼠兩次，並於 Constant Value 視窗中輸入 pi/50。

另外一個是 Math Operations 程式庫中的 Trigonometric (三角學) 方塊。放置此方塊之後，在該方塊上點擊滑鼠兩次，並於 Function 視窗中輸入 cos。

設定 Stop Time 為 10，執行此模擬，並且檢查顯示於 Scope 中的結果。

(b) 遵循下列步驟修改圖 10.4-4 中的模型，並得到圖 10.4-5 所示的模型。我們使用 Discontinuities 程式庫中的 Saturation 方塊來限制 θ 的範圍為 $\pi/3$ rad。如圖 10.4-5 放置完成方塊之後，在該方塊上點擊滑鼠兩次，並於 Upper Limit 視窗中輸入

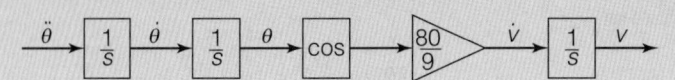

● 圖 10.4-3　$v = (80/9)\cos(\pi t^2/100)$ 的模擬圖

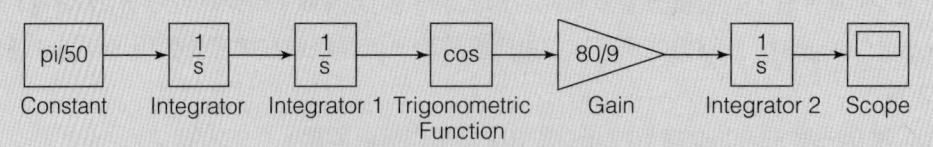

● 圖 10.4-4　$v = (80/9)\cos(\pi t^2/100)$ 的 Simulink 模型

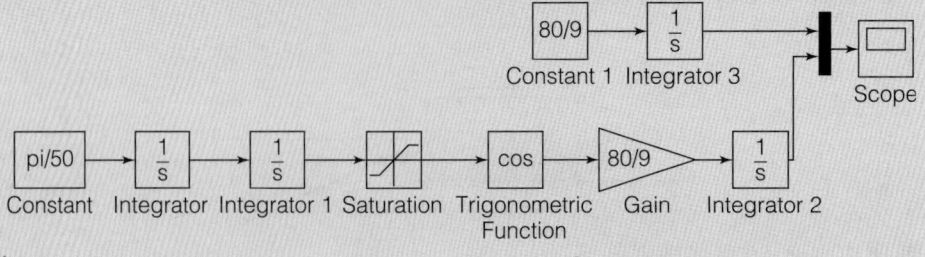

● 圖 10.4-5　使用 Saturation 方塊的 $v = (80/9)\cos(\pi t^2/100)$ 的 Simulink 模型

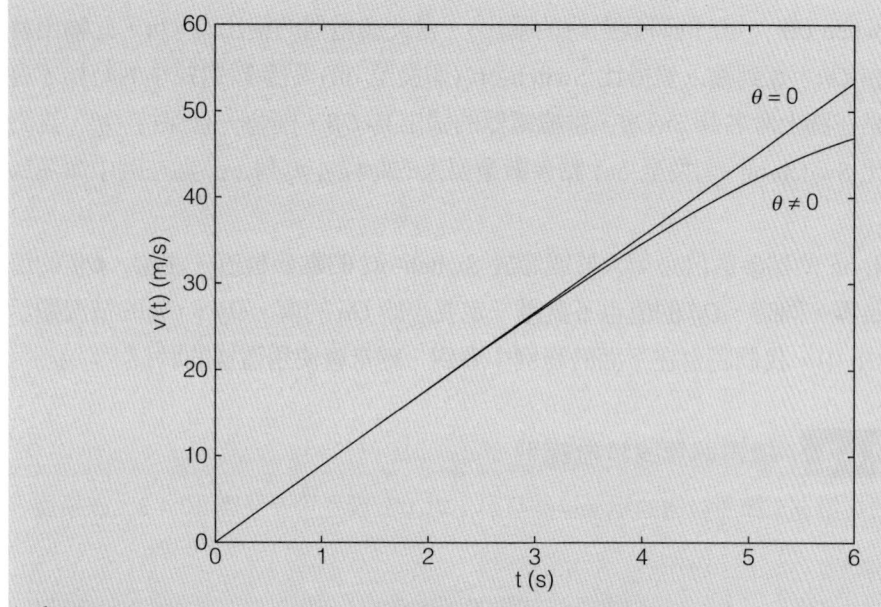

■ 圖 10.4-6　在 $\theta = 0$ 及 $\theta \neq 0$ 的情況下雪橇的速度響應

pi/3，接著在 Lower Limit 視窗中輸入 0。

輸入並連結其餘元素，同時執行模擬。上面的 Constant 方塊及 Integrator 方塊都是用來在引擎角度為 $\theta = 0$ 之下求解，當作檢查結果之用。(當 $\theta = 0$，運動方程式為 $\dot{v} = 80/9$，也就是 $v(t) = 80t/9$。)

如果想要更進一步瞭解，可以使用 To Workspace 方塊來取代 Scope，接著在 MATLAB 中畫出此圖形。所得到的圖形如圖 10.4-6 所示。

Relay 方塊

Simulink 的 Relay 方塊若是單純使用 MATLAB 的程式來描述會非常繁瑣，但若是使用 Simulink 就很容易實現。圖 10.4-7a 是一個繼電器 (relay) 的邏輯圖。繼電器在兩個指定的值之間切換其輸出，圖中這兩個指定的值分別是 *On* 及 *Off*。Simulink 會呼叫兩個值，分別是「Output when on」(on 的時候對應的輸出) 及

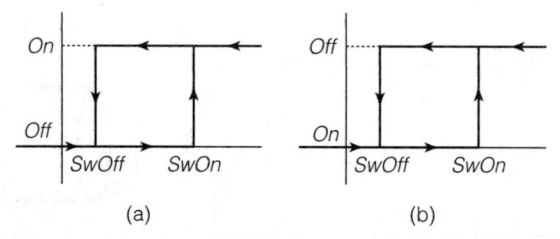

■ 圖 10.4-7　relay 函數。(a) *On* > *Off* 的狀況；(b) *On* < *Off* 的狀況

「Output when off」(off 的時候對應的輸出)。當此繼電器的輸出為 *On*，此輸出會一直保持在 *On*，直到輸入變得比 Switch-off (切換至 off) 點參數還要小的時候才會更動，該點在圖上命名為 *SwOff*。當繼電器的輸出為 *Off*，則會一直保持 *Off*，直到輸入變得比 Switch-on (切換至 on) 點參數還要大的時候才更動，該點在圖中命名為 *SwOn*。

Switch-on 的點參數值必須大於或等於 Switch-off 的點參數值。注意，*Off* 的值不見得要為零。同時，*Off* 的值也不見得一定要小於 *On* 的值。*Off* > *On* 的情況顯示於圖 10.4-7b 中。我們將會在下面的範例中看到，經常會使用這樣的狀況。

範例 10.4-2　繼電器馬達控制模型

我們在第 9.5 節所討論的電樞控制直流馬達，其模型可參見圖 10.4-8。該模型為：

$$L\frac{di}{dt} = -Ri - K_e\omega + v(t)$$
$$I\frac{d\omega}{dt} = K_T i - c\omega - T_d(t)$$

其中，此模型現在包含了作用於此馬達軸的力矩 $T_d(t)$。力矩的來源可能是某些我們不希望存在的效應，例如庫侖摩擦力或者風力，控制系統工程師稱這類效應為「擾動」。這些方程式可以放入下列的矩陣形式，其中 $x_1 = i$ 及 $x_2 = \omega$。

$$\begin{bmatrix}\dot{x}_1\\\dot{x}_2\end{bmatrix} = \begin{bmatrix}-\frac{R}{L} & -\frac{K_e}{L}\\\frac{K_T}{I} & -\frac{c}{I}\end{bmatrix}\begin{bmatrix}x_1\\x_2\end{bmatrix} + \begin{bmatrix}\frac{1}{L} & 0\\0 & -\frac{1}{I}\end{bmatrix}\begin{bmatrix}v(t)\\T_d(t)\end{bmatrix}$$

所使用的值為 $R = 0.6\ \Omega$、$L = 0.002\ H$、$K_T = 0.04\ N \cdot m/A$、$K_e = 0.04\ V \cdot s/rad$、$c = 0.01\ N \cdot m \cdot s/rad$ 以及 $I = 6 \times 10^{-5}\ kg \cdot m^2$。

假設我們使用一個感測器來量測馬達速度，並使用感測器的信號來啟動繼電器，使供應電壓 $v(t)$ 在 0 及 100 V 之間切換，以將馬達的速度維持在 250 到 350 rad/s 之間。所對應的繼電器邏輯如圖 10.4-7b 所示，使用的值為 *SwOff* = 250、*SwOn* = 350、*Off* = 100 以及 *On* = 0。求出此架構在擾動力矩為步階函數的干擾之下是否還能

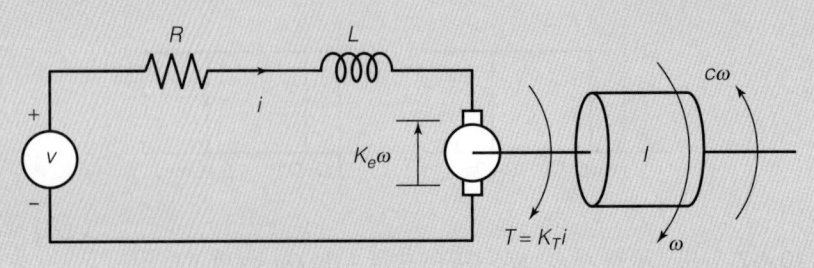

▮ 圖 10.4-8　電樞控制直流馬達

夠正常運作，擾動力矩的步階函數從 $t = 0.05$ s 開始，由 0 增加到 $3 \text{ N} \cdot \text{m}$。假設此系統從靜止時啟動，也就是 $\omega(0) = 0$ 及 $i(0) = 0$。

■ 解法

根據給予的參數值，

$$\mathbf{A} = \begin{bmatrix} -300 & -20 \\ 666.7 & -167.7 \end{bmatrix} \quad \mathbf{B} = \begin{bmatrix} 500 & 0 \\ 0 & -16,667 \end{bmatrix}$$

要將速度 ω 設定為輸出，我們選取 $\mathbf{C} = [0, 1]$ 及 $\mathbf{D} = [0, 0]$。要建立模擬，首先新增一個模型視窗。接下來進行以下步驟。

1. 由 Sources 程式庫中選取並放置 Step 方塊到新的視窗中。如圖 10.4-9 所示，將此方塊標示為 Disturbance Step。在該方塊上按滑鼠兩下以開啟方塊參數視窗，並且將 Step Time 設定為 0.05，Initial value 及 Final value 分別設為 0 及 3，並且將 Sample time 設為 0。按下 **OK**。

2. 由 Discontinuities 程式庫中選取並放置 Relay 方塊。在該方塊上按滑鼠兩下，並且將 Switch-on 點及 Switch-off 點分別設定為 350 及 250，Output when on 及 Output when off 設定為 0 及 100。按下 **OK**。

3. 由 Signal Routing 程式庫中選取並放置 Mux 方塊。Mux 方塊可以將兩個或更多的信號結合成一個向量信號。在該方塊上雙擊滑鼠，並且設定 Display option 為 signals。按下 OK。接著，按住此模型視窗中 Mux 圖示的一個角落，拖曳放大此方塊讓文字變得更大。

4. 在 Continuous 程式庫中選取並放置 State-Space 方塊。在該方塊上按兩下，並輸入 **A** 為 `[-300,-20;666.7,-166.7]`、**B** 為 `[500,0;0,-16667]`、**C** 為 `[0,1]` 以及 **D** 為 `[0,0]`。接著在起始條件中輸入 `[0; 0]`。按下 **OK**。注意到矩陣 **B** 的維度告訴 Simulink 有兩個輸入，而矩陣 **C** 及 **D** 的維度告訴 Simulink 只有一個輸

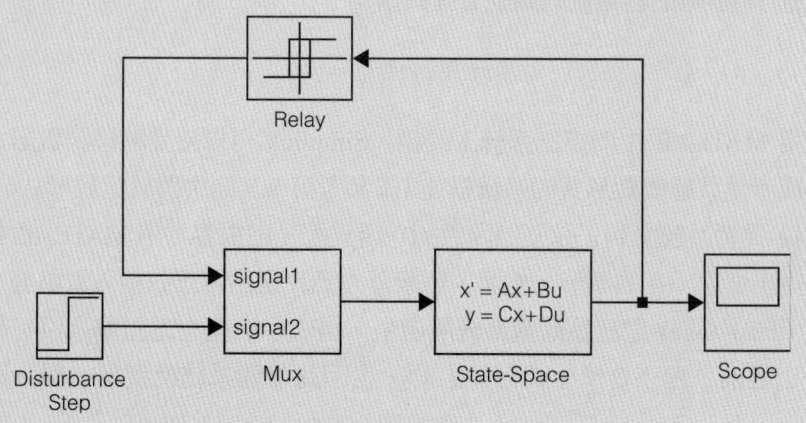

■ 圖 10.4-9 繼電器控制馬達的 Simulink 模型

出。
5. 由 Sinks 程式庫中選取並放置 Scope 方塊。
6. 一旦方塊放置完成,將每一個方塊的輸入端及輸出端相互連接成上圖所描述的狀態。記得要將 Mux 方塊上半部的輸入端 [對應到第一個輸入 $v(t)$] 連接到 Relay 方塊的輸出端,也要將 Mux 方塊下半部的輸入端 [對應到第二個輸入 $T_d(t)$] 連接到 Disturbance Step 方塊的輸出端。
7. 設定 Stop Time 為 0.1 (這是對於需要花費多少時間才能看到完整響應所做的估計),執行此模擬,並在 Scope 方塊中解讀 $\omega(t)$ 的圖形。如果你想要檢查電流 $i(t)$,則將矩陣 C 更改為 [1,0],並重新執行此模擬。

結果顯示,在擾動力矩開始作用之前,此繼電器邏輯控制架構能夠使速度維持在想要的 250 至 350 之內。馬達速度之所以會振盪是因為供應電壓為零,而速度會因為反電動勢及黏性阻尼而變慢。速度在擾動力矩開始作用之後降到 250 以下。一旦速度降至 250 以下,繼電器控制器會將電壓切換至 100 V,但是速度要經過較長的時間才會逐漸增加,因為此時馬達的力矩必須抵抗擾動。

注意,速度最後會變成一個定值,而不是振盪,因為當 $v = 100$ 時,此系統將達到穩態條件,亦即馬達力矩等於擾動力矩和黏性阻尼的加總。因此,加速度等於零。

此模擬的一個實務應用就是可求出速度在 250 以下的時間有多長。此模擬顯示這段時間大約為 0.013 秒。此模擬的其他用途還包括找出速度振盪的週期 (大約為 0.013 秒),以及繼電器控制器所能夠承受之擾動力矩的最大值 (大約為 3.7 N·m)。

10.5 轉移函數模型

質量-彈簧-阻尼器系統的運動方程式為:

$$m\ddot{y} + c\dot{y} + ky = f(t) \tag{10.5-1}$$

配合使用 MATLAB 中的控制系統工具箱,Simulink 可以接受轉移函數形式的系統描述,或者是狀態變數形式的系統描述 (請參考第 9.5 節中對於這些形式的討論)。如果質量-彈簧系統受到正弦強制函數 $f(t)$ 所支配,則很容易用 MATLAB 指令來求解,並畫出響應 $y(t)$ 的圖形。然而,假設外力 $f(t)$ 是由將正弦輸入電壓施加於具有**遲滯區** (dead-zone) 之液壓活塞系統所產生,這表示活塞在電壓輸入沒有超過某個量值大小之前,是不會產生任何外力的,也因此這個系統模型是一個分段線性模型。

遲滯區

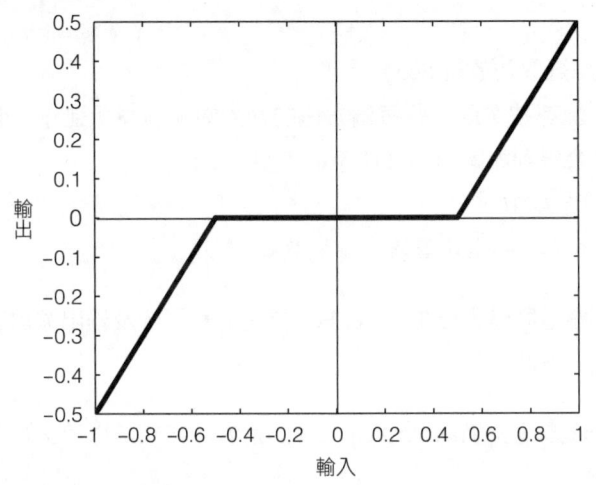

▌圖 10.5-1　遲滯區的非線性現象

　　一個特別的遲滯區非線性圖形如圖 10.5-1 所示。當輸入 (圖形中的自變數) 是在 –0.5 及 0.5 之間，輸出為零。當輸入大於或等於上界 0.5 時，則輸出等於輸入減去上界。而當輸入小於或等於下界 –0.5 時，輸出是輸入減去下界。在本例中，遲滯區與 0 對稱，但在一般狀況下卻不一定要這樣。

　　若要使用 MATLAB 的程式來完成具有遲滯區非線性的模擬會非常繁瑣，但使用 Simulink 來處理則相對容易。請參見下列的範例說明這如何進行。

範例 10.5-1　具有遲滯區的響應

　　使用參數值 $m = 1$、$c = 2$ 及 $k = 4$，建立並執行質量-彈簧-阻尼器系統模型 (10.5-1 式) 的 Simulink 模擬。強制函數為函數 $f(t) = \sin 1.4t$。此系統具有遲滯區非線性，如圖 10.5-1 所示。

■ 解法

建立此模擬須遵循以下的步驟。

1. 啟動 Simulink，並根據上面的描述開啟新模型視窗。
2. 由 Sources 程式庫選取並放置 Sine Wave 方塊。在該方塊上雙擊滑鼠，將 Amplitude 設定為 1、Frequency 設定為 1.4、Phase 設定為 0 以及 Sample Time 設定為 0。按下 **OK**。
3. 由 Discontinuities 程式庫選取並放置 Dead Zone 方塊。在該方塊上雙擊滑鼠，將 Start of dead zone 設定為 –0.5，並將 End of dead zone 設定為 0.5。按下 **OK**。
4. 由 Continuous 程式庫選取並放置 Transfer Fcn 方塊。在該方塊上雙擊滑鼠，並將 Numerator (分子) 設定為 [1]，將 Denominator (分母) 設定為 [1,2,4]。按下

OK。

5. 由 Sinks 程式庫選取並放置 Scope 方塊。
6. 一旦所有的方塊都被選取,將每個方塊的輸入端與前面所述每一個方塊之輸出端相連接,最後會得到如圖 10.5-2 所示的模型。
7. 將 Stop time 設定為 10。
8. 進行模擬。你會在 Scope 中看到振盪的曲線。

而在同一張圖上同時畫出 Transfer Fcn 方塊的輸入端及輸出端對時間的圖形,將可提供有用訊息。為此:

1. 刪除連接 Scope 方塊及 Transfer Fcn 方塊的箭頭。方式是以滑鼠點選箭頭的線,並按下 **Delete** 鍵。
2. 由 Signal Routing 程式庫選取並放置 Mux 方塊。在該方塊上雙擊滑鼠,將 Number of inputs 的值設定為 2。按下 **OK**。
3. 將 Mux 方塊上半部的輸入端與 Transfer Fcn 方塊的輸出端相連接。接著,使用相同的方法連接 Mux 方塊下半部的輸入端與 Dead Zone 方塊的輸出端。記住要由輸入端開始連接。Simulink 會自動偵測箭頭並自動連接。你的模型將如圖 10.5-3 所示。
4. 設定 Stop time 為 10,執行模擬,並且帶出 Scope 的顯示。你會看到如圖 10.5-4 所示的圖形。此圖形顯示出遲滯區對於正弦波造成的效應。

透過使用 To Workspace 方塊,你可以將模擬的結果匯出至 MATLAB 的工作區中。例如,假設你想要利用比較有無遲滯區的系統響應結果來檢查遲滯區所造成的效應,可以使用圖 10.5-5 的模型來達到此目的。要建立此模型:

1. 在 Transfer Fcn 方塊上按下右鍵,按住滑鼠不放,拖曳此方塊至新的位置。接著放開滑鼠,並以同樣的方式拷貝 Mux 方塊。

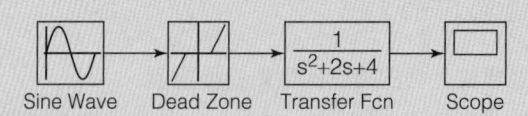

■ 圖 10.5-2　遲滯區響應的 Simulink 模型

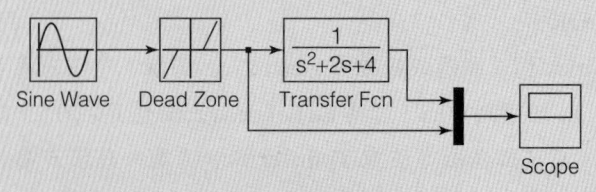

■ 圖 10.5-3　包含 Mux 方塊之修正後的遲滯區模型

2. 在第一個 Mux 方塊雙擊滑鼠，將其輸入的值改為 3。
3. 以通常的方式完成模型的構建並執行模擬。
4. 要畫出這兩個系統的響應以及 Dead Zone 方塊的輸出端對時間的圖形，鍵入

```
>>plot(tout,y(:,1),tout,y(:,2))
```

■ 圖 10.5-4　遲滯區模型的響應

■ 圖 10.5-5　修正後的遲滯區模型可以將變數輸出至 MATLAB 工作區

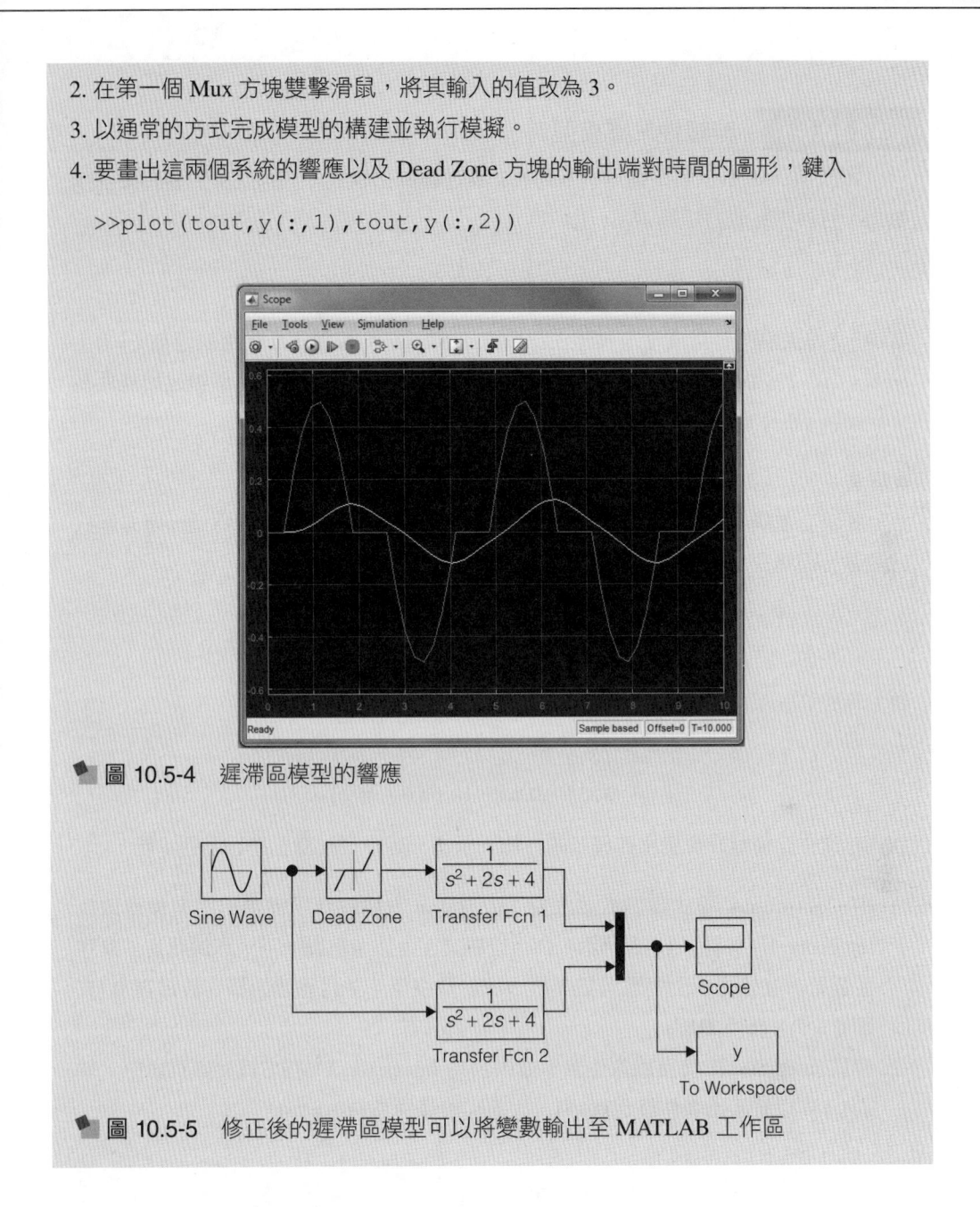

10.6　非線性狀態變數模型

非線性模型不適用於轉移函數形式或是狀態變數形式 $\dot{x} = Ax + Bu$。然而，非線性模型仍然能夠使用 Simulink 來模擬。以下範例說明如何進行。

範例 10.6-1　非線性單擺模型

如圖 10.6-1 所示的單擺具有下列的非線性運動方程式。如果在支點處有黏性摩擦力，且對支點的力矩為 $M(t)$，則：

$$I\ddot{\theta} + c\dot{\theta} + mgL \sin \theta = M(t)$$

其中，I 是支點的質量慣性矩。建立此系統的 Simulink 模型，所使用的值為 $I = 4$、$mgL = 10$、$c = 0.8$ 以及 $M(t)$ 是振幅為 3 且頻率為 0.5 Hz 的方波。假設起始條件為 $\theta(0) = \pi/4$ rad 及 $\ddot{\theta} = 0$。

■ 解法

要建立並模擬此 Simulink 模型，定義一組可以讓你重新改寫成兩個一階方程式的變數。因此令 $\omega = \dot{\theta}$。接下來，模型可以重新改寫成：

$$\dot{\theta} = \omega$$
$$\dot{\omega} = \frac{1}{I}[-c\omega - mgL \sin \theta + M(t)] = 0.25[-0.8\omega - 10 \sin \theta + M(t)]$$

將方程式等號兩側對時間進行積分，得到：

$$\theta = \int \omega \, dt$$
$$\omega = 0.25 \int [-0.8\omega - 10 \sin \theta + M(t)] \, dt$$

我們在建立此模擬時會使用四種新的方塊。新增一個模型視窗並進行下列步驟。

1. 由 Continuous 程式庫選取並放置 Integrator 方塊於新視窗中，將其標籤改為 Integrator 1，如圖 10.6-2 所示。你可以在文字上以滑鼠點一下，來編輯這些文字並變更。在該方塊上雙擊滑鼠開啟方塊參數視窗，並且將起始條件設定為 0 (亦即 $\ddot{\theta} = 0$)。按下 **OK**。

2. 拷貝 Integrator 方塊至適當位置，並改名為 Integrator 2。在方塊參數視窗中，輸入 pi/4 以將起始條件設定為 $\pi/4$，因此起始條件為 $\theta(0) = \pi/4$。

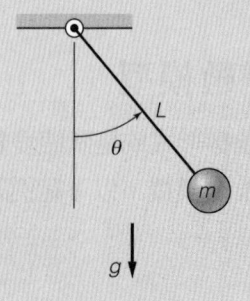

■ 圖 10.6-1　單擺

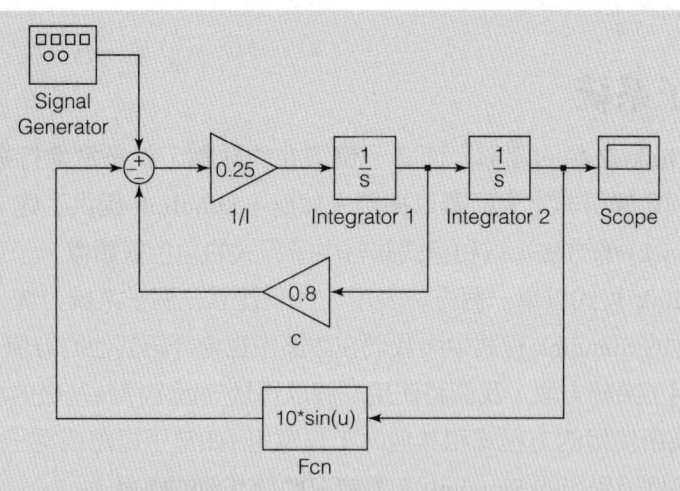

■ 圖 10.6-2　非線性單擺動態的 Simulink 模型

3. 由 Math Operations 程式庫中選取並放置 Gain 方塊，在該方塊上雙擊滑鼠，將 Gain 的值設定為 0.25。按下 **OK**。將標籤改為 1/I。接下來在方塊的角落按住滑鼠不放，拖曳滑鼠來放大方塊，使每一個文字都夠清楚。
4. 拷貝 Gain 方塊，將其標籤改為 c，並放置於圖 10.6-2 所示的位置。在該方塊上按兩下，將 Gain 的值設定為 0.8。按下 **OK**。若要翻轉此方塊，可在該方塊上按下右鍵，選取 **Format**，選取 **Flip**。
5. 由 Sinks 程式庫選取並放置 Scope 方塊。
6. 對於 10 sin θ，我們不可以使用 Math 程式庫中的 Trigonometric function 方塊，因為需要將 sin θ 乘以 10。所以，我們使用 User-Defined Functions 程式庫下的 Fcn 方塊 (Fcn 代表 function)。以前面所述的方式選取並放置該方塊。在該方塊上雙擊滑鼠，並在 expression 視窗中鍵入 10*sin(u)。此方塊使用變數 u 來表示此方塊的輸入。按下 **OK**。接著反轉該方塊。
7. 由 Math Operations 程式庫選取並放置 Sum 方塊，在該方塊上雙擊滑鼠，將 Icon shape 設定為 round。在 List of Signs 視窗中，輸入 +--。按下 **OK**。
8. 由 Sources 程式庫選取並放置 Signal Generator 方塊，在該方塊上雙擊滑鼠，將 Wave form 設定為 square、Amplitude 設定為 3、Frequency 設定為 0.5 以及將 Units 設定為 Hertz。按下 **OK**。
9. 將所有的方塊放置完成，如上圖所示連接箭頭。
10. 將 Stop time 設定為 10，執行此模擬，並且檢查 Scope 中所顯示的 $\theta(t)$ 圖形。至此，完成模擬。

10.7 子系統

如 Simulink 之類的圖形介面有一個潛在的缺點，就是當進行複雜系統的模擬時，模擬圖會變得非常大而難以攜帶。然而，Simulink 提供了建立子系統方塊 (subsystem block) 的方法，這和程式語言中子程式的角色很類似。子系統方塊實際上是將 Simulink 程式以單一個方塊表示。一旦建立一個子系統方塊，則此方塊可以使用於其他的 Simulink 程式中。我們在本節中也會介紹其他的方塊。

為了說明子系統方塊，我們將使用一個以質量守恆定律為基礎的液壓系統來作為範例。因為所使用的方程式和其他的工程應用 (如電子電路或電子裝置) 類似，所以根據此範例所學得的 Simulink 知識皆有助於其他的應用。

液壓系統

液壓 (hydraulic) 系統中的作用流體是不可壓縮流體，例如水或者是矽油。[氣壓 (pneumatic) 系統則是使用可壓縮流體，例如空氣。] 考慮由裝有質量密度之流體的水槽所組成的液壓系統 ρ (如圖 10.7-1 所示)。根據圖形中顯示，此水槽的橫切面為底面積 A 的圓柱。流源 (flow source) 以流量 $q_{mi}(t)$ 將流體注入此水槽。此水槽中的總質量為 $m = \rho A h$，根據質量守恆，我們可以得到：

$$\frac{dm}{dt} = \rho A \frac{dh}{dt} = q_{mi} - q_{mo} \qquad (10.7\text{-}1)$$

其中 ρ 及 A 是常數。

如果用來排水的水管受到大氣壓力 p_a，並且提供與水管兩端的壓力差成比例的流體阻力，則排出的流量為：

$$q_{mo} = \frac{1}{R}[(\rho g h + p_a) - p_a] = \frac{\rho g h}{R}$$

其中，R 為流體阻力 (fluid resistance)。將此算式代入 (10.7-1) 式當中，我們得到下列模型：

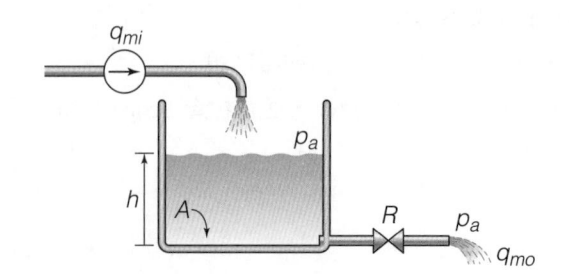

▪ 圖 10.7-1　具有一個流源的液壓系統

$$\rho A \frac{dh}{dt} = q_{mi}(t) - \frac{\rho g}{R} h \tag{10.7-2}$$

則轉移函數為：

$$\frac{H(s)}{Q_{mi}(s)} = \frac{1}{\rho A s + \rho g/R}$$

另一方面，排水管可能是一個閥門或其他的限制，而提供了非線性流體阻力。在這種情形之下，常見的模型為正負號平方根 (signed-square-root, SSR) 關係式：

$$q_{mo} = \frac{1}{R} \text{SSR}(\Delta p)$$

其中，q_{mo} 是排水管流量，R 是阻力，Δp 是此阻力兩端的壓力差，而且

$$\text{SSR}(\Delta p) = \begin{cases} \sqrt{\Delta p} & \text{若 } \Delta p \geq 0 \\ -\sqrt{|\Delta p|} & \text{若 } \Delta p < 0 \end{cases}$$

注意，我們可以在 MATLAB 中將 SSR(u) 函數表示為：`sgn(u)*sqrt(abs(u))`。

考慮圖 10.7-2 這個稍微不一樣的系統。此系統具有一個流源 q，並且提供壓力 p_l 及 p_r 的兩個幫浦。假設阻力為非線性且遵循正負號平方根關係。此系統的模型如下：

$$\rho A \frac{dh}{dt} = q + \frac{1}{R_l} \text{SSR}(p_l - p) - \frac{1}{R_r} \text{SSR}(p - p_r)$$

其中，A 為底面積，且 $p = \rho g h$。壓力 p_l 及 p_r 是左側與右側的表壓 (gauge pressure)。表壓是絕對壓力及大氣壓力的差。注意，因為我們使用的是表壓，所以大氣壓力 p_a 在模型中會被抵消。

我們將使用此應用介紹下列的 Simulink 元件：

- 子系統方塊
- 輸入與輸入埠

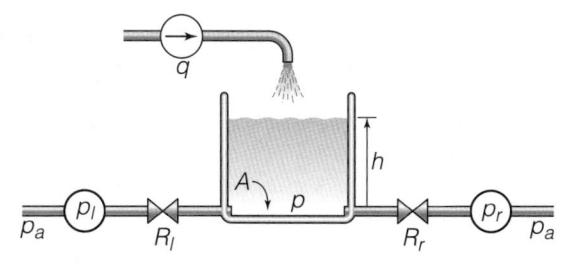

▲ 圖 10.7-2　具有一個流源及兩個幫浦的液壓系統

你可以使用兩種方式建立子系統方塊：由程式庫中拖曳出 Subsystem 方塊至模型視窗；或是先建立一個 Simulink 模型，然後將此模型以範圍框「封裝」成為一塊。接下來，我們將進一步說明後者。

我們將會建立一個如圖 10.7-2 所示之液面高度系統的子系統方塊。首先建立如圖 10.7-3 所示的 Simulink 模型。兩個橢圓形表示輸入埠及輸出埠 (In 1 及 Out 1)，其可在 Ports and Subsystems 程式庫中取得。注意，當要在四個 Gain 方塊中輸入增益時，可以使用 MATLAB 的變數及算式。

在開始執行程式之前，我們將在 MATLAB 指令視窗中指派值給這些變數。使用方塊中的算式於四個 Gain 方塊中輸入增益。你也可以將變數當作 Integrator 方塊的起始條件。在此，我們將此變數命名為 h0。

SSR 方塊是 Fcn 方塊的例子之一。在該方塊上雙擊滑鼠，輸入 MATLAB 算式 `sgn(u)*sqrt(abs(u))`。注意，Fcn 方塊會要求你使用變數 u。Fcn 方塊的輸出必須為純量，如同這裡的例子一樣，並且不可以在 Fcn 方塊中進行矩陣運算，但本例中也不需要。(Fcn 方塊的代替者為 MATLAB 的 Fcn 方塊，我們將會在第 10.9 節中討論。) 儲存此模型並加以命名，例如命名為 Tank。

現在我們建立一個「範圍框」來包圍整個方塊圖。方式是將滑鼠游標置於範圍框的左上角，按住滑鼠並拖曳此框，展開至右下角以包住整個方塊圖。接著選取 **Edit** 選單中的 **Create Subsystem** 選項。Simulink 接著會將此方塊圖以單一方塊取代，而此方塊具有所有需要的輸入埠及輸出埠，並被指派預設值。你可以重新調整方塊的大小，讓標籤更容易辨識。你也可以藉由在該方塊上雙擊滑鼠，以檢視或編輯子系統，得到的結果如圖 10.7-4 所示。

連接子系統方塊

我們現在要建立如圖 10.7-5 所示的系統模擬，其中質量流量率 q 是一個步階

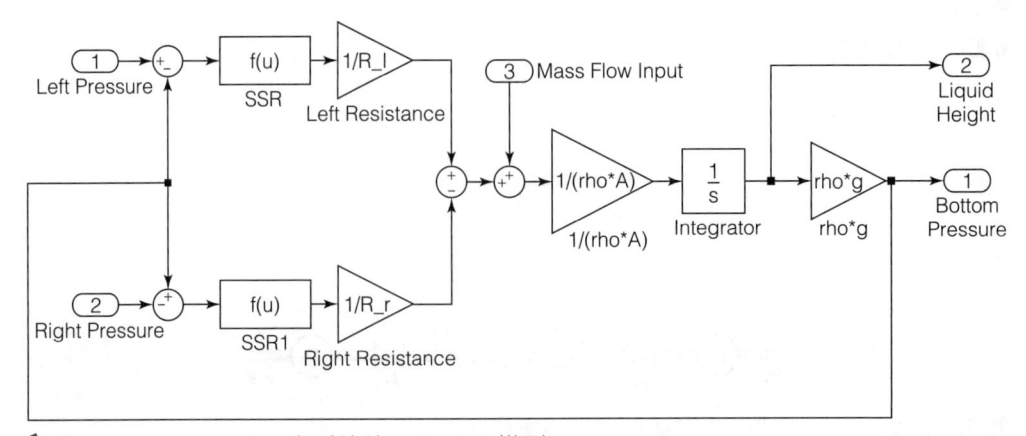

■ 圖 10.7-3　圖 10.7-2 中系統的 Simulink 模型

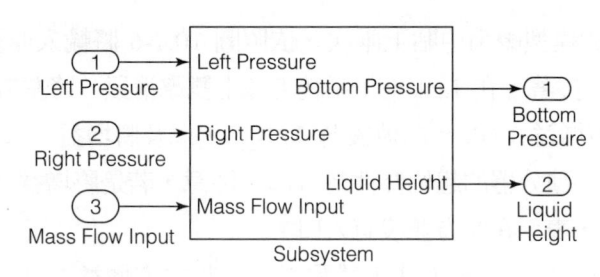

■ 圖 10.7-4　子系統方塊

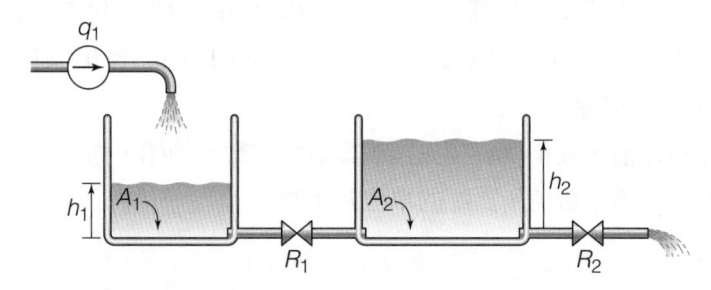

■ 圖 10.7-5　具有兩個水槽的液壓系統

函數。要完成此模擬，首先必須建立如圖 10.7-6 所示的 Simulink 模型。矩形方塊是位於 Sources 程式庫中的 Constant 方塊，這些方塊會給予定值輸入 (和步階函數輸入不一樣)。

　　較大型的矩形方塊則是剛剛建立之方塊類型的兩個子系統方塊。要將這兩個子系統的方塊插入模型中，首先要開啟 Tank 子系統模型，從 **Edit** 選單中點選 **Copy**

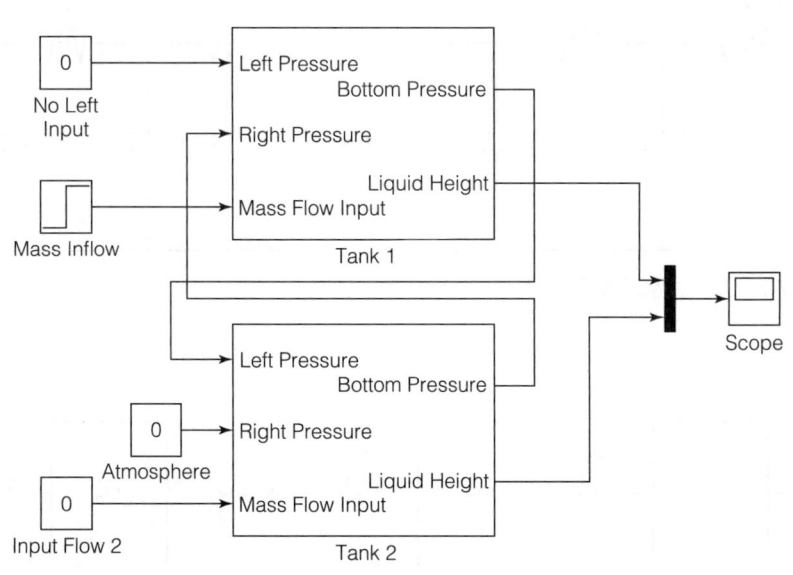

■ 圖 10.7-6　圖 10.7-5 之系統的 Simulink 模型

選項,接著在新的模型視窗中貼上兩次。依照圖 10.7-6 將輸入埠及輸出埠連接起來,並編輯標籤。接著,在 Tank 1 子系統方塊上雙擊滑鼠,將左方增益 1/R_l 的值設為 0、將右方增益 1/R_r 的值設為 1/R_1,以及將增益 1/rho*A 的值設為 1/rho*A_1。設定積分器的起始條件為 h10。注意,若是將增益 1/R_l 設為 0,則等效於 $R\_l = \infty$,表示在左方並沒有入口。

接著,在 Tank 2 子系統方塊上雙擊滑鼠,將左方增益 1/R_l 的值設為 1/R_1、將右方增益 1/R_r 的值設為 1/R_2,並且將增益 1/rho*A 的值設定為 1/rho*A_2。設定積分器的起始條件為 h20。對於 Step 方塊,設定 Step time 為 0、Initial value 為 0、Final value 為變數 q_1,以及 Sample time 為 0。將此模型儲存並命名為 Tank 以外的名字。

在開始模擬之前,在指令視窗先指派數值給變數。例如,你可以在指令視窗中輸入下列的數值,這些數值所對應的單位為美制。

```
>>A_1 = 2;A_2 = 5;rho = 1.94;g = 32.2;
>>R_1 = 20;R_2 = 50;q_1 = 0.3;h10 = 1;h20 = 10;
```

在選取模擬的 Stop time 之後,就可以開始模擬。Scope 會顯示出液面高度 h_1 及 h_2 對時間的圖形。

圖 10.7-7、圖 10.7-8 及圖 10.7-9 說明了某些電子系統及機械系統也是使用子系統方塊的候選應用之一。在圖 10.7-7 中,子系統的基礎元件是 *RC* 電路;在圖 10.7-8 中,子系統的基礎元件是連接兩個彈性物質的質量。

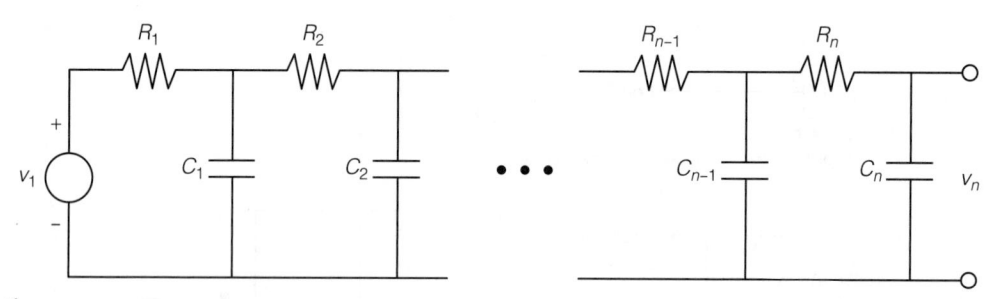

▪ 圖 10.7-7　*RC* 迴路的網路

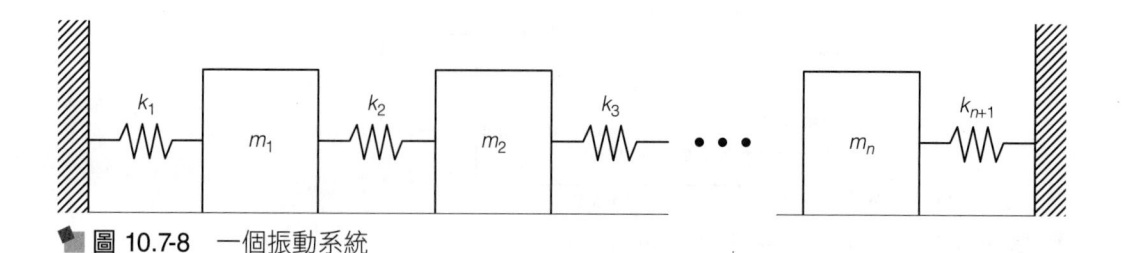

▪ 圖 10.7-8　一個振動系統

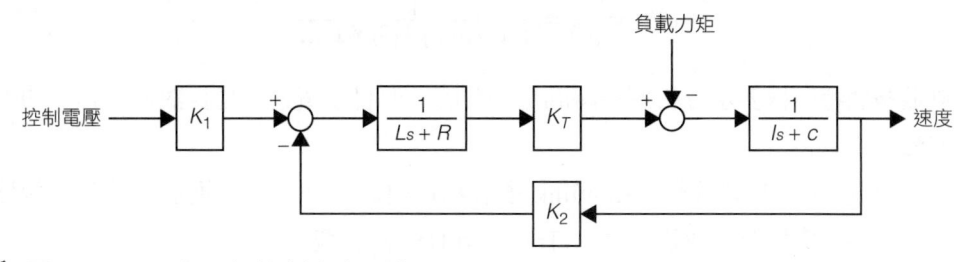

▬ 圖 10.7-9　一個電樞控制直流馬達

圖 10.7-9 則是電樞控制直流馬達的方塊圖，它可以被轉換成子系統方塊。子系統方塊的輸入是控制器的電壓及負載力矩，輸入為馬達速度。這樣的子系統方塊在模擬包含許多馬達的系統 (如機器手臂) 非常有用。

10.8　模型中的遲滯時間

遲滯時間 (dead time) 也稱為**傳送延遲** (transport delay)，為動作與動作的效果間的時間延遲。舉例來說，當某一流體通過導管時，如果流體的速度為定值且導管的長度為 L，則需要花費時間 $T = L/v$，流體才能從導管的一端流至另外一端，而時間 T 就是遲滯時間。

令 $\theta_1(t)$ 表示流體進入導管之前的溫度，$\theta_2(t)$ 表示流體離開導管時的溫度。若無熱能損失，則 $\theta_2(t) = \theta_1(t - T)$。根據拉普拉斯轉換的平移性質，

$$\Theta_2(s) = e^{-Ts}\Theta_1(s)$$

所以描述遲滯時間的轉移函數為 e^{-Ts}。

遲滯時間可以很「單純」地描述成一段時間，在這段時間 T 內沒有發生任何響應，其與響應的時間常數所造成的時間落後不一樣，時間落後的描述方式是 $\theta_2(t) = (1 - e^{-t/\tau}) \theta_1(t)$。

某些系統在元件之間的交互作用中無可避免地會有時間延遲的現象。這些延遲經常是起因於元件實體上的分隔，典型的例子包括致動器信號的改變及其對被控制系統造成的效果之間的延遲，或是輸出之量測結果的延遲。

另外一個可能非預期的是，遲滯時間的來源是數位控制電腦用來計算控制演算法所需要的運算時間。使用便宜或處理速度較緩慢的微處理器可能會增加系統的遲滯時間。

遲滯時間的存在暗指系統並沒有有限階數的特徵方程式。事實上，具有遲滯時間的系統會有無限多個特徵根。我們可以由 e^{-Ts} 這一項展開為無限數列得知：

傳送延遲

$$e^{-Ts} = \frac{1}{e^{Ts}} = \frac{1}{1 + Ts + T^2s^2/2 + \cdots}$$

有無限多個特徵根表示分析遲滯時間是困難的，而且模擬通常是探討此一程序的唯一方法。

具有遲滯時間的系統在 Simulink 很容易被模擬出來。用以實現遲滯時間轉移函數 e^{-Ts} 的方塊稱為「傳送延遲」(Transport Dealy) 方塊。

考慮液面高度為 h 的水槽模型，如圖 10.7-1 所示。此模型的輸入是質量流率 q_i。假設需要花費時間 T 才能在打開閥門之後，將輸入流量送至水槽。因此，時間 T 為遲滯時間。對於指定的參數值，轉移函數具有下列的形式：

$$\frac{H(s)}{Q_i(s)} = e^{-Ts}\frac{2}{5s + 1}$$

圖 10.8-1 顯示此系統的 Simulink 模型。當放入 Transport Delay 方塊之後，將遲滯時間設定為 1.25，並將 Step Function 方塊的 Step time 設定為 0。我們將會在此模型中討論其他的方塊。

起始條件和轉移函數方塊

傳遞函數的一些有用性是由於複雜的傳遞函數可以透過乘法或除法運算分解為一系列更簡單的傳遞函數。但是，這些操作假設了與每個傳遞函數相關的初始條件為零。為此原因，Simulink 假設與 Transfer Fcn 塊相關的初始條件為零。要指定給予傳遞函數的初始條件，請轉換使用 MATLAB 函數 tf2ss 將函數傳遞到其等效的狀態空間實現。然後使用 State-Space 塊而不是 Transfer Fcn 塊。

Saturation 及 Rate Limiter 方塊

假設輸入流量閥門的最小流率及最大流率分別為 0 與 2。我們可以用 Saturation (飽和) 方塊在模擬中實現這些限制條件，我們曾經在第 10.4 節中提及。在將這些方塊放置如圖 10.8-1 所示之後，在 Saturation 方塊上雙擊滑鼠，並在 Upper limit (上界) 視窗中輸入 2，Lower limit (下界) 視窗中輸入 0。

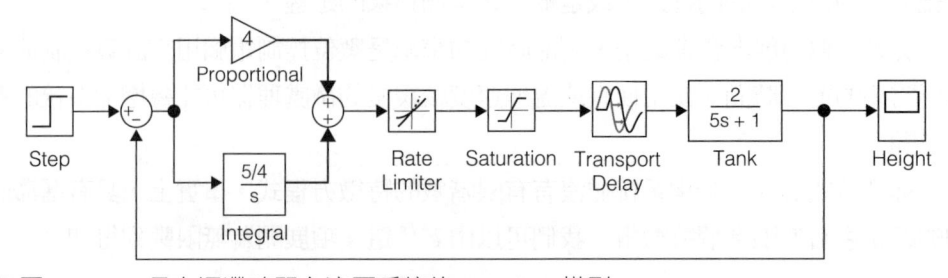

■ 圖 10.8-1　具有遲滯時間之液壓系統的 Simulink 模型

除了有飽和的這個限制，某些致動器也有反應速度的限制，其可能是因為元件製造商為了避免該元件受到損害而刻意加入的。流率控制閥門就是其中一個例子，閥門的開啟與關閉速度會受到「速率限制器」(rate limiter) 的控制。Simulink 也有類似的方塊，並且可以和 Saturation 方塊串聯在一起，以模擬閥門行為的模型。將 Rate Limiter 方塊擺放如圖 10.8-1。設定 Rising slew rate 為 1，Falling slew rate 為 –1。

控制系統

圖 10.8-1 所示的 Simulink 模型是一種稱為**比例積分控制器** (PI controller) 的控制系統，此控制器的響應 $f(t)$ 對誤差信號 $e(t)$ 是一個與誤差信號成比例的項，以及一個與誤差信號的積分成比例的項兩者的加總。也就是說

$$f(t) = K_p e(t) + K_I \int_0^t e(t)dt$$

其中，K_P 與 K_I 稱為比例增益及積分增益。在此，誤差信號 $e(t)$ 為單位步階指令 (代表想要達到的液面高度) 與實際的液面高度之間的差。在轉換式的表示法之下，此算式可以表示成：

$$F(s) = K_p E(s) + \frac{K_I}{s} E(s) = \left(K_p + \frac{K_I}{s}\right) E(s)$$

在圖 10.8-1 中，我們使用的值為 K_P = 4 及 K_I = 5/4。這些值是使用控制原理的方法計算而得 (對於控制系統的討論，請參見 [Palm, 2014])。目前我們完成一個可以執行之模擬的準備工作。設定 Stop time 為 50，並在 Scope 中觀察液面高度 $h(t)$ 的行為模式。最後此系統到達到指定的高度 1 嗎？

比例積分控制器

10.9 非線性車輛懸吊模型的模擬

線性或線性化模型相當適合用來預測動態系統的行為，因為這類模型具有許多強而有力的解析技巧，特別其輸入是相對簡單函數的情況下更容易進行模擬，其中相對簡單函數包含了脈衝輸入、步階輸入、斜坡輸入及正弦輸入。然而，工程系統的設計中，通常要處理系統的非線性特性及其他複雜的輸入 (如梯形函數)，而這都則需要使用模擬來完成。

在本節中，我們會介紹四個額外的 Simulink 元件，其能幫助我們建立大部分具有非線性性質及輸入函數的模型。這四個方塊分別是：

- Derivative 方塊
- Signal Builder 方塊

- Look-Up Table 方塊
- MATLAB Function 方塊

我們將會使用的範例是圖 10.9-1 所示的單一質量懸吊模型，其中彈簧及阻尼器的力 (f_s 及 f_d) 之非線性特性可參見圖 10.9-2 及圖 10.9-3。阻尼器模型是一個非對稱模型，表示反彈時的力比上下振動時的力還要大 (這是為了最小化車輛遇到碰撞時傳遞到車廂內乘客的力)。碰撞則是使用如圖 10.9-4 所示的梯形函數 $y(t)$。此函數大約是對應到以時速每小時 30 英里通過路面上高 0.2 公尺、長 48 公尺之突起的車輛。

根據牛頓定律，此系統模型為：

$$m\ddot{x} = f_s(y - x) + f_d(\dot{y} - \dot{x})$$

其中，m = 400 kg，$f_s(y - x)$ 是圖 10.9-2 所示的非線性彈簧函數，$f_d(\dot{y} - \dot{x})$ 是圖 10.9-3 所示的非線性阻尼器函數，對應的模擬方塊圖可參見圖 10.9-5。

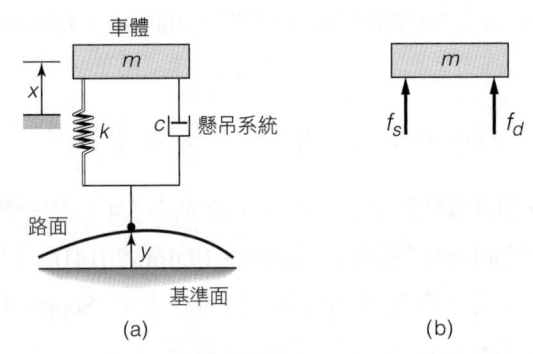

▂ 圖 10.9-1 車輛懸吊系統的單一質量模型

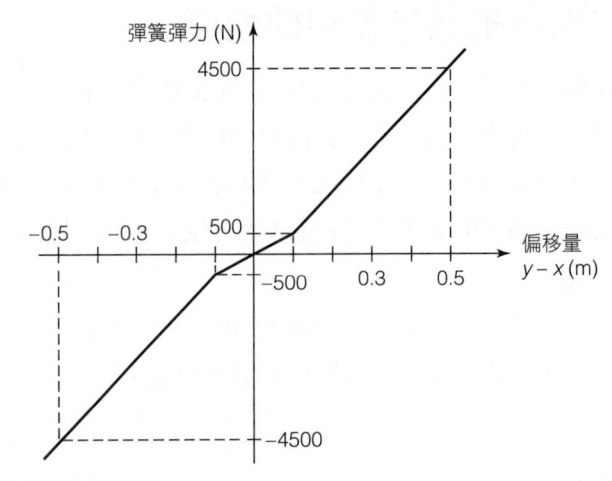

▂ 圖 10.9-2 非線性彈簧函數

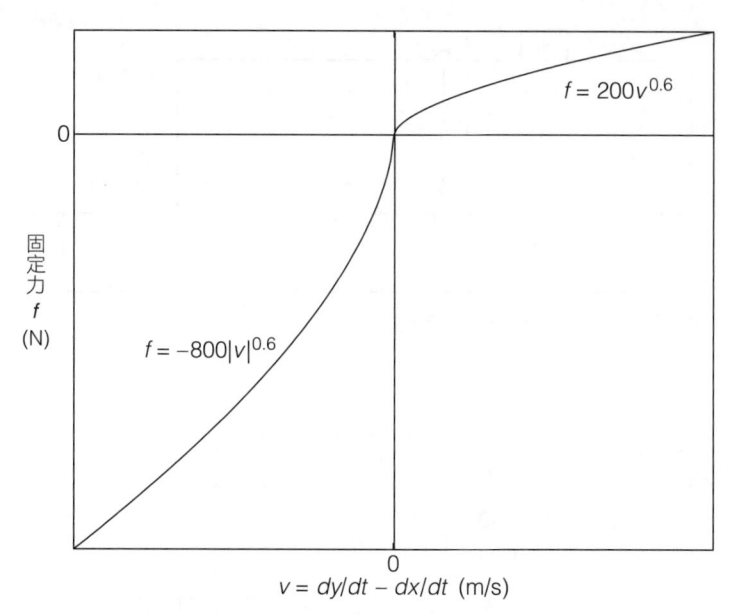

■ 圖 10.9-3　非線性阻尼函數

Derivative 及 Signal Builder 方塊

　　模擬方塊圖顯示我們需要計算。因為 Simulink 使用數值方法而非解析方法，所以使用 Derivative (導數) 方塊來計算導數的近似。當使用劇烈變化或不連續的輸入時，我們必須將上述內容牢記在心。Derivative 方塊沒有任何設定，所以使用時只需要如圖 10.9-6 來放置。

　　接下來，放置 Signal-Builder (信號建立器) 方塊，在該方塊上雙擊滑鼠。此時會出現一個圖形視窗，可以讓你放置用來定義輸入函數的資料點。遵循此視窗中的說明建立如圖 10.9-4 所示的函數。

Look-Up Table 方塊

　　彈簧函數 fs 係使用 Look-Up Table (查表) 方塊來建立。依照圖 10.9-6 所示的方式擺放之後，在該方塊上雙擊滑鼠，並且在 Vector of input values 中輸

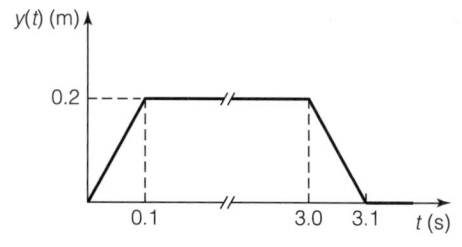

■ 圖 10.9-4　路面輪廓

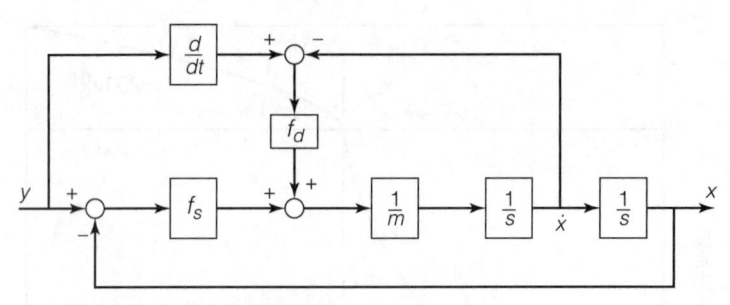

▣ 圖 10.9-5　車輛懸吊模型的模擬方塊圖

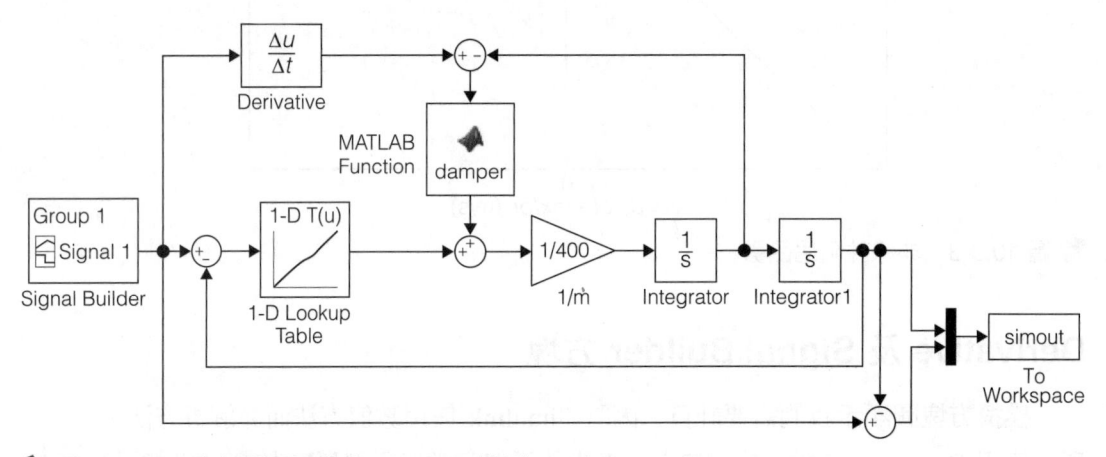

▣ 圖 10.9- 6　車輛懸吊系統的 Simulink 模型

入 [-0.5,-0.1,0,0.1,0.5]，並在 Vector of output values 中輸入 [-4500, -500,0,500,4500]。其他參數則使用預設值。

將兩個 Integrator 方塊依照圖 10.9-6 放置，並確認 Initial values 設定為 0。接著，將 Gain 方塊放置好並輸入其值為 1/400。在 MATLAB 指令視窗中，To Workspace 方塊及 Clock 可以幫助我們畫出 $x(t)$ 及 $y(t) - x(t)$ 這兩者對 t 的圖形。

MATLAB Function 方塊

Fcn 方塊

在第 10.7 節中，我們使用 Fcn 方塊 (Fcn block) 來實現正負號平方根函數。我們無法使用此方塊來表示如圖 10.9-3 所示的阻尼器函數，因為我們必須撰寫一個使用者定義函數來描述它。此函數如下。

```
function f = damper(v)
if v <= 0
   f = -800*(abs(v)).^(0.6);
else
   f = 200*v.^(0.6);
```

```
end
```

建立並儲存此函數檔。在將 MATLAB 函數方塊放入之後,在該方塊上雙擊滑鼠然後 MATLAB 函數編輯器即開啟。輸入名稱為 `damper` 的程式碼。當你關閉此編輯器這函數即儲存。

Simulink 模型完成後會出現類似圖 10.9-6 所顯示的圖形。你可以在指令視窗中使用下列指令畫出 $x(t)$ 的響應:

```
>>x = simout(:,1);
>>t = simout(:,3);
>>plot(t,x),grid,xlabel('t(s)'),ylabel('x(m)')
```

所得到的結果如圖 10.9-7 所示。最大的超越量 (overshoot) 為 0.26 − 0.2 = 0.06 m,但最大的下越量 (undershoot) 更大,為 −0.168 m。

10.10 控制系統和硬體在迴圈中測試

正如本章開頁面所討論的,工業界正在使用嵌入式 (embedded) 控制器,而這種系統的一個設計階段通常涉及硬體-迴圈測試,其中物理控制器,有時是受控制的對象 (比如引擎) 被替換為對其表現的實時模擬。這使得嵌入式系統的硬體和軟體能夠更快地進行測試,也比物理原型便宜,甚至可能在原型之前即可使用。Simulink 通常用於創建模擬模型這樣的測試。

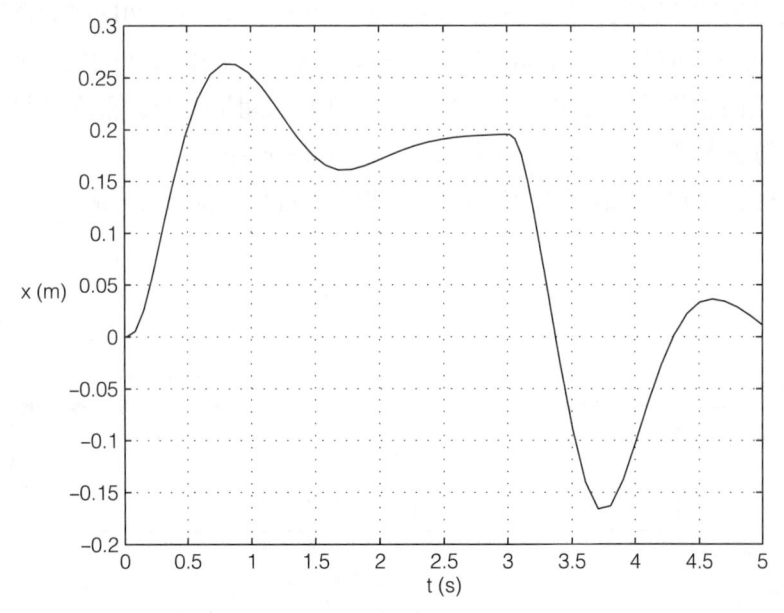

■ 圖 10.9-7　圖 10.9-6 的 Simulink 模型之輸出

MathWorks 為硬體提供 Simulink 支援套件，例如 LEGO© MINDSTORMS©、Arduino© 和 Raspberry Pi© 深受歡迎業餘愛好者和研究人員。這些套件允許你開發和模擬算法在支援的硬體上獨立運行。它們包括一個 Simulink 方塊庫用於配置和讀取硬體的傳感器、執行器和通信界面。當你的算法還在硬體上運行時，你還可以互動地從 Simulink 模型調整參數。MathWorks 支援線上活躍的用戶社群，你可以在其中查看應用程序和下載檔案。

其中一些應用程序僅涉及數據收集，但許多都是控制系統的例子。一些控制系統的目標是調節一些變數如溫度，但許多專案都是控制機械裝置的速度或位置，例如機械手臂或輪式機器人車輛。

用戶社群中的許多人表示需要了解反饋的基礎知識控制理論，本節旨在幫助理解。反饋控制系統使用來自傳感器的實時測量值進行調整通常稱為致動器的裝置的輸入，例如加熱器或馬達。在控制計算機上運行的演算法決定如何調整致動器輸入以獲得受控變量的期望值。在範例 10.4-2 中給了一個這麼簡單演算法，稱為開關控制 (圖 10.4-9)。

PID 控制

常用的控制算法是 PID 演算法。典型的結構控制系統如圖 10.10-1 所示。這不是 Simulink 圖，而是一個所謂的框圖，顯示了物理結構。對於速度控制系統指令輸入 r 代表請求的速度和受控變量 c 代表實際速度。致動器是馬達而廠 (plant) 是被控制物體的通用術語 (例如，車輪)。反饋傳感器將是測量車輪速度的轉速計。誤差信號 e 是速度的期望值和測量值之間的差值；即，$e = r - b$。PID 控制器實現對誤差信號 e 作用的演算法。「錯誤信號」一詞是一個不幸的選擇，因為它意味著一個錯誤，但該術語仍然在使用；它只是代表受控的期望值和實際值之間的差異變量。如果傳感器是「完美的」，那麼 $b = c$ 並且 $e = r - c$。

平行形式的 PID 算法的數學表達式，使用 Simulink 表示法，是

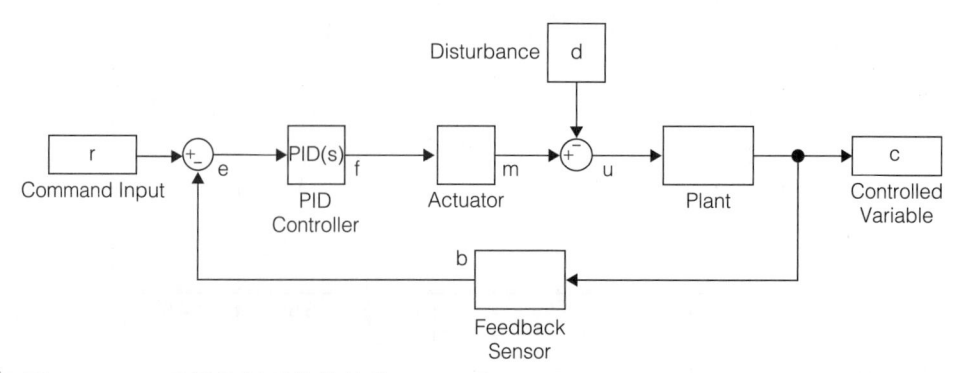

▣ 圖 10.10-1　反饋控制系統的結構

$$f(t) = Pe(t) + I\int_0^t e(x)dx + D\frac{de}{dt} \qquad (10.10\text{-}1)$$

$$e(t) = r(t) - b(t) \qquad (10.10\text{-}2)$$

傳遞函數形式是

$$\frac{F(s)}{E(s)} = P + \frac{I}{s} + Ds \qquad (10.10\text{-}3)$$

因此我們看到 PID 代表比例-積分-微分和常數 P、I 和 D 稱為比例，積分和微分增益。該平行形式是 Simulink *PID* 控制器塊 (PID Controller block) 中的預設形式，即在連續庫中。在 Simulink 理想形式中，增益 P 被考慮在內並且算法寫成

PID 控制器塊

$$f(t) = P\left(e(t) + I\int_0^t e(x)dx + D\frac{de}{dt}\right) \qquad (10.10\text{-}4)$$

PID 控制器塊允許你選擇要使用的表單。一些設計師喜歡使用理想形式並且初始設為 $P = 1$，然後透過調整 I 和 D 獲得響應曲線的期望形狀後調整 P。

比例項是最容易理解的，幾乎總是使用。誤差越大，致動器信號越大。例如，如果車輪速度太慢，我們希望增加馬達扭矩。積分術語「永不放棄」；只要誤差非零，它就會不斷改變致動器輸出。但是這種努力有時會使受控變量超過期望值並且振盪。如果是這樣，我們納入導數項。

比例和積分項通常用於抵消這些影響干擾，例如，如果車輛遇到傾斜，則車輪必須增加扭矩以抵消重力的影響。各自的影響項如圖 10.10-2 所示，其中假定命令

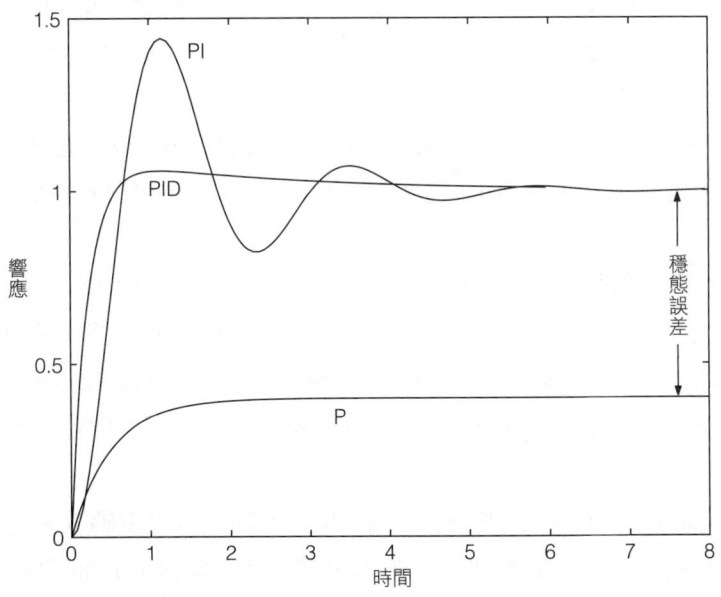

■ 圖 10.10-2　當受到單位步階指令輸入的典型 P、PI 和 PID 控制系統響應

輸入為單位步階函數。僅使用 P 控制通常會出現穩態誤差。如果是這樣，再使用 PI 控制，這通常可以消除任何穩態誤差。如果發生過衝或振盪，添加 D 項通常會減少或消除過衝和振盪。

選擇增益值

基於幾個原因，選擇有效的增益值並非總是容易。依據傳遞函數和微分方程式的數學方法可用，但這些需要馬達放大器參數的數值和質量 / 慣性 (見 [Palm, 2014] 第十章)。適用於小型機械裝置中，摩擦力通常遠大於慣性力，摩擦力很難計算。如果設備可以測試 (而小型設備通常是)，我們可以測試各種演算法和增益值，記住三個 PID 項中的每一個的貢獻 (首先嘗試 P 控制等)。這是硬體在迴圈測試的全部意義所在。

在以下的例子中，我們假設參數值已知為足以計算增益的近似值。閉環轉移函數可以透過涉及系統動力學和控制系統的文本的方法找到。轉移函數的分母是特徵多項式。其根決定了閉環響應的穩定性，響應時間和振盪頻率 (如果有的話)。如果所有根都是負的或具有負實部，則系統是穩定的。如果系統是穩定的，它的時間常數是實根和負數的負倒數任何複數根的實部倒數。響應時間可以估計為主導時間常數 (最大時間常數) 的四倍。例如，多項式 $s^2 + 60s + 500$ 具有根 $s = -10$、-50。時間常數為 0.1, 0.02，響應時間為 4(0.1) = 0.4。另一個例子，多項式 $s^2 + 10s + 41$ 的根 $s = -5 \pm 4j$。時間常數是 0.2 而響應時間為 4(0.2) = 0.8。響應將以強度頻率為 4 震盪。

如果我們知道所需的響應時間，我們可以選擇增益來實現期望的回應。例如，假設我們想要實現響應時間 0.4 為具有以下特徵多項式系統：$s^2 + Ps + I$。所以主導時間常數必須為 0.1，並且至少一個根必須具有實部項為 -10。第二個根的實部項必須為大於等於 -10。所以我們可隨意選擇第二個根為 $s = -50$。這意味著多項式的因式形式必須是 $(s + 10)(s + 50)$，它展開為 $s^2 + 60s + 500$。比較係數後顯示 $P = 60$ 和 $I = 500$。

選擇增益時經常忽略的一點是致動器有局限性；例如，放大器只能產生這麼多的電壓或電流，而馬達只能產生這麼大的轉矩。如果僅查看受控變量的模擬響應來選擇增益的話，它很容易得意忘形。在模擬模式下，你還應該在致動器上放置一個 Scope 變量 m，或在致動器方塊後放置飽和方塊。這當然需要你對最大致動器值有所了解。

儘管 Simulink 具有 PID 控制器方塊，但並非總是可能編碼以便在某些硬體上使用。在這種情況下，可能需要在硬體專用程式碼中編程 PID 演算法。以下離散時間版本可用於此類情況。它是使用矩形積分導出的積分公式和最簡單的差分公式

的導數。

$$f(t_k) = Pe(t_k) + IT \sum_{i=0}^{k} e(t_i) + \frac{D}{T}[e(t_k) - e(t_{k-1})] \qquad (10.10\text{-}5)$$

其中 $t_k = kT$ 和 T 是採樣週期。

速度控制

我們現在使用速度和位置控制作為範例。溫度控制應用程式在形式上與我們的速度控制範例非常相似，除了致動器是加熱器而不是馬達。永磁馬達通常用於速度控制，速度傳感器或者是轉速計 (它像馬達一樣構建) 輸出類比電壓或編碼器，由刻槽磁碟組成，並輸出數位信號。

考慮最簡單的例子。假設我們對質量 m 施加力 f，從休息開始沿直線推動它。假設質量透過擾動力 d 來啟動，其對 f 起作用。然後運動方程式是

$$m\frac{dv}{dt} = f - d \qquad (10.10\text{-}6)$$

其中 v 是速度。在轉移函數形式中，這是

$$V(s) = \frac{1}{ms}[F(s) - D(s)] \qquad (10.10\text{-}7)$$

我們注意到旋轉系統，例如由馬達驅動的輪子，具有相同的旋轉系統形式，其中 v 代表角速度，m 代表質量慣性矩，f 表示電動機轉矩，d 表示擾動轉矩。因此以下分析完全適用於這樣的系統。

使用 PID 控制並假設一個完美的速度傳感器，我們得到 Simulink 圖如圖 10.10-3 所示。使用例如在第十章的高級方法 [Palm, 1014] 和其他關於系統動力學和控制的參考文獻系統，我們可以找到整個系統的特徵方程式

$$(m + D)s^2 + Ps + I = 0 \qquad (10.10\text{-}8)$$

這顯示如果 $D = 0$，我們可以透過適當選擇將兩個根放在任何地方 P 和 I。因此 D 是不必要的。假設 $m = 1$，所需速度為 1，並且擾動力是 $d = 10$ 並且開始在 $t = 0.4$

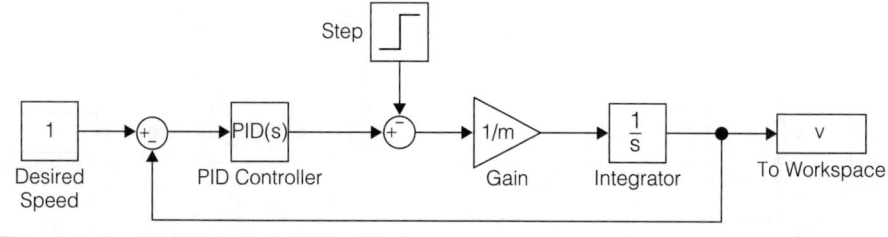

圖 10.10-3 最簡單的速度控制系統的 Simulink 模型

時起作用。獲得一個響應時間為 0.2，我們選擇 $s = -20$、-20，給的多項式 $s^2 + 40s + 400$。這給了平行形式的 $D = 0$、$P = 40$ 和 $I = 400$。在指令視窗中設置 $m = 1$ 之後，模擬顯示速度在約 0.3 秒內達到所需的值 1，但有一些過衝最大控制器輸出為 40。響應時間比預期長，因為過衝。干擾的影響是暫時減少恢復前的速度約為 0.8。

將 Scope 方塊放在 v 和 PID 方塊的輸出上，並進行實驗 P 和 I 的不同值。如果沒有 PID，可以減少 v 中的過衝量超過 40？

範例 10.4-2 中給的馬達模型需要數值用於幾個電氣和機械參數。獲得這些值可以是機器人項目中最困難的部分。然而，經驗顯示這通常是一個簡單的測試，包括向馬達與質量施加的躍升電壓，以及繪製其速度將產生時間常數 T 的有用值 (馬達速度達到穩定狀態的時間是 $4T$)。T 的值將包括阻尼和系統中所有質量 (慣性) 的影響。Simulink 該系統的模型如圖 10.10-4 所示，及其特徵方程式是

$$(T + D)s^2 + (P + 1)s + I = 0 \tag{10.10-9}$$

我們再次看到，如果 $D = 0$，我們可以正確地選擇 P 和 I 將兩個根放在任何地方。假設實驗決定 $T = 0.1$ (秒)，我們設定 $s = -20$、-20 以獲得 0.2 (秒) 的總響應時間。這需要 $P = 3$、$I = 40$、$D = 0$。

圖 10.10-4 中顯示的模型不允許我們探討作用於質量或致動器輸出引起的干擾效應 (例如，由車輛爬坡造成)。模型顯示在圖 10.10-5 顯示了這種效應。請注意，我們現在必須單獨測試馬達從負載質量獲得其 T 值。該模型的特徵等式是

$$mTs^3 + (m + D)s^2 + Ps + I = 0 \tag{10.10-10}$$

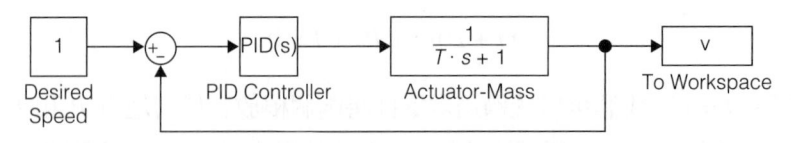

■ 圖 10.10-4　使用聚合的致動器-質量響應時間的速度控制系統的 Simulink 模型

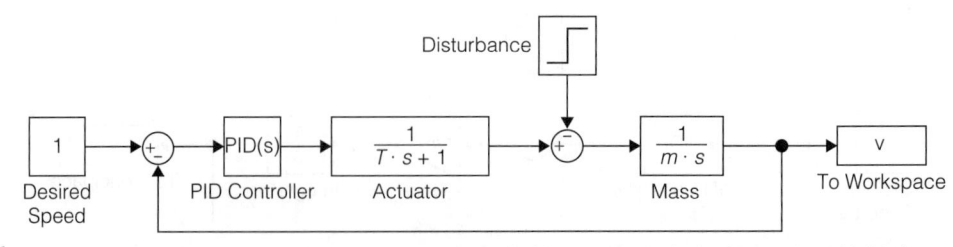

■ 圖 10.10-5　速度控制系統的 Simulink 模型各使用一個用於致動器和質量的模塊

請注意，通常我們現在必須使用所有三個增益來實現任何所需的值的根。例如，如果 $m = 1$ 且 $T = 0.1$，我們選擇 $s = -5$、-5、-5，則得到 0.8 的響應時間。這給予 $P = 7.5$、$I = 12.5$ 和 $D = 0.5$。

位置控制

注意速度是位移的時間導數，我們看到 $dx/dt = v$。將其代入公式 (10.10-1)，我們得到

$$m\frac{d^2x}{dt^2} = f - d \tag{10.10-11}$$

在傳遞函數形式中，這是

$$X(s) = \frac{1}{ms^2}[F(s) - D(s)] \tag{10.10-12}$$

如果我們用雙積分器代替圖 10.10-3 中的積分器，我們就得到一個簡單的位置控制模型，其中 m 和 x 可以代表質量和直線位移或慣性和角位移 (以強度表示)。這個給予了 Simulink 圖，如圖 10.10-6 所示。它的特徵方程式是

$$ms^3 + Ds^2 + Ps + I = 0 \tag{10.10-13}$$

請注意，我們需要所有三個正的增益值才能實現穩定的系統並將三個根放在我們想要的地方。例如，選擇三個根為 $s = -1$、-1、-1 得到系統響應時間為 4，需要 $P = 3$、$I = 1$、$D = 3$。

我們可以透過替換圖 10.10-5 中的傳遞函數 $1/ms$ 為 $1/ms^2$ 來得到更詳細的位置控制模型。

伺服馬達 我們的例子到目前為止假設我們透過調整其電壓或電流輸入來控制設備。有些馬達可透過數位輸入控制，指定所需位置並具有內置角度位置傳感器。這些設備通常被稱為伺服馬達 (代表「伺服機構」)，它們通常採用 P 控制，其增益不能由使用者調整。它們經常用於遙控 (RC) 世界，通常用於控制遙控車輛的轉向或

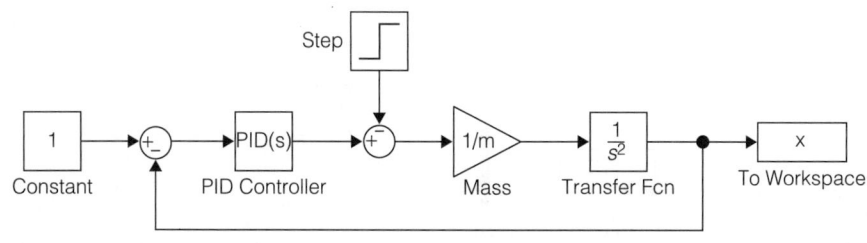

■ 圖 10.10-6　簡單位置控制系統的 Simulink 模型

遙控飛機上的襟翼。它們對速度控制沒有用。因此，當在 Simulink 中對這些設備進行建模時，我們假設受控位置等於所需位置。

簡化的 PID

某些電腦硬體不支援使用透過 Simulink PID 控制器方塊的複雜 PID 演算法。在這種情況下，一個更簡單的形式可以在特定於硬體的程式碼中嘗試和編程演算法。使用方程式以 10.10-5 為指導，以下 MATLAB 程式碼實現一個基本 PID 演算法，其中 $tk = kT$，T 是採樣週期。

```
% Simplified PID algorithm
der(k) = e(k) + e(k-1);
sum(k) = e(k) + sum(k-1);
PID(k) = P*e(k) + I*T*sum(k) + (D/T)*der(k);
```

可以在 Simulink 中實現類似的方法，如圖 10.10-7 所示。該模型已在 MathWorks 網站的某些應用程式中使用。

兩輪機器人的軌跡控制

速度和位置控制系統需要指令輸入描述所需的速度或位置。舉一個具體的例子，考慮兩輪機器人車輛如圖 10.10-8 所示。在前面的第三輪，只是一個無驅動的自由擺動的腳輪。假設兩個後輪都由其自身的馬達和相關的控制系統驅動。該輪子之間的距離是 L。我們將軸中點作為我們的參考點並在那裡建立座標系 (x_1, y_1)。我們可以選擇透過控制每個輪子的轉速或旋轉位移來定位車輛。

如果我們希望車輛移動到由 (x, y) 座標設定的期望點，我們需要計算每個車輪

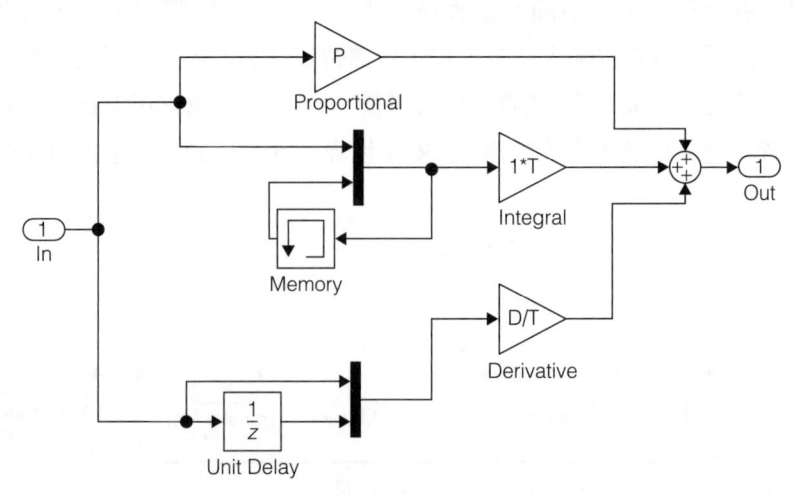

■ 圖 10.10-7　簡化 PID 演算法的 Simulink 圖

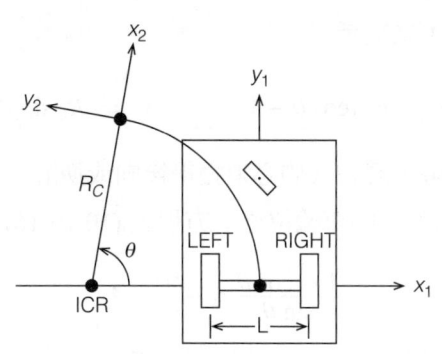

▣ 圖 10.10-8　兩輪車的轉動幾何圖形

所需的旋轉位移。用 φ_L 和 φ_R 表示左右輪的角度。如果我們想要在時間 T 移動完成的話，那我們將位移除以 T 得到所需的車輪轉速 $S_L = \varphi_L/T$、$S_R = \varphi_R/T$。每個車輪行駛的距離是其半徑乘以其旋轉位移。用 D_L 和 D_R 表示左右輪的距離。如果輪子半徑為 R，則 $D_L = R\varphi_L$ 且 $D_R = R\varphi_R$。所以我們必須首先開發一種方法計算 D_L 和 D_R。然後我們使用這些值來計算 φ_L、φ_R、S_L 和 S_R。

考慮圖 10.10-8 中所示的圓形轉彎的幾何形狀。該點 ICR 是瞬時旋轉中心，R_C 是轉彎的半徑。圖 10.10-9 顯示了兩個車輪的路徑和中心的路徑點。從圓弧的幾何形狀我們可以看出

$$\frac{D_L}{R_C - L/2} = \frac{D_R}{R_C + L/2}$$

這可以透過以下方式解決 R_C。

$$R_C = \frac{L}{2}\frac{D_L + D_R}{D_R - D_L} \qquad (10.10\text{-}14)$$

也請注意，轉角由下式給予

$$\theta = \frac{D_R}{R_C + L/2} \qquad (10.10\text{-}15)$$

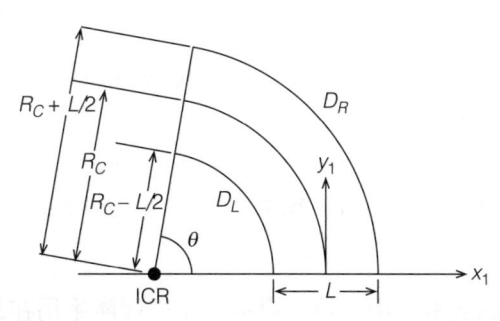

▣ 圖 10.10-9　車輪的圓形路徑

轉彎後的中心點位置由下式給予

$$x_C = R_C(\cos\theta - 1) \qquad y_C = R_C\sin\theta \qquad (10.10\text{-}16)$$

這些方程式構成了前向解。現在我們必須獲得後向或逆解。這將計算將車輛放置在指定位置座標 (x_C, y_C) 的所需的車輪位移。方程式 (10.10-16) 可以如下組合。

$$\frac{1 - \cos\theta}{\sin\theta} = -\frac{x_C}{y_C} = A \qquad (10.10\text{-}17)$$

這無法以解析方式求解 θ。但是，對於小角度，$\sin\theta \approx \theta$ 和 $\cos\theta \approx 1 - \theta^2/2$。如果是的話，則等式 (10.10-17) 變為

$$\theta \approx -2\frac{x_C}{y_C} = 2A \qquad (10.10\text{-}18)$$

對於大轉彎，θ 將很大，方程式 (10.10-18) 將無用。在這種情況下，我們必須用數位式求解方程式 (10.10-17)。函數檔案 turn_angle(A) 實現了這點。最後，從方程式 (10.10-14) 到 (10.10-16) 我們得到

$$R_C = \frac{y_C}{\sin\theta}$$

$$D_L = (R_C - L/2)\,\theta \qquad D_R = (R_C + L/2)\,\theta$$

這些方程式在函數 wheel_inverse 中實現，該函數呼叫函數 turn_angle。

```
function [theta,RC,DL,DR] = wheel_inverse(L,xC,yC)
% Two Wheel Drive Inverse Solution
A = -xC/yC;
theta = turn_angle(A);
RC = yC/sin(theta);
DL = (RC - L/2)*theta;
DR = (RC + L/2)*theta;
end


function theta = turn_angle(A)
% Computes turn angle for two wheel vehicle
theta_guess = 2*A;
myfun = @(th,A) (1-cos(th))/sin(th) - A;
theta = fzero(@(th) myfun(th,A),theta_guess);
end
```

這些方程式和兩個函數可用於規劃車輛的路徑或產生用在每個車輪位置或速度

控制系統的指令輸入。第十一章的範例 11.2-2 顯示如何可以規劃路徑用於機器手臂來產生機械手臂馬達的位置指令。類似的方法可以與機器人車輛一起使用。透過將這些演算法添加到本節前面處理的速度或位置控制模型之一，可以開發 Simulink 模型。

從圖 10.10-8 得出的運動方程式假設車輛是從 (x_1, y_1) 座標系的原點開始，軸與 x_1 軸對齊。要規劃軌跡的延續，必須使用以下座標轉換。

$$\begin{bmatrix} x_2 \\ y_2 \end{bmatrix} = \begin{bmatrix} \cos\theta & \sin\theta \\ -\sin\theta & \cos\theta \end{bmatrix} \begin{bmatrix} x_1 - x_c \\ y_1 - y_c \end{bmatrix}$$

其中 (x_c, y_c) 是中心點新位置的座標，由公式 (10.10-16) 給予。

10.11 摘要

我們並沒有討論 Simulink 模型視窗所包含的選單項目。然而，本章所涵蓋的內容對於初學者來說卻是最重要的。我們已經介紹了幾個在 Simulink 中可以取得的方塊，但並沒有討論用來處理離散時間系統 (用來模型化差分方程式而非微分方程式)、數位邏輯系統，以及其他數學運算的方塊。另外，某些方塊有許多額外的屬性可以設定，但在本章中並未提及。不過，本章所提供的範例可以幫助使用者探索 Simulink 的其他功能。請自行利用線上說明以獲取更多的相關資訊。

習題

對於標註星號的問題，請參見本書最後的解答。

10.1 節

1. 畫出下列方程式的模擬方塊圖。

$$\dot{y} = 5f(t) - 7y$$

2. 畫出下列方程式的模擬方塊圖。

$$5\ddot{y} = 3\dot{y} + 7y = f(t)$$

3. 畫出下列方程式的模擬方塊圖。

$$3\dot{y} + 7\sin y = f(t)$$

10.2 節

4. 建立一個 Simulink 模型以畫出下列區間為 $0 \leq t \leq 6$ 之方程式的解。

$$10\ddot{y} = 7\sin 4t + 5\cos 3t \quad y(0) = 3 \quad \dot{y}(0) = 2$$

5. 某一個拋射物體以初速度 100 m/s 及角度 30° 發射。建立一個 Simulink 模型來求解此軌跡的運動方程式,其中 x 及 y 分別是此拋射物體的水平及垂直位移。

$$\ddot{x} = 0 \quad x(0) = 0 \quad \dot{x}(0) = 100 \cos 30°$$
$$\ddot{y} = -g \quad y(0) = 0 \quad \dot{y}(0) = 100 \sin 30°$$

使用此模型畫出在 $0 \le t \le 10$ s 之內拋射物體軌跡 y 對 x 的圖形。

6. 下列的方程式雖然是線性的,但卻沒有解析解。

$$\dot{x} + x = \tan t \quad x(0) = 0$$

而此方程式的近似解,在 t 比較大的情況下就不夠正確,此近似解為:

$$x(t) = \frac{1}{3}t^3 - t^2 + 3t - 3 + 3e^{-t}$$

建立一個 Simulink 模型來求解此問題,並且將這個解與近似解比較,區間為 $0 \le t \le 1$。

7. 對下列方程式建立一個 Simulink 模型,並畫出 $0 \le t \le 10$ 之內解的圖形。

$$15\dot{x} + 5x = 4u_s(t) - 4u_s(t-2) \quad x(0) = 5$$

其中,$u_s(t)$ 是一個單位步階函數 (在 Step 方塊的方塊參數視窗中,設定 Step time 為 0、Initial value 為 0 以及 Final value 為 1)。

8. 某一水槽具有垂直的水槽壁,底面積為 100 ft^2。水由槽頂灌入以充滿此水槽,其流量如下表所示。使用 Simulink 求解,並且畫出 $0 \le t \le 10$ min 之內的水面高度。

時間 (min)	0	1	2	3	4	5	6	7	8	9	10
流量 (ft^3/min)	0	80	130	150	150	160	165	170	160	140	120

10.3 節

9. 建立一個 Simulink 模型,以畫出下列方程式在 $0 \le t \le 2$ 之內的解。

$$\dot{x}_1 = -6x_1 + 4x_2$$
$$\dot{x}_2 = 5x_1 - 7x_2 + f(t)$$

其中,$f(t) = 3t$。使用 Sources 程式庫中的 Ramp (斜坡) 方塊。

10. 建立一個 Simulink 模型,來畫出下列方程式在 $0 \le t \le 3$ 內的解。

$$\dot{x}_1 = -6x_1 + 4x_2 + f_1(t)$$
$$\dot{x}_2 = 5x_1 - 7x_2 + f_2(t)$$

其中,$f_1(t)$ 是一個步階函數,高度為 3,起始時間為 $t = 0$;$f_2(t)$ 是一個步階函數,高度為 -3,起始時間為 $t = 1$。

10.4 節

11. 使用 Saturation 方塊建立一個 Simulink 模型，用來畫出下列方程式在 $0 \leq t \leq 6$ 之內的解。

$$3\dot{y} + y = f(t) \quad y(0) = 3$$

其中

$$f(t) = \begin{cases} 8 & \text{if } 10\sin 3t > 8 \\ -8 & \text{if } 10\sin 3t < -8 \\ 10\sin 3t & \text{otherwise} \end{cases}$$

12. 建立下列問題的 Simulink 模型。

$$5\dot{x} + \sin x = f(t) \quad x(0) = 0$$

強制函數為：

$$f(t) = \begin{cases} -5 & \text{if } g(t) \leq -5 \\ g(t) & \text{if } -5 < g(t) < 5 \\ 5 & \text{if } g(t) \geq 5 \end{cases}$$

其中，$g(t) = 10\sin 4t$。

13. 某一質量-彈簧系統僅受到表面的庫侖摩擦力，而不受黏性摩擦力的影響，則運動方程式為：

$$m\ddot{y} = \begin{cases} -ky + f(t) - \mu mg & \text{if } \dot{y} \geq 0 \\ -ky + f(t) + \mu mg & \text{if } \dot{y} < 0 \end{cases}$$

其中，μ 為摩擦力係數。開發一個 Simulink 模型，使用的值為 $m = 1$ kg、$k = 5$ N/m、$\mu = 0.4$ 以及 $g = 9.8$ m/s^2。請以下列兩種狀況執行模擬：(a) 所輸入的外力 $f(t)$ 是一個步階函數，量值大小為 10 N；(b) 所輸入的力是一個正弦波：$f(t) = 10\sin 2.5t$。可以使用 Math Operations 程式庫中的 Sign 方塊，也可以使用 Discontinuities 程式庫中的 Coulomb Friction 方塊或 Viscous Friction 方塊，但因為本題中並沒有黏性摩擦力，所以使用 Sign 方塊會比較容易。

14. 某一物體質量為 $m = 2$ kg，沿著仰角 $\phi = 30°$ 並以初速度 $v(0) = 3$ m/s 往斜坡上移動。施加的外力 $f_1 = 5$ N 則是往上平行於斜坡表面。庫侖摩擦力為 $\mu = 0.5$。使用 Sign 方塊並建立一個 Simulink 模型，來求解此質量到完全靜止之前的速度。使用此模型求出到質量靜止之前所需的時間。

15. a. 開發一套恆溫控制系統的 Simulink 模型，其溫度模型為：

$$RC\frac{dT}{dt} + T = Rq + T_a(t)$$

其中，T 是室內空氣的溫度，單位為 °F；T_a 是鄰近處 (室外) 的空氣溫度，單位為 °F；時間 t 的單位為小時；q 是由加熱系統的輸入，單位為 lb·ft/hr；R 是熱阻；C 是熱容。當溫度小於 69°F 時，恆溫控制會將 q 切換至 q_{max}，而在溫度大於 71°F 時，恆溫控制會將 q 切換至 $q = 0$。q_{max} 值表示加熱系統的熱輸出。

在 $T(0) = 70$°F 及 $T_a(t) = 50 + 10\sin(\pi t/12)$ 的狀況下執行模擬。使用的值為 $R = 5\times 10^{-5}$ °F-hr/lb-ft，$C = 4\times 10^4$ lb-ft/°F。於同一張圖形上畫出溫度 T 及 T_a 對時間 t 的圖形，區間為 $0 \leq t \leq 24$ hr。測試以下兩種情形：$q_{max} = 4\times 10^5$ 及 $q_{max} = 8\times 10^5$ lb-ft/hr。探討這兩種情況的效果。

b. q 對時間 t 的積分為所消耗的能量。畫出 $\int q\, dt$ 對 t 的圖形，並求出在 $q_{max} = 8\times 10^5$ 的情況下，24 小時之內消耗了多少能量。

16. 承習題 15。使用 $q_{max} = 8\times 10^5$ 來進行模擬，比較所消耗的能量及 (69°, 71°) 與 (68°, 72°) 這兩種溫度範圍的恆溫控制循環頻率。

17. 考慮圖 10.7-1 中的液面高度控制系統。支配此系統的方程式是根據質量守恆定律 (10.7-2) 式。假設高度 h 是由一個繼電器在流率 0 及 50 kg/s 之間來回切換所控制。當液面高度小於 4.5 公尺時流量全開，而在高度達到 5.5 公尺時關閉。建立一個此應用的 Simulink 模型，所使用的值為 $A = 2$ m^2、$R = 400$ m$^{-1}\cdot$s^{-1}、$\rho = 1000$ kg/m^3，且 $h(0) = 1$ m。畫出 $h(t)$ 的圖形。

10.5 節

18. 使用轉移函數方塊建立一個 Simulink 模型，並且畫出下列方程式在 $0 \leq t \leq 4$ 之間的解。

$$2\ddot{x} + 12\dot{x} + 10x = 5u_s(t) - 5u_s(t-2) \quad x(0) = \dot{x}(0) = 0$$

19. 使用轉移函數方塊建立一個 Simulink 模型，並且畫出下列方程式在 $0 \leq t \leq 2$ 之間的解。

$$3\ddot{x} + 15\dot{x} + 18x = f(t) \quad x(0) = \dot{x}(0) = 0$$
$$2\ddot{y} + 16\dot{y} + 50y = x(t) \quad y(0) = \dot{y}(0) = 0$$

其中，$f(t) = 75\, u_s(t)$。

20. 使用轉移函數方塊建立一個 Simulink 模型，並且畫出下列方程式在 $0 \leq t \leq 2$ 之間的解。

$$3\ddot{x} + 15\dot{x} + 18x = f(t) \quad x(0) = \dot{x}(0) = 0$$
$$2\ddot{y} + 16\dot{y} + 50y = x(t) \quad y(0) = \dot{y}(0) = 0$$

其中，$f(t) = 50\, u_s(t)$。在第一個方塊的輸出處有一個 $-1 \leq x \leq 1$ 的遲滯區。這個遲滯區限制了第二個方塊的輸入。

21. 使用轉移函數方塊建立一個 Simulink 模型，並且畫出下列方程式在 $0 \le t \le 2$ 之間的解。

$$3\ddot{x} + 15\dot{x} + 18x = f(t) \quad x(0) = \dot{x}(0) = 0$$
$$2\ddot{y} + 16\dot{y} + 50y = x(t) \quad y(0) = \dot{y}(0) = 0$$

其中 $f(t) = 50u_s(t)$。在第一個方塊的輸出處具有一個飽和的限制 x，也就是 $|x| \le 1$。這個飽和限制了第二個方塊的輸入。

10.6 節

22. 針對下列的方程式建立一個 Simulink 模型，並且畫出在 $0 \le t \le 4$ 之內解的圖形。

$$2\ddot{x} + 12\dot{x} + 10x^2 = 8 \sin 0.8t \quad x(0) = \dot{x}(0) = 0$$

23. 針對下列的方程式建立一個 Simulink 模型，並且畫出在 $0 \le t \le 3$ 之內解的圖形。

$$\dot{x} + 10x^2 = 5 \sin 3t \quad x(0) = 1$$

24. 建立下列問題的 Simulink 模型。

$$10\dot{x} + \sin x = f(t) \quad x(0) = 0$$

其中，強制函數為 $f(t) = \sin 2t$。此系統具有一個遲滯區的非線性特性，如圖 10.5-1 所示。

25. 下列模型可用來描述一個由非線性且硬化的彈簧所支持的質量。使用的單位是 SI (公制)。所使用的值為 $g = 9.81 \text{ m/s}^2$。

$$5\ddot{y} = 5g - (900y + 1700y^3) \quad y(0) = 0.5 \quad \dot{y}(0) = 0$$

建立一個 Simulink 模型，畫出在 $0 \le t \le 2$ 之內解的圖形。

26. 考慮圖 P26 用以舉起桅桿的系統。此桅桿長度為 70 英尺，重量為 500 磅。絞盤對纜繩提供了 $f = 380$ lb 的力。此桅桿起始時被舉起的角度為 30°，在 A 處的

圖 P26

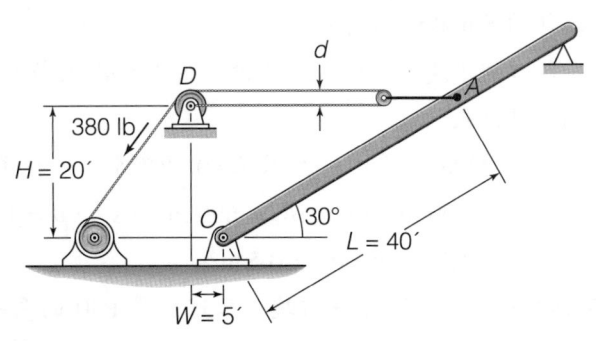

纜繩起始時是水平的。此桅桿的運動方程式為：

$$25{,}400\ddot{\theta} = -17{,}500\cos\theta + \frac{626{,}000}{Q}\sin(1.33+\theta)$$

其中

$$Q = \sqrt{2020 + 1650\cos(1.33+\theta)}$$

建立並執行一個 Simulink 模型，求解及畫出 $\theta(t)$ 在 $\theta(t) \leq \pi/2$ rad 之內的圖形。

27. 下列方程式可用來描述一個球形水槽，其水面高度為 h，底部具有一個排水口。

$$\pi(2rh - h^2)\frac{dh}{dt} = -C_d A\sqrt{2gh}$$

假設水槽的半徑 3 公尺，排水口的面積是半徑為 2 公分的 A。假設 $C_d = 0.5$，起始水面高度為 $h(0) = 5$ m。使用的 g 值為 9.81 m/s^2。使用 Simulink 求解此非線性方程式，並且畫出水面高度對時間的函數圖形，直到 $h(t) = 0$ 為止。

28. 一個錐形的紙杯 (例如冷飲販賣機所使用的紙杯)，半徑為 R 且高度為 H。如果杯中水的高度為 h，則水的體積為：

$$V = \frac{1}{3}\pi\left(\frac{R}{H}\right)^2 h^3$$

假設此紙杯的 $R = 1.5$ in. 且 $H = 4$ in.。

a. 如果從冷飲販賣機流入紙杯的流率為 2 in.^{3}/sec，使用 Simulink 求出將紙杯中的水充滿至杯口所需的時間。

b. 如果從冷飲販賣機流入紙杯的流率為 $2(1 - e^{-2t})$ in.^{3}/sec，使用 Simulink 求出將紙杯中的水充滿至杯口所需的時間。

10.7 節

29. 參考圖 10.7-2。假設流體阻力的值遵守線性關係，所以流經左邊的流體阻力之質量流為 $q_1 = (p_1 - p)/R_1$，而右邊的流體阻力也有類似的線性關係。

a. 建立一個此元件的 Simulink 子系統方塊。

b. 使用這個子系統方塊來建立如圖 10.7-5 所示的 Simulink 模型。假設流入的質量流率是一個步階函數。

c. 使用這個 Simulink 模型來求出 $h_1(t)$ 及 $h_2(t)$ 的圖形，所使用的值為：$A_1 = 2$ m^2、$A_2 = 5$ m^2、$R_1 = 400$ m$^{-1}\cdot$s^{-1}、$R_2 = 600$ m$^{-1}\cdot$s^{-1}、$\rho = 1000$ kg/m^3、$q_{mi} = 50$ kg/s，以及 $h_1(0) = 1.5$ m 與 $h_2(0) = 0.5$ m。

30. a. 使用第 10.7 節中所開發的子系統方塊，來建立圖 P30 的系統之 Simulink 模型。流入的質量流率是一個步階函數。

■ 圖 P30

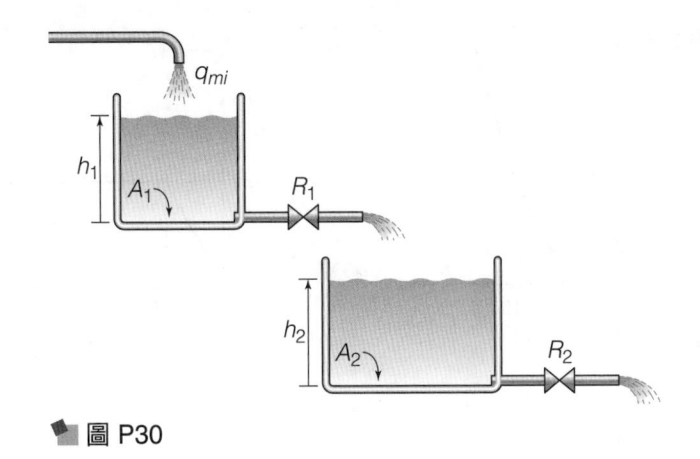

b. 使用這個 Simulink 模型來求出 $h_1(t)$ 及 $h_2(t)$ 的圖形,所使用的值為:$A_1 = 3$ ft^2、$A_2 = 5$ ft^2、$R_1 = 30$ ft^{-1} · sec^{-1}、$R_2 = 40$ ft^{-1} · sec^{-1}、$\rho = 1.94$ slug/ft^3、$q_{mi} = 0.5$ slug/sec 以及 $h_1(0) = 2$ ft 與 $h_2(0) = 5$ ft。

31. 考慮圖 10.7-7,此系統具有三個 RC 迴路,值為 $R_1 = R_3 = 10^4$ Ω、$R_2 = 5 \times 10^4$ Ω、$C_1 = C_3 = 10^{-6}$ F 以及 $C_2 = 4 \times 10^{-6}$ F。

    a. 開發一個 RC 迴路的子系統方塊。

    b. 使用這個子系統方塊建立具有三個迴路之系統之 Simulink 模型。畫出在 $0 \leq t \leq 3$ 之內 $v_3(t)$ 的圖形,此系統的輸入電壓 $v_1(t) = 12 \sin 10t$ V。

32. 考慮圖 10.7-8,此系統具有三個質量塊。使用的值為 $m_1 = m_3 = 10$ kg、$m_2 = 30$ kg、$k_1 = k_4 = 10^4$ N/m 以及 $k_2 = k_3 = 2 \times 10^4$ N/m。

    a. 開發一個質量塊的子系統方塊。

    b. 使用這個子系統方塊建立具有三個質量塊的系統 Simulink 模型。畫出在 $0 \leq t \leq 2$ s 之內每一塊質量位移的圖形,此系統起始時 m_1 的位移是 0.1 公尺。

10.8 節

33. 參考圖 P30。假設上層水槽的輸出到下層水槽之間有 10 秒的遲滯時間。使用第 10.7 節所開發的子系統方塊來建立整個系統的 Simulink 模型。使用習題 30 中的參數,畫出高度 h_1 及 h_2 對時間的圖形。

10.9 節

34. 重做第 10.9 節所開發的 Simulink 懸吊模型,使用的彈簧關係與輸入函數如圖 P34 所示,阻尼器關係如下。

$$f_d(v) = \begin{cases} -500|v|^{1.2} & v \leq 0 \\ 50v^{1.2} & v > 0 \end{cases}$$

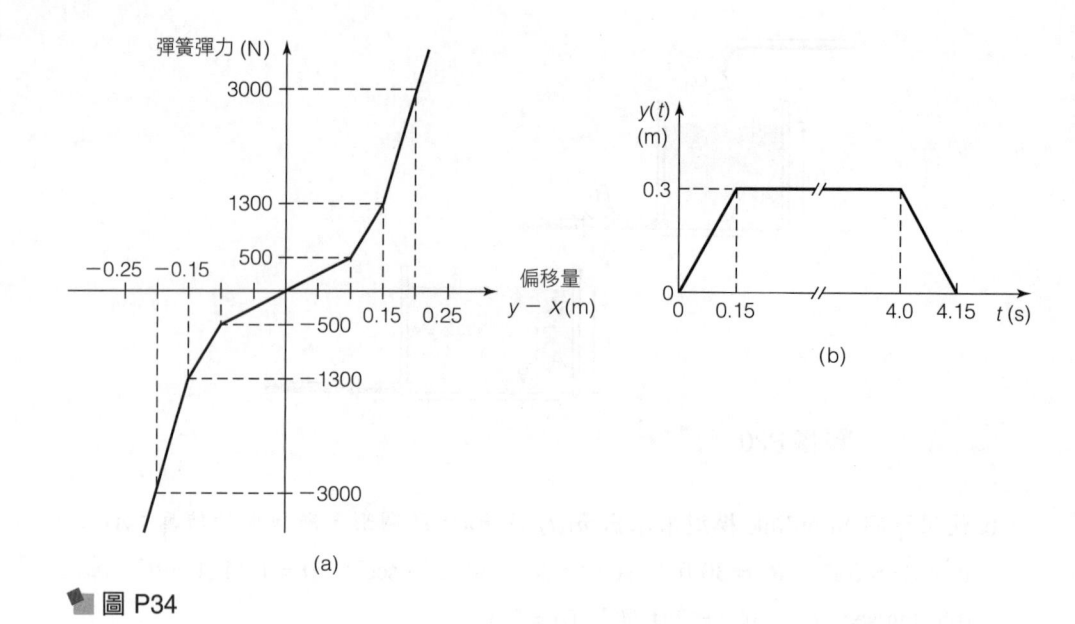

▣ 圖 P34

使用模擬畫出響應的圖形。計算超越量及下越量。

35. 考慮圖 P35 中所示的系統。此系統的運動方程式為：

$$m_1 \ddot{x}_1 + (c_1 + c_2)\dot{x}_1 + (k_1 + k_2)x_1 - c_2 \dot{x}_2 - k_2 x_2 = 0$$
$$m_2 \ddot{x}_2 + c_2 \dot{x}_2 + k_2 x_2 - c_2 \dot{x}_1 - k_2 x_1 = f(t)$$

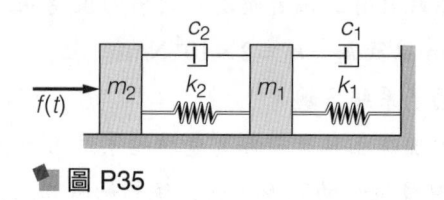

▣ 圖 P35

假設所使用的值為 $m_1 = m_2 = 1$、$c_1 = 3$、$c_2 = 1$、$k_1 = 1$ 且 $k_2 = 4$。

a. 開發此系統的 Simulink 模型。為此，考慮是否要將模型表示成狀態變數形式或轉移函數形式。

b. 使用 Simulink 模型及下列的輸入，畫出響應 $x_1(t)$ 的圖形。起始條件為 0。

$$f(t) = \begin{cases} t & 0 \leq t \leq 1 \\ 2-t & 1 < t < 2 \\ 0 & t \geq 2 \end{cases}$$

10.10 節

36. 對於圖 10.10-3 所示的帶有單位步進指令輸入的模型，設 $m = 1$。計算得到根 $s = -50$、-100 所需的 PI 增益。a) 執行模擬並繪製速度。給予指定根的響應時間

是你所期望的嗎？b) 假設干擾是躍升函數，其幅度為 100，步長時間為 0.1。執行模擬並繪製速度。控制器在抵抗干擾方面的效果如何？

37. 對於圖 10.10-3 中帶有單位步進指令輸入的模型，設 $m = 1$。給予 PI 增益 $P = 150$ 且 $I = 5000$，在 PID 方塊輸出上放置一個 Scope 方塊。a) 執行模擬直到達到穩態並繪製速度。PID 方塊的最大輸出是多少？b) 在 PID 程序段後插入飽和 (Saturation) 方塊並使用限制 −50 和 50。再次執行模擬並繪製速度。響應如何受到限制的影響？

38. 對於圖 10.10-3 所示的帶有單位步進指令輸入的模型，設 $m = 1$。計算獲得響應時間為 2 所需的 PI 增益。執行模擬並檢查速度響應。響應時間是你所期望的嗎？

39. 對於圖 10.10-3 所示的帶有單位步進指令輸入的模型，設 $m = 1$。計算獲得根 $s = -50 \pm 50j$ 所需的 PI 增益。執行模擬並檢查速度響應。響應時間是你所期望的嗎？

40. 對於圖 10.10-4 中所示的帶有單位步進指令輸入的模型，設 $T = 0.3$。計算獲得響應時間為 2 而無振盪所需的 PI 增益。執行模擬並檢查速度響應。響應時間是你所期望的嗎？

41. 對於圖 10.10-4 中所示的帶有單位步進指令輸入的模型，設 $m = 1$ 且 $T = 0.3$。計算獲得根 $s = -50$、-100 所需的 PI 增益。執行模擬並檢查速度響應。響應時間是你所期望的嗎？

42. 對於圖 10.10-5 中所示的帶有單位步進指令輸入的模型，設 $m = 1$ 且 $T = 0.2$。計算獲得根 $s = -10$、-20、-20 所需的 PID 增益。執行模擬並檢查速度響應。響應時間是你所期望的嗎？

43. 對於圖 10.10-5 中所示的帶有單位步進指令輸入的模型，設 $m = 1$ 且 $T = 0.2$。計算獲得根 $s = -10$、$-20 \pm 20j$ 所需的 PID 增益。執行模擬並檢查速度響應。響應時間是你所期望的嗎？

44. 對於圖 10.10-6 中帶有單位步進指令輸入的模型，設 $m = 1$。計算獲得根 $s = -10$、-20、-20 所需的 PID 增益。執行模擬並檢查位置響應。響應時間是你所期望的嗎？

45. 對於圖 10.10-6 中帶有單位步進指令輸入的模型，設 $m = 1$。計算獲得根 $s = -10$、$-20 \pm 20j$ 所需的 PID 增益。執行模擬並檢查位置響應。響應時間是你所期望的嗎？

46. 對於某個兩輪車輛，軸距為 $L = 2$ 且車輪半徑為 $R = 0.5$。車輪旋轉角度為 $\varphi_L = 2$ rad，$\varphi_R = 4$ rad。計算得到的轉彎半徑 R_C、轉彎角 θ 和車輛參考點的新位置的座標。

47. 對於某個兩輪車輛，軸距為 $L = 2$ 且車輪半徑為 $R = 0.5$。期望將車輛參考點放置在 $x = -0.4$，$y = 1.4$。計算所需的轉彎半徑 RC、轉彎角 θ 和車輪轉角 φ_L 和 φ_R。

Chapter 11
使用 MATLAB 進行符號處理

©Ververidis Vasilis/Shutterstock

21 世紀的工程……
發展替代能源

當今似乎美國及世界其他區域都意識到必須減少對非再生能源的依賴，包括天然氣、石油、煤炭及鈾。這些能源終將用盡，它們對環境是有害的，而且進口時會造成龐大的貿易不平衡而影響到經濟。21 世紀中最主要的能源挑戰之一將是再生能源的發展。

再生能源包括太陽能 (太陽熱能及太陽電能)、地熱動力、潮汐與海浪能源、風力，以及可以被轉換成酒精的作物。在太陽熱能的應用中，來自於太陽的能源被用於加熱液體，也可以用來加熱建築物或是驅動一台發電機如蒸汽渦輪)。在太陽電力的應用中，太陽光會被直接轉換成電力。

地熱動力是從地熱或蒸氣孔獲得。潮汐能是利用潮汐洋流驅動渦輪機來產生電力。海浪動力是利用海平面水位的改變，透過渦輪機或其他元件來驅動水力。風力能則是利用一個風力渦輪機來驅動發電機。

這些再生能源的困難點在於它們是擴散的，所以必須被一定程度地集中，而且它們是間歇的，所以必須依靠某種方法來儲存。現今，大部分的再生能源系統都不是很有效率，所以未來的挑戰是要致力於改進其效率。

MATLAB 支援再生能源系統的工程設計。範例包括用於研究連接到分散系統的 9 百萬瓦風場性能的軟體，以及用於緩

學習大綱
11.1 符號算式和代數
11.2 代數和超越方程式
11.3 微積分
11.4 微分方程式
11.5 拉普拉斯轉換
11.6 符號線性代數
11.7 摘要
習題

解電力傳輸系統中的擁塞的統合電力流控制器的性能。在 MATLAB 中已經完成了許多太陽光電 (photovoltaic) 系統的研究。

到目前為止，我們只使用 MATLAB 執行數值運算；也就是說，我們的答案是數字，而不是算式。在本章中，我們將展示如何使用 MATLAB 執行符號處理 (symbolic processing) 以獲得形式的答案算式。符號處理是用於描述電腦如何以某種方式對數學算式執行操作的術語，例如人類用鉛筆和紙做代數。我們希望盡可能以封閉的形式獲得解決方案，因為它們可以讓我們更深入地瞭解問題。例如，我們經常可以看到如何通過建模來改進工程設計，它的數學算式沒有特定的參數值。然後我們可以分析算式並確定哪些參數值將優化設計。

符號算式 在本章中，我們將展示如何在 MATLAB 中定義符號算式，如 $y = \sin x/\cos x$，以及如何使用 MATLAB 盡可能簡化算式。例如，上一個功能簡化為 $y = \sin x/\cos x = \tan x$。MATLAB 可以對數學算式執行加法和乘法等操作，我們可以使用 MATLAB 獲得代數方程式的符號解，例如 $x^2 + 2x + a = 0$ (x 的解是 $x = -1 \pm \sqrt{1-a}$。MATLAB 還可以執行符號微分和積分，並且可以以閉合形式求解常微分方程。

要使用本章的方法，你必須具有符號數學工具箱 (Symbolic Math Toolbox) 或 MATLAB 的學生版。本章是依據工具箱的 V8.9 (R2017b)。

符號處理是一種相對較新的電腦應用程序，這種軟體正在快速發展。因此，隨著功能的改進，軟體升級可能會在性能和語法方面產生變化並刪除了錯誤。因此，如果你的軟體沒有按預期運行或出現錯誤結果，則應查詢 MathWorks 網站。MathWorks 網站是 http//www.mathworks.com。經常尋找答案問題 (FAQ) 和技術說明。這些按類別排列 (例如，一個類別是符號數學工具箱)。你還可以使用關鍵字搜索信息。

在本章中，我們將介紹 Symbolic Math Toolbox 的部分功能，特別是我們將會處理：

- 符號代數
- 用於求解代數和超越方程的符號方法
- 求解常微分方程的符號方法
- 符號微積分，包括積分、微分、限制和序列
- 拉普拉斯變換
- 線性代數中的特定主題，包括用於得到行列式、反矩陣和特徵值的符號方法

拉普拉斯轉換的主題包括在內，因為拉普拉斯轉換是求解微分方程式的一種方法，並且通常與差分方程式一起被介紹。

我們不討論符號數學工具箱的以下特色：符號矩陣的非常規形式；允許你計算代算式為指定的數值精度的可變精度算術；以及更高階的數學函數，如傅立葉變換。有關這些功能的詳細信息，請參見線上求助。

當你完成本章的學習，應該具備使用 MATLAB 進行下列事項的能力：

- 建立符號算式，並以代數的方式操作
- 求解代數方程式及超越方程式的符號解
- 進行符號微分及積分運算
- 以符號方法計算極限與級數
- 求出常微分方程式的符號解
- 求出及應用拉普拉斯轉換
- 進行符號線性代數運算，包括求解行列式、反矩陣、特徵向量與特徵值

11.1 符號算式和代數

sym 函數可用於在 MATLAB 中建立「符號對象」。如果 sym 的輸入參數是字符串，則結果是符號數字或變數。如果輸入參數是數位純量或矩陣，則結果是給定數值的符號表示。例如，鍵入 x = sym('x') 會建立名稱為 x 的符號變數，輸入 y = sym('y') 會建立一個名為 y 的符號變數。鍵入 x = sym('x','real') 告訴 MATLAB 假設 x 是實數。

syms 指令讓你將多個此類語句組合到一個語句中。例如，輸入 syms x 相當於鍵入 x = sym('x')，輸入 syms x y u v 建立四個符號變數 x、y、u 和 v。當不帶參數使用時，syms 列出工作空間中的符號對象。但是，syms 指令不能用於建立符號常量；你必須為此目的使用 sym。

使用 syms 指令可以指定某些變數為實數。例如，

```
>>syms x y real
```

或正值：

```
>> syms x y positive
To clear x and y, type
>>syms x y clear
```

你可以使用 syms 函數建立符號函數。例如

```
>>syms x(t)
>>x(t) = t^2;
>>x(3)
    9
```

或

```
>>syms f(x,y)
>>f(x,y) = x + 4*y;
>>f(2,5)
    22
```

符號常數　sym 函數可用於透過使用參數的數值來建立符號常數。例如，輸入 pi = sym('pi') 或 syms pi 和 fraction = sym('1/3') 會建立符號常數，以避免 π 和 1/3 值中固有的浮點近似值。如果以這種方式建立符號常數 pi，它會臨時替換內置數位常數，並且在鍵入其名稱時不再得到數值。例如，

```
>>syms pi
>>b = 4*pi     % This gives a symbolic result.
b =
   4*pi
>>fraction = syms('1/3');
>>c = 5*fraction   % This gives a symbolic result.
c =
   5/3
```

使用符號常數的優點是，在需要數值解之前，不需要對它們進行求值 (帶有附加的捨入誤差)。

符號常數看起來像數字，但實際上是符號算式。符號算式看起來像字符串，但它們是不同的量。你可以使用 class 函數來確定一個數量是否是符號，數字或字符串。我們稍後會給予函數 class 的例子。

以這種方式將 MATLAB 浮點值轉換為符號常數時，需要考慮捨入誤差的影響。你可以選擇使用帶有 sym 函數的第二個參數來指定轉換浮點數的技巧。有關更多資訊，請參閱線上求助。

符號算式

你可以在算式中使用符號變數並將其作為函數的參數。你可以像使用數值計算一樣使用運算符 + - * / ^ 和內建函數。例如，輸入

```
>>syms x y
>>s = x + y;
>>r = sqrt(x^2 + y^2);
```

建立符號變數 s 和 r。術語 s = x + y 和 r = sqrt(x^2 + y^2) 是符號算式的示例。以這種方式建立的變數 s 和 r 與用戶定義的函數檔不同。也就是說，如果你稍後分配 x 和 y 數值，則鍵入 r 將不會導致 MATLAB 計算方程式 $r=\sqrt{x^2+y^2}$。稍後我們將看到如何用數字方式評估符號算式。

使用 syms 指令可以指定算式具有某些特徵。例如，在以下對話中，MATLAB 將算式 w 視為非負數。

```
>>syms x y real
>>w = x^2 + y^2;
```

要清除 x 的實數性質，請鍵入 syms x clear。

MATLAB 中使用的向量和矩陣表示法也適用於符號變數。例如，你可以依照以下方式建立符號矩陣 A。

```
>>n = 3;
>>syms x
>>A = x.^((0:n)' *(0:n))
A =
   [1,1,1,1]
   [1,x,x^2,x^3]
   [1,x^2,x^4,x^6]
   [1,x^3,x^6,x^9]
```

請注意，沒有必要使用 sym 或 syms 事先將 A 宣告為符號變數。它會被識別為符號變數，因為它是用符號算式建立的。另請注意，我們需要 x 之後的句點來啟用個別元素的冪運算 (exponentiation)。

預設變數 在 MATLAB 中，變數 x 是預設的自變數，但其他變數可以指定為自變數。重要的是要知道哪個變數是算式中的自變數。函數 findsym(E) 可用於確定 MATLAB 在特定算式 E 中使用的符號變數。

函數 findsym(E) 在符號算式或矩陣中找尋符號變數，其中 E 是純量或矩陣符號算式，並回傳包含出現在 E 中的所有符號變數的字符串。變數按字母順序回傳並且是被逗號隔開。如果未找到符號變數，findsym 將回傳空字符串。

相比之下，函數 findsym(E,n) 回傳 E 中最接近 x 的 n 個符號變數，使用決勝點使變量更接近 z。

以下對話顯示了其使用的一些範例。

```
>>syms b x1 y
>>findsym(6*b+y)
ans =
    b,y
>>findsym(6*b+y+x)  % Note:x has not been declared symbolic.
??? Undefined function or variable 'x'.
>>findsym(6*b+y,1)  % Find the one variable closest to x.
ans =
    y
>>findsym(6*b+y+x1,1)
ans =
    x1
>>findsym(6*b+y*i)  % Note: i is not symbolic
ans =
    b,y
```

操縱算式

例如，透過收集相似冪次、擴展冪次和分解算式的係數，可以使用以下函數來操縱算式。

函數 collect(E) 收集算式 E 中相似冪的係數。如果有多個變數，則可以使用可選形式 collect(E,v)，它收集具有相同 v 次冪的所有係數。

```
>>syms x y
>>E = (x-5)^2+(y-3)^2;
>>collect(E)
ans =
    x^2-10*x+25+(y-3)^2
>>collect(E,y)
ans =
    y^2-6*y+(x-5)^2+9
```

函數 expand(E) 透過執行冪來擴展算式 E。例如，

```
>>syms x y
>>expand((x+y)^2)  %  Applies algebra rules.
ans =
```

```
    x^2+2*x*y+y^2
>>expand(sin(x+y)) % Applies trig identities.
ans =
    sin(x)*cos(y)+cos(x)*sin(y)
ans =
    6
```

函數 factor(n) 回傳數字 n 的質因子 (prime factor)，而如果參數是符號算式 E，則函數因子 (E) 將算式 E 作為因子。例如，

```
>>syms x y
>>factor(x^2-1)
ans =
    (x-1)*(x+1)
```

函數 simplify(E) 嘗試簡化算式 E。例如，

```
>>syms a x y
>>simplify(exp(a*log(sqrt(x))))
ans =
    x^(a/2)
>>simplify(6*((sin(x))^2+(cos(x))^2))
ans =
    6
>>simplify(sqrt(x^2)) % Does not assume that x is non-
negative.
ans =
    sqrt(x^2)
>>simplify(sqrt(x^2),'IgnoreAnalyticConstraints',true)
ans =
    x % Assumes that x is non-negative.
```

函數 simplify(E,IgnoreAnalyticConstraints',value) 控制用於解析約束的數學嚴謹度，同時也簡化 (非負性、除零等)。值的選項是 true 還是 false。指定 true 以在簡化過程中放鬆數學嚴謹程度。預設值為 false。

你可以使用運算符 + - * / 和 ^ 和符號算式來得到新算式。以下對話說明了這是如何做到的。

```
>>syms x y
>>E1 = x^2 + 5 % Define two expressions.
```

```
>>E2 = y^3 - 2
>>S1 = E1 + E2  % Add the expressions.
S1 =
    x^2+3+y^3
>>S2 = E1*E2  % Multiply the expressions.
S2 =
    (x^2+5)*(y^3-2)
>>expand(S2)  % Expand the product.
ans =
    x^2*y^3-2*x^2+5*y^3-10
>>E3 =x^3+2*x^2+5*x+10   % Define a third expression.
>>S3 = E3/E1  % Divide two expressions.
    S3 = (x^3+2*x^2+5*x+10)/(x^2+5)
>>simplify(S3)  % See if some terms cancel.
ans =
    x+2
```

函數 [num den] = numden(E) 回傳兩個符號算式，代表算式 E 的有理數表示的分子 num 和分母 den。

```
>>syms x
>>E1 = x^2+5;
>>E4 = 1/(x+6);
>>[num,den] = numden(E1+E4)
num =
    x^3+6*x^2+5*x+31
den =
    x+6
```

函數 double(E) 將算式 E 轉換為數值形式。「double」項代表浮點，雙精度。例如，

```
>>sym_num = sym([pi,1/3]);
>>double(sym_num)
ans =
    3.1416    0.3333
```

函數 poly2sym(p) 將係數向量 p 轉換為符號多項式。預設變數是 x。格式 poly2sym(p,'v') 根據變數 v 產生多項式。例如，

```
>>poly2sym([2,6,4])
ans =
    2*x^2+6*x+4
>>poly2sym([5,-3,7],'y')
ans =
    5*y^2-3*y+7
```

函數 sym2poly(E) 將算式 E 轉換為多項式係數向量。

```
>>syms x
>>sym2poly(9*x^2+4*x+6)
ans =
    [9 4 6]
```

函數 subs(E,old,new) 在算式 E 中將 new 替換為 old，其中 old 可以是符號變數或算式，new 可以是符號變數、算式或矩陣，或數值或矩陣。例如，

```
>>syms x y
>>E = x^2+6*x+7
>>F = subs(E,x,y)
F =
   y^2+6*y+7
```

如果 old 和 new 是相同大小的單元格陣列，則 old 的每個元素都將替換為 new 的相應元素。如果 E 和 old 是純量並且 new 是陣列或單元格陣列，則純量可擴展產生成陣列結果。

如果你想告訴 MATLAB 且 f 是變數 t 的函數，那只要輸入 syms f(t)。此後，f 的行為表現像 t 的函數，你可以使用工具箱指令對其進行操作。例如，要建立新函數 $g(t) = f(t + 2) - f(t)$，對話就是

```
>>syms f(t)
>>g = subs(f,t,t+2)-f
g =
   f(t+2)-f(t)
```

一旦為 $f(t)$ 定義了特定函數，函數 $g(t)$ 將可用。我們將在 11.5 節中將此技術與拉普拉斯轉換 (Laplace transform) 一起使用。

拉普拉斯轉換

要執行多個替換，請將新元素和舊元素括在大括號中。例如，要將 $a = x$ 和 $b = 2$ 替換為算式 $E = a \sin b$，對話為

```
>>syms a b x
>>E = a*sin(b);
>>F = subs(E,{a,b}, {x,2})
F =
   x*sin(2)
```

評估算式

在大多數應用中,我們最終希望從符號算式獲得數值或繪圖。使用 subs 和 double 函數以數值方式計算算式。首先使用 subs(E,old,new) 將 old 替換為 new 值。然後使用 double 函數將算式 E 轉換為數值形式。例如,

```
>>syms x
>>E = x^2+6*x+7;
>>G = subs(E,x,2) % G is a symbolic constant.
G =
   23
>>class(G)
ans =
    sym
>>H = double(G) % H is a numeric quantity.
H =
   23
>>class(H)
ans =
    double
```

有時,MATLAB 將顯示所有零作為評估算式的結果,而實際上該值可以是非零但是非常小,以至於你需要更準確地評估算式以查看它是非零的。你可以使用 digits 和 vpa 函數來更改 MATLAB 用於計算和計算算式的有效位數。MATLAB 中各個算術運算的精度約為 16 位,而符號運算可以執行任意數量的位數。預設值為 32 位。輸入 digits(d) 以更改用於 d 的位數。請注意,較大的 d 值將需要更多時間和電腦記憶體來執行操作。鍵入 vpa(E) 以將算式 E 計算為由預設值 32 或當前 digits 設置指定的位數。鍵入 vpa(E,d) 以使用 d 位數計算算式 E。(縮寫 vpa 代表「可變精度算術」。)

繪製算式

MATLAB 函數 fplot(E) 產生符號算式 E 的圖,它是一個變數的函數。

除非此區間包含奇點，否則自變數的預設範圍是區間 [-5, 5]。自由選取形式 `fplot(E,[xmin xmax])` 產生從 xmin 到 xmax 的範圍內的圖。當然，你可以使用第五章中討論的繪圖格式指令來增強 fplot 生產的繪圖；例如，axis、xlabel 和 ylabel 指令。

例如

```
>>syms x
>>E = x^2-6*x+7;
>>fplot(E,[-2 6])
```

有時縱座標的自動選擇並不令人滿意。要得到從 –5 到 25 的縱座標，並在縱座標上放置標籤，你可以輸入

```
>>fplot(E),axis([-2 6 -5 25],ylabel('E')
```

優先順序

MATLAB 並不總是以我們通常使用的形式排列算式。例如，MATLAB 可能會提供以下形式的答案：-c + b，而我們通常會寫 b-c。必須始終牢記 MATLAB 使用的優先順序，以避免錯誤輸出。MATLAB 經常以 1/a*b 的形式表示結果，而我們通常會寫 b/a。MATLAB 有時無法對 x ^(1/2)* y ^(1/2) 等項集合，反而將它們寫為 (x*y)^(1/2)，並且在可能的情況下經常無法取消負號，如在 -a /(-b*c-d) 而不是 a/ (b*c+d)。

表 11.1-1 和 11.1-2 總結了函數的建立，評估和操作符號算式的功能。

測試你的瞭解程度

T11.1-1 給定算式：$E_1 = x^3 - 15x^2 + 75x - 125$ 和 $E_2 = (x + 5)^2 - 20x$，使用 MATLAB
(a) 找到乘積 $E_1 E_2$ 並以最簡單的形式表示。
(b) 找到商 E_1/E_2 並以最簡單的形式表示。
(c) 以符號形式和數值形式評估 $x = 7.1$ 處的 $E_1 + E_2$ 之和。
(答案：(a) $(x – 5)^5$、(b) $x – 5$、(c) 13671/1000 以符號形式表示，13.6710 以數值形式表示)

11.2 代數和超越方程式

符號數學工具箱可以求解代數和超越方程式，以及這些方程式的系統。超越方

■ 表 11.1-1　用於建立和評估符號算式的函數

指令	敘述
class(E)	回傳算式 E 的類別。
digits(d)	設定用於執行變數精度算術的小數位數。預設值是 32 位數。
double(E)	將算式 E 轉換為數值形式。
findsym(E)	在符號算式或矩陣中查找符號變數，其中 E 是純量或矩陣符號算式，並回傳包含所有出現在 E 中符號變數的字符串。變數按字母順序回傳，並以逗號分隔。如果未找到符號變數，findsym 將回傳空字符串。
findsym(E,n)	回傳 E 中最接近 x 的 n 個符號變數，使用決勝點使變量更接近 z。
fplot(E)	產生符號算式 E 的圖，它是一個變數的函數。除非此區間包含奇點，否則自變數的預設範圍是區間 [–5, 5]。可選形式 fplot(E,[xmin xmax]) 產生一個繪製從 xmin 到 xmax 的範圍。
[num den] = numden(E)	回傳兩個算式代表分子的符號算式 num 和分母的符號算式 den 用於算式 E 的合理數表示。
x = sym('x')	建立名為 x 的符號變數。鍵入 x = sym('x','real') 告訴 MATLAB 假設 x 是實數。
syms x y u v	建立符號變數 x、y、u 和 v。當不帶參數使用時，syms 列出工作空間中的符號對象。
vpa(E,d)	設置用於計算算式 E 到 d 的位數。鍵入 vpa(E) 會使 E 以預設值 32 指定的位數或當前的數字設置來評估。

■ 表 11.1-2　操縱符號算式的函數

指令	敘述
collect(E)	在算式 E 中收集相似冪的係數。
expand(E)	透過執行冪次來擴展算式 E。
factor(E)	將算式 E 因式分解。
poly2sym(p)	將多項式係數向量 p 轉換為符號多項式。形式 poly2sym(p,'v') 根據變數 v 產生多項式。
simplify(E)	試圖簡化算式 E。
subs(E,old,new)	在算式 E 中替換 new 為 old，其中 old 可以是符號變數或算式，new 可以是符號變數、算式或矩陣，或數值或矩陣。
sym2poly(E)	將算式 E 轉換為多項式係數向量。

程式是包含有一個或多個超越函數的方程式，例如 $\sin x$、e^x 或 $\log x$。解決這些方程的適當函數是 solve 函數。

函數 solve(E) 求解由算式 E 表示的符號算式或方程式。如果 E 代表方程式，則方程式的算式必須用單引號括起來。如果 E 代表算式，那麼求解得到的將是算式 E 的根；也就是說，方程式 $E = 0$ 的解。可以透過將它們分開來求解多個

算式或方程式逗號，求解 solve(E1,E2,...,En)。請注意，在使用 solve 之前，不需要使用 sym 或 syms 函數宣告符號變數。

為了求解方程式 $x+5=0$，一種方法是

```
>>syms x
>>solve(x+5==0)
ans =
    -5
```

另一種方式

```
>>syms x
>>eqn = x+5==0;
>>solve(eqn)
ans =
    -5
```

你可以將結果存儲在命名變數中，如下所示。

```
>>syms x
>>x = solve(x+5==0)
x =
  -5
```

為了求解方程式 $e^{2x}+3e^x=54$，對話是

```
>>syms x
>>solve(exp(2*x)+3*exp(x)==54)
ans =
    log(9) + pi*1i
    log(6)
```

注意，第一個答案是 $\ln(9)+\pi i$，相當於 $\ln(-9)$。為了看到這一點，在 MATLAB 中輸入 log(-9) 來獲得 $2.1972+3.1416i$。所以我們得到了兩個解，而不是一個，現在我們必須決定兩者是否都有意義。這取決於產生原始方程的應用程序。如果應用程序需要一個實數解，那麼我們應該選擇 log(6) 作為答案。

以下對話提供了使用這些功能的更多範例。

```
>>syms y
>>eqn1 = y^2+3*y+2==0;
>>solve(eqn1)
ans =
```

```
    -2
    -1
>>syms x
>>eqn2 = x^2+9*y^4==0;
>>solve(eqn2)   % x is presumed to be the unknown variable.
ans =
    -y^2*3*i
    y^2*3*i
```

以下對話提供了使用這些函數的更多範例。當算式中有多個變數時，MATLAB 假定字母表中最接近 x 的變數是要查找的變數。你可以使用語法 solve(E,'v') 指定解的變數，其中 v 是解的變數。例如，

```
>>syms b c
>>solve(b^2+8*c+2*b==0)   % Solves for c.
ans =
-1*b^2/8-b/4
>> solve(b^2+8*c+2*b==0,b)   % Solves for b.
ans =
-(1-8*c)^(1/2)-1
(1-8*c)^(1/2)-1
```

因此，對於 $b^2 + 8c + 2b = 0$ 的解 c 是 $c = -(b^2 + 2b)/8$。b 的解是 $b = -1 \pm \sqrt{1-8c}$。

你可以使用 [x,y] = solve(eqn1,eqn2) 形式將解保存為向量。請注意以下範例中輸出格式的差異。第一種格式將解作為結構。

```
>>syms x y
>>eqn3 = 6*x+2*y==14;
>>eqn4 = 3*x+7*y==31;
>>solve(eqn3,eqn4)
ans =
    x: [1x1 sym]
    y: [1x1 sym]
>>x = ans.x
x =
    1
>>y = ans.y
y =
    4
```

```
>>[x,y] = solve(eqn3,eqn4)
x =
   1
y =
   4
```

解結構　你可以將解保存在具有命名字段的結構中 (有關結構和字段的討論，請參見第三章第 3.7 節)。個別解保存在字段中。例如，繼續上述對話，如下所示。

```
>>S = solve(eqn3,eqn4)
S =
    x: [1x1 sym]
    y: [1x1 sym]
>>S.x
ans =
   1
>>S.y
ans =
   4
```

測試你的瞭解程度

T11.2-1　使用 MATLAB 求解方程式 $\sqrt{1-x^2} = x$。(答案：$x = \sqrt{2}/2$)

T11.2-2　使用 MATLAB 求解方程組：$x + 6y = a$，$2x - 3y = 9$，參數 a。[答案：$x = (a + 18)/5$，$y = (2a - 9/15)$]

範例 11.2-1　兩個圓的交點

　　我們想要找到兩個圓的交點。第一個圓的半徑為 2，以 $x = 3$、$y = 5$ 為中心。第二個圓的半徑為 b，以 $x = 5$、$y = 3$ 為中心。見圖 11.2-1。

(a) 根據參數 b 求出交叉點的 (x, y) 座標。

(b) 評估 $b = \sqrt{3}$ 的情況下的解。

■ **解法**

(a) 交點是從圓的兩個方程式的解得出的。
這些方程式是

$$(x-3)^2 + (y-5)^2 = 4$$

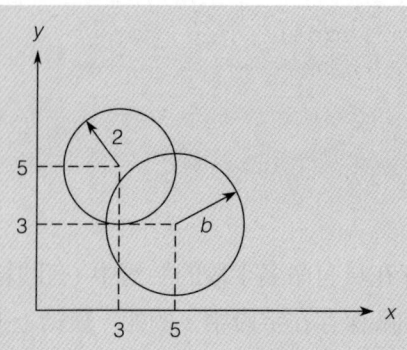

■ 圖 11.2-1　兩個圓的交點

對於第一個圓，和

$$(x-5)^2 + (y-3)^2 = b^2$$

求解這些方程式的對話如下。請注意，結果 x:[2x1 sym] 表示 x 有兩種解。同樣，y 有兩種解。

```
>>syms x y b
>>S = solve((x-3)^2+(y-5)^2-4,(x-5)^2+(y-3)^2-b^2)
ans =
S
    x: [2x1 sym]
    y: [2x1 sym]
>>simplify(S.x)
ans =
    9/2-b^2/8+(-16+24*b^2-b^4)^(1/2)/8
    -(-16+24*b^2- b^4)^(1/2)/8-b^2/8+9/2
```

交點 x 座標的解是

$$x = \frac{9}{2} - \frac{1}{8}b^2 \pm \frac{1}{8}\sqrt{-16+24b^2-b^4}$$

通過鍵入 S.y，可以以類似的方式找到 y 座標的解。

(b) 透過將 $b = \sqrt{3}$ 代入 x 的算式繼續上述對話。

```
>>subs(S.x,b,sqrt(3));
>>simplify(ans)
ans =
    33/8-47^(1/2)/8
    47^(1/2)/8 +33/8
>>double(ans)
```

508

```
ans =
    3.2680
    4.9820
```

因此,兩個交點 x 座標是 $x = 4.982$ 和 $x = 3.268$。可以以類似的方式找到 y 座標。

測試你的瞭解程度

T11.2-3 找出範例 11.2-1 中,當 $b = \sqrt{3}$ 時,交點的 x 和 y 座標。(答案:y = 4.7320, 3.0180)

包含週期函數的方程式可以具有無限多的解。在這種情況下,solve 函數將解搜索限制為接近零的解。例如,求解方程式 $\sin 2x - \cos x = 0$,對話是

```
>>solve(sin(2*x)-cos(x)==0)
ans =
    pi/2
    pi/6
```

注意 $x = -\pi/2$ 和 $x = 5\pi/6$ 也是解。

範例 11.2-2　機器手臂的定位

圖 11.2-2 顯示一個具有兩個連桿的機器手臂,中間以兩個關節連接。在連接處,馬達轉動角度分別是 θ_1 及 θ_2。根據三角幾何關係,我們得到下列用來表示機器手臂末端座標 (x, y) 的算式:

$$y = L_1 \sin\theta_1 + L_2 \sin(\theta_1 + \theta_2)$$
$$x = L_1 \cos\theta_1 + L_2 \cos(\theta_1 + \theta_2)$$

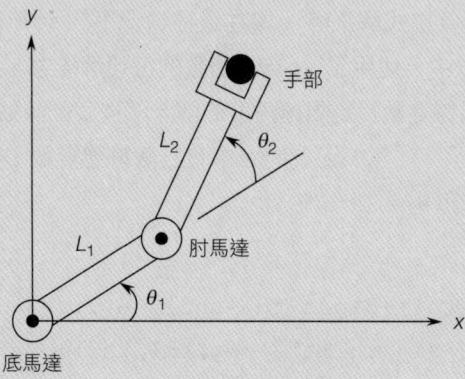

■ 圖 11.2-2　一個具有兩個連桿以及兩個關節的機器手臂

假設連桿的長度分別為 $L_1 = 4$ ft 及 $L_2 = 3$ ft。

(a) 計算使手臂末端位置達到 $x = 6$ ft 及 $y = 2$ ft 所需的馬達角度。

(b) 希望沿著直線移動手，其中 x 為定值 6 英尺，y 從 $y = 0.1$ 變化到 $y = 3.6$ 英尺。得到所需的馬達角度作為 y 的函數的曲線圖。

■ 解法

(a) 將給定的 L_1、L_2、x 及 y 的值代入上述方程式中，可以得到：

$$6 = 4 \cos \theta_1 + 3 \cos(\theta_1 + \theta_2)$$
$$2 = 4 \sin \theta_1 + 3 \sin(\theta_1 + \theta_2)$$

下列對話可以用來求解這兩個方程式。所使用的變數 th1 及 th2 代表 θ_1 及 θ_2。

```
>> syms th1 th2
>>S = solve(4*cos(th1)+3*cos(th1+th2)==6,...
    4*sin(th1)+3*sin(th1+th2)==2)
S =
    th1:[2x1 sym]
    th2:[2x1 sym]
>>double(S.th1)*(180/pi)   % convert to degrees.
ans =
    40.1680
    -3.2981
>>double(S.th2)*(180/pi)   % convert to degrees.
ans =
    -51.3178
    51.3178
```

因此有兩種解。第一種解是 $\theta_1 = 40.168°$，$\theta_2 = -51.3178°$。這被稱為「肘部向上」解。第二個是 $\theta_1 = -3.2981°$，$\theta_2 = 51.3178°$。這被稱為「肘向下」解，如圖 11.2-2 所示。當問題可以用數值方式解決時，如在這種情況下，solve 函數將不執行符號解。然而，在 (b) 部分中，使用了 solve 函數的符號解能力。

(b) 首先，我們根據變數找到馬達角度的解。然後我們評估 y 的數值解，並繪製結果。腳本檔如下所示。注意，因為問題中有三個符號變數，我們必須告訴 solve 函數我們想要求解 θ_1 和 θ_2。

```
syms y
S = solve(4*cos(th1)+3*cos(th1+th2)==6,...
    4*sin(th1)+3*sin(th1+th2)==y,th1,th2)
yr = 1:0.1:3.6;
```

```
th1r = subs(S.th1,y,yr);
th2r = subs(S.th2,y,yr);
th1r = (180/pi)*double(th1r);
th2r = (180/pi)*double(th2r);
subplot(2,1,1)
plot(yr,th1r,2,-3.2981,x,2,40.168,'o'),...
    xlabel('y (feet)'),ylabel('Theta1 (degrees)')
subplot(2,1,2)
plot(yr,th2r,2,-51.3178,'o',2,51.3178,'x'),...
    xlabel('y (feet)'),ylabel('Theta2 (degrees)')
```

結果顯示在圖 11.2-3 中,其中我們標記了 (a) 部分的解,以檢查符號解的正確性。肘部解標記一個「o」,並且向下彎曲的解案標記「x」。我們可以印出 θ_1 和 θ_2 解的算式作為 y 的函數,但算式很麻煩而沒有必要,如果我們想要的只是圖形的話。

MATLAB 足以求解機器手臂方程式來得到任意值的手座標 (x, y)。但是,θ_1 和 θ_2 的結果算式是複雜的。

■ 圖 11.3-2 一個具有兩個連桿以及兩個關節的機器手臂

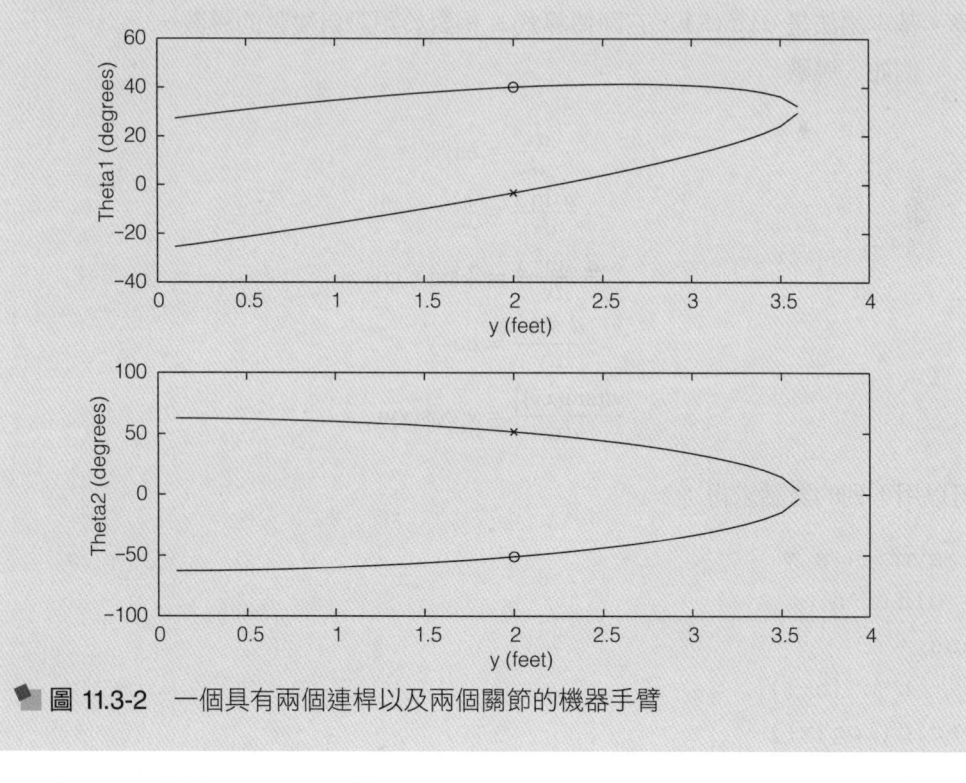

表 11.2-1 總結了 `solve` 函數。

■ 表 11.2-1　求解代數和超越方程式的函數

指令	敘述
solve(E)	求解符號算式或方程式算式 E。如果 E 代表一個方程式，則方程式的算式必須包含方程式符號 (==)。如果 E 代表一個算式，那麼得到的解將是算式 E 的根；也就是說，方程式 E = 0 的解。
solve(E1,...,En)	求解多個算式或方程式。
S = solve(E)	將解保存在結構 S 中。

11.3　微積分

在第九章中，我們討論數值微分及數值積分的技巧；本節將會討論符號形式的微分及積分，以得到微分及積分的閉合形式解。

微分

diff 函數被用來求解符號微分。雖然這個函數和用來計算數值微分 (見第九章) 的函數有相同名稱，MATLAB 檢測參數中是否使用了符號算式，並相應地指示計算。基本語法是 diff(E)，它回傳算式 E 相對於預設自變數的導數。

例如，導數

$$\frac{dx^n}{dx} = nx^{n-1}$$

$$\frac{d \ln x}{dx} = \frac{1}{x}$$

$$\frac{d \sin^2 x}{dx} = 2 \sin x \cos x$$

$$\frac{d \sin y}{dy} = \cos y$$

$$\frac{d[\sin(xy)]}{dx} = y \cos(xy)$$

可以用下列的對話求得：

```
>>syms n x y
>>diff(x^n)
ans =
    n*x^(n-1)
>>diff(log(x))
ans =
    1/x
>>diff((sin(x))^2)
```

```
ans =
    2*cos(x)*sin(x)
>>diff(sin(y))
ans =
    cos(y)
```

如果算式包含多個變數，則 diff 函數對 variable x 或最接近 x 的變數進行操作，除非另有說明。當存在多個變數時，diff 函數計算偏導數。例如，如果

$$f(x,y) = \sin(xy)$$

接著

$$\frac{\partial f}{\partial x} = y\cos(xy)$$

對應的對話如下：

```
>>syms x y
>>diff(sin(x*y))
ans =
    y*cos(x*y)
```

diff 函數有三種其他形式。函數 diff(E,v) 回傳算式 E 相對於變數 v 的導數。例如，

$$\frac{\partial[x\,\sin(xy)]}{\partial y} = x^2\cos(xy)$$

由下列給定

```
>>syms x y
>>diff(x*sin(x*y),y)
ans =
    x^2*cos(x*y)
```

函數 diff(E,n) 回傳算式 E 相對於預設自變數的 n 階導數。例如，

$$\frac{d^2(x^3)}{dx^2} = 6x$$

由下列給定

```
>>syms x
>>diff(x^3,2)
ans =
```

```
        6*x
```

函數 diff(E,v,n) 回傳算式 E 相對於預設自變數 v 的 n 階導數。例如，

$$\frac{\partial^2 [x \sin(xy)]}{\partial y^2} = -x^3 \sin(xy)$$

由下列給定

```
>>syms x y
>>diff(x*sin(x*y),y,2)
ans =
    -x^3*sin(x*y)
```

表 11.3-1 總結了微分功能。

極大-極小值問題

導數可以用來求解連續函數的極大值和極小值，例如在區間 $a \leq x \leq b$ 內的 $f(x)$。一個局部極大值或局部極小值 (不可以發生於 $x = a$ 或 $x = b$ 其中任一個邊界)

■ 表 11.3-1　符號微積分函數

指令	敘述
diff(E)	回傳算式 E 相對於預設自變數的導數。
diff(E,v)	回傳算式 E 相對於變數 v 的導數。
diff(E,n)	回傳算式 E 相對於預設自變數的 n 階導數。
diff(E,v,n)	回傳算式 E 相對於變數 v 的 n 階導數。
int(E)	回傳算式 E 相對於預設自變數的積分。
int(E,v)	回傳算式 E 相對於變數 v 的積分。
int(E,a,b)	回傳算式 E 相對於區間 [a, b] 上的預設自變數的積分，其中 a 和 b 是數值量。
int(E,v,a,b)	在區間 [a, b] 上回傳算式 E 相對於變數 v 的積分，其中 a 和 b 是數值量。
int(E,m,n)	回傳算式 E 相對於區間 [m, n] 上的預設自變數的積分，其中 m 和 n 是符號算式。
limit(E)	回傳算式 E 的極限，因為預設的自變數變為 0。
limit(E,a)	回傳算式 E 的極限，因為預設的自變數變為 a。
limit(E,v,a)	當變數 v 變為 a 時，回傳算式 E 的極限。
limit(E,v,a,'d')	回傳算式 E 的極限，因為變數 v 從 d 指定的方向變為 a，可以是 right 或 left。
symsum(E)	回傳算式 E 的符號總和。
taylor(f,x,a)	給予算式 f 中定義的函數的五階泰勒級數，在點 $x = a$ 處求值。如果省略參數 a，則該函數回傳在 $x = 0$ 處評估的序列。

只會發生於臨界點 (critical point)，亦即不存在 $df/dx = 0$ 或 $df/dx < 0$ 的點。如果 $d^2f/dx^2 > 0$，此點是相對極小值；如果 $d^2f/dx^2 < 0$，此點是相對極大值；如果 $d^2f/dx^2 = 0$，則此點不是極小值，也不是極大值，而是一個反曲點 (inflection point)。如果存在多個極值，你必須求出每一個點的函數，才可以知道全域極大值與全域極小值。

範例 11.3-1　超越綠色怪物

「綠色怪物」(Green Monster) 是一座高度 37 英尺的全壘打牆，座落於波士頓的芬威球場 (Fenway Park)。此全壘打牆沿左邊線到本壘板的距離為 310 英尺。假設打者擊中離地面 4 英尺高的球，在忽略空氣阻力的情況下，求出打者將球擊出全壘打牆時打擊的最小速度。另外，求出擊中球的角度 (參見圖 11.3-1)。

■ 解法

此拋射體以速度 v_0 及相對於水平面的角度 θ 發射，所得到的運動方程式為：

$$x(t) = (v_0 \cos\theta)t \quad y(t) = -\frac{gt^2}{2} + (v_0 \sin\theta)t$$

其中，$x = 0$、$y = 0$ 是球被擊中的位置。因為我們在本題中並不需要關心球的飛行時間，所以可以消去 t 而得到以 x 所表示之方程式 y。為此，我們求出以 t 表示的方程式 x，並代入方程式 y 而得到：

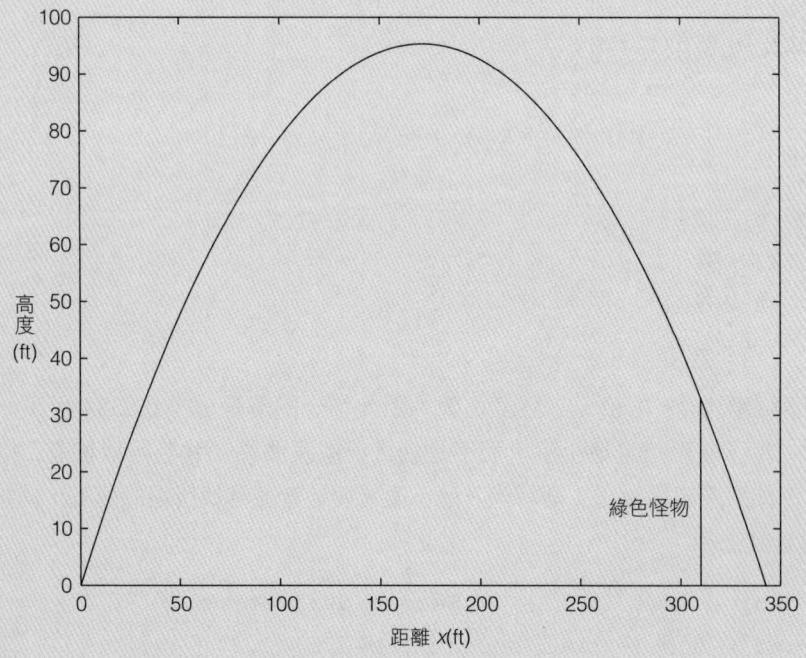

■ 圖 11.3-1　超越綠色怪物的棒球軌跡

$$y(t) = -\frac{g}{2}\frac{x^2(t)}{v_0^2\cos^2\theta} + x(t)\tan\theta$$

(如果你願意的話,可以用此處理代數問題。我們會用此處理更複雜的問題。)

因為此球在距離地面 4 英尺高的地方被擊中,所以球必須上升 37 − 4 = 33 ft 以上才能夠飛越全壘打牆。令 h 代表全壘打牆的相對高度 (33 英尺),d 表示到全壘打牆的距離 (310 英尺),$g = 32.2$ ft/sec^2。當 $x = d$ 時,$y = h$。因此由前面的方程式可以得到:

$$h = -\frac{g}{2}\frac{d^2}{v_0^2\cos^2\theta} + d\tan\theta$$

其可求解 v_0^2 如下。

$$v_0^2 = \frac{g}{2}\frac{d^2}{\cos^2\theta(d\tan\theta - h)}$$

因為 $v_0 > 0$,所以最小化 v_0^2 與最小化 v_0 是等效的。注意,$gd^2/2$ 是 v_0^2 算式中的一個相乘因子,因此最小化 θ 的值與 g 是獨立的,並且可以最小化下列函數來求得:

$$f = \frac{1}{\cos^2\theta(d\tan\theta - h)}$$

對話如下所示。變數 th 表示全壘打牆相對於水平的垂直向量角 θ。首先計算出 $df/d\theta$ 的導數,並求解方程式 $df/d\theta = 0$ 的 θ 值。

```
>>syms d g h th
>>f = (1/(((cos(th))^2)*(d*tan(th)-h)));
>>dfdth = diff(f,th);
>>thmin = solve(dfdth,th);
>>thmin = double(subs(thmin,{d,h},{310,33}))
thmin =
    -0.7324
    2.4092
    -2.3032
    0.8384
```

顯然,解必須介於 0 和 $\pi/2$ 弳度之間,因此唯一的解是 $\theta = 0.8384$ 弳度,或大約 48°。為了驗證這是最小解,而不是最大值或反曲點,我們可以檢查二階導數 $d^2f/d\theta^2$。如果此導數為正,則解代表最小值。要檢查並尋找所需的速度,請按以下步驟繼續對話。

```
>>second = diff(f,2,th);   % Second derivative.
>>second = double(subs(second,{th,d,h},...
```

```
        {thmin(4),310,33}))
second =
     0.0321
>>v2 = (g*d^2/2)*f;
>>v2min = subs(v2,{d,h,g},{310,33,32.2});
>>vmin =sqrt(v2min);
>>vmin = double(subs(vmin(1),{th,d,h,g},...
     {thmin(4),310,33,32.2}))
vmin =
     105.3613
```

因為二階導數 (second) 是正的,所以解是最小的。因此,所需的最小速度 (vmin) 為 105.3613 英尺/秒,或約 72 英里/小時。只有以大約 48° 的角度擊球時,以此速度擊球才能清除牆壁。

測試你的瞭解程度

T11.3-1 給定 $y = \sinh(3x)\cosh(5x)$,使用 MATLAB 求出在 $x = 0.2$ 的 dy/dx。(答案:9.2288)

T11.3-2 給定 $z = 5\cos(2x)\ln(4y)$,使用 MATLAB 求出 dz/dy。(答案:$5\cos(2x)/y$)

積分

函數 int(E) 可以用來積分符號算式 E。它試圖找到符號算式 I,使 diff(E)= I。此積分可能並不存在閉合形式,或者就算存在閉合形式,也無法將其求出。在這種情況下,函數將回傳未評估的算式。

函數 int(E) 回傳算式 E 相對於預設自變量數積分。例如,你可以用下列的對話求得下列的積分式。

$$\int x^n dx = \frac{x^{n+1}}{n+1} \text{ if } n \neq -1$$
$$\int \frac{1}{x} dx = \ln x$$
$$\int \cos x\, dx = \sin x$$
$$\int \sin y\, dy = -\cos y$$

```
>>syms n x y
int(x^n)
ans =
```

```
        piecewise(n == -1,log(x),n ~= -1,x^(n+1)/(n+1))
>>int(1/x)
ans =
    log(x)
>>int(cos(x))
ans =
    sin(x)
>>int(sin(y))
ans =
    -cos(y)
```

形式 int(E,v) 回傳算式 E 相對於變數 v 的積分。例如，此結果

$$\int x^n dn = \frac{x^n}{\ln x}$$

可以透過對話獲得

```
>>syms n x
>>int(x^n,n)
ans =
    x^n/log(x)
```

形式 int(E,a,b) 回傳算式 E 的積分，相對於在區間 [a, b] 上計算的預設自變數，其中 a 和 b 是數值算式。例如，此結果

$$\int_2^5 x^2 dx = \frac{x^3}{3}\Big|_2^5 = 39$$

可以透過對話獲得

```
>>syms x
>>int(x^2,2,5)
ans =
    39
```

形式 int(E,v,a,b) 回傳算式 E 相對於在區間 [a, b] 上計算的變數 v 的積分，其中 a 和 b 是數值量。例如，此結果

$$\int_0^5 xy^2 dy = x\frac{y^3}{3}\Big|_0^5 = \frac{125}{3}x$$

是從以下獲得的

```
>>syms x y
```

```
>>int(xy^2,y,0,5)
ans =
    (125*x)/3
```

此結果

$$\int_a^b x^2\,dx = \frac{b^3}{3} - \frac{a^3}{3}$$

是從以下獲得

```
>>syms a b x
>>int(x^2,a,b)
ans =
    b^3/3-a^3/3
```

形式 int(E,m,n) 回傳算式 E 相對於在區間 [m, n] 上計算的預設自變數的積分，其中 m 和 n 是符號算式。例如，

$$\int_1^t x\,dx = \left.\frac{x^2}{2}\right|_1^t = \frac{1}{2}t^2 - \frac{1}{2}$$

$$\int_t^{e^t} \sin x\,dx = -\cos x\Big|_t^{e^t} = -\cos(e^t) + \cos t$$

由對話給予：

```
>>syms t x
>>int(x,1,t)
ans =
    t^2/2-1/2
int(sin(x),t,exp(t))
ans =
    cos(t)-cos(exp(t))
```

以下對話給予了一個沒有找到積分的例子。存在不定積分，但如果積分極限包括 $x = 1$ 處的奇點，則不存在定積分。積分由對話給予：

$$\int \frac{1}{x-1}\,dx = \ln|x-1|$$

此對話是

```
>>syms x
>>int(1/(x-1))
ans =
```

```
              log(x-1)
>>int(1/(x-1),0,2)
NaN
```

NaN 結果 (「不是數字」) 表示找不到解 (因為它涉及未定義的函數 ln(−1))。

表 11.3-1 總結了積分功能。

▌測試你的瞭解程度

T11.3-3 給定 $y = x\sin(3x)$，使用 MATLAB 求出 $\int y\,dx$。(答案：$(\sin(3x) - 3x\cos(3x))/9$)

T11.3-4 給定 $z = 6y^2 \tan(8x)$，使用 MATLAB 求出 $\int z\,dy$。(答案：$2y^3 \tan(8x)$)

T11.3-5 使用 MATLAB 計算

$$\int_{-2}^{5} x \sin(3x)\,dx$$

(答案：0.6672)

泰勒級數

泰勒定理指出一個函數 $f(x)$ 可以透過在 $x = a$ 附近展開來代表

$$f(x) = f(a) + \left(\frac{df}{dx}\right)\bigg|_{x=a}(x-a) + \frac{1}{2}\left(\frac{d^2f}{dx^2}\right)\bigg|_{x=a}(x-a)^2 + \ldots \qquad (11.3\text{-}1)$$
$$+ \frac{1}{k!}\left(\frac{d^kf}{dx^k}\right)\bigg|_{x=a}(x-a)^k + \ldots + R_n$$

R_n 此項是餘數，由下式給予

$$R_n = \frac{1}{n!}\left(\frac{d^nf}{dx^n}\right)\bigg|_{x=b}(x-a)^n \qquad (11.3\text{-}2)$$

其中 b 位於 a 和 x 之間。

如果 $f(x)$ 具有 n 階的連續導數，則這些結果成立。如果對於大 n，R_n 接近於零，則對於 $f(x)$，對於 $x = a$，展開被稱為泰勒級數。如果 $a = 0$，該序列有時被稱為 Maclaurin 序列。

泰勒級數的一些常見例子是

$$\sin x = x - \frac{x^3}{3!} + \frac{x^5}{5!} - \frac{x^7}{7!} + \cdots, \quad -\infty < x < \infty$$

$$\cos x = 1 - \frac{x^2}{2!} + \frac{x^4}{4!} - \frac{x^6}{6!} + \cdots, \quad -\infty < x < \infty$$

$$e^x = 1 + x + \frac{x^2}{2!} + \frac{x^3}{3!} + \frac{x^4}{4!} + \cdots, -\infty < x < \infty$$

其中 $a = 0$，在所有三個例子中。

函數 taylor(f,x) 給予了關於 $x = 0$ 的 f 的五階泰勒級數近似，而 taylor(f,x,a) 給予了關於 $x = a$ 的 f 的五階泰勒級數近似。為了計算關於 $x = 0$ 的階 n-1 的泰勒近似，使用函數 taylor(f,x,'order',n)。這裡有些例子。

```
>>syms x
>>f = exp(x);
>>taylor(f,x);
ans =
    x^5/120 + x^4/24 + x^3/6 +x^2/2 + x + 1
```

答案是

$$1 + x + \frac{x^2}{2} + \frac{x^3}{6} + \frac{x^4}{24} + \frac{x^5}{120}$$

繼續本次對話我們有

```
>>simplify(taylor(f,x,2))
ans =
    (exp(2)*(x^5 - 5*x^4 + 20*x^3 - 20*x^2 + 40*x + 8))/120
```

這個算式對應於

$$\frac{e^2}{120}(x^5 - 5x^4 + 20x^3 - 20x^2 + 40x + 8) \qquad (11.3\text{-}3)$$

實況編輯器對於從程式碼中獲取標準數學算式非常有用。例如，產生公式 (11.3-3) 的實況編輯器操作如圖 11.3-2 所示。

總和

Symsum(E) 函數回傳算式 E 的符號求和；那是

$$\sum_{x=0}^{x-1} E(x) = E(0) + E(1) + E(2) + \cdots + E(x-1)$$

Symsum(E,a,b) 函數回傳算式 E 的總和，因為預設符號變數從 a 到 b 變化。也就是說，如果符號變數是 x，則 S = symsum(E,a,b) 回傳

$$\sum_{x=a}^{b} E(x) = E(a) + E(a+1) + E(a+2) + \cdots + E(b)$$

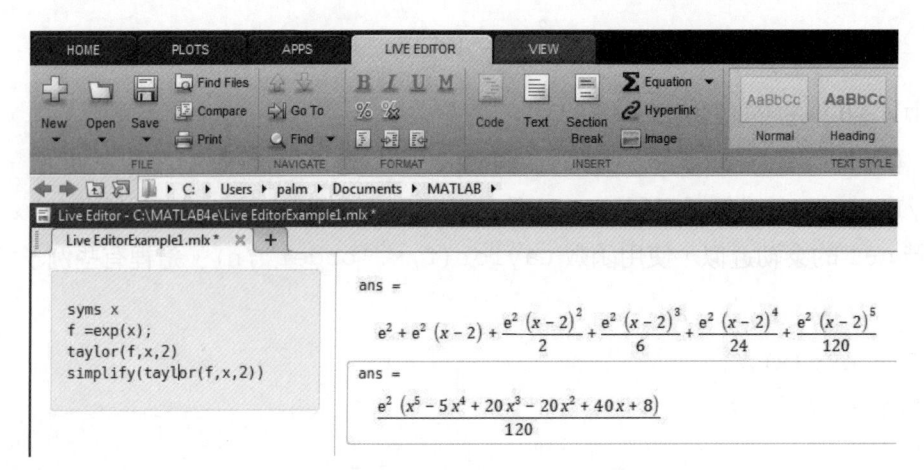

圖 11.3-2 實況編輯器顯示用於獲取方程式 (11.3-3) 的操作
資料來源：MATLAB

這裡有些例子。總結

$$\sum_{k=0}^{10} k = 0 + 1 + 2 + 3 + \cdots + 9 + 10 = 55$$

$$\sum_{k=0}^{n-1} k = 0 + 1 + 2 + 3 + \cdots + n - 1 = \frac{1}{2}n^2 - \frac{1}{2}n$$

$$\sum_{k=1}^{4} k^2 = 1 + 4 + 9 + 16 = 30$$

由以下式子給予

```
>>syms k n
>>symsum(k,0,10)
ans =
    55
>>symsum(k^2,1,4)
ans =
    30
>>symsum(k,0,n-1)
ans =
    n*(n-1)/2
```

後一種算式是結果的標準形式。

極限

函數 limit(E,a) 回傳極限

$$\lim_{x \to a} E(x)$$

如果 x 是符號變數。這種語法有幾種變數。基本形式，limit(E)，找到極限為 $x \to 0$。例如

$$\lim_{x \to 0} \frac{\sin(ax)}{x} = a$$

由給予

```
>>syms a x
>>limit(sin(a*x)/x)
ans =
    a
```

形式 limit(E,v,a) 找到極限為 $v \to a$。例如，

$$\lim_{x \to 3} \frac{x-3}{x^2-9} = \frac{1}{6}$$

$$\lim_{x \to 0} \frac{\sin(x+h) - \sin(x)}{h}$$

由給予

```
>>syms h x
>>limit((x-3)/(x^2-9),3)
ans =
    1/6
>>limit((sin(x+h)-sin(x))/h,h,0)
ans =
    cos(x)
```

形式 limit(E,v,a,'right') 和 limit(E,v,a,'left') 指定極限的方向。例如，

$$\lim_{x \to 0-} \frac{1}{x} = -\infty$$

$$\lim_{x \to 0+} \frac{1}{x} = \infty$$

```
>>syms x
>>limit(1/x,x,0,'left')
ans =
    -inf
>>limit(1/x,x,0,'right')
ans =
    inf
```

表 11.3-1 總結了序列和極限功能。

測試你的瞭解程度

T11.3-6 使用 MATLAB 在 cos x 系列的泰勒級數中找出前三個非零項。

(答案：$1 - x^2/2 + x^4/24$)

T11.3-7 使用 MATLAB 尋找總和的公式

$$\sum_{m=0}^{m-1} m^3$$

(答案：$m^4/4 - m^3/2 + m^2/4$)

T11.3-8 使用 MATLAB 進行評估

$$\sum_{n=0}^{7} \cos(\pi n)$$

(答案：0)

T11.3-9 使用 MATLAB 進行評估

$$\lim_{x \to 5} \frac{2x - 10}{x^3 - 125}$$

(答案：2/75)

11.4 微分方程式

一階常微分方程式 (ode) 可以用以下形式編寫：

$$\frac{dy}{dt} = f(t, y)$$

其中 t 是自變數，y 是 t 的函數。這種方程式的解是函數 $y = g(t)$，使得 $dg/dt = f(t, g)$，並且該解將包含一個任意常數。當我們通過在 $t = t_1$ 時要求解具有指定值 $y(t_1)$ 來應用解的附加條件時，確定該常數。選擇的值 t_1 通常是 t 的最小值或起始值，如果是，則該條件稱為**初始條件** (initial condition) (通常 $t_1 = 0$)。這種要求的一般術語是**邊界條件** (boundary condition)，MATLAB 允許我們指定初始條件以外的條件。例如，我們可以在 $t = t_2$ 指定因變數的值，其中 $t_2 > t_1$。

<small>初始條件</small>
<small>邊界條件</small>

第九章介紹了得到微分方程式數值解的方法。但是，我們希望盡可能地獲得解析解，因為它更通用，因此對設計工程設備或過程更有用。

二階 ode 有以下形式

$$\frac{d^2y}{dt^2} = f\left(t, y, \frac{dy}{dt}\right)$$

它的解將有兩個任意常數，一旦指定了兩個附加條件就可以確定。這些條件通常是在 t = 0 時 y 和 dy/dt 的指定值。對推廣到三階和更高階方程式是直截了當的。

我們偶爾會使用以下縮寫來表示一階和二階導數。

$$\dot{y} = \frac{dy}{dt} \qquad \ddot{y} = \frac{d^2y}{dt^2}$$

MATLAB 提供了用於求解常微分方程式的 dsolve 函數。它的各種形式差異與是否用於求解單個方程式或方程組，是否指定邊界條件而不同，以及預設的自變數 t 是否可接受。請注意，t 是預設的自變數，而不是 x 與其他符號函數一樣。這是因為許多工程應用的 ode 模型都將時間 t 作為自變數。

求解單個微分方程

dsolve 函數用於求解單個方程式的語法是 dsolve('eqn')。該函數回傳由符號算式 eqn 指定的 ode 的符號解。使用大寫字母 D 代表一階導數；使用 D2 表示二階導數，依此類推。緊跟在微分運算子之後的任何字符都被視為因變數。因此 Dw 代表 dw/dt。由於此語法，在使用 dsolve 函數時，不能將大寫 D 用作符號變數。

解中的任意常數由 C1、C2 等表示。這些常數的數量與 ode 的順序相同。例如，方程式

$$\frac{dy}{dt} + 2y = 12$$

有解

$$y(t) = 6 + C_1 e^{-2t}$$

可以在以下對話中找到此解。

```
>>syms y(t)
>>dsolve(diff(y,t)+2*y==12)
ans =
    C1*exp(-2*t)+6
```

方程式中可以有符號常數。例如，

$$\frac{dy}{dt} = \sin(at)$$

有解

$$y(t) = -\frac{\cos(at)}{a} + C_1$$

它可以如下找到。

```
>>syms y(t) a
>>dsolve(diff(y,t)==sin(a*t))
ans =
    C1-cos(a*t)/a
```

這是一個二階範例。

$$\frac{d^2y}{dt^2} = c^2 y$$

可以在對話中找到解 $y(t) = C_1 e^{ct} + C_2 e^{-ct}$：

```
>>syms y(t) c
>>dsolve(diff(y,t,2)==c^2*y)
ans =
    C1*exp(-c*t)+C2*exp(c*t)
```

求解方程組

可以使用 dsolve 求解。適當的語法是 dsolve(eqn1,eqn2,...)。該函數回傳由符號算式 eqn1 和 eqn2 指定的方程組的符號解。

例如，方程組

$$\frac{dx}{dt} = 3x + 4y$$
$$\frac{dy}{dt} = -4x + 3y$$

有解

$$x(t) = C_1 e^{3t} \cos 4t + C_2 e^{3t} \sin 4t, \; y(t) = -C_1 e^{3t} \sin 4t + C_2 e^{3t} \cos 4t$$

對話是

```
>>syms x(t) y(t)
>>eqn1 = diff(x,t)==3*x+4*y;
>>eqn2 = diff(y,t)==-4*x+3*y;
>>[x,y] = dsolve(eqn1,eqn2)
    x = C1*exp(3*t)*cos(4*t)+C2*exp(3*t)*sin(4*t)
    y = -C1*exp(3*t)*sin(4*t)+C2*exp(3*t)*cos(4*t)
```

指定初始和邊界條件

將自變數的指定值處的解的條件指定為 dsolve 中的第二個參數。形式 dsolve(eqn,cond1,cond2,...) 回傳由符號算式 eqn 指定的 ode 的符號解，受算式 cond1、cond2 等指定的條件限制的影響。如果 y 是因變數，則讓 Dy = diff(y,t)、D2y = diff(y,t,2)，依此類推。這些條件規定如下：cond = [y(a)= b、Dy(a)= c、D2y(a)= d]，依此類推。這些對應於 $y(a)$、$\dot{y}(a)$、$\ddot{y}(a)$ 等。如果條件數小於方程式的階數，則回傳的解將包含任意常數 C1、C2 等。

例如，問題

$$\frac{dy}{dt} = \sin bt, \ y(0) = 0$$

求解 $y(t) = (1 - \cos bt)/b$。它可以如下找到。

```
>>syms y(t) b
>>cond = y(0)==0;
>>eqn = diff(y,t)==sin(b*t);
>>dsolve(eqn,cond)
ans =
    1/b-cos(b*t)/b
```

問題

$$\frac{d^2y}{dt^2} = c^2 y, \ y(0) = 1, \ \dot{y}(0) = 0$$

解 $y(t) = (e^{ct} + e^{-ct})/2$。對話是

```
>>syms y(t) c
>>eqn = diff(y,t,2)==c^2*y;
>>Dy = diff(y,t);
>>cond = [y(0)==1, Dy(0)==0];
>>dsolve(eqn,cond)
ans =
    1/2*exp(c*t)+1/2*exp(-c*t)
```

可以使用任意邊界條件，例如 $y(0) = c$。例如，問題的解

$$\frac{dy}{dt} + ay = b, \ y(0) = c$$

為

$$y(t) = \frac{b}{a} + \left(c - \frac{b}{a}\right)e^{-at}$$

對話是

```
>>syms y(t) a b c
>>eqn = diff(y,t)+a*y==b;
>>cond = y(0)==c;
>>dsolve(eqn,cond)
ans =
    (b-exp(-a*t)*(b-a*c))/a
```

繪製解

  fplot 函數可以用於繪製解，就像任何其他符號算式一樣，前提是不存在未確定的常數，例如 C1。例如，問題

$$\frac{dy}{dt} + 10y = 10 + 4\sin 4t, \quad y(0) = 0$$

有解

$$y(t) = 1 - \frac{4}{29}\cos 4t + \frac{10}{29}\sin 4t - \frac{25}{29}e^{-10t}$$

對話是

```
>>syms y(t)
>>Dy = diff(y,t);
>>eqn = Dy+10*y==10+4*sin(4*t);
>>cond = y(0)==0;
>>y = dsolve(eqn,cond);
>>fplot(y),axis([0 5 0 2]),xlabel('t')
```

你可以在指令視窗或實況編輯器中鍵入此程式碼，以產生如圖 11.4-1 所示的圖。

  有時 fplot 函數使用的自變數值太少，因此不會產生平滑的圖。相反地，你可以使用 subs 函數替換自變數的值數組，然後使用 plot 繪圖功能，以數字方式評估結果。例如，你可以按如下方式繼續上一個對話。

```
>>syms t
>>x = [0:0.05:5];
>>P = subs(y,t,x);
>>plot(x,P),axis([0 5 0 2]),xlabel('t')
```

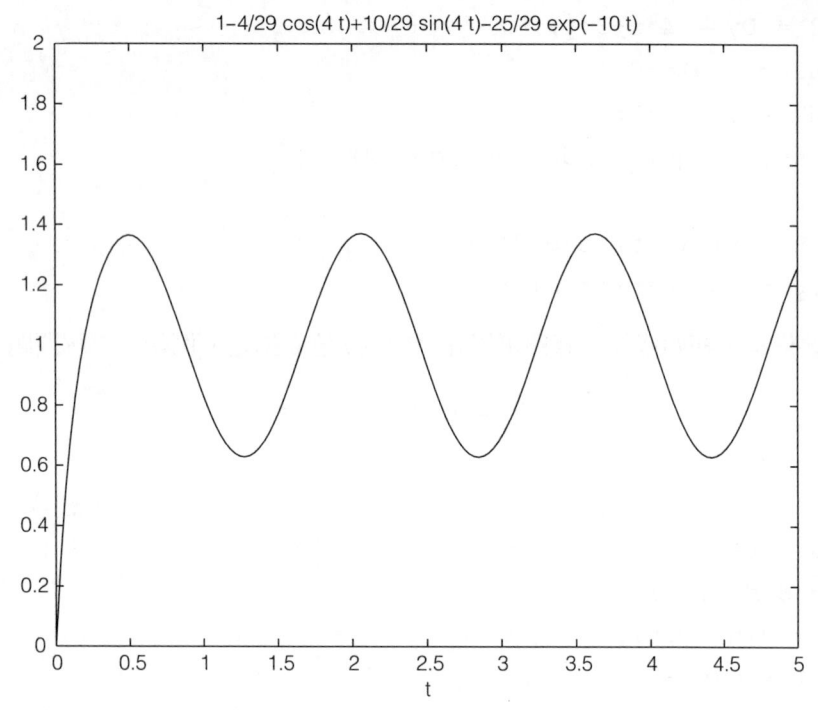

1−4/29 cos(4 t)+10/29 sin(4 t)−25/29 exp(−10 t)

■ 圖 11.4-1　$\dot{y} + 10y = 10 + 4 \sin(4t)$，$y(0) = 0$ 的解的圖

具有邊界條件的方程組

具有指定邊界條件的方程組可以如下求解。函數 `dsolve(eqn1,eqn2,..., cond1,cond2,...)` 回傳由符號算式 `eqn1`、`eqn2` 等指定的一組方程式的符號解，依此類推，取決於算式 `cond1`、`cond2` 等指定的初始條件。

例如，問題

$$\frac{dx}{dt} = 3x + 4y, \ x(0) = 0$$

$$\frac{dy}{dt} = -4x + 3y, \ y(0) = 1$$

有解

$$x(t) = e^{3t} \sin 4t, \ y(t) = e^{3t} \cos 4t$$

對話是

```
>>syms x(t) y(t)
>>Dx = diff(x,t);
>>Dy = diff(y,t);
>>eqn1 = Dx==3*x+4*y;
```

```
>>eqn2 = Dy==-4*x+3*y;
>>cond1 = x(0)==0;
>>cond2 = y(0)==1;
>>S = solve(eqn1,cond1,eqn2,cond2)
ans =
    S.x = sin(4*t)*exp(3*t)
    S.y = cos(4*t)*exp(3*t)
```

沒有必要僅指定初始條件。條件可以在不同的 t 值處指定。例如，求解問題

$$\frac{d^2y}{dt^2} + 9y = 0, \ y(0) = 1, \ \dot{y}(\pi) = 2$$

對話是

```
>>syms y(t)
>>Dy = diff(y,t);
>>D2y = diff(Dy,t);
>>cond1 = y(0)==1;
>>cond2 = Dy(pi)==2;
>>dsolve(eqn,cond1,cond2)
ans =
    cos(3*t)-2*sin(3*t)/3
```

因此解是

$$y = \cos 3t - \frac{2}{3}\sin 3t$$

使用其他獨立變數

雖然預設的自變數是 t，但你可以使用不同的自變數。例如，方程式的解

$$\frac{dv}{dx} + 2v = 12$$

為 $v(x) = 6 + C_1 e^{-2x}$。對話是

```
>>syms v(x) x
>>Dv = diff(v,x);
>>eqn = Dv+2*v==12;
>>dsolve(eqn)
ans =
    C1*exp(-2*x)+6
```

測試你的瞭解程度

T11.4-1 使用 MATLAB 求解方程式

$$\frac{d^2y}{dt^2} + b^2 y = 0$$

手動或使用 MATLAB 檢查答案。

(答案：$y(t) = C_1 \sin bt + C_2 \cos bt$)

T11.4-2 使用 MATLAB 解問題

$$\frac{d^2y}{dt^2} + b^2 y = 0, \ y(0) = 1, \ \dot{y}(0) = 0$$

手動或使用 MATLAB 檢查答案。

(答案：$y(t) = \cos bt$)

求解非線性方程組

MATLAB 可以解決許多非線性一階微分方程式。例如，問題

$$\frac{dy}{dt} = 4 + y^2 \quad y(0) = 1 \tag{11.4-1}$$

可以透過以下對話解決。

```
>>syms y(t)
>>Dy = diff(y,t);
>>eqn = Dy==4 + y^2;
>>cond = y(0)==1;
>>dsolve(eqn,cond)
ans =
    2*(tan(2*t+atan(1/2))
```

這相當於

$$y(t) = 2\tan(2t + \phi), \ \phi = \tan^{-1}(1/2)$$

並非所有非線性方程式都能以閉合形式求解。例如，下面的方程式是特定擺的運動方程式。

$$\frac{d^2y}{dt^2} + 9\sin y = 0, \ y(0) = 1, \ \dot{y}(0) = 0$$

如果你嘗試使用 MATLAB 解此問題，你將收到一訊息，指示無法找到解。實際上，在基本函數方面不存在這樣的解。已找到一個列表 (數值) 解，它稱為橢圓積

分 (elliptic integral)。

表 11.4-1 總結了求解微分方程式的函數。

11.5 拉普拉斯轉換

本節介紹如何使用 MATLAB 進行拉普拉斯轉換。拉普拉斯轉換可用於求解某些類型且無法用 dsolve 求解的微分方程。拉普拉斯轉換的應用可將線性微分方程問題轉化為代數問題。透過對得到的量進行適當的代數操作，可以透過反轉換過程以有序方式恢復微分方程式的解，求得時間函數。我們假設你熟悉第九章第 9.3 和 9.4 節中概述的微分方程式的基本原理。

拉普拉斯轉換 函數 $y(t)$ 的拉普拉斯轉換 $\mathscr{L}[y(t)]$ 定義如下：

$$\mathscr{L}[y(t)] = \int_0^\infty y(t)e^{-st}dt \qquad (11.5\text{-}1)$$

積分將 t 作為變數移除，因此轉換僅是拉普拉斯變數 s 的函數，其可以是複數。如果對 s 賦予適當的限制，則對於大多數常見的函數存在積分。另一種表示法是使用大寫符號來表示相應小寫符號的轉換；也就是，

$$Y(s) = \mathscr{L}[y(t)]$$

階梯函數 我們將使用單側轉換，假設變數 $y(t)$ 對於 $t < 0$ 是零。例如，階梯函數就是這樣的函數。它的名字來自於它的圖形看起來像一個階梯 (見圖 11.5-1)。

階梯的高度為 M，稱為幅度。單位階梯函數，用 $u_s(t)$ 表示，其高度為 $M = 1$，定義如下：

表 11.4-1 dsolve 函數

指令	敘述
dsolve(eqn)	回傳由符號算式 eqn 指定的 ode 的符號解。你可以使用縮寫 syms y(t)、Dy = diff(y,t)、D2y = diff(y,t,2) 等等。
dsolve(eqn1,eqn2,...)	回傳該組微分方程式的符號解由符號算式 eqn1 和 eqn2 指定。
dsolve(eqn,cond1, cond2,...)	回傳由符號算式 eqn 指定的 ode 的符號解，具體取決於算式 cond1、cond2 等指定的條件。如果 y 是因變數，則這些條件規定如下：y(a)= b、Dy(a)= c、D2y(a)= d，依此類推。
dsolve(eqn1,eqn2,..., cond1,cond2,...)	回傳由符號算式 eqn1、eqn2 等指定的方程組的符號解，受到算式 cond1、cond2 等指定的初始條件的影響。

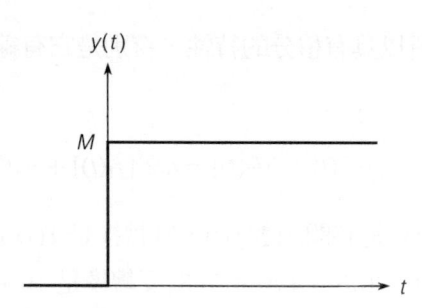

■ 圖 11.5-1　幅度為 M 的階梯函數

$$u_s(t) = \begin{cases} 0 & t < 0 \\ 1 & t > 0 \\ \text{indeterminate} & t = 0 \end{cases}$$

工程文獻通常使用術語階梯函數，而在數學文獻中使用名稱 Heaviside 函數。符號數學工具箱包括 heavyiside(t) 函數，它產生一個單位的步長函數。

高度 M 的階梯函數可寫為 $y(t) = Mu_s(t)$。它的變形是

$$\mathscr{L}[y(t)] = \int_0^\infty Mu_s(t)e^{-st}dt = M\int_0^\infty e^{-st}dt = M\left.\frac{e^{-st}}{s}\right|_0^\infty = \frac{M}{s}$$

我們假設 s 的實部大於零，因此 e^{-st} 的極限存在為 $t \to \infty$。對積分收斂區域的類似考慮適用於其他時間函數。但是，我們不必在此關注這一點，因為已經計算並列出所有常用函數的轉換。它們可以透過輸入 laplace(function) 在 MATLAB 中使用符號數學工具箱獲得，其中函數是表示方程式 (11.5-1) 中的函數 $y(t)$ 的符號算式。預設的自變量是 t，預設的回傳值是 s 的函數。可自由選取形式是 syms x y、laplace(function,x,y)，其中 function 是 x 的函數，y 是 Laplace 變數。

這是一個包含一些例子的對話。函數是 t^3、e^{-at} 和 $\sin bt$。

```
>>syms b t
>>laplace(t^3)
ans =
    6/s^4
>>laplace(exp(-b*t))
ans =
    1/(s+b)
>>laplace(sin(b*t))
ans =
    b/(s^2+b^2)
```

因為轉換是積分,所以具有積分的特性,特別是它有線性特性,亦即如果 a 及 b 不是 t 的函數,則:

$$\mathscr{L}[af_1(t) + bf_2(t)] = a\mathscr{L}[f_1(t)] + b\mathscr{L}[f_2(t)] \tag{11.5-2}$$

拉普拉斯反轉換 $\mathscr{L}^{-1}[Y(s)]$ 是時間函數 $y(t)$,其轉換是 $Y(s)$;即,$y(t) = \mathscr{L}^{-1}[Y(s)]$。逆操作也是線性的。例如,$10/s + 4/(s+3)$ 的反轉換是 $10 + 4e^{-3t}$。反轉換可以使用 ilaplace 功能找到。例如,

```
>>syms b s
>>ilaplace(1/s^4)
ans =
    t^3/6
>>ilaplace(1/(s+b))
ans =
    exp(-b*t)
>>ilaplace(b/(s^2+b^2)
ans =
    sin(b*t)
```

導數轉換的特性對於求解微分方程式是很有用。應用部分積分法 (integration by parts) 於轉換的定義上,我們得到:

$$\begin{aligned}\mathscr{L}\left(\frac{dy}{dt}\right) &= \int_0^\infty \frac{dy}{dt} e^{-st} dt = y(t) e^{-st}\big|_0^\infty + s\int_0^\infty y(t) e^{-st} dt \\ &= s\mathscr{L}[y(t)] - y(0) = sY(s) - y(0)\end{aligned} \tag{11.5-3}$$

這個程序可以延伸到高階導數。舉例來說,二階導數的結果為:

$$\mathscr{L}\left(\frac{d^2y}{dt^2}\right) = s^2 Y(s) - sy(0) - \dot{y}(0) \tag{11.5-4}$$

而對於任意階導數的一般結果為:

$$\mathscr{L}\left(\frac{d^n y}{dt^n}\right) = s^n Y(s) - \sum_{k=1}^{n} s^{n-k} g_{k-1} \tag{11.5-5}$$

其中

$$g_{k-1} = \frac{d^{k-1}y}{dt^{k-1}}\bigg|_{t=0} \tag{11.5-6}$$

應用於微分方程式

導數及線性性質可以用來求解下列方程式:

$$a\dot{y} + y = bv(t) \tag{11.5-7}$$

如果我們將方程式的兩邊乘以 e^{-st}，然後隨著時間積分從 $t = 0$ 到 $t = \infty$，我們得到

$$\int_0^\infty (a\dot{y} + y)e^{-st}\,dt = \int_0^\infty bv(t)e^{-st}\,dt$$

或者

$$\mathscr{L}(a\dot{y} + y) = \mathscr{L}[bv(t)]$$

或者，使用線性屬性，

$$a\mathscr{L}(\dot{y}) + \mathscr{L}(y) = b\mathscr{L}[v(t)]$$

使用導數屬性和替代轉換符號，上面的方程式可以寫成

$$a[sY(s) - y(0)] + Y(s) = bV(s)$$

其中 $V(s)$ 是 v 的轉換。該方程式是 $Y(s)$ 在 $V(s)$ 和 $y(0)$ 方面的代數方程式。它的解是

$$Y(s) = \frac{ay(0)}{as + 1} + \frac{b}{as + 1}V(s) \tag{11.5-8}$$

將逆轉換應用於方程式 (11.5-8) 給予

$$y(t) = \mathscr{L}^{-1}\left[\frac{ay(0)}{as + 1}\right] + \mathscr{L}^{-1}\left[\frac{b}{as + 1}V(s)\right] \tag{11.5-9}$$

從前面給予的轉換可以看出

$$\mathscr{L}^{-1}\left[\frac{ay(0)}{as + 1}\right] = \mathscr{L}^{-1}\left[\frac{y(0)}{s + 1/a}\right] = y(0)e^{-t/a}$$

這是自由響應。強迫響應被給定如下：

$$\mathscr{L}^{-1}\left[\frac{b}{as + 1}V(s)\right] \tag{11.5-10}$$

在指定 $V(s)$ 之前，無法評估此情況。假設 $v(t)$ 是單位階躍函數。然後 $V(s) = 1/s$ 並且方程式 (11.5-10) 變為

$$\mathscr{L}^{-1}\left[\frac{b}{s(as + 1)}\right]$$

要查反轉換，請輸入

```
>>syms a b s
>>ilaplace(b/(s*(a*s+1)))
ans =
```

```
         b*(1-exp(-t/a))
```

因此，方程式 (11.5-7) 對單位階躍輸入的強制響應是 $b(1 - e^{-t}/a)$。

你可以使用帶有 `dsolve` 函數的 `heaviside` 函數來找階梯響應，但結果算式比使用拉普拉斯轉換方法獲得的算式更複雜。

考慮二階模型

$$\ddot{x} + 1.4\dot{x} + x = f(t) \tag{11.5-11}$$

改變這個方程式給予

$$[s^2 X(s) - sx(0) - \dot{x}(0)] + 1.4[sX(s) - x(0)] + X(s) = F(s)$$

求解 $X(s)$。

$$X(s) = \frac{x(0)s + \dot{x}(0) + 1.4x(0)}{s^2 + 1.4s + 1} + \frac{F(s)}{s^2 + 1.4s + 1}$$

自由響應來自

$$x(t) = \mathscr{L}^{-1}\left[\frac{x(0)s + \dot{x}(0) + 1.4x(0)}{s^2 + 1.4s + 1}\right]$$

假設初始條件是 $x(0) = 2$ 和 $\dot{x}(0) = -3$。然後從中獲得自由響應

$$x(t) = \mathscr{L}^{-1}\left(\frac{2s - 0.2}{s^2 + 1.4s + 1}\right) \tag{11.5-12}$$

可以透過輸入找到它

```
>>ilaplace((2*s-0.2)/(s^2+1.4*s+1))
```

自由響應是

$$x(t) = e^{-0.7t}\left[2\cos\left(\frac{\sqrt{51}}{10}t\right) - \frac{16\sqrt{51}}{51}\sin\left(\frac{\sqrt{51}}{10}t\right)\right]$$

強制響應來自

$$x(t) = \mathscr{L}^{-1}\left[\frac{F(s)}{s^2 + 1.4s + 1}\right]$$

如果 $f(t)$ 是單位階躍函數，則 $F(s) = 1/s$，強制響應為

$$x(t) = \mathscr{L}^{-1}\left[\frac{1}{s(s^2 + 1.4s + 1)}\right]$$

要查強制響應，請輸入

```
>>ilaplace(1/(s*(s^2+1.4*s+1)))
```

得到的答案是

$$x(t) = 1 - e^{-0.7t}\left[\cos\left(\frac{\sqrt{51}}{10}t\right) + \frac{7\sqrt{51}}{51}\sin\left(\frac{\sqrt{51}}{10}t\right)\right] \qquad (11.5\text{-}13)$$

輸入導數

兩種類似的機械系統如圖 11.5-2 所示。在兩種情況下，輸入都是位移 $y(t)$。它們的運動方程式是

$$m\ddot{x} + c\dot{x} + kx = ky \qquad (11.5\text{-}14)$$

$$m\ddot{x} + c\dot{x} + kx = ky + c\dot{y} \qquad (11.5\text{-}15)$$

這些系統之間的唯一區別是圖 11.5-2a 中的系統具有包含輸入函數 $y(t)$ 的導數的運動方程式。兩個系統都是更一般的微分方程式的例子

$$m\ddot{x} + c\dot{x} + kx = dy + g\dot{y} \qquad (11.5\text{-}16)$$

如前所述，你可以使用帶有 `dsolve` 函數的 `heaviside` 函數來找包含輸入導數的方程式的階梯響應，但結果算式比使用拉普拉斯轉換方法獲得的算式更複雜。

我們現在演示如何使用拉普拉斯轉換來找到包含輸入導數的方程式的階梯響應。假設初始條件為零。然後轉換公式 (11.5-16) 給予

$$X(s) = \frac{d + gs}{ms^2 + cs + k} Y(s) \qquad (11.5\text{-}17)$$

讓我們比較兩個使用 $m = 1$、$c = 1.4$ 和 $k = 1$ 的情況的方程式 (11.5-16) 的單位階躍響應，初始條件為零。這兩種情況是 $g = 0$ 和 $g = 5$。

當 $Y(s) = 1/s$ 時，方程式 (11.5-17) 給予

$$X(s) = \frac{1 + gs}{s(s^2 + 1.4s + 1)} \qquad (11.5\text{-}18)$$

之前發現了案例 $g = 0$ 的響應。它由公式 (11.5-13) 給予。透過鍵入找到 $g = 5$ 的響

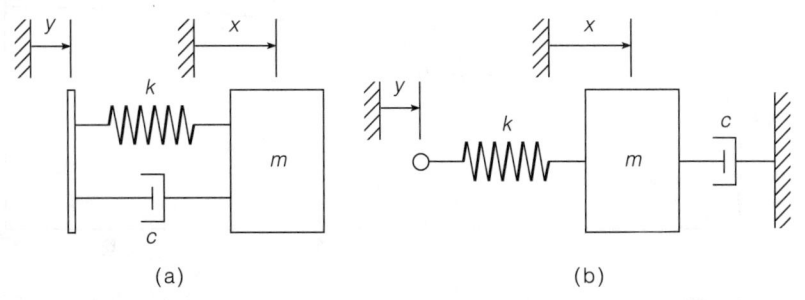

■ 圖 11.5-2　兩個機械系統。(a) 的模型包含輸入 $y(t)$ 的導數；(b) 的模型沒有

應

```
>>syms s
>>ilaplace((1+5*s)/(s*(s^2+1.4*s+1)))
```

得到的回覆是

$$x(t) = 1 - e^{0.7t}\left[\cos\left(\frac{\sqrt{51}}{10}t\right) + \frac{43\sqrt{51}}{51}\sin\left(\frac{\sqrt{51}}{10}t\right)\right] \quad (11.5\text{-}19)$$

圖 11.5-3 顯示了方程式 (11.5-13) 和 (11.5-19) 給予的響應。區分輸入的效果是響應峰值的增加。

脈衝響應

圖 11.5-4a 所示的脈衝函數曲線下面積 A 稱為脈衝強度。如果我們讓脈衝持續時間 T 接近零，同時保持區域 A 恆定，我們獲得強度的脈衝函數 A，如圖 11.5-4b 所示。如果強度為 1，我們就有單位脈衝。

脈衝可以被認為是階梯函數的導數，並且是為了方便分析受到突然施加和移除的輸入系統的響應(例如來自錘擊的力)的數學抽象名詞。

工程文獻通常使用術語脈衝函數，而在數學文獻中使用名稱 Dirac delta 函數。符號數學工具箱包括 `dirac(t)` 函數，它回傳單位脈衝。當輸入函數是脈衝時，你可以將 `dirac` 函數與 `dsolve` 函數一起使用，但結果算式比使用拉普拉斯轉換

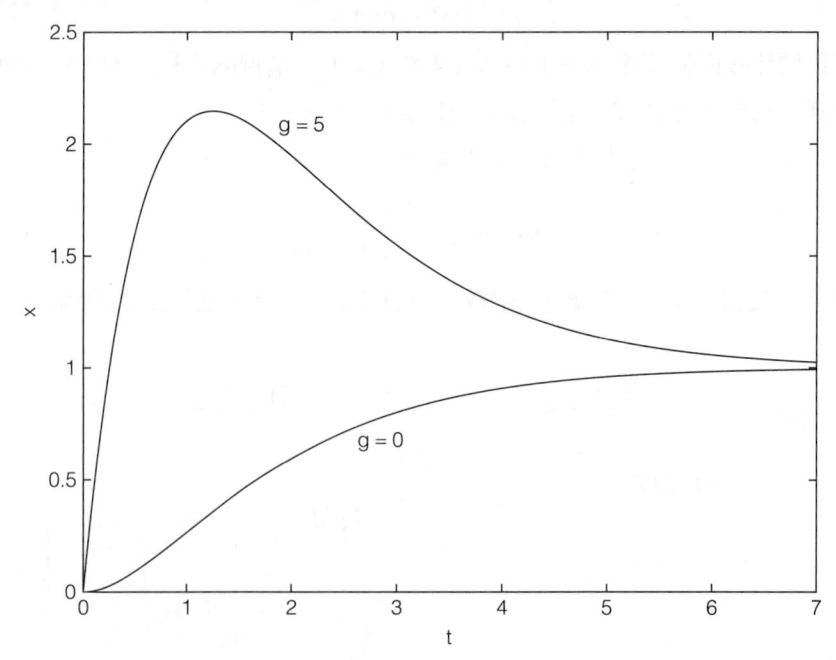

■ 圖 11.5-3　對於 $g = 0$ 和 $g = 5$，模型的階梯響應 $\ddot{x} + 1.4\dot{x} + x = u + g\dot{u}$

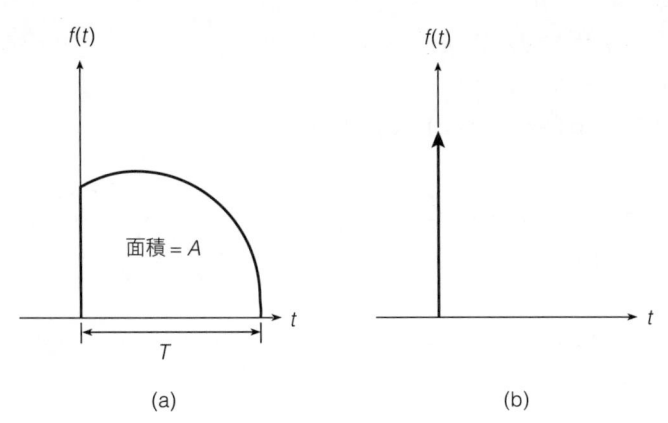

圖 11.5-4 脈衝和脈衝函數

獲得的算式更複雜。

可以顯示，強度 A 的脈衝轉換只是 A。因此，例如，找到 $\ddot{x} + 1.4\dot{x} + x = f(t)$ 的脈衝響應，其中 $f(t)$ 是強度的脈衝 A，對於零初始條件，首先獲得轉換。

$$X(s) = \frac{1}{s^2 + 1.4s + 1} F(s) = \frac{A}{s^2 + 1.4s + 1}$$

然後你輸入

```
>>syms A s
>>ilaplace(A/(s^2+1.4*s+1))
```

得到的回覆是

$$x(t) = \frac{10A\sqrt{51}}{51} e^{-0.7t} \sin\left(\frac{\sqrt{51}}{10}t\right)$$

直接法

我們可以使用 MATLAB 為我們做代數，而不是手動執行代數所需的代數。我們現在演示使用 MATLAB 通過拉普拉斯轉換求解方程式的最直接方法。這種方法的一個優點是我們不需要對導數使用轉換。讓我們求解這個方程式

$$a\frac{dy}{dt} + y = f(t) \tag{11.5-20}$$

$f(t) = \sin t$，表示為未指定值的 $y(0)$。這是對話。

```
>>syms a L s y(t)
>>Dy = diff(y,t);
>>F = sin(t);
```

```
>>eqn = a*Dy+y-F==0;
>>E = laplace(eqn,t,s);
>>E = subs(E,laplace(y(t),t,s),L)
E =
   L - 1/(s^2+1)-a*(y(0)-L*s)==0
>>L = solve(E,L)
L =
   (a*y(0)+1/(s^2+1))/(a*s+1)
>>I = ilaplace(L)
I =
   (sin(t)-a*cos(t))/(a^2+1)+(exp(-t/a)*(y(0)*a^2+a+y(0)))/
   (a^2+1)
```

答案是

$$y(t) = \frac{1}{a^2+1}\{\sin t - a\cos t + e^{-t/a}[a^2 y(0) + a + y(0)]\}$$

請注意，此對話包含以下步驟：

1. 定義符號變數，包括方程式中出現的導數。注意，y(t) 在這些定義中明確表示為 t 的函數。
2. 將所有項移動到方程式的左側，並將左側定義為符號算式。
3. 將拉普拉斯轉換應用於微分方程式以獲得代數方程式。
4. 在代數方程式中用符號變數 (這裡是 L) 代替算式 laplace(y(t),t,s)。然後求解變數 L 的方程式，即變數的轉換。
5. 反轉 L 以找到作為 t 的函數的解。

請注意，此過程可用於求解方程組。

測試你的瞭解程度

T11.5-1 找到以下函數的拉普拉斯轉換：$1 - e^{-at}$ 和 $\cos bt$。使用 ilaplace 功能檢查你的答案。

T11.5-2 使用拉普拉斯轉換解決問題 $5\ddot{y} + 20\dot{y} + 15y = 30u - 4\dot{u}$，其中 u(t) 是單位階梯函數，y(0) = 5，$\dot{y}(0) = 1$。
(答案：$y(t) = -1.6e^{-3t} + 4.6e^{-t} + 2$)

表 11.5-1 總結了拉普拉斯轉換函數。

表 11.5-1 拉普拉斯轉換函數

指令	敘述
ilaplace(function)	回傳函數的逆拉普拉斯轉換。
laplace(function)	回傳函數的拉普拉斯轉換。
laplace(function,x,y)	根據拉普拉斯變數 y，回傳函數的拉普拉斯轉換，它是 x 的函數。

11.6 符號線性代數

你可以使用與數值矩陣大致相同的方式對符號矩陣執行操作。這裡我們將給予尋找矩陣乘積、矩陣逆、特徵值和矩陣特徵多項式的例子。

請記住，使用符號矩陣可避免後續操作中的數值不精確。你可以透過多種方式從數值矩陣建立符號矩陣，如以下對話所示。

```
>>A = sym([3,5;2,7]);
>>syms a b c d
>>B = [a,b;c,d];
>>C = [3,5;2,7];
>>D = sym( C );
```

矩陣 A 代表最直接的方法。矩陣 B 可以用於變數 a、b、c 和 d 的進一步符號操縱。矩陣 D 可用於以符號形式保存矩陣 C。矩陣 A、B 和 D 都是符號形式。矩陣 C 看起來像 A 和 D，但卻是 double 類的數值。

你可以建立由函數組成的符號矩陣。例如，相對於 (x_1, y_1) 座標系逆時針旋轉角度 a 的座標系的座標 (x_2, y_2) 之間的關係是

$$x_2 = x_1 \cos a + y_1 \sin a$$
$$y_2 = y_1 \cos a - x_1 \sin a$$

這些方程式可以用矩陣形式表示為

$$\begin{bmatrix} x_2 \\ y_2 \end{bmatrix} = \begin{bmatrix} \cos a & \sin a \\ -\sin a & \cos a \end{bmatrix} \begin{bmatrix} x_1 \\ y_1 \end{bmatrix} = \mathbf{R} \begin{bmatrix} x_1 \\ y_1 \end{bmatrix}$$

其中旋轉矩陣 $\mathbf{R}(a)$ 定義為

$$\mathbf{R}(a) = \begin{bmatrix} \cos a & \sin a \\ -\sin a & \cos a \end{bmatrix} \qquad (11.6\text{-}1)$$

符號矩陣 **R** 可以在 MATLAB 中定義如下：

```
>>syms a
```

```
>>R = [cos(a),sin(a); -sin(a),cos(a)]
R =
   [ cos(a),sin(a) ]
   [ -sin(a),cos(a) ]
```

如果我們將座標系旋轉兩次相同的角度以產生第三個座標系 (x_3, y_3)，則結果與具有兩倍角度的單個旋轉相同。讓我們看看 MATLAB 是否給予了結果。向量矩陣方程式是

$$\begin{bmatrix} x_3 \\ y_3 \end{bmatrix} = \mathbf{R} \begin{bmatrix} x_2 \\ y_2 \end{bmatrix} = \mathbf{RR} \begin{bmatrix} x_1 \\ y_1 \end{bmatrix}$$

因此，$\mathbf{R}(a)\mathbf{R}(a)$ 應與 $\mathbf{R}(2a)$ 相同。繼續上一個對話，如下所示。

```
>>Q = R*R
Q =
   [ cos(a)^2-sin(a)^2,2*cos(a)*sin(a) ]
   [ -2*cos(a)*sin(a),cos(a)^2-sin(a)^2 ]
>>Q = simplify(Q)
Q =
   [ cos(2*a),sin(2*a) ]
   [ -sin(2*a),cos(2*a) ]
```

正如我們所懷疑的，矩陣 **Q** 與 **R**(2a) 相同。

要以數值方式評估矩陣，請使用 subs 和 double 函數。例如，對於 $a = \pi/4$ 弧度 (45°) 的旋轉，

```
>>R = double(subs(R,a,pi/4))
R =
   0.7071 0.0701
   -0.7071 0.0701
```

特徵多項式和根

一階微分方程組可以用向量-矩陣算式表示為

$$\dot{\mathbf{x}} = \mathbf{A}\mathbf{x} + \mathbf{B}\mathbf{f}(t)$$

其中 **x** 是因變數的向量，**f**(t) 是包含強制函數的向量。例如，方程組

$$\dot{x}_1 = x_2$$
$$\dot{x}_2 = -kx_1 - 2x_2 + f(t)$$

來自與彈簧連接並在具有黏性摩擦的表面上滑動的質量塊的運動方程式。項目 $f(t)$ 是作用在質量上的作用力。對於該集合，向量 **x** 和矩陣 **A** 和 **B** 是

$$\mathbf{x} = \begin{bmatrix} x_1 \\ x_2 \end{bmatrix}$$
$$\mathbf{A} = \begin{bmatrix} 0 & 1 \\ -k & -2 \end{bmatrix} \quad \mathbf{B} = \begin{bmatrix} 0 \\ 1 \end{bmatrix}$$

方程式 |s**I** − **A**| = 0 是模型的特徵方程式，其中 s 代表模型的特徵根。如果特徵多項式是變數的遞減冪，函數 charpoly(A) 給予係數。例如，

```
>>syms k
>>A = [0,1;-k,-2];
>>charpoly(A)
ans =
    [1,2,k]
```

它對應於多項式 $x^2 + 2x + k$。

敘述 syms s、charpoly(A,s) 根據符號變數 s 找到多項式。例如，要找到特徵方程式並根據彈簧常數 k 求解根，請使用以下對話。

```
>>syms k s
>>A = [0,1;-k,-2];
>>charpoly(A,s))
ans =
    s^2+2*s+k
>>solve(ans)
ans =
    -(1-k)^(1/2)-1
    (1-k)^(1/2)-1
```

因此多項式是 $s^2 + 2s + k$，根是 $s = -1 \pm \sqrt{1-k}$。

使用 eig(A) 函數直接找到根，而不會找到特徵方程式 (「eig」代表「特徵值」，這是「特徵根」的另一個術語)。例如，

```
>>syms k
>>A = [0,1;-k,-2];
>>eig(A)
ans =
    -(1-k)^(1/2)-1
    (1-k)^(1/2)-1
```

你可以使用 inv(A) 和 det(A) 函數來反轉並以符號形式找到矩陣的行列式。例如，使用前一個對話中的相同矩陣 A，

```
>>inv(A)
ans =
    [-2/k,-1/k]
    [1,0]
>>A*ans % Verify that the inverse is correct.
ans =
    [1,0]
    [0,1]
>>det(A)
ans =
    k
```

求解線性代數方程

你可以在 MATLAB 中使用矩陣方法來以符號方式求解線性代數方程式。你可以使用反矩陣方法 (如果存在逆方法) 或左除法 (有關這些方法的討論，請參閱第八章)。例如，要解決該組

$$2x - 3y = 3$$
$$5x + 4y = 19$$

使用這兩種方法，對話是

```
>>A = sym([2,-3;5,4]);
>>b = sym([3;19]);
>>x = inv(A)*b % The matrix inverse method.
x =
   3
   1
>>x = A\b % The left-division method.
x =
   3
   1
```

表 11.6-1 總結了本節中使用的功能。請注意，它們的語法與前面章節中使用的數值版本相同。

表 11.6-1　線性代數函數

指令	敘述
`det(A)`	以符號形式回傳矩陣 A 的行列式。
`eig(A)`	以符號形式回傳矩陣 A 的特徵值(特徵根)。
`inv(A)`	以符號形式回傳傳回矩陣 A 的倒數。
`charpoly(A,s)`	以變數 s 的形式回傳符號形式的矩陣 A 的特徵多項式。

測試你的瞭解程度

T11.6-1 使用相同的角度 a 考慮三個連續的座標旋轉。表明由方程式 (11.6-1) 給予的旋轉矩陣 **R**(a) 的乘積 **RRR** 等於 **R**($3a$)。

T11.6-2 求下列矩陣的特徵多項式和根。

$$\mathbf{A} = \begin{bmatrix} -2 & 1 \\ -3k & -5 \end{bmatrix}$$

(答案：$s^2 + 7s + 10 + 3k$ 和 $s = (-7 \pm \sqrt{9 - 12k})/2$)

T11.6-3 使用反矩陣和左除法解決以下方程組。

$$-4x + 6y = -2$$
$$7x - 4y = 23$$

(答案：x = 5，y = 3)

11.7　摘要

本章涵蓋了 MATLAB 功能的子集，特別是。

- 符號代數
- 解決代數和超越方程的符號方法
- 求解常微分方程的符號方法
- 符號微積分，包括積分微分、極限和序列、拉普拉斯轉換
- 線性代數中選定的主題，包括用於獲取的符號方法行列式、矩陣求逆和特徵值

現在你完成本章的學習，應該可以利用 MATLAB 完成下列事項：

- 建立符號算式，並且以代數的方式操作
- 求解代數方程式及超越方程式的符號解
- 進行符號微分與積分
- 以符號方法計算極限與級數

- 求出常微分方程式的符號解
- 求出並應用拉普拉斯轉換
- 進行符號線性代數運算，包含求出行列式、反矩陣、特徵向量及特徵值的算式

表 11.7-1 是本章介紹的函數類別指南。

表 11.7-1　本章介紹的 MATLAB 指令指南

建立和評估算式	見表 11.1-1
操縱算式	見表 11.1-2
求解代數和超越方程式	見表 11.2-1
符號微積分函數	見表 11.3-1
求解微分方程式	見表 11.4-1
拉普拉斯轉換	見表 11.5-1
線性代數	見表 11.6-1

雜項函數

脈衝函數	`dirac(t)`	狄拉克三角函數 [單位**脈衝函數** (impulse function) 在 $t = 0$]
	`heaviside(t)`	Heaviside 函數 (單位函數在 $t = 0$ 時從 0 轉換為 1)

習題

對於標註星號的問題，請參見本書最後的解答。

11.1 節

1. 使用 MATLAB 證明下列方程式：
    (a) $\sin^2 x + \cos^2 x = 1$
    (b) $\sin(x + y) = \sin x \cos y + \cos x \sin y$
    (c) $\sin 2x = 2 \sin x \cos x$
    (d) $\cosh^2 x - \sinh^2 x = 1$

2. 使用 MATLAB 將 $\cos 5\theta$ 表示為 x 中的多項式，其中 $x = \cos\theta$。

3.* 兩個變數為 x 的多項式以係數向量表示，分別為 `p1 = [6,2,7,-3]` 及 `p2 = [10,-5,8]`。
    (a) 使用 MATLAB 求出兩個多項式的乘積，並將乘積以最簡單的形式表示。
    (b) 使用 MATLAB 求出在 $x = 2$ 之下乘積的值。

4.* 半徑為 r 且圓心位於 $x = 0$、$y = 0$ 的圓，其方程式為：

$$x^2 + y^2 = r^2$$

使用 `subs` 和其他 MATLAB 函數求出半徑為 r 且圓心位於 $x = a$、$y = b$ 的圓形

方程式。將此方程式改成 $Ax^2 + Bx + Cxy + Dy + Ey^2 = F$ 的形式，並求出以 a、b 及 r 表示的係數。

5. 在極座標 (r, θ) 中稱為「lemniscate」的曲線的方程式是

$$r^2 = a^2 \cos(2\theta)$$

使用 MATLAB 根據笛卡爾座標 (x, y) 找到曲線的方程式，其中 $x = r \cos \theta$ 和 $y = r \sin \theta$。

11.2 節

6.* 三角形的餘弦定理為 $a^2 = b^2 + c^2 - 2bc \cos A$，其中 a 是對應於角 A 的邊長，b 及 c 則是另外兩邊的邊長。

(a) 使用 MATLAB 求解 b。

(b) 假設 $A = 60°$、$a = 5$ m 及 $c = 2$ m。求出 b。

7. (a) 使用 MATLAB 求解多項式 $x^3 + 8x^2 + ax + 10 = 0$，將 x 以參數 a 表示出來。

(b) 評估案例 $a = 17$ 的解。使用 MATLAB 檢查答案。

8.* 中心位於原點的橢圓，其直角座標 (x, y) 的方程式為：

$$\frac{x^2}{a^2} + \frac{y^2}{b^2} = 1$$

其中 a 及 b 是常數，兩者決定了橢圓的形狀。

(a) 使用 MATLAB 求出以參數 b 表示的兩個橢圓交點。兩個橢圓的方程式為：

$$x^2 + \frac{y^2}{b^2} = 1$$

以及

$$\frac{x^2}{100} + 4y^2 = 1$$

(b) 計算 (a) 題中對應於 $b = 2$ 的解。

9. 方程式

$$r = \frac{p}{1 - \epsilon \cos \theta}$$

描述了太陽座標原點的軌道極座標。如果 $\epsilon = 0$，則軌道為圓形；如果 $0 < \epsilon < 1$，則軌道是橢圓形的。行星的軌道幾乎是圓形的；彗星的軌道高度伸長，ϵ 接近 1。顯然，彗星或小行星的軌道是否與行星的軌道相交是顯而易見的。對於下面兩種情況中的每一種情況，使用 MATLAB 確定軌道 A 和 B 是否相交，如果相交，則確定交點的極座標。距離單位是 AU，其中 1 AU 是地球與太陽的平均距離。

(a) 軌道 A：$p = 1$，$\epsilon = 0.01$。軌道 B：$p = 0.1$，$\epsilon = 0.9$。
(b) 軌道 A：$p = 1$，$\epsilon = 0.01$。軌道 B：$p = 1.5$，$\epsilon = 0.5$。

10. 第 11.2 節中的圖 11.2-2 顯示了具有兩個關節和兩個連桿的機器人手臂。關節處的馬達的旋轉角度是 θ_1 和 θ_2。從三角學我們可以得到手的座標 (x, y) 的以下算式：

$$x = L_1 \cos \theta_1 + L_2 \cos(\theta_1 + \theta_2)$$
$$y = L_1 \sin \theta_1 + L_2 \sin(\theta_1 + \theta_2)$$

假設連桿長度為 $L_1 = 3$ 英尺和 $L_2 = 2$ 英尺。

(a) 計算在 $x = 3$ 英尺、$y = 1$ 英尺處將手臂定位所需要的馬達角度。辨識肘部向上和肘部向下的解。

(b) 假設你想要在 $y = 1$ 和 $2 \leq x \leq 4$ 時沿水平直線來移動手臂。繪製馬達所需要的角度與 x 的關係曲線，標記肘部向上和肘部向下的解。

11.3 節

11. 使用 MATLAB 求出 $y = 3x - 2x$ 的圖形中水平切線處的 x 值。

12. 使用 MATLAB 求出下列函數所有在 $dy/dx = 0$ 處的局部最小值、局部最大值及反曲點：

$$y = x^4 - \frac{16}{3}x^3 + 8x^2 - 4$$

13. 半徑為 r 的球體，其表面積為 $S = 4\pi r^2$，體積為 $V = 4\pi r^3/3$。

    (a) 使用 MATLAB 求出 dS/dV 的算式。
    (b) 一個球形氣球隨著灌入空氣而膨脹。當體積為 30 立方英寸時，試求氣球表面積對於體積的增加率。

14. 使用 MATLAB 求出在直線 $y = 2 - x/3$ 上，最接近於 $x = -3$、$y = 1$ 的點。

15. 某一圓形的圓心位於原點，半徑為 5。使用 MATLAB 求出與這個圓相切於 $x = 3$、$y = 4$ 的直線方程式。

16. A 船以每小時 6 英里向北航行，B 船以每小時 12 英里向西航行。當 A 船的位置正對於 B 船的前方，距離 B 船 6 英里。使用 MATLAB 求出兩船之間最短的距離。

17. 假設有一長度為 L 的線，你希望剪下長度 x 圍成一個正方形，並且使用剩下的長度 $L - x$ 圍成一個圓形。使用 MATLAB 求出長度 x，使得正方形及圓形兩者面積的加總能夠最大化。

18.* 某一球形的路燈散布出所有方向的光線。此路燈掛於高度 h 的燈柱之上 (參見圖 P18)。人行道上 P 點的亮度 B 與 $\sin \theta$ 成正比，而與距離 d 的平方成反比，

其中 d 是路燈到人行道上該點的距離。因此

$$B = \frac{c}{d^2}\sin\theta$$

其中，c 是常數。使用 MATLAB 求出能夠最大化 P 點亮度之燈柱高度 h，其中 P 點距離燈柱底部的距離為 30 英尺。

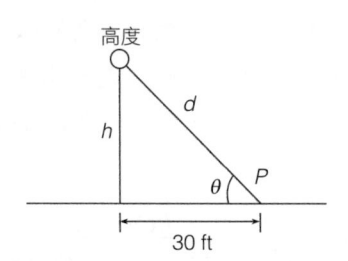

圖 P18

19.* 某一物體的質量為 $m = 100$ kg，並且受到外力 $f(t) = 500[2 - e^{-t}\sin(5\pi t)]$ N。此質量在 $t = 0$ 時為靜止。使用 MATLAB 計算物體在 $t = 5$ s 時的速度 v。運動方程式為何？

20. 某一火箭的質量隨著燃料的消耗而減少。根據牛頓運動定律，我們可以推導出火箭的垂直飛行運動方程式為：

$$m(t)\frac{dv}{dt} = T - m(t)g$$

其中，T 是火箭的推力，火箭的質量對時間函數為 $m(t) = m_0(1 - rt/b)$。此火箭起始時的質量為 m_0、燃燒時間為 b，r 是燃料占全體體積的比值。

下列的值進行計算：$T = 48{,}000$ N、$m_0 = 2200$ kg、$r = 0.8$、$g = 9.81$ m/s^2、$b = 40$ s。

(a) 使用 MATLAB 計算在時間 $t \le b$ 之內火箭的速度 (為時間的函數)。

(b) 使用 MATLAB 計算當燃料耗盡時火箭的速度。

21. 跨過某一電容的電壓方程式以時間的函數表示為：

$$v(t) = \frac{1}{C}\left[\int_0^t i(t)dt + Q_0\right]$$

其中，$i(t)$ 是施加電流而 Q_0 是起始電荷。假設 $C = 10^{-7}$ F 且 $Q_0 = 0$。若施加電流為 $i(t) = 0.3 + 0.1e^{-5t}\sin(25\pi t)$，使用 MATLAB 計算和繪出電壓 $v(t)$ 在 $0 \le t \le 7$ 秒。

22. 在電阻 R 上以熱能消耗掉的功率 P，是通過該電阻之電流 $i(t)$ 的函數，公式為 $P = i^2 R$。所消耗的能量 $E(t)$ 是功率的時間積分。因此

$$E(t) = \int_0^t P(t)dt = R\int_0^t i^2(t)dt$$

如果電流單位為安培，功率的單位為瓦，能量的單位為焦耳 (1 W = 1 J/s)。假設供應電阻的電流為 $i(t) = 0.2[1 + \sin(0.2t)]$ 安培。

(a) 求出消耗的能量 $E(t)$ 以作為時間的函數。

(b) 求出在 $R = 1000\ \Omega$ 的情況下 1 分鐘內所消耗的能量。

23. 圖 P23 所示的 RLC 電路稱為窄頻濾波器 (narrowband filter)。如果輸入電壓 $v_i(t)$ 是隨不同頻率而起正弦變化之電壓的總和，則窄頻濾波器將只允許落在窄頻範圍內的頻率之電壓通過。電路的放大率 M 是輸出電壓 $v_0(t)$ 振幅對輸入電壓 $v_i(t)$ 振幅的比例，而這個比例是輸入電壓電波頻率 ω 的函數。根據電路學，對此一特殊電路，M 的公式如下：

$$M = \frac{RC\omega}{\sqrt{(1-LC\omega^2)^2 + (RC\omega)^2}}$$

最大 M 值的頻率就是所需要之載波信號的頻率。

(a) 求出以 R、C 及 L 的函數所表示的頻率。

(b) 對於 $C = 10 \times 10^{-5}$ F 且 $L = 5 \times 10^{-3}$ H 的兩種情況繪製 M 對應 ω。對於第一種情況，$R = 1000\ \Omega$。對於第二種情況，$R = 10\ \Omega$。評論每個案例的過濾能力。

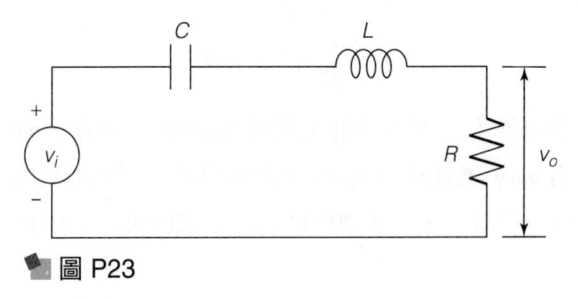

▪ 圖 P23

24. 一條懸吊的纜繩除了本身的重量之外，並沒有其他的負載，所得到的曲線會形成一條懸垂線。某一座橋的纜繩可以用懸垂線 $y(x) = 10\cosh[(x-20)/10]$ 來描述，區間為 $0 \le x \le 50$，其中 x 及 y 分別是水平及垂直的座標，單位為英尺 (參

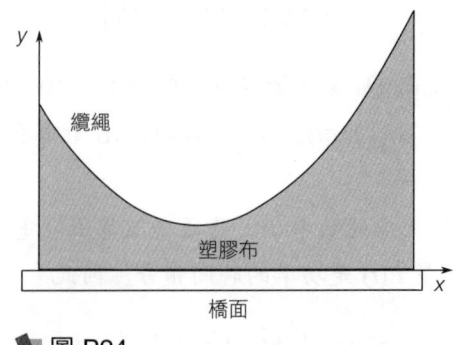

▪ 圖 P24

見圖 P24)。當重新粉刷橋樑的時候，我們想要懸吊一片塑膠布於纜繩底下，以確保上方通過人員的安全。使用 MATLAB 求出需要多少平方英尺面積的塑膠布。假設此塑膠布的底部邊緣位於 $y = 0$ 的 x 軸上。

25. 一條懸吊的纜繩除了本身的重量之外，並沒有其他的負載，所得到的曲線會形成一條懸垂線。某一座橋的纜繩可以用懸垂線 $y(x) = 10 \cosh[(x - 20)/10]$ 來描述，區間為 $0 \leq x \leq 50$，其中 x 及 y 分別是水平及垂直的座標，單位為英尺。

    $y(x)$ 在區間 $a \leq x \leq b$ 之內所描述的曲線長度 L 可以利用下列的積分式求得：

    $$L = \int_a^b \sqrt{1 + \left(\frac{dy}{dx}\right)^2} dx$$

    求出纜繩的長度。

26. 使用 e^{ix}、$\sin x$ 與 $\cos x$ 在 $x = 0$ 時之泰勒級數的前五項非零項，來說明歐拉公式 $e^{ix} = \cos x + \sin x$ 的有效性。

27. 利用兩種方式求出 $e^x \sin x$ 在 $x = 0$ 時的泰勒級數：(a) 將 e^x 的泰勒級數乘以 $\sin x$ 的泰勒級數；(b) 使用 `taylor` 函數直接對 $e^x \sin x$ 展開。

28. 有時候，雖然無法直接積分出函數的閉合形式，但可以使用函數的級數近似當作被積函數來進行積分。例如，下列的積分式使用於機率的計算之中 (參見第 7.2 節)：

    $$I = \int_0^1 e^{-x^2} dx$$

    (a) 求出 e^{-x^2} 在 $x = 0$ 時的泰勒級數之前六項非零項，並積分此級數求出 I。使用第七項來估計誤差。

    (b) 將你的答案與使用 MATLAB `erf(t)` 函數所得出的結果相比較，其中此函數的定義為：

    $$\text{erf}(t) = \frac{2}{\sqrt{\pi}} \int_0^t e^{-x^2} dx$$

29.* 使用 MATLAB 計算下列極限：

    (a) $\lim_{x \to 1} \dfrac{x^2 - 1}{x^2 - x}$

    (b) $\lim_{x \to -2} \dfrac{x^2 - 4}{x^2 + 4}$

    (c) $\lim_{x \to 0} \dfrac{x^4 + 2x^2}{x^3 + x}$

30. 使用 MATLAB 計算下列極限：

(a) $\lim_{x \to 0+} x^x$

(b) $\lim_{x \to 0+} (\cos x)^{1/\tan x}$

(c) $\lim_{x \to 0+} \left(\frac{1}{1-x}\right)^{-1/x^2}$

(d) $\lim_{x \to 0-} \frac{\sin x^2}{x^3}$

(e) $\lim_{x \to 5-} \frac{x^2 - 25}{x^2 - 10x + 25}$

(f) $\lim_{x \to 1+} \frac{x^2 - 1}{\sin(x-1)^2}$

31. 使用 MATLAB 計算下列極限：

    (a) $\lim_{x \to \infty} \frac{x+1}{x}$

    (b) $\lim_{x \to -\infty} \frac{3x^3 - 2x}{2x^3 + 3}$

32. 求出以下幾何級數和的算式。

$$\sum_{k=0}^{n-1} r^k$$

其中 $r \neq 1$。

33. 某一特定的橡膠球每次落下撞擊地面時，會反彈回原本落下高度的一半。

    (a) 如果此球起始時由高度 h 落下且持續反彈，求出表示球撞擊地面第 n 次所經過之總距離的算式。

    (b) 如果起始時由高度 10 英尺落下，計算當此球第八次撞擊地板後經過的總距離為何？

11.4 節

34. RC 電路中電容上的跨壓 y 之方程式為：

$$RC\frac{dy}{dt} + y = v(t)$$

其中，$v(t)$ 是施加電壓。假設 $RC = 0.2$ s，電容上的起始電壓為 2 V。若施加電壓在 $t = 0$ 時由 0 V 變成 10 V，使用 MATLAB 求出和繪出電壓 $y(t)$ 在 $0 \leq t \leq 1$ 秒。

35. 下列方程式可用來描述浸泡入溫度恆定為 $T_b(t)$ 的液體中之某物體溫度 $T(t)$。

$$10\frac{dT}{dt} + T = T_b$$

假設物體的起始溫度 $T(0) = 70°F$，所浸泡的液體溫度為 170°F。使用 MATLAB

回答下列問題：

(a) 求出 $T(t)$。

(b) 需要花費多少時間，物體的溫度 T 才會達到 168°F？

(c) 將物體的溫度 $T(t)$ 繪製為時間的函數。

36.* 下列是描述連接至某一彈簧的質量受到表面黏性摩擦力的運動方程式。

$$m\ddot{y} + c\dot{y} + ky = f(t)$$

其中，$f(t)$ 是所施加的外力。此質量在 $t = 0$ 時的位置與速度分別以 x_0 及 v_0 標記。使用 MATLAB 回答下列的問題：

(a) 在 $m = 3$、$c = 18$ 及 $k = 102$ 之下，以 x_0 及 v_0 表示的自由響應為何？

(b) 在 $m = 3$、$c = 39$ 及 $k = 120$ 之下，以 x_0 及 v_0 表示的自由響應為何？

37. RC 電路中電容上的跨壓 y 的方程式為：

$$RC\frac{dy}{dt} + y = v(t)$$

其中，$v(t)$ 是供應電壓。假設 $RC = 0.2$ s，電容上的起始電壓為 2 s。若供應電壓為 $v(t) = 10[2 - e^{-t}\sin(5\pi t)]$，使用 MATLAB 計算電壓 $y(t)$ 的值。

38. 下列方程式可用來描述某一稀釋程序，其中 $y(t)$ 代表鹽在水槽中的濃度：

$$\frac{dy}{dt} + \frac{2}{10 + 2t}y = 4$$

假設 $y(0) = 0$。使用 MATLAB 計算 $y(t)$ 在 $0 \leq t \leq 10$。

39. 下列是用來描述連接至某一彈簧的質量受到表面黏性摩擦力的運動方程式：

$$3\ddot{y} + 18\dot{y} + 102y = f(t)$$

其中，$f(t)$ 是所施加的外力。假設 $t < 0$ 時，$f(t) = 0$；$t \geq 0$ 時，$f(t) = 10$。

(a) 使用 MATLAB 計算和繪出 $y(0) = \dot{y}(0) = 0$ 時的 $y(t)$。

(b) 使用 MATLAB 計算和繪出 $y(0) = 0$ 及 $\dot{y}(0) = 10$ 時的 $y(t)$。

40. 下列是用來描述連接至某一彈簧的質量受到表面黏性摩擦力的運動方程式：

$$3\ddot{y} + 39\dot{y} + 120y = f(t)$$

其中，$f(t)$ 是所施加的外力。假設 $t < 0$ 時，$f(t) = 0$；$t \geq 0$ 時，$f(t) = 10$。

(a) 使用 MATLAB 計算和繪出 $y(0) = \dot{y}(0) = 0$ 時的 $y(t)$。

(b) 使用 MATLAB 計算和繪出 $y(0) = 0$ 及 $\dot{y}(0) = 10$ 時的 $y(t)$。

41. 電樞控制直流馬達的方程式如下。馬達的電流為 i，旋轉速度為 ω。

$$L\frac{di}{dt} = -Ri - K_e\omega + v(t)$$

$$I\frac{d\omega}{dt} = K_T i - c\omega$$

其中，L、R、I 分別表示馬達的電感、電阻及轉動慣性；K_T 及 K_e 分別表示力矩常數及反電動勢常數；c 是黏性阻尼常數；$v(t)$ 是輸入的電壓。

使用的值為 $R = 0.8\ \Omega$、$L = 0.003$ H、$K_T = 0.05$ N·m/A、$K_e = 0.05$ V·s/rad、$c = 0$ 以及 $I = 8 \times 10^{-5}$ N·m·s^2。

假設輸入電壓為 20 V。使用 MATLAB 計算和繪出馬達的速度及相對於時間的電流值，起始條件為零。選取一個夠大的最後時間，以完整顯示馬達速度達到定值的情形。

11.5 節

42. 習題 23 中所描述的 RLC 電路 (參見圖 P23) 具有下列的微分方程式模型：

$$LC\ddot{v}_o + RC\dot{v}_o + v_o = RC\dot{v}_i(t)$$

使用拉普拉斯轉換法分別求解下列兩個狀況在起始條件為零之下，$v_0(t)$ 的單位步階響應，其中 $C = 10 \times 10^{-5}$ F 及 $L = 5 \times 10^{-3}$ H。第一種狀況 (寬頻濾波器) 為 $R = 1000\ \Omega$，第二種狀況 (窄頻濾波器) 為 $R = 10\ \Omega$。比較這兩種狀況的步階響應。

43. 以下是某一交通工具的速度控制系統之微分方程式模型：

$$\ddot{v} + (1 + K_p)\dot{v} + K_I v = K_p \dot{v}_d + K_I v_d$$

其中，v 是實際速度，$v_d(t)$ 是想要達到的速度，K_P 及 K_I 都是常數 (稱為控制增益)。使用拉普拉斯轉換法求出此系統的單位步階響應 (也就是，$v_d(t)$ 是一個單位步階函數)。使用的起始條件為零。比較下列三個狀況的響應：

(a) $K_P = 9$ 及 $K_I = 50$

(b) $K_P = 9$ 及 $K_I = 25$

(c) $K_P = 54$ 及 $K_I = 250$

44. 以下是某一金屬切割工具的位置控制系統之微分方程式模型：

$$\frac{d^3x}{dt^3} + (6 + K_D)\frac{d^2x}{dt^2} + (11 + K_p)\frac{dx}{dt} + (6 + K_I)x$$

$$= K_D\frac{d^2x_d}{dt^2} + K_p\frac{dx_d}{dt} + K_I x_d$$

其中，x 是實際上工具的位置，$x_d(t)$ 是想要達到的位置，K_P、K_I 及 K_D 都是常數 (控制增益)。使用拉普拉斯轉換法求出此系統的單位步階響應 (也就是，$x_d(t)$ 是一個單位步階函數)。使用的起始條件為零。比較下列三種狀況的響應：

(a) $K_P = 30$、$K_I = K_D = 0$

(b) $K_P = 27$、$K_I = 17.18$ 以及 $K_D = 0$

(c) $K_P = 36$、$K_I = 38.1$ 以及 $K_D = 8.52$

45. 以下是某一速度控制系統所需要之馬達力矩 $m(t)$ 的微分方程式模型：

$$4\ddot{m} + 4K\dot{m} + K^2 m = K^2 \dot{v}_d$$

其中 $v_d(t)$ 是想要達到的速度，K 是常數，稱為「控制增益」。

(a) 使用拉普拉斯轉換法求出此系統的單位步階響應 (也就是，$v_d(t)$ 是一個單位步階函數)，使用的起始條件為零。

(b) 使用 MATLAB 中的符號運算工具找到馬達必須提供的峰值轉矩的增益 K 的極小值。另外，計算峰值扭矩的值。

11.6 節

46. 顯示 $\mathbf{R}^{-1}(a)\mathbf{R}(a) = \mathbf{I}$，其中 $\mathbf{I}$ 是單位矩陣，$\mathbf{R}(a)$ 是由公式 (11.6-1) 給予的旋轉矩陣，這顯示逆座標變換將回傳原始座標系。

47. 顯示 $\mathbf{R}^{-1}(a) = \mathbf{R}(-a)$，這顯示透過負角度的旋轉等於逆變換。

48.* 找到以下矩陣的特徵多項式和根。

$$\mathbf{A} = \begin{bmatrix} -6 & 2 \\ 3k & -7 \end{bmatrix}$$

49.* 使用反矩陣和左除法來求解以下集合。

$$4cx + 5y = 43$$
$$3x - 4y = -22$$

50. 如果所有電阻都等於 R，則圖 P50 中所示電路中的電流 i_1、i_2 和 i_3 由以下方程式組描述。

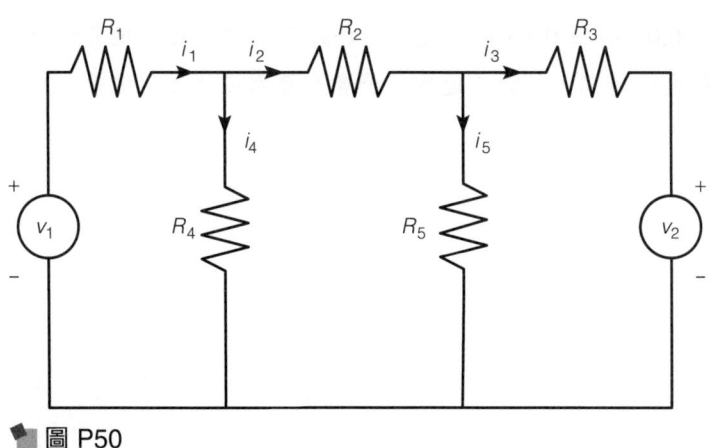

圖 P50

$$\begin{bmatrix} 2R & -R & 0 \\ -R & 3R & -R \\ 0 & R & -2R \end{bmatrix} \begin{bmatrix} i_1 \\ i_2 \\ i_3 \end{bmatrix} = \begin{bmatrix} v_1 \\ 0 \\ v_2 \end{bmatrix}$$

其中 v_1 和 v_2 是施加電壓。可以從 $i_4 = i_1 - i_2$ 和 $i_5 = i_2 - i_3$ 找到另外兩個電流。

(a) 使用反矩陣方法和左除法兩者來求解電阻 R 和電壓 v_1 和 v_2 的電流。

(b) 如果 $R = 1000\ \Omega$，$v_1 = 100\ \text{V}$，$v_2 = 25\ \text{V}$，則找出電流的數值。

51. 圖 P51 所示的電樞控制直流馬達的公式如下。馬達電流為 i，旋轉速度為 ω。

$$L\frac{di}{dt} = -Ri - K_e\omega + v(t)$$
$$I\frac{d\omega}{dt} = K_T i - c\omega$$

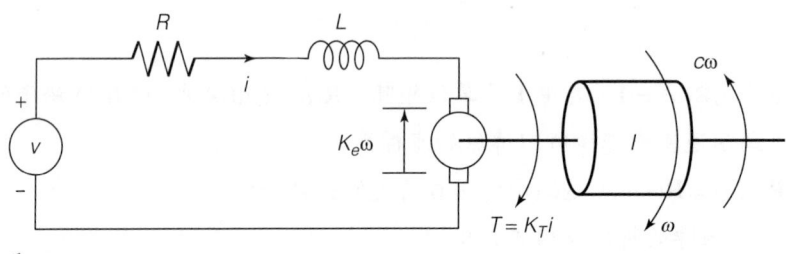

▶ 圖 P51

其中 L、R 和 I 是馬達的電感，電阻和慣量，K_T 和 K_e 是轉矩常數和反電動勢常數，c 是黏滯阻尼常數，$v(t)$ 是施加的電壓。

(a) 找到特徵多項式和特徵根。

(b) 使用值 $R = 0.8\ \Omega$，$L = 0.003\ \text{H}$，$K_T = 0.05\ \text{N} \cdot \text{m/A}$，$K_e = 0.05\ \text{V} \cdot \text{s/rad}$，$I = 8 \times 10^{-5}\ \text{N} \cdot \text{m} \cdot \text{s}^2$。阻尼常數 c 通常難以精確確定。對於這些值，用 c 表示兩個特徵根的算式。

(c) 使用 (b) 部分中的參數值，確定 c 的以下值的根 (以牛頓公尺為單位)：$c = 0$、$c = 0.01$、$c = 0.1$、$c = 0.2$。對於每種情況，使用根來估計馬達速度變為定值所需的時間，並討論速度是否會在變為定值之前振盪。

Appendix A

本書中指令與函數導覽

運算子與特殊函數

項目	敘述	頁碼
+	加號;加法運算子。	7
–	減號;減法運算子。	7
*	純量與矩陣乘法運算子。	7
.*	陣列乘法運算子。	62
^	純量與矩陣指數運算子。	7
.^	陣列指數運算子。	62
\	左除法運算子。	7, 62
/	右除法運算子。	7, 62
.\	陣列左除法運算子。	62
./	陣列右除法運算子。	62
:	冒號;產生等間距的元素並表示整列或整行。	11, 52
( )	括號;包含函數引數及陣列索引;重寫優先權。	7, 129
[ ]	中括號;包含陣列元素。	18, 51
{ }	大括號;包含胞陣列。	91
...	省略符號;接續前一行程式運算子。	11
,	逗點;分隔敘述、陣列中列的元素。	11
;	分號;分隔陣列中的行,並且抑制螢幕顯示。	11, 51
%	百分比符號;或用來表示註解及指定格式。	26, 576
'	引述符號與轉置運算子。	51, 53
.'	非共軛轉置運算子。	54
=	指派 (取代) 運算子。	9
@	建立函數握把。	129

邏輯運算子及關係運算子

項目	敘述	頁碼
==	關係運算子；等於。	161
~=	關係運算子；不等於。	161
<	關係運算子；小於。	161
<=	關係運算子；小於或等於。	161
>	關係運算子；大於。	161
>=	關係運算子；大於或等於。	161
&	邏輯運算子；AND。	164
&&	短路 AND。	164
|	邏輯運算子；OR。	164
||	短路 OR。	164
~	邏輯運算子；NOT。	164

特殊變數與常數

項目	敘述	頁碼
ans	儲存最近一次答案的暫存變數。	14
eps	指定浮點數精確度的正確性。	14
i,j	虛部 $\sqrt{-1}$。	14
Inf	無限大。	14
NaN	未定義的數值結果 (非數字)。	14
pi	圓周率 π。	14

管理對話的指令

項目	敘述	頁碼
clc	清除指令視窗。	11
clear	由記憶體中移除所有的變數。	11
doc	顯示文件紀錄。	33
exist	檢查檔案或變數是否存在。	11
global	宣告變數為全域變數。	128
help	在指令視窗中顯示輔助說明文字。	32
lookfor	搜尋輔助輸入的關鍵字。	32
namelengthmax	傳回在一名稱中能容許的最大字元數目。	11
quit	停止 MATLAB。	11
who	列出目前所有變數。	11
whos	列出目前所有變數。	11

本書中指令與函數導覽　Appendix A

系統與檔案指令

項目	敘述	頁碼
cd	更改現行目錄。	25
date	顯示目前的日期。	125
dir	顯示現行目錄內的所有檔案。	25
importdata	匯入幾種不同的檔案類型。	146
load	由檔案載入工作區變數。	23
path	顯示搜尋路徑。	25
pwd	顯示現行目錄。	25
readtable	從檔案建立表格。	146
save	將工作區變數儲存於檔案。	23
what	列出所有 MATLAB 檔案。	25
which	顯示路徑名稱。	25
xlsread	匯入 Excel 工作簿檔案。	145
xlswrite	將陣列寫入 Excel 檔案。	145

輸入 / 輸出指令

項目	敘述	頁碼
disp	顯示陣列或字串內容。	29
format	控制螢幕輸出顯示格式。	16, 29
fprintf	進行格式化的輸出到螢幕上或某一個檔案中。	583
input	顯示提示符號並等待使用者自鍵盤輸入。	29, 179
;	抑制螢幕列印。	11

數值顯示格式

項目	敘述	頁碼
format short	四位數 (預設值)。	5
format long	6 位數。	5
format short e	五位數 (四位小數) 加上指數。	5
format long e	16 位數 (15 位小數) 加上指數。	5
format bank	兩位小數。	5
format +	正數、負數或零。	5
format rat	分數近似。	5
format compact	制止某些行提示。	5
format loose	重置成不制止提示的模式。	5

陣列函數

項目	敘述	頁碼
cat	串成一列成一個新的陣列。	60
find	計算出非零元素的索引。	56, 58, 168
length	計算元素的數目。	19, 56
linspace	建立一個具有等間隔的向量。	56
logspace	建立一個具有等對數間隔的向量。	56
max	傳回最大的元素。	56
min	傳回最小的元素。	56
ndims(A)	返回 A 的維度。	60
numel(A)	回傳陣列 A 中的元素總數。	56
norm(x)	計算 x 的幾何長度。	56
openvar	打開變數編輯器。	60
size	計算陣列尺寸大小。	56
sort	排序每一行。	56, 314
sum	加總每一行。	56

特殊矩陣

項目	敘述	頁碼
eye	建立單位矩陣。	81
ones	建立矩陣,每一個元素均為 1。	81
zeros	建立零矩陣。	81

求解線性方程式的矩陣函數

項目	敘述	頁碼
det	計算陣列的行列式值。	353
inv	計算反矩陣。	353
pinv	計算擬反矩陣。	364
rank	計算矩陣的秩。	355
rref	計算矩陣的縮減梯隊形式。	367

指數與對數函數

項目	敘述	頁碼
exp(x)	指數;e_x。	17, 115
log(x)	自然對數;$\ln x$。	115
log10(x)	常用對數 (底數為 10);$\log x = \log_{10} x$。	115
sqrt(x)	平方根;$\sqrt{x}$。	115

本書中指令與函數導覽　　Appendix A

複數函數

項目	敘述	頁碼
abs(x)	絕對值；|x|。	115
angle(x)	複數 x 的角度。	115
conj(x)	x 的共軛複數。	115
imag(x)	複數 x 的虛部。	115
real(x)	複數 x 的實部。	115

數值函數

項目	敘述	頁碼
ceil	往 ∞ 四捨五入成最接近的整數。	115
fix	往零四捨五入成最接近的整數。	115
floor	往 −∞ 四捨五入成最接近的整數。	115
round	四捨五入成最接近的整數。	115
sign	正負號函數。	115

使用弳度量測的三角函數 (使用度量測的函數有附加 d，如 sind(x) 和 asind(x))

項目	敘述	頁碼
acos(x)	反餘弦函數；$\arccos x = \cos^{-1} x$。	17, 119
acot(x)	反餘切函數；$\text{arccot}\, x = \cot^{-1} x$。	119
acsc(x)	反餘割函數；$\text{arccsc}\, x = \csc^{-1} x$。	119
asec(x)	反正割函數；$\text{arcsec}\, x = \sec^{-1} x$。	119
asin(x)	反正弦函數；$\arcsin x = \sin^{-1} x$。	17, 119
atan(x)	反正切函數；$\arctan x = \tan^{-1} x$。	17, 119
atan2(y,x)	四象限反正切函數。	119
cos(x)	餘弦函數；$\cos x$。	17, 119
cot(x)	餘切函數；$\cot x$。	119
csc(x)	餘割函數；$\csc x$。	119
sec(x)	正割函數；$\sec x$。	119
sin(x)	正弦函數；$\sin x$。	119
tan(x)	正切函數；$\tan x$。	119

雙曲函數

項目	敘述	頁碼
`acosh(x)`	反雙曲餘弦函數；$\cosh^{-1} x$。	120
`acoth(x)`	反雙曲餘切函數；$\coth^{-1} x$。	120
`acsch(x)`	反雙曲餘割函數；$\operatorname{csch}^{-1} x$。	120
`asech(x)`	反雙曲正割函數；$\operatorname{sech}^{-1} x$。	120
`asinh(x)`	反雙曲正弦函數；$\sinh^{-1} x$。	120
`atanh(x)`	反雙曲正切函數；$\tanh^{-1} x$。	120
`cosh(x)`	雙曲餘弦函數；$\cosh x$。	120
`coth(x)`	雙曲餘切函數；$\cosh x/\sinh x$。	120
`csch(x)`	雙曲餘割函數；$1/\sinh x$。	120
`sech(x)`	雙曲正割函數；$1/\cosh x$。	120
`sinh(x)`	雙曲正弦函數；$\sinh x$。	120
`tanh(x)`	雙曲正切函數；$\sinh x/\cosh x$。	120

多項式函數

項目	敘述	頁碼
`conv`	計算兩多項式的乘積。	85
`deconv`	計算多項式的商。	85
`eig`	計算矩陣的特徵值。	417
`poly`	由根計算多項式。	85
`polyfit`	以多項式擬合資料。	278, 288
`polyval`	計算多項式。	288
`roots`	計算多項式的根。	85

邏輯函數

項目	敘述	頁碼
`any`	若包含任一不為零的元素則為真。	168
`all`	若所有元素均為零則為真。	168
`find`	找尋不為零之元素的索引。	168
`finite`	若元素為有限則為真。	168
`ischar`	若元素為字元陣列則為真。	168
`isempty`	若是一個空矩陣則為真。	168
`isinf`	若元素為無窮大則為真。	168
`isnan`	若元素為未定義則為真。	168
`isnumeric`	若元素有數值則為真。	168
`isreal`	若所有元素均為實數則為真。	168
`logical`	將數值陣列轉換為邏輯陣列。	168
`xor`	互斥 OR。	168

綜合數學函數

項目	敘述	頁碼
cross	計算外積。	83
dot	計算點積。	83
function	建立使用者定義函數。	121
nargin	函數輸入引數的數目。	178
nargout	函數輸出引數的數目。	178

細胞函數及結構函數

項目	敘述	頁碼
cell	建立胞陣列。	88
fieldnames	傳回結構陣列的領域名稱。	93
isfield	判別是否為結構陣列領域。	93
isstruct	判別是否為結構陣列。	93
rmfield	將結構陣列中的領域移除。	93
struct	建立結構陣列。	93

基本的 xy 繪圖指令

項目	敘述	頁碼
axis	設定軸限與軸屬性。	230, 233
fplot	進行智慧性的繪圖函數。	232, 233
ginput	讀取游標位置的座標。	22
grid	顯示格線。	230
plot	產生 xy 座標圖。	22, 230
print	列印圖形或儲存檔案中的圖形。	230
title	放置標題於圖形的最上方。	230
xlabel	將文字標籤加至 x 軸 (縱軸)。	228, 230
ylabel	將文字標籤加至 y 軸 (橫軸)。	228, 230

圖形強化指令

項目	敘述	頁碼
colormap	設定目前圖片的顏色對照表。	572
gtext	使用滑鼠放置標籤。	241, 243
hold	凍結目前的圖形。	242, 243
legend	使用滑鼠放置圖例。	240, 243
subplot	在子視窗中建立圖形。	237, 243
text	在圖片上加入字串。	241, 243

特殊圖形指令

項目	敘述	頁碼
bar	產生長條圖。	246, 318
errorbar	繪製誤差條。	249
fimplicit	繪製隱式函數。	246
loglog	產生全對數圖。	246
polarplot	建立極圖。	246
publish	以各種格式建立報告。	250
semilogx	產生半對數圖，橫軸為對數比例。	246
semilogy	產生半對數圖，縱軸為對數比例。	246
stairs	產生梯狀圖。	246
stem	產生針頭圖。	246
yyaxis	在左右軸上繪圖。	246

使用函數輸入的三維繪圖功能

項目	敘述	頁碼
fcontour(f)	建立等高線圖。	263
fimplicit3(f)	繪製隱式三維函數。	263
fmesh(f)	建立三維曲面圖。	263
fplot3(fx,fy,fz)	建立三維線圖。	263
fsurf(f)	建立有陰影三維曲面圖。	263

使用陣列輸入的三維繪圖函數

項目	敘述	頁碼
contour	建立等高線圖。	263
mesh	建立三維網狀表面圖。	263
meshc	與 mesh 指令相同，但是在表面圖底下畫出等高線圖。	263
meshgrid	建立出直角格子。	263
meshz	與 mesh 指令相同，但是在表面圖底下畫出垂直參考線。	263
plot3	根據線條及點建立出三維圖形。	263
shading	指定陰影的類型。	572
surf	建立有陰影的三維網狀表面圖。	263
surfc	與 surf 指令相同，但是在表面圖底下畫出等高線圖。	263
surfl	與 surf 指令相同，但是具有不同打光的背景。	572

項目	敘述	頁碼
view	設定視角。	572
waterfall	與 mesh 指令相同，但是網狀線條方向都是一致的。	263
zlabel	在 z 軸上加入軸標籤。	258

程式流控制

項目	敘述	頁碼
break	終止迴圈的執行。	185
case	在 switch 結構中提供可以選擇的執行路徑。	198
continue	將控制傳遞到下一次 for 或 while 迴圈的迭代。	185
else	敘述另一個方塊中的敘述。	174
elseif	依條件執行敘述。	176
end	終止 for、while 及 if 敘述。	173
for	根據指定的次數重複執行敘述。	180
if	依條件執行敘述。	173
otherwise	在 switch 結構中提供可以選擇的控制。	199
switch	比較輸入與 case 算式決定程式執行的方向。	198
while	執行敘述無數次。	193

除錯指令

項目	敘述	頁碼
dbclear	刪除斷點。	203
dbquit	退出除錯模式。	203
dbstep	執行一行或多行。	203
dbstop	設置斷點。	203
echo	追蹤程序執行。	204

最佳化及求根函數

項目	敘述	頁碼
fminbnd	求出單一變數函數的最小值。	131
fminsearch	求出多變數函數的最小值。	132
fzero	求出函數的零點。	129

柱狀圖函數

項目	敘述	頁碼
bar	建立長條圖。	246, 318
histogram	累加資料至每一個倉位。	314, 318

統計函數

項目	敘述	頁碼
cumsum	計算橫越一列之前元素的累加。	321
erf	計算誤差函數 $erf(x)$。	323
mean	計算平均值。	314, 322
median	計算中位數。	314
mode	計算眾數。	314
std	計算標準差。	332

亂數函數

項目	敘述	頁碼
rand	產生單一個均勻分布於區間 0 到 1 之內的亂數；設定及讀取狀態。	328
randi	產生非唯一隨機整數。	328
randn	產生單一個常態分布變數;設定及讀取狀態。	328
randperm	產生整數的隨機排列。	328
rng	初始化隨機數產生器。	328

多項式函數

項目	敘述	頁碼
poly	根據根計算多項式的係數。	85
polyfit	以多項式擬合資料。	278, 288
polyval	計算多項式並且產生誤差估計。	85, 288
roots	根據多項式的係數計算多項式的根。	85

內插函數

項目	敘述	頁碼
interp1	單一變數函數的線性及三次雲線內插。	339, 342
interp2	兩變數函數的線性及三次雲線內插。	339
pchip	使用 Hermite 多項式內插。	342
spline	三次雲線內插。	342
unmkpp	計算三次雲線多項式的係數。	342

數值積分函數

項目	敘述	頁碼
integral	單積分的數值積分。	392
integral2	雙重積分的數值積分。	392
integral3	三重積分的數值積分。	392
polyint	多項式的積分。	392
trapz	使用梯形法來進行數值積分。	392

數值微分函數

項目	敘述	頁碼
del2	計算資料的拉普拉斯算符。	402
diff(x)	計算向量 x 相鄰兩個元素之間的差。	399, 403
gradient	計算資料的梯度。	401, 403
polyder	微分多項式、多項式的乘積或是多項式的商。	400

常微分方程式解法器

項目	敘述	頁碼
ode45	非剛性中階解法器。	406, 415
ode15s	剛性可變階解法器。	406
odeset	建立常微分方程式解法器的被積函數選項結構。	415

線性非時變物件函數

項目	敘述	頁碼
ss	建立狀態空間形式的線性非時變物件。	418
ssdata	由線性非時變物件中抽取出狀態空間矩陣。	418
tf	以轉移函數形式建立線性非時變物件。	418
tfdata	由線性非時變物件抽取出方程式係數。	418

線性非時變常微分方程式解法器

項目	敘述	頁碼
impulse	計算並畫出線性非時變物件的脈衝響應。	421, 422
initial	計算並畫出由某一個線性非時變物件的自由響應。	421
linearSystemAnalyzer	喚起交互式用戶界面來分析 LTI 系統。	427
lsim	根據一般輸入計算並畫出線性非時變物件的響應。	421, 424
step	計算並畫出線性非時變物件的步階響應。	421. 422

預先定義輸入函數

項目	敘述	頁碼
gensig	產生週期性的正弦、方波或脈衝輸入。	428

用於建立和評估符號算式的函數

項目	敘述	頁碼
class	回傳算式的類別。	496, 504
digits	設置用於執行變數的小數位數精確算術。	504
double	將算式轉換為數值形式。	502, 504
findsym	在符號中找尋符號變數表達。	497, 504
fplot	產生符號算式的圖。	504, 528
numden	回傳一個算式的分子和分母。	500, 504
sym	建立一個符號變數。	495, 504
syms	建立一個或多個符號變數。	495, 504
vpa	設置用於評估的位數的算式。	502, 504

用於操縱符號算式的函數項目

項目	敘述	頁碼
collect	蒐集相同次方的項。	498, 504
expand	將算式依照次方展開。	498, 504
factor	將算式因式分解。	499, 504
poly2sym	將多項式係數向量轉換為符號多項式。	500, 504
simplify	用來簡化算式。	499, 504
subs	替換變量或算式。	501, 504
sym2poly	求解多項式所有數值解的根。	501, 504

代數和超越方程的符號解

項目	敘述	頁碼
solve	求解符號方程式。	504, 512

符號微積分函數

項目	敘述	頁碼
diff	回傳算式的導數。	512, 515
dirac	狄拉克三角函數 (單位脈衝)。	538, 546
heaviside	Heaviside 函數 (單位階梯)。	533, 546
int	回傳算式的積分。	514, 517
limit	回傳算式的限制。	514, 522
symsum	回傳算式的符號求和。	514
taylor	回傳函數的泰勒級數。	514, 520

微分方程式的符號解

項目	敘述	頁碼
dsolve	回傳微分方程或方程組的符號解。	525, 534

拉普拉斯轉換函數

項目	敘述	頁碼
ilaplace	回傳拉普拉斯反轉換。	534, 541
laplace	回傳拉普拉斯轉換。	533, 541

符號線性代數函數

項目	敘述	頁碼
charpoly	回傳矩陣的特徵多項式。	543, 545
det	回傳矩陣的行列式。	353, 544
eig	回傳矩陣的特徵值 (特徵根)。	417, 543
inv	回傳矩陣的反矩陣。	353, 544

動畫函數

項目	敘述	頁碼
addpoints	將點添加到動畫線。	573
animatedline	建立並向目前軸添加動畫線。	573
clearpoints	從動畫線中刪除點。	573
drawnow	立即開始繪圖。	573
gca	回傳目前軸的屬性。	575
get	回傳物件屬性的完整列表。	574
getframe	捕獲畫面中的目前圖形。	571
getpoints	從動畫線中檢索點。	573
movie	播放錄製的電影畫面。	572
pause	暫停顯示。	573
set	與握把一起使用以設置物件的屬性。	574
view	設置視圖的角度。	572

聲音函數

項目	敘述	頁碼
audioplayer	建立 WAVE 檔案的握把。	581
audioread	讀取 WAV 檔案。	581
audiorecorder	錄音。	581
audiowrite	建立 WAVE 檔案。	581
play	使用其握把播放 WAVE 檔案。	581
recordblocking	保持控制直到錄製完成。	581
sound	播放向量作為聲音。	579
soundsc	縮放數據並播放為聲音。	580

Appendix B

MATLAB 中的動畫與音效

B.1 動畫

動畫可以用來顯示出某一物件隨著時間變化的行為。某些 MATLAB 的示範檔案能夠執行動畫的 M 檔。當讀者學完本節所列出的簡單範例之後,可以進一步去瞭解比較進階的示範檔案。MATLAB 可以使用兩種方式來建立動畫。第一種方法是使用 movie 函數,第二個方法則是使用 drawnow 指令。

在 MATLAB 中建立動畫

getframe 指令能夠擷取或快照複製一張目前的圖片,成為動畫中的一個單一畫面。getframe 函數通常使用於 for 迴圈中來組合連接起動畫的畫面。movie 函數可以在畫面擷取完成之後播放這些畫面。

要建立動畫,可以使用下列形式的腳本檔。

```
for k = 1:n
  plotting expressions
  M(k) = getframe; % Saves current figure in array M
end
movie(M)
```

例如,下列的腳本檔可為函數 $te^{-t/b}$ 在 $0 \le t \le 100$ 之內從 $b = 1$ 到 $b = 20$ 這 20 個參數 b,建立 20 張畫面。

```
% Program movie1.m
% Animates the function t*exp(-t/b).
t = 0:0.05:100;
for b = 1:20
  plot(t,t.*exp(-t/b)),axis([0 100 0 10]),xlabel('t');
  M(:,b) = getframe;
end
```

M(:,b) = getframe; 這一列程式碼可以用來取得並儲存目前的圖片至矩陣 M 的一行。一旦執行此檔案,可以藉由輸入 movie(M) 不斷重播這些畫面。此動畫顯示出函數尖峰的位置與高度如何隨著參數 b 增加而變化的情形。

旋轉 3D 表面

以下範例藉由改變視角的觀點,來旋轉一個三維空間的表面圖。此資料是使用內建函數 peaks 所建立。

```
% Program movie2.m
% Rotates a 3D surface.
[X,Y,Z] = peaks(50);    % Create data.
surfl(X,Y,Z)     % Plot the surface.
axis([-3 3 -3 3 -5 5])% Retain same scaling for each frame.
axis vis3d off % Set the axes to 3D and turn off tick marks,
            % and so forth.
shading interp     % Use interpolated shading.
colormap(winter)   % Specify a color map.
for k = 1:60 % Rotate the viewpoint and capture each frame.
        view(-37.5+0.5*(k-1),30)
        M(k) = getframe;
end
cla      % Clear the axes.
movie(M)    % Play the movie.
```

colormap(map) 函數可以將目前的圖片顏色對照表設定指向 map。輸入 help graph3d 可以看到 map 中所選取的顏色對照表。選項 winter 提供藍色與綠色的陰影。view 函數指定 3D 圖形的視角觀點。語法 view(az,el) 可以設定觀察者觀看目前 3D 圖形的角度,其中 az 是所謂的方位角或水平旋轉角度,el 是垂直高度(兩者的單位都是度數)。方位角是以 z 軸為中心旋轉,正值代表的視角觀點依照逆時針旋轉。高度的正值會對應到在該物件上的移動,負值則是物件下的移動。選項 az = -37.5、el=30 是預設的 3D 視野。

movie 函數的延伸語法

函數 movie(M) 會播放儲存於陣列 M 中的動畫一次,其中 M 是動畫畫面的陣列(通常是使用 getframe 來擷取)。函數 movie(M,n) 可以將畫面播放 n 次。如果 n 的值為負,表示往前播放一次與往後播放一次。如果 n 是一個向量,則第一

個元素的數字代表播放此動畫的次數,剩下的元素則是代表所要播放的畫面順序清單。舉例來說,如果 M 包含四個畫面,則 n = [10 4 4 2 1] 這一列程式碼會播放此動畫一共 10 次,每次的動畫所播放出來畫面的順序為第 4 個畫面、第 4 個畫面、第 2 個畫面,最後為第 1 個畫面。

函數 movie(M,n,fps) 會每一秒播放動畫 fps 個畫面。如果 fps 被省略,則會使用預設值 12,也就是每秒播放 12 個畫面。若是電腦無法達到指定的 fps 數字,則只能以其最快的速度播放。函數 movie(h,...) 會播放物件 h 中的動畫,其中 h 是一個圖片或軸的函數握把。函數握把的相關討論請參見第 2.2 節。

另外,movie(h,M,n,fps,loc) 這個函數可以指定播放動畫的位置與物件 h 左下角之間的距離,單位是畫素 (pixels),而不受這個物件所使用的單位所影響,其中 loc = [x y unused unused] 是一個具有四個元素的位置向量,它只使用 x 以及 y 座標,但是需要使用四個元素。此動畫會以所記錄的寬度以及高度來播放。

movie 函數的缺點就是,如果儲存了太多畫面或很複雜的影像,會占用較大的記憶體。

drawnow 指令

drawnow 指令會讓前一個圖形指令被立刻執行。如果沒有使用 drawnow 指令,MATLAB 會在進行任何圖形運算之前先完成其他的運算,並且只顯示動畫的最後一個畫面。

動畫的速度根據電腦本身的速度而有差異,和需要畫出多少資料及如何畫出也有關係。例如,o、* 或 + 這類符號都會畫得比線條還要低。另外,畫出資料點數的多寡也會影響動畫的速度。使用 pause(n) 函數可以減慢動畫的速度,它能讓程式暫停 n 秒執行。

指令 animatedline 建立一個沒有數據的動畫線,並將其添加到目前的軸。以循環方式在線中增加點來建立線方式的動畫。使用 addpoints、getpoint 和 clearpoints 分別添加更多點,檢索點以及清除動畫線中的點。以下程序說明了該過程。

```
% animated_line_1.m
h = animatedline;axis([0,10,0,2]),xlabel('t'),ylabel('y')
t = linspace(0,10,500);
y = 1 + exp(-t/2).*sin(2*t);
for k = 1:length(t)
addpoints(h,t(k),y(k));
```

```
drawnow
end
```

握把繪圖

　　MATLAB 將圖形視為由圖層組成。考慮手工繪製圖形時的操作。首先選擇一張紙，然後在紙上繪製一組帶刻度的軸，然後繪圖，例如直線或曲線。在 MATLAB 中，第一層是圖視窗，就像紙張一樣。MATLAB 在第二層上繪製軸，並在第三層上繪圖。這是使用繪圖函數時的情況。

　　形式的表示式

```
p = plot(...)
```

指派繪圖函數的結果至變數 p，它是一個圖片識別符，稱為「圖片握把」(figure handle)。這個圖片握把可以儲存圖片，並使圖片於日後可重複使用。任何有效的變數名稱都可以指派為一個握把。一個圖片握把是物件握把 (object handle) 的特定型態。握把也可以被指派為其他種類的物件。例如，之後我們將給座標軸建立握把。

　　set 函數可以配合物件握把來更改物件的特性。此函數具有下列的一般形式：

```
set(object handle,'PropertyName','PropertyValue', ...)
```

如果此物件是一整張圖片，則其握把也包含線條的顏色與指令、標記的大小以及 EraseMode 特性的值。此一圖片的兩種特性指定了將畫出圖形的資料，這兩個特性即為 XData 及 YData。下列範例說明了如何使用這些特性。

　　可以使用握把圖片修改 MATLAB 中的圖形。握把只是附加到對象 (如圖形) 的名稱，因此我們可以引用它。我們可以為圖形指派握把，如以下程序和結果輸出所示。

```
>>x = 1:10;
>>y = 5*x;
>>h = plot(x,y)
h = 
  Line with properties:
              Color: [0 0.4470 0.7410]
          LineStyle: '-'
          LineWidth: 0.5000
             Marker: 'none'
         MarkerSize: 6
```

```
            MarkerFaceColor: 'none'
                      XData: [1 2 3 4 5 6 7 8 9 10]
                      YData: [5 10 15 20 25 30 35 40 45 50]
                      ZData: [1×0 double]
```

繪圖握把是 h。該握把指的是繪製的線。由於我們在 plot 函數之後沒有放置分號，因此 MATLAB 顯示了圖形的一些屬性。如果輸入 get(h)，你將看到很長的屬性列表。

線條顏色由 RGB 三元組 (紅色、綠色、藍色) 表示。三元組 [0 0 0] 表示黑色，[1 1 1] 表示白色，[0 0 1] 表示藍色，依此類推。在 R2016b 之前，第一條線是藍色；現在它是藍綠色 [0 0.4470 0.7410]。請注意，用於繪圖的數據在陣列 XData 和 YData 中給予。

該握把指的是繪製的線。要得到圖形視窗的握把，請使用 figure 函數。如果這是第一個圖，請鍵入 fig_handle = figure(1)。你會看見

```
      Number: 1
        Name: ''
       Color: [0.9400 0.9400 0.9400]
    Position: [1 1 1184 347]
       Units: 'pixels'
```

圖背景包含等量的紅色、綠色和藍色，這些背景幾乎為白色。指令 gca 回傳目前圖形的目前軸。例如，

```
>>axes_handle = gca
axes_handle = 
    Axes with properties:
                 XLim: [1 10]
                 YLim: [5 50]
               XScale: 'linear'
               YScale: 'linear'
         GridLineStyle: '-'
             Position: [0.1300 0.1100 0.7750 0.8150]
                Units: 'normalized'
```

鍵入 get(axes_handle) 會回傳一個非常完整的軸屬性列表。

把函數製作成動畫

考慮我們在第一個動畫範例中所使用的函數 $te^{-t/b}$。這個函數可以根據參數 b

的變化畫出動畫,請參考下列的程式碼。

```
% Program animate1.m
% Animates the function t*exp(-t/b).
t = 0:0.05:100;
b = 1;
p = plot(t,t.*exp(-t/b), axis([0 100 0 10]),xlabel('t');
for b = 2:20
    set(p, 'XData',t,'YData',t.*exp(-t/b)),...
    axis([0 100 0 10]),xlabel('t');
    drawnow
    pause(0.1)
end
```

在這個程式碼中,我們首先在 $b = 1$ 的情況下,計算並繪出 $0 \leq t \leq 100$ 之內的函數 $te^{-t/b}$,而圖片握把會被指派到變數 p。這個動作建立了接下來所有進行之運算的圖形格式,例如,線條的種類與顏色、標籤及軸的比例。接著,使用 for 迴圈在 $b = 2, 3, 4, \ldots$ 的情況下,計算並繪出 $0 \leq t \leq 100$ 之內的函數 $te^{-t/b}$,並且刪除前一個圖形。每一次在 for 迴圈中對 set 的呼叫都可以畫出下一組的資料點。

將拋射體運動的軌跡製成動畫

下列程式碼說明了在動畫之中如何運用使用者定義函數及子圖形。下列是拋射體運動的方程式,它以初速度 s_0 及相對於水平面的角度 θ 拋出,其中 x 與 y 是物體的水平與垂直座標軸,g 是重力加速度,t 是時間。

$$x(t) = (s_0 \cos \theta)t \qquad y(t) = -\frac{gt^2}{2} + (s_0 \sin \theta)t$$

設定第二個表示式中 $y = 0$,我們可以求解出 t,並得到下列用來表示拋射體最大飛行時間 (以 t_{max} 來代表) 的表示式。

$$t_{max} = \frac{2s_0}{g} \sin \theta$$

我們可以將 $y(t)$ 的算式進行微分,以得到垂直速度的表示式:

$$v_{vert} = \frac{dy}{dt} = -gt + s_0 \sin \theta$$

另外,最大距離 x_{max} 可以根據 $x(t_{max})$ 計算出來,最大高度 y_{max} 可以根據 $y(t_{max}/2)$ 計算出來,而最大的垂直速度發生於 $t = 0$ 時。

下列函數是根據這些算式所建立的,其中 s0 是發射速度 s_0,th 是發射角度

θ。

```matlab
function x = xcoord(t,s0,th);
% Computes projectile horizontal coordinate.
x = s0*cos(th)*t;

function y = ycoord(t,s0,th,g);
% Computes projectile vertical coordinate.
y = -g*t.^2/2+s0*sin(th)*t;

function v = vertvel(t,s0,th,g);
% Computes projectile vertical velocity.
v = -g*t+s0*sin(th);
```

下列程式碼在第一個子圖形中使用這些函數製作出拋射體運動的動畫,同時在第二張子圖形中顯示垂直速度,條件為 $\theta = 45°$、$s_0 = 105$ ft/sec 及 $g = 32.2$ ft/sec^2。注意,程式碼會計算出 xmax、ymax 及 vmax 的值,並用來設定軸的比例。圖片握把分別為 h1 及 h2。

```matlab
% Program animate2.m
% Animates projectile motion.
% Uses functions xcoord, ycoord, and vertvel.
th = 45*(pi/180);
g = 32.2; s0 = 105;
%
tmax = 2*s0*sin(th)/g;
xmax = xcoord(tmax,s0,th);
ymax = ycoord(tmax/2,s0,th,g);
vmax = vertvel(0,s0,th,g);
w = linspace(0,tmax,500);
%
subplot(2,1,1)
plot(xcoord(w,s0,th),ycoord(w,s0,th,g)),hold,
h1 = plot(xcoord(w,s0,th),ycoord(w,s0,th,g), 'o'), ...
    axis([0 xmax 0 1.1*ymax]),xlabel('x'),ylabel('y')
subplot(2,1,2)
plot(xcoord(w,s0,th),vertvel(w,s0,th,g)),hold,
h2 = plot(xcoord(w,s0,th),vertvel(w,s0,th,g), 's', ...
    'EraseMode','xor');
```

```
    axis([0 xmax 0 1.1*vmax]),xlabel('x'),...
    ylabel('Vertical Velocity')
for t = 0:0.01:tmax
    set(h1,'XData',xcoord(t,s0,th),'YData',ycoord(t,s0,th,g))
    set(h2,'XData',xcoord(t,s0,th),'YData',vertvel(t,s0,th,g))
    drawnow
    pause(0.005)
end
hold
```

你可以自行試驗加入不同的值於 pause 函數引數中。

將陣列繪製成動畫

到目前為止，我們介紹了如何使用 set 指令配合表示式或函數來畫出動畫。而第三種方法就是在畫出圖形之前，先計算資料點的數值，並儲存於陣列之中。下列程式顯示如何進行此一方法，所使用的範例是上面提及的拋射體運動。所要畫出的資料點儲存於陣列 x 及 y 中。

```
% Program animate3.m
% Animation of a projectile using arrays.
th = 70*(pi/180);
g = 32.2; s0=100;
tmax = 2*s0*sin(th)/g;
xmax = xcoord(tmax,s0,th);
ymax = ycoord(tmax/2,s0,th,g);
%
w = linspace(0,tmax,500);
x = xcoord(w,s0,th);y = ycoord(w,s0,th,g);
plot(x,y),hold,
h1 = plot(x,y,'o');...
    axis([0 xmax 0 1.1*ymax]),xlabel('x'),ylabel('y')
%
kmax = length(w);
for k =1:kmax
    set(h1,'XData',x(k),'YData',y(k))
    drawnow
```

```
        pause(0.001)
end
hold
```

B.2　音效

MATLAB 提供了許多在電腦上建立、錄製及播放音效的函數。本節對於這些函數做一個簡短的介紹。

聲音的模型

聲音是只氣壓的波動，其可作為時間 t 的函數。如果聲音是單音 (pure tone)，則氣壓 $p(t)$ 是以單一頻率振盪的正弦波；也就是說，

$$p(t) = A \sin(2\pi ft + \phi)$$

其中，A 是氣壓的振幅 (也就是「音量大小」)，f 是聲音的頻率，單位為每秒的週數 (Hz)，ϕ 是相位移，單位為弳度。音波的週期為 $P = 1/f$。

因為聲音是一個類比變數 (具有無限多個數值)，所以在使用及儲存於數位電腦之前，必須轉換成一組有限的數字。這種轉換程序需要對聲音信號取樣成為離散值，並量化這些數字為二進位制。量化是使用麥克風及類比數位轉換器來擷取實際聲音的過程，但在此並不討論，因為在軟體中只產生模擬的聲音。

當你在 MATLAB 中畫出一個函數，會使用一個類似採樣的程序。若要畫出函數，你需要計算出足夠多的點以便建立平滑的圖形。因此，要畫出一個正弦波，我們應該要「取樣」或計算許多週期。我們進行計算所採用的頻率就是取樣頻率 (sampling frequency)。所以，如果我們使用時間的步長大小為 0.1 秒，則我們所選用的取樣頻率就是 10 Hz。如果正弦波的週期為 1 秒，則對這個正弦波每一週期「取樣」10 次。我們發現取樣頻率愈高，函數的表示式就愈好。

在 MATLAB 中建立音效

MALTAB 函數 sound(sound_vector, Fs) 可以於電腦的喇叭中播放出向量 sound_vector 中的信號，此向量是由取樣頻率 Fs 在電腦的音箱上建立。MATLAB 包含一些聲音檔案。例如，載入 MAT 檔案 chirp.mat 並播放聲音 (嘰嘰喳喳) 如下：

```
>>load chirp
>>sound(y,Fs)
```

注意，聲音向量已作為行向量 y 存儲在 MAT 檔案中，並且採樣頻率已被存儲為標量 Fs。你還可以嘗試檔案 gong.mat 和 handel.mat，其中包含一小部分 Handel 的樣本彌賽亞。

sound 函數的使用方式在下列的使用者定義函數中會示範說明，它播放簡單的音調。

```
function playtone(freq,sf,amplitude,duration)
% Plays a simple tone.
% freq = frequency of the tone (in Hz).
% Fs = sampling frequency (in Hz).
% amplitude = sound amplitude (dimensionless).
% duration = sound duration (in seconds).
t = 0:1/Fs:duration;
sound_vector = amplitude*sin(2*pi*freq*t);
sound(sound_vector,Fs)
```

以下列的數值嘗試使用於這個函數中：freq = 1000、Fs = 10000、amplitude = 1 以及 duration = 10。sound 函數會截斷或「修剪」sound_vector 中落在 –1 及 +1 之外的值。嘗試使用 amplitude = 0.1 及 amplitude = 5，看看對於聲音的音量大小有何影響。

當然，真實世界的聲音包含一個以上的音調。你可以將代表兩個不同頻率及振幅的正弦函數之兩個向量相加，建立具有兩種音調的聲音。記得，要確定這兩個正弦函數是以相同的頻率來取樣，它們具有相同數目的取樣樣本，而且範圍均落於 –1 及 +1 之間。你可以將兩個向量依序連接起來播放出兩種不同的聲音，例如輸入 sound([sound_vector_1,sound_vector_2],Fs)。你可以將這兩個向量連接成為一個行向量，如此一來便可同時在立體音之下播放出兩種不同的聲音，方式是輸入 sound([sound_vector_1',sound_vector_2'],Fs)。例如，要播放彌賽亞片段，然後播放嘰嘰喳喳聲，請使用以下腳本。請注意，load 指令回傳的 y 是行向量。

```
% Program sounds.m
load handel
S = load('chirp.mat')
y1 = S.y
Fs1 = S.Fs
sound([y',y1'],Fs) % Note that Fs = Fs1 here.
```

另外一個相關的函數是 soundsc(sound_vector,Fs)。這個函數會調整

sound_vector 中的信號至範圍 -1 到 +1 中,如此一來聲音會不經過修剪,而以盡可能的最大音量播放出來。

讀取及播放 WAVE 檔案

MATLAB 函數 audiowrite 和 audioread 建立和讀取微軟的 WAVE 檔案,這一類的檔案具有副檔名 .wav。例如,要輸入檔案 handel.mat 中的 wav 檔案,請鍵入

```
>>load handel.mat
>> audiowrite('handel.wav',y,Fs);
>>[y1,Fs1] = audioread('handel.wav');
>>sound(y1,Fs1)
```

大部分的電腦具有鈴鐺聲、嗶嗶聲及鐘聲等 WAVE 檔案,這些音效可以用來通知使用者某一動作的發生。例如,要載入及播放位於某些個人電腦系統 C:\windows\media 的 WAVE 檔案 chimes.wav,則需要輸入:

```
>>[y,Fs] = audioread('c:\windows\media\chimes.wav');
>>sound(y,Fs)
```

你還可以使用 audioplayer 和 play 函數而不是 sound 函數,如下所示。

```
>>p = audioplayer(y,Fs);
>>play(p)
```

sound 函數讓你只能以特定的採樣率播放聲音,但是 audioplayer 函數可以讓你做更多的事情,例如暫停播放和恢復播放,以及設置物件的屬性。

錄製及寫入聲音檔案

你可以使用 MATLAB 錄製聲音並寫入聲音資料於 WAVE 檔案中。audiorecorder 函數記錄來自基於 PC 的音頻輸入設備的聲音。audiorecorder 函數保持控制直到錄製完成。在預設情況下,audiorecorder 函數會建立一個 8000 Hz、8 位元、1 通道物件。以下程序顯示如何錄製語音 5 秒鐘。recordblocking 函數將來自輸入設備的音頻記錄指定的秒數,保持控制直到記錄完成。

```
% Record your voice for 5 seconds.
my_voice = audiorecorder;
disp('Start speaking.')
```

```
recordblocking(my_voice,5);
disp('End of Recording.');
% Play back the recording.
play(my_voice);
```

延伸語法 audiorecorder(Fs,nBits,nChannels) 設置採樣率 Fs (以 Hz 為單位)，採樣大小 nBits 和通道數量 nChannels。大多數音效卡支持的典型值為 8000、11,025、22,050、44,100、48,000 和 96,000 Hz。例如，要在通道 1 上以 11,025 Hz 的速度錄製你的聲音 5 秒鐘，請使用以下兩行替換上一個程序中的第二行。

```
Fs = 11025;
my_voice = audiorecorder(Fs,5*Fs,1);
```

Appendix C

MATLAB 的格式化資料輸出

　　disp 及 format 指令提供了簡單的方式，能夠控制螢幕上的輸入。然而，某些使用者會希望對螢幕顯示能夠做更多的控制。另外，某些使用者會想要在資料檔中寫入格式化的輸出。fprintf 函數便能提供這些功能。語法為 count = fprintf(fid,format,A,...)，它能在指定格式字串 format 的控制下格式化矩陣 A (以及其他的矩陣引數)的實部資料，並且寫入資料於與文件標識符 fid 相關的檔案之中。被寫入的位元組數目會回傳於變數 count 中。引數 fid 是一個根據 fopen 而來的整數檔案標識符。[這個數字可以是代表了標準輸出 (也就是螢幕) 的 1，或是代表標準誤差的 2。查閱 fopen 的輔助說明以獲取更多的資訊。]

　　在引數清單中省略 fid，會使得輸出顯示於螢幕上，這與寫入標準輸出 (fid = 1) 是相同的。字串 format 指定了輸出格式的標記法、對齊方式、有效位數、領域 (欄位) 寬度及其他特性。它包含了字母字元、ESC 字元、轉換說明符及其他字元，參見下面的範例。表 C.1 摘要了 fprintf 的 basic 語法，可參閱 MATLAB 的輔助說明以獲得更多的資訊。

　　假設變數 Speed 的值為 63.2。要以三個位數 (其中小數位數是一位) 且加入訊息的格式來顯示此數字，所使用的對話如下：

```
>>fprintf('The speed is: %3.1f\n',Speed)
The speed is:  63.2
```

此處的「領域寬度」為 3，因為 63.2 有三個位數。你可以指定一個夠寬的領域預先留下空白，以防意料之外的龐大數值。% 符號會告訴 MATLAB 將後續的文字當作程式碼。程式碼 \n 告訴 MATLAB 在顯示完畢這個數字之後換行。

　　輸出可以超過一行以上，而且每一行可以使用自己的格式。例如，

```
>>r = 2.25:20:42.25;
>>circum = 2*pi*r;
>>y = [r;circum];
```

■ 表 C.1 使用 fprintf 函數顯示格式

語法	敘述
fprintf('format',A,...)	顯示陣列 A 的元素和任何元素根據其他陣列參數字符串 'format' 中指定的格式。
'format' arrangement	% [-] [number1.number2]C，其中 number1 指定最小字段寬度，number2 指定小數點右邊的位數，C 包含控制碼和格式碼。括號中的項目是可選的。[-] 指定向左對齊

控制碼		格式碼	
程式碼	敘述	程式碼	敘述
\n	開始新的一行	%e	使用小寫 e 的科學格式
\r	新行的起頭	%E	使用大寫 E 的科學格式
\b	Backspace 鍵	%f	定點表示法
\t	跳位鍵 (Tab)	%g	%e 或 %f，以較短者為準
''	撇號	%s	字符串
\\	反斜線		

```
>>fprintf('%5.2f %11.5g\n',y)
  2.25      14.137
 22.25      139.8
 42.25      265.46
```

注意，fprintf 函數會顯示矩陣 y 的轉置。

設定格式的程式碼可以放置在文字之中。舉例來說，注意在 %6.3f 這個程式碼之後的句號出現在輸出顯示之文字的尾端。

```
>>fprintf('The first circumference is %6.3f.\n',circum(1))
The first circumference is 14.137
```

而要在文字中顯示出上標點，則需要在程式碼中輸入兩個單引號。例如：

```
>>fprintf('The second circle''s radius %15.3e is large.\n',r(2))
The second circle's radius       2.225e+001 is large.
```

顯示文本的百分號需要兩個百分號。否則，單個百分號將被解釋為數據的占位符。例如，輸入

```
fprintf('The inflation rate was %3.2f %%. \n',3.15)
```

給予輸出：

The inflation rate was 3.15 %.

在格式程式碼中使用減號可以調整領域中輸出內容靠左對齊。比較使用下列程式的輸出以及前一個範例使用的程式輸出：

```
>>fprintf('The second circle''s radius %-15.3e is large.\n',r(2))
The second circle's radius 2.225e+001     is large.
```

控制碼可以放置在格式字串之間。下列範例使用了 tab (欄標) 控制碼 (\t)。

```
>>fprintf('The radii are:%4.2f \t %4.2f \t %4.2f\n',r)
The radii are: 2.25    22.25   42.25
```

而 disp 函數有時候會顯示出比所需要的位數更多的位數。我們可以使用 fprintf 函數來取代 disp 函數，以改進輸出格式。考慮下列的程式碼：

```
p = 8.85; A = 20/100^2;
d = 4/1000; n = [2:5];
C = ((n - 1).*p*A/d);
table (:,1) = n';
table (:,2) = C';
disp (table)
```

disp 函數顯示了指定於 format 指令中的小數位數 (四位小數是預設值)。

如果我們以下列的三列程式碼取代 disp(table) 這一列

```
E='';
fprintf('No.Plates Capacitance (F) X e12 %s\n',E)
fprintf('%2.0f \t \t \t %4.2f\n',table')
```

我們會得到下列的顯示：

```
2         4.42
3         8.85
4         13.27
5         17.70
```

我們使用空矩陣 E，因為 fprintf 敘述的語法需要指定一個變數。因為第一個 fprintf 可用來顯示標題，所以我們需要一個不需顯示出來的值以欺騙 MATLAB。

注意，fprintf 指令會直接截斷結果，而不是取四捨五入的結果。同時，我們必須使用轉置運算來交換 table 矩陣的列及行，以得到適當的顯示格式。

fprintf 指令只會顯示出複數的實部。舉例來說：

```
>>z = -4+9i;
>>fprintf('Complex number: %2.2f \n',z)
Complex number: -4.00
```

你也可以將複數以列向量來顯示。舉例來說，如果 $w = 4 + 9i$，則：

```
>>w = [-4,9];
>>fprintf('Real part is %2.0f.  Imaginary part is %2.0f. \
   n',w)
Real part is -4. Imaginary part is  9.
```

MATLAB 還具有 sprintf 函數，該函數為格式化字符串指定名稱，而不是將其發送到指令視窗。它的語法類似於 fprintf。在不知道提前準確措辭的情況下在圖上放置標籤，這可以與 text 函數一起使用。例如，腳本檔案將是

```
x = 1:10;y = (x + 2.3).^2;
mean_y = mean(y);
label = sprintf('Mean of y is:%4.0f \n',mean_y);
plot(x,y),text(2,100,label)
```

Appendix D

參考文獻

[Brown, 1994] Brown, T. L.; H. E. LeMay, Jr.; and B. E. Bursten. *Chemistry: The Central Science*. 6th ed. Upper Saddle River, NJ: Prentice Hall, 1994.

[Eide, 2008] Eide, A.R; R. D. Jenison; L. L. Northup; and S. Mickelson. *Introduction to Engineering Problem Solving*. 5th ed. New York: McGraw-Hill, 2008

[Felder, 1986] Felder, R. M., and R. W. Rousseau. *Elementary Principles of Chemical Processes*. New York: John Wiley & Sons, 1986.

[Garber, 1999] Garber, N. J., and L. A. Hoel. *Traffic and Highway Engineering*. 2nd ed. Pacific Grove, CA: PWS Publishing, 1999.

[Jayaraman, 1991] Jayaraman, S. *Computer-Aided Problem Solving for Scientists and Engineers*. New York: McGraw-Hill, 1991.

[Kreyzig, 2009] Kreyzig, E. *Advanced Engineering's Mathematics*. 9th ed. New York: John Wiley & Sons, 1999.

[Kutz, 1999] Kutz, M., editor. *Mechanical Engineers' Handbook*. 2nd ed. New York: John Wiley & Sons, 1999.

[Palm, 2014] Palm, W. *System Dynamics*. 3rd ed. New York: McGraw-Hill, 2014.

[Rizzoni, 2007] Rizzoni, G. *Principles and Applications of Electrical Engineering*. 5th ed. New York: McGraw-Hill, 2007.

[Starfield, 1990] Starfield, A. M.; K. A. Smith; and A. L. Bleloch. *How to Model It: Problem Solving for the Computer Age*. New York: McGraw-Hill, 1990.

部分習題答案

Chapter 1

2. (a) −13.3333；(b) 0.6；(c) 15；(d) 1.0323。

12. (a) $x + y = -3.0000 - 2.0000i$；(b) $xy = -13.0000 - 41.0000i$；(c) $x/y = -1.7200 + 0.0400i$。

25. $x = -15.685$ 和 $x = 0.8425 \pm 3.4008i$。

Chapter 2

3. $\mathbf{A} = \begin{bmatrix} 0 & 6 & 12 & 18 & 24 & 30 \\ -20 & -10 & 0 & 10 & 20 & 30 \end{bmatrix}$

7. (a) 長度為 3。絕對值 = [2 4 7]；(b) 同 (a)；(c) 長度為 3。絕對值 = [5.8310 5.0000 7.2801]。

11. (b) 在第一、第二和第三層的最大元素分別為 10、9 和 10。在整個陣列的最大元素為 10。

15. (a) $\mathbf{A} + \mathbf{B} + \mathbf{C} = \begin{bmatrix} -6 & -3 \\ 23 & 15 \end{bmatrix}$

    (b) $\mathbf{A} + \mathbf{B} + \mathbf{C} = \begin{bmatrix} -14 & -7 \\ 1 & 19 \end{bmatrix}$

17. (a) A.*B = [784,-128;144,32]；

    (b) A/B = [76,-168;-12,32]；

    (c) B.^3 = [2744,-64;216,-8]。

23. (a) F.*D = [1200,275,525,750,3000] J；

    (b) sum(F.*D) = 5750 J。

36. (a) A*B = [-47,-78;39,64]；

    (b) B*A = [-5,-3,48,22]。

39. 60 噸的銅、67 噸的鎂、6 噸的錳、76 噸的矽和 101 噸的鋅。

42. $M = 675$ N·m 若 F 以牛頓為單位和 r 以公尺為單位。

49. [q,r] = deconv ([14,-6,3,9], [5,7,-4])，q = [2.8,-5.12]，r = [0,0,50.04,-11.48]。商是 $2.8x - 5.12$ 餘數為 $50.04x - 11.48$。

50. 2.0458。

Chapter 3

1. (a) 3, 3.1623, 3.6056；

   (b) $1.7321i$, $0.2848 + 1.7553i$, $0.5503 + 1.8174i$；

   (c) $15 + 21i$, $22 + 16i$, $29 + 11i$；

   (d) $-0.4 - 0.2i$, $-0.4667 - 0.0667i$, $-0.5333 + 0.0667i$。

2. (a) $|xy| = 105$, $\angle xy = -2.6$ 弳度。

   (b) $|x/y| = 0.84$, $\angle x/y = -1.67$ 弳度。

3. (a) 1.01 弳度 (58°)；

   (b) 2.13 弳度 (122°)；

   (c) −1.01 弳度 (−58°)；

   (d) −2.13 弳度 (−122°)。

7. $F_1 = 197.5217$ 牛頓。

9. 上升時為 2.7324 秒；下降時為 7.4612 秒。

Chapter 4

4. (a) z = 1；(b) z = 0；(c) z = 1；(d) z = 1。

5. (a) z = 0；(b) z = 1；(c) z = 0；(d) z = 4；(e) z = 1；(f) z = 5；(g) z = 1；(h) z = 0。

6. (a) z = [0,1,0,1,1]；

   (b) z = [0,0,0,1,1]；

   (c) z = [0,0,0,1,0]；

   (d) z = [1,1,1,0,1]。

11. (a) z = [1,1,1,0,0,0]；

(b) z = [1,0,0,1,1,1];

(c) z = [1,1,0,1,1,1];

(d) z = [0,1,0,0,0,0]。

13. (a) $7300；(b) $5600；(c) 1200 股；

(d) $15,800。

29. 最佳位置：$x = 9$，$y = 16$。最低費用：294.51 美元。只有一個解。

35. 33 年後，金額將為 1,041,800 美元。

37. $W = 300$ 和 $T = [428.5714, 471.4286, 266.6667, 233.3333, 200, 100]$。

49. 案例 (a) 和 (b) 的每週庫存：

週次	1	2	3	4	5
庫存 (a)	50	50	45	40	30
庫存 (b)	30	25	20	20	10
週次	6	7	8	9	10
庫存 (a)	30	30	25	20	10
庫存 (b)	10	5	0	0	(<0)

Chapter 5

1. 在 $Q \geq 10^8$ 加侖/年時生產有利潤。利潤與 Q 呈線性增加，因此利潤沒有上限。

3. $x = -0.4795, 1.1346$ 和 3.8318。

5. 左手點上方 37.622 公尺，右手點上方 100.6766 公尺。

10. 0.54 強度 (31°)。

14. y 的穩態值為 $y = 1$。在 $t = 4 / b$ 時 $y = 0.98$。

17. (a) 球將上升 1.68 公尺並在 1.17 秒後撞擊地面之前將水平前進 9.58 公尺。

Chapter 6

2. (a) $y = 53.5x - 1354.5$；

(b) $y = 3582.1x^{-0.9764}$；

(c) $y = 2.0622 \times 10^5 (10)^{-0.0067x}$

4. (a) $b = 1.2603 \times 10^{-4}$；(b) 836 年；

(c) 在 760 至 928 年前。

8. 如果不受約束地通過原點，則 $f = 0.3998x - 0.0294$。如果受約束地通過原點，則 $f = 0.3953x$。

10. $d = 0.0509\nu^2 + 1.1054\nu + 2.3571$；$J = 10.1786; S = 57,550; r^2 = 0.9998$。

11. $y = 40 + 9.6x_1 - 6.75x_2$。最大百分比誤差為 7.125 %。

Chapter 7

7. (a) 96%；(b) 68%。

11. (a) 平均托盤重量為 3000 磅。標準差為 10.95 磅；(b) 8.55%。

18. 年平均利潤為 64,609 美元。最低預期利潤為 51,340 美元。最高預期利潤為 79,440 美元。年利潤標準差為 5,967 美元。

24. 估計的溫度在下午 5 點和下午 9 點分別為 22.5° 和 16.5°。

Chapter 8

2. (a) $\mathbf{C} = \mathbf{B}^{-1}(\mathbf{A}^{-1}\mathbf{B} - \mathbf{A})$。

(b) C = [-0.8536,-1.6058;1.5357, 1.3372]。

5. (a) $x = 3c, y = -2c, z = c$；

(b) 該圖由三條直線組成，它們在 (0, 0) 處相交。

8. $T_1 = 19.7596°C$，$T_2 = -7.0214°C$，$T_3 = -9.7462°C$。熱損失為 66.785 瓦。

13. 無限數目的解：$x = -1.3846z + 4.9231$，$y = 0.0769z - 1.3846$。

18. 唯一解：$x = 8$ 和 $y = 2$。

20. 最小平方解；$x = 6.0928$ 和 $y = 2.2577$。

Chapter 9

1. 23,690 公尺。

7. 13.65 英尺。

10. 1363 公尺/秒。

27. 150 公尺/秒。

Chapter 11

3. (a) $60x^5 - 10x^4 + 108x^3 - 49x^2 + 71x - 24$；
   (b) 2546。

4. $A = 1, B = -2a, C = 0, D = -2b, E = 1,$ 和 $F = r^2 - a^2 - b^2$。

6. (a) $b = c \cos A \pm \sqrt{a^2 - c^2 \sin^2 A}$；
   (b) $b = 5.6904$。

8. (a) $x = \pm 10\sqrt{(4b^2 - 1)/(400b^2 - 1)}$,
       $y = \pm\sqrt{99/(400b^2 - 1)}$;
   (b) $x = \pm 0.9685, y = \pm 0.4976$。

18. $h = 21.2$ 英尺 $\theta = 0.6155$ 弳度 $(35.26°)$。

19. 49.6808 公尺/秒。

29. (a) 2；(b) 0；(c) 0。

36. (a) $(3x_0/5 + v_0/5)e^{-3t}\sin 5t + x_0 e^{-3t}\cos 5t$;
    (b) $e^{-5t}(8x_0/3 + v_0/3) + (-5x_0/3 - v_0/3)e^{-8t}$.

48. $s^2 + 13s + 42 - 6k, s = (-13 \pm \sqrt{1 + 24k})/2$.

49. $x = \dfrac{62}{16c + 15}$ $y = \dfrac{129 + 88c}{16c + 15}$

中文索引

ASCII 檔案　ASCII files　23
Fcn 方塊　Fcn block　472
MAT 檔案　MAT-files　23
PID 控制器塊　PID Controller block　475

三劃
子行列式　subdeterminant　355
子函數　subfunctions　137
工作區　workspace　10

四劃
不定積分　indefinite integral　390
中央差分　central difference　399
中位數　median　314
內容索引　context indexing　89
引數　argument　17
方塊圖　block diagram　440
比例積分控制器　PI controller　469

五劃
主要函數　primary function　136
加總器　summer　441
左除法　left division method　80
平均值　mean　314

六劃
列向量　row vector　50
向前差分　forward difference　399
向後差分　backward difference　399
多載函數　overloaded functions　137
字串變數　string variable　29
自由響應　free response　403
行向量　column vector　50

七劃
作業研究　operations research　204
判定係數　coefficient of determination　291
局部變數　local variables　121
改進的歐拉法　modified Euler method　405
步長大小　step size　404
私有函數　private functions　137
初始條件　initial condition　524

八劃
函數引數　function argument　115, 118
函數定義列　function definition line　121
函數檔　function file　121
奇異矩陣　singular matrix　353
奇異點　singularity　390
定積分　definite integral　390
狀態變數形式　state-variable form　411
狀態變遷圖　state transition diagram　206
空陣列　empty array　55
拉普拉斯　Laplacian　402
拉普拉斯轉換　Laplace transform　501

九劃
指令視窗　Command window　4
柯西形式　Cauchy form　411
流程圖　flowcharts　156
相對頻率　relatvie frequency　316
胞索引　cell indexing　88
重疊圖形　overlay plot　21, 237

十劃
倉位　bin　314

桌面　Desktop　3
特徵值　eigenvalue　417
病態條件方程式組　ill-conditioned set of
　　equations　354
真值表　truth table　166
矩陣　matrix　52
矩陣的秩　matrix rank　355
矩陣運算　matrix operations　61
純量　scalar　6
脈衝函數　impulse function　546
起始值問題　initial-value problem, IVP　403
陣列　array　18
陣列大小　array size　59
陣列索引　array index　19
陣列運算　array operations　61
除錯　debugging　30
高斯函數　Gaussian function　321

十一劃

匿名函數　anonymous functions　136
巢狀函數　nested functions　137
常微分方程式　ordinary differential equation,
　　ODE　403
常態分布　normally distributed　321
常態函數　normal function　321
強制響應　forced response　403
現行目錄　24
眾數　mode　314

十二劃

單位矩陣　identity matrix; unity matrix　80
最小平方準則　least squeares criterion　372
最小範數解　minimum norm solution　363
殘差　residual　287

程式庫瀏覽器　Simulink Library Browser　441
結構圖　structure charts　156
絕對頻率　absolute frequency　316
註解　comment　26
軸界限範圍　axis limit　230

十三劃

傳送延遲　transport delay　467
搜尋路徑　search path　24
瑕積分　improper integral　390
腳本檔　script file　26
資料標記　data maker　22
資料檔案　data file　23
路徑　path　24
零矩陣　null matrix　80

十四劃

圖形視窗　graphics window　20
對話　session　5

十五劃

增益方塊　gain block　441
增廣矩陣　augmented matrix　356
標準差　standard deviation　321
模型　model　34
線性非時變物件　LTI object　418
遮罩　mask　189

十六劃

積分器方塊　integrator block　440
遲滯區　dead-zone　456
靜不定　statically indeterminate　365

十七劃

優先權　precedence　7
擬反矩陣法　pseudoinverse method　362

十八劃
轉置　transpose　51

十九劃
邊界條件　boundary condition　524

二十三劃
變異數　variance　322
變數　variable　5